ARCHITECTURE HYDRAULIQUE.

ARCHITECTURE HYDRAULIQUE,

OU

L'ART DE CONDUIRE,

D'ELEVER, ET DE MENAGER

LES EAUX

POUR LES DIFFERENS BESOINS DE LA VIE.

PREMIERE PARTIE,

TOME PREMIER.

Par M. BELIDOR, Commiſſaire Provincial d'Artillerie, Profeſ-
ſeur Royal des Mathématiques, aux Ecoles du même Corps ;
Membre des Académies Royales des Sciences d'Angleterre & de
Pruſſe, Correſpondant de celle de Paris.

A PARIS, RUE S. JACQUES,

Chez CHARLES-ANTOINE JOMBERT, Libraire de l'Artillerie
& du Génie, à l'Image Notre-Dame.

___

M. DCC. XXXVII.

AVEC APPROBATION ET PRIVILEGE DU ROY.

A MESSIEURS

DE
L'ACADEMIE ROYALE
DES SCIENCES.

ESSIEURS,

L'OUVRAGE que j'ai l'honneur de vous préfenter,
Vous apartient à trop jufte titre, pour le mettre au jour fous

ã ij

d'autres auspices que les vôtres. Ayant puisé dans vos Mémoires, MESSIEURS, les connoissances qui m'ont servi de guide, que je serois satisfait si j'osois me flater d'avoir appliqué assez heureusement vos pensées à la perfection de l'Architecture Hydraulique, pour que vous les trouviez encore dignes de n'être point défavoüées! Car comment vous imiter dans la maniere de traiter les Sujets dont vous parlez? Sont-ils d'une sublimité à paroître au-dessus de l'esprit humain? vous y atteignez sans vous égarer; vous les dépoüillez de ce qu'ils ont d'abstrait, pour les rendre sensibles, sous des idées simples & riantes. Faut-il descendre à d'autres moins atrayans? vous leur donnez du relief: il suffit qu'ils intéressent la Societé, pour devenir l'objet de vos recherches; vous ambitionnez d'instruire, & non de vous faire admirer: ennemis de toute ostentation, vous évitez de courir après une fausse gloire, & cette conduite vous assure la véritable seule capable de vous toucher.

C'est par des sentimens aussi purs, que vous donnez, MESSIEURS, de l'éclat à vos productions : & pourroient-elles n'en point avoir? elles qui annoncent à tout l'Univers que la Physique qui n'étoit présentée que sous un tissu de mauvaises conjectures, a été amenée, par vos soins, à des Expé-

riences raifonnées , felon les Loix de la Mécanique , dont
vous avez rendu les principes d'une fécondité merveilleufe
par l'art de décompofer les mouvemens les plus compliqués.
Que le Corps humain , ce chef-d'œvre de la Création , a peu
de refforts qui ne vous foient connus ; & dont on ne puiffe ,
mieux que jamais , réparer les accidens , par les moyens que
fourniffent vos découvertes dans la Botanique & la Chymie.
Que vous avez enrichi l'Algébre & la Géométrie d'un
nombre infini de nouvelles Méthodes qui ne laiffent plus
rien à défirer pour la perfection des Arts qui peuvent y être
foûmis. Qu'on ne peut vous refufer l'avantage d'avoir affuré la Navigation , en déterminant les Longitudes , par le
fecours des nouveaux Aftres que vous avez découverts dans
le Ciel. Enfin , que la jufteffe de vos Obfervations Aftrono-
miques , femble vous avoir acquis un droit fur le partage de
la Terre , puifqu'en rectifiant la Géographie , vous avez renfermé dans fes vraies limites , la portion qui appartenoit à
chaque Nation.

Ce font ces progrès , furs de l'immortalité , qui ont rendu , MESSIEURS , votre Nom célébre jufques dans les
Païs les plus reculés ; & la Poftérité , en les admirant ,

ã iij

pourra-t'elle croire qu'un travail auſſi prodigieux, n'a commencé qu'avec les conquêtes de LOUIS LE GRAND, votre auguſte Fondateur, dont l'Hiſtoire ne pourra tracer la brillante carriere, ſans vous faire partager les Lauriers conſacrés aux Grands hommes qui ont contribué à rendre ſon Régne floriſſant. Celui ſous lequel nous vivons, ne vous eſt pas moins glorieux; également protégés du Monarque qui nous gouverne avec autant de juſtice que de ſageſſe, quel fruit n'a-t'on pas lieu d'eſperer de la continuation de vos travaux, & des nouvelles Obſervations que vous faites actuellement par ordre de Sa Majeſté, dans des Climats ſi oppoſés & ſi éloignés du nôtre. Les ſçavantes richeſſes que vos illuſtres Membres doivent en rapporter, ſont d'un bien plus grand prix, & intéreſſent beaucoup plus nos vœux que toutes celles qu'on a coûtume d'y aller chercher.

Eſt-il ſurprenant, après cela, MESSIEURS, ſi les Perſonnes les plus diſtinguées par leur naiſſance, s'empreſſent d'occuper une place parmi Vous, & ſi le plus Grand Empereur qu'ait eu la Ruſſie, s'en eſt fait un mérite particulier? Ce Prince, né pour remplir la plus glorieuſe de toutes les deſtinées, avoit conçû le vaſte projet de créer

EPISTRE.

dans ces Etats ; un Peuple nouveau , & jugeant que les
Sciences pourroient en adoucir les mœurs , il sentit l'avantage d'entretenir avec Vous une étroite Correspondance ,
surtout , lorsque frappé de votre exemple , il s'apperçût
qu'elles étoient aussi propres à former le cœur qu'à éclairer
l'esprit.

En effet , MESSIEURS , c'est par la candeur qui
anime vos actions , que vous inspirez le goût des belles connoissances , tandis que la noblesse & l'énergie qui régnent dans
vos Ecrits , déterminent à les cultiver. La satisfaction d'y voir
le vrai dans tout son jour , l'esperance d'y acquérir plus d'étenduë de génie , plus de pénétration & plus de justesse , sont
des attraits trop puissans pour ne point aspirer à suivre vos
traces.

Cependant quoiqu'un penchant de ce caractere paroisse bien
désintéressé , vainement voudroit-on insinuer qu'en cherchant à
vous imiter , MESSIEURS , l'on n'a d'autres vûës que l'utilité
publique ? il se rencontre toûjours quelques motifs personnels difficiles à déguiser ; le mien , je l'avoüe , s'est renfermé au dessein
de vous plaire ; c'est un sentiment qui n'a cessé d'exciter mon
émulation , & que vous-même avez fait naître par l'approba-

tion dont vous avez autorisé mes premiers essais ; tout m'enga-
ge à publier ma reconnoissance , & la profonde vénération
avec laquelle je serai toute ma vie ,

MESSIEURS,

DE VOTRE CELEBRE COMPAGNIE,

Le très-Humble & très-Obéissant
Serviteur , BELIDOR.

PREFACE.

Q UAND on examine un peu févérement les differens Travaux qui font du reffort de la Mécanique,
l'on eft choqué du peu de précifion qui régne dans leurs
parties qu'on détermine prefque toujours au hazard , fans
fuivre aucunes régles certaines par lefquelles on puiffe
approcher le plus près qu'il eft poffible de la perfection ;
parce que pour y arriver, il faudroit remonter au principe
des chofes, & avoir un fentiment opofé à celui d'un préjugé affez general , que la Pratique eft préferable à la
Théorie. L'erreur de bien des Gens fur ce point, étant
la principale caufe des fautes qui fe commettent , je vais
effayer de la détruire , parce qu'enfuite je pourrai mieux
infinuer la fin que je me fuis propofée dans ce Traité.

Tout le monde conviendra que pour rendre un Ouvrage accompli , il faut qu'il foit conftruit folidement , qu'il
réponde bien à fon objet , & que la dépenfe foit tellement ménagée , qu'elle ne paroiffe répandue que fur ce
qui eft indifpenfablement néceffaire.

Ces conditions font fi naturelles qu'on feroit porté
à croire qu'il n'y a point d'apparence que les gens du Mé-
tier s'en écartent jamais , fi l'évenement ne prouvoit quelquefois le contraire ; mais comme elles font bien plus difficiles à remplir qu'on ne penfe, on n'eft pas toujours en droit
de leur en faire un reproche légitime , ils méritent au contraire bien plus d'excufe que de blâme , d'être parvenus à
faire les chofes auffi paffables qu'elles le font , fans d'autre

b

fecours que celui qu'ils ont tiré des réflexions qu'une longue expérience leur a fuggeré ; car il faut convenir qu'il fe
rencontre des Praticiens qui trouvent dans la fuperiorité
de leur génie des reffources merveilleufes, & qu'en general, c'eft aux perfonnes de ce caractere que l'on eft redevable de ce qu'il y a de plus heureufement imaginé dans
les Arts ; mais que l'on y prenne garde, lorfqu'on eft capable de méditer un projet, & de captiver long-tems fon
attention fur une même chofe pour en développer toutes
les faces, afin de ne fe déterminer qu'en faveur du parti le
plus avantageux ; cette maniere de penfer eft une vraye
théorie à laquelle on doit le fuccès qui en eft la fuite ; alors
fans le fçavoir on imite les Géométres, on en a l'efprit &
les vûes, puifqu'on cherche à parvenir au même but. Toute
la difference, c'eft que les uns y arrivent fans s'égarer par
une voye dont ils connoiffent la marche, au lieu que les
autres, privés des lumieres qui pourroient les guider, font
expofés à faire bien des faux pas. Quand il faut mefurer
exactement des efforts, dont les directions, les leviers,
les appuis ne font pas fenfibles, ce font toujours des recherches fort difficiles. Il fe rencontre fouvent des cas où
les puiffances dont on doit confiderer l'action, renferment
des rapports fi compliqués, qu'il n'eft pas poffible de les
appercevoir fans le fecours d'une théorie fort délicate, à
laquelle on ne peut atteindre fi l'on n'eft prévenu d'un
grand nombre de connoiffances acquifes par une étude fui-
vie. Il eft des chofes effentielles à fçavoir que l'expérience
n'aprend point, & qu'on ne peut ignorer quand on veut
voir clair à ce qu'on fait. Je m'en rapporte à la bonne-foi
de ceux qui font travailler depuis long-tems ; il n'y en a
pas qui n'ayent fenti dans mille occafions qu'il leur man-
quoit de certains principes dont ils auroient voulu être inf-
truits. La plûpart ont entamé une carriere qui n'étoit pas

encore frayée, & même fourni aux Sçavans des nouveaux sujets d'exercer leur sagacité. Il seroit bien juste que ces derniers à leur tour, leur donnaffent des maximes pour agir plus exactement. Dans quelque claffe qu'on soit placé, nous devons concourir unanimement aux biens de la Société ; c'eft un devoir indifpenfable qui doit faire la principale qualité d'un bon Citoyen ; que si l'on étoit en droit d'accufer d'un peu de négligence ceux qui ont la conduite des Ouvrages qui intereffent l'Etat, ce reproche devroit principalement regarder les jeunes Gens, qui peu touchés des devoirs du parti qu'ils ont embraffé, affectent d'exalter la pratique au mépris de la théorie, efpérant par-là authorifer leur peu de goût pour l'étude ; mais connoiffent-ils cette Pratique à laquelle ils veulent se borner ? Ils n'en peuvent avoir qu'un fentiment confus ; fans expérience & fans faire ufage de leur jugement, fçavent-ils le parti qu'il faudra prendre dans les cas difficiles qui peuvent se préfenter ? Occupés d'objets frivols, ils s'entretiennent dans un état de médiocrité fans fe mettre en devoir d'acquerir de la diftinction, & fans réfléchir qu'on s'inftruit bien lentement quand on n'apprend les chofes que lorfque la néceffité nous oblige de les confiderer. D'ailleurs ce feroit un grand abus de fe prévaloir de l'exemple de leurs Anciens qui n'ont pas laiffé de fe rendre recommandables par un chemin si long ; s'ils avoient eu les mêmes fecours qu'aujourd'hui, il n'y a point de doute qu'ils n'en euffent fait un meilleur ufage, & je ne veux d'autre preuve que le mérite d'avoir prefque tiré de leur propre fond, ce qu'ils ont d'acquis.

Si bien des gens penfent que les Mathématiques font d'une foible reffource pour rectifier la pratique ; cela vient de deux caufes. La premiere de ce qu'ils veulent limiter l'étenduë d'une Science qu'ils ne connoiffent pas. La fe-

conde de ce que les Mathématiciens n'ont point affez appliqué à la perfection des Arts les conféquences qu'ils
pourroient tirer de leurs principes ; car excepté les Mémoires de l'Académie Royale des Sciences où l'on trouve
un grand nombre de recherches utiles fur toutes fortes de
fujets, nos Livres de Mathématiques font d'une fi grande
féchéreffe, qu'il n'eft pas furprenant que les Praticiens n'y
trouvent point affez d'attraits pour y puifer les connoiffances qui leur feroient effentielles : ils s'en tiennent ordinairement à quelques petits Traités de Géométrie & de Mécanique, & lorfqu'ils y ont appris l'ufage qu'on peut faire
de quelques propofitions génerales, ils s'imaginent en fçavoir affez. Pour l'Algebre elle n'eft propre qu'à fervir d'a-
mufement à ceux qui ont affez de conftance pour s'occuper de queftions difficiles qui ne menent à rien. Cependant
comme elle eft abfolument néceffaire pour réfoudre une
infinité de cas qui fe préfentent tous les jours dans la conftruction des Travaux, c'eft pour les défabufer d'une opinion fi injufte, & leur montrer la néceffité de la théorie,
que j'ai entrepris d'écrire fur l'Architecture Hydraulique,
qui en eft beaucoup plus fufceptible que la civile. Comme
on n'ignore point l'importance d'un fujet qui intereffe autant les befoins de la vie, j'ai crû qu'en m'appliquant à le
traiter avec exactitude, on me fçauroit gré d'employer
auffi utilement les momens de loifir dont je puis difpofer ;
je crains feulement que ceux qui n'ont pas l'ufage de l'Algebre, & qui fe font déja plaints de ce que j'en avois répandu dans mes autres Ouvrages, ne murmurent d'en trouver beaucoup dans celui-ci ; mais comment veulent-ils
qu'on faffe ? elle eft devenue la clef de toutes les découvertes, il n'eft pas poffible de s'en paffer, dès qu'on veut
agir avec précifion ; ce n'eft que par fon moyen que l'on
peut déduire des Méthodes pour operer fûrement dans la

pratique. Le calcul litteral a cela d'avantageux, qu'il ménage la capacité de l'esprit en lui présentant une infinité d'objets sous l'expreſſion la plus simple, sans être diſtrait par la complication de leur rapports ; il ſuffit de n'avoir attention qu'aux regles du calcul, & la plume ſeule conduit directement à la réſolution qu'on cherche, qui devient enſuite une formule génerale pour toutes les queſtions ſemblables, sans avoir beſoin d'autres démonſtrations que celles que l'on tire de l'évidence du calcul même, dont les opérations ſont fondées ſur des ſimples axiomes. Souvent une ſeule expreſſion littérale donne jour à une Science entiere, dont on développe ſans peine toutes les conſéquences les unes après les autres, comme on en pourra juger par la maniere dont nous avons exprimé les regles du mouvement, & celles de la meſure des Eaux. Cependant mon deſſein ayant été de faire enſorte que cet Ouvrage devint utile à tous ceux qui le liroient, j'ay eu ſoin d'expoſer en forme de maxime toutes les regles que j'ai déduites de l'Analyſe ordinaire & des nouveaux Calculs ; j'ai même appliqué ces Maximes à des exemples numériques, pour qu'on ſe les rendit plus familieres & qu'on s'en ſervît avec la même confiance, que la plûpart ont ordinairement pour les opérations de la Géométrie, Pratique, quoiqu'ils ignorent la théorie qui les a fournies.

 J'étois à la veille de mettre au jour le Traité que j'avois promis en 1729. ſur l'Architecture Hydraulique, qui ne devoit embraſſer, (comme je l'ai annoncé alors) que les differens Ouvrages de Maçonnerie, Charpente, Faſcinage qui ſe font dans l'eau, lorſque voulant faire le projet d'une Machine pour élever l'eau, je fus fort ſurpris de ne ſçavoir comment m'y prendre pour en déterminer exactement toutes les parties, de maniere à ſatisfaire un bon eſprit qui m'auroit demandé compte de la diſpoſition de chaque

piece, la raifon de leur dimenfion, celle du dégré de viteffe qui pouvoit leur convenir, combien il devoit paffer d'eau au réfervoir, s'il n'étoit pas poffible d'en faire
monter d'avantage par l'action d'une puiffance limitée,
en tenant compte des frottemens ; fi on ne pouvoit pas
remplir le même objet avec plus de fimplicité & à moins
de frais : eu un mot, fi je pouvois me flatter de n'avoir
rien à craindre de l'examen d'un Juge éclairé, difpofé à ne
faire aucune grace.

  Ne me fentant point capable de remplir toutes ces circonftances, j'avoüerai ingénument que je fus déconcerté
de me trouver fi dénué ; j'avois cependant appris depuis
long-tems les Principes de la Mécanique & du mouvement des Eaux dans nos meilleurs Auteurs, & même écri-
fur ces matieres, que je croyois poffeder paffablement ;
mais fouvent on s'imagine avoir dans l'efprit un enchaî-
nement de connoiffances, & lorfque l'occafion fe préfente d'en faire ufage, on n'y trouve que des veftiges fans
ordre & fans liaifon ; il arrive même que la bonne opinion que nous avons de nos foibles lumieres eft un obftacle qui empêche d'en acquerit de plus étendues, parce
que l'on croit fçavoir beaucoup, faute de connoître ce
qui nous feroit encore néceffaire ; & fuppofant qu'on fente
ce qui nous manque, cela ne fuffit pas encore, il faut fçavoir où l'acquerir, & c'étoit là mon embarras, perfonne
n'ayant écrit fur les Machines dans le goût que je viens
d'infinuer ; c'eft pourquoi je formai le deffein de m'y appliquer férieufement, & de communiquer mes recherches
à ceux qui feroient dans le même cas où je m'étois trouvé ;
ainfi je ne fongeai plus qu'à m'inftruire, pour me mettre
en état d'inftruire les autres, ne pouvant me réfoudre de
laiffer en arriere un fujet auffi intereffant, & qui man-
quoit à mon Traité pour le rendre complet. Je réfolus donc

d'embraſſer generalement tout ce qui avoit rapport à la maniere de conduire, d'élever & de ménager les Eaux, ſans me mettre en peine de la longueur du travail, ni du mécontentement qu'alloit cauſer le retardemant de l'impreſſion de mon Ouvrage, perſuadé que quand il paroîtroit, on me ſçauroit gré d'avoir fait mes efforts pour mériter la bonne opinion que le Public marquoit en avoir conçû par ſon impatience à le voir paroître. Au reſte, pour ne point ennuyer par un plus long détail, l'on ſçaura que je l'ai diviſé en deux Parties ; comme il n'eſt queſtion préſentement que de la premiere compriſe en quatre Livres, en voici l'objet.

Le premier Livre eſt une Introduction à l'Ouvrage entier : on a crû que pour l'intelligence de ceux qui ignoroient les Principes de la Mécanique, ou qui les ayant appris, ne les avoient pas aſſez préſens pour en ſentir l'application ; il convenoit de commencer par leur en donner un Traité Préliminaire, écrit de façon qu'ils puiſſent ſe former une idée juſte des differens mouvemens qui ſe rencontrent dans les Machines compoſées, pour en calculer l'effet quelques ſoient les directions de la puiſſance & du poids. Ce Traité eſt accompagné de la théorie du mouvement & du choc des corps, afin d'en déduire les Regles de l'Hydraulique par des voyes plus courtes & plus claires que celles qu'on a ſuivies juſqu'ici.

L'on examine enſuite la réſiſtance cauſée par le frottement, la maniere d'en calculer le déchet dans toutes ſortes de cas, pour y avoir égard dans la pratique. Ce Sujet eſt traité à fond, & appliqué à des exemples propres à éclairer inſenſiblement l'eſprit ſur les avantages & les défauts de toutes les Machines : on y a joint des Maximes ſur ce qu'il faut obſerver lorſqu'on veut faire un projet & mettre le Lecteur en état d'en faire par lui-même dans

toute la perfection qu'il eſt poſſible d'atteindre. Pour qu'on
ſache à quoi peut ſe réduire la force des hommes & des
chevaux dans les differentes attitudes qu'ils ſont obligés de
prendre pour mouvoir une Machine; l'on a tiré du raiſone-
ment & de l'expérience les regles convenables à ce ſujet.

Pour remplir parfaitement l'objet de cet Ouvrage, on
a crû devoir enſeigner tout ce qu'on pouvoit dire d'eſſentiel ſur le mouvement des Eaux ; c'eſt auſſi la partie que
l'on trouvera travaillée avec le plus de ſoin. On y traite
du niveau & de l'équilibre des Liqueurs, de l'action de
l'eau contre les Parois des vaiſſeaux qui la contiennent,
afin d'en tirer des regles pour en meſurer la pouſſée, &
proportionner la réſiſtance qu'on peut lui oppoſer de la
part des Bâtardeaux, Digues, Levées, Ecluſes, &c. On
montre enſuite la maniere de meſurer la dépenſe des Eaux
qui coulent par des Orifices ou Pertuis, ſelon quelques
directions que ce ſoit, & comme on peut eſtimer le déchet cauſé par le frottement contre les bords, comme on
doit calculer la force du choc des courans contre les ſurfaces oppoſées ; enfin ce qui arrive aux corps plongés dans
l'eau, ſoit qu'ils ſurnagent ou qu'ils deſcendent au fond.

L'eau étant de tous les agens, celui dont on tire le plus
d'avantage pour faire agir les Machines, tout le ſecond
Livre roule ſur l'application qu'on en peut faire aux roues
de differentes ſortes de Moulins, & ſur la viteſſe qu'elles
doivent avoir par rapport au courant qui les meut, afin
que la Machine ſoit capable du plus grand effet : on y donne
la deſcription de pluſieurs ſortes de Moulins à bled fort ingénieux ; la maniere de découvrir par le calcul la force
qu'il faut pour les mouvoir, le produit dont ils peuvent
être capables, relativement à la peſanteur & à la viteſſe
de la meule. On fait entrer dans ces calculs la réſiſtance
cauſée par les frottemens, & tout ce qu'il peut y avoir
d'intereſſant

d'interreſſant de théorie & de pratique dans ces ſortes de Machines ; on fait voir auſſi comme l'on peut ſe ſervir du flux & reflux de la mer , pour faire tourner des roües toujours du même ſens, la maniere de conſtruire des Moulins à bras , & d'autres mis en mouvement par des Chevaux à l'uſage des Places de Guerre.

On décrit enſuite les Moulins à ſcier , on fait l'analyſe de toutes les parties qui entrent dans leur compoſition, & on en calcule l'effet ſelon la groſſeur des pieces de bois que l'on veut débiter ; on en rapporte auſſi d'autres pour ſcier des blocs de pierre, d'autres pour percer des Tuyaux de bois pour la conduite des Eaux ; d'autres enfin pour pulveriſer des matieres, comme par exemple , celles qui entrent dans la compoſition de la Poudre à Canon.

Tous ces Moulins ſont accompagnez de recherches ſur ce qui peut les rendre parfaits , des calculs qui embraſſent les frottemens & tous les accidens inſéparables de la pratique, qu'on a ſoumis à des regles ſi claires & ſi ſenſibles qu'avec une médiocre attention, le Lecteur peut acquerir inſenſiblement des connoiſſances qui lui donneront un ſentiment éclairé ſur toutes ſortes de Machines.

Les Moulins à Chapelet étant regardés avec raiſon comme les Machines les plus commodes pour les épuiſemens, on en a rapporté de toutes ſortes d'eſpeces avec les calculs de la force néceſſaire pour les mettre en mouvement, & du produit dont ils peuvent être capables. Lorſqu'ils agiſſent ſur des Plans inclinez, on fait voir quel angle le Plan doit former avec l'horiſon, pour que le Chapelet épuiſe le plus d'eau qu'il eſt poſſible dans un tems déterminé. On compare l'effet de ces Chapelets avec celui de quelques autres Machines au même uſage, pour faire ſentir ſur leſquels doit tomber la préference. Enfin on décrit pluſieurs ſortes de roües à eau , ſoit pour les épuiſemens , ſoit pour l'élever dans un Réſervoir.

c

Le troifiéme Livre commence par une Differtation fort
étendue fur les proprietez de l'air ; de quelle maniere l'eau
monte par afpiration ; l'ufage qu'on peut faire de la dilatation & de la condenfation de l'air ; la force que fon reffort acquiert par la chaleur pour mouvoir les Machines tirées des Expériences faites en France & en Angleterre ; ce
qui peut fervir d'introduction à la Phyfique , & à expliquer les effets des Pompes afpirantes , & des Machines à
élever l'eau par le moyen du feu. Cette Differtation eft fui-
vie de la maniere de calculer la force du vent , de l'avantage qu'on en peut tirer pour deffécher un Pays aquatique , ou pour arrofer un terrein arride , dont on rapporte
des exemples.

Enfuite l'on décrit les proprietez de toutes les Pompes
qui ont été imaginées jufqu'ici : on en fait voir les défauts
& les avantages , à quel dégré de perfection on peut les
porter. On eft entré dans un détail circonftancié fur toutes
leurs parties , principalement fur les Piftons & les Soupa-
pes ; ce que l'on a fait avec d'autant plus de foin , qu'il paroît que ce fujet n'a pas encore été examiné férieufement.

Après avoir confideré les Pompes en elles-mêmes , on
rapporte un grand nombre de Machines pour les faire mouvoir ; les unes à l'ufage des Particuliers , dans lefquelles je
comprens celles dont on fe fert aux incendies ; les autres
propres à entretenir les Fontaines d'une Ville. On donne
pour exemple les plus belles qui font actuellement exécutées en differens endroits de l'Europe , mifes en mouvement par les Animaux , le cours des Rivieres & la force du
feu : ces dernieres ont été inventées depuis peu par les An-
glois , qui ont fçû tirer du feu l'agent le plus puiffant qu'il
y ait dans la nature , & le ménager avec tant d'art , qu'on
peut regarder ce qu'ils ont fait là-deffus comme le chef-
d'œuvre de l'efprit humain ; auffi n'ai-je épargné ni foins

ni dépenſes pour en donner un détail exaĉt, ayant été moi-
même pluſieurs fois ſur les lieux, & reçû de la part de Meſ-
ſieurs de la Societé Royale de Londres toutes les lumieres
que je pouvois déſirer.

On donne dans le quatriéme Livre pluſieurs moyens
pour faire que l'eau d'une ſource s'éleve d'elle-même beaucoup au-deſſus de ſon niveau, pourvû qu'on ait une chûte
en ſe ſervant de la force dont l'eau eſt capable par ſa pouſſée, ſans employer aucune des parties qui entrent dans la
compoſition ordinaire des Machines, qui eſt une découverte importante faite depuis peu.

On trouvera enſuite une Diſſertation ſur l'origine des
Fontaines, la maniere de les découvrir & d'en conduire
les eaux, ſoit par des Tranchées ou Aqueducs; la conſtruction des Baſſins, Réſervoirs & Citernes pour la conſerver;
la maniere de la diſtribuer aux Fontaines d'une Ville & aux
Particuliers, à quoi l'on joint pluſieurs Machines pour la
tirer des Puits fort profonds.

Comme rien n'eſt plus agréable à la vûe pour la décoration des Jardins que les eaux jailliſſantes, on s'eſt fort
étendu ſur la maniere de les diriger, en faiſant voir comme avec une petite quantité (qu'on a l'art de répeter pluſieurs fois) l'on peut, ſans une grande dépenſe, offrir un
ſpeĉtacle des plus rians. L'on donne pour exemple ce qui
a été exécuté dans ce goût là à Verſailles, Marly, Saint-
Cloud, Chantilly, Sceaux, Liancourt, & dans les Pays
Etrangers, afin que ceux qui feront dans le deſſein d'em-
bellir leur Jardins puiſſent trouver ce qui leur convient,
eu égard à la dépenſe qu'ils ont envie de faire & à la ſituation des lieux, & qu'en general le Leĉteur puiſſe être en
état de juger de la beauté des objets de cette eſpece qui in-
tereſſeroient ſa curioſité. Je ne dis rien icy des Machines
pour élever l'eau dans le Réſervoir qui doit donner l'ame

à toutes ces chofes, lorfqu'il n'y a point de fource naturelle fuperieure, parce qu'elles fe trouvent comprifes dans celles dont j'ai parlé précédemment dont on pourra faire le choix.

Voilà en gros ce qui compofe la Premiere Partie. A l'égard de la feconde qui doit traiter de la maniere de rendre les Rivieres navigables, & d'en faciliter la communication par les Canaux; de la conftruction des Ponts, Aqueducs, Eclufes, Baffins, Carenes, Quays, Jettées, Rifbans, Faneaux, & autres Ouvrages qui fe font aux Places Maritimes; je continue à y travailler pour la mettre fous la Preffe le plûtôt qu'il me fera poffible; j'inftruirai le Public du tems où elle pourra paroître.

La conformité du mérite de M. Frezier avec celui des grands Hommes, à qui j'ai confacré cette Premiere Partie du mon *Architecture Hydraulique*, eft trop generalement reconnue pour héfiter de le faire participer à mes fentimens de reconnoiffance, puifque fi l'on y trouve les matieres traitées avec quelque Méthode, c'eft à fes confeils que j'en fuis redevable. Le bel Ouvrage qu'il vient de donner au Public fur la Coupe des Pierres, eft un fur garand des lumieres qu'il eft en état de communiquer; il defaprouvera fans doute cette marque autentique de ma fenfibilité, mais je fuis intereffé à faire voir que l'ingratitude n'eft pas mon défaut.

Extrait des Regiftres de l'Academie Royale des Sciences.

Du 30 Avril 1737.

Meffieurs Nicole & Pitot qui avoient été nommés pour examiner un Livre de M. Belidor, intitulé *Architecture Hydraulique*, qui contient la Defcription & la Théorie de quantité de Machines qui ont été exécutées avec fuccès, en ayant fait leur rapport; la Compagnie a jugé que cet Ouvrage feroit très-utile au Public; en foi de quoi j'ai figné le préfent Certificat. A Paris ce 31 Avril 1737. FONTENELLE, Secretaire perpetuel de l'Academie Royale des Sciences.

ARCHITECTURE
HYDRAULIQUE

Ou l'Art de conduire, d'élever & de ménager
les Eaux pour les differens besoins de la vie.

LIVRE PREMIER
Servant d'Introduction.

CHAPITRE PREMIER
Contenant les principes de la Mecanique.

I. LA Mécanique est une Science qui considere le rapport qui se rencontre entre les *Forces* ou *Puissances* qui agissent pour mouvoir les Corps, & les *Vitesses* avec lesquelles ils seroient mûs, s'il ne se rencontroit point d'obstacle : le tout consideré dans l'état *d'équilibre*, c'est-à-dire dans l'état où se rencontrent deux ou plusieurs Puissances qui agissant les unes contre les autres autour d'un point *fixe* demeurent en *repos*.

Definitions, Axiomes, & remarques préliminaires.

A

2. L'on nomme *direction* ou détermination d'une Puissance, la ligne droite selon laquelle cette Puissance pousse ou tire un corps.

3. L'on appelle *effort*, *impression*, ou *moment* d'une Puissance, ce que la maniere dont elle est appliquée à un corps où à une machine, lui permet *d'action* contre l'obstacle à surmonter.

4. Quand on dira par la suite qu'un corps est mû sur un plan horisontal, par une où plusieurs Puissances, on supposera pour plus d'intelligence, que la force de chaque Puissance est attribuée à une main qui pousse ce corps selon une ligne droite avec une force toûjours *uniforme* pour lui faire parcourir des espaces égaux en tems égaux ; c'est-à-dire que si cette Puissance en poussant le corps successivement lui faisoit parcourir un espace de 6 pieds en 6 secondes de tems, elle lui feroit parcourir un pied par chaque seconde.

N'étant pas nécessaire qu'une Puissance soit appliquée immediatement à un corps pour le pousser, l'on peut supposer si l'on veut qu'elle se sert d'un *rayon solide*, comme on fait d'un *billard* lorsqu'on veut pousser une *bille* avec une force uniforme selon une même Direction; comme il s'en faut bien que la force que peut avoir la main qui pousse une bille soit totalement employée à la mouvoir, on fera attention que lorsque nous dirons qu'un corps est poussé ou tiré par une ou plusieurs Puissances, l'on ne doit entendre par ces Puissances, que ce que chacune exerce de force pour tirer ou pousser ce corps, & non tout ce qu'elle en pourroit avoir.

5. Lorsque plusieurs Puissances pousseront ou tireront un corps, il faudra considerer leurs Directions comme étant renfermées dans un même plan ; & lorsqu'elles seront appliquées à des cordes, on fera abstraction de la roideur & de la pesanteur de ces cordes.

6. Soit qu'une ou plusieurs Puissances poussent ou tirent un corps, les Directions selon lesquelles elles agiront, seront toûjours marquées par celles des Rayons solides ou des cordes ausquelles ces Puissances sont appliquées; & l'on pourra regarder leur effort, comme s'étendant également dans tous les points de leurs directions sans se mettre en peine de la distance où ces Puissances se trouvent du corps sur lequel elles agissent; le plus où le moins de longueur des cordes ou des rayons, ne pouvant causer aucune alteration à leur effet.

7. On peut aussi recevoir comme incontestable que *l'action est égale à la reaction*; en effet *l'action* d'une force contre un corps ne peut être qu'égale à celle qu'à ce corps pour la repousser.

8. Comme il n'y a point de rapport, de quelque nature qu'en foient les termes, qu'on ne puiffe exprimer par des lignes droites, nous nous en fervirons pour défigner la force que nous attribuerons aux Puiffances; ce qui fuffira pour peu qu'on ait d'intelligence, fans qu'il foit néceffaire de caraƈerifer ces Puiffances par d'autres traits.

9. Quand une Puiffance eft appliquée à une machine pour produire un certain effet, on la nomme *Puiffance môtrice* ou *Puiffance agiffante* & l'on dit qu'elle agit avec une *force abfoluë*, lorfqu'elle employe tout ce qu'elle peut exercer de force pour furmonter l'obftacle qui lui eft oppofé : l'on dit au contraire que cette Puiffance n'agit qu'avec une *force relative* ou *refpeƈive*, lorfqu'elle n'employe qu'une partie feulement de fa force abfoluë.

10. Lorfqu'un mouvement réfulte du concours de deux Puiffances, comme d'une feule qui feroit formée de ce qu'elles y employent d'action, on l'appelle mouvement compofé.

11. Comme les mouvemens de cette efpece fe rencontrent frequemment dans les Machines, & qu'on en a deduit le principe le plus fecond de la Mecanique; nous commencerons par établir les proprietez du *parallelogramme des forces*, en fuppofant que *les effets font toûjours proportionnels à leurs caufes* qui eft un axiome dont on ne peut douter.

Par exemple les viteffes uniformes d'un même corps ou des corps égaux, ne peuvent être que dans la raifon des forces môtrices; les efpaces parcourus par ces corps en temps égaux, feront auffi comme les forces môtrices, ou les caufes qui les auront produites : & lorfque les efpaces parcourus d'un mouvement uniforme par un même corps ou par des corps égaux, font entre eux comme leurs viteffes, ou comme les forces qui les ont produites, ces efpaces font parcourus en tems égaux.

12. Quelque foit le nombre des forces ou des Puiffances quelconques dirigées comme l'on voudra qui agiffent à la fois fur un même corps; ou ce corps ne fe remuera point du tout, ou il n'ira que par un feul chemin, & fuivant une ligne qui fera la même que fi au lieu d'être ainfi pouffé ou tiré par toutes ces Puiffances à la fois, ce corps ne l'étoit que fuivant la même ligne, & en même fens, par une feule force ou Puiffance équivalente à celle qui refulteroit du concours de toutes celles là.

PROPRIETE' DU PARALLELOGRAMME
des forces.

PLANC. I
FIG. I.

13. Si l'on a deux Puiſſances exprimées par les lignes AB & DB, que la premiere AB ſoit capable de faire parcourir au corps B, le côté BC d'un parallelogramme, dans le même temps que la ſeconde DB feroit parcourir au même corps l'autre côté, BE ; ces deux forces agiſſant enſemble ſur le corps B, lui feront parcourir la diagonale BF du même parallelogramme dans un tems égal à celui que chaque Puiſſance AB ou DB en particulier auroit employé à faire parcourir au corps B, chaque côté BC ou BE.

Les deux forces AB, DB agiſſant enſemble ſur le corps B, ſelon les directions BC & BE, la direction du corps B ſera compoſée de ces deux directions ; or ſi l'on diviſe en un nombre d'inſtants égaux, le tems que chaque force mettroit à faire parcourir au corps B, le côté BC ou BE, il eſt clair que les deux forces agiſſant enſemble ſur le corps B, la force AB tendra à lui faire parcourir le côté BC, dans le même tems que la force DB, tendra à lui faire parcourir le côté BE : ſi l'on ſuppoſe que dans le premier inſtant, la force AB auroit fait parcourir au corps B l'eſpace BH, tandis que la force DB lui auroit fait parcourir l'eſpace HI, le corps ſe trouvera au point I ; & les eſpaces BH & HI ſi petits qu'on puiſſe les imaginer, ſeront toûjours comme les forces AB, DB, ou comme BC & BE ; (11) ainſi à cauſe des triangles ſemblables BHI, BCF, le corps étant en I ſera dans un point de la diagonale BF, il l'aura même toûjours ſuivi depuis juſqu'en I; ſi au ſecond inſtant la force AB auroit fait parcourir au corps B l'eſpace IK, dans le même tems que la force DB lui auroit fait parcourir l'eſpace KL, le corps ſe trouvera encore au point L de la Diagonale ; mais toutes les lignes comme BH, IK depuis B juſqu'en F ſeront encore priſes enſemble égales à BC, ainſi le tems que le corps a mis à parcourir la Diagonale BF, par les deux forces agiſſant enſembles, ſera égal au tems que chaque force en particulier, auroit mis à faire parcourir au corps B, le côté BC ou BE.

Premiere Conſéquence.

14. Puiſque les forces AB & DB, ſont capables de faire parcourir au corps B, les eſpaces BC & BE, en tems égaux, il ſuit

que les effets étant proportionnels à leurs caufes, l'on aura AB,   FIG. 1.
DB .: BC, BE. (11)

Seconde Confequence.

15. Si l'on acheve le parallelogramme AD, que l'on prolonge
la ligne FB jufqu'en G; la ligne BG fera la Diagonale du paral- *La force*
lelogramme AD ; & les triangles BCF, GDB étant femblables, *exprimée par la Dia-*
l'on aura BC, GD :: BF, GB; & AB étant égale à GD, il fuit *gonale d'un*
que l'efpace BC eft à la force GD, comme l'efpace BF eft à la *parallelo-gramme,*
force GB ; ce qui fait voir que la force exprimée par la Diagonale *eft égale à*
GB fera parcourir au corps B, l'efpace BF, dans le même tems *deux autres*
que la force AB ou GD fera parcourir au même corps l'efpa- *forces, lef-quelles a-*
ce BC ; (11) & comme l'on a encore BE, BD :: BF, GB; on *giffant en-*
peut conclure que la Puiffance GB a autant de force elle feule *femble, fe-roient ex-*
pour faire parcourir au corps B, l'efpace BF, que les deux forces *primées par*
AB & DB en ont agiffant enfemble felon les directions BC & *les côtés du*
BE, pour faire parcourir au corps B, le même efpace BF. *même pa-rallelo-gramme.*

Troifiéme Confequence.

16. Prenant fur BF, la partie BH égale à la Diagonale BG, la FIG. 2.
force exprimée par BH, agiffant de H en B felon la direction *La force*
BG, fera capâble d'empêcher l'effet de la force GB agiffant de *exprimée par la dia-*
G en B, & par confequent la force HB, pourra elle feule refi- *gonale d'un*
fter aux deux forces AB & DB agiffant enfemble felon les di- *parallelo-*
rections BC & BE; d'où il fuit que le corps B demeurera dans *gramme*
un parfait repos, lorfque les trois forces AB, DB & HB agiront *foutient en*
en même tems; c'eft cette égalité de forces qui agiffent en fens *équilibre*
contraire que nous avons nommé *équilibre* (1°) *l'action de deux puif-fances op-pofées qui feroient ex-primées par les deux au-tres côtés.*

Quatriéme Confequence.

17. Il eft encore manifefte que les trois Puiffances qui font
équilibre, font proportionnelles aux trois côtés d'un Parallelogramme fait fur leurs directions, (en prenant ici la Diagonale
pour un des côtés) puifque dans l'équilibre la Puiffance refiftante eft capable de produire les mêmes effets que les deux agiffantes.

Cinquiéme Consequence.

Selon quel-
les direc-
tions doi-
vent agir
trois puis-
sances pour
être en é-
quilibre.

18. L'on voit par tout ce qui précede, que la Diagonale d'un Parallelogramme dont les trois côtés font proportionnels aux trois Puiſſances qui font équilibre, doit toûjours être ſur la ligne de direction de la Puiſſance reſiſtante, & les deux autres côtés ſur celles des deux Puiſſances agiſſantes.

Remarque.

19. Voilà la ſituation ſelon laquelle il faut conſiderer les Puiſ-ſances qui agiſſent en ſens contraires, ſoit qu'elles pouſſent un corps avec des Raïons ſolides ; ou qu'étant appliquées à des cordes qui ſeroient attachées a ce corps chacune le tire à ſoi : ainſi quand nous avons ſuppoſé en premier lieu que ces Puiſſances faiſoient mouvoir le corps le long des côtés d'un Parallelogramme où de la Diagonale, ce n'a été que pour inſinuer de quelle maniere l'équilibre ſe produiſoit, & quelle en étoit la nature.

Sixiéme Consequence.

Trouver
deux forces
lesquelles
agiſſant en-
ſemble, ſe-
lon des di-
rections
données,
faſſent le
même effet
qu'une ſeu-
le force
donnée.
Fig. 2.

20. L'on voit encore que l'on peut toûjours trouver deux forces pour les ſubſtituer à la place d'une ſeule donnée dés qu'on aura determiné les directions de celles que l'on cherche : par exemple ſoit la force donnée GB, à la Place de laquelle, on en veut ſubſtituer deux autres qui agiſſent enſemble ſuivant les directions données BC & BE, il faut prolonger ces Directions du côté de B, faire le Parallelogramme AD ; l'on aura les forces AB & BD, capables de produire enſemble le même effet ſur le corps B, que la ſeule GB, ce qui eſt bien évident par l'article 15.

Septiéme Conſequence.

Deux for-
ces étant
données
trouver
leurs direc-
tions, pour
qu'agiſſant
enſemble,
on puiſſe les
ſubſtituer

21. Si deux forces que l'on veut ſubſtituer à la Place d'une ſeule étoient données, mais que leurs Directions ne le fuſſent pas ; il faut que ces deux forces priſes enſemble ſoient plus grandes que la troiſiéme GB, afin de pouvoir décrire un triangle GBD, dont les côtés GD & DB ſoient égaux aux deux lignes qui expriment les forces d nnées ; alors achevant le Parallelogramme AD, on n'aura qu'à prolonger les lignes AB & DB, pour avoir

les directions BC & BE, selon lesquelles doivent agir les deux *à la place d'une 3e.* forces, pour faire le même effet sur le corps B, que la seule *force donnée.* GB, ce qui est encore évident par l'article 15.

Remarque.

22. Quoique la somme des deux Puissances agissantes soit plus grande que la resistante ; cela n'empêche pas que cette derniere ne fasse équilibre avec les deux autres, lorsque leurs directions ont un angle d'une grandeur finie ; parcequ'il y a une égalité de forces de la part des deux Puissances agissantes qui se detruit : je m'explique ; si des points A & D l'on abbaisse sur GB les perpendiculaires AL, DI, & qu'on fasse les Parallelogrammes LM & IK, les forces exprimées par DK, & KB agissant ensemble feront l'effet de la force DB, & les forces AM, MB le même effet que la force AB ; mais les forces BK & BM étant égales & parallèles aux perpendiculaires AL & ID seront égales entr'elles & perpendiculaires à la ligne GF ; ainsi ces deux forces n'approcheront ni n'éloigneront le corps B des points G, F, & doivent être regardées comme nulles par rapport au point F ; mais IB ou DK est égal à GL, de même que AM est égal à LB ; ainsi la force GB étant égale aux forces DK & AM prises ensemble, l'on voit que ce sont les seules parties des forces AB & DB qui font équilibre avec la Puissance resistante BH=GB.

Pourquoy deux forces qui sont prises ensemble plus grandes qu'une troisième : peuvent être en équilibre avec cette troisième.

FIG 3.

Huitième Conséquence.

23. L'on peut conclure de ce qui précede que si une Puissance pousse ou tire une surface inflexible AB selon une direction oblique DC, elle ne la pousse, ou tire que par ce qu'elle peut avoir de perpendiculaire à cette surface ; si l'on prend la ligne DC pour exprimer la force absolue de cette Puissance ; que du point D, l'on abbaisse la perpendiculaire DE sur la surface AB, & qu'on acheve le Parallelogramme rectangle EF, il est constant que les Puissances exprimées par EC & FC qu'on suppose agir ensemble sur le point C, selon les directions FC & EC, feront le même effet que la Puissance DC ; mais la Puissance EC étant parallele à la surface AB, elle n'y fait nulle impression ; il n'y a donc que la seule FC qui étant directement opposée à la surface, la pousse ou la presse avec toute la force dont elle est capable : prenant la ligne DC pour le sinus total, la ligne DE sera le sinus de

FIG. 4.

Quand une force agit selon une direction oblique a une surface, elle ne pousse tire ou choque cette surface qu'avec une force relative exprimée par le sinus de l'angle d'incidence.

Fig. 4. l'angle DCE ; d'où il fuit que lorfqu'une Puiffance pouffe ou tire une furface felon une direction oblique, *la force abfolue de cette
Puiffance eft à la force relative ou a fon effet, comme le Sinus total eft
au Sinus de l'angle d'incidence* c'eft-à-dire de l'angle aigu qu'elle
forme avec la furface.

24. L'Article précedent montre que fi un corps mû avec une
certaine viteffe frappe un autre corps ou une furface oppofée felon une direction perpendiculaire, il fait toute l'impreffion qu'il
peut jamais faire étant mû avec cette viteffe ; mais que fi fa direction eft oblique à la furface il ne la frappera qu'avec une force relative ; & que *le choc felon la direction perpendiculaire fera au
choc felon la direction oblique comme le finus total eft au finus de l'angle
d'incidence.*

Principe general de la Mecanique.

25. Si l'on a trois Puiffances P, Q, R, appliquées à des cordes, & qu'elles foient en équilibre autour du point fixe F ; je
dis que les Puiffances agiffantes P & Q feront dans la raifon reciproque des perpendiculaires BG & BC tirées d'un des points
Fig. 5. de la direction de la Puiffance refiftante R, fur les lignes de direction des Puiffances P & Q.

Pour le prouver, confiderez que dans l'Etat d'équilibre la Puiffance R fera exprimée par la diagonale BF du parallelogramme ED,
la Puiffance P par le côté EF, & la Puiffance Q par le côté DF ou
BE : (15) ainfi l'on aura dans le triangle EBF, les côtés FE & EB qui
feront dans la raifon des Puiffances P & Q : or remarquez que la
perpendiculaire BC eft le finus de l'angle EFB ; & la perpendiculaire BG le finus de l'angle BFD où de fon alterne EBF ; or
comme dans les triangles, les finus des angles font dans la même raifon que leurs côtés oppofés, on aura EF, EB :: EG, BC ;
& fi l'on prend P à la place de EF, & Q à la place de EB, l'on
aura, P, Q :: BG, BC.

26. De même comparant la Puiffance R avec la Puiffance P,
elles feront dans la raifon reciproque des perpendiculaires DC &
DG, tirées d'un des points de la direction de la troifiéme puiffance Q fur celles des deux précedentes.

Prenant BD à la place de EF, l'on aura le triangle BCF, dont
les côtés BF & BD feront dans la raifon des Puiffances R &
P ; ainfi la perpendiculaire DG étant le finus de l'angle BFD ;
ou de fon fupplément BDH & la perpendiculaire DC celui de
Fig. 6. l'angle BDF, l'on aura encore BF, BD :: DC, DG où R, P ::
DC, DG.
                                                              Les

Les principes précedents n'étant qu'une préparation à la Mécanique, nous allons (en faisant abſtraction des frottemens) les appliquer aux Machines ſimples qui en font l'objet ; c'eſt à dire au *levier*, au *tour* qui comprend la *rouë avec ſon treuil*, à *la Poulie*, au *Plan incliné*, au *coin*, & à *la vis* ; mais nous nous attacherons principalement aux propriétés *du levier*, parce qu'on y peut rapporter le calcul de toutes les autres Machines ; mais avant d'en venir là, voici quelques definitions dont il convient d'être prévenu.

27. On appelle *poids* ou *péſanteur* des corps, une force qui tend à les mouvoir du haut en bas en ligne droite vers le centre de la terre que l'on nomme auſſi *centre des graves* : on prend ſouvent la péſanteur des corps à la place de leur maſſe, ſur-tout quand ils ſont de differentes matieres, & qu'il s'agit d'eſtimer leur quantité de mouvement.

28. On appelle *centre de gravité* ou *de péſanteur* d'un corps, le point par où ce corps étant ſuſpendu demeure en repos dans toutes les ſituations où il ſe trouve : par exemple il eſt conſtant que le centre de gravité d'une ligne droite eſt dans ſon milieu de même que celui d'une régle où d'une verge dont la péſanteur eſt uniforme ſur toute ſa longueur ſera auſſi au milieu, de ſorte que ſi l'on ſuſpend la régle & la verge par ce point, où qu'elles repoſent chacune ſur un pivôt, elles ſe maintiendront dans une ſituation horiſontale, n'y ayant point de raiſon pour qu'une moitié emporte l'autre.

29. L'on ſuppoſera par la ſuite que les péſanteurs de toutes les parties de la matiere qui compoſe un corps, ſont réünies dans le centre de gravité de ce corps, & que l'on peut regarder les corps comme des *points péſans* ; cette ſuppoſition n'ayant rien qui repugne, puiſqu'il eſt évident que pour empêcher un corps de ſe mouvoir, il n'y a qu'à préſenter un obſtacle dans la ligne de direction que décrit ſon centre de gravité.

30. On ſuppoſera auſſi que les directions des poids appliquez à une même machine ſont paralleles, quoiqu'elles concourent au centre de la terre ; à cauſe de la petiteſſe de la Machine, eu égard à la grande diſtance qu'il y a de la ſuperficie de la terre à ſon centre qui eſt d'environ 1432 lieuës.

31. L'on peut toûjours mettre une Puiſſance à la place d'un poids, dès que cette Puiſſance aura la même direction qu'avoit le poids ; car la *force d'une Puiſſance ſe meſure par la péſanteur d'un poids qui feroit le même effet qu'elle* : ainſi quand deux poids feront en équilibre autour d'un point fixe, on pourra prendre l'un

des deux pour la puiffance qui eft en équilibre avec l'autre.

32. Pour démontrer les proprietez de l'équilibre dans les Machines, il faudra fuppofer d'abord que les directions des trois Puiffances qui les caufent font dans un même plan & concourent en un point ; ce qui eft le cas général d'où l'on defcend aifément aux cas particuliers des trois directions paralleles, & on formera toujours le parallelogramme, de maniere que la diagonale, foit comme on l'a déja dit fur la direction de la Puiffance réfiftante, qui fe trouve entre les deux agiffantes. (18)

Quand un nombre de puiffances font en équilibre autour d'un même point, on peut réduire toutes ces puiffances à trois feulement.

33. S'il y avoit plus de trois Puiffances qui agiffent felon des directions differentes contre un corps ou un point, de maniere qu'il demeure en repos où en équilibre ; il faudroit réduire toutes ces puiffances à trois feulement, ce qui fera aifé par l'Article 20, en faifant que deux fe réduifent à une feule ; ainfi des autres réduites toûjours de deux à une.

34. On appelle *point fixe* ou *point d'appui* d'un levier, la réfiftance autour de laquelle plufieurs Puiffances fe combattent ; ainfi lorfque deux Puiffances font en équilibre avec une troifiéme, on peut à la place de cette troifiéme fubftituer un appui qui fera le même effet ; ce qui répond à ce que l'on a dit à la fin de l'Article premier.

Deffinitions des trois efpeces de leviers qui fe rencontrent dans les machines.

35. L'on diftingue trois genres ou efpeces de levier : *le levier du premier genre*, eft celui qui a une puiffance où un poids à chacune de fes extrémités ; ou un poids à l'une & une Puiffance à l'autre, & le point d'appui entre les deux : *le Levier du fecond genre* eft celui dont le point d'appui eft à une de fes extremités, une Puiffance appliquée à l'autre, & le poids entre les deux : *le Levier du troifiéme genre*, eft celui dont le point d'appui eft à une de fes extremitez, le poids à l'autre & la Puiffance entre deux.

Proprieté du Levier.

36. Ayant deux Puiffances P & Q, appliquées aux extremitez d'un levier AB, je dis qu'elles feront en équilibre, fi elles font dans la raifon réciproque des perpendiculaires CE & CD, tirées du point d'appui C fur leurs lignes de directions.

Fig. 7.

Comme les directions des Puiffances P, Q, R, doivent concourir au même point felon l'article 32, fi on les prolonge elles fe rencontreront en H, & fi du point C, l'on tire les lignes CF & CG paralleles aux directions oppofées BH & AH, on aura le parallelogramme FG, dont le côté FH ou CG exprimera

la Puiffance P ; & le côté GH la Puiffance Q dans l'état d'équil
bre : or comme la perpendiculaire CE eft le finus de l'angle CHG
& la perpendiculaire CD, le finus de l'angle FHC, ou de fon
égal HCG, on aura felon l'article 25 P, Q : : CE, CD.

Premiere Confequence.

37. Les directions des trois Puiffances qui font équilibre étant
renfermées dans un même plan vertical ; fi on les fuppofe prolon-
gées jufqu'au centre de la terre, le point H y étant parvenu, celles des Puiffances P & Q pourront être regardées comme para-   Fig. 7.
leles entr'elles (30) ; ce qui ne pouvant arriver fans que l'angle
DCE que formoient les perpendiculaires CE & CD ne s'ouvre
jufqu'à approcher infiniment de valoir deux droits, les côtés de
cet angle pourront être regardez, comme ne formant qu'une
feule ligne droite IK ; ainfi on aura encore P, Q : : CK, CI.

Seconde Confequence.

38. Les lignes AB & IK, fe coupant au point C, entre les
paralleles AM & BN, formeront les triangles femblables ICA &
KCB, qui donnent CK, CI : : CB, CA : or fi à la place de CK &
de CI, l'on met CB & CA dans l'analogie précédente (P, Q : : CK,
CI) on aura P, Q : : CB, CA ; qui fait voir que lorfque trois Puiffances P, Q, R, font appliquées à un levier AB, & qu'elles agiffent
felon des directions paralleles entr'elles ; dans l'état d'équilibre, les
Puiffances P & Q font dans la raifon réciproque *des bras de le-*
vier CB & CA qui leur répondent.

Troifiéme Confequence.

39. De même quand le levier AB fe trouve dans une fituation horifontale on a encore P, Q : : CB, CA ; puifque les bras   Fig. 9.
de levier exprimeront eux-mêmes les perpendiculaires tirées du
point d'appui C fur les lignes de directions des Puiffances P & Q.

Quatriéme Confequence.

40. Comme c'eft la même chofe à la puiffance R de foutenir
l'action des deux autres P & Q, en tirant de C en R le point C,
ou en le repouffant de D en C dans la même direction, il fuit qu'à

la place de la Puiſſance R , l'on peut ſubſtituer un point d'appu
E , autour duquel les Puiſſances P & Q ſeront en équilibre : (34)
alors AB ſera un levier du premier genre. (35)

Cinquiéme Conſequence.

On peut à la place des Puiſſances ſuppoſer des poids appliquez aux extrêmitez desbras d'un levier.

41. Si les extremitez A & B du levier AB , au lieu d'être tirées de haut en bas par deux Puiſſances , l'étoient par deux poids qui fiſſent le même effet , il faudroit que ces poids ainſi que les Puiſſances pour être en équilibre , fuſſent dans la raiſon réciproque des bras du levier , lorſque ce levier eſt horiſontal ; ou bien quand il eſt oblique dans la raiſon réciproque des perpendiculaires tirées du point d'appui ſur les directions des poids,

Sixiéme Conſéquence.

De quelque figure que ſoit unlevier du premier genre,ilpeut toujours ſe réduire à un levier droit.

FIG. 10 & 11,

42. Si le levier qui porte les poids P & Q faiſoit des angles en B & G , ou s'il étoit de figure courbe , comme ABCDH , il faudra mener par ſon point d'appui G , la ligne horiſontale EGF , perpendiculaire aux directions des poids ; alors les parties GE & GF de cette ligne exprimant les diſtances naturelles du point d'appui G , aux directions des poids P & Q , en feront les véritables bras de levier comme ci-devant (37.)

Septiéme Conſéquence.

Une puiſſance & un poids appliquez à un levier ſeront en équilibre lorſque la puiſſance & le poids feront dans la raiſon réciproque des bras du même levier.

43. L'on peut auſſi ſuppoſer un poids ſuſpendu à l'extrémité d'un des bras de levier , & une Puiſſance appliquée à l'autre (31) ; alors la Puiſſance ſera au poids dans la raiſon réciproque des bras de levier , quand la direction de la Puiſſance ſera parallele à celle du poids,

Huitiéme Conſéquence.

Un levier caudé ou recourbé,c'eſt-à-dire qui fait un angle au point d'appui , a

44. Si la Puiſſance Q agiſſoit ſelon une direction BQ oblique au levier AB ; cette Puiſſance ſera au poids comme le bras CA eſt à la perpendiculaire CE , laquelle étant conſiderée comme une verge infléxible , pourroit être priſe pour le bras de levier de cette Puiſſance ; ce qui fait voir dans la figure 13. qu'un angle peut faire un levier qui aura les mêmes propriétés que le précédent : puiſque dans l'état d'équilibre , la Puiſſance & le poids fer ont encore dan

la raifon réciproque des bras du même levier, ou des perpendi- les mêmes propriétés qu'un levier droit.
culaires CD & CE, tirées du point d'appui C fur les directions
du poids & de la Puiffance : (36) cette efpece de levier que l'on
nomme *coudé* ou *recourbé* fe rencontre fréquemment dans les ma- Fig. 12 13 & 14.
chines.

Neuviéme Conféquence.

45. Il fuit de tout ce que l'on vient de dire, qu'une Puiffance Une puiffance médiocre peut foutenir en équilibre à l'aide d'un levier, un poids d'une péfanteur immenfe.
médiocre pourra foutenir en équilibre un poids confidérable,
pourvû qu'elle puiffe gagner par la longueur de fon levier l'avantage que le poids perdra par la petiteffe du fien ; c'eft-à-dire pourvû que le produit de la Puiffance par fon bras de levier foit égal
à celui du poids par le fien ; car fi P, exprime la Puiffance ; Q
le poids ; a, le bras de levier de la Puiffance, & b, celui du poids ;
on aura dans l'état d'équilibre, P, Q :: b, a, par conféquent
$P \times a = Q \times b$; or comme le produit de la Puiffance par fon bras de
levier exprime le moment de cette Puiffance, par la même raifon
le produit du poids par fon bras de levier exprimera *le moment* du
poids. (3)

46. On fera attention que quoiqu'une Puiffance d'une Livre, foit
capable de foutenir un poids de 100 liv. fi le bras de levier de cette
Puiffance eft cent fois auffi grand que celui du poids, le point d'appui
ne porte jamais que leur valeur réelle du poids & de la Puiffance
fans rien avoir de commun avec leur moment : ainfi dans cet
exemple, le point d'appui ne fera preffé que par 101 l., qu'on
peut fuppofer réunies dans un feul poids fufpendu au point d'appui qui eft le centre de gravité commun de ceux qui font aux
extrémités du levier.

Dixiéme Conféquence.

47. Puifque dans l'état d'équilibre, les moments de la Puiffan- La puiffance, le poids & leurs bras de levier, compofant quatre termes proportionels, en en pourra toujours avoir un moyennant la connoiffance des trois autres.
ce & du poids donnent toujours cette équation $P \times a = Q \times b$, que
le levier foit droit ou coudé, l'on voit qu'on pourra toujours trouvèr
quel terme on voudra des quatre P, Q, a, b; pourvû que l'on
connoiffe les trois autres, puifque fi l'on dégage chaque lettre de
la même équation on aura $P = \frac{Qb}{a}$, $\frac{pa}{b} = Q$, $a = \frac{Qb}{P}$, $\frac{pa}{Q} = b$, qui
fait voir.

48. Que lorfque les deux bras du levier font donnés ainfi que
le poids, on trouvera la Puiffance en divifant le moment du poids
par le bras du levier de la Puiffance.

49. Que si les bras de Levier sont donnés & la Puissance, on trouvera le poids en divisant le moment de la Puissance par le bras de levier du poids.

Que si la Puissance & le poids sont donnez avec le bras de levier du poids, on trouvera celui de la Puissance en divisant le moment du poids par la Puissance.

50. Que si la Puissance & le poids sont donnez ainsi que le levier de la Puissance, on trouvera celui du poids, en divisant le moment de la Puissance par le poids.

51. L'on peut ajoûter que lorsqu'on connoît le poids & la Puissance, ainsi que toute la longueur du levier, on trouvera dans cette longueur où doit être posé le point d'appui, pour que la Puissance & le poids soient en équilibre ; car l'analogie du levier, donnant P, $Q :: b$, a, ou en composant $P + Q$, $Q :: b + a$, a ; si l'on suppose $a + b = c$, & que l'on nomme x, le bras de levier de la puissance, on aura $P + Q$, $Q :: c$, x, d'où l'on tire $\frac{QC}{P+Q} = x$; qui montre que pour avoir le bras de levier de la Puissance, il faut multiplier le poids par toute la longueur du levier, & diviser le produit par la somme du poids & de la Puissance.

52. Lorsque les deux bras du levier seront donnez, ainsi que la somme de la Puissance & du poids, on pourra aussi trouver la Puissance & le poids chacun en particulier ; car si l'on a $P + Q = c$, & que l'on veüille connoître le poids que nous nommerons x, l'analogie composée $P + Q$, $Q :: b + a$, a sera changée en celle-ci, c, $x :: b + a$, a, d'où l'on tire $\frac{ac}{b+a} = x$ qui fait voir que pour trouver le poids, il faut multiplier la somme du poids, & de la Puissance par le bras de levier de la Puissance, & diviser le produit par toute la longueur du levier.

53. Il est aisé de voir que dans le 5e cas, lorsqu'on aura le bras de levier de la Puissance, on aura celui du poids, & que dans le 6e lorsqu'on aura le poids on aura la Puissance.

Onziéme Conséquence.

54. Il suit que pour trouver le point d'appui, ou le centre de gravité commun de plusieurs poids donnez F, G, I, K suspendus à une verge AB, dès qu'on connoîtra la distance des points de suspension C & E aux extrêmitez de la même verge, on cherchera d'abord le point d'appui L, autour duquel les poids F & K

feroient en équilibre (51) pour confiderer ces deux poids réü-
nis en un feul M : on cherchera de même le point d'appui ou le
centre de gravité N des poids G & I , que l'on fuppofera auffi
réünis en un feul O ; enfuite on cherchera encore le centre de
gravité P , des deux poids M & O , qui deviendroit commun aux
quatre poids F , G , I , K , fi ce levier n'avoit pas de péfanteur ,
mais comme nous lui en fuppofons une uniforme dans toute fa
longueur , il faudra le divifer en deux également au point D , &
fuppofer que le poids H en exprime la péfanteur (28) ; alors on
n'aura plus qu'à chercher dans la longueur DP , le centre de gravité des poids H & Q , qui fera par exemple le point R , autour
duquel les poids , F , G, H , I , K , feront en équilibre.

Douziéme Conféquence.

55. De même fi l'on a un levier AC , dont le point d'appui
foit dans le milieu D ; qu'à l'un des bras , l'on ait fufpendu un
nombre de poids P égaux entr'eux , qu'on fuppofe tous en équilibre avec le feul poids Q : ce dernier pourra être confideré compofé d'autant de parties R , S , T , V , qu'il y a de poids P ; alors
on aura AD, DI :: P, R, | AD, DK :: P, S , | AD, DL :: P, T, | AD,
DM :: P, V.

Or comme toutes ces proportions font les mêmes , puifqu'elles
ont chacun deux termes de commun , il y aura même raifon de
AD à DI + DK + DL + DM que de P à R + S + T + V = Q : d'où il fuit
que quand on connoîtra les bras de levier avec un des poids P , on
aura toujours le poids Q , & que quand on aura le poids Q avec
les bras de levier , on aura un des poids P.

56. Les mêmes chofes arriveroient encore fi l'on avoit un demi-cercle ABC fitué verticalement pouvant fe balancer fur le
centre D ; car fi l'on divife le quart de cercle BC , en un nombre
de parties égales , pour fufpendre à chaque point de divifion E, F,
G, H des poids égaux , qu'on fuppofe en équilibre avec le poids
Q ; les lignes DI, DK, DL, DM, exprimeront les bras de levier
qui répondent au poids P ; mais ces bras de levier font égaux aux
finus EN, FO, GX , HY , des arcs BE, BF, BG , BH ; l'on peut
donc dire qu'il y a même raifon du finus total DA à la fomme des
finus des arcs où les poids P font fufpendus ; que d'un des poids
P , à la Puiffance Q , qui les foutient en équilibre.

Treiziéme Conséquence.

57. Si l'on attribuë une péfanteur uniforme au quart de circonference BC, & qu'on la suppose divisée en des arcs égaux infiniment petits ; chacun de ces arcs pourra être pris comme un poids qui auroit pour bras de levier le sinus qui lui répond : d'un autre côté la Puissance Q, pourra être considerée comme composée d'autant de petites Puissances qu'il y a de points pésants dans le quart de circonference BC, & chacune de ces Puissances aura toujours pour bras de levier le rayon DA ; par conséquent on aura autant de bras de levier égaux au rayon qu'il y a de points dans le demi-diamétre DB, qui répondront à autant de sinus dans le quart de cercle DBC : or prenant la somme des bras de levier de part & d'autre ; celle des poids & des Puissances qui leur font équilibre, *il y aura même raison du quarré du rayon AD, à la somme de tous les sinus, c'est-à-dire à la superficie du quart de cercle BDC, que de la péfanteur du quart de circonference BFC à la Puissance Q.*

58. Comme la Puissance Q, fait le même effet que feroit la péfanteur du quart de circonference BFC réuni à l'extrêmité C du rayon DC, il suit que lorsqu'on aura un poids suspendu à l'extrêmité d'un diamétre, & un autre poids égal répandu uniformément sur le quart de cercle adjacent ; que *la Puissance qui soutiendra le premier sera à celle qui soutiendra le second ; comme le quarré du rayon est à la superficie du quart de cercle ; ou comme* 14 *est à* 11. Si le poids dont nous parlons au lieu d'être répandu sur un quart de circonference l'étoit sur une demi circonference BCZ, dont le diamétre fut vertical, il en seroit de même.

59. Si l'on a un levier AB dont le point d'appui soit à l'extremité A, & que de deux Puissances appliquées aux points D & B, l'une tire selon la direction DQ, & l'autre selon la direction BP en sens contraire ces deux Puissances seront en équilibre, si elles font en raison réciproque des perpendiculaires AG & AH, tirées du point d'appui A

 sur leurs lignes de direction ; faisant le parallelogramme EF, le côté CF, exprimera la force de la Puissance P ; & la diagonale CD celle de la Puissance Q, dans l'état d'équilibre ; & comme dans le triangle CFD, les côtez CF & CD font dans la raison des sinus de leurs angles opposez CDF=ACH & DFC=ACG, l'on aura CF, CD :: AH, AG, ou bien P, Q :: AH, AG.

Si le point C s'éloignoit de plus en plus à l'infini des points D & B, ensorte que les lignes de directions BC & CH, puissent être regardées comme paralleles entr'elles ainsi que dans l'Article 37.

les

les Puiſſances P & Q, reſtant en équilibre, feront toujours dans la raiſon réciproque des perpendiculaires AH & AG ; & lorſque les directions de ces Puiſſances feront perpendiculaires au levier, AG devenant égale à AB, & AH égale à AD, l'on aura encore dans la Figure 79 P, Q :: AD, AB. *Fig. 18. & 19.*

Par conſéquent ſi la Puiſſance P ſoutient un poids Q à l'aide d'un levier AB *du ſecond genre* que je ſupoſe horiſontal, enſorte que le poids ſoit dans le milieu D ; cette Puiſſance ne ſoutiendra que la moitié du poids, puiſque AD eſt la moitié de AB. *Fig. 20.*

Donc ſi le poids, au lieu d'être dans le milieu du levier, étoit au point C, plus près de A que de B, la puiſſance ſera moins chargée que dans le cas précedent, puiſque AC eſt moindre que la moitié de AB.

60. Quand on a un levier AB, auquel eſt ſuſpendu un poids E en un point C, & qu'on a quelque raiſon pour le réduire à un autre point D, il faut le multiplier par le bras de levier AC qui répond au point d'appui A, & diviſer le produit par la diſtance AD ; le quotient donnera la valeur du poids F qui fera le même effet en D, par rapport à la Puiſſance P que le poids E faiſoit en C, parce que le *moment* de la Puiſſance qui ſoutiendra l'extrémité A du levier, ſera toujours le même, puiſqu'ayant ſupoſé $\frac{AC \times E}{AD} = F$, l'on aura $P \times AB = AC \times E = AD \times F$; ainſi on pourra quand on voudra réünir en un même point pluſieurs poids ſeparez, en multipliant chacun de ces poids par ſa diſtance à une même extrémité du levier, & en diviſant la ſomme des produits par la diſtance qu'il y a du point donné à la même extrémité. *Un poids étant ſuſpendu à un levier, on pourra le réduire pour être placé à telle diſtance que l'on voudra du point d'appui.* *Fig. 21.*

61. Si la Puiſſance appliquée à un point quelconque D du levier AB, & que le poids fut à l'extrémité B, on aura *un levier du 3e. genre*, auquel on peut appliquer tout ce que nous venons de dire dans les articles 59 & 60, en nommant *Puiſſance* ce que nous avons nommé *Poids*, & en nommant *Poids* ce que nous avons nommé *Puiſſance.* *Propriété du levier du troiſième genre.* *Fig. 22.*

62. Comme c'eſt la même choſe qu'un levier AB, auquel eſt ſuſpendu un poids G, ſoit ſoutenu par deux Puiſſances appliquées à ſes extrémitez, ou par deux appuis C & D ; il ſuit que la partie du poids qui preſſera l'appui C, ſera à celle qui preſſera l'appui D, comme EB eſt à EA, & que ces deux appuis feront autant preſſés enſemble, que le feroit un plan horiſontal qui ſoutiendroit le poids G. *Un levier poſé ſur deux appuis preſſe ces mêmes appuis par tout le poids dont ils ſont chargez.*

Si l'on veut avoir égard à la peſanteur du levier, il faudra la ſupoſer réunie en un poids H, ſuſpendu à ſon centre de gravité F ; (28) *Fig. 23.*

& fupofant que le poids G foit réuni au poids H, pour n'en compofer qu'un feul I ; il fera encore vrai de dire que la fomme des deux preffions fur les appuis C & D, caufées par la pefanteur du poids & celle du levier, fera la même que celle que pourroit caufer le poids I, pofé fur un plan horifontal.

63. Si le levier AB, foutenu par les appuis C & D, étoit croifé par un fecond levier FG, à un point quelconque E, de la longueur AB, & qu'aux extrémitez F & G il y eut deux poids P & Q en équilibre, les appuis C & D feront autant chargés que fi l'on avoit fufpendu au même point E du levier AB, un poids H égal à la fomme des poids P & Q, jointe à la pefanteur du levier FG ; par conféquent la preffion qui fera partagée fur deux appuis étant réunie, fera égale à celle que pourroit caufer fur un plan horifontal un poids égal à la pefanteur de tout ce que ces deux apuis portent enfemble : ce qui fera toujours vrai quand le levier AB, aulieu d'être croifé par un feul FG, le feroit par un auffi grand nombre que l'on voudra.

Des Leviers compofez.

Les roüets & les lanternes dans les Machines faifant naître des *leviers compofez*, il convient de les faire connoître pour l'intelligence de ce que nous donnerons par la fuite.

64. AB eft une verge à laquelle font attachées deux branches AC & BD, formant des angles droits CAB & DBA, renfermez dans un même plan que nous fupoferons horifontal ; & c'eft l'affemblage de plufieurs verges inflexibles comme AC & BD unies à une feule AB, que je nomme *levier compofé*, dont on aura le point d'appui E, en tirant une ligne droite de C en D.

Si l'on a deux poids fufpendus aux extrémitez C & D, ou deux Puiffances P & Q, qui appuyent de haut en bas fur les mêmes extrémitez felon des directions verticales ; je dis que ces Puiffances feront en équilibre autour du point E, fi elles font dans la raifon réciproque des bras de levier AC & BD.

Pour le prouver, confiderez qu'on peut regarder les Puiffances P & Q, comme agiffant fur les extrémitez de la ligne CD ; laquelle pouvant être prife pour un levier fimple du premier genre, on aura dans l'état d'équilibre P, Q :: ED, EC : or comme les Triangles femblables ACE & BDE donnent ED, EC :: BD, AC, mettant dans la proportion précedente BD & AC, à la place de ED, & EC, on aura P, Q :: BD, AC.

Si les bras AC & BD, que je fupofe toujours renfermez dans un même plan horifontal, au lieu de former des angles droits avec la verge AB, faifoient des angles quelconques CAB & ABD, il faudra des extrémitez C & D, abbaiffer les perpendiculaires CF & DG, on aura encore les triangles femblables CFE & DGE, qui réduifent le levier compofé CABD à un levier fimple CD. Fig. 27.

Les poids ou Puiffances qui agiffent aux extrémitez C & D pouvant être confiderez comme étant apliquez au levier CD ; il fuit que dans le premier & fecond cas, le point d'apui E, fera chargé d'un poids égal à ces deux Puiffances, qu'on pourra par conféquent fupofer réunies à leur centre de gravité commun.

65. Si la verge AB étoit accompagnée de trois branches AC, FG, BD, aux extrémitez defquelles il y ait trois Puiffances R, P, Q, & qu'on voulut avoir le point E autour duquel elles feroient en équilibre, tirez les lignes CD & CG pour avoir les points M & N, dont le premier fera l'apui du levier compofé CAFG, ou du fimple CG ; & le fecond N l'apui du levier compofé CABD, ou du fimple CD. Fig. 26.

Comme la Puiffance R, foutient elle feule l'action des deux autres P & Q, il faut la fupofer divifée en deux parties x & y, on aura dans l'état d'équilibre, x, P :: FG, AC, & y, Q :: BD, AC : ces deux analogies ferviront pour trouver la Puiffance R, lorfque les deux autres P & Q feront données, ainfi que les bras de levier, ou pour trouver les Puiffances P & Q, lorfque la troifiéme R fera donnée. Etant aifé d'avoir les valeurs de x & de y, on aura par conféquent les Puiffances qui agiroient aux extrémitez des leviers fimples CG & CD ; par confequent les poids K & L qui expriment la fomme de ces Puiffances réunies à leur centre de gravité M & N : comme on connoîtra auffi la ligne MN, elle pourra être confiderée comme un levier, dont on aura le point d'apui E par l'Article 51.

66. Si l'on prolonge dans les trois Figures précedentes, les extrémitez de la verge AB prife pour *axe*, afin d'avoir AS & BT que nous regarderons comme des *tourillons* pofez fur les apuis H, I ; ces apuis tiendront lieu de celui que nous avons fupofé au point E, & partageront entr'eux la preffion que peut caufer la fomme des poids ou Puiffances apliquées au levier, parce que l'axe AB peut être regardé comme un levier croifé par plufieurs autres, ainfi que dans l'Article 63.

Nous venons de fupofer que les parties des leviers compofez, étoient renfermées dans un plan horifontal, mais tout ce que nous avons dit fubfiftera encore fi ce plan eft vertical, pourvû que les Puiffances qui font apliquées aux extrémitez des leviers agiffent fe-

C ij

lon des directions perpendiculaires au même plan ; dans ce cas la preffion que foutiendront les apuis fe fera felon une direction horifontale.

67. L'on fera attention qu'un levier compofé, renfermé dans un plan horifontal ou vertical, pouvant toûjours fe réduire à un lévier

FIG. 25. fimple CD, on peut fupofer que ce dernier au lieu d'être oblique à l'axe AB, le coupe à angles droits comme fait OX ; car pourvû que les bras EO & EX foient dans le raport de AC & de BD ; & que les Puiffances qui font apliquées aux extrémitez O & X foient les mêmes que P & Q, elles feront encore en équilibre autour du point E ; car il eft indifferent qu'elles agiffent fur un levier, dont les bras foient féparez ou placez fur un même alignement ; c'eft pourquoi dans le calcul des machines, l'on pourra toujours regarder un levier compofé comme s'il étoit fimple ; alors au lieu de deux apuis, on n'en fuppofera qu'un où feroit réunie la preffion que caufe la fomme des Puiffances.

Examen de la preffion caufée par un levier fitué verticalement.

68. Par exemple je fupofe que MCDN repréfente le profil d'un palier ou boëte dans laquelle tourne un tourillon appartenant à un levier AB fitué verticalement, dont les bras qui pourroient être féparez & répondre à un axe, font confiderez fur un même alignement. Il eft conftant que fi ce levier étoit pouffé par deux Puiffan-

FIG. 29. ces P & Q, en équilibre entr'elles, & qui agiffent felon des directions perpendiculaires, leur apui commun fera au point C ; c'eft-à-dire, que le palier fera preffé felon une direction horifontale DC par une force égale à la fomme des deux Puiffances : d'autre part cette boëte fera auffi preffée de haut en bas felon une direction verticale, par la pefanteur propre du levier & de tout ce que porte le palier. On fera attention que cette feconde preffion n'eft point diminuée par la premiere, parce que l'action des Puiffances P & Q ne détruit en rien celle du poids du levier ; pour en être convaincu on remarquera que fi un corps dur & inflexible eft preffé entre deux furfaces verticales fort polies, & que cette preffion fe faffe felon une direction horifontale paffant par le centre de gravité du corps, il n'eft pas poffible d'empêcher que ce corps ne tombe, quand même la preffion feroit infinie ; car l'action étant égale à la réaction (7), ces deux furfaces fe rep>ufferont mutuellement avec des forces égales qui fe détruiront ; & la pefanteur du corps ne rencontrant rien qui lui foit opofé, il defcendra avec la même liberté que s'il étoit ifolé.

Ce que l'on vient de voir s'aplique de fo-même aux roües verticales qui donnent le mouvement aux Machines ; lorfque l'arbre de ces sortes de roües sert d’essieu à un *rouet* ; alors le courant peut être pris pour la Puissance Q, & le raïon de la roüe pour son bras de levier : de même l’effort que les dents du roüet font contre les *fuseaux* de la *lanterne*, pourra être pris pour la Puissance P, & le rayon du roüet pour son bras de levier ; pour cela il faut que la lanterne réponde au sommet du roüet, afin que les deux puissances soient dans un même plan ; ainsi l’on voit que la Puissance Q aura non-seulement à surmonter la résistance que lui oposent les fuseaux de la lanterne, mais encore le *frottement* qui naîtra de la pression qui se fera aux points C & E ; aussi je ne parle présentement de ces sortes de pressions que pour mettre le lecteur en état d’entendre ce que j’enseignerai dans le second Chapitre sur la maniere de calculer les frottemens.

69. Lorsque le cercle d’un roüet ou d’une lanterne est situé horisontalement, il faut de nécessité que l’arbre LN qui sert d’essieu soit vertical, & qu’il y ait deux pivots ; l’un qui tourne en bas dans une crapaudine N, & l’autre en haut dans un colier K. Le premier a deux pressions qui agissent à la fois ; l’une qui est causée par le poids de l’arbre se fait au fonds de la crapaudine : & l’autre vient de ce que la Puissance motrice & celle qui résiste tendent à écarter de la verticale l’arbre qui sert d’essieu, & l’écarteroient en effet, si le bord de la crapaudine & du colier ne retenoit les pivots.

Maniere de
considerer
les leviers
composez
pour les
rapporter
au calcul
des Machi-
nes.
Plan. 3.
Fig. 28.

Si l’on suppose l’arbre LM croisé par un levier AB, poussé à ses extremitez par deux Puissances P & Q, selon des directions perpendiculaires & horisontales, ou par une seule Puissance R qui les vaudroit toutes deux ; les appuis de l’arbre seront pressez selon une direction horisontale RC, avec toute la force dont la Puissance R sera capable ; & on pourra considerer cette pression, réünie contre le bord de la crapaudine, pour n’en considerer qu’une seule qui sera toujours la même, soit que le bras de levier de la Puissance P, se rencontre sur l’alignement de la Puissance Q, ou plus haut ou plus bas, comme est icy GD, pourvû qu’il soit dans le même plan vertical (67).

Prenant le bras de levier GD pour le rayon d’une roüe à la circonference de laquelle seroit appliquée la Puissance P, qu’on supose agir sans bouger de sa place, pour faire tourner cette roüe ; on pourra regarder le bras de levier CB, comme le rayon d’un roüet dont les dents s’engrainent au point B avec les fuseaux d’une lanterne ; alors la Puissance Q exprimera la résistance que les fuseaux de la lanterne oposeront aux dents du roüet.

70. Si l’on avoit un autre levier EF poussé à son extrémité F, par

FIG. 28. une puiſſance T ſelon une direction horiſontale & perpendiculaire
TF ; & que ce levier fut repouſſé par une ſeconde Puiſſance S, ſelon une direction opoſée SI, parallele à TF ; il faudra néceſſairement pour que ces deux Puiſſances ſoient en équilibre qu'il y ait un
point d'apui en E, tenant lieu d'une troiſiéme Puiſſance V, qui
pouſſeroit l'extremité E du levier ſelon une direction VE opoſée à
SI & parallele à TE : alors comme il s'agit d'un levier du ſecond
genre, ces Puiſſances ſeront dans la raiſon réciproque de FE à FI
(59); ainſi il ſera aiſé d'avoir la Puiſſance V, ou la preſſion qui ſe
fera contre le bord de la crapaudine.

    Si le bras de levier OY étoit égal à EI, & que la Puiſſance S agit
à l'extrémité Y, de la même façon qu'elle fait en I, ce que nous
venons de dire ſubſiſteroit également ; alors on pourra prendre le
levier OY pour le rayon d'une roüe qui s'engraine au point Y avec
une lanterne, & la Puiſſance S pour la réſiſtance que cette lanterne
opoſera aux dents du roüet : en ce cas le bras de levier EF pourra
exprimer le rayon d'un autre roüet, à la circonference duquel ſeroit
apliquée ſans bouger de ſa place la Puiſſance motrice.

    71. Nous avons ſupoſé dans le premier cas, que les bras de levier
ou rayons CB ou GD, étoient renfermés dans le même plan, afin
que l'arbre ſe trouvât entre les deux Puiſſances P & Q ; & dans le
ſecond cas que les Puiſſances S & T agiſſoient auſſi ſur le même
Plan, ſans que l'arbre fut entre-deux ; ſurquoi il eſt à remarquer que
quand de part & d'autre les réſiſtances que nous avons ſupoſées
en B & S, ſeroient égales entr'elles, de même que les Puiſſances P
& T, la Puiſſance R ſera toujours plus grande que la Puiſſance V ;
d'où il ſuit que dans le ſecond cas, la preſſion ou le frottement
contre les bords de la crapaudine ſera toujours moindre que dans
le premier, & qu'il y a plus d'avantage de placer la lanterne qu'on
a ſuppoſé en B, du côté de A ou de la Puiſſance P, que ſi l'arbre
étoit entre-deux.

    72. Il nous reſte un troiſiéme cas qui eſt lorſque les bras de le-
vier de la Puiſſance & du poids, ne ſont pas dans le même plan
vertical, & qu'ils compoſent enſemble un angle ABC qui aboutit
au centre du cercle B, que nous ſupoſerons être celui de l'arbre
LM : Si les Puiſſances P & Q agiſſent ſelon des directions
perpendiculaires & paralleles à l'horiſon ſur les extrémitez A & C
des bras du levier recourbé ABC, la premiere en pouſſant de P en
A, & la ſeconde de Q en C, elles tendront l'une & l'autre à attirer
le cercle B ſelon une direction compoſée BR : ainſi on peut ſupoſer que les Puiſſances P & Q agiſſent immédiatement ſur le cen-
FIG. 30.

tre du cercle B , en confervant leur même direction , & forment
l'angle BDE égal à CBA : ainfi prenant DB pour exprimer
la Puiffance P , & EB pour exprimer la Puiffance Q , achevant le
parallelogramme DE , la diagonale BF exprimera une troifiéme
Puiffance égale au réfultat du concours des deux précédentes ; par
confequent la preffion contre le bord de la crapaudine ; furquoi
j'ajoûterai que tout ce que nous venons de dire pour ce troifiéme
cas aura encore lieu , quoique les bras de levier foient feparez , &
que l'arbre foit horifontal , au lieu d'être vertical.

Des Leviers contigus qui agiffent les uns fur les autres.

73. La communication du mouvement dans les Machines fe faifant par une répetition de leviers qui agiffent fucceffivement les uns
fur les autres , nous allons établir une regle generale qui nous fervira par la fuite à faciliter le calcul de toutes les Machines compofées de roües & de lanternes.

Voici plufieurs leviers droits ou coudez BCA , AED , DGF ,
qui ont leurs apuis aux points C , E , G ; placés dans un Plan vertical dont les bras contigus GD , DE & EA , AC , fe conviennent
en lignes droites , & agiffent perpendiculairement à la ligne LM :   Fig. 31.
à l'extrémité F , eft une Puiffance P en équilibre avec le poids Q ;
l'un & l'autre ayant leurs directions perpendiculaires aux bras CB
& GF ; car fi elles ne l'étoient pas , il faudroit mener de l'apui C
ou G , la perpendiculaire GH pour tenir lieu du bras FG.

Pour trouver le raport qui eft entre la Puiffance & le poids , il
faut multiplier cette Puiffance par le bras GH , & divifer le produit
par GD ; on aura $\frac{P \times GH}{GD}$, pour l'effort qu'elle fait au point D (49) ,
qui étant multiplié par ED , & le produit divifé par EA , donne
$\frac{P \times GH \times ED}{GD \times EA}$ pour la réfiftance que le poids oppofe au point A , qui
étant multiplié par le bras CA , & le produit divifé par le bras CB ,
le quotient donnera $\frac{P \times GH \times ED \times CA}{GD \times EA \times CB}$ = Q ; & en faifant évanoüir
la fraction P×GH×ED×CA = Q×GD×EA×CB ; qui étant réduit
en proportion , il vient P , Q :: GD×EA×CB , GH×ED×CA ,
qui fait voir que la Puiffance eft au poids , comme le produit con-
tinuel des bras de levier GD , EA , CB , eft au produit des autres
bras GH , ED , CA.

74. L'on remarquera que dans cette Machine , de même que   *Regle ge-*
nerale pour

connoître le
raport de la
Puissance
au poids
dans les
Machines
composées.

dans toute autre où le mouvemeut se communique par une répetition de levier ; les bras de ces leviers sont toujours en nombre pair, & répondent alternativement à la Puissance & au poids : Par exemple icy, on a entre la Puissance & le poids six bras de leviers, dont le premier GH, le troisiéme DE, & le cinquiéme AC peuvent être considerez comme répondant à la Puissance ; le deuxiéme GD, le quatriéme EA, & le sixiéme CB, comme répondant aux poids : or pour avoir tout d'un coup une proportion qui marque le raport de la Puissance au poids, *il n'y a qu'à multiplier de suite les bras de levier qui répondent au poids & ceux qui répondent à la Puissance, & considerer que la Puissance est au poids dans la raison réciproque de ces deux produits.*

Il sera aisé de distinguer le produit des bras qui répondent au poids d'avec celui des bras qui répondent à la Puissance ; en faisant attention que le premier comprend le bras auquel est effectivement apliqué le poids, & le second le bras où est apliquée la Puissance.

Analogie
des roües
dentées.

75. Il suit de l'article précédent, que lorsqu'on veut élever un poids à l'aide de plusieurs roües dentées qui s'engrainent dans des pignons ou lanternes ; que prenant les rayons des roües pour les bras de levier qui repondent à la Puissance, & les rayons des pignons pour les bras de levier qui répondent au poids ; *dans l'état d'équilibre il y aura même raison de la Puissance au poids, que du produit des rayons des pignons à celui des rayons des roues.*

Examen de
deux leviers
composez
qui agissent
l'un sur l'au-
tre, & qui
forment en
semble le
mecanisme
des moulins
ordinaires
servant à
moudre le
bled.

76. AB représente un arbre horifontal, accompagné des bras de levier CD, EF ; & IK un arbre vertical accompagné des bras GH & LM disposé de façon que le bout F du bras EF se trouve derriere celui du bras HG, immédiatement apliqué l'un contre l'autre : à l'extrémité du bras CD, est une Puissance P, qui agit de P en D selon une direction horifontale pour faire tourner l'arbre AB sur ses tourillons ; ce qui ne peut arriver sans que l'extrémité F du bras EF, ne pousse de F en R l'extrémité du bras G, pour faire tourner l'arbre IK, qui tourneroit en effet, s'il n'en étoit empêché par une Puissance Q, qui repousse de Q en M, l'extrémité M du bras LM selon une direction perpendiculaire,

FIG. 32.

Pour savoir dans l'état d'équilibre le raport de la Puissance P, à la résistance Q, que nous regarderons comme un poids, il faut multiplier le premier bras de levier CD, par le troisiéme GH, & le second EF par le quatriéme LM (74) : on aura P, Q :: EF, × LM, CD × HG ; c'est-à-dire que *la Puissance est au poids réciproquement comme le produit des bras de leviers qui répondent au poids*

est

eſt à celui des bras de leviers qui répondent à la Puiſſance.

On peut regarder la Puiſſance P comme l'action d'un *courant* qui frapperoit *les aubes* d'une roüe; EF comme le rayon d'un roüet FO qui agiroit contre les fuſeaux d'une lanterne GT, qui auroit pour rayon HG; & le poids Q exprimera ſi l'on veut, la réſiſtance que le bled oppoſe à une meule de Moulin SM, en ſupoſaut cette réſiſtance réunie à l'extrémité du rayon de la meule.

Proprietez *de la Roüe, des Poulies, du Plan incliné, du Coin, & de la Vis.*

77. Quand une Puiſſance apliquée à la circonference *d'une roüe,* ſoutient un poids ſuſpendu au *treuil* de la même roüe; cette Puiſſance ſe trouve dans le même cas, que ſi elle ſe ſervoit d'un levier AB *du premier genre,* dont le bras CA de la Puiſſance ſeroit égal au rayon de la roüe, & le bras CB du poids égal au rayon du treuil; car le point d'apui ou les tourillons, répondant au centre C, on aura P, Q : CB, CA; qui fait voir que dans cette machine *la Puiſſance eſt au poids, comme le rayon du treuil eſt au rayon de la roüe,* lorſque la Puiſſance agit ſelon une direction tangente à la roüe.

Analogie de la roüe & de ſon eſſieu.

Fig. 33.

Si la direction de la Puiſſance n'étoit point parallele à celle du poids, mais qu'elle fut toujours tangente à la roüe, comme DF; l'analogie ſeroit encore la même, puiſqu'alors on auroit un levier coudé DCB.

78. L'analogie des *Poulies* pouvant auſſi ſe rapporter à celles du levier, il convient d'en faire mention, en conſidérant que quand une Poulie eſt attachée à un point *fixe*; ſon diamétre AB eſt encore un levier du premier genre, qui a un poids Q ſuſpendu à une de ſes extrémitez, la Puiſſance P apliquée à l'autre, & le point d'apui C dans le milieu, qui donne P, Q :: CA, CB: or comme l'on a CA = CB, puiſque ce ſont des rayons du même cercle, on aura par conſéquent P = Q; qui fait voir que les *Poulies fixes ne donnent point d'avantage à la Puiſſance,* & ne font que diminuer le frottement qui ſeroit conſidérable, ſi la poulie ne tournant point avec la corde, cette corde étoit obligée de gliſſer deſſus, comme ſur un cylindre immobile.

Une poulie fixe ne ſoulage point une puiſſance qui éleve un poids par ſon moyen.

Fig. 34.

79. Il n'en eſt pas de même des poulies qui peuvent être enlevées avec le poids auquel elles ſont attachées: Par exemple, ſi l'on ſupoſe une poulie AB, au-deſſous de laquelle paſſe une corde, dont l'un des bouts ſoit attaché à un endroit fixe G; la Puiſſance P appliquée à l'autre bout AE ne ſoutiendra que la moitié du poids;

Quand une poulie eſt attachée a un poids qu'on veut élever, la Puiſſance ne jou

le diamétre AB de la poulie pouvant être regardé comme un lévier du second genre, dont le point d'appui eſt à l'extrémité B,
la Puiſſance à l'extrémité A, & le poids dans le milieu ; ainſi on
aura dans l'état d'équilibre, P,Q :: CB, AB ; (59) mais le rayon CB
eſt la moitié du diamétre AB, donc *la Puiſſance P ſera la moitié du
poids Q.* Si l'on fait paſſer le bout de la corde AE au-deſſus d'une
poulie DE à chape immobile, la puiſſance étant en H, & tirant de
haut en bas agira plus commodement, mais ſans en tirer aucun
autre avantage.

80. Si un Corps CDE poſé ſur un plan horiſontal AB, eſt ſitué
de façon que la ligne de Direction FG tirée de ſon centre de gravité F, paſſe par ſa baſe CE, le Corps demeurera en repos ; parceque le centre de gravité ne pourra tomber d'aucun côté étant
ſoûtenu par le plan, lequel ſera preſſé avec la peſanteur abſoluë
du Corps ; c'eſt-à-dire avec toute l'action dont il peut être capable lorſqu'il eſt en repos.

Mais ſi le Corps eſt ſitué comme HIK, de maniere que la ligne de direction LM, tirée de ſon centre de gravité L, tombe
hors de ſa baſe HK, il faut neceſſairement qu'il renverſe tout
à fait du côté M, parceque le centre de gravité L n'étant point
ſoûtenu par le plan, il agira pour deſcendre vers le centre des graves.

81. Il arrivera la même choſe à un Corps ECF poſé ſur un
plan incliné AB ; car ſi la ligne GH tombe hors de la baſe EF,
ſon centre de gravité G, pouvant deſcendre par raport au plan
incliné & à l'horiſontal, ce Corps roulera ; parce que ſon centre de gravité l'emportera vers celui des graves.

Si la ligne de Direction NO du Corps IKM paſſe par ſa baſe
IM, ce Corps au lieu de rouler ne fera que gliſſer ; parce que
ſon centre de gravité ne pourra deſcendre que par raport à l'horiſon ſeulement, alors le plan ne ſera preſſé que par une peſanteur
relative.

Le plan incliné que l'on admet au nombre des machines ſimples, ſert à élever un poids à une certaine hauteur : voici les
principales analogies qu'on en tire.

82. Si une puiſſance P, ſoûtient un poids Q par une ligne de
direction parallele au plan incliné AB, *la Puiſſance ſera au poids
comme la hauteur BC du plan eſt à ſa longueur BA ;* car ſi l'on tire
la ligne DF perpendiculaire ſur AB, cette ligne ſera la Direction de la puiſſance reſiſtante ; & faiſant le parallelogramme EG,
le côté DG ou EF exprimera la puiſſance P dans l'état d'équilibre, & le côté DE la peſanteur abſoluë du poids ; ainſi

la puiſſance ſera au poids comme EF eſt à ED ; mais le triangle
DEF étant ſemblable au triangle ABC , l'on aura EF , ED ::
BC , BA , ou bien Q , P :: BC , BA. (1)

83. Si la ligne de direction de la puiſſance eſt parallele à la
baſe AC du plan incliné , *cette puiſſance ſera au poids comme la
hauteur du plan eſt à la longueur de ſa baſe ;* puiſque ſi la ligne DF
eſt perpendiculaire ſur AB , elle exprimera encore la puiſſance
reſiſtante ; & faiſant le parallelogramme rectangle EG , l'on aura
P , Q :: DG ou EF , ED ; (17) & le triangle DEF étant ſembla- Fɪɢ. 40.
ble au triangle ACB , on aura FE , ED :: BC , CA ; ou bien P , & 41.
Q :: BC , CA.

Enfin ſi la ligne de direction de la puiſſance n'étoit parallele ni
au plan incliné , ni à ſa baſe ; alors dans l'état d'équilibre , *la puiſſance & le poids ſeront dans la raiſon reciproque des perpendiculaires
IL , FE.* (25)

84. Le coin eſt une machine de fer ou de bois ſervant à élever   *Analogie*
des corps à une petite hauteur ; dans ce cas ſes analogies ſont les   *du coin.*
mêmes que celles du plan incliné eu égard à la direction de la
puiſſance agiſſante ; mais lorſque le coin ſert à fendre du bois qui
eſt ſon principal uſage , ſa figure eſt un triangle iſofcelle , & la
force qui chaſſe le coin eſt à la reſiſtance du bois , comme la
moitié de la tête du coin eſt à la longueur d'un de ſes cotez :
comme cette analogie n'a pas lieu dans les machines dont nous
parlerons , il ſeroit aſſez inutile d'en donner la demonſtration ;
c'eſt pourquoi nous la paſſerons ſous ſilence.

Quand *à la vis* que la plûpart des Auteurs mettent au rang des
machines ſimples quoiqu'elle ſoit compoſée d'un levier & d'un
plan incliné , je n'en ferai pas non plus mention preſentement ,
me reſervant d'en parler dans le chapitre ſecond ; en exami-
nant quel eſt le frotement qui ſe rencontre dans l'uſage de cette
machine.

Principe de Deſcartes pour la Mécanique.

L'objet de la Mécanique étant de mettre les corps en mouvement nous les avons ſuffiſamment conſideré en repos autour
d'un point fixe , il nous reſte à démontrer dans quel raport ſont
les viteſſes avec leſquelles ces corps ſont diſpoſez à ſe mouvoir,
ou ſe mouvroient en effet , ſi l'un d'eux ayant tant ſoit peu d'a-
vantage ſur l'autre venoit à rompre l'équilibre.

85. Mais auparavant il faut faire reflexion qu'un corps n'a de   *En quoi*

 force qu'autant qu'il est en mouvement, & que cette force sera d'autant plus grande qu'il aura en même tems plus de *masse* & plus de *vitesse* ; ainsi qu'un rectangle a d'autant plus de superficie qu'il a une plus grande *base* & une plus grande *hauteur* ; or comme cette superficie s'exprime par le produit de ces deux dimensions ; de même la force d'un corps qu'on nomme aussi sa *quantité de mouvement* doit s'exprimer *par le produit de sa masse & de sa vitesse.*

86. Comme deux rectangles sont égaux, lorsqu'ils ont leurs bases en raison reciproque de leurs hauteurs ; de même *deux corps inegaux en masse & en vitesse auront des quantitez de mouvement égales, lorsque leurs masses seront en raison reciproque de leurs vitesses.*

87. De plus si ces deux corps sont disposés de maniere que l'une ne puisse exercer sa force sans surmonter celle de l'autre, ils demeureront tous deux immobiles, quoi qu'avec une tendance au mouvement ; parce qu'une force égale n'en peut surmonter une égale.

88. Il suit que la *même* quantité de mouvement en general peut être formée d'une infinité de manieres ; car pourvû que le produit de la masse d'un corps par sa vitesse demeure le même, ces deux grandeurs peuvent varier entre-elles à l'infini.

 89. Si l'on a un levier horisontal AB dont le point d'apui est en C, autour duquel sont en équilibre la puissance P & le poids Q, augmentant tant soit peu la force de cette puissance, afin qu'elle enleve le poids, & enmene le levier dans la situation DE ; la verticale FD exprimera de combien la puissance P est descenduë ; & la verticale EG de combien le poids Q est monté dans le même tems : & comme les triangles semblables CDF & CEG, donnent CG, CF : : EG, FD ; *dans le cas de l'équilibre la puissance sera au poids dans la raison reciproque du chemin que fera le poids, à celui que fera la puissance dans le même tems.*

Les effets étant proportionnels à leurs causes, la vitesse de la puissance sera à celle du poids dans la raison des espaces que l'un & l'autre auront parcourus, dans le même tems : d'où il suit que si à la place des espaces on prend les vitesses *dans l'état d'équilibre, la puissance & le poids seront dans la raison reciproque de leur vitesse* ; & alors la quantité de mouvement de la puissance sera égale à celle du poids. (86.)

90. Quand une puissance éleve un poids à l'aide d'une *roue & d'un treuil*, la circonference de la roue exprime la vitesse de la puis-

fance, & la circonference du treuil celle du poids ; car lorfque
la Puiffance a fait faire un tour à la rouë, le poids eft monté d'une
hauteur égale à la circonference du treuil, alors dans l'état d'é-
quilibre *la puiffance & le poids feront encore dans la raifon reciproque
de leurs viteffes* puifque les circonferences des cercles qui expriment ces viteffes, font entr'elles comme leurs rayons que nous
avons pris ci-devant pour les bras de levier de la puiffance & du
poids. (77)

91. De même fi une puiffance & un poids font apliqués à une
corde qui paffe fur une poulie accrochée à un point *fixe*, on verra comme dans l'article 78 que dans l'état de l'équilibre, *l puiffance fera éga'e au poids, parce que leurs viteffes de part & d'autre feront les mêmes ;* car fi la puiffance en tirant de haut en bas fait defcendre la corde d'une certaine longueur, cela ne pourra arriver
fans que le poids ne monte d'autant. *Aplication du même principe aux poulies fixes. Plan. 3. Fig. 34. & 35.*

92. Mais fi la puiffance veut élever un poids Q à l'aide d'une
poulie *mobile* comme dans l'article 79 elle ne pourra le faire monter d'un pied fans que chaque brin de corde GB & EA foit racour-
cie d'un pied, & fans que la puiffance P ne defcende de deux,
dans le même tems ; ainfi dans le cas d'équilibre, le chemin de
la puiffance étant double de celui du poids, le poids fera double
de la puiffance. (89) *Aplication du même principe aux poulies mobiles. Fig. 35.*

93. Quand plufieurs poulies font affemblées dans une même
écharpe ou *mou e* on les nomme *poulies mou ées*, lefquelles fervent à élever de très gros fardeaux avec une puiffance mediocre,
par exemple foit HG la moufle d'en haut qui doit être fixe ; &
DK la moufle d'en bas à laquelle eft attaché le poids Q que l'on
veut élever : lorfque la puiffance P tire la corde pour faire monter
le poids, il faut que cette puiffance faffe un chemin double de celui de chaque poulie d'en bas ; & comme nous en fuppofons ici
trois, le poids ne pourra monter d'un pied fans que la puiffance ne defcende de fix : ce qui fait voir que *dans l'état d'équilibre
la puiffance fera au poids comme l'unité eft au nombre des brins de cordes
qui foûtiennent le poids ou comme l'unité eft au double du nombre des
poulies d'en bas.* *Analogie des poulies moufflées. Fig. 44.*

94. Enfin confiderés que fi une Puiffance P tire le corps Q pa-
rallelement au plan inchné AB, & qu'elle l'ait fait aller de D en H ;
abbaiffant du point E la perpendiculaire EI furla ligne de direction
HL du poids, la ligne DH ou fon égale EK exprimera le chemin de
la puiffance, & la ligne IK le chemin du poids où il fe fera élevé dans
le même tems : ainfi l'on aura dans l'état d'équilibre, P, Q :: IK, *Aplication du principe précédent aux plans inclinez. Fig. 43.*

D iij

KE : & les triangles femblables EKI, ABC donnant KI, KE∷
BC, BA, on aura comme dans l'article 82 P, Q∷ BC,
BA.

95. Si la puiffance tiroit le corps felon une direction DP *parallele
à la bafe du plan* où qu'elle le pouffât de M en D felon la même di-

Fig. 46. rection, & qu'elle l'eut fait monter de D en H : abbaiffant du point
N la perpendiculaire NI fur la direction H—, la ligne NI exprimera la viteffe de la puiffance & la ligne IK celle du poids ou la
hauteur dont il fera monté dans le même tems ainfi on aura dans
l'état d'équilibre P, Q∷ IK, IN ; ou à caufe des triangles femblables, P, Q∷ BC, CA, comme dans l'article 83.

*Examen
des Mani-
velles ap-
pliquées à
un treuil.* — 96. L'ufage le plus ordinaire des *Manivelles fimples*, eft d'être
appliquées à l'axe d'un cylindre ou *treuil* FB, pofé fur deux *chevalets* pour élever un poids Q : chaque Manivelle eft compofée

Fig. 45. d'un lévier *coudé* formant un double équerre BACD, & FGHI,
difpofé dans un même plan avec l'axe GA ; enforte que les *coudes*
AC & GH foient dans un fens oppofé, afin que les puiffances P
appliquées aux *poignées* CD & HI, s'inclinent & fe relévent alternativement en decrivant une circonference par un mouvement
dont la direction lui foit toûjours tangente

Comme le poids montera d'une hauteur égale à la circonference du treuil à chaque tour que fera la manivelle, cette circonference exprimera la viteffe du poids, & celle de la manivelle la
viteffe de la puiffance : ce qui fait voir que l'analogie de cette machine eft la même que celle de la roüe avec fon effieu (77) en fup o-
fant que les puiffances appliquées à chaque manivelle, & qui parta-
gent le poids, font reünies à la même poignée CD.

*Il n'y a au-
cun avan-
tage de
courber le
coude des
Manivel-
les.* — 97. On remarquera qu'il eft indifferent que le coude AC ou GH
foit droit ou courbé, puifque la diftance de l'axe GA aux points
C & H, fera toûjours exprimée par le rayon GH du cercle que
decrit la puiffance ; & c'eft en quoi fe trompent la plupart de ceux
qui n'ont que de la pratique, s'imaginant que cette puiffance aura
plus d'avantage dans le fecond cas que dans le premier. Il y a auffi
plufieurs praticiens qui pour fauver l'inégalité des puiffances appliquées aux manivelles, y ajoûtent des *ailes* ou *volées* TX & YV qui
portent des poids à leur extrêmité ; il faut avouer que quand le
treuil eft mû avec beaucoup de viteffe, les volées ayant acquis
cette viteffe, aident à paffer plus doucement les endroits difficiles ; c'eft-à-dire les endroits où les puiffances dans leurs revolutions
n'agiffent pas felon une direction tangente au cercle qu'elles décrivent ; ce qui diminuë d'autant plus leurs bras de levier que le

ſinus de l'angle , que forme la direction oblique avec le coude
eſt plus petit que le ſinus total , mais cet avantage eſt affoibli
par l'augmentation du frotement que cauſe le poids des volées ,
leſquelles ne diminuent en rien la puiſſance comme la plûpart ſe
l'imaginent.

Je ne m'arrêterai pas à donner un plus grand nombre d'exemples , pour faire voir que quand une Puiſſance éleve un poids à
l'aide d'une machine ſoit ſimple ou compoſée *dans l'état d'équilibre ,
la Puiſſance & le poids ſont toûjours dans la raiſon reciproque de leur viteſſe ou des eſpaces qu'ils parcourrent dans le même tems ;* (89) ce que l'on
verra par la ſuite étant une application preſque continuelle de ce
principe qui eſt le plus ſimple & le plus commode que l'on puiſſe deſirer pour le calcul des machines les plus compoſées ; pour
ſe le rendre encore plus familier , il convient de lire avec attention les remarques ſuivantes.

98. Il ſuit des articles 85 & 89 que la reſiſtance d'un corps au
mouvement eſt d'autant plus grande qu'il a plus de maſſe , & qu'-
un mouvement plus prompt étant un plus grand mouvement, la
reſiſtance de ce corps ſera proportionnée à la viteſſe dont on veut
le mouvoir : ainſi lorſqu'un corps eſt mû, la force qui le meut doit
être d'autant plus grande que ce corps lui oppoſe une plus grande
quantité de mouvement.

99. Il ſuit encore (88) qu'une puiſſance de 25 liv. par exemple
pourra à l'aide d'une machine élever un poids de 500 liv. ſi le poids
ne fait qu'un pied de chemin dans le tems que la puiſſance en ſera
20 : ou bien elle en élevera un de 50. liv. ſi ce poids ſe meut avec
une viteſſe dix fois plus grande que celle du poids de 500 liv. &
il en ſera de même de tous les autres produits égaux à 500 puiſqu'il faut toûjours trouver 500 liv. de force de quelque façon qu'on
les prenne : c'eſt là une Loy generale de la nature qui ne laiſſe à
l'art que le choix des differentes combinaiſons ; toute l'induſtrie
humaine ne pouvant jamais rendre une petite force égale ou ſuperieure a une plus grande , & quand il ſemble qu'une puiſſance de
25 liv. pour être en équilibre avec un poids de 500, ſe multiplie &
s'éleve pour ainſi dire au-deſſus d'elle même, c'eſt une illuſion qui
diſparoît quand on fait attention aux 20 degrés de viteſſe qu'il lui
faut donner de plus qu'au poids de 500 liv. car cette viteſſe eſt
une force réelle quoi qu'inſenſible aux yeux.

Maniere de trouver le centre de gravité d'un triangle & d'un demi cercle.

Comme nous aurons befoin par la fuite de connoître le centre de gravité d'un triangle, & celui d'un demi cercle, voici la maniere de les trouver.

Maniere de trouver le centre de gravité d'un triangle.

100. Pour avoir *le centre de gravité* d'un triangle ABC, il faut divifer deux de fes cotés AC & AB en deux également, tirer des angles opofez les lignes BD, CE, & le point G où ces deux lignes fe couperont fera celui que l'on demande.

FIG. 47. Pour le prouver remarqués que le triangle ABC peut être confideré compofé d'une infinité d'élements ou lignes parallelas au côté AC qui feront toutes divifées en deux également par BD ; ainfi le centre de gravité commun à toutes ces paralleles doit être à un des points de la ligne BD ; par le même raifonnement on voit qu'il fe trouvera auffi dans la ligne CE ; il faut donc qu'il foit neceffairement au point G.

Si du point D, l'on mene DF parallele à CE, l'on verra à caufe des triangles femblables AFD & AEC, que AD étant moitié de AC ; AF fera auffi moitié de AE ; par confequent FE fera moitié de EB, ou le tiers de BF : or comme on a encore les triangles femblables BEG, BFD, il fuit que la partie EF étant le tiers de la ligne BF, la partie GD fera le tiers de BD : on peut donc conclure *que le centre de gravité d'un triangle fe rencontre aux deux tiers de la ligne tirée d'un angle fur le miheu du coté opofé.*

FIG. 48. 101. Un *Secteur de cercle* ABC dont l'angle feroit infiniment petit, pouvant être confideré comme un triangle ifofcelle, il fuit que le centre de gravité E de ce Secteur fera à l'extrémité des deux tiers AE du rayon AD qui partage tous fes élemens en deux également.

FIG. 49. Un demi cercle ABC étant compofé d'une infinité de Secteurs ; fi l'on décrit la demi circonference EFG, dont le rayon DF foit les deux tiers de DB ; cette circonference paffera par le centre de gravité de tous les Secteurs ; & fi l'on conçoit la pefanteur de chaque Secteur réunie à fon centre de gravité, on pourra regarder celle du demi-cercle ABC, comme également diftribuée fur la circonference EFG : ainfi l'on voit que le centre de gravité de la fuperficie du demi-cercle ABC eft le même que celui de la demi-circonference EFG.

Sentiment que l'on

102. Pour infinuer le fentiment que l'on doit avoir du centre de gravité

gravité *d'un demi-cercle*, afin de faciliter l'intelligence de ce qu'on doit avoir du centre de gravité d'une demie circonfe-rence de cercle. verra par la suite ; considerez la circonference ACBD, dont les diamétres AB & CD se coupent à angles droits ; concevons cette circonference divisée en un nombre infini de parties égales com-me *ab* & *cd* à chacune desquelles nous attribuerons une même pesanteur ; il est constant que tirant les lignes EF paralleles au dia-FIG. 50. métre CD à une égale distance du centre L, ces lignes qui seront divisées en deux également par le diamétre AB, pourront être regardées comme des leviers aux extrémitez desquels sont suspen-dus en équilibre, les petites parties pesantes *ab* qui auront pour centre de gravité commun le point K, auquel on peut les suppo-ser réunies : tirant les lignes GH comme on a fait les précéden-tes, on pourra aussi les prendre pour des leviers, aux extrémitez desquels sont en équilibre les petites parties pesantes *cd*, qu'on re-gardera encore réunies à leur centre de gravité commun I : Si l'on fait le même raisonnement pour toutes les petites parties de la cir-conference, on pourra regarder le diamétre AB, comme un le-vier le long des bras duquel sont suspendus tous les petits poids répandus dans les demi circonferences CAD, CBD, qui feront en équilibre autour du point L.

Il suit que pour réünir aux points M des rayons LA & LB les poids qu'on y a supofé suspendus, pour n'en avoir que deux ap-pliquez aux extrémitez du levier MM, dont le point d'apui est dans le milieu L, il faut que la somme infinie de tous les produits de chaque $2ab$ ou $2cd$ par sa distance LK ou LI du centre L à sa ligne de direction soit égale au seul produit de LM par le poids de chaque demi-cercle : alors on pourra regarder le rayon LA ou LB, comme un levier separé dont le point d'apui fera en M ; puis-que les poids suspendus à ces leviers y seront réünis comme à leur centre de gravité commun, qui sera en même tems celui du de-mi-cercle où il est renfermé.

103. Dans un demi-cercle, je dis qu'il y aura même raison de Analogie pour trou-ver le cen-tre de gra-vité d'une demi cir-conference. FIG. 51. la demi-circonference ABC au diamétre AC, que du rayon DB à la distance DE du centre D au centre de gravité E de cette de-mi circonference.

Pour le prouver il faut diviser les quarts de cercle AB & BC en deux également ; tirer les cordes AF, FB, BG, GC : divisant ces cordes également aux points I, H, K, L, chacun de ces points fera le centre de gravité de la ligne qui lui répond. Si l'on tire les lignes HI & KL, qu'on les divise aussi également, menant la li-gne MN, le point E où elle coupe le rayon DB en deux également-

E

ment fera le centre de gravité commun des quatre cordes.

Confiderez que les triangles femblables CÓG, DLN donnent CG, CO :: DL, DN, ou en doublant les deux premiers termes CG×GB, CB :: DL, DN.

De même les triangles femblables BCD, DEN donnent CB, CD :: DN, DE : or fi à la place des conféquents CB & DN dans la feconde proportion, l'on met les confequents CD & DE de la troifiéme ; on aura CG×GB, CD :: DL, DE, dont les deux premiers termes étant multipliés par deux, donnent 2CG×2GB, 2CD :: DL, DE ; ou CG×GB×BF×FA, AC :: DL, DE.

L'on aura la même proportion en divifant le demi-cercle en un auffi grand nombre de parties égales pairement paires que l'on voudra ; car la fomme de toutes les cordes fi petites qu'on puiffe les imaginer, fera toujours au diamétre AB comme la perpendiculaire DE tirée du centre D fur une de ces cordes eft à l'intervalle DE.

Comme la perpendiculaire DL approchera d'autant plus d'égaler le rayon DC que la corde GC fera plus petite, il fuit que prenant le cercle pour un poligone d'une infinité de côtez, *la demi-circonference fera à fon diamétre, comme le rayon eft à l'intervale DE, du centre de grandeur D au centre de gravité E de la demi-circonference.*

104. Si l'on prend la moitié des deux premiers termes de la proportion précédente, l'on verra que *le quart de la circonference eft au rayon, comme le rayon eft à l'intervalle du centre du demi-cercle à fon centre de gravité ;* ainfi nommant a, la demi-circonference, & b, le rayon on aura $\frac{2bb}{a} = $ DE.

Pratique abregée pour trouver le centre de gravité d'une demi-circonference.

105. Si le rayon d'un cercle étoit la fixiéme partie de fa circonference, l'intervalle du centre d'un demi-cercle à fon centre de gravité feroit les deux tiers du rayon par l'art. précédent, parce que le rayon feroit lui-même les deux tiers du quart de la circonference ; mais comme felon la proportion commune, la circonference eft plus grande que le triple du diamétre de la feptiéme partie du même diamétre, il s'en faut la 33e. partie du rayon que l'intervalle du centre d'un demi cercle à fon centre de gravité ne foit les deux tiers du rayon ; or comme il y a des cas où l'on peut n'avoir point égard à une auffi petite difference, où il eft même avantageux d'éloigner le centre de gravité un peu plus qu'il ne devroit être de celui du demi-cercle, *on peut le fupofer aux deux tiers du rayon ;* principalement quand il s'agit de calculer l'effet d'une Manivelle ou

de quelqu'autre Machine où le centre de gravité dont nous parlons a lieu.

106. Il fuit de l'article 104. que la demi-circonference du cercle qui auroit pour rayon DE eft égale au diamétre AC, car les rayons des cercles étant comme leur demi-circonference on aura

$$DC\ (b)\ DE\ \left(\tfrac{2bb}{a}\right) :: a,\ \tfrac{2abb}{ab}\ \text{ou}\ 2b = AC.$$

Ayant vû, article 101. que le centre de gravité H d'un demi-cercle ABC, étoit le même que celui de la demi-circonference EFG, décrite par les deux tiers du rayon DB, il fuit que pour avoir le point H, on n'aura qu'à faire DH quatriéme proportionnelle à la demi-circonference EFG, au diamétre EG & au rayon DF.

Analogie pour trouver le centre de gravité de la superficie d'un demi-cercle.

Comme on peut à la place de la circonference EFG, & du diamétre EG, prendre la demi-circonference ABC, & le diamétre AC; l'on voit qu'on aura encore le point H en faifant DH quatriéme proportionnelle à la demi-circonference ABC, au diamétre AC, & à la ligne DF, qui eft les deux tiers de DB.

Fig. 49.

107. L'on trouvera de même le centre de gravité d'un *arc de cercle* ABC, en faifant DE quatriéme proportionnelle à cet arc, à fa corde AC & au rayon DB : pour en être convaincu, il n'y a qu'à appliquer à la Figure 52. tout ce qu'on a dit dans l'article 103. obfervant feulement de changer le nom *de demi-cercle* ou de demi-circonference, en celui *d'arc de cercle*, & le nom de *diamétre* en celui de *corde*; toutes les conféquences que nous avons tirées de cet article, fe tireront de même de celui-ci.

Trouver le centre de gravité d'un arc de cercle.

Fig. 52.

Il y a des Méthodes generales & fort commodes qui dépendent du *calcul integral* pour découvrir les centres de gravité des lignes des Plans, & des folides; mais je n'aï point voulu m'en fervir afin d'être entendu de ceux qui n'ont point la connoiffance de calcul. Au refte, voici une application de ce que nous venons d'infinuer fur la maniere de trouver le centre de gravité d'une demi-circonference de cercle.

Examen des Manivelles fimples & compofées.

108. Si l'on a un poids Q fufpendu à une *Manivelle* BCDE FG qui tourne fur deux appuis H & I, la puiffance motrice P qui feroit appliquée à la circonference d'une roüe KL qui a pour effieu la ligne AG, agiffant felon une direction tangente MP ou L P à la roüe, variera continuellement, parce que la ligne qui ex-

Fig. 53.

primera la diftance de la direction NQ du poids à l'axe AG, fera plus grande ou plus petite, felon que le coude CD de la Manivelle approchera d'être horifontal ou vertical.

Pour rendre ceci plus fenfible, confiderez la Figure 54. qui eft un profil de la même Machine coupée perpendiculairement à l'axe de la Manivelle ; le cerle MN repréfente la roüe, & la circonference OD celle qui décrira le coude de la Manivelle.

Lorfque la poignée fe trouvera au point E, la ligne de direction EQ du poids fe rencontrant dans la verticale CL, le poids fera dans le même cas que s'il étoit fufpendu au centre C ; ainfi la puiffance P n'en foutiendra aucune partie ; mais lorfque la roüe fera pouffée felon la direction PL, le moment du poids ira toujours en croiffant à mefure que le point E décrira le quart de cercle ED ; & enfuite décroîtra dans la même raifon, à mefure que le même point s'éloignera de l'extrémité D, pour s'approcher de B, où étant parvenu, le poids fe trouvant encore dans la verticale, la puiffance fera nulle comme au commencement, ainfi ce n'eft que dans l'inftant que la Manivelle fe trouve horifontale que l'on a $CD \times Q = CL \times P$ pour le plus grand moment de la puiffance & du poids ; aulieu que quand la Manivelle fe rencontrera dans la fituation CA, on aura $CF \times Q = CL \times P$, qui fait voir que le rayon CL de la roüe & le poids Q étant des grandeurs conftantes, la puiffance P doit augmenter ou diminuer, dans la même proportion que la perpendiculaire CF, tirée du centre C fur la ligne de direction du poids.

109. Si la Puiffance P étoit un courant qui vint frapper les aubes LG de la roüe MN, lorfque la Manivelle eft dans une fituation horifontale ; que la réfiftance du poids Q fut égale à la force abfoluë du courant contre l'aube LG, la roüe demeureroit immobile ; mais fi l'impulfion du courant eft tant foit peu au-deffus de la réfiftance du poids, la roüe tournera doucement d'abord, & à mefure que le poids montera ; la ligne CF allant toujours en diminuant, le courant trouvant moins d'obftacle à furmonter donnera à la roüe une viteffe qui ira toujours en croiffant, à mefure que la réfiftance du poids deviendra moindre ; ainfi l'on voit que ce poids montera de la hauteur CB en moins de tems que s'il avoit toujours eu une *viteffe uniforme*, égale à celle qu'il auroit en partant du point D ; il eft queftion de favoir quelle devroit être fa *viteffe moyenne* pour monter d'un mouvement uniforme à la hauteur CB dans le même tems qu'il y feroit élevé avec une viteffe *accelerée* comme celle que lui donne la Manivelle.

Suppofant le demi-cercle EDB divifé en un nombre de parties Fig. 54.
égales infiniment petites *Aa*, dont chacune foit prife pour le poids
Q ; afin qu'elles puiffent exprimer ce poids à chaque point de la
circonference du demi-cercle où fe trouvera la Manivelle en
montant de E en B ; cherchant le centre de gravité de cette demi-circonference, (103) la ligne CI fera *le bras de levier moyen*
du poids, c'eft-à-dire, qu'elle tiendra un milieu entre toutes les
perpendiculaires CF, ce qui eft bien évident par l'article 102.
car la fomme de tous les moments infinis de CF par *Aa* fera égale
au moment de CI par *Aa* ; répeté autant de fois qu'il y aura de
parties égales *Aa* dans la demi-circonference BDE, par confequent la fomme de tous les efforts du poids Q contre la puiffance
P, tandis que le bras de la Manivelle monte de C en B, fera précifément le même que fi ce poids avoit été attaché à une corde
qui filât fur un treüil XTIV ; d'où il fuit que la fomme de toutes
les viteffes du poids *retardées* & *accelerées*, eft égale à la viteffe *uni-*
forme qu'auroit ce poids fi étant fufpendu au treüil, il montoit
dans le même tems d'une hauteur égale à la demi-circonference
TIV, ou au diamétre BE du demi-cercle BDE. (105)

110. On voit que pour juger de *l'action moyenne du courant* con- *Trouver*
tre l'aube LG, on n'aura qu'à dégager P dans l'équation Q × CI *l'action*
moyenne
= P × CL ; & que fi l'on veut comparer la fomme des *viteffes re-* *d'un cou-*
tardées & *accelerées* de la roüe & du poids dans le tems qu'il monte *rant contre*
de E en B ; on n'aura qu'à prendre le diamétre BE pour exprimer *les aubes*
d'une roüe,
la viteffe uniforme du poids, & la demi-circonference de la roüe *dont la vi-*
pour reprefenter celle du courant ; alors on aura pour la quantité *teffe n'eft*
de mouvement du poids & de la puiffance Q × BE = P × KNL. *pas unifor-*
me.

La hauteur où on peut élever un poids fufpendu à une manivel- *Suite de*
le ne pouvant excéder le double de fon coude ; l'ufage de cette *l'article des*
manivelles.
machine feroit très bonne fi on s'en vouloit fervir pour élever
des corps pefants ; auffi ne l'employe-t'on que pour donner le mouvement aux *piftons des pompes* ; encore n'eft ce pas fans inconvenient.

Par exemple fi le poids Q reprefentoit un pifton qui fit monter PLANCH.
l'eau en refoulant de bas en haut, la manivelle étant parvenüe au 4.
point B, il faudra pour ramener le pifton d'où il étoit parti qu'elle Fig. 54.
decrive le demi-cercle BOE ; & le poids du pifton fuffifant pour
le faire defcendre fans qu'il foit befoin que la puiffance môtrice
y ait part, l'on voit que cette puiffance ne fera monter l'eau que
par intervalle, & que le tems que le pifton mettra à defcendre fera employé à pure perte eu égard au produit de la pompe ;

cependant comme on ne peut guéres se passer des manivelles dans
la plûpart des machines hydrauliques, on a taché de les rectifier
en les multipliant, afin qu'il n'y eut point de tems perdu dans
leurs actions, & que cette action fut la plus uniforme qu'il est
possible : c'est ce qu'on va voir dans l'examen des manivelles *doubles, triples, & quadruples.*

Examen de la manivel-le double. 111. Pour commencer par la manivelle *double* ABCDEFGHI
qui a pour axe KL tournant sur les appuis M, N, considerés
que les coudes ou bras de cette manivelle étant dans un même

PLANCH. plan, les pistons P & Q suspendus aux poignées CD, FG, mon-
5. teront & descendront alternativement ; ainsi tandis que le pre-
FIG. 55. mier agira pour faire passer l'eau dans le reservoir, le second
descendra par sa propre pesanteur ; après quoi ce dernier fera monter l'eau à son tour, & l'autre P descendra sans agir.

Il y aura donc toûjours une des deux manivelles dans le cas de
celle de l'article 109 ; par consequent point de tems perdu puisque
l'eau passera continuellement dans le reservoir ; il est vrai que chaque piston montera encore avec une vitesse inégale ; mais que l'on
considerera comme uniforme en le supposant apliqué aux deux tiers
du coude de sa manivelle (109) afin d'avoir le moment du poids ;
faisant attention en calculant la machine que la puissance se trouvera dans le même cas que s'il n'y avoit qu'un corps de pompe
dont le piston fît monter l'eau sans interruption.

Examen de la manivel-le triple. 112. La manivelle *triple*, que l'on nomme aussi manivelle *à tiers-
point*, est composée de trois coudes ou bras AB, AC, AD qui par-
tagent en trois parties égales la circonference d'un cercle dont le

FIG. 56. centre est dans l'axe ; cette manivelle est sujette à moins d'inégalité dans son mouvement que la précedente parce qu'il n'arrive jamais que l'action de la puissance soit nulle.

Pour juger du plus grand & du moindre effort de cette puissance à chaque revolution, il faut chercher quelle est la situation
de la manivelle dans ces deux cas ; en supposant qu'on a suspendu à chaque bras un poids égal qui n'oppose de resistance que
lorsqu'en montant il se trouve renfermé dans le demi-cercle GEH,
& qu'aussi-tôt qu'il commence à descendre dans le demi - cercle
GIH sa pesanteur devient nulle ; c'est ce qui convient aux pistons
qui n'agissent qu'en montant.

Lorsqu'un des bras AB se rencontre dans une situation horisontale IE, les deux autres AC, AD forment avec le rayon AE,
chacun un angle CAE, DAE de 60 degrés ; tirant les lignes CE,
ED, on aura les triangles équilateraux ACE, DAE dont la ba-

fe commune AE fera divifée en deux également par les directions
des poids fufpendus aux points C, D, qui fe rencontrent dans un
même plan vertical; parconfequent ces deux poids ayant pour bras
de levier commun la perpendiculaire AF moitié du rayon AE,
n'opoferont enfemble à la puiffance P que la refiftance dont chacun d'eux feroit capable s'il étoit fufpendu à l'extrêmité E du rayon
AE.

Il fuit de là que lorfque la manivelle en tournant fe rencontre
dans une fituation oppofée à la précédente, le poids Q fufpendu à
l'extrêmité du coude horifontal AB oppofe à la puiffance la même refiftance qu'elle foûtenoit dans le cas précédent, puifque la   Fig. 57.
pefanteur des deux autres qui repondent au demi-cercle GIH eft
regardée comme nulle.

Quand le bras AB eft vertical, la direction du poids qui re-   Fig. 58.
pond à ce bras fe trouvant dans l'axe, n'oppofe aucune refiftance   & 59.
à la puiffance, non plus que le feul poids fufpendu au bras AD que
la puiffance doit foûtenir.

L'angle LAD étant de 60 degrez, le triangle ALD fera équilateral; par confequent le quarré de la perpendiculaire AF fera les
trois quarts du quarré du rayon AD; ainfi fuppofant ce rayon divifé en huit parties égales fon quarré fera 64 celui de AF 48 dont
la racine eft environ 7; qui fait voir que le rapport de AE à AF
eft à peu-près comme 8 à 7.

Les poids fufpendus aux bras des manivelles étant égaux; il fuit
que lorfqu'ils fe rencontreront dans le demi - cercle GEH, leur
moment feront dans la raifon des perpendiculaires tirées du centre fur leurs lignes de directions, puifque ces perpendiculaires
expriment leurs bras de levier: fi celui de la puiffance l'eft toûjours par une ligne conftante AO, cette puiffance variera dans le
rapport des mêmes perpendiculaires, ainfi quand un des coudes
de la manivelle fe trouvera dans une fituation horifontale, la
puiffance pourra être exprimée par le rayon AE, & quand le
même coude deviendra vertical, elle le fera par la perpendiculaire AF.

113. Pour peu que l'on y faffe attention, l'on verra que le
moindre effort de la puiffance fera exprimé par AF, & le plus
grand par AE, car dans la figure 58e lorfque le point D
approche de G, le point B ayant le même mouvement pour
s'approcher de E, la puiffance ira en croiffant jufqu'à l'inftant où
la perpendiculaire AF deviendra leur bras de levier commun
comme dans la figure 56 : l'on voit auffi dans la figure 59. qu'à

mefure que le point D s'approchera de E , la puiffance croîtra avec la perpendiculaire AF jufqu'au moment où le bras AD deviendra horifontal comme dans la figure 57ᵉ, & decroîtra à mefure qu'il s'élevera au-deffus de l'horifon, tant qu'il foit parvenu à former avec le rayon AE un angle de 30 degrez comme dans la figure 58 ; ce qui fait voir que les inégalités de la puiffance font renfermés dans un arc de cercle de 60 degrez, & que le bras de levier moyen doit être exprimé comme ci-devant par l'intervalle du centre A au centre de gravité R de l'arc LED, que l'on trouvera en faifant AR quatriéme proportionnelle à l'arc LED, à la corde LD & au rayon AE : ou troifiéme proportionnelle au même arc & à fon rayon ; parce que cet arc étant de 60 degrez la corde eft égale au rayon.

114. Supofant que les bras de la Manivelle triple foient de même longueur que ceux de la Manivelle double ; nommant l'un & l'autre, *a*, & *b* la demi-circonference qu'ils décrivent, l'on aura $\frac{2aa}{b}$ pour le bras de levier moyen de la Manivelle double, (104)

& $\frac{3aa}{b}$ pour celui de la Manivelle triple ; ce qui fait voir que fi les poids fufpendus à ces Manivelles font les mêmes, ainfi que les bras de levier des puiffances qui les élevent ; ces puiffances feront comme 2 eft à 3.

Si l'on cherche en nombre le raport du coude de la Manivelle triple à fon bras de levier moyen, l'on verra qu'il eft à peu de chofe près comme 16 eft à 15 ; ainfi dans les Machines où cette manivelle eft employée, il faudra divifer la longueur d'un des bras en 16 parties égales, en prendre 15 pour le bras de levier moyen, ou pour le rayon du cercle dont la circonference exprimera la viteffe uniforme du poids ; faire le calcul de la machine, comme fi on n'avoit qu'un feul corps de pompe dont le pifton refoulât l'eau fans interruption, & le refte felon les loix ordinaires de la Mécanique.

 115. Quoiqu'il ne foit gueres d'ufage de faire des manivelles *quadruples* par la difficulté de les rendre affez folides pour n'être pas fujettes à fe rompre fouvent, nous ne laifferons pas que d'en examiner l'effet pour faire remarquer en paffant contre toute apparence que cette manivelle a plus d'inégalité dans fon mouvement que la triple.

Fig. 60. Si l'on imagine que des quatre bras AB, AC, AD, AE, qui forment entr'eux des angles droits, il y en ait deux dans une fituation

tion *horifontale* ; les deux autres étant dans la *verticale*, la Puiſſance n'aura à foûtenir que le feul poids fuſpendu à l'extrémité E (112), & lorſque les bras de cette manivelle formeront avec l'horifon des angles de 45 dégrez, les directions des poids fuſpendus aux FIG. 60. points F & G ſe trouvant dans un même plan vertical, auront pour bras de levier commun la perpendiculaire AH, dont le rapport avec le rayon AE ſera le même que celui du côté d'un quarré à ſa diagonale ; c'eſt-à-dire, à peu près comme 5 eſt à 7 : Si l'on double le nombre 5 à cauſe qu'il y a deux poids qui répondent au point H le raport de la plus petite à la plus grande force de la Puiſſance ſera comme 7 eſt à 10, au lieu que ce raport eſt celui de 15 à 16 pour la manivelle triple.

Si l'on prolonge AE pour faire AL double de AH, & qu'on décrive de l'intervalle AL le quart de cercle KLM, le rayon AE ſera le plus petit, & AL le plus grand bras de levier du poids ; par conféquent le bras de levier moyen ſera exprimé par l'intervalle du centre A au centre de gravité N de l'arc KLM.

Le triangle AEK étant rectangle & iſoſcelle, nommant encore le rayon AE, a, & la demi-circonference CED, b ; la corde KM ſera $2a$; le rayon AK ou AL $\sqrt{2aa}$; & le quart de circonference KLM $\frac{b}{2a}\sqrt{2aa}$; cela poſé, ſi l'on cherche une quatriéme proportionelle à l'arc KLM $(\frac{b}{2a}\sqrt{2aa})$, à la corde KM $(2a)$ & au rayon AL $(\sqrt{2aa})$, on aura AN $= \dfrac{2a\sqrt{2aa}}{\frac{b}{2a}\sqrt{2aa}}$ ou AN $= \dfrac{4aa}{b}$ d'où l'on tire $b, 2a :: 2a,$ AN qui fait voir que le bras de levier moyen ſera 3e. proportionnelle à la demi-circonference que décrit la manivelle, & au double d'un de ſes bras.

116. Ayant trouvé (104) $\frac{2aa}{b}$ pour l'expreſſion de la Puiſſance qui fait agir la manivelle double, $\frac{3aa}{b}$ pour celle de la manivelle triple, (114) & $\frac{4aa}{b}$ pour celle de la manivelle quadruple (115), on voit que ces Puiſſances ſuivent la proportion du nombre des bras de leurs manivelles ou des piſtons qui refoulent l'eau.

Comme dans la manivelle quadruple le bras de levier moyen entre 7 & 10 eſt à peu-près 9, il faut dire ſi 7 donne 9 combien donnera la longueur d'un des bras de la manivelle pour le bras de

F

levier moyen qu'on cherche ; la circonférence qui aura pour rayon cette ligne exprimera la vitesse du poids ; alors dans le calcul de la machine on supposera qu'elle n'est composée que d'un corps de pompe , dont le piston qui seroit suspendu à l'extrémité du bras de levier moyen agit sans interruption.

Je pourrois encore raporter des choses assés curieuses sur les manivelles plus composées , mais comme il n'y a point d'apparence qu'on en fasse jamais usage je ne m'y arreterai pas.

Voici quelques principes sur la force des animaux propres à mouvoir les machines ; c'est-à-dire sur celle des hommes & des chevaux extraits des raisonnemens & experiences faites sur ce sujet par Messieurs de la Hire , Sauveur & Parent. Dans la suite nous en ferons l'application à la manœuvre de plusieurs machines essentielles à la vie.

Maniere d'estimer la force d'un homme qui éleve ou qui porte un fardeau.　117. La force de l'homme & de tout autre animal qu'on employe à mouvoir des fardeaux dépend *des muscles* qui joüent , & de la position où est son corps, & ce n'est que par l'experience qu'on peut connoître la force des differents muscles.

Un homme d'une taille mediocre & d'une force ordinaire pese autour de 140 Livres : comme cet homme étant à genoux peut se rélever en s'appuyant seulement sur la pointe des pieds , & qu'alors les seuls muscles des jambes & des cuisses élevent le poids de tout son corps , il est évident que ces muscles ont la force de 140 Livres.

On voit aussi par experience qu'un homme ayant les jarrets un peu pliés , peut se redresser quoique chargé d'un poids de 150 ℔ auquel ajoûtant celui de son corps de 140, la force des muscles des jambes & des cuisses peut donc élever un poids de 290 Livres pourvû que l'élevation ne soit que de deux ou trois pouces au plus.

Un homme peut élever un poids de 100 Livres qu'il auroit entre les jambes , ployant seulement le corps pour prendre ce poids avec les mains comme avec deux crochets , & se redressant ensuite ; d'où il suit que les seuls muscles des lombes ont la force d'élever un poids de 170 Livres ; car ils élevent non seulement le poids de cent Livres , mais encore toute la partie superieure de son corps depuis la ceinture qu'on estime peser 70 Livres , & qu'il avoit panché pour prendre le poids.

Un homme en se ser- vant d'une　118. À l'égard de la force des bras pour tirer ou pour élever un fardeau , elle peut être évaluée à 160 Livres : si l'on a une corde qui passe sur une poulie , qu'à l'un des bouts il y ait un poids de

140 Livres, l'homme que nous avons fuppofé avoir cette pe- *poulie fixe ne peut en- lever un poids au- deffus de fa pefanteur propre.*
fanteur étant appliqué à l'autre bout de la corde ne pourra enle-
ver ce poids, parce qu'il fera en équilibre avec lui, & *qu'on ne peut*
élever au delà de fa pefanteur propre quelque fecouffe que l'on fe
donne, parce que la force des mufcles des bras & des épaules
ne peut avoir lieu pour foûtenir un poids plus pefant que le corps,
qu'autant qu'on a un point d'appui qu'on ne quitte pas; ce qui ne
peut arriver dans le cas dont nous parlons où l'on ne peut faire agir
tout le poids du corps fans perdre terre.

119. Monfieur de la Hire après avoir établi ce que nous venons *La force d'un homme appliqué à une mani- velle pour la faire tourner n'eft au plus que de 27 liv. en agiffant avec une vi- teffe de mille toifes par heure.*
d'expofer, confidére l'effort de l'homme pour tirer ou pour pouf-
fer horifontalement, pour cela, il le fupofe apliqué à la manivelle d'un treuil dont le rayon feroit égal au coude de la manivelle;
afin de comparer la force de l'homme fans aucun avantage de
la part de la machine.

Si le coude de la manivelle eft placé horifontalement à la hauteur des genoux, l'effort de l'homme qui la reléve, peut élever en
même tems un poids de 150 Livres qui feroit attaché à l'extrémité de la corde apliquée au treuil, en prenant tous les avantages pof-
fibles puifqu'il fera dans le même cas que ci-devant pour élever ce
poids; mais fi au contraire il veut abbaiffer la manivelle fon effort
ne peut être que de 140 Livres, ne pouvant apuier que du poids de
tout fon corps.

Si le coude de la manivelle eft placé verticalement & que la
poignée foit à la hauteur des épaules, il eft certain qu'un homme
ne pourra faire aucun effort pour la faire tourner en tirant ou en
pouffant avec la main, fi fes deux pieds font l'un contre l'autre
& que le corps foit droit puifque dans cette pofition, ni la force
de tout le corps ou de fes parties, ni fa pefanteur ne peuvent faire aucun effort pour pouffer ou pour tirer.

Mais fi la manivelle eft plus haute ou plus baffe que la hauteur
des épaules, l'homme pourra avoir quelque force pour pouffer ou
pour tirer, & cette force depend de la feule pefanteur de fon
corps, que l'on doit confidérer comme reunie dans fon centre
de gravité qui eft à peu-près à la hauteur du nombril pour determiner l'équilibre; car l'effort des mufcles des jambes & des cuiffes,
ne fert que pour conferver cet équilibre en marchant.

120. Il n'y a donc que lorfque le corps eft incliné qu'un homme
peut pouffer horifontalement avec le bras, & l'inclinaifon la plus
commode pour agir, eft de faire un angle de 60 degrez avec l'horifon; alors la force de l'homme fe reduit feulement à 27 Livres

pour pouffer horifontalement avec les bras, ou pour tirer une corde en marchant, le Corps incliné en devant, la corde attachée vers les épaules ou au milieu du corps.

Ceux qui n'ont point examiné de près la force d'un homme dans la fituation que nous venons de fupofer, ne fauroient fe perfuader qu'elle fe reduife feulement à 27 Livres, cependant on eft fur qu'à peine elle va jufques là; puifque felon les experiences qu'à fait Mr. Sauveur, il a trouvé que la force d'un homme apliquée à une manivelle, ou qui tire une corde horifontalement ne pouvoit être eftimée que de 24 à 25 Livres: pour en juger il a attaché une poulie au-deffus d'un puits à une hauteur convenable, a accroché differents poids à un des bouts de la corde qui étoit dans le puits, & l'autre bout étoit tiré horifontalement par l'homme qui faifoit monter le poids.

121. Il convient de remarquer que quand on reduit la force d'un homme à 25 Livres, lorfqu'il agit de la façon que nous venons de dire, on le confidére en état de foûtenir un travail moderé d'une ou deux heures de fuite; encore faut il avoir égard à fa *viteffe* qui ne peut guéres s'étendre au delà de *mille toifes par heure*, foit qu'il marche ou qu'il manœuvre circulairement.

122. Il fuit que *l'effet d'une machine muë par un homme ne peut jamais être au-deffus de l'effet naturel, c'eft-à-dire au-deffus du produit de mille toifes en une heure par 25 Livres*, de quelque maniere que ce produit foit formé par le poids & par la viteffe, puifqu'on aura toûjours la même quantité de mouvement; ainfi un homme faifant cent toifes en une heure peut élever un poids de 25000 Livres, pourvû que ce poids ne faffe qu'une toife de chemin dans le même tems. Il en fera de même de toutes les autres machines à l'infini, dont peut être formé le produit de 25000; l'effet machinal a donc néceffairement pour bornes, l'effet naturel de la Puiffance qui meut la machine, puifqu'il eft impoffible de tirer du neant une nouvelle force.

La force d'un Cheval qui tire eft équivalente à celle de fept hommes, ou d'environ 175 liv. avec une viteffe de 180 toifes par heure.

123. Il refte à comparer la force des hommes à celles des chevaux pour tirer; mais comme elle ne depend pas entierement de leur pefanteur comme celle des hommes, mais principalement des mufcles de leur corps, & de la difpofition generale de fes parties qui ont un très grand avantage pour pouffer en avant, on doit fe contenter de l'experience commune par laquelle *on fait qu'un cheval tire horifontalement autant que fept hommes*, c'eft-à-dire environ 180 Livres, qui eft peu de chofe par raport à l'idée que l'on a de la force de cet animal; mais on la confidére ordinaire-

ment apliquée à quelque machine à roüe , laquelle roulant sur un plan horifontal, il ne faut guéres au cheval qu'autant de force qu'il eft néceffaire pour vaincre le frottement des effieux.

124, Monfieur Sauveur ayant auffi fait des experiences fur la force moyenne d'un cheval; a trouvé qu'il tiroit d'un Puits un poids d'environ 175 livres avec une viteffe de 1800 toifes par heure : ainfi l'on peut encore dire que *quelque art qu'on employe à compofer une machine mue par un cheval , fon effet fera toûjours moindre à caufe des frottements , que le produit de 170 livres par 1800 toifes de viteffe en un heure* puifque ce produit limite néceffairement la quantité de mouvement du poids : cependant il m'a parû par nombre d'obfervations que j'ai faites fur les machines mues par les chevaux , que la viteffe d'un cheval ordinaire attelé & qui travailloit pendant deux heures & demi ou trois heures de fuite , pouvoit aller à deux mille toifes par heure.

Regle du mouvement & du choc des corps en general.

La theorie des eaux ne pouvant être traitée avec exactitude fans le fecours des regles du mouvement, voici ce qu'il convient d'en favoir pour l'intelligence de l'Architecture Hydraulique.

125. Les regles du mouvement dependent de fix chofes principales ; 1° *de la force môtrice* qui eft appliquée aux corps; 2° *de la maffe* des mêmes corps ; 3° de *la viteffe* avec laquelle ils font mûs; 4° du *tems ou de la durée* du mouvement; 5° *de l'efpace* parcouru pendant ce tems ; 6° de la *force du choc* dont ces mêmes corps font capables.

Pour rendre plus fimples les expreffions des regles que nous allons établir, nous fupoferons comme on le fait ordinairement que *les maffes des corps font proportionnelles à leurs pefanteurs;* c'eft pourquoi nous ne ferons mention que de leurs maffes.

126 On appelle force *fimplement môtrice* celle qui n'eft appliquée à un corps qu'autant de tems qu'il en faut pour lui imprimer un certain degré de viteffe, après quoi le corps fe fepare de la force môtrice; alors fon mouvement eft *uniforme ,* c'eft-à-dire parcourt des efpaces égaux en tems égaux.

127. L'on nomme *force acceleratrice* celle qui étant toûjours appliquée au corps renouvelle fans ceffe fon impreffion, augmente dans le fecond inftant l'effet du premier; dans le troifiéme l'effet du fecond ; ainfi de fuite , de forte que la viteffe va toûjours en croiffant.

F iij

128. Il eſt évident que l'effet de la force motrice ſimple eſt un certain eſpace parcouru en un certain tems, pendant lequel le corps eſt mû, & que cette force ſera d'autant plus grande que l'eſpace ſera plus grand & le tems plus court, *donc ſa meſure ou ſon expreſſion ſera l'eſpace diviſé par le tems employé à le parcourir.*

Maniere d'exprimer la viteſſe, l'eſpace, le tems, la maſſe & la force d'un corps mû d'un mouvement uniforme.

129. Comme l'eſpace n'aura été parcouru qu'en vertu de la viteſſe que la force motrice aura imprimée au corps, il ſuit que plus cet eſpace ſera grand, & le tems petit, plus la viteſſe ſera grande, & que ſa meſure ou ſon expreſſion ſera encore *l'eſpace diviſé par le tems;* ainſi nommant V la viteſſe, E l'eſpace, & T le tems, on aura $V = \frac{E}{T}$, donc $VT = E$, & $T = \frac{E}{V}$; qui fait voir qu'on pourra toujours exprimer l'eſpace qu'un corps parcourt d'un mouvement uniforme, *par le produit de ſa viteſſe & du tems qu'il a mis à la parcourir,* & qu'on pourra exprimer le tems *par l'eſpace diviſé par la viteſſe.*

130. Quant à la force ou quantité de mouvement dont un corps peut être capable pour choquer une ſurface ou un autre corps qui lui ſeroit oppoſé; il eſt conſtant, comme nous l'avons dit ailleurs (85) qu'elle doit être exprimée *par le produit de ſa maſſe & de ſa viteſſe;* ainſi nommant F la force ou quantité de mouvement, M la maſſe, & V la viteſſe, on aura $F = MV$; donc $\frac{F}{V} = M$, & $\frac{F}{M} = V$, *qui fait voir qu'on aura toujours la maſſe d'un corps en diviſant ſa force ou ſa quantité de mouvement par la viteſſe, & qu'on aura ſa viteſſe, en diviſant ſa force ou ſa quantité de mouvement par ſa maſſe.*

Pour eſtimer l'action d'un corps contre une ſurface, il faut avoir égard à la direction, ſelon laquelle ce corps eſt mû.

131. Lorſqu'un corps mû avec une certaine viteſſe frappe perpendiculairement une ſurface ou un corps en repos, il fait toute l'impreſſion qu'il peut jamais faire étant mû avec cette viteſſe; mais s'il le frappe obliquement avec la même viteſſe, l'impreſſion ſera moindre, c'eſt pourquoi il faut toujours conſiderer ſelon quel angle ou quelle direction agit la force appliquée au corps.

Quand deux forces agiſſent *pleinement,* c'eſt à-dire ſelon des directions perpendiculaires, leurs effets ou impulſions ſont dans la raiſon compoſée de leurs maſſes & de leurs viteſſes; mais quand ces deux forces ont leur action diminuée par les circonſtances, les effets ſont proportionnels aux forces ou cauſes modifiées comme elles doivent l'être. Par exemple, *ſi de deux corps differens, l'un donne un choc perpendiculaire, & l'autre un oblique; les deux impreſſions feront comme la masse du premier multiplié par sa vitesse, & le produit par le sinus total, est à la masse du second multiplié par sa vitesse, & le produit par le sinus de l'angle d'incidence.* (24)

132. Il suit que si les masses & les vitesses sont égales, les chocs seront comme les sinus correspondans ; & que si les masses sont égales, & que les vitesses soient differentes, ainsi que les directions, les chocs seront dans la raison composée des vitesses & des sinus correspondans.

133. Tout le monde convient que dans les corps *sans ressort* le mouvement se perd par un mouvement contraire, c'est-à-dire par celui d'un corps qui va d'un sens directement opposé : d'où il suit que *si deux corps vont d'un sens opposé, & qu'ils ayent des quantitez de mouvement égales, venant à se rencontrer directement, ils s'arrête-ront tous deux, & demeureront en repos après le choc,* parce que chaque quantité de mouvement détruira l'autre qui lui est égale & contraire. (87)

Regle generale du choc des corps.

134. *Si un corps en mouvement en rencontre un autre en repos, la quantité de mouvement subsistera entiere après le choc,* puisqu'il n'y en a point de contraire qui la détruise ; mais elle sera partagée entre les deux corps, c'est-à-dire qu'il arrivera la même chose que si la masse du corps mû, étoit augmentée de celle du corps en repos, & que sa vitesse fut diminuée à proportion de l'augmentation de la masse ; ainsi *divisant la quantité de mouvement qu'avoit le corps mû par la somme des deux masses, on aura la vitesse avec laquelle les deux corps iront ensemble du même côté.* (130)

135. *Si les deux corps se choquent selon des directions opposées avec des quantitez de mouvement inégales ; le corps qui en aura le plus dé-truira totalement la quantité de mouvement du corps qui en aura le moins, & il ne restera pour toute quantité de mouvement que l'excès de ce que l'un avoit au-dessus de l'autre ;* alors il arrivera la même chose que si le plus fort avec ce qui lui reste de force avoit rencontré l'autre en repos.

136. Enfin, *si deux corps allant d'un même côté en suivant la même direction viennent à se rencontrer avec des vitesses inégales, leurs quan-titez de mouvement demeureront entieres après le choc,* puisqu'elles n'ont rien de contraire l'une à l'autre : il arrivera la même chose que si ces deux corps n'en faisoient plus qu'un, c'est pourquoi on aura leurs vitesses communes, en divisant la somme de leurs quan-titez de mouvement par la somme de leurs masses. (130)

137. Pour établir les regles generales du mouvement unifor-me, j'avertis une fois pour toutes que nous continuerons à nom-

mer V la viteffe d'un mobile, M fa maffe, F fa force ou quantité de mouvement, E l'efpace parcouru, & T le tems employé à le parcourir, & que nous nommerons auffi par les lettres femblables, v, m, f, e, t, la viteffe, la maffe, la force, l'efpace & le tems appartenant à l'action d'un autre mobile.

Formules generales d'où l'on tire toutes les regles du mouvement uniforme.

138. Selon ce qui a été dit cy-devant (129 & 130) l'on aura $V = \frac{E}{T}, u = \frac{e}{t}, F = MV, f = mu$; par conféquent $F, f, :: MV, mu$, où mettant à la place des viteffes leurs valeurs, il vient $F, f, :: \frac{ME}{T}, \frac{me}{t}$, par conféquent $\frac{Fme}{t} = \frac{fME}{T}$, ou en faifant évanoüir les fractions $FT\,me = ft\,ME$; dont on pourra fe fervir pour une regle generale des mouvemens uniformes.

139. Ayant auffi $V, u :: \frac{E}{T}\,\frac{e}{t}$, on tirera de même $\frac{Ve}{t} = \frac{uE}{T}$, ou $VTe = utE$, pour une feconde regle qui comprend les viteffes.

140. Enfin puis qu'on a $F, f, :: MV, mu$, on en tirera encore $Fmu = fMV$ pour une 3e regle. Ces trois regles comprennent fi generalement tout ce qui regarde les mouvements uniformes qu'on les peut apliquer à toutes les hypothefes imaginables.

Application de la première regle ou formules à differentes hypothéfes.

141. On pourra tirer de la premiere regle (138), $FT\,me = fi\,ME$ autant d'analogies qu'elle comprend de racines, en prenant d'abord les grandeurs de même efpece, en voici une pour exemple ; $F\,f :: MEt, meT$; c'eft-à-dire que *les forces font dans la raifon compofée des produits des maffes & des efpaces directement par les tems reciproquement* : on énoncera les autres de la même maniere.

142. Pour tirer de la même regle d'autres analogies plus fimples, on fera autant de fuppofition que l'équation comprend de racines differentes ; par exemple fi l'on fupofe $F = f$, ou aura $Tme = tME$, d'où l'on tire; $1°\ T, t, :: ME, me : 2°\ M, m :: Te, tE : 3°\ E, e :: Tm, tM$, c'eft-à-dire que lorfque les forces font égales ; $1°$ les tems font comme les produits des maffes par les efpaces ; $2°$ les maffes font comme les produits des tems pris directement par les efpaces reciproquement : $3°$ les efpaces font comme les produits des tems directement par les maffes reciproquement.

143 De même fupofant $M = m$, on aura $1°\ F, f, :: Et, eT : 2°\ T, t, :: Ef, eF ; 3°\ E, e :: TF, tf$; c'eft-à-dire que fi les maffes font égales, $1°$ les forces font dans la raifon compofée des efpaces directement & des tems reciproquement : $2°$ les tems font entr'eux dans la raifon compofée des efpaces directement & des forces reciproquement ; $3°$ les efpaces font entr'eux dans la raifon compofée des tems & des forces, l'un & l'autre pris directement.　144. Si

144. Si T $=t$, on aura 1° F, f, :: ME, me, 2° M, m :: Fe, fE, 3° E, e :: Fm, fM ; c'eſt-à-dire que ſi les tems ſont égaux 1° les forces ſeront dans la raiſon compoſée des maſſes & des eſpaces, l'un & l'autre pris directement & des eſpaces reciproquement, 2°. Les maſſes ſont entr'elles dans la raiſon compoſée des forces directement, & des eſpaces réciproquement. 3° les eſpaces ſeront dans la raiſon compoſée des forces directement & des maſ-ſes reciproquement.

145. Enfin ſi E $=e$ on aura, 1° F, f, :: Mt, Tm, 2° M, m :: FT, ft ; 3° T, t : : Mf, mF ; c'eſt-à-dire que ſi les eſpaces ſont égaux 1° les forces ſeront dans la raiſon compoſée des maſſes di-rectement & des tems reciproquement : 2° les maſſes ſeront en-tr'elles dans la raiſon compoſée des forces & des tems, l'un & l'autre pris directement 3° les tems ſeront entr'eux dans la raiſon compoſée des maſſes directement & des forces reciproquement.

146. La ſeconde regle VT$e = ut$E, donnera auſſi autant d'a- *Aplication de la ſecon-de Regle.* nalogies qu'elle a de racine 1° E, e, :: VT, ut ; 2° V, u :: Et, eT. 3° T, t :: Eu, eV : la premiere montre que les eſpaces par-courus ſont dans la raiſon compoſée des viteſſes & des tems : la 2ᵉ que les viteſſes ſont entr'elles dans la raiſon compoſée des eſpaces directement & des tems reciproquement ; la 3ᵉ que les tems ſont entr'eux dans la raiſon compoſée des eſpaces directe-ment & des viteſſes reciproquement.

147. L'on tirera encore de la même regle autant d'analogies qu'-on peut faire de ſupoſitions differentes ; ainſi T $=t$, donnera V, u :: E, e, qui fait voir que lorſque les tems ſont égaux les viteſſes ſont comme les eſpaces parcourus.

148. de même V $=u$, donne E, e :: T, t ; c'eſt-à-dire que lorſ-que les viteſſes ſeront égales les eſpaces parcourus ſeront comme les tems.

Si E $=e$, on aura V, u :: t, T, c'eſt-à-dire que ſi les eſpa-ces ſont egaux, les viteſſes ſeront en raiſon reciproque des tems.

149. Enfin l'on deduira encore de la 3ᵉ regle F$mu = f$MV, *Aplication de la troi-ſiéme.* pluſieurs conſequences comme l'on a fait à l'égard des deux au-tres, car on aura d'abord F, f :: MV, mu ; M, m :: Fu, fV ; V, u, :: mF, Mf : la premiere montre comme on a dejà dit que les forces ſont dans la raiſon compoſée des maſſes des corps & de leurs viteſſes : la 2ᵉ que les maſſes ſont dans la raiſon compoſée des for-ces directement & des viteſſes reciproquement : la troiſiéme que les viteſſes ſont dans la raiſon compoſée des forces directement & des maſſes reciproquement.

G

150. Si l'on fupofe $V = u$, on aura $F, f :: M, m$, c'eft-à-dire que fi les viteffes font égales les forces feront comme les maffes.

151. De même fi $M = m$, on aura $F, f :: V, u$, qui montre que fi les maffes font égales les forces feront comme les viteffes.

152. Enfin fi $F = f$, on aura $M, m :: u, V$, qui fait voir que lorfque les forces font égales les viteffes font en raifon reciproque des maffes.

Du mouvement accéléré.

153. L'experience montre que la viteffe d'un corps pefant qui tombe augmente inceffamment, ou qu'il parcourt un plus grand efpace dans le deuxiéme inftant que dans le premier; plus grand dans le troifiéme que dans le deuxiéme ainfi de fuite.

Principe de Galilée fur la chute des corps. 154. Galilée en regardant *la pefanteur* comme une *force accelera-trice* (127) & faifant abftraction de la refiftance de l'air a affuré le premier *qu'un corps reçoit à chaque inftant de la durée de fa chûte un degré égal de viteffe, & que ce degré de viteffe fe confervoit entier dans les inftans fuivants pendant lefquels il en acquiert toûjours de nouveaux*, ou ce qui revient au même, *l'action de la pefanteur agit également fur un corps dans tous les inftants de fa chûte*; c'eft-à-dire que fi l'on partage la durée de la chute en un nombre d'inftans égaux infiniment petits; le premier degré de viteffe s'acquerra depuis le repos jufqu'à la fin du premier inftant, & demeurera entier dans les autres inftants fuivants: pendant le deuxiéme inftant le corps acquerra un fecond degré égal au premier, & fera tout acquis à la fin du fecond inftant ou le corps aura acquis deux degrez de viteffe : de même le troifiéme degré s'acquerra pendant le troifiéme inftant, & fera tout acquis à la fin de ce troifiéme inftant; alors le corps aura trois degrez de viteffe ainfi de fuite: c'eft de quoi tous les favants conviennent.

Les viteffes acquifes font dans la raifon des tems écoulez. 155. Puifque les degrez de viteffe d'un corps qui tombe croiffent comme les inftants écoulez depuis le repos, il fuit que *les viteffes acquifes à la fin de deux tems differens feront entr'elles dans la raifon des mêmes tems*; c'eft-à-dire par exemple que fi un corps dans le tems T, a acquis la viteffe V, & que dans un autre tems t, il ait acquis la viteffe u; l'on aura $V, u :: T, t$, par confequent $V t = u T$.

156. Si l'on fait attention que la fuite des inftans qui s'écoulent en commençant depuis le premier compofent une progreffion ari-

thmetique; l'on verra que la fuite des viteffes qui leur repondent doit compofer auffi une progreffion arithmetique dont le plus petit terme peut être regardé comme zero, & dont le plus grand fera la viteffe acquife à la fin du tems total; or comme entre la plus petite & la plus grande viteffe, il y en a une *moyenne* avec laquelle le corps étant mû d'un mouvement uniforme parcourroit dans le même tems le même efpace que le corps a parcouru d'un mouvement accéléré, il fuit que *multipliant cette viteffe moyenne par le tems total le produit exprimera l'efpace parcouru.* (129)

Comme les élemens d'un triangle en commençant depuis le fommet, compofent une progreffion arithmétique infinie, dont la moitié de la bafe ou du plus grand terme eft égale au terme moyen; il fuit que les viteffes qu'un Corps acquiert en tombant depuis le repos croiffant dans le même ordre que les élemens d'un triangle, *la viteffe moyenne fera égale à la moitié de la viteffe acquife à la fin du tems total.* Si V exprime la viteffe acquife à la fin du tems T, $\frac{V}{2}$ exprimera exactement la viteffe moyenne, par conféquent $\frac{TV}{2}$ l'efpace parcouru d'un mouvement accéleré.

157. Il fuit que *l'efpace qu'un corps parcourt en accélerant depuis fon repos dans un tems déterminé T, eft la moitié de l'efpace que ce Corps parcouroit dans le même tems d'un mouvement uniforme, avec la viteffe V acquife à la fin du dernier inftant de fa chûte;* car fi le mouvement eft uniforme, l'efpace fera exprimé par TV, (129) au lieu qu'il ne l'eft que par $\frac{TV}{2}$ quand le mouvement eft accéléré (156); par conféquent fi un corps pefant étant defcendu depuis le repos pendant un tems T, a parcouru l'efpace E, & qu'il ait acquis à la fin de fa chûte la viteffe V, il parcourra d'un mouvement uniforme avec cette même viteffe acquife un efpace 2E dans le même tems T.

158. L'on tire de l'article précédent le moyen de réduire le mouvement acceleré au mouvement uniforme; pour cela *il faut prendre la viteffe du mouvement acceleré toute acquife, & la concevoir comme demeurant uniforme, & fi l'on prend le même tems, il faudra doubler l'efpace parcouru d'un mouvement acceleré, & regarder cet efpace double comme ayant été parcouru d'un mouvement uniforme avec la derniere viteffe acquife.*

159. Il fuit que fi un mobile a parcouru en accélerant depuis le repos les efpaces E*e*, en deux tems differens T, *t*, & qu'il ait acquis à la fin des mêmes efpaces les viteffes V, *u*; on aura 2E pour

l'efpace que parcourra la viteffe V d'un mouvement uniforme dans le tems T, & 2e pour l'efpace que parcourra le même mobile avec la viteffe v, auffi d'un mouvement uniforme dans le tems t, alors fi $T = t$, on aura V, u :: 2E, 2e. (147)

160. Si l'on veut regarder l'efpace parcouru d'un mouvement accéleré, comme ayant été parcouru d'un mouvement uniforme avec la viteffe acquife à la fin de fa chûte, il faudra prendre la moitié du tems & regarder $\frac{T}{2}$ comme le tems que le corps a employé à parcourir l'efpace E avec la viteffe uniforme V; car l'efpace fera toujours le même, foit qu'il ait été parcouru dans le tems $\frac{T}{2}$ avec la viteffe V d'un mouvement uniforme, ou qu'il ait été parcouru dans le tems entier T, avec la viteffe $\frac{V}{2}$ prife auffi pour uniforme; comme dans l'article 157. puifque dans l'un & l'autre cas on aura toujours $\frac{TV}{2} = E$, d'où l'on tire $\frac{V}{2} = \frac{E}{T}$.

On remarquera que *fi un corps après être tombé d'une certaine hauteur, étoit repouffé de bas en haut avec la viteffe acquife à la fin de fa chûte, il remontera d'où il étoit parti dans un tems égal à celui de fa chûte, & perdra dans des inftans égaux, les dégrez égaux de viteffe qu'il avoit acquis en defcendant*, parce que l'action de fa pefanteur fera diminuer fa viteffe en montant dans la même proportion qu'elle l'avoit augmentée en defcendant, & cette viteffe fera totalement détruite à l'inftant qu'il fera parvenu au point d'où il étoit parti; c'eft-là ce qu'on nomme *mouvement retardé.*

162. Puifque dans le mouvement uniformément accéleré, les viteffes acquifes à la fin de deux tems differens font entr'elles dans la raifon des mêmes tems, (155) ou V, u, :: T, t, ou $\frac{V}{2}$, $\frac{u}{2}$, :: T, t : comme $\frac{V}{2} = \frac{E}{T}$, & $\frac{u}{2} = \frac{e}{t}$ (129) on aura $\frac{E}{T}$, $\frac{e}{t}$ :: T, t, qui donne $\frac{Et}{T} = \frac{eT}{t}$ ou Ett = eTT, en faifant évanoüir les fractions d'où l'on tire E, e :: TT, tt; qui fait voir en general que *dans le mouvement uniformément accéleré, les efpaces parcourus par un mobile depuis le repos en deux tems differens, font entr'eux comme les quarrez des mêmes tems.*

163. Donc fi un mobile tombant librement depuis le repos A, parcourt AB pendant une feconde; AC pendant deux fecondes;

AD pendant trois fecondes ; & AE pendant quatre fecondes ; on FIG. 61.
aura AB , AC :: 1 , 4 , de même AC , AD :: 4 , 9 ; de même AD ,
AE :: 9 , 16 : AC , AE :: 4 , 16 , ainfi des autres.

164. Si l'on prend féparément l'efpace parcouru dans chaque feconde , celui de la premiere fera 1 , de la feconde 3 ; de la troifiéme 5 ; de la quatriéme 7 ; de la cinquiéme 9 : ainfi de fuite felon
l'ordre des nombres impairs , 1 , 3 , 5 , 7 , 9.

165. Un mobile ayant parcouru les efpaces FG , & FI dans les
tems t , T , voulant connoître le rapport de ces tems ou des viteffes acquifes aux points G , I ; il faut décrire le demi-cercle FHI ; FIG. 62.
élever la perpendiculaire GH , afin d'avoir la ligne FH moyenne
proportionnelle entre FG & FI , & le raport de FG à FH , fera le
même que celui de t à T ou de u à V , car les trois lignes FG ,
FH , FI , étant en proportion continue , donnent FG , FI :: $\overline{FG}^2$,
$\overline{FH}^2$: comme on a auffi FG , FI :: tt , TT , on aura donc $\overline{FG}^2$,
$\overline{FH}^2$: tt , TT , ou FG , FH :: t , T , par conféquent FG , FH :: u , V.

166. L'action de la pefanteur ou les forces accéleratrices qui *Regle ou*
pouffent les corps vers le centre de la terre , allant toujours en *formule ge-*
croiffant comme les viteffes dont elles font les caufes ; on aura F , *nerale pour*
f :: V , u , d'où l'on tire $Fu = fV$, qui étant multiplié par $Ett = $ *le mouve-*
eTT , donne $FuEtt = fVeTT$ qu'on peut regarder comme une *leré.*
premiere regle generale du mouvement accéleré , qui comprend
les forces , les viteffes , les efpaces & les quarrez des tems.

167. Puifque F , f :: V , u ; (166) on aura auffi F , f :: T , t ,
par conféquent $Ft = fT$, qui étant multiplié par $Vt = uT$, donne $FVtt = fuTT$ qui eft une feconde regle generale dont nous
nous fervirons par la fuite , ainfi que de la précédente pour découvrir tout ce qui peut appartenir aux corps qui roulent fur des plans
inclinez.

168. Ayant V , u :: T , t , on aura auffi VV , uu :: TT , tt ; ot fi
dans la proportion précédente E , e :: TT , tt , on met les quarrez
des viteffes à la place de ceux des tems , on aura E , e :: VV , uu ,
qui fait voir que *que les efpaces parcourus font entr'eux comme les quar-*
rez des viteffes acquifes à la fin des mêmes efpaces.

169. Si l'on extrait la racine quarrée de la proportion E , e :: *Les viteffes*
VV , uu , l'on aura $\sqrt{E}$, $\sqrt{e}$ :: V , u , qui fait voir que *dans le mouve-* *acquifes*
ment uniformément accéleré , on peut exprimer les viteffes acquifes par les *font dans la*
racines quarrées des efpaces parcourus à la fin de deux hauteurs differentes. *raifon des* *racines*

G iij

quarrés des efpaces parcourus.

170. Puifqu'en réduifant le mouvement accéleré au mouvement uniforme, on a V *u* :: 2E, 2*e*, (159) lorfque les tems font égaux, on aura par conféquent $\sqrt{E}$, $\sqrt{e}$ :: 2E, 2*e*.

171. La force ou la quantité de mouvement de deux corps differens devant être exprimée par le produit de leurs maffes M, *m*, & de leurs viteffes V, *u*; (85) il fuit que fi ces viteffes ont été acquifes d'un mouvement accéleré, en parcourant depuis le repos les efpaces E, *e*, que puifque $\sqrt{E}$, $\sqrt{e}$ :: V, *u* on aura M$\sqrt{E}$, *m*$\sqrt{e}$ :: MV, *mu*; qui fait voir que *lorfque deux corps font tombez de deux hauteurs differentes, on aura le rapport des forces de ces deux corps ou de leur quantité de mouvement, en multipliant la maffe de chacun par la racine des hauteurs d'où il fera tombé.*

Experiences faites pour connoître l'efpace qu'un corps parcourt depuis le repos dans une feconde.

172. Plufieurs célébres Mathematiciens on fait un grand nombre d'experiences pour favoir quelle hauteur un corps parcouroit depuis le repos dans un tems determiné en tombant librement dans l'air : Galilée a trouvé qu'une bale de plomb parcouroit 12 pieds dans la premiere feconde ; le Pere *Sebaftien* & Monfieur *Mariote* ont trouvé que cette bale en parcouroit 13 ; Monfieur *de la Hire* pretend par les experiences qu'il a fait à l'obfervatoire qu'elle en parcourt 14 : enfin Monfieur *Hughens* pretend par les fiennes que *la bale parcourt* 15 *pieds dans la premiere feconde* ; c'eft auffi le fentiment de Mr. *Nevvton* & qui paroit le plus generalement fuivi ; en effet c'eft celui qui quadre le mieux avec la theorie comme je le demontrerai à la fin de ce chapitre ; c'eft pourquoi nous conterons la deffus comme fur un principe certain pour tous les calculs qui fe raporteront à la chute des corps ; ainfi *on pourra regarder une viteffe uniforme de* 30 *pieds par feconde comme ayant été acquife à la fin de la chute d'un corps qui feroit tombé de* 15 *pieds de hauteur* (158).

Dans le vuide tous les corps tendent également vers le centre de la terre.

173. La plûpart de ceux qui ne jugent des chofes que par les fens s'imaginent que de deux corps inégaux en pefanteur qu'on laiffe tomber librement d'un même point de repos, le plus pefant doit aller plus vîte que l'autre par la feule raifon qu'il a plus de pefanteur : quoiqu'il foit facile de prouver par le raifonnement que ce fentiment n'eft pas jufte, il me fuffira de dire que l'experience y eft contraire ; ayant éprouvé nombre de fois que laiffant tomber dans le même inftant de la hauteur de 10 ou 12 toifes une bale de fufil & un boulet de canon de 24 livres ; ils arrivoient à terre fenfiblement dans le même tems, c'eft dequoi tous les favants conviennent : il eft bien vrai que fi on laiffe tomber d'un même point un globe *de liege*, & un autre *de plomb* de même diamêtre, que le

premier deſcendra moins vîte que l'autre; parce qu'ayant plus de ſurface eu égard à ſa maſſe que le ſecond n'en a eu égard à la ſienne, le globe de Liege trouvera plus de reſiſtance de la part de l'air que le globe de plomb, mais dans le vuide ils doivent tomber avec la même viteſſe; des experiences faites avec un très grand ſoin par Mr. Newton ont fait voir que le moindre brin de duvet ſe precipite de haut en bas d'un long recipient avec autant de viteſſe qu'une bale de plomb; ainſi en faiſant abſtraction de la reſiſtance de l'air, on peut dire que la force acceleratrice eſt la même dans tous les corps.

174. Prevenu qu'un corps parcourt 15 pieds dans la premiere ſeconde, & que les eſpaces ſont entr'eux comme les quarrez des tems (162); ſi l'on vouloit connoître celui que le même corps parcourra en 5 ſecondes, il faudra dire ſi le quarré d'une ſeconde donne 15 pieds pour l'eſpace parcouru, que donnera le quarré de 5 ſecondes pour l'eſpace que l'on cherche; on le trouvera de 375 pieds.

175. De même voulant ſavoir le tems qu'un corps mettra à parcourir 240 pieds de hauteur depuis ſon repos; on dira comme l'eſpace 15 eſt à l'eſpace 240, ainſi le quarré d'une ſeconde eſt au quarré du tems que l'on cherche; qu'on trouvera de 16 dont la racine quarrée montre que le corps mettra 4 ſecondes à parcourir l'eſpace donné.

176. Voulant connoître la viteſſe uniforme d'un corps par ſecondes après avoir acquis cette viteſſe en tombant d'une hauteur de 6 pieds, je conſidere qu'un corps eſt capable de parcourir d'un mouvement uniforme avec une viteſſe acquiſe en tombant d'une certaine hauteur un eſpace double de celui qu'il a parcouru dans le même tems pour acquerir cette viteſſe (158); que par conſequent ſi un corps parcourt 15 pieds dans une ſeconde d'un mouvement acceleré, il en parcourra 30 dans le même tems d'un mouvement uniforme (172); or comme les viteſſes acquiſes ſont entr'elles dans la raiſon des racines des eſpaces parcourus (169); nommant x l'eſpace que nous cherchons; on aura cette proportion $\sqrt{15}, 30 :: \sqrt{6}, x$, dont on fera evanoüir les ſignes radicaux en quarrant les termes pour avoir $15, 900 :: 6, xx$ qui donne 360 pour le quatriéme terme dont extrayant la racine quarrée, on la trouvera de 16 pieds 1 pouce 5 lignes pour le chemin que le corps parcourra dans chaque ſeconde d'un mouvement uniforme avec la viteſſe acquiſe en tombant d'une hauteur de 6 pieds.

177. Suppoſant qu'un corps parcourt 10 pieds par ſeconde d'u-

ne viteſſe uniforme , on demande de quelle hauteur , il auroit dû tomber pour avoir acquis cette viteſſe à la fin de ſa chute.

Une viteſſe uniforme de 30 pieds par ſeconde , pouvant avoir été acquiſe par une chûte de 15 pieds de hauteur (172) & les viteſſes uniformes étant entr'elles , (quand les tems ſont égaux) dans la raiſon des racines quarrées des hauteurs qu'un corps auroit parcouru pour acquerir les mêmes viteſſes ; (169 & 170) nommant x la hauteur que l'on cherche ; on aura $30 , \sqrt{15} :: 10 , \sqrt{x}$, dont quarrant les quatre termes , il vient $900 , 15 :: 100 , x$, qui donne un pieds hûit pouces pour la hauteur que l'on cherche.

De la deſcente des Corps peſants ſur des plans inclinez.

178. Quand des corps peſants roulent ſur des plans *inclinez* pour aller dans le lieu le plus bas , ils deſcendent d'un mouvement uniformement accéléré , mais avec moins de viteſſe que s'ils tomboient librement dans l'air , parce que l'action de leur peſanteurs ou celle des forces qui les pouſſent eſt moindre que s'ils tomboient perpendiculairement dans la raiſon de leur peſanteur abſoluë à leur peſanteur relative.

Par exemple ayant un corps ſpherique P , poſé ſur un plan incli-
FIG. 63. né AC , faiſant le parallelogramme rectangle LM ; ſi la diagonale IK exprime la peſanteur abſoluë du corps ou la force qui le pouſſe ſelon ſa direction naturelle , les côtez IL , & IM exprimeront deux forces qui agiſſant enſemble feront le même effet que la ſeule IK ; or cette derniere étant une force *accéleratrice* , les deux autres feront auſſi acceleratrices ; mais comme il y en a une IL dont la direction étant perpendiculaire au plan n'en peut ſurmonter la reſiſtance , il n'y aura que la ſeule IM qui a ſa direction parallele au plan qui fera deſcendre le corps d'un mouvement accéléré *avec une viteſſe qui ſera moindre à chaque inſtant de la deſcente que ſi ſa direction étoit verticale dans la raiſon de IM à IK ou de AB à AC ; (94) & ce raport ſera toûjours le même à quelque point que le corps ſe trouvera de ſa deſcente.*

FIG. 63.
64. 65.   Ayant le plan incliné ABC , nous nommerons H ſa hauteur ; E ſa longeur ou l'eſpace parcouru par le corps ; T le tems employé à le parcourir ; V la viteſſe que le corps a à la fin de cet eſpace ;

F ſa force abſolue , ainſi on aura $\dfrac{EF}{H}$ pour ſa force relative.

Nous nommerons encore par des lettres ſemblables $h , e , t , u , f ,$ la hauteur , la longueur d'un autre plan incliné DGI ; le tems , la
viteſſe

& la force absolue qui répondent au corps Q , ainsi sa force rela-tive sera $\frac{ef}{H}$.

179. Si dans la premiere & seconde équation generale $FuEtt = fVeTT$, $FVtt = fuTT$ que nous avons formé dans les art. 166 & 167. l'on substitue à la place des forces absolues F , f, leurs expressions modifiées comme elles doivent l'être sur des plans in-clinez , on aura $\frac{FuEEtt}{H} = \frac{ffeeTT}{H}$ & $\frac{EVFtt}{H} = \frac{euffT}{h}$; or si l'on multiplie ces deux équations par Hh, & qu'on efface dans la pre-miere les grandeurs égales Fu , fV (166), & dans la seconde Ft, fT , qui sont aussi égales (167) on aura $hEEtt = HeeTT$ pour la premiere , & $hVEt = HueT$ pour la seconde, qui comprennent ce qui regarde les corps qui roulent sur des plans inclinez.

On fera le même usage de ces deux regles que l'on a fait pour celle du mouvement uniforme ; c'est-à-dire, qu'on commencera par en tirer autant d'analogies generales qu'elles comprennent de racines, & qu'ensuite on en tirera autant d'autres particulieres que l'on peut faire de suppositions differentes.

180. Premiere Regle $hEEtt = HeeTT$. Seconde Regle $hVEt = HueT$.

Les Analogies generales de la premiere Regle sont 1°. H , h :: EEtt , eeTT. 2°. $\sqrt{H}$, $\sqrt{h}$ :: Et, eT. 3°. E, e :: T$\sqrt{H}$, $t\sqrt{h}$: 4°. T, t :: E$\sqrt{h}$, $e\sqrt{H}$.

C'est-à-dire que dans les chûtes des Corps qui roulent le long des plans inclinez quelconques , l'on a pour la premiere Analogie que les hauteurs de ces plans où les chûtes sont toujours dans la raison composée des quarrez des espaces ou des longueurs des plans pris directement & des quarrez des tems pris réciproque-ment ; on énoncera les autres de la même façon.

181. Les Analogies generales de la seconde Regle sont 1°. H, h :: VEt, ueT. 2°. E, e :: HTu, htV. 3°. T, t :: EVh, euH. 4°. V, u :: HTe, htE.

C'est-à-dire pour la premiere , que les hauteurs des Plans sont dans la raison composée des espaces & des vitesses directement , & des tems réciproquement ; je passe encore sous silence l'énoncé des autres.

182. Quant aux Analogies particulieres , si l'on suppose dans la premiere Regle H $= h$, on aura EE$tt = ee$TT , ou E$t = e$T ; en extrayant les racines de part & d'autre, d'où l'on tire T , t :: E , e, qui fait voir que *lorsque deux plans AC & AI ont la même hauteur,*

les tems font dans la raifon des longueurs des Plans parcourus dans les même tems.

Comme cette conféquence eft generale quelle que foit la longueur des Plans ; l'on voit que fi le premier AC étoit beaucoup plus roide, comme eft AK ou AB que l'analogie fera encore la même, c'eft-à-dire, que les tems de la defcente de A en B, & A en I, feront encore comme AB eft à AI.

FIG. 65. & 66.

183. *Il fuit que lorfqu'on n'a qu'un feul plan, le tems de la defcente, fuivant fa hauteur eft au temps de fa defcente fuivant fa longueur, comme fa hauteur FH eft à fa longueur FG.*

184. Si $T = t$ dans la premiere Regle, on aura $H, h :: EE, ee$; ou $\sqrt{H}, \sqrt{h} :: E, e$; qui fait voir que lorfque les tems des chûtes font égaux, les hauteurs des plans font comme les quarrez de leurs longueurs, ou que les racines quarrées des hauteurs font comme les longueurs des plans ; donc lorfque l'un ou l'autre de ces deux analogies fe rencontrent les tems font égaux.

185. Si $E = e$, dans la même regle on aura $H, h :: tt, TT$, ou $T, t :: \sqrt{h}, \sqrt{H}$; c'eft-à-dire, que lorfque les longueurs parcourues font égales, les hauteurs des Plans font en raifon réciproque des quarrez des tems, & que les tems font en raifon réciproque des racines quarrées des hauteurs.

186. De même dans la feconde regle fi $T = t$, on aura $H, h :: VE, ue$, & comme on a eu ci-devant (184) $H, h :: EE, ee$, on aura $VE, ue :: EE, ee$, ou $V, e :: E, e$, c'eft-à-dire que lorfque les tems font égaux, les viteffes font dans la raifon des longueurs parcourues, quelle que foit la hauteur des Plans.

187. Si l'on fuppofe auffi dans la feconde regle $H = h$, on aura $VEt = ueT$; & comme nous avons eu dans l'art. 182. $Et = eT$; en fuppofant de même $H = h$, effaçant de l'équation $VEt = ueT$, les grandeurs égales Et & eT, il reftera $V = u$, *qui fait voir que lorfque deux Plans AC & AI ont la même hauteur AB, les viteffes dernieres acquifes le long de ces plans font égales.*

FIG. 65. & 66.

188. Comme cette conféquence eft génerale pour tous les plans qui ont la même hauteur quelle que foient leurs longueurs, fi l'on fupofe, comme dans l'article 182 que le Plan AC fe racourciffe de plus en plus, & devienne égal aux verticales AB, il arrivera encore que la derniere viteffe acquife d'un mobile en tombant de A en B, fera égale à celle qu'il acquerra en roulant de A en I ; d'où il fuit que *la derniere viteffe qu'un corps acquiert le long d'un plan incliné FG, eft égale à celle qu'il acquerroit en tombant de la hauteur FH ou KG du même Plan ;* mais nous avons vû, (169) que la der-

niere viteſſe d'un corps qui tomboit librement pouvoit s'exprimer par la racine quarrée de l'eſpace parcouru ; donc la viteſſe qu'un Corps aura acquis en roulant de F en G le long d'un plan incliné, ſera $\sqrt{FH}$ ou $\sqrt{KG}$.

189. Si $E = e$ dans la ſeconde regle, on aura H, $h :: Vt$, uT ; mais comme nous avons eu dans l'article 185, H, $h :: tt\,TT$, on aura donc Vt, $uT :: tt$, TT, ou V, $u :: t$, T, c'eſt-à-dire que lorſque les longueurs des plans ſont égales, les viteſſes dernieres ſont toujours en raiſon réciproque des tems, quelle que ſoit la hauteur des Plans.

190. Si les deux Plans AC & DI répondent à des triangles ſemblables, on aura H, $h :: E$, e, par conſéquent $He = hE$; & ſi l'on retranche de la premiere Regle ces deux grandeurs égales, il reſtera $Ett = eTT$, d'où l'on tire E, $e :: TT$, tt, qui fait voir que lorſque les hauteurs des Plans ſont comme leurs longueurs, les eſpaces parcourus ſont comme les quarrez des tems.

Fig. 63.
64.

191. Si l'on fait la même ſuppoſition pour la ſeconde Regle, elle ſe changera en celle-ci $Vt = uT$, qui donne T, $t :: V$, u, ou TT, $tt :: VV$, uu, ou E, $e :: VV$, uu, qui fait voir que quand les hauteurs des Plans ſont comme leurs longueurs, les eſpaces parcourus ſont auſſi comme les quarrez des dernieres viteſſes.

192. Il ſuit de là qu'un corps qui roule ſur *un plan incliné parcourt des eſpaces FG & FI qui ſont entr'eux dans la raiſon des quarrez des tems qu'il ont employé à les parcourir, ou des quarrez des viteſſes acquiſes aux points G & I;* puiſque les eſpaces ne ſont autre choſe que les longueurs des plans FG, FI, dont les hauteurs FM & FN leurs ſont proportionnelles ; ce qui fait voir que le mouvement d'un corps qui roule ſur un plan incliné donne la même analogie que s'il tomboit librement dans l'air. (162)

Fig. 67.

193. Par conſéquent ſi l'on décrit le demi cercle FHI, qu'on éleve la perpendiculaire GH, & qu'on tire les lignes FH, HI; la premiere FH étant moyenne proportionnelle entre FG & FI, par la proprieté du triangle rectangle, les lignes FG & FH ſeront dans le raport des tems employez à parcourir les eſpaces FG & FI, ou des viteſſes acquiſes aux points G & I. (165)

194. Comme HI eſt auſſi moyenne proportionnelle entre GI & FI ſi le corps avoit parcouru dans le premier tems l'eſpace FI ; & dans le deuxiéme l'eſpace GI, les dernieres viteſſes acquiſes au point I à la fin de ces deux eſpaces ſeront comme IH eſt à IG.

195. *Si un corps en tombant librement du point de repos F, parcourt* Fig. 62.

H ij

en defcendant un efpace FI, troifiéme proportionnelle à la hauteur FG d'un plan incliné, & à fa longueur FH ; je dis que le tems de la defcente felon la verticale FI, fera égal au tems de la defcente le long du plan incliné FH.

Confiderez que fi FH eft moyenne proportionnelle entre FG & FI, les lignes FG, FH pourront exprimer les tems que le mobile mettra à parcourir les efpaces FG & FI; (193) or comme le tems de la defcente d'un corps fuivant la hauteur d'un plan incliné eft au tems de la defcente fuivant fa longueur comme la hauteur du même plan eft à fa longueur, (183) l'on voit que FG ne pourra exprimer le tems de la defcente felon la hauteur du plan fans que FH n'exprime celui de la defcente felon fa longueur ; que par conféquent les tems de la defcente felon le plan incliné FH & felon la verticale FI feront egaux.

196. La ligne FH ne pouvant être moyenne proportionnelle entre FG & FI, fans qu'elle ne vienne aboutir au point H de la circonference d'un demi-cercle dont FI doit être le diamêtre ; l'on voit que *fi une corde FH tirée d'une des extremitez du diamêtre reprefente un plan incliné, tandis que le diamêtre reprefentera un plan vertical, que le tems de la defcente d'un corps le long de la corde FH, fera égal au tems de la defcente le long du diamêtre FI.*

197. Comme cette proprieté du cercle eft generale par toutes les cordes FA, FB, FC, FD, FH qui reprefenteroient des plans inclinez venant aboutir à l'extremité F du diamêtre vertical FI,
Fig. 68. il fuit que *le tems de la defcente d'un corps le long de chacun de ces plans fera le même que le tems de la defcente le long du diamêtre, & que par conféquent les tems des chûtes le long de tous ces plans feront tous égaux.*

Il fuit encore que fi par l'autre extrêmité I du diamêtre, on tire autant de lignes que l'on voudra IA, IB, IC, IH, ID, *les corps qui partiroient dans le même inftant des points, D, H, F, A, B, C, en roulaut le long des cordes precedentes prifes pour des plans fe rencontreront tous dans le même inftant au point I.*

Il nous refte a examiner ce qui doit arriver aux corps qui tombent le long de plufieurs plans contigus & inclinez, afin d'en tirer des connoiffances qui nous ferviront à traiter avec plus de précifion qu'on n'a encore fait certains cas qui apartiennent au mouvement des eaux.

Fig. 69.
& 70.
198. On fupofe que les lignes AB & BC reprefentent deux plans contigus, le long defquels tombe un corps en partant du point A, *il s'agit de determiner la viteffe qu'il aura au point C, par*

raport à celle qu'il auroit s'il tomboit librement suivant la verticale AG.

Menant du point A , la ligne horisontale AF qui aille rencontrer le plan CB prolongé jusqu'en F, on décrira sur BF, comme diamétre le demi-cercle FNB ; ensuite on prolongera le plan BA jusqu'à la rencontre de la circonference au point N , duquel on abbaissera la perpendiculaire NE , & l'on fera les parallelogrammes rectangles & semblables EM , LD.

Prenant la diagonale BK pour exprimer la vitesse que le corps acquerra au point B en tombant de A en B , il est constant que cette vitesse sera la même que si elle venoit du concours de deux forces qui agissant ensemble sur ce corps au point B ; l'une fut capable de lui imprimer la vitesse BD selon la direction EB ; & l'autre la vitesse BL selon la direction MB ; mais cette derniere force agissant selon une direction perpendiculaire au plan n'en pourra surmonter la resistance ; il ne restera à ce corps que l'impression de la force capable de la vitesse BD selon la direction EB ; ainsi la vitesse qu'il acquerra au point B en tombant de A en B pour suivre là direction BK est à ce que lui en laissera la rencontre du plan BC selon la direction EC , comme BK est à BD , ou comme BN est à BE.
(178)

La ligne FA étant horisontale , la vitesse que le corps acquerra en tombant de F en B suivant la direction du plan incliné FB sera égale à celle qu'il acquerra en tombant de A en B, puisque ces deux plans ont la même hauteur ; (187) ainsi ces deux vitesses pourront être exprimées par la même ligne BK.

La ligne NB étant moyenne entre FB & EB , si le corps en partant des points de repos F , E , parcourt en des tems differens les espaces FB & EB , les lignes BN , BE , seront entr'elles dans le raport des mêmes tems (193 & 194) & comme on a BN , BE :: BK , BD , il suit que si le corps doit parcourir l'espace FB pour acquerir la vitesse BK , il faudra qu'il parcoure l'espace EB pour acquerir la vitesse BD ; ce qui fait voir que celle qui lui restera au point B pour suivre la direction BC après être tombé de A en B est égale à celle qu'il auroit acquise en tombant de E en B ; & que la vitesse qu'il aura au point C en tombant du point A suivant les plans contigus AB & BC sera la même que si étant parti du point E ; il avoit suivi la seule direction EC ; par conséquent la même que s'il étoit tombé de la hauteur E , du plan incliné EC.

199. Si l'on prend la ligne BK pour le sinus total , la ligne BD sera le sinus de l'angle BKD ou de son égal ABM complement

H iij

de l'angle ABC , d'où il fuit que *la viteſſe que le corps acquerra en tombant de A en B , eſt à celle qui lui reſtera au point B pour fuivre la direction BC , comme le finus total eſt au finus du complement de l'angle formé par les deux plans contigus.*

200. Si l'on vouloit favoir de quelle hauteur un corps devroit tomber librement dans l'air pour acquerir une viteſſe égale à celle qu'il acquerroit en tombant le long de pluſieurs plans contigus FIG. 71. ABCD ; il faut du point A mener comme ci-devant la ligne ho-rifontale AF qui rencontrera les plans DC & CB prolongés en F & en G ; décrire fur GB le demi-cercle GNB ; prolonger le plan BA jufqu'au point N d'où abbaiſſant la perpendiculaire NE ; l'on aura le point E duquel devroit tomber le corps pour acquerir , en fuivant la direction EB , la même viteſſe au point B , qu'il auroit en tombant de A en B , ou la même viteſſe au point C en fuivant le plan incliné EC , que s'il étoit tombé le long des deux plans con-tigus ABC. (198)

Menant auſſi du point E la ligne horifontale EI jufqu'à la ren-contre de la ligne FD , il faut encore décrire le demi-cercle IHC ; prolonger le côté CE jufqu'au point H , d'où l'on abbaiſſera la per-pendiculaire HK pour avoir le point K duquel le corps devroit tomber pour acquerir en defcendant fuivant la direction KC , la même viteſſe au point C , que s'il étoit tombé de A en C , ou la même viteſſe au point D fuivant la direction KD ou KM que s'il avoit fuivi les plans contigus ECD ou ABCD.

Mr. Varignon eſt le premier qui ait traité ce fujet avec pre-ciſion dans un memoire qu'il donna à l'Academie Royale des Sciences en 1693, ou il releve l'erreur de Galilée qui penſoit com-me ont fait pluſieurs autres qui ont écrit après lui que la viteſſe qu'-un corps acquiert en tombant le long de pluſieurs plans inclinez ABCD étoit la même que s'il tomboit librement de la hauteur AL qui eſt celle du point de repos A au-deſſus de l'horifontale MD; n'ayant point fait attention que la viteſſe acquiſe en parcourant le premier plan étoit diminuée par la rencontre du fecond ; que celle qu'il avoit à la fin du fecond , étoit auſſi diminuée par la rencontre du troiſiéme ainſi des autres.

Une furface courbe AM pouvant être regardée comme compo-fée d'une infinité de plans contigus , on ne peut pas dire que la vi-FIG. 74. teſſe d'un corps qui defcendroit le long d'un tel plan augmente à chaque inſtant d'une égale quantité , mais felon une loi qui eſt par-ticuliere à la courbe fur laquelle le corps defcend ; ainſi tout ce que nous avons dit fur les plans inclinez ne peut faire tirer aucune conféquence au fujet des courbes ; & fi nous allons decouvrir quelque chofe qui leur foit commun , ce fera par un principe entierement independant de celui qui a fervi pour le plan incliné.

201. *Si un corps defcend par le mouvement de fa pefanteur , foit fur un plan , foit fur une courbe convexe , ou concave , je dis que fa viteffe fera toûjours exprimée par la racine quarrée de la hauteur verticale d'où il eft defcendu depuis le commencement de fa chûte ; ou que cette viteffe eft égale à celle que le mobile auroit acquife en tombant verticalement de la même hauteur.*

Suppofons que les tems que le mobile a mis à parcourir les efpaces AM & A*m* depuis le point de repos font exprimés par les abcifles BN, B*n* d'une courbe (Fig. 75) dont les ordonnées NS, *n*f expriment les viteffes acquifes à la fin de ces tems : foit l'efpace AM droit ou courbe $= z$, M*m* $= dz$; la hauteur verticale AP $= x$, MR $= dx$, BN $= t$, N*n* $= dt =$ *la viteffe accéleratrice* ; NS $= u$, *q*S $= du$; ainfi l'efpace AM (z) a été parcouru pendant le tems *t*, pendant lequel s'eft acquife la viteffe *u* qu'il faut trouver : pour cela remarquez que NS (u) étant la viteffe que le corps a dans l'inftant N*n* (dt), NS pourra exprimer l'efpace qu'il parcourt pendant cet inftant, & la fuperficie curviligne BNS exprimera l'efpace parcouru pendant le tems BN (t) ; mais pendant ce tems le mobile a parcouru l'efpace AM ; donc l'on aura AM $(z) =$ BNS $= $ S. udt, donc $dz = udt$: ce qui fe doit entendre d'une égalité de rapport, d'où l'on tire $dt = \dfrac{dz}{u}$; de plus *u* étant la viteffe que le corps a au point M, *q*S (du) fera la quantité dont elle s'augmente fur le Plan incliné MR*m* pendant l'inftant dt ; mais fans ce Plan elle fe feroit augmentée de dt ; ainfi l'augmentation de viteffe fur le Plan MR*m* eft à dt, comme MR eft à M*m* ; ce qui donne du, dt :: dx, dz ; donc $dudz = dtdx$; mettant dans cette équation pour dt fa valeur $\dfrac{dz}{u}$, elle deviendra $dudz = \dfrac{dzdx}{u}$, ou $du = \dfrac{dx}{u}$, ou $udu = dx$; prenant l'intégrale $\frac{1}{2} uu = x$; ce qui donne $u = \sqrt{2x}$; donc la viteffe que le corps a au point M eft égale à celle qu'il auroit acquife en tombant de la hauteur AP ; car il eft facile de voir que cette derniere eft égale à $\sqrt{2x}$.

Nous venons de voir que la viteffe d'un corps qui eft tombé le long d'un Plan , foit rectiligne ou curviligne , eft égale à celle qu'il auroit acquife en tombant perpendiculairement de la même hauteur ; mais comme le tems qu'il employe à parcourir ces Plans eſt different, nous allons donner dans le Probléme ſuivant une formule generale pour le trouver, qui étant enſuite particulariſée par l'eſſence de la courbe priſe de ſon équation, donnera le tems employé à parcourir cette courbe.

202. Ayant trouvé ci-devant $dudz = dtdx$, on en tirera $dt = \frac{dudz}{dx}$ ou mettant pour, du, ſa valeur $\frac{dx}{u}$, il vient $dt = \frac{dx}{u}$; ainſi $\frac{dz}{u}$ ſera la differentielle ou l'élement du tems ; ce qui eſt bien évident ; car cette differentielle n'eſt autre choſe que le tems qu'il faut pour parcourir le côté Mm (du) qui étant parcouru avec la viteſſe u, doit être $\frac{dz}{u}$, l'on a donc $t = $ S. $\frac{dz}{u} = $ S. $\frac{dz}{\sqrt{2x}}$: préſentement ſi l'on met pour dz la valeur que l'équation de la courbe lui donne, l'on aura la differentielle du tems exprimée par une ſeule variable ; & ſa difference dont l'integrale ſera le tems cherché. Nous ſuppoſerons dans la ſuite $u = \sqrt{x}$, parce que cela eſt plus ſimple, & le rapport des choſes en demeurera toujours le même, ainſi tout ſera également vrai.

L'on pourroit appliquer la formule S. $\frac{dz}{\sqrt{x}}$ a quantité de courbes ; mais la plûpart de ces courbes changent cette formule dans une differentielle qui n'a point d'intégrale finie, ce qui n'offre rien de ſimple ni de curieux ; c'eſt pourquoi je vais ſeulement l'appliquer à la *Cycloide ſimple* à cauſe qu'elle y fait découvrir pluſieurs choſes nouvelles & curieuſes.

203. Si l'on a une Cycloïde BME qui ait pour origine le point E, & pour cercle generateur le cercle ADE : *Si un Corps commence à tomber du point B le long de la courbe BME, je dis que les tems qu'il mettra à parcourir les arcs de Cycloïde BM, Mm, BE, ME, &c. ſeront entr'eux comme les arcs de cercle correſpondans AD, Dd, AE, DE ; la ligne CP & ſes ſemblables étant perpendiculaires ſur AE.*

Soit AE $= a$: EC $= x$, C$e = $ MR $= dx$: M$m = dz$; AC ou BP ſera $= a - x$: le tems t ſera $= $ S. $\frac{dz}{\sqrt{a-x}}$: l'équation differentielle de la Cycloïde eſt $dz = \frac{dx\sqrt{a}}{\sqrt{x}}$: mettant cette valeur de dz dans la formule du tems, l'on aura $dt = \frac{dx\sqrt{a}}{\sqrt{ax-xx}}$ pour le temps employé à parcourir l'arc Mm : préſentement les triangles ſemblables

blables CDL , SdD donnent CD ($\sqrt{ax-xx}$) LD ($\frac{a}{2}$) :: dS (dx)

$Dd = \frac{adx}{2\sqrt{ax-xx}}$: or cette valeur de Dd fait voir que Dd & dt font toujours en raifon conftante : donc le tems employé à parcourir Mm, eft exprimé par l'arc Dd, & comme cela arrive toujours en quelqu'endroit qu'on prenne les arcs Mm, Dd, il fuit que le tems employé à parcourir tel arc fini comme BM, fera exprimé par l'arc AD fon correfpondant, & ainfi de tous les autres.

204. Le Corps étant parvenu par fa defcente le long de la Cy-cloïde au point M, le chemin qu'il aura fait fera exprimé par l'arc de Cycloïde BM, le tems qu'il a mis à le faire fera exprimé par l'arc de cercle AD ; & la viteffe acquife à la fin de ce tems par la racine quarrée de AC ; d'où il fuit que dans la courbe BNS (Fig. 75) dont les abciffes BN exprimeroient les tems de la def-cente d'un corps fur une Cycloïde, & les ordonnées NS, les vi-teffes à la fin de ces tems ; fi les abciffes de cette courbe font égales à des arcs de cercle, les ordonnées correfpondantes feront égales aux racines quarrées des finus verfes de ces arcs. Fig. 76.   Fig. 75.

205. Le tems que le mobile met à parcourir la Cycloïde BME par fa pefanteur eft au tems qu'il mettroit à tomber de la hauteur AE du diamé-tre du cercle generateur, comme la demi-circonference d'un cercle eft à fon diamétre.

Nous venons de trouver que l'élement du tems, (203) eft $\frac{dx\sqrt{a}}{\sqrt{ax-xx}}$ qui étant multiplié par $\frac{\sqrt{a}}{2}$ fera l'élement Dd de la demi-circonference ; donc l'integrale de cet élement étant multipliée par $\frac{\sqrt{a}}{2}$ fera l'integrale de l'élement Dd, qui eft la demi-circon-ference ADE, donc cette demi-circonference étant multipliée par $\frac{2}{\sqrt{a}}$ fera l'integrale de $\frac{dx\sqrt{a}}{\sqrt{aa-xx}}$; donc $t = S. \frac{dx\sqrt{a}}{\sqrt{ax-xx}} = $ de-mi-circonference $ADE \times \frac{2}{\sqrt{a}}$, mais le tems que le mobile met à tomber de la hauteur AE eft $\frac{2a}{\sqrt{a}}$; donc ce tems eft au tems t, comme $\frac{2a}{\sqrt{a}}$ eft à $\frac{2ADE}{\sqrt{a}}$ :: AE (a) eft à ADE.

206. Le tems employé à parcourir la Cycloïde eft $ADE \times \frac{2}{\sqrt{a}}$;

I

le tems employé à parcourir la ligne BE est $\frac{2BE}{\sqrt{a}}$; donc ce tems est au précedent, comme $\frac{2BE}{\sqrt{a}}$ est à $\frac{ADE}{\sqrt{a}}$, ou comme BE est à ADE, ou comme BE est à AB ; c'est-à-dire comme la racine quarrée de la somme des quarrés de la demi-circonference d'un cercle & de son diamétre est à la même demi-circonference. Pour avoir ce raport en nombres, l'on remarquera que AE étant 7, ADE ou AB sera 11. BE sera $\sqrt{170} =$ à peu près 13 : ainsi le tems que le mobile met à parcourir la Cycloïde est à celui qu'il met à parcourir la ligne BE, comme 11 est à 13.

FIG. 77.   207. *Si un mobile parcourt un arc quelconque KE de Cycloïde, le tems qu'il y employera est égal au tems qu'il employeroit à parcourir la Cycloïde entiere ou tout autre arc.*

Soit décrit le cercle KTI qui ait pour diamétre KI $= c$ parallele à AE, & soit comme cy-dessus AE $= a$, EC $= x$, &c. M$m = dz = \frac{dx\sqrt{a}}{\sqrt{x}}$ par la proprieté de la Cycloïde : mettant cette valeur de dz dans l'élement du tems $dt = \frac{dz}{\sqrt{KP = ac - x}}$; l'on aura $dt = \frac{dx\sqrt{a}}{\sqrt{cx - xx}}$: les triangles semblables OPN, nSN donnent PN $(\sqrt{cx - xx})$ ON $(\frac{c}{2})$ :: NS (dx) N$n = \frac{cdx}{2\sqrt{cx - xx}}$; donc $dt =$ N$n \times \frac{2\sqrt{a}}{c}$, donc S. $dt = t =$ S. N$n \times \frac{2\sqrt{a}}{c} =$ la demi-circonference KTI $\times \frac{2\sqrt{a}}{c}$: donc le tems employé à parcourir l'arc de Cycloïde KME est égal à KTI $\times \frac{2\sqrt{a}}{c}$: or le tems employé à parcourir la Cycloïde entiere est $\frac{2ADE}{\sqrt{a}}$; mais $\frac{2KTI\sqrt{a}}{c} = \frac{2ADE}{\sqrt{a}}$, car cette équation se réduit à KTI $\times a =$ ADE $\times c$, qui est évidente par la proportion qui s'en tire ; donc si un corps commence à tomber d'un point quelconque d'une Cycloïde, il mettra toujours le même tems ; ce qui a été découvert depuis long-tems ; & si je le démontre icy, c'est que cela se tire naturellement des principes que je viens d'établir.

208. Ayant $dt =$ N$n \times \frac{2\sqrt{a}}{c}$, il s'ensuit que N$n$ exprime par tout le tems employé à parcourir l'arc Mm ; ainsi l'accéleration de vitesse sur l'arc de Cycloïde KME, est reglée par la demi-circonference KTI, tout comme l'accéleration sur la Cycloïde entiere

eſt reglée par la demi-circonference du cercle generateur , & tout
ce que l'on a dit de celle-ci ſe doit entendre de celle-là.

209. Si l'on a une Cycloïde BIC , qui ait pour origine le point
B , & pour cercle generateur BHF ; *il eſt démontré que ſi l'on ſuſpend*
à ſon extrémité C une pendule CG dont la longueur ſoit égale à 2BF , que
ce pendule enveloppant la Cycloïde CIB en faiſant ſes vibrations décrira
par ſon extrémité G , une autre Cycloïde EGB égale à la premiere , &
qui aura pour origine le point E , & pour cercle generateur le cercle ADE égal au cercle BHF : cela étant lorſque ce pendule fait
ces vibrations, ſon poids G eſt préciſement dans le même cas que
s'il deſcendoit librement le long de la Cycloïde BKE ; par conſéquent *la durée d'une vibration d'un pendule eſt le double du tems qu'un*
Corps mettroit à tomber ſur la Cycloïde ; donc la durée de cette vibration
eſt au tems qu'un Corps mettroit à tomber de A en E , comme la circonfe-
rence d'un cercle eſt à ſon diamétre , ou comme 22 eſt à 7. (205)

Fig. 79.

Application de la Cyclöide pour la régularité des pendules.

210. Preſentement ſi l'on a un autre *pendule* CG qui ne ſoit point
ſitué entre deux Cycloïdes, il décrira des arcs de cercle en faiſant
ſes vibrations : or l'expérience apprend que ce pendule étant de même longueur que le précedent, ſes vibrations ſeront auſſi de la même
durée, ſur-tout ſi elles ſont fort courtes ; l'on ſe ſert toujours de ce
pendule pour la meſure du tems avec le même ſuccès que du pendule entre les Cycloïdes, ainſi ce qui convient à l'un , convient
également à l'autre.

Fig. 78.

211. *Le pendule qui bat les ſecondes en France , & dans une grande*
partie de l'Europe , eſt de 3 pieds 8 lignes & $\frac{1}{2}$ *de longueur ;* c'eſt-à-dire, que ſi l'on attache une bale de fuſil à un fil ſuſpendu à un
point fixe , & que depuis ce point juſqu'au centre de la bale il y
ait 3 pieds 8 lignes & $\frac{1}{2}$ d'intervalle , & qu'on faſſe décrire à la bale
des petites vibrations, chacune ſe fera dans une ſeconde de tems.

Longueur du pendule à ſeconde.

Il ſeroit à ſouhaiter que notre pied de France fut de 2 lignes
& $\frac{5}{6}$ plus long qu'il n'eſt, parce que trois de ces pieds feroient juſ-
tement la longueur du pendule à ſeconde ; cette meſure ſeroit priſe
de la nature même , & auroit l'avantage d'être conſervée & connue dans tous les Siécles à venir, par les révolutions journalieres
des Aſtres.

212. Si l'on ſe rappelle ce qui eſt dit dans les articles 209 & 210 ,
l'on verra que *la durée des vibrations d'un pendule entre des Cycloïdes,*
ou d'un pendule qui décrit des arcs de cercle fort petits , eſt au tems qu'un

Regle pour trouver l'eſpace qu'un corps par-

I ij

corps met à tomber d'une hauteur égale à la moitié de la longueur du pendule, comme 22 est à 7, ou comme une seconde est à $\frac{7}{27}$ de secondes,
qui est le tems qu'il faut à un corps pour tomber de la hauteur de 1
pied 6 pouces 4 lignes & $\frac{1}{4}$.

213. Présentement pour connoître l'espace qu'un Corps doit
parcourir en tombant pendant la durée d'une seconde, l'on fera la
proportion ordinaire, (174) en disant comme $\frac{42}{48.4}$ quarré du tems
employé à parcourir 18 pouces 4 lignes & $\frac{1}{4}$, est à cette même
longueur ; ainsi le quarré d'une seconde est *à l'espace que le corps parcourra pendant cette seconde qui se trouvera de 15 pieds 1 pouce 3 lignes.*
L'on peut donc compter là-dessus comme sur une chose exactement déterminée, ce qui est assez conforme à l'opinion commune,
mais qui n'étoit fondée que sur des experiences fort douteuses ;
cependant l'on fera attention que dans la suite de cet Ouvrage,
*nous ne prendrons que 15 pieds seulement pour l'espace qu'un corps doit
parcourir en tombant dans le tems d'une seconde,* & nous n'aurons point
égard aux 15 lignes qu'on trouve de plus, afin de rendre les calculs plus commodes.

214. Des Observations faites à la *Caïenne* située à 5 dégrez de latitude septentrionale sur la côte Orientale de l'Amérique, ont appris que le pendule qui y bat les secondes est plus court que celui
qui les bat en France de 1 ligne & $\frac{1}{4}$, c'est-à-dire qu'il n'est que de
3 pieds 7 lignes & $\frac{1}{4}$. De pareilles Observations ont fait voir qu'en
l'Isle de Gorée à 15 dégrez de latitude septentrionale, située près la
côte Occidentale de l'Afrique, le pendule qui y bat les secondes
n'est que de 3 pieds 6 lignes & $\frac{1}{2}$: Si l'on aplique à ces Observations le principe précédent, on verra qu'à la Caïenne les corps
parcourent en tombant pendant une seconde 15 pieds 9 lignes ;
& à Gorée ils parcourent pendant le même tems 14 pieds 4 pouces 3 lignes ; ce qui fait une difference assez considérable avec ce
qui arrive en France : il en est apparemment de même dans tous les
pays situés près de l'Equateur, selon les conjectures de plusieurs
grands Mathématiciens qui ont cherché dans la plus profonde
Physique la cause de ces differentes longueurs des pendules.

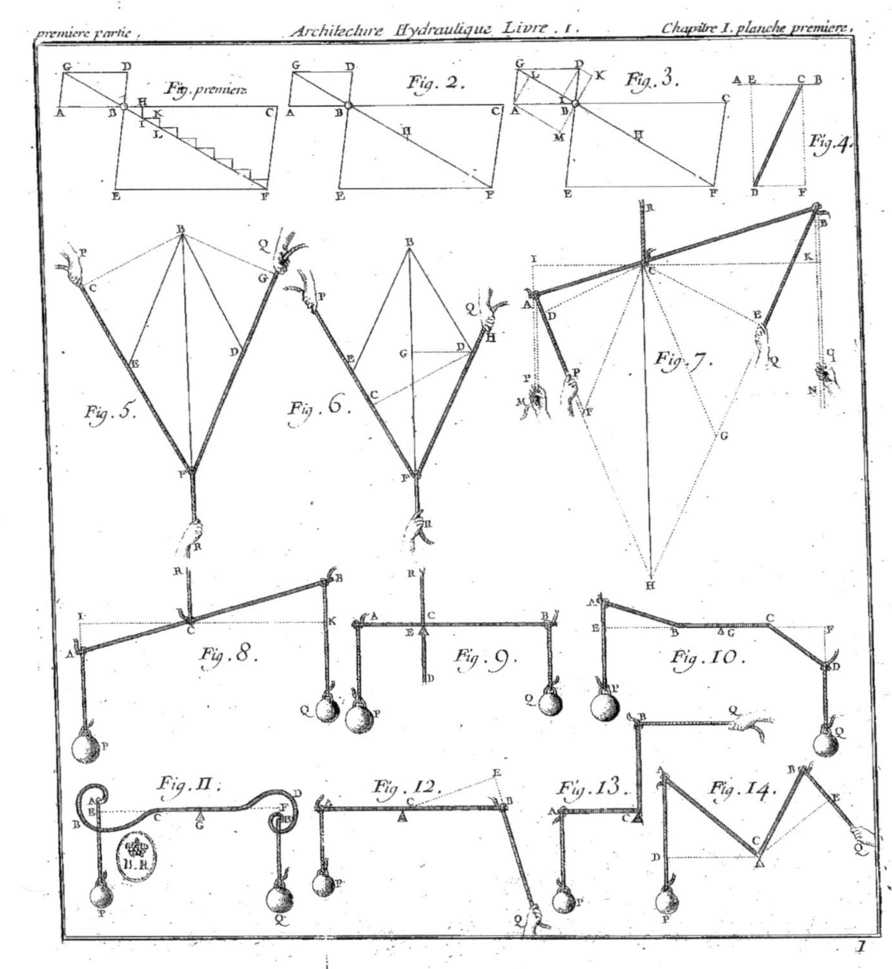

Fig. premier.
Fig. 2.
Fig. 3.
Fig. 4.
Fig. 5.
Fig. 6.
Fig. 7.
Fig. 8.
Fig. 9.
Fig. 10.
Fig. 11.
Fig. 12.
Fig. 13.
Fig. 14.

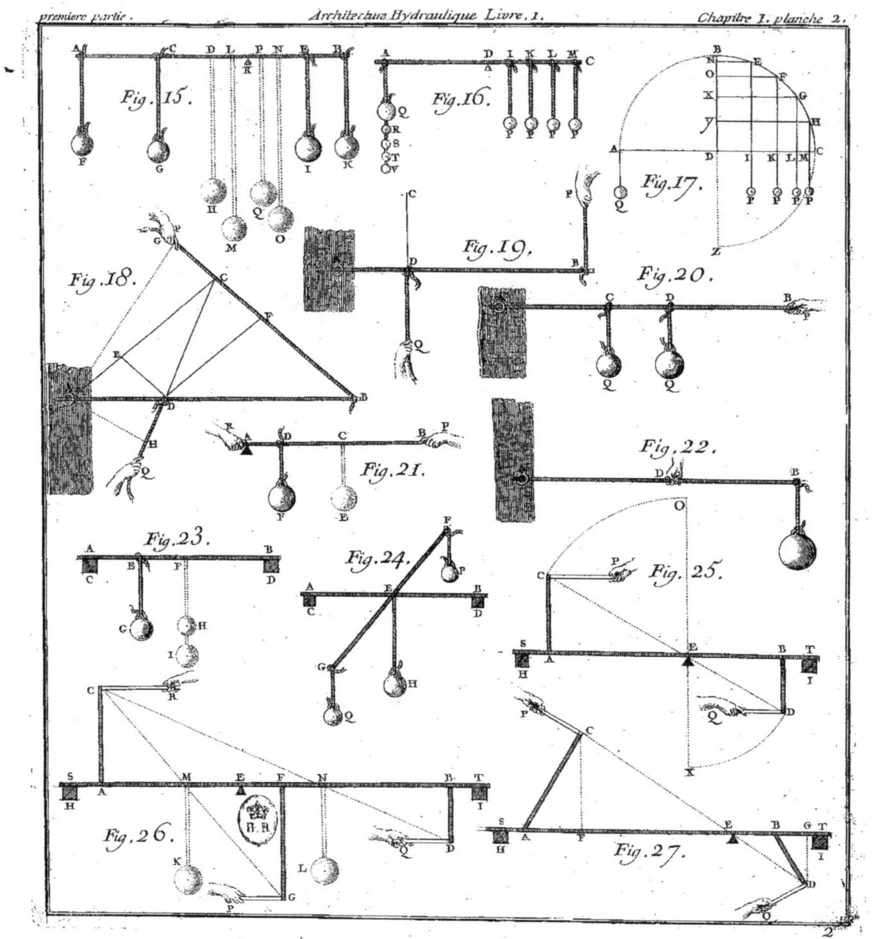

Fig. 15.
Fig. 16.
Fig. 17.
Fig. 18.
Fig. 19.
Fig. 20.
Fig. 21.
Fig. 22.
Fig. 23.
Fig. 24.
Fig. 25.
Fig. 26.
Fig. 27.

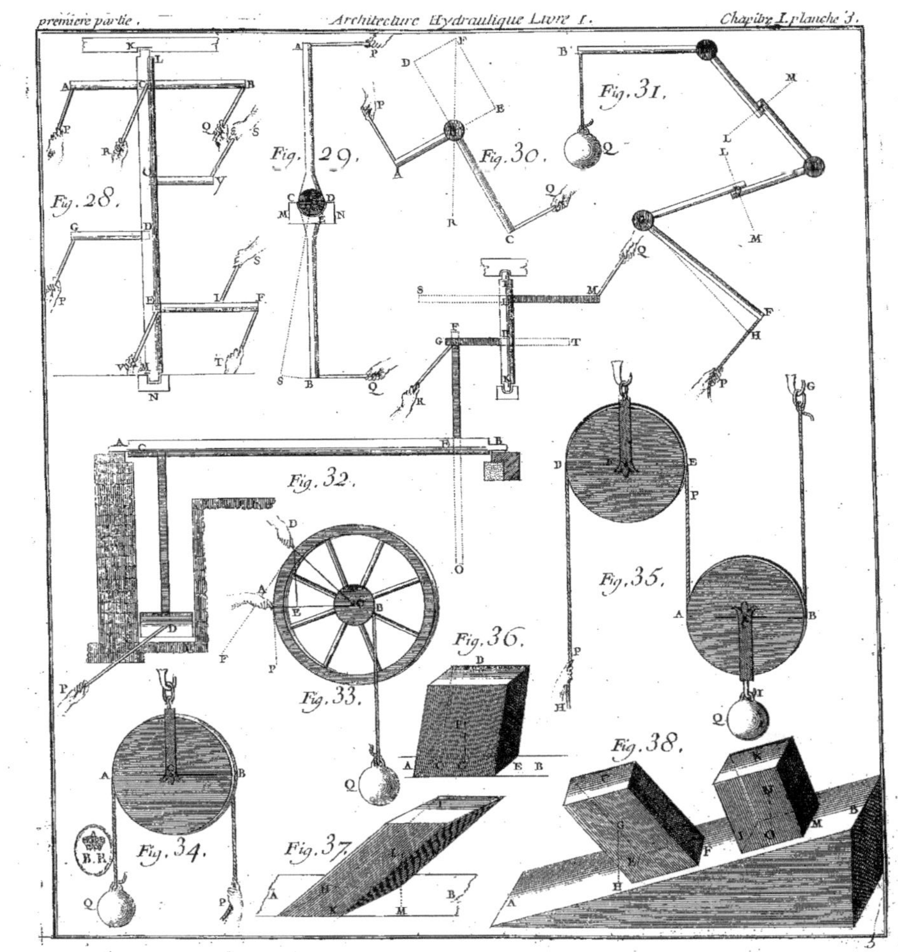

Fig. 28.
Fig. 29.
Fig. 30.
Fig. 31.
Fig. 32.
Fig. 33.
Fig. 34.
Fig. 35.
Fig. 36.
Fig. 37.
Fig. 38.

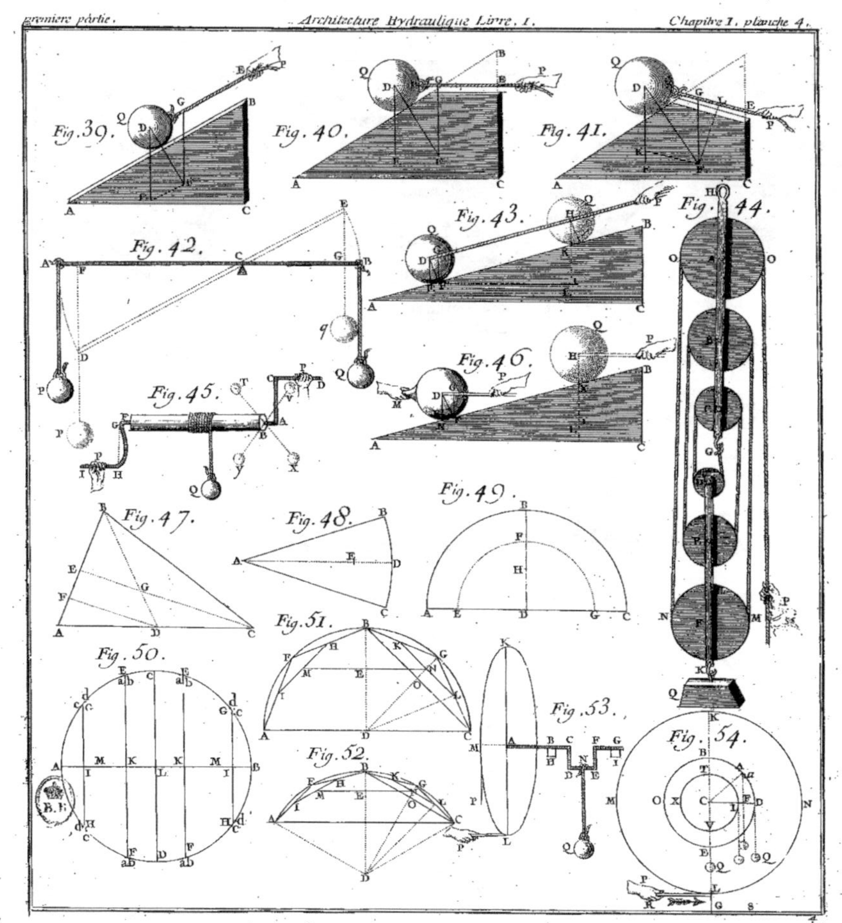

Fig. 39.
Fig. 40.
Fig. 41.
Fig. 42.
Fig. 43.
Fig. 44.
Fig. 45.
Fig. 46.
Fig. 47.
Fig. 48.
Fig. 49.
Fig. 50.
Fig. 51.
Fig. 52.
Fig. 53.
Fig. 54.

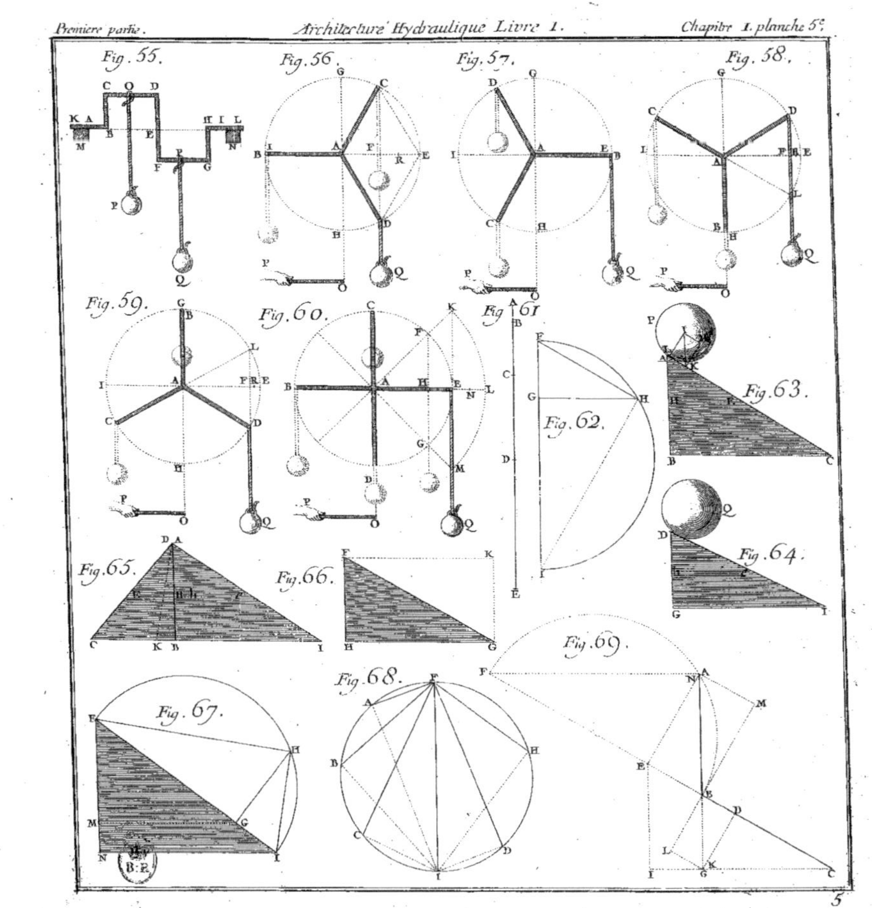

Fig. 55.
Fig. 56.
Fig. 57.
Fig. 58.
Fig. 59.
Fig. 60.
Fig. 61.
Fig. 62.
Fig. 63.
Fig. 64.
Fig. 65.
Fig. 66.
Fig. 67.
Fig. 68.
Fig. 69.

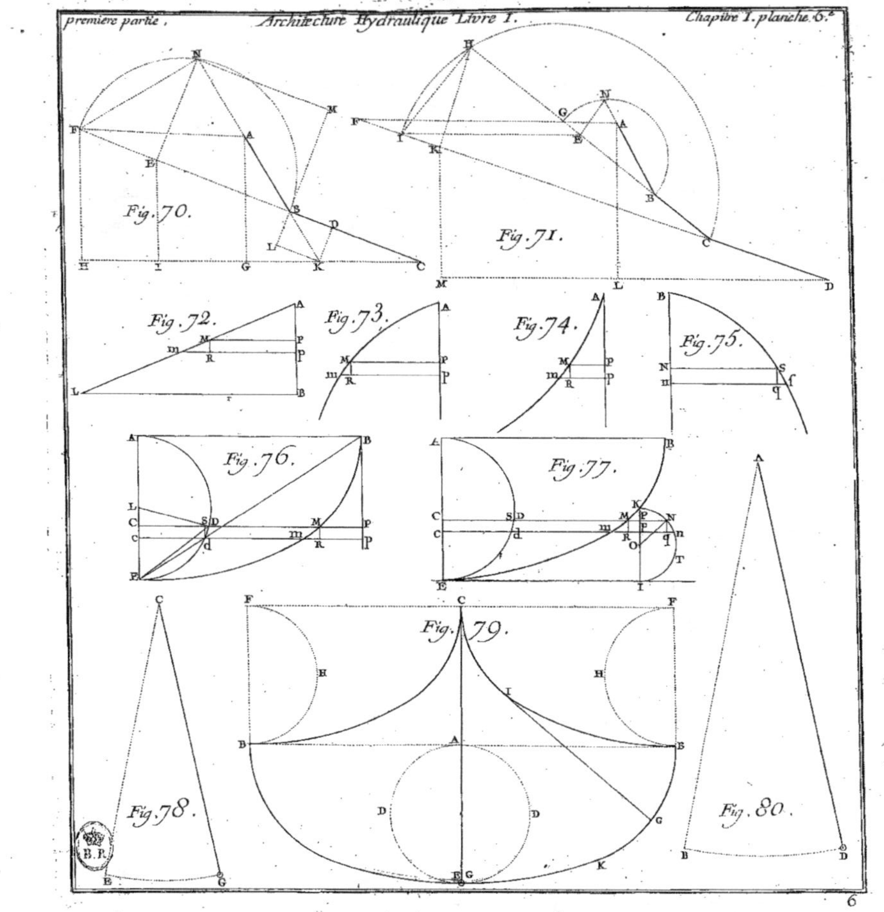

premiere partie.
Architecture Hydraulique Livre I.
Chapitre I. planche 6.
Fig. 70.
Fig. 71.
Fig. 72.
Fig. 73.
Fig. 74.
Fig. 75.
Fig. 76.
Fig. 77.
Fig. 78.
Fig. 79.
Fig. 80.

215. L'on trouvera par le moyen du pendule à seconde quelle doit être la longueur d'un autre pendule, pour que chaque vibration se fasse dans le tems que l'on voudra, ou bien pour qu'il fasse dans un tems donné un nombre déterminé de vibrations; pour cela il faut considérer. 1°. *Que si l'on a deux pendules de differentes longueurs, le quarré du tems d'une vibration du premier pendule CG, est au quarré du tems d'une vibration du second AD, comme la longueur du premier pendule est à la longueur du second.* 2°. *Que la longueur du premier pendule est à la longueur du second réciproquement, comme le quarré du nombre des vibrations du second pendule pendant tel tems qu'on voudra, est au quarré du nombre des vibrations du premier pendant le même tems :* Ces deux analogies sont une suite de la théorie précédente.

Regle pour trouver la longueur des pendule, pour que chaque vibration se fasse dans un tems déterminé; où la longueur du pendule étant déterminée, trouver le tems de ses vibrations.

FIG. 78. & 80.

216. Voulant sçavoir par exemple la longueur qu'il faut donner à un pendule, dont chaque vibration soit d'une demi-seconde, il faut dire, *comme le quarré d'une seconde qui est* 1, *est au quarré d'une demi-seconde qui est* $\frac{1}{4}$; *ainsi* 3 *pieds* 8 *lignes &* $\frac{1}{2}$ *de longueur du pendule à seconde est au quatriéme terme qu'on trouvera de* 9 *pouces* 2 *lignes &* $\frac{1}{8}$; c'est-à-dire que si l'on suspend une bale de plomb de 4 à 5 lignes de diamétre à un fil de soye, & que l'intervalle entre le centre de la bale & le point de suspension soit exactement de 9 pouces 2 lignes & $\frac{1}{8}$; ce pendule étant mis en branle, en sorte que la bale à chaque vibration ne fasse au commencement qu'environ 3 pouces de chemin, fera 120 vibrations en une minute, & sera encore plus commode que le pendule à seconde pour mesurer la durée du tems qu'on employera à faire quelque experience; cependant si l'on vouloit se servir de ce dernier, on observera aussi que la bale ne fasse au commencement qu'environ 10 ou 12 pouces de chemin à chaque vibration BD. (Fig. 78)

217. De même voulant avoir un pendule qui fasse par exemple 140 vibrations par minute, il faut dire *comme le quarré de* 140 *est au quarré de* 60; *ainsi* 3 *pieds* 8 *lignes &* $\frac{1}{2}$ *longueur du pendule à seconde, est à un quatriéme terme* qu'on trouvera de 6 pouces & environ 9 lignes pour la longueur qu'il faut donner au pendule que l'on cherche.

CHAPITRE II.

Du Frottement & de la maniere d'en calculer l'effet dans les Machines.

LES Auteurs dont nous avons des Traitez de Mécanique, ont supposé, comme nous l'avons fait dans le Chapitre précedent, que les Parties qui devoient se mouvoir les unes sur les autres étoient parfaitement polies, laissant à la discrétion de ceux qui auroient des Machines à faire construire, le soin de diminuer le poids, ou d'augmenter la Puissance autant qu'il seroit nécessaire pour surmonter la résistance causée par les frottemens, sans donner aucune regle qui put seulement servir à en faire une estimation grossiere; cependant comme l'effet du frottement est beaucoup plus grand qu'on ne se l'imagine, & qu'on ne peut porter un jugement exact d'aucune Machine sans y avoir égard aussi scrupuleusement qu'au rapport des differens bras de levier qui communiquent le mouvement, sur-tout quand elles sont destinées à élever de l'eau, j'ai crû ne pouvoir me dispenser de donner ce Chapitre, qu'il faut s'appliquer à bien entendre comme un des plus essentiels de cet Ouvrage.

M. Amontons est le premier qui se soit appliqué à donner des regles pour calculer le frottement, qu'il a établies sur un grand nombre d'experiences; cependant comme les consequences qu'il en a tirées n'avoient d'autre fondement que ces mêmes experiences, M. Parent a essayé de traiter ce sujet géométriquement dans plusieurs Memoires; mais par une fatalité assez ordinaire aux découvertes les plus utiles, qui n'arrivent que rarement à la connoissance de ceux à qui elles seroient le plus nécessaires, il ne paroît pas que les Machinistes en ayent fait jusqu'ici aucune application: il est vrai que ce qu'en dit M. Parent n'est guéres à leur portée, ce sont des calculs algébriques à perte de vûë capable de les effrayer, au lieu que s'il en avoit déduit des conséquences en forme de maxime, on les auroit suivies avec la confiance que l'on a ordinairement pour tout ce que l'on sçait être établi sur des principes de Mathématique, quoique l'on ignore la voye par laquelle on y est arrivé. Pour ne point tomber dans le même inconvenient, je vais donner ce qu'il importe le plus de sçavoir sur les frottemens, que je ferai ensorte de mettre à la portée de ceux qui n'ont que les pre-

miers élemens de Mathématiques, cette matiere pouvant être traitée plus cavalierement que celles qui sont de pure Géométrie.

218. Pour peu que l'on fasse attention à la cause du frottement, c'est-à-dire à la résistance mutuelle que deux corps éprouvent lors qu'on veut les faire glisser l'un sur l'autre, l'on verra qu'elle vient des parties dont leurs surfaces sont hérissées, quoique souvent elles ne soient point sensibles. Si ces parties sont dures sans pouvoir être usées, ni brisées qu'après un tems considerable, comme sont celles du bois, du cuivre & du fer qu'on employe ordinairement dans les Machines, il faut nécessairement pour dégager deux surfaces appliquées l'une sur l'autre que si l'on en fait glisser une, elle s'éleve tant soit peu, & la difficulté que l'on trouvera à la mouvoir dépendra principalement du poids dont elle sera chargée.

Pour mieux insinuer de quelle maniere se font les Frottemens de cette espece qui se rencontrent le plus dans la pratique de la Mecanique, il faut supposer que deux corps AE & FK étant appliquez l'un sur l'autre, les surfaces qui se touchent sont horisontales, & toutes hérissées de petites demi-spheres opposées & égales entr'elles; de sorte que les sphéres superieures sont engagées dans les interstices des inferieures, c'est-à-dire qu'il y aura toujours trois demi-sphéres inferieures comme A, B, C, qui laisseront entr'elles un vuide D, pour recevoir une des superieures; ce qui nous facilitera le moyen de calculer l'effort qu'il faudroit que fit une puissance P, pour commencer à mouvoir tant soit peu le corps Q, selon une direction LP, parallele aux deux surfaces dont l'inferieure AC est supposée immobile.

219. Quelle que soit la difficulté que la puissance P, trouvera à mouvoir le corps Q, il est constant que la grandeur FH de sa base n'y entrera pour rien; car si on suppose ce corps divisé en deux parties égales, & que l'on applique une de ses moitiez FR sur l'autre NK, la puissance P sera toujours la même, quoique la base ne soit que moitié de ce qu'elle étoit, parce que chacune des parties égales de cette derniere sera chargée d'un poids double de celui dont elle étoit pressée en premier lieu; d'où il suit en general que de plusieurs surfaces de differentes étendues chargées de poids égaux, chacune des parties qui composent les grandes est moins chargée que chacune des parties de moindre étendue, qui composent les petites dans la raison réciproque de ces surfaces; & comme c'est la même chose à une puissance, d'élever à l'aide d'un plan incliné un nombre de petites sphéres à la fois, ou de n'en élever qu'une seule, dont la pesanteur seroit égale à celle de toutes

les petites prifes enfemble, il fera indifferent à la puiffance P qu'il y ait par exemple mille demi-fphéres de la bafe du corps Q, engagées dans les interftices que laiffent celles de la furface AC, ou qu'il n'y en ait qu'une chargée elle feule du poids total ; puifqu'elle fera capable d'une preffion mille fois plus grande que chacune des précedentes ; & comme la hauteur où il faudra que la puiffance éleve cette demi-fphére pour la dégager d'avec les inferieures, fera la même où il faudroit que chacune des autres s'élevaffent, l'action de la puiffance ne changera point qu'il y ait un grand nombre de demi-fphéres, ou qu'il n'y en ait qu'une, parce que dans l'état d'équilibre, fa quantité de mouvement fera toûjours exprimée par le produit du poids attribué à plufieurs demi-fphéres ou à une feule, par la hauteur où il faudra l'élever dans le même tems.

Maniere de connoître par raifonnement, le rapport du poids, à la réfiftance du frottement qu'il peut caufer.

Fig. 5.

220. Nous fuppoferons donc que voulant faire gliffer un corps fur un autre, toutes les particules de la bafe du premier & qui caufent la réfiftance qu'il s'agit de furmonter, font réduites à une feule demi-fphére DFE, foutenue par trois autres M, P, Q, appartenantes à la furface du corps inferieur ; ainfi cette demi-fphére fera engagée dans l'interftice des trois autres, qu'elle touchera chacune en un point D, F, E ; la demi-fphére fuperieure étant chargée de tout le poids que nous lui attribuons, tendra à écarter les autres M, P, Q ; la premiere M fera pouffée felon la direction OA qui joint les centres OA, & qui paffe par le point d'attouchement D ; de même la feconde P fera pouffée felon la direction OC, qui joint leurs centres O, C, en paffant par le point d'attouchement, F : enfin la troifiéme Q felon la direction OB qui paffe par le point d'attouchement E.

Préfentement fi la demi-fphére fuperieure eft tirée par une puiffance R, felon une direction horifontale OR, partant du centre O, il eft queftion de fçavoir le rapport de cette puiffance au poids attribué à la demi-fphére fuperieure, pour que cette puiffance foit prête à la mouvoir.

Dans le moment que la demi-fphére O eft difpofée à fuivre la puiffance R, il eft évident qu'elle ceffe de preffer la demi-fphere M au point D, & qu'elle ne s'appuye plus que contre les autres P & Q, qui la repouffent felon les directions BO & CO ; ou fi l'on veut felon une feule direction TO, compofée des deux précedentes, avec une force que nous pouvons exprimer auffi par la même ligne TO.

Si l'on tire les lignes AB, AC, BC, pour joindre les centres des trois demi-fphéres inferieures, elles pafferont par les points où ces demi-

demi-sphéres se touchent, & formeront un triangle équilateral ABC ; tirant aussi la perpendiculaire AT, elle coupera à angles droits la vérticale OG, & l'on aura le triangle rectangle OGT, dont les trois côtez pourront exprimer les trois puissances qui font équilibre entr'elles pour soutenir la demi-sphére superieure ; car ayant pris OT pour l'action de la sphére superieure contre les deux inferieures P & Q ; OG pourra être pris pour le poids de cette demi-sphére, & GT pour l'action de la puissance R que l'on cherche, il reste donc à trouver le rapport de GT à GO.

Pour y parvenir je considere que les lignes OA, OB, OC, AB, AC, BC, font égales entr'elles & forment les arrêtes d'un *Tetraedre* qui a pour axe la perpendiculaire OG, car elles font chacune double du rayon d'une des demi-sphéres, ainsi BC sera divisé en deux également au point T : or si l'on suppose que BO soit composé de six parties égales, à cause du triangle rectangle OBT, le quarré de BO valant 36, & le quarré de BT 9, celui de OT sera de 27 ; d'autre part l'on sçait que le centre de gravité d'un triangle équilateral est le même que celui de grandeur, & la figure ACBO étant une piramide reguliere, le point G sera le centre de gravité de cette base, & se trouvera au tiers de la ligne AT, tirée de l'angle A, au milieu de son côté opposé ; (100) ainsi GT sera le tiers de la perpendiculaire OT, & le quarré de OT étant de 27, celui de GT qui en est la neuviéme partie sera de 3, & celui de OG de 24, à cause du triangle rectangle OGT.

221. Si l'on multiplie ces deux nombres par 1000 pour en avoir les racines plus exactement, l'on trouvera qu'elles peuvent être exprimées par 173 & 489 ces deux nombres étant à peu près dans le rapport de 1 à 3 ; il suit que dans la pratique la puissance R pourra être considerée comme égale au tiers de la demi-sphére ; d'autant mieux qu'il arrive rarement que le frottement qui se rencontre dans les machines soit tout-à-fait si grand que nous le supposons icy, par le soin qu'on prend de polir les surfaces des parties qui doivent se toucher, & de les enduire de vieux oing pour en rendre le mouvement plus doux. En effet, quand la graisse s'est insinuée dans les concavitez imperceptibles que laissent entr'elles les particules saillantes, elles ne s'engrainent plus tant ; on peut donc conclure que si la demi-sphére superieure pesoit 60 ℔, il faudroit environ 20 ℔ de force à la puissance pour commencer à la tirer à soi, & que si ce poids de 60 ℔, au lieu de n'appartenir qu'à une seule demi-sphére, étoit également distribué à un grand nombre d'autres unies à une même surface comme dans la premiere

Pour qu'une Puissance puisse surmonter la résistance du frottement, il faut qu'elle soit égale au tiers du poids qui le cause.

K.

Figure ; il faudroit encore 20 ℔ de force à la puiſſance P, pour
commencer à mouvoir le corps Q, ſans ſe mettre en peine de la
grandeur de ſa baſe, qui n'a rien de commun avec l'action de ſa
peſanteur, comme je l'ai déja inſinué.

*Experien-
ces faites
avec diffe-
rentes ma-
tieres, par
leſquelles
on a recon-
nu que le
frottement
étoit tou-
jours le tiers
du poids.*

222. J'ay dit que M. **Amontons** avoit fait un grand nombre
d'expériences ſur le Frottement, j'ajouterai qu'il a trouvé que faiſant gliſſer du fer, du cuivre, du plomb, du bois l'un ſur l'autre,
que ces matieres fuſſent de même eſpece ou variées entr'elles,
la réſiſtance cauſée par le Frottement étoit toujours à peu près le
tiers de la peſanteur du corps qu'on vouloit mouvoir, lorſque les
ſurfaces qui ſe touchoient étoient enduites de vieux oing ; que
cette réſiſtance ſuivoit toujours la proportion des poids, ſans que
la grandeur des ſurfaces cauſât aucun changement. J'en ai fait auſſi
où j'ai obſervé les mêmes choſes ; & pour montrer combien devoit être exacte la façon dont je m'y ſuis pris, je m'y arrêterai un
moment.

*La meil-
leure ma-
niere de fai-
re des expé-
riences ſur
le frotte-
ment, eſt de
ſe ſervir
d'un plan
incliné.*

FIG. 6.

223. Si l'on a un corps D, poſé ſur un plan incliné AB, enſorte
que la ligne de direction GH, tirée de ſon centre de gravité G,
paſſe par ſa baſe EF, il demeurera en repos ſi les particules de la
baſe du corps, & celles du plan incliné s'accrochent de maniere à
contrebalancer la partie du poids qui tend à le faire gliſſer ; mais il
eſt viſible que ce corps ne ſe ſoutiendra pas ainſi ſur toutes ſortes
de plans, & qu'il y en aura qui ſeront trop élevez, c'eſt-à-dire trop
roides, & où la partie du poids qui tend à le faire gliſſer ſera ſuperieure à la réſiſtance cauſée par le Frottement : un plan peut donc
être incliné, de façon que la partie du poids dont je parle ſoit en
équilibre avec le frottement ; & ſuppoſant que l'on ait trouvé par
experience l'angle ſous lequel le plan doit être incliné pour que
cela arrive, l'on connoîtra enſuite le rapport de la puiſſance qui
doit être en équilibre avec le frottement, à la partie du poids dont
le plan incliné eſt chargé.

Si du centre de gravité G, on abbaiſſe la perpendiculaire GI ſur
le plan ; qu'on tire la ligne GP parallele à AB, & qu'on faſſe le parallelogramme HL ; prenant le côté GH pour exprimer le poids
D ; la diagonale GI exprimera la preſſion du même poids ſur le
plan incliné ; & le côté GL la partie du poids qui tend à faire gliſſer le corps D, ou la puiſſance P qui s'y oppoſe. Si le plan eſt incliné de façon à le mettre en état d'être tout prêt à gliſſer, le rapport du frottement à la preſſion du poids, ſera comme GL eſt à
GI, ou comme BC eſt à CA ; c'eſt-à-dire, comme la hauteur du
plan incliné eſt à ſa baſe, à cauſe des triangles ſemblables GLI &
ABC.

224. Il suit de-là que lorsqu'on voudra connoître le frottement dont deux corps sont capables, il faudra incliner celui qui sert de base, tant que l'autre qui est dessus commence à glisser imperceptiblement, & observer quel est l'angle sous lequel cela arrivera; le rapport de la tangente de cet angle au sinus total, donnera celui du frottement à la partie du poids qui le cause. J'ai remarqué dans les experiences que j'ai faites ainsi, que l'angle d'inclinaison BAC étoit d'environ 18 dégrez 20 minutes, qui donne BC, AC :: 33136, 100000, ou BC, AC :: 1, 3.

Un corps commence à glisser sur un plan incliné, quand ce plan fait avec l'horison un angle de 18 degrez 20 minutes.

Quand on aura trouvé le rapport du frottement d'un corps à la partie de son poids qui presse un plan incliné, on aura aussi le rapport du frottement du même corps à sa pesanteur sur un plan horisontal; puisque le frottement augmentant dans la raison des pressions, ce rapport sera toujours le même, c'est-à-dire, que si sur un plan incliné le frottement est le tiers de la pesanteur relative du corps, sur un plan horisontal le frottement sera aussi le tiers de la pesanteur absolue du même corps; mais voilà ce principe suffisamment établi.

225. Il y a des cas où l'on ne pourroit sans erreur faire abstraction de la grandeur des surfaces pour en estimer le frottement. Par exemple, si l'on en avoit deux extrèmement polies appliquées l'une contre l'autre, & qu'il n'y eut point d'air entre-deux, dont le ressort put contre-balancer le poids de l'atmosphére, la pression seroit d'autant plus grande que la surface superieure présenteroit une plus grande base à la colonne d'air, dans la raison même de la grandeur des surfaces pressées; mais parce que dans les machines, les parties qui se frottent sont presque toujours curvilignes, comme sont les tourillons, les fuseaux des lanternes, les dents des roues, celles des pignons, &c. Quand on en veut calculer le frottement, il est inutile d'avoir égard à la pression causée par la pesanteur de l'air.

Quand la pesanteur de l'air agit sur une surface, il faut alors avoir égard à l'étendue de cette surface pour en estimer le frottement.

226. Il arrive quelquefois que la pesanteur d'un seul corps produit une multiplication de frottement dont il est à propos d'examiner la cause, soit un plan EF pressé entre-deux autres AB & CD, dont le premier est chargé d'un poids G; Si le plan CD est immobile, & l'autre AB retenu au point fixe H, la puissance P, voulant tirer le plan EF à soi, éprouvera de la part du frottement une résistance double de celle que peut causer naturellement le poids G.

Cas singulier où un même corps peut causer une multiplication de frottement.

Fig. 7.

Il est constant que la puissance P ne pouvant attirer le plan EF, sans surmonter le frottement de la surface superieure contre l'in-

ferieure du plan AB ; ce fera la même chofe à la puiffance de dégager les particules d'en bas d'avec celles d'en haut, ou de dégager ces dernieres d'avec les précedentes ; puifque le mouvement
vertical du poids G, fera le même d'une maniere comme de l'autre ; il faudra donc que le plan AB s'éleve autant au-deffus du plan
EF, que ce dernier s'élevera au-deffus de CD ; ainfi la puiffance
P ne pourra tirer le plan EF à foi, fans que le poids n'ait une quantité de mouvement double de celle qu'il auroit s'il n'étoit point arrêté ; mais comme c'eft la même chofe d'élever un certain poids
à une hauteur double d'un autre, ou d'élever un poids double à une
hauteur fimple dans le même tems ; (98) il faut donc pour que la
puiffance P foit en équilibre avec le frottement des deux furfaces
du plan EF, qu'elle ait une force double de celle qu'il lui faudroit, s'il n'étoit queftion que du frottement d'une feule furface.

　　Si au lieu de deux plans on en avoit un grand nombre comme
FIG. 8. A, tous confiderez fans pefanteur, arrêtez en B, & qu'il y eut entre-deux d'autres plans C preffez par un feul poids G ; la puiffance
P qui voudroit tirer tous ces plans à foi fera obligée d'employer
une force proportionnée à leur nombre ; c'eft-à-dire que s'il y en
avoit douze, compofant enfemble 24 furfaces, & que le poids
fut de 30 ℔, le frottement de ce poids contre une des furfaces
étant de 10 ℔, il faudra à la puiffance 240 ℔ de force pour furmonter le frottement total ; car le poids s'élevera 24 fois plus haut
pour laiffer à toutes les furfaces la liberté de fe dégager, que fi l'on
n'avoit à vaincre que le frottement d'une feule furface, puifque
par la raifon que je viens d'infinuer, il tiendra lieu d'un poids de
720 ℔, ce qui fait voir qu'il y a des cas où un poids médiocre peut
caufer beaucoup de réfiftance.

Le frotte-
ment d'un
corps con-
tre une fur-
face verti-
cale fera in-
fenfible, fi
ce corps eft
foutenu en
l'air , par
fon centre
de gravité.
FIG. 9.

　　227. Ayant une furface verticale AB, contre laquelle feroit appliquée une des faces du corps EG, & qu'une puiffance P fit monter ou defcendre ce corps le long de cette furface par une direction FP, partant du centre de gravité du corps, & parallele à la
furface ; il eft conftant que cette puiffance foutenant tout le poids,
quelque grand qu'il foit, que le frottement d'une des faces du
corps fera très-peu de chofe, puifqu'on peut dire qu'il n'y a point
de frottement où il n'y a point de preffion ; cependant fi les deux
furfaces qui fe touchent font dans le cas d'avoir des parties fail-
lantes qui s'engrainent mutuellement, comme nous l'avons conçû jufqu'ici, le corps ne pourra monter fans s'écarter tant foit peu
de la verticale pour fe dégager d'avec la furface AB, & fans que
la puiffance P ne faffe un effort un peu au-deffus de celui du poids

à quoi se réduit le frottement qui se rencontre ici, qu'il ne faut pas confondre avec celui qui naît de la pesanteur absoluë du poids. Par exemple, il est bien vrai que les pistons frottent contre lès parois du corps de pompe ; mais comme c'est le cercle du piston qui soutient tout le poids de la colonne d'eau, & non pas la surface, que d'ailleurs le cuir dont elle est entourée pour s'unir plus intimement au corps de pompe est inflexible ; quelle que soit la mesure de ce frottement, il n'a rien de commun avec la pesanteur de la colonne d'eau, & quand on s'est laissé ébloüir par les avantages d'un piston sans frottement, c'est qu'on n'a pas fait assez attention à la nature de celui qui se trouve en pareil cas.

228. S'il y avoit une seconde puissance Q qui poussât le corps D selon une direction QD, perpendiculaire à la face EG, il faudra que la premiere P pour faire monter ce corps soit au-dessus de ce que nous l'avons supofée, puisqu'elle aura encore à surmonter le frottement causé par la pression de la puissance Q, suppofant cette pression de 30 ℔, & le poids de 40, il faudra que la puissance P soit de 50, parce qu'agissant selon une direction parallelle au plan AB, la résistance causée par le frottement sera le tiers de la puissance. *Si une surface verticale est poussée perpendiculairement par une autre surface, le frottement sera encore le tiers de la pression.*

Si l'on fait abstraction de la puissance P, & que le corps EG *Fig. 9.* repose sur un plan horisontal HCIK, tandis qu'il est poussé par la puissance Q, contre la surface verticale AB comme cy-devant, & par une autre puissance M selon une direction horisontale ML, & parallele à la surface AB, il arrivera que la puissance M aura deux obstacles à surmonter, celui du frottement du corps contre la surface verticale, & celui du même corps contre le plan horisontal HI ; car la pression contre la surface verticale, quelque force qu'on attribue à la puissance Q, ne diminue point l'action de la pesanteur du corps qui n'en pressera pas moins le plan horisontal que si la puissance Q n'y étoit pas : (68) ainsi la puissance M sera exprimée par le tiers de la puissance Q, plus le tiers de la pesanteur du corps.

229. Il suit que si l'on avoit une surface verticale & inflexible *Fig. 10.* EFGH, engagée dans deux coulisses AB & CD, & qu'une puissance Q la poussât selon une direction perpendiculaire QI ; que la puissance P qui voudroit élever cette surface doit être égale à son poids, plus au tiers de la puissance Q, ou de la pression qu'elle cause ; ce qui fait voir que dans les *éclufes*, la difficulté que l'on éprouve à élever une *vanne* qui soutient de l'eau vient de deux causes ; la premiere du poids de la vanne, la seconde de la poussée de

l'eau contre la même vanne, laquelle ayant pour appuis les couliffes, elle les preffe felon une direction perpendiculaire, & caufe un frottement dont il eft aifé de faire l'eftimation..

230. Pour faire mention des differens cas où le frottement a lieu, & qui fe rencontrent ordinairement dans les machines, comme on en jugera par les exemples que je donnerai dans la fuite; imaginons que le rectangle AB repréfente une piece de bois équarrie, comme font ordinairement dans certains moulins les pilons qui fe trouvent enclavés entre des pieces de traverfes EF & MN nommées *prifons*; elles fervent à les diriger lorfqu'ils montent & retombent par l'action d'une puiffance P, que nous fupoferons appliquée au point V du *mentonet* SV pour le faire monter de V en O, felon une direction PV perpendiculaire à la face ST : comme il faut donner un peu de jeu entre les prifons, il arrive que la Puiffance P, n'agiffant point dans la direction KY qui paffe par le centre de gravité du pilon, fait qu'il appuye & frotte contre le bord des faces C & D. Pour calculer ces deux frottemens, je fupofe qu'une puiffance Q repouffe le pilon, felon une direction QC, perpendiculaire à VG, avec une force égale à la preffion qui fe fait au point C : alors regardant le point V comme un point d'appui, & le poids L comme celui qu'on veut élever, il y aura même raifon de ce poids à la puiffance Q, que de la perpendiculaire VG à la perpendiculaire VI ; ce qui donne $\frac{VI \times L}{VG} = Q$, de même pour fçavoir la preffion qui fe fait au point D, nous fupoferons auffi que la puiffance R qui agit felon une direction perpendiculaire RD lui fait équilibre ; ce qui donne encore, le poids L eft à la puiffance R comme la perpendiculaire VH eft à la perpendiculaire VI, ou $\frac{VI \times L}{VH} = R$.

Dans les deux divifions précedentes, les dividendes étant les mêmes, les quotiens feront en raifon réciproque des divifeurs, par conféquent le frottement au point C fera à celui du point D, comme HV eft à VG ; ce qui donne lieu à plufieurs remarques que nous allons rendre fenfibles à l'aide de la Figure 12, dont voici la conftruction.

231. Il faut tirer la ligne *gh* égale à la verticale GH de la figure précedente, & par fes extrémitez mener les paralleles *gi* & *hl*, pour faire les angles alternes *igh* & *ghl* de telle ouverture que l'on voudra ; on prendra fur la ligne *gh* en partant de fes extrémitez les parties *ga* & *ha*, chacune égale à la diftance IV, où fe trouve la puiffance P de la ligne de direction du poids L ; enfuite on tirera la li-

gne *ab*, parallele à *gi* ou à *hl* que l'on fera d'une grandeur arbitraire ; & prenant les côtez des angles *igh* & *ghl* pour des affymptotes,
on fera paffer par chacun des points *b* une *hyperbole*.

Il s'agit préfentement de faire voir quelle eft la preffion du pilon dans les differentes élevations du mentonet : il faut par le point
u mener à l'affymptote *gi* la parallele *qf* terminée par les deux hy-
perboles ; & fi l'on fupofe le mentonet à la hauteur *u* prife au-deffous du point *n*, milieu de *gh*, je dis que *uf* exprimera la preffion
qui fe fait au point C, & *uq* celle qui fe fait au point D, & que le
raport de chacune de ces lignes à la conftante *ab*, fera le même
que celui de chaque preffion au poids L ; car par la proprieté de
l'hyperbole, on aura $gu \times uf = ga \times ab$, & $hu \times uq = ga \times ab$, qui
eft la même chofe que $GV \times Q = IV \times L$, & $VH \times R = IV \times L$.

232. Il fuit premierement que quand le mentonet fe trouve à
la hauteur *n*, milieu de la verticale *gh*, que la parallele *mo* à l'affymptote *gi*, étant alors divifée en deux également, la preffion contre les points C & D eft égale ; & que dans ce cas-là, la fomme de
ces deux preffions eft la moindre de toutes celles qui peuvent naître des differentes élevations du mentonet, parce que la parallele
mo eft la plus petite de toutes celles qu'on peut tirer d'une hyperbole à l'autre.

233. Secondement, lorfque le mentonet touchera les prifons E
ou N, fi les lignes égales *gd* & *hd* en marquent l'épaiffeur, la preffion fera la plus grande de toutes, parce que les paralleles *c*, *e*, feront les plus grandes de toutes celles qu'on peut mener dans l'intervalle *d*, *d*.

234. Troifiémement, fi le point V du mentonet ne rencontroit
nul obftacle, & qu'il pût parvenir au niveau des points C ou D ;
les points *d* fe confondant avec *g* & *h*, la ligne *de* fe confondra
auffi avec l'affymptote *gi* ou *hl*, & il y aura une des deux preffions
qui fera infinie, & l'autre *gf*, fera la moindre de toutes celles que
peut recevoir la prifon oppofée.

235. Quatriémement, lorfque le jeu du mentonet fe fait au-deffous du point *n*, comme de *u* en *t*, l'on voit qu'à mefure qu'il
monte, le frottement diminue, le rapport du grand au moindre
étant comme *qf* eft à *rx*.

236. Cinquiémement, lorfque le mentonet fe trouvera à une
égale diftance du point *n* au-deffus & au-deffous, les preffions feront égales, & d'autant plus petites que le mentonet fera moins
éloigné du point *u* ; ce qui fait voir que dans la conftruction des pilons, il faut pour qu'il y ait le moins de frottement qu'il eft poffi-

le moins de frottement qu'il est possible.

Le frottement des pilons dépend aussi de la longueur du mentonet.

FIG. 11. & 12.

ble placer le mentonet, de maniere que le chemin qu'il doit faire foit partagé en deux également par le milieu de l'intervalle des prifons.

237. Comme la ligne *ga* exprime le bras de levier IV, fi cette ligne augmentoit tandis que *ab* ou le poids auroit toujours la même valeur, la preffion ou le frottement augmentera dans la même raifon, parce que le fommet de chaque hyperbole s'éloignera des points *g* & *h*; ainfi fuppofant que lorfque le mentonet commence à monter, la puiffance P foit apliquée au point S, & qu'elle aille de S en V d'un mouvement uniforme, dans le tems qu'elle fait monter le pilon de V en O; au premier inftant, il faudra que la ligne *ga* foit égale à IS, & la parallele *qf* fera autant au-deffous de ce qu'elle eft préfentement, que IS eft au-deffous de IV; ce qui fait voir que la puiffance en montant, diminuera dans un fens & augmentera de l'autre; mais elle diminue beaucoup moins à proportion qu'elle n'augmente par la longueur du bras de levier qui va toujours en croiffant, ce que l'on peut exprimer d'une maniere generale : nous nommerons *z*, la diftance où la puiffance P pourra fe trouver du point I; *y* la hauteur DS ou HV du mentonet au-deffus de la ligne horifontale DR; *d* la verticale GH; par conféquent GV fera *d—y*; ainfi on aura $\frac{Lz}{y}$ pour la preffion au point D, &

$\frac{Lz}{d-y}$ pour la preffion au point C; & fi le rapport de la preffion au frottement eft celui de *m* à *n*, on aura $\frac{nLz}{my} + \frac{nLz}{md-my}$ pour le frottement;

à quoi ajoutant le poids L, il viendra enfin $L + \frac{nLz}{my} + \frac{nlz}{md-my} = P.$

Il faut calculer le froitement des pilons dans le cas du plus grand effort que la puiffance fera obligée de faire.

238. Nous avons dit (236) qu'il falloit que le chemin que fait le mentonet, eut fes extrémitez également éloignées des deux points où fe fait la preffion; dans ce cas, fi la puiffance reftoit à la même diftance de la ligne de direction du poids, elle iroit toujours en décroiffant jufqu'au milieu du chemin qu'elle doit parcourir, (235) & enfuite augmentera jufqu'à devenir égale à ce qu'elle étoit au commencement de la montée : or quand on voudra déterminer cette puiffance par raport au poids & au frottement qu'elle doit furmonter, il faudra l'eftimer dans le cas du plus grand effort, qu'elle fera obligée de faire au commencement & à la fin du chemin qu'elle a à parcourir, fans fe mettre en peine fi elle varie entre ces deux extrémitez; alors *y* pourra être regardée comme une quantité conftante que l'on déterminera par la hauteur HV où le

mentonet

mentonet se trouve au-dessus de la ligne DH lorsqu'il commence à monter ; & nommant cette hauteur C, l'on aura au lieu de l'expression précedente $L + \dfrac{2nLz}{mc} = P$, & si $m, n :: 3, 1$, on aura $L + \dfrac{2Lz}{3c} = P$, dont nous ferons usage par la suite. Quelquefois le mentonet au lieu de se trouver entre les deux points où se fait le frottement, est placé vers le bas du pilon au-dessous de la prison inferieure, mais de quelque maniere qu'il soit situé, ce que je viens de dire doit suffire pour en calculer le frottement.

Ce qui précede fait bien voir que quand on veut examiner de près le jeu des parties d'une machine pour en avoir des idées justes, afin d'en calculer exactement l'effet, on y découvre mille choses qu'on n'apperçoit qu'après un circuit de recherches ; il est vrai qu'on peut se dispenser d'être aussi scrupuleux, mais on se relâche toujours assez quand on vient à l'exécution, & si l'on vouloit traiter dans la rigueur géométrique tout ce qui appartient aux pilons seulement, on se trouveroit engagé dans des difficultez de calcul qui ne seroient pas aisées à résoudre.

239. Nous avons supposé jusqu'ici que la puissance qui surmontoit le frottement agissoit en ligne droite, & que sa vitesse étoit la même que celle du poids ; mais dans les machines les mouvemens étant presque toujours circulaires, & la vitesse du poids & de la puissance étant differente, nous allons faire voir que la puissance qui doit surmonter le frottement, croît ou diminue selon sa vitesse par rapport à celle du poids, ou ce qui revient au même selon la grandeur des bras de levier qui répondent à l'un & à l'autre, & que par conséquent pour calculer les frottemens, il faut suivre les loix ordinaires de la Mécanique.

Si l'on a un corps A posé sur un plan horifontal, attaché par son centre de gravité à une verge inflexible AC, dont le point d'appui B est dans le milieu ; & qu'à l'extrémité C, il y ait une puissance qui tire toujours selon une direction CH perpendiculaire au levier, le centre de gravité du poids ira de A en I, & décrira une circonference, ainsi que le point C ; l'un & l'autre avec la même vitesse, par conséquent cette puissance sera équivalente au tiers du poids, comme si elle agissoit selon une ligne droite AE.

Si la puissance étoit appliquée au point D, milieu de BC, elle décrira la circonference LM, moitié de IK, & sa vitesse n'étant que moitié de celle du poids, il lui faudra une force double de celle qu'elle avoit à l'extrémité C, c'est-à dire dans la raison récipro-

L

que de son bras de levier à celui du poids ; ainsi il faudra qu'elle soit les deux tiers de la pesanteur du corps A : mais si au contraire le bras de levier BF étoit double de BA , la vitesse de la puissance seroit double de celle du poids , & sa force égale à la sixiéme partie de la pesanteur du même poids.

Quand un corps est mû autour d'un point fixe , le bras de levier qui répond au frottement , doit être exprimé par la distance du point fixe au centre de gravité de la surface qui frotte.

240. Lorsqu'on fait mouvoir un corps sur un plan autour d'un point fixe , les parties de la surface qui frotte ont plus ou moins de vitesse selon leur éloignement de ce point : pour avoir une vitesse moyenne , il faut déterminer la longueur du bras de levier qui doit appartenir au poids par la distance du point fixe au centre de gravité de la surface. Par exemple , si l'on avoit un corps cylindrique ROQS , comme une meule à moulin posée à plat qu'on voulut faire tourner autour de son centre B ; la base étant un cercle on pourra supposer que la pesanteur de ce corps est également distribuée sur la circonference LM , qui a pour rayon la ligne BD qui doit être les deux tiers de BT , (101) & même si l'on veut en un seul point D qui aura pour bras de levier la ligne BD : ainsi lorsqu'une meule à moulin se meut d'un mouvement uniforme , l'on

Fig. 13.

peut dire que sa quantité de mouvement est le produit de sa pesanteur par la circonference LM , ou par les deux tiers de celle de son grand cercle.

Il suit de-là que lorsque l'arbre d'une machine est dans une situation verticale , & qu'il aboutit par le pied à un pivot qui tourne dans une crapaudine , le frottement de ce pivot à pour bras de levier les deux tiers de son rayon.

Fig. 14. 15.

Il y a des cas où une puissance qui agit pour élever un poids contribue à en augmenter le frottement.

241. Ayant un cylindre ADCH posé horisontalement sur deux paliers , taillés en portion de cercle , comme on le voit à l'endroit KHZ du profil ; pour servir à une puissance Q à élever un poids P , selon une direction perpendiculaire au diamétre horisontal AC , à l'aide d'une corde qu'on suppose faire plusieurs tours sur le cylindre pour le contraindre à tourner dans les paliers KHZ ; il est certain que dans l'état d'équilibre s'il n'y avoit point de frottement , la puissance sera égale au poids , par consequent si ce poids est de 60 ℔ , l'appuy sera chargé de 120 , le frottement du cylindre contre le palier étant le tiers de la pression , il faudra ajouter 40 ℔ à la puissance , parce que la vitesse de la surface qui frotte est égale à celle de la puissance qu'on peut supposer appliquée au point C ; l'une & l'autre étant également éloignée du centre , la puissance ainsi augmentée , la pression du cylindre contre l'appuy la sera aussi , & causera un surcroît de frottement égal au tiers de cette augmentation , c'est-à-dire au tiers de 40 ℔ , qui est 13 $\frac{1}{3}$, qu'il

faut encore ajouter à la puiſſance ; mais cette ſeconde augmentation va cauſer une nouvelle preſſion, par conſequent un nouveau
frottement ; il faudra donc prendre le tiers de $13\frac{1}{3}$, & encore le
tiers du tiers ainſi de ſuite, tant qu'on ſoit parvenu à un poids ſi petit
qu'il ne merite pas qu'on en tienne compte, & l'on trouvera que

le frottement donne $40 + 13\frac{1}{3} + 4\frac{4}{9} + 1\frac{13}{27} + \frac{40}{81} + \frac{40}{243} = 59$

$+ \frac{223}{243}$, qui étant ajoûté à 66, on aura $119\frac{223}{243}$ pour la valeur de
la puiſſance, afin qu'elle ſoit en équilibre avec le poids & le frottement ; de ſorte que ſi on l'augmentoit tant ſoit peu, elle feroit
monter le poids.

242. Comme les quantitez dont il faut augmenter la puiſſance
compoſent une progreſſion géométrique, dont les termes doivent
aller en décroiſſant juſqu'à zero, l'on trouvera tout d'un coup la
ſomme de tous ces termes par une regle generale démontrée dans
les élemens d'Algebre, la voicy.

Maniere de
trouver la
ſomme des
termes d'u-
ne progreſ-
ſion géome-
trique.

Si l'on a une progreſſion géométrique, allant en décroiſſant juſqu'à ze-
ro, on aura la ſomme de tous les termes qui ſuivent le premier, en mul-
tipliant le premier par le ſecond, & en diviſant le produit par la diffe-
rence du premier au ſecond ; ainſi les deux premiers termes étant a &
b, la ſomme de tous les termes qui ſuivent le premier ſera $\frac{ab}{a-b}$.

Préſentement ſi l'on ſuppoſe que a exprime la ſomme du poids
& de la puiſſance dans l'état d'équilibre ; le premier terme de la pro-
greſſion ſera $\frac{a}{3}$ & le ſecond $\frac{a}{9}$; d'où l'on tire $\dfrac{\frac{a}{3} \times \frac{a}{9}}{\frac{a}{3} - \frac{a}{9}}$ ou $\dfrac{\frac{aa}{27}}{\frac{2a}{9}} = \frac{a}{6}$;

qui fait voir que *quand le rapport qui regne dans la progreſſion, eſt*
celui de 3 à 1, la ſomme de tous les termes qui ſuivent le premier, eſt
égale à la moitié du premier ; par conſéquent on aura pour tous les
termes enſemble $\frac{a}{3} + \frac{a}{6}$ ou $\frac{a}{2}$, pour l'expreſſion du frottement ;
on peut donc établir cette Regle generale.

Regle ge-
nerale pour
calculer les
frottemens
dans le cas
où l'action
de la puiſ-
ſance ſe joint
a celle du
poids.

243. *Quand l'action d'une puiſſance ſe joindra à celle du poids pour*
en augmenter la preſſion ſur le point d'appui, & que leurs directions ſe-
ront paralleles, il faut que cette puiſſance pour être en équilibre avec le
frottement ſeul, ſoit égale à la moitié de la preſſion que ſoutient l'appui,
lorſque la puiſſance & la ſurface qui frotte ont la même viteſſe.

Voulant donc ſçavoir la force qu'il faut à la puiſſance Q pour

L ij

furmonter le frottement du cylindre, il fuffira tout d'un coup de
prendre la moitié de fa preffion, on aura 60 ℔ au lieu de $59 \frac{223}{243}$,
qui eft un peu moindre, parce que nous n'avions pas pouffé les
termes de la progreffion affez loin.

'Attention qu'il faut avoir lorf- que la di- reétion de la puiffance n'eft pas pa- rallele à cel- le du poids.

244. Quand les direétions du poids & de la puiffance ne font
pas paralleles, l'appuy n'étant point preffé par la force abfolue de
l'un & de l'autre, le frottement eft moindre que la moitié de leur
fomme. Par exemple, fi la puiffance étoit appliquée en R , &
qu'elle tirât felon une direétion horifontale DR , parallele au diamétre AC ; on peut fuppofer que la corde eft attachée au centre
B , que la puiffance tire felon une direétion BY , & que le poids
eft fufpendu au même centre : or comme dans l'état d'équilibre la
puiffance eft égale au poids, on pourra prendre le rayon BC pour
la puiffance & le rayon BH pour la pefanteur du poids ; alors fi
l'on mene la ligne HO , parallele à BC , on aura le parallelograme
des forces HBCO , dont la diagonale BO exprimera l'aétion du
poids au point Z ; le frottement étant égal à la moitié de cette preffion par l'article précédent , BV marquera ce qu'il faut ajouter à la
puiffance quand elle fera exprimée par le rayon ; c'eft pourquoi fans
faire de parallelograme , il fuffit de tirer la corde HC qui joint les
direétions du poids & de la puiffance , & de prendre pour l'expreffion du frottement la perpendiculaire tirée du centre fur cette
corde, pour avoir $R = BC + BV$.

245. Si la puiffance tiroit felon une direétion ES, la fuppofant
encore appliquée au centre B, de même que le poids ; c'eft comme fi elle agiffoit felon BX , parallele à ES, le frottement fe fera
au point M , & l'on aura $S = BN + BL$: quand le point E fe
confondra avec la perpendiculaire, BL égalera le rayon , la direétion ES fera parallele à celle du poids , & l'on retombera dans
le premier cas , puifque la puiffance S fera double du rayon.

246. Si la puiffance tiroit felon une direétion NT , c'eft encore
comme fi elle agiffoit felon la direétion BG , parallele à la précédente ; la preffion fe fera au point K , & l'on aura toujours $T = BH + BI$.

247. Enfin fi la puiffance agiffoit felon la direétion A4, qui feroit la même que celle du poids , elle foutiendra ce poids fans que
ni l'un ni l'autre preffe l'appui, & il n'y aura d'autre frottement que
celui que peut caufer la feule pefanteur du cylindre.

Examen des diffé-

248. Ce que nous venons de dire s'applique de foi-même à ce qui
arrive à une puiffance qui éleve un poids à l'aide d'un treuil &

d'une manivelle ; car fi le coude de la manivelle eft égal au rayon du treuil, qu'elle agiffe toujours felon une direction tangente au cercle qu'elle décrit, fa viteffe étant la même que celle de la furface qui frotte ; cette puiffance fera bien à la vérité égale au poids dans l'état d'équilibre, mais lorfqu'elle aura le frottement à furmonter elle variera continuellement, parce que fa direction ne fera pas toujours la même que celle du poids ; ce n'eft que dans le moment qu'elle fera perpendiculaire à l'horifon que les deux directions étant paralleles, le point d'appui fera chargé de fa force abfolue, auffi-bien que de celle du poids, & que le frottement fera la moitié du poids total, au lieu que quand la direction de la puiffance agiffant de bas en haut fe trouve oppofée à la précedente, ne preffant point l'appui, elle foutient le poids feulement, & n'a rien de plus à furmonter, ne tenant point compte du frottement caufé par la pefanteur du treuil ; de forte qu'on peut dire qu'à chaque révolution la puiffance va en croiffant jufqu'à devenir double du poids, & puis décroît jufqu'à lui devenir égale.

Les mêmes remarques fubfifteront encore, quoique le coude de la manivelle foit plus grand que le rayon du treuil, dès qu'on aura égard à la viteffe de la puiffance par rapport à celle de la furface qui frotte, comme nous le ferons voir après avoir parlé de la balance.

249. Si l'on a une balance AC, dont l'effieu foit dans le milieu repréfenté par le cercle DGH pofé fur un appui EF ; qu'il y ait aux extrémitez A & C, un poids de 150 ℔, & que la pefanteur de la balance foit de 20 ; l'appui EF fera chargé de 320 : pour qu'un de ces poids emporte l'autre, il faudra charger l'un des bras de la balance d'un nouveau poids pour furmonter le frottement de l'effieu contre l'appui : fi l'on vouloit qu'il fut fufpendu à l'extrémité I du rayon BI, comme eft le poids K, il faudroit qu'il fut égal à la moitié de la preffion que caufent les poids P & Q, joints à celui de la balance, (243) parce que la viteffe du point I où eft appliquée la puiffance, fera la même que celle du point D de la furface qui frotte, par conféquent de 160 ℔ ; mais fi on applique ce poids à l'extrémité C, comme feroit le poids L, alors il faudra qu'il y ait même raifon de L à K que de la viteffe du point D à celle du point C, ou de BD à BC, car DBC peut être confideré comme un levier coudé dont le point d'appui eft en B ; ainfi fuppofant BD d'un demi-pouce, & BC de vingt, l'on aura 40, 1 :: K, L, ou 40, 1 :: 160, L = 4.

Si les bras de la balance étoient inégaux, les poids fufpendus à leurs extrémitez le feroient auffi ; mais la puiffance qui doit fur-

Fig. 16.

L iij

rens dégrez de force d'une puiffance qui éleve un poids à l'aide d'une manivelle.

Maniere de calculer les frotiemens des tourillons ou effieux d'une balance.

monter le frottement fera toujours à la moitié de la charge que fou-tient l'appui, comme le rayon de l'eſſieu eſt à la diſtance de cette puiſſance au centre de l'eſſieu.

Application de l'article précédent au frotte-ment de l'ef-ſieu d'un treuil.

250. Pour reprendre ce qui nous reſte à dire ſur la manivelle, ſuppoſons qu'il ſoit queſtion d'élever un poids P de 100 ℔, à l'ai-de d'un treuil de 6 pouces de rayon, & d'une manivelle de 15 pouces de coude ; pour connoître la puiſſance appliquée à la poi-gnée BC, il faut commencer par la poſer dans la ſituation la plus defavantageuſe, où elle ſe rencontre à chaque tour, qui eſt lorſ-qu'agiſſant de haut en bas, ſa direction eſt parallele à celle du poids

Fig. 17. & 18.

ſelon l'article 248 ; alors le coude AB de la manivelle ſe trouvant horiſontal, formera avec le rayon AD du treuil une balance DB, dont l'eſſieu ſera celui du treuil ; & dans l'état d'équilibre, le bras AB de 15 pouces ſera au bras AD de 6, réciproquement comme le poids P de 100 ℔ eſt à la puiſſance Q qui ſera de 40 (43) ainſi le poids & la puiſſance enſemble feront de 140 ; à quoi ajoutant le poids du treuil, y compris celui des manivelles que je ſuppoſe enſemble de 60 ℔, l'appui ſera chargé de 200 ℔, dont il faudroit prendre la moitié, ſi la viteſſe de la puiſſance égaloit celle de la ſurface des tourillons ; mais le rayon du tourillon étant d'un de-mi-pouce, il ſera la trentiéme partie du coude de la manivelle, par conſéquent la puiſſance ne doit être augmentée que de la tren-tiéme partie de 100 ℔, qui eſt 3 ℔ $\frac{1}{3}$, & ſera de 43 $\frac{1}{3}$.

Maniere de calculer le frottement de l'eſſieu d'une roue.

251. Ayant une roüe avec ſon eſſieu, ſi l'on prend leurs rayons dans le même alignement, ils compoſeront enſemble un levier, dont le point d'appui ſera au centre commun de la roüe & des tourillons ; car je ſuppoſe que ce ſont deux tourillons qui repoſent

Fig. 19.

ſur les appuis, comme cela eſt ordinairement ; ainſi deux poids P & Q, étant en équilibre aux extrémitez A & D : ſi l'on veut que le poids Q emporte P, il faudra ajouter au premier Q un autre capable de ſurmonter le frottement du tourillon ſur les appuis ; c'eſt pourquoi, ſelon l'article précédent, on ajoutera à la ſomme des poids P & Q, celui de la roüe & de l'eſſieu, on en prendra la moitié, on la multipliera par le rayon du tourillon, & on di-viſera le produit par le rayon de la roüe, le quotient donnera le poids que l'on cherche.

Obſerva-tion ſur les differentes directions d'une puiſ-ſance qui

252. Il eſt à remarquer que ſi le poids P étoit en équilibre avec une puiſſance, qui agiſſant ſelon une direction EF tangente à la roüe, ſeroit appliquée à l'extrémité d'un rayon CE, qui feroit un angle conſtant ACE avec celui de l'eſſieu, comme cela arrive quelquefois aux roues des moulins à eau ; qu'à ne conſiderer que

la réſiſtance cauſée par le frottement, on peut ſuppoſer, com-
me dans l'article 244, le poids P, ſuſpendu au centre C, & la
puiſſance F .agira auſſi ſur le même centre ſelon la direction CG
parallele à EF, les directions du poids & de la puiſſance faiſant
enſemble l'angle GCI, n'agiront pas ſur l'appui avec leurs forces
abſolues, puiſqu'elles ſe détruiront en partie; c'eſt pourquoi ſi l'on
prend la ligne CI pour exprimer le poids, & CG la puiſſance; &
qu'on faſſe le parallelograme GI, le frottement cauſé par l'action
du poids & de la puiſſance ſur le point d'appui, ne ſera exprimé
que par la moitié de la diagonale CH : on dira donc comme CI
eſt à CH diviſé par 2 ; ainſi P eſt à un quatriéme terme, qu'il faudra multiplier par le rayon du tourillon, & diviſer le produit par
le rayon de la roue, le quotient donnera ce qu'il faut ajouter à la
puiſſance F,

253. Ce que nous avons dit de la balance peut s'appliquer de
même aux poulies, eu égard au frottement de leur palier contre
l'eſſieu. Par exemple, ayant une poulie BD ſuſpenduë à un point
fixe, à l'aide d'une écharpe dont nous n'avons fait voir que l'interieur BH pour ne point couvrir les parties qui intereſſent le plus;
l'on prendra le cercle KFL pour l'eſſieu, & l'autre IEFG pour
le palier que nous ſuppoſerons égal au précédent à peu de choſe
près, ne les ayant fait inégaux que pour les mieux diſtinguer; car
dans l'uſage il ſuffit que le palier ſoit aſſez grand pour le jeu du
boulon; cela poſé, ſi l'on fait paſſer ſur cette poulie une corde
dont on fait abſtraction du diamétre & de la roideur; qu'à ſes extrémitez il y ait deux poids égaux P & Q en équilibre, le ſecond
ne pourra emporter le premier, ou ſeulement le faire monter tant
ſoit peu qu'on ne lui en ajoute un autre S, capable de ſurmonter
la réſiſtance du frottement, que les poids dont la poulie eſt chargée, cauſeront ſur l'eſſieu au point F : comme l'eſſieu à cet endroit
eſt preſſé par la ſomme des deux poids P & Q, joint à celui de la
poulie, ſi le tout enſemble peſoit 200 ℔; la puiſſance qui ſeroit
appliquée à l'extrémité G du rayon HG, qu'on ſuppoſe le même
que celui de l'eſſieu, & qui agiroit ſelon une direction perpendiculaire GM, ſeroit égale à la moitié de 200 ℔, (243) parce que la
viteſſe du point F ſommet du palier, ſera la même que celle du
point G; mais ſi l'on veut que la puiſſance ſoit appliquée à l'extrémité C, il y aura même raiſon de la viteſſe du point C à celle
du point F, ou du rayon HC de la poulie au rayon HF de l'eſſieu, que de la puiſſance M = 100 ℔ à la puiſſance S ; par conſéquent ſi le rayon de l'eſſieu eſt la dixiéme partie de celui de la pou-

lie, la puiffance S ne fera que la dixiéme partie de la puiffance M; c'eft-à-dire de 10 ℔, qui eft le poids qu'il faudra ajouter à un des bouts de la corde pour être tout prêt d'enlever celui qui eft à l'autre.

Suite de l'art. précédent pour le frotiement des poulies mobiles.

PLAN. 2.
FIG. 21.

254. Si la poulie étoit mobile comme AB, c'eft-à-dire que la corde paffât par le deffous, qu'un de fes bouts fut attaché à un point fixe C, & qu'à l'autre qu'on fuppofe parallele au précédent, il y eut une puiffance Q qui tirât de bas en haut pour enlever un poids P fufpendu à l'effieu ou à l'écharpe; le palier au lieu de toucher l'effieu en haut, le touchera en bas, & le frottement fe fera au point G : or fi la puiffance deftinée à le furmonter étoit appliquée à l'extrémité I du rayon FI, pour agir de bas en haut felon une direction IL, perpendiculaire au rayon, il faudroit qu'elle fut égale à la moitié du poids; mais fi elle agit à l'extrémité E, & que le rayon de l'effieu foit encore la dixiéme partie de celui de la poulie, cette puiffance ne fera que la vingtiéme partie du poids; ce qui fait voir que la puiffance Q, pour être capable d'enlever tant foit peu le poids P, doit être égale à la moitié de ce poids, plus à la vingtiéme partie du même poids.

Maniere de calculer le frottement des poulies mouffl̄ées.

255. Quand on aura plufieurs poulies moufflées dont les unes feront immobiles & les autres mobiles, l'on voit qu'il n'y aura nulle difficulté à calculer le frottement que la partie du poids dont chacune d'elles fera chargée, pourra caufer, felon la grandeur de leur diamétre, & celui de leur effieu, afin d'ajouter la fomme de tous ces frottemens à la puiffance qui foutenoit ce poids en équilibre, pour être toute prête à le faire monter, furquoi l'on remarquera en paffant, que la puiffance qui doit furmonter les frottemens fera d'autant moindre que les diamétre des poulies feront grands, & celui de leur effieu petit.

Dans un terrein uni & horifontal, les animaux attelez à une voiture, n'ont d'autre réfiflance à furmonter que le frottement des roues contre leur effieu.

256. Selon ce qui vient d'être dit des poulies, l'on voit l'avantage que l'on tire des roues pour les voitures; car l'on fent bien que les animaux qui tirent un chariot fur un chemin horifontal & fort uni, n'ont d'autre obftacle à furmonter que le frottement des moyeux contre leur effieu, & qui doit augmenter felon que le chariot fera plus chargé, puifque ce frottement fera encore le tiers du poids; fi les quatre roues étoient égales, la puiffance feroit au tiers du poids, comme le rayon de l'effieu eft à celui de la roue; par conféquent plus les roues font grandes, & moins la puiffance aura befoin de forces comme l'experience le montre. Pour en faire voir la raifon, confiderez que c'eft la même chofe que le moyeu preffe l'effieu, ou que ce foit l'effieu qui preffe le moyeu; ainfi on peut

regarder

regarder le rayon de la roüe qui eſt perpendiculaire à l'horiſon comme un levier de la ſeconde eſpece, qui a ſon point d'appui au centre de l'eſſieu, la puiſſance appliquée à l'autre extremité & le poids entre-deux, c'eſt-à-dire à l'extremité du rayon du moyeu ; alors la puiſſance ſera au poids dans la raiſon réciproque du rayon du moyeu à celui de la roue, ou bien comme la circonference de l'un eſt à la circonference de l'autre ; car la circonference du moyeu exprime la viteſſe des points qui frottent, & la circonference de la roue la viteſſe de la puiſſance ; puiſque le chemin que feroit l'animal en marchant d'un pas égal dans un tems déterminé, peut être meſuré par le nombre de tours que fera la roüe.

257. Quand on voudra calculer la force néceſſaire pour tirer une voiture ordinaire à quatre roues ; comme celles de devant ſont toujours plus petites que celles de derriere, il faudra prendre le tiers du poids ; & le partager également ſur l'eſſieu d'une des grandes roues & ſur celui d'une des petites, comme ſi l'une & l'autre ne portoit que la ſixiéme partie de la charge ; multiplier ce ſixiéme par le rayon de l'eſſieu qui eſt ordinairement le même pour les deux roues, enſuite diviſer ce produit par le rayon de la grande roue, & diviſer encore le même produit par le rayon de la petite ; l'on aura deux quotients, qui étant ajoutez enſemble, donneront la puiſſance, au lieu que pour tirer le traineau, il faut que cette puiſſance ſoit au moins égale au tiers de ſa charge.

258. Pour continuer le calcul du frottement des machines ſimples, conſiderez le plan incliné ABC ſur lequel eſt un corps Q, ſoutenu par une puiſſance P, dont la direction DP eſt parallele au plan.

Si du centre de gravité D, l'on abbaiſſe la perpendiculaire DH ſur le plan, & qu'on faſſe le parallelograme rectangle EH, la diagonale DF priſe dans la direction du poids exprimera la peſanteur abſolue de ce poids ; le côté DH ſa preſſion ſur le plan incliné ; & le côté ED la partie qui tend à le faire deſcendre ; (82) nommant donc AB, a, AC, b, BC, c, DF, p ; on aura à cauſe des triangles ſemblables ABC & DEF, $a, c :: p \; \dfrac{cp}{a} = $ ED ; d'autre part

$a, b :: p \; \dfrac{bp}{a} = $ EF ; ainſi prolongeant DE de la longueur EG, égale au tiers de EF, l'on aura GE $= \dfrac{bp}{3a}$ pour le frottement ;

ainſi il viendra P $= \dfrac{\overline{3c+b}}{3a} \times p$, pour l'expreſſion de la puiſſance

M

qui fera en équilibre avec le poids & le frottement, qui est une formule generale, lorsque la direction de cette puissance est parallele au plan, & qui servira aussi à connoître la pesanteur d'un poids qu'une puissance donnée pourra élever à l'aide d'un plan incliné, dont les côtez seroient aussi donnez ; puisque dégageant p dans la formule il vient $\frac{3ap}{3c+b}=p$. Supposant $a=5$, $b=4$, $c=3$, $p=500$ ℔, l'on trouvera que la puissance P doit être de 433 ℔ $\frac{1}{3}$.

Suite de l'art. précédent quand la direction de la puissance est arbitraire.

Fig. 23.

259. Si la puissance tiroit selon une direction arbitraire DK, il est clair qu'il faudra qu'elle surmonte non-seulement le frottement de la pression du corps sur le plan, mais encore celle quelle y causera elle-même par l'obliquité de sa direction ; c'est pourquoi si l'on éleve la perpendiculaire GI sur l'extrémité G, qu'on prolonge KD ; il est constant que si la ligne GD exprime la puissance lorsqu'elle agit selon une direction parallele au plan, cette direction devenant oblique, la puissance sera exprimée par ID : prolongeant EF jusqu'en M, la ligne DE pourra être prise pour le sinus total (que nous nommerons r) de l'angle EDM, & DM pour la secante (que nous nommerons f;) c'est pourquoi à cause des triangles semblables DEM & DGI, l'on aura $r, f :: DG$ ($\frac{bp}{3a}+\frac{cp}{b}$) $DI=\frac{bp}{3a}+\frac{cp}{a}\times\frac{f}{r}$ ayant trouvé la force ID, il reste à lui ajoûter de quoi surmonter le frottement de la pression qu'elle causera sur le plan ; faisant attention que cette pression doit être exprimée par la ligne IG perpendiculaire au plan ; mais à cause qu'elle lui est oblique, il faudra prendre le tiers de la ligne ID, qui donne $\frac{\overline{bp+cp}}{9a\;3a}\times\frac{f}{r}$: on aura donc pour la puissance capable de surmonter le poids & le frottement $K=\frac{\overline{4b+4c}}{9a\;3a}\times\frac{pf}{r}$.

Autre suite de l'article 258, lorsque la direction de la puissance est parallele à la base du planincliné.

260. Lorsque la direction de la puissance est parallele à la base AC du plan, les triangles ABC & DME devenant semblables, donnent, $f, r :: a, b$, ou $\frac{f}{r}=\frac{a}{b}$ & mettant dans l'équation précedente $\frac{a}{b}$ à la place de $\frac{f}{r}$, il vient $K=\frac{4p+4cp}{9\;\;3b}$, qui est encore une formule generale pour le cas où la direction de la puissance est parallele à la base du plan, avec laquelle on pourra connoître le poids qu'une puissance donnée est capable d'élever à l'aide d'un plan incliné, puisque dégageant p dans l'équation précedente, il

vient $\dfrac{9kb}{4b+12c}=p$, fur quoi il faut remarquer que fi la puiffance au lieu de tirer le corps de D en K, le pouffoit de Z en D, felon une direction parallele à la bafe AC, il lui faudra toujours la même force. Si l'on fuppofe que les lettres ont la même valeur que cy-devant, on trouvera que la puiffance pour faire monter le poids doit être de 722 ℔.

261. Un plan incliné ABC pofé fur un plan horifontal NO, *Examen du frotte-ment qu'u-ne puiffan-ce a à fur-monter en fe fervant d'un coin pour élever un poids.* étant chargé d'un poids Q, foutenu par une puiffance K qui agit felon une direction DK parallele à la bafe, n'eft autre chofe qu'un coin qui tombe dans le cas de tout ce que nous venons de dire dans l'article précedent; car que ce foit la puiffance qui tire à foi le corps pour le faire monter tandis que le coin eft immobile, ou que ce foit une autre puiffance R qui pouffe le coin pour faire monter le corps, tandis que la puiffance K fe maintenant dans la même direction, monte le long de la verticale VX, ce fera toujours la *Fig. 24.* même chofe, puifque dans l'un & l'autre cas, l'on aura felon l'article

précédent K ou $R = \dfrac{4p}{9} + \dfrac{4cp}{3b}$: lorfque c'eft le coin qui marche, il faudra ajouter à la puiffance R, le tiers de la pefanteur du poids Q & du coin ABC pris enfemble, pour le frottement de la bafe AC contre le plan NO, il viendra $R = \dfrac{7p}{9} + \dfrac{4cp}{3b} + \dfrac{ABC}{3}$; ainfi fup-

pofant que la pefanteur du coin foit de 30 ℔, l'on trouvera que la puiffance R doit être de 899 ℔ pour être toute prête à mouvoir le coin.

Cet exemple montre bien la conféquence d'avoir égard au frot-tement dans la conftruction des machines dont le principal objet doit être de foulager la puiffance, en faifant enforte qu'elle foit tou-jours inférieure au poids, au lieu qu'ici pour en élever un de 500 ℔, il lui faut une force de 898 ℔ : voilà pourtant le cas où l'on fe trouve-roit en fe fervant d'une vis pour preffer un corps entre deux plans, fi l'on n'étoit foulagé par la longueur du bras de lévier, comme je vais le montrer, n'ayant parlé du coin que pour en faire l'appli-cation au calcul du frottement dans le jeu de la vis & de fon écrou, qui eft de toutes les machines celle où il s'en rencontre le plus.

262. La vis n'eft autre chofe qu'un Cylindre autour duquel on *Maniere de calculer le frottement d'une vis quand on s'en fert pour élever un poids.* a roulé un nombre de triangles rectangles ou plans inclinés ACB, dont chaque bafe AC reprefente la circonference du cercle du Cylindre; la hauteur CB un des pas de la vis; & l'hypotenufe AB le filet d'une révolution; comme l'écrou dans lequel la vis tour-

M ij

 ne , eſt un autre Cylindre creux dont le diametre eſt à peu près égal à celui de la vis , ſur l'interieur duquel on doit ſuppoſer auſſi qu'on a contourné pluſieurs triangles ADB, pour former des plans inclinez , qui s'engagent & gliſſent ſur les précedents ; l'on voit qu'ayant une vis F , à laquelle ſoit ſuſpendu un poids P ; & que l'écrou CD ſoit immobile , tandis qu'une puiſſance fait tourner la vis pour élever le poids ; le triangle ADB repreſentera un contour ou une révolution de la vis , & le triangle ABC , un contour ou une révolution de l'écrou : Or ſi le premier triangle eſt chargé d'un poids G , & qu'une puiſſance Q veuille faire monter le poids en pouſſant ce triangle ſelon une direction parallele à la baſe AC ; on pourra prendre le poids G , pour celui qui eſt ſuſpendu à la vis F, dont l'action eſt diſtribuée ſur les pas de l'écrou qui porte ceux de la vis , & conſiderez que les pas de la vis gliſſeront ſur ceux de l'écrou , de la même maniere que le triangle ADB ſur le plan ABC ; d'où il ſuit qu'il faudra calculer le frottement de la vis , comme s'il étoit queſtion de faire monter un corps ſur un plan incliné en le pouſſant ſelon une direction parallele à la baſe;(26c)ainſi nommant, b, la circonference du cercle de la vis ; c ; la hauteur d'un des pas , & p, le poids que l'on veut élever, l'on aura encore $Q = \dfrac{4p}{9} + \dfrac{4cp}{3b}$.

 263. Si la vis au lieu de monter deſcendoit ainſi que cela arrive lorſqu'il eſt queſtion de preſſer un corps entre deux plans , il faudra en calculer l'effet comme ſi on vouloit élever un poids à l'aide d'un coin, (261) parce qu'il y a deux points d'appui ; car la vis ne peut preſſer de haut en bas qu'elle ne pouſſe l'écrou de bas en haut avec la même force , & pour tenir compte du frottement de la tête de la vis contre le plan ſuperieur qu'elle preſſe , il faut ajouter à l'expreſſion de la puiſſance precedente le tiers du poids P, équivalent la plus grande preſſion que l'on veut faire ; l'on aura $Q = \dfrac{4p}{9} + \dfrac{4cp}{3b} + \dfrac{p}{3}$.

Comme les points qui compoſent la ſurface de la tête de la vis ; auront plus ou moins de viteſſe ſelon leur diſtance de l'axe de la même vis ; le bras de lévier qui répond à ce frottement ne ſera pas égal au rayon du Cylindre de la vis ; mais nous l'avons ſupoſé pour rendre le calcul moins compoſé ; l'on pourra ſi l'on veut , pour plus de préciſion avoir égard à ce qui eſt dit dans l'article 240.

264. Nous venons de ſuppoſer dans les deux cas precedents que la puiſſance agiſſoit ſelon une direction tangente à la circonference du cercle du Cylindre de la vis où elle étoit appliquée , afin de ne nous point écarter du plan incliné , où la viteſſe de cette puiſſance

est exprimée par la base du plan, & celle du poids par sa hauteur; mais comme on ne fait jamais tourner une vis sans le secours d'un lévier AB, il suit que sa vitesse sera exprimée par la circonference IEBK du cercle qu'elle décrit; nommant donc f, cette circonference, il faudra dire, comme la vitesse de la puissance est à celle du poids, ou comme f, est à b; ainsi l'expression que l'on vient de trouver pour surmonter le poids & le frottement, est à la puissance réduite à l'extrémité du bras de levier, (97), l'on aura $Q = \overline{\dfrac{4c}{9} + \dfrac{4cc}{3b}}$

$\times \dfrac{p}{f}$ pour le premier cas, & $Q = \overline{\dfrac{7c}{9} + \dfrac{4cc}{3b}} \times \dfrac{p}{f}$ pour le second, qui sont deux formules avec lesquelles l'on pourra, en connoissant les dimensions de la vis, trouver le poids qu'une puissance donnée pourra enlever, ou la plus grande pression qu'elle peut causer, puisque pour cela il n'y a qu'à dégager p.

265. Pour appliquer ces formules à un exemple, je suppose que l'on a une vis dont la circonference est de 40 pouces, les pas de 2 pouces, la circonference du cercle que décrit la puissance de 400 pouces, qui répond à un levier d'un peu plus de 5 pieds, & que le poids que l'on veut élever est de 10000 ℔; ainsi l'on aura $b = 40$, $c = 2$, $f = 400$, $p = 10000$ ℔ qui donne pour les termes de la premiere formule $\dfrac{4c}{9} = \dfrac{8}{9}$, $\dfrac{4cc}{3b} = \dfrac{2}{15}$, & $\dfrac{p}{f} = 25$ ℔; multipliant donc

$$\dfrac{3c}{9} + \dfrac{4cc}{3b} = 1\tfrac{1}{45} \text{ par } 25 \text{ ℔},$$ on trouvera qu'il faut que la puissance soit de 25 ℔ & $\tfrac{5}{9}$, pour être en équilibre avec le poids & le frottement.

266. Comme la seconde formule ne differe de la premiere que de $\dfrac{3c}{9}$ qu'elle a de plus, il faudra multiplier cette quantité par $\dfrac{p}{f}$; qui donnera 16 ℔ $\tfrac{2}{3}$, qui étant ajoûtés à 25 ℔ $\tfrac{5}{9}$, on aura 42 ℔ $\tfrac{2}{9}$; pour la puissance dans le second cas; c'est-à-dire que pour peu qu'on l'augmente elle sera capable de causer une pression équivalente à celle d'un poids de 10000 ℔.

267. Les differentes manieres dont le mouvement se communique dans les machines, font naître differentes manieres de calculer les frottemens: par exemple, celui qui se fait par la rencontre des dents des roues & des fuseaux des lanternes n'ayant rien de commun avec ce que nous avons dit jusqu'icy, nous allons commencer par ce qu'on peut insinuer de plus simple sur ce sujet.

La ligne AB, doit être considerée comme une verge inflexible representant un lévier horisontal dont le point d'appui est à l'extré-

FIG. 27. mité B, ayant un poids Q, fufpendu à l'endroit V : comme ce poids ne peut fe foutenir ainfi, nous fuppoferons dans le même plan vertical un fecond lévier KEC, parallele au précédent ayant fon point d'appui en E, nous en avons arrondi l'extrêmité C afin de le mieux féparer de l'autre AB; à l'extrémité K eft une puiffance qui agit felon la direction KP perpendiculaire au bras KE pour foutenir en équilibre le poids Q, qu'il convient de réduire au point D ; ce que l'on fera en le multipliant par la diftance BV du point d'appui, & en divifant le produit par l'autre diftance BD (60) on aura $\frac{Q \times BV}{BD}$, qui étant multiplié par le bras EC, & divifé par EK, le quotient donnera l'effort que la puiffance P, aura à foutenir ; mais comme on peut fe paffer de le déterminer dans les differentes pofitions du point d'appui E, F, G, H, I, qu'on voudra donner au lévier KEC, il fuffira de fuppofer toujours le poids Q réduit au point D que nous exprimerons par la ligne DN perpendiculaire fur AB d'une grandeur arbitraire ; alors faifant DL, égale au tiers de DN, elle marquera la force de la puiffance qui agit de D en L ; felon une direction parallele à DA pour furmonter le frottement du poids.

Dans la fituation où fe trouve le lévier KEC, il eft certain qu'au premier inftant où la puiffance P agira pour vaincre l'action du poids, l'arc que décrira le point C étant infiniment petit pourra être regardé comme une partie de la verticale NI ; c'eft pourquoi on peut faire abftraction du chemin que fera le point C pour s'approcher de l'extrémité A, par conféquent de la réfiftance caufée par le frottement qu'elle auroit à furmonter avec le poids, fi fa direction KP ceffoit fenfiblement d'être parallele à la verticale NI ; fi au contraire le lévier de la puiffance au lieu d'être horifontal étoit perpendiculaire comme CIK ; le point d'appui I de ce lévier fe trouvant directement oppofé au poids en foutiendra l'action & la puiffance P fera nulle, & ce n'eft qu'en faifant mouvoir tant foit peu l'extrémité C de fon lévier que fi la direction ne ceffe pas d'être fenfiblement parallele à AB, le chemin qu'elle fera faire au point C étant infiniment petit pourra être fuppofé horifontal, elle n'aura d'autre effort à furmonter que celui du frottement & pourra être exprimée par le tiers du poids ou par la ligne LD.

268. Il n'y a donc que lorfque fon lévier rencontre obliquement celui du poids qu'elle participe de la réfiftance caufée par le poids & par le frottement. Pour en eftimer le plus grand effet il faut faire le Parallelogramme LN, & confiderer que la diagonale MD peut

être regardée comme une puissance qui exprimera la résistance causée par le poids DN , & le frottement DL agissant ensemble , lorsque la direction de cette puissance qui n'est autre chose que la diagonale même sera perpendiculaire au lévier KGD ; car la puissance P , ne peut rien avoir de plus à surmonter que le concours du poids & du frottement , l'un & l'autre pris dans leur plus grand effet ; d'où il suit qu'à quelqu'endroit du quart de circonference EI où soit situé le point d'appui du lévier de la puissance P , il n'y en a qu'un seul G , où cette puissance soutienne le plus grand effort que le poids & le frottement puissent lui opposer.

269. Pour sçavoir quel est l'angle que doit former la rencontre des léviers du poids & de la puissance pour le plus grand effet, afin qu'on puisse le distinguer dans la pratique ; remarquez que supposant les lignes AD & EC unies l'une contre l'autre , l'angle MDL étant commun aux angles droits NDL & MDG , les angles NDM & ADG feront égaux : Si l'on prend donc le côté DN pour le sinus total , le côté NM , sera la tangente de l'angle NDM , & la diagonale MD sa secante ; mais MN est le tiers de DN ; prenant donc le tiers de 100000 ; on aura 33333 , pour la tangente de chacun de ces angles , qui répond dans les tables à 18 degrez 26 minutes , qui est un *maximum* qui se presente naturellement sans le secours d'aucun calcul algebrique.

L'angle du plus grand effet , formé par la rencontre des léviers du poids & de la puissance, est de 18 dégrez 26 minutes.

FIG. 27.

270. Moyennant l'angle du plus grand effet , on aura toujours le rapport du poids à la résistance que la puissance P doit surmonter ; puisque le rapport sera le même que celui du sinus total à la secante de cet angle , c'est-à-dire comme 100000 est à 105408 , ou à peu près comme 18 est à 19. Nous nous servirons de ces deux derniers termes à cause de leur simplicité ; on pourra donc prendre pour l'expression de l'effort composé du poids & du frottement, $\dfrac{19 BV \times Q}{18 BC}$.

Dans le cas du plus grand effet , le poids est à la puissance, comme 18 est à 19.

271. Quand le levier CHK de la puissance P , fait avec celui du poids un angle ADH plus ouvert que ACG ; la puissance MD qui repousse l'extrémité de ce levier, n'agissant pas avec sa force absoluë, il faut pour connoître à quoi elle se réduit décrire un cercle qui ait pour diamétre MD ; prolonger HD jusqu'à la circonference T ; faire le rectangle RMDT : alors la puissance MD sera divisée en deux autres RD & DT , dont la premiere agissant de R en D , selon une direction perpendiculaire au levier HC , exprimera la force relative de MD ; par conséquent la résistance causée par le concours du poids & du frottement que la puissance P doit surmonter ;

Suite de l'art. précédent, lorsque l'angle des léviers du poids & de la puissance a plus de 18 dégrez 26 minutes.

FIG. 27.

quant à l'autre puiffance DT étant directement oppofée au point
d'appui H, elle n'a aucune relation avec la puiffance P.

272. Il fuit de-là qu'il y aura même raifon de la corde ND à la
corde MT, ou du finus de l'angle NMD à celui de l'angle MDT,
que du poids à la réfiftance relative du poids & du frottement que
la puiffance P aura à furmonter : mais l'angle NMD, ou fon égal
MDL eft donné, puifqu'il eft le complement de l'angle du plus
grand effet ; de même quand on connoîtra l'angle ADH formé par
le levier du poids & de la puiffance P, on n'aura qu'à retrancher
l'angle MDH de deux droits pour avoir auffi l'angle MDT ; & à
l'aide des tables des finus, l'on aura toujours trois termes de connus, avec lefquels on connoîtra la réfiftance que la puiffance P
doit furmonter.

*Autre fuite
de l'article
269, lorf-
que l'angle
des leviers
au poids,
& de la
puiffance a
moins de 18
degrez 16
minutes.*
273. Quand le lévier de la puiffance & du poids font un angle
ADF, au-deffous de 18 degrez 26 minutes ; fi l'on mene du point
M au lévier FC la parallele MO, & qu'on faffe le parallelogramme SO, la puiffance MD fera divifée en deux autres OD & DS,
dont la premiere qui eft perpendiculaire fur l'extrêmité C du lévier FC, exprimera encore la réfiftance relative du poids & du
frottement ; car pour la feconde DS, fon effet ne tombe que fur
le point d'appui F qu'elle pouffe de F en C ; ainfi l'on aura toujours cette proportion que le finus de l'angle NMD eft au finus
de l'angle OMD ou MDS, comme le poids eft à la réfiftance
que la puiffance P doit furmonter. On remarquera que quand l'angle ACF eft au-deffous de 18 degrez 26 minutes, on n'aura qu'à
l'ajouter à l'angle MDL qui eft toujours de 71 degrez 34 minutes,
pour avoir l'angle MCF.

Nous venons de fuppofer le lévier du poids immobile, & que le
point d'appui de celui de la puiffance pouvoit changer de fituation ;
ce qui ne fe rencontre pas dans les machines où les points d'appui font toujours fixes, auffi n'en avons nous ufé de la forte que
pour arriver par degrez au but que nous nous fommes propofez : il
eft tems d'envifager les chofes fous une autre face.

*Examen
de l'action
du poids &
de la puif-
fance, lorf-
que les
points d'ap-
pui demeu-
rant les mê-
mes, les le-
viers chan-*
274. A ne confiderer que le feul lévier KEC, il eft certain que
fi la puiffance P agit avec une force toujours au-deffus de la réfiftance qui lui eft oppofée pour faire monter le poids, toutes les
lignes vont changer de fituation comme dans la Fig. 28e, l'extrémité C du lévier KC décrira l'arc HC, & l'extrémité A de celui
du poids l'arc AF, ce qui ne pourra arriver fans que le point D
ne s'éloigne du point fixe B, & fans que l'action du poids qu'on
fuppofe d'abord avoir été réduite au point h, ne diminuë de plus

en

en plus tant par l'augmentation de son bras de lévier BC, que par gent de situation. l'angle aigu que sera sa direction avec le même bras de lévier, nommant donc BH, a; BC, x; & q, le poids réduit au point H, FIG. 27. & 28. l'on aura aq, pour le produit du poids par la perpendiculaire BH,

qui étant divisé par x, il vient $\frac{aq}{x}$, pour l'action relative du poids selon la perpendiculaire NC que nous prendrons comme ci-devant pour le poids même. Faisant donc CL égale au tiers de CN, achevant le parallelogramme LN, la puissance qui agiroit selon la diagonale MC, & qui marque le concours de la résistance causée par le poids & le frottement sera exprimée par $\frac{19aq}{18x}$, qui est le plus grand effort que la puissance P aura à surmonter, lorsque l'angle FCK sera de 18 dégrez 26 minutes, c'est-à-dire quand la diagonale MC sera perpendiculaire sur l'extrémité C du levier KC, ce qui retombe dans le cas des articles 270.

275. Quand le lévier du poids & de la puissance feront ensemble un angle quelconque plus ou moins ouvert que le précedent, Suite de l'art. précédent, lorsque les léviers font un angle quelconque. on n'aura qu'à prolonger le levier KC, faire le rectangle RT, la puissance exprimée par la diagonale MC sera divisée en deux autres CR & CT, dont la premiere étant perpendiculaire au point C du lévier CK, exprimera l'action relative du poids & du frottement que la puissance P doit surmonter : pour la seconde CT étant directement opposée au point d'appui E, on ne doit pas en tenir compte : or si l'on nomme b, le sinus de l'angle constant LCM, & y le sinus de l'angle MCT, l'on aura, (272) comme le sinus b, est au sinus y; ainsi l'action du poids exprimée par la ligne CN

$= \frac{ap}{x}$, est à l'action du poids & du frottement exprimée par

$CR = \frac{apy}{bx}$; nommant donc EK, c, & EC, d, il viendra enfin

$\frac{adpy}{bcx} = P$.

Quand on aura l'angle FCK, on aura aussi l'angle MCT; y, deviendra une quantité connuë; mais remarquez que l'angle FCK donne son supplément, & qu'ayant les lignes EB & EC de connuës, on aura dans le triangle CEB deux côtez & un angle, par conséquent le côté CB, c'est-à-dire la valeur de x.

276. Comme l'action du poids diminue à mesure que le côté Remarques sur les differentes longueurs des bras de léviers. BC du triangle ECB augmente, l'on sent bien que lorsque l'angle KCF sera de 18 degrez 26 minutes, l'effort exprimé par la dia-

N

gonale MD ne fera pas à la pefanteur abfoluë du poids Q , comme
19 eft à 18 , ainfi que dans l'article 270. Il y aura des cas où cette
puiffance pourra être égale au poids feulement; d'autres où elle
fera plus grande , mais on eft fur qu'elle ne le furpaffera jamais de
la dix-huitiéme partie de lui-même. Par exemple, lorfque la ligne
BH fera beaucoup plus grande que EH , l'angle FCE pourra être
de 18 dégrez 26 minutes, fans qu'il y ait prefque de différence
entre BC & BH , à caufe de la petiteffe de l'angle CBH ; l'action
du poids diminuera fi peu qu'on pourra le prendre dans fon entier ;
& lorfqu'il fera exprimé par le nombre 18 , fa réfiftance au point
D , y compris le frottement, le fera par 19 qui eft la plus grande
qu'on puiffe admettre.

Au contraire, lorfque la ligne EH fera beaucoup plus grande
que HB , le côté BC croîtra d'abord , & le poids Q diminuant à
proportion , il pourra arriver que lorfque les léviers formeront
l'angle du plus grand effet , le rapport de BH à BC fera moindre
que celui de 18 à 19 , c'eft-à-dire que l'action du poids fera plus
diminuée , que la réfiftance caufée par le poids & le frottement
ne fera augmentée , & la plus grande réfiftance que la puiffance
aura à furmonter fera égale à la pefanteur abfolue du poids même ;
enfin lorfque les lignes EH & HB feront égales , le plus grand effet de la puiffance tiendra un milieu entre 18 & 19 , & pourra être
exprimée par 18 $\frac{1}{2}$.

J'ay cherché l'expreffion generale d'un *maximum* qui pût convenir à ces trois cas ; mais je l'ai trouvée fi compofée & d'un calcul fi long & fi pénible, que j'ai cru la devoir fupprimer ; car à
quoi fert de charger un ouvrage de grands calculs algébriques ,
qui n'aboutiffent qu'à rebuter ceux qui ne les entendent pas , & à
fatiguer l'attention des autres fans en tirer aucune utilité dans la
pratique ?

Tout ce que l'on a dit des leviers fub- fifte de mé- me , quoi- que leur point d'ap- pui ne foit pas dans une ligne hori- fontale.

277. L'on a dû s'appercevoir que nous avons fuppofé jufqu'ici
les points d'appui des leviers du poids & de la puiffance dans une
ligne horifontale ; mais comme il pourroit arriver que cela ne fe
rencontreroit pas , confiderez la figure 30, où l'un eft plus élevé
que l'autre ; on verra auffi que le poids Q eft fufpendu à une corde
qui s'entortille fur un arbre NM ; c'eft pourquoi il faut , afin de réduire le poids au point D , le multiplier par le rayon BV , & divifer le produit par le bras de lévier BD comme cy-devant.

Si le poids étoit fufpendu à une roue ou tambour LOR comme
eft le poids T , dont le rayon BL fut plus grand que le bras de lévier BC , il faudroit de même multiplier le poids T par le rayon

BL; & en diviser le produit par BD, & on aura toujours l'action
du poids réduit au point D, agissant selon une direction perpendiculaire au bras de levier BD; il ne s'agira plus que d'avoir l'angle FDE pour connoître la puissance P.

278. La figure 31 marque encore une autre disposition de levier; on suppose qu'ils ont pû être dans une même ligne SB oblique à l'horison, se touchant au point H; mais que la puissance P
agissant de bas en haut, a fait décrire à l'extrémité C de son levier FIG. 31.
l'arc HC, tandis que l'extrémité F du levier du poids Q a décrit
l'arc RF pour le faire monter à l'aide d'une corde attachée au point
V, & d'une poulie M.

Comme le bras de levier du poids doit être exprimé par la perpendiculaire BI, & non par la ligne BV, il faudra multiplier cette
perpendiculaire par le poids, en diviser le produit par BD, le
quotient pourra être regardé comme une puissance exprimée par
la perpendiculaire OD au levier BF, qui repousse le point C selon une direction OD; alors quand on aura l'angle ECF dans le
cas de la plus haute élevation du poids, on verra si cet angle est
au-dessus ou au-dessous de 18 degrez 26 minutes; s'il est au-dessous, l'effort que la puissance P aura à surmonter sera moindre que
dans le cas du plus grand effet; & au contraire s'il est au-dessus,
il y aura eu un moment où cet angle aura été de 18 degrez 26 minutes; c'est pourquoi il faudra estimer la puissance dans ce cas-là,
ce qui ne souffrira aucune difficulté, puisqu'on aura toujours dans
le triangle EBC deux côtez & un angle, de même que l'angle
IBV avec lesquels on trouvera la valeur des autres lignes.

279. L'on peut en faisant abstraction du poids Q, supposer que
l'objet de la puissance P est uniquement d'en repousser une autre
qui agit de N en C, selon une direction verticale ND, oblique
au levier FB, mais qu'on peut rendre perpendiculaire en faisant
le triangle rectangle NOD; (23) l'on pourroit aussi supposer que
la puissance P, au lieu d'être appliquée à l'extrémité K de son levier pour tirer de bas en haut, est appliquée au point T, pour FIG. 31.
tirer selon une direction TX de haut en bas, parce qu'elle sera
toujours le même effet, pourvû qu'elle soit également éloignée du
point d'appui E; ainsi l'on voit que quelque disposition que puisse
avoir son levier, par rapport à la direction de l'effort qu'elle aura
à surmonter, on en trouvera toujours la valeur en suivant les regles generales que nous avons établies.

280. Quand nous avons parlé dans les articles 230 & 231 de *Examen des*
la résistance qu'une puissance avoit à surmonter de la part du poids *differentes*

N ij

directions d'une puiſ-ſance qui éleve un pi-lon.

Fig. 32.

& du frottement d'un pilon, nous avons ſuppoſé que cette puiſ-ſance agiſſoit parallelement à la ligne de direction du poids ; mais comme cette ſuppoſition n'a pas lieu dans la pratique, conſiderez que dans la figure 32 le point O eſt le centre d'un arbre autour duquel ſont enclavées des pieces de bois ſaillantes EV, ſervant à accrocher le mentonet de chaque pilon pour le faire monter de L en S lorſque l'arbre vient à tourner, ce qui peut ſe réduire en un levier VK, dont le point d'appui O eſt dans le milieu, ayant une puiſſance appliquée à l'extrémité K, qui tire de K en P, ſe-lon une direction perpendiculaire, tandis que l'autre extrémité V, ſurmonte le poids & le frottement.

Il eſt conſtant que ſi la puiſſance pouſſoit de bas en haut ſe-lon une direction perpendiculaire FV au mentonet, prenant la verticale VN pour la réſiſtance oppoſée, on aura (237) $VN = l \cdot \dfrac{+2lz}{3c}$, en faiſant les mêmes ſuppoſitions que dans l'article 238 qu'il convient de relire pour plus d'intelligence ; mais ſi la puiſſance en faiſant monter le pilon alloit en même tems de I vers A, elle auroit encore à ſurmonter le frottement cauſé par la réſiſtance VN ; c'eſt pourquoi faiſant VA égal au tiers de VN, achevant le parallelogramme NA, la diagonale VM exprimera le concours du poids & du frottement dans leur entier, & le rap-port de VN à VM, étant comme 18 eſt à 19, (270) il ſuit qu'on aura $VM = \dfrac{19l}{18} + \dfrac{19lz}{27c}$, pour l'expreſſion de la puiſſance P, lorſqu'agiſſant à l'aide d'un levier VK, ce levier ſera perpen-diculaire à la diagonale VM ; mais comme cette diagonale ne ſera pas conſtante, puiſqu'elle augmentera à meſure que le point V s'é-loignera de I, (237) l'on ne peut pas dire que le plus grand effort de la puiſſance P arrivera lorſque l'angle ZVO ſera de 18 degrez 26 minutes, parce que la réſiſtance augmentera au lieu de dimi-nuer, à meſure que l'angle ZVO deviendra plus ouvert que celui du plus grand effet : or ſi l'on diviſe VM en deux puiſſances VB & BM, l'une perpendiculaire, & l'autre parallele au levier VK ; que VB exprime toujours la réſiſtance que la puiſſance aura à ſurmon-ter dans toutes les ſituations du levier ; cette réſiſtance ſera com-poſée de deux variables, dont l'une ſera le bras de levier IV, & l'autre le ſinus OZ de l'angle ZVO, dont j'ai ſupprimé le *maxi-mum*, parce qu'il tomboit encore dans un calcul trop compoſé, pour en tirer quelque utilité.

Maniere de

281. Pour eſtimer commodement le plus grand effort de la

puiſſance P, il faut chercher dans la longueur du mentonet le *calculer l'é-* point où l'extrémité V du levier VK, fera avec VM un angle de *fort d'une* 18 degrez 26 minutes, ce qui donnera la valeur de Z, qui étant *puiſſance qui éleve un* ſubſtituée dans $\frac{19l}{18} + \frac{19lz}{27c}$, l'on aura la puiſſance P dans ce cas- *pilon.* là, enſuite faire un ſecond calcul ſelon l'article 280, pour voir l'effort qu'elle aura à vaincre lorſque l'extrémité V de ſon levier ſera prête d'échapper le mentonet, c'eſt-à-dire, lorſque le point V ſera auſſi éloigné qu'il le peut être du point I, & prendre la plus forte de ces eſtimations, car il y aura des cas où la premiere répondra au plus grand effet de la puiſſance, & d'autres où ce ſera la ſecon- de; ce qui dépendra de la longueur du mentonet.

282. Voici une autre application de nos principes qui aura ſon *Application* utilité par la ſuite : AB eſt une eſpece de chariot porté par des *des regles* roulettes C, C, dont nous ferons abſtraction du frottement contre *précédentes au calcul* l'eſſieu, pour ne conſiderer que celui des dents qui accompagnent *d'une Ma-* le brancard AB, auquel eſt attaché une corde qui paſſant ſur une *chine.* poulie, va aboutir à un poids Q qu'on veut élever, en faiſant rou- *Fig. 33.* ler le chariot de droite à gauche ſur le plan horiſontal XZ à l'aide d'une puiſſance P, appliquée à un levier RT, dont le point d'ap- pui S eſt dans le milieu.

Il eſt conſtant que ſi le levier touchoit une des faces de la dent HO, de maniere que l'une & l'autre ſe trouvaſſent dans une mê- me ligne verticale, la puiſſance agiſſant de T en P ſelon une direction perpendiculaire à ſon levier, ſera égale au poids Q dans l'état d'équilibre; car l'effort que fait ce poids pour attirer le cha- riot fera le même effet qu'une Puiſſance Y, qui pouſſeroit l'extré- mité D du levier, ſelon une direction perpendiculaire YD avec une force égale; mais ſi la puiſſance P veut l'emporter ſur la pré- cédente pour faire mouvoir le chariot, elle aura à ſurmonter ou- tre le poids, le frottement du point D, qui gliſſera le long de la face HO, & la réſiſtance ira toujours en croiſſant, tant que l'angle NDL formé par le levier & la face HD prolongée, ſoit de 18 de- grez 26 minutes, & diminuera quand il ſera plus ouvert; ainſi dans le cas du plus grand effet, le poids Q ſera à la puiſſance P, com- me 18 eſt à 19, (270) c'eſt-à-dire que ſi le poids eſt 1000 ℔, la puiſſance ſera équivalente à 1055 ℔ ½.

283. Pour faire mouvoir cette machine au lieu de levier, l'on peut ſe ſervir d'une lanterne E dont chaque fuſeau I pouſſera ſuc- ceſſivement une dent DH, pour lui faire faire un petit chemin, & quand ce fuſeau ſera prêt d'échapper cette dent, il en ſuccedera

N iij

un autre qui accrochera la dent fuivante, fur quoi il eft à remarquer qu'il n'y aura jamais qu'un fufeau & une dent parfaitement engrainés.

Si l'on prolonge la dent DH, que du centre E, on tire une ligne ED au point d'attouchement D, que la puiffance foit appliquée à l'extrémité F d'un rayon prolongé, la ligne DEF pourra être regardée comme un levier qui fera, fi l'on veut, un angle DEK ; car pourvû que la direction KP foit perpendiculaire à l'extrémité F ou K, peu importe que le levier foit droit ou coudé : pour connoître la puiffance P, nous fuppoferons que le plus grand angle EDG eft de 10 degrez, qu'il faudra ajouter à 71 degrez 34 minutes (272) & dire, comme le finus de 71 degrez 34 minutes eft au finus de 81 degrez 34 minutes ; ainfi le poids de 1000 ℔ eft à la réfiftance qui fe fait au point D qu'on trouvera de 1042 ℔ ; par conféquent fi le bras de levier EF ou EK eft double de ED, la puiffance fera équivalente à 521 ℔ pour être en équilibre avec la réfiftance du poids & du frottement. Si on la fait un peu plus forte, elle fera en état d'enlever le poids.

284. Si l'angle GDE au lieu d'être au-deffous de 18 degrez 26 minutes, étoit au-deffus, l'on fent bien qu'il faudroit eftimer la réfiftance au point D dans le cas du plus grand effet, & qu'elle feroit la même que dans l'article 282.

Si le chariot au lieu d'être attiré par le poids Q, étoit chargé d'un corps V, qu'on fuppofe pefer encore 1000c ℔ qu'on voudroit voiturer de la droite à la gauche, il eft conftant que ce corps étant foutenu par le plan horifontal XZ, la puiffance P n'aura d'autre effort à furmonter que celui que caufera le frottement de l'effieu des roulettes : Si le rayon de l'effieu eft la vingt-quatriéme partie de celui des roulettes, la réfiftance oppofée au fufeau I, quand les lignes DE, HG, feront confondues, ne fera que la vingt-quatriéme partie du tiers de 10000 ℔, c'eft-à-dire 139 ℔, qui ira toujours en augmentant jufqu'au moment que l'angle EDG fera de 18 degrez 26 minutes ; on dira donc comme 18 eft à 19 ; ainfi 139 eft à la réfiftance que l'on cherche qui fera de 146 ⅟ ℔, dont on prendra la moitié, puifque EF eft double de ED, on aura 73 ℔ pour la puiffance P.

285. Il y a peu de machines où l'on puiffe fe paffer de roues & de lanternes, parce qu'elles facilitent les mouvemens circulaires ; furquoi l'on fera attention que les unes & les autres peuvent être combinées de quatre manieres.

La première, lorfque le plan de la roüe & l'effieu de la lanterne eft horifontal ; alors les dents font verticales & dans le plan de la roue.

La feconde, lorfque le plan de la roue étant horifontal, l'effieu de la lanterne eft vertical ; dans ce cas, les dents font dans les circonferences de la rouë fur le prolongement des rayons.

La troifiéme, lorfque la roue eft verticale, & que l'axe de la lanterne l'eft auffi, les dents font horifontales & dans le plan de la roue.

La quatriéme enfin, lorfque le plan de la rouë eft verticale, & que l'axe de la lanterne eft horifontal ; alors les dents font encore dans la circonference de la roue fur le prolongement des rayons comme dans le fecond cas.

Comme il fuffira de faire voir la maniere de calculer le frottement dans l'un de ces cas, pour en tirer une regle commune aux autres : je m'arrêterai au quatriéme parce qu'il eft plus aifé à repréfenter. Je fuppofe donc qu'une puiffance P, qui a pour bras de levier la ligne AK, tire de K en P pour faire tourner la roue, dont une des dents HI ayant rencontré le fufeau R de la lanterne NO, Fig. 35. agit pour le faire defcendre de R en L, afin d'élever le poids Q, fufpendu à une corde entortillée fur l'arbre B.

286. Pour bien entendre ce qui doit arriver dans le mouvement de cette machine, confiderez qu'à mefure que la dent HI defcendra, le point S où elle touchoit le fufeau R dans le moment de fa rencontre, s'éloignera du centre A, ce qui augmentera tant foit peu le bras de levier qui répond à la puiffance réfiftante, jufqu'au moment que la dent étant parvenue en FG foit prête d'échapper le fufeau. Si l'on tire les lignes AD, BD, au point d'attouchement D, qu'on prolonge BD indéfiniment vers E ; les côtez des angles DAK, EBT formeront des leviers coudez, dont le premier appartient à la puiffance P, & le fecond au poids Q ; ainfi multipliant le poids par le rayon BT, divifant le produit par la ligne BD, le quotient pourra être pris pour une puiffance qui repoufferoit le point D felon une direction perpendiculaire MD à la ligne BE, ce qui tombe dans le cas de ce que nous avons dit aux articles 274, 275, 276, 277, 278 ; à mefure que le point D s'éloignera du centre B, l'action du poids Q réduite au point D deviendra moindre ; au contraire à mefure que la ligne AD augmentera par rapport à la conftante AK, la puiffance P croîtra ; d'autre part cette puiffance ayant à furmonter le poids & le frottement qui concourront au point D, croîtra à mefure que l'angle ADE approchera de valoir 18 degrez 26 minutes ; il s'agit donc

Le calcul du frottement des roues & lanternes dépend de tout ce qui a été dit au fujet des leviers.

de savoir la situation de la dent FG & du fuseau L, dans laquelle la puissance P aura le plus grand effort à surmonter ; ce qui ne seroit point aisé à découvrir si l'on vouloit la déterminer dans toute la rigueur géométrique à cause des lignes variables qui se rencontrent ; mais ce seroit s'arrêter à la minutie, & chercher des difficultez pour le seul plaisir de les résoudre, que de vouloir appliquer icy le calcul algébrique, tandis qu'avec quelques suppositions qui n'ont rien qui répugne, on peut suivre dans la pratique les regles précédentes.

Maniere de déterminer les longueurs des bras de lévier des roues & lanternes.

FIG. 35.

287. Sans se mettre en peine de l'accroissement presqu'insensible de la ligne BD à mesure que le fuseau L descend, je la détermine par la distance du centre de la lanterne à celui du même fuseau ; la ligne AD par la distance du centre A au point où la dent & le fuseau seront prêts de s'échapper ; comme l'on a aussi la ligne AB qui marque la distance du centre à l'autre, on aura les trois côtez du triangle ABD, par conséquent l'angle ADE ; quand on l'aura trouvé, s'il a plus de 18 degrez 26 minutes, on multipliera le poids Q réduit au point D par 19, on en divisera le produit par 18, le quotient donnera la plus grande résistance que la puissance P aura à surmonter : s'il est moindre, on l'ajoutera à 71 dégrez 34 minutes, & on suivra ce qui est dit dans l'article 275.

Sans avoir égard à l'article précédent, on peut bien assurer qu'il y a peu de machines où l'angle ADE ne soit toujours audessus de 18 dégrez 26 minutes ; car si la face de la dent HI n'atteint le fuseau R que lorsqu'elle se trouvera dans l'alignement AB ; au même instant que la dent FG abandonnera le fuseau L ; comme cela doit être pour que le mouvement soit bien reglé ; l'arc SD mesurera le chemin que chaque dent fera faire au fuseau qu'elle rencontrera ; & comme la circonference du rayon BD comprendra autant de fois cet arc qu'il y a de fuseaux à la lanterne, il ne s'agit plus que de sçavoir combien on a coutume d'en employer dans les differentes occasions.

L'on peut dans la pratique estimer toujours la puissance dans le cas du plus grand effet.

288. L'on se sert ordinairement des lanternes pour donner à un corps une certaine vitesse déterminée par rapport à celle de la puissance qui le meut, & le mouvement de la lanterne a d'autant plus de célérité que le nombre des fuseaux est petit, eu égard à celui des dents de la roue. Par exemple, dans les moulins ordinaires servant à moudre le bled, la lanterne n'a jamais plus de dix fuseaux, & fait faire cinq tours à la meule, tandis que la roue n'en fait qu'un. Il y a d'autres machines où les lanternes ont un plus grand nombre de fuseaux ; mais je n'en ai jamais vû qui en eussent

plus

plus de 20 comme à la Machine du Pont-Notre-Dame à Paris, &
au moulin où l'on fabrique la poudre à canon, ou l'arc que chaque dent fait décrire au fuseau qu'elle rencontre se trouve de 18
degrez : comme je ne vois pas la nécessité d'employer un plus
grand nombre de fuseaux dans quelque occasion que ce soit, puisqu'il vaut mieux pour une plus grande solidité diminuer la circonference de la roue, que d'augmenter celle de la lanterne, on Fig. 35.
peut regarder l'angle ABE, comme s'il ne pouvoit jamais avoir
moins de 18 degrez ; mais l'angle ADE étant exterieur au triangle ABD sera plus grand que le précédent : on peut donc pour
éviter des calculs superflus estimer toujours la puissance dans le
cas du plus grand effet ; & quand même il arriveroit par hasard que
l'angle ABE se trouveroit moindre de 18 degrez 26 minutes ; le pis
aller sera d'estimer la puissance un peu au-dessus de ce qu'elle devroit être ; c'est pourquoi, sans s'embarasser de la valeur de cet an-
gle, on pourra suivre ce qu'indique la formule $\dfrac{19\,BT \times AD \times Q}{18\,BD \times AK} = P$.

289. Lorsque les dents, au lieu d'être placées sur la circonference de la roue, seront élevées perpendiculairement sur son plan,
comme dans le premier & troisiéme cas, (285) représenté par la
roue verticale de la trente-septiéme figure ; il faudra dans la for- Fig. 37.
mule déterminer la ligne AE par la distance du centre de la roue
au milieu de la racine d'une des dents, alors elle deviendra generale pour tous les cas.

290. Si l'on supprime de la formule précédente $\dfrac{19}{18}$, il restera
$\dfrac{BT \times AD \times Q}{BD \times AK} = P$, d'où l'on tire P, Q :: BT × AD, BD × AK,
qui fait voir qu'en faisant abstraction du frottement, la puissance
est au poids, comme le produit des rayons des pignons au produit des rayons des roues ; (75) car les lignes AD & BT peuvent
être prises pour les rayons des pignons, & les lignes BD & AK
pour ceux des roues : or comme il suffit de multiplier l'un des
moyens de cette proportion par $\dfrac{19}{18}$, il suit que quand on connoîtra le poids, on n'aura qu'à le multiplier par ce nombre ; on
trouvera la puissance relativement au poids & au frottement, en
suivant les regles ordinaires de la Mécanique.

Maniere abregée de déterminer une puissance qui éleve un poids à l'aide d'une roue & d'une lanterne. Fig. 35.

291. Quand on aura la puissance & qu'on voudra chercher le
poids, il faudra renverser le rapport précédent pour avoir $\dfrac{18}{19}$ qu'on

Methode abregée de trouver le

O

poids quand la puissance sera donnée. multipliera par la puissance, on aura la valeur du poids relativement au frottement qu'il peut caufer, ce qui eft bien évident ; car fi l'on dégage la lettre Q dans la formule, elle fera changée en celle-ci, $Q = \dfrac{18\,P}{19} \times \dfrac{BD \times AK}{BT \times AD}$.

Ce que nous venons de voir dans les deux articles précédens, ne doit avoir lieu que lorfqu'il n'y a qu'une roue & une lanterne qui agiffent pour élever un poids, ou pour mieux dire lorfqu'il n'y a qu'un frottement ; mais lorfqu'il y a plufieurs roues & plufieurs lanternes, par conféquent plufieurs frottemens, les formules doivent changer.

Fig. 36.

Je fuppofe que A eft un treuil fervant d'effieu à la lanterne B, que cette lanterne s'engraine avec la roue C, dont l'effieu G eft commun à la lanterne D, s'engrainant avec la roue E qui a pour effieu l'arbre F, autour duquel eft une corde qui aboutit à un poids P, tenant lieu de puiffance, dont l'objet eft d'élever le poids Q. Pour eftimer cette puiffance relativement au poids & au frottement qui fe fera aux endroits R & S, nous nommerons les rayons des treuils, roues & lanternes par les lettres qui les accompagnent, a, b, c, d, e, f.

Quand une puiffance éleve un poids donné à l'aide de plufieurs roues & lanternes, il faut pour avoir égard au frottement la multiplier par $\frac{19}{18}$, élevé au dégré qui auroit pour expofant autant d'unités qu'il y a de roues ou de lanternes.

292. Si la puiffance étoit appliquée au point D, & qu'elle tirât felon la direction perpendiculaire DT au rayon d, elle feroit exprimée par $\dfrac{19}{18} q \times \dfrac{ac}{bd}$ (290) qui eft égal à l'action de la dent S contre le fufeau qu'elle pouffe : or pour avoir égard au frottement qui fe fera en cet endroit, il faudra multiplier $\dfrac{19}{18} q \times \dfrac{ac}{bd}$ par $\dfrac{19}{18}$; & fi la puiffance eft appliquée à l'extrémité du rayon f, comme nous l'avons fuppofé en premier lieu, il faudra encore multiplier le produit précédent par $\dfrac{e}{f}$ pour avoir $\dfrac{19}{18} \times \dfrac{19}{18} \times Q \times \dfrac{ace}{bdf} = P$.

293. Il fuit que lorfqu'il y a deux roues & deux lanternes, par conféquent deux frottemens, il faut multiplier le poids par le quarré de $\dfrac{19}{18}$, qui donne à peu près $\dfrac{7}{5}$, qu'on peut prendre à la place de ce quarré : Que s'il y avoit trois roues & trois lanternes, il faudroit multiplier le poids par le cube de $\dfrac{19}{18}$ ou par $\dfrac{3}{2}$, qui eft à peu près la même chofe, & cela parce que le frottement des parties les plus proches du poids, contribue à augmenter le frottement des parties qui fe frottent en fecond & en troifiéme lieu, d'où l'on tire cette regle generale.

Lorsqu'une puissance éleve un poids donné à l'aide de plusieurs roues &
lanternes, il faut pour avoir égard au frottement multiplier le poids par
$\frac{19}{18}$*, élevé au dégré qui auroit pour expofant autant d'unités que la Ma-*
chine comprend de lanternes, & faire le reste du calcul en suivant les re-
gles ordinaires de la Mécanique.

La regle précédente en fournit une autre fondée sur l'article
291.

294. *Lorsqu'on veut élever un poids à l'aide de plusieurs roues & lan-*
ternes, & que la puissance est donnée, il faudra pour trouver le poids
multiplier la puissance par $\frac{18}{19}$*, élevé au degré qui auroit ponr expofant*
autant d'unitez que la Machine comprendra de roues ou lanternes ; c'est-
à-dire que s'il y en a deux, on pourra la multiplier par $\frac{5}{7}$; s'il y en
a trois par $\frac{2}{3}$, ainfi des autres, & faire le reste à l'ordinaire ; ce qui
devient très-commode pour calculer les Machines les plus com-
posées.

295. Quelquefois les dents d'une même roue s'engrainent avec
deux ou trois lanternes, pour donner à la puissance le moyen d'é-
lever plusieurs poids separez, ou de produire des effets differens.
Par exemple, l'on voit que la roue verticale E dont les dents font
autour de la circonference, peut faire tourner en même tems les
lanternes D & F, aux arbres desquelles font suspendus les poids
Q & R, qu'une puissance P appliquée au bras de levier BL veut
élever en tirant felon une direction LP; car la dent I poussant le
fuseau K de bas en haut, tandis que la dent G en pousse un autre
H de haut en bas; la puissance continuant d'agir, les lanternes tour-
neront d'un fens opposé : or fi leurs rayons font égaux, de même
que le poids, le frottement fera aussi égal de part & d'autre, &
il fuffira de fuivre ce qui a été dit dans l'article 290, pour avoir
l'expression de la puissance capable d'élever un des poids; doublant cette puissance on aura celle qui les élevéra tous deux, fans
avoir égard aux articles 293 & 294, qui n'ont lieu que lorsque plufieurs frottemens font occafionnés par un même poids.

296. Voici encore une autre exemple de la rencontre des roues
& lanternes qui contribuera à faciliter l'ufage des regles que nous
venons d'établir : A est l'arbre d'une roue verticale qui a deux ran-
gées de dents ; la premiere sur la circonference s'engraine avec
les fufeaux de la lanterne T à l'arbre de laquelle est fufpendu un

---

Quand la puissance fe-ra donnée, & qu'on voudra trouver le poids, il faudra mul-tiplier la puissance par $\frac{18}{19}$, éle-vé au degré qui auroit pour expo-sant autant d'unités, qu'il y a de roues.

Calcul d'une Ma-chine com-posée d'une roue & de deux lan-ternes. FIG. 34.

Calcul d'une autre Machine composée de roues & lanternes. FIG. 37.

poids Q ; la seconde rangée est située sur le plan de la roue, &
s'engraine avec la lanterne GH, laquelle a pour essieu un arbre
IK qui soutient une roue horisontale M, dont les dents sont élevées perpendiculairement sur son plan, & s'engrainent avec la lanterne F, dont l'essieu Y est entortillé d'une corde, laquelle
passant sur une poulie X, va aboutir à un poids R, qu'il est question d'élever en même tems que le poids Q, par l'action d'une
seule puissance qui tire de V en P, appliquée à l'extrémité du bras
de levier AV.

Une des dents B de la circonference de la roue verticale poussant de bas en haut le fuseau D, fera tourner la lanterne T, tandis qu'une des dents élevée sur le plan de la même roue poussera un
des fuseaux de la lanterne GH, pour la faire tourner d'un sens opposé à la direction de la puissance P, de même que la roue horisontale M, qui fera tourner la lanterne F qui répond au poids R.

Pour trouver une expression de la puissance P, relativement au
poids Q & R, & au frottement ; nous supposerons cette puissance
divisée en deux autres que nous nommerons x, y, dont la première
sera employée à élever le poids Q, & la seconde le poids R ; nous
nommerons aussi les rayons CT, a ; CB, b ; AB, c ; AV, d ; GZ,
e ; IM, f ; YN, g ; YO, h ; & AE, l. Je considere qu'entre le
poids Q & la puissance qui le soutient il y a les quatre bras de leviers CT, CB, BA, & AV, dont le premier & le troisiéme peuvent être considerez comme répondans au poids ; le second & le
quatriéme comme répondans à la puissance ; (74) c'est pourquoi
multipliant le poids Q par $\frac{19}{18}$, l'on aura (290) bd, ac :: $\frac{19}{18}$Q, x,
d'où l'on tire $x = \frac{18}{19}$ Q $\times \frac{ac}{bd}$.

Comme le poids R & la puissance qui le soutient répondent
chacun alternativement à trois bras de levier, & que les lanternes
F & G occasionnent deux frottemens, il faut multiplier le poids R
par $\frac{7}{5}$ (294) on aura ged, hfl :: $\frac{7}{5}$ R, y, ou $y = \frac{7}{5}$ R $\times \frac{hfl}{ged}$; si
l'on ajoûte ces deux équations ensemble, & qu'à la place de $x + y$
on y mette la valeur, on aura P $= \frac{19}{18}$ Q $\times \frac{ac}{bd} + \frac{7}{5}$ R $\times \frac{hfl}{ged}$, qui ne
renferme que P d'inconnue.

297. Si l'on connoissoit la puissance P, & que l'on ignorât les
poids R & Q, il suffira de déterminer le rapport que l'on veut
qu'ils ayent entr'eux pour les trouver chacun en particulier ; ainsi

fuppofant $\dfrac{n}{m} = \dfrac{R}{Q}$, nommant x le poids Q ; l'on aura m, $n :: x$ étant donnée, on demande de trouver le poids.

$\dfrac{nx}{m} = R$; mettant dans l'équation précedente x à la place de Q,

& $\dfrac{nx}{m}$ à la place de R, elle fera changée en celle-cy $P = \dfrac{19\,ac}{18\,bd}\,x$

$+ \dfrac{7\,nhfl}{5\,mgcd}\,x$; de laquelle dégageant l'inconnue, il vient x

$= \dfrac{p \times 90\;edgbmn}{95\;acegm \times 126\;bflnk} = Q$, qui étant multiplié par $\dfrac{n}{m}$, on aura

$R = \dfrac{nx}{m} = \dfrac{p \times 90\;edgbmn}{95\;acegmn + 126\;bflnhm}$.

Voici une occafion de défabufer le plus grand nombre des Machiniftes, des merveilles qu'ils croyent pouvoir operer par la répétition des roües & lanternes, en faifant voir dans quelles bornes font renfermés les avantages que l'on peut tirer d'une Machine.

Quand il s'agit d'élever des corps folides d'une extréme pefanteur, on a raifon d'emprunter le fecours des Machines compofées pour diminuer le nombre des hommes ou des animaux, fans fe mettre en peine du tems qu'il faudra de plus, pour n'avoir égard qu'à la facilité d'exécuter une chofe d'une maniere plûtôt que de l'autre, & c'eft ce qui a rendu *le Cric, la Chévre, la Grüe, &c.* d'un ufage fi commun ; mais comme ce ne font point les Machines de cette efpece que nous avons en vûe, mais bien celles que l'on peut mettre en ufage pour élever de l'eau ; c'eft dans ce cas où il faut faire enforte que la quantité de mouvement du poids approche le plus près qu'il eft poffible d'égaler celle de la puiffance ; car l'égalité parfaite de ces deux grandeurs, ne peut avoir lieu qu'autant qu'on fait abftraction des frottemens & des autres obftacles inféparables de la pratique, puifque quand on en viendra à l'exécution, la quantité de mouvement du poids fera toujours au-deffous de la quantité de mouvement de la puiffance, & d'autant moindre que la Machine fera plus compofée, comme on en va juger.

298. Je fçais bien qu'il n'y a perfonne qui ne préfere une Machine fimple à un autre plus compofée qui rempliroit la même fin, parce qu'elle eft plus facile à exécuter, d'une moindre dépenfe, & moins fujette à réparation ; mais on ne foupçonne pas qu'elle a encore un autre avantage, qui eft de faire réellement beaucoup plus d'effet. Plufieurs conféquences pour faire voir le déchet caufé par le frottement.

Par exemple, s'il étoit queftion de faire mouvoir des piftons de pompe pour élever de l'eau dans un réfervoir, afin de la diftribuer aux fontaines d'une Ville, ou pour tout autre ufage ; la fin qu'on doit fe propofer eft d'en procurer avec une puiffance limitée la plus grande quantité qu'il eft poffible dans un tems déterminé ; ce qui dépendra , non-feulement de la groffeur des corps de pompe, ou des colomnes d'eau qui pafferont dans le réfervoir, mais encore de la viteffe avec laquelle elles y feront élevées, par conféquent de la plus grande quantité de mouvement du poids, qui eft icy celui de l'eau même, qui ne pouvant égaler la quantité de mouvement de la puiffance , tout ce que l'on peut faire de mieux, c'eft qu'elle en approche le plus qu'il eft poffible , fur quoi l'on peut tirer des articles 290 , 291 , 292 , 293 , 294 les conféquences fuivantes.

1°. Lorfqu'une puiffance éleve un poids donné à l'aide d'une roue & d'une lanterne , le feul frottement de ces deux pieces éft caufe que la puiffance eft alors , à ce qu'elle eut été fans le frottement comme 19 eft à 18 : que fi la puiffance eft donnée , fa quantité de mouvement fera à celle du poids, dans le rapport des mêmes nombres.

2°. Si une puiffance éleve un poids donné à l'aide de deux roues, elle fera à ce qu'elle eut été dans le rapport de 7 à 5 : que fi la puiffance eft donnée , fa quantité de mouvement fera à celle du poids dans le même rapport.

3° Lorfqu'une puiffance éleve un poids donné à l'aide de trois roues , elle fera à ce qu'elle eut été comme 3 eft à 2 : que fi la puiffance eft donnée , fa quantité de mouvement fera à celle du poids dans le même rapport.

4°. Si une puiffance éleve un poids donné à l'aide de quatre roues , elle fera à ce qu'elle eut été dans le rapport de 2 à 1 : fi la puiffance eft donnée , fa quantité de mouvement fera à celle du poids dans le même rapport.

299. L'on voit qu'à mefure qu'on multiplie le nombre des roues & lanternes on eft obligé d'augmenter la puiffance, où de diminuer le poids , & que fi l'on vouloit faire mouvoir des piftons de pompe à l'aide d'une roue & d'une lanterne, la puiffance étant limitée , il ne paffera au réfervoir que les $\frac{18}{19}$ de l'eau qui y feroit montée fi les piftons avoient reçû leur mouvement immédiatement de la puiffance : quand on fe fervira de deux roues , il n'en paffera au réfervoir que les $\frac{5}{7}$; quand on en employera trois , il n'en paffera que les $\frac{2}{8}$: enfin quand on en employera quatre , il n'en paffera que $\frac{1}{2}$.

On dira peut-être que dans bien des cas, on ne peut fe difpenfer d'employer les roues & lanternes pour communiquer les mouvemens, mais il ne s'en faut fervir que quand on ne peut faire autrement, puifqu'il y a mille autres moyens plus fimples, fur-tout quand il s'agit d'élever des eaux, & voilà le cas où un Machinifte donne des marques de fon habileté, mais je me fuis affez étendu fur ce fujet; je paffe à ce que j'ai à dire fur la difficulté qu'on éprouve à élever un poids à l'aide d'un rouleau.

300. Ayant un cylindre immobile pofé horifontalement, dont la figure 38 repréfente le profil; que fur ce cylindre paffe une corde aux extrémitez de laquelle foient fufpendus deux poids égaux A & B, nous ferons voir *qu'un de ces poids eft à la preffion de la corde fur le cylindre, comme le rayon CD eft à la demi-circonference DFE; c'eft-à-dire, que fi chaque poids étoit de 7 ℔, la preffion feroit de 22.*

Examen du frottement des cordes fur les cylindres ou rouleaux. FIG. 38.

FIG. 39.

Si l'on fuppofe qu'à un point quelconque de la corde qui touche le cylindre on en ait attaché une autre GP, à laquelle foit appliquée une puiffance P, qui tire felon une direction CP, paffant par le centre C; cette puiffance faifant un effort égal à la preffion de la corde fur le point O, les parties GF & GL de la corde feront égales entr'elles & tangentes au cylindre. Si l'on tire les lignes HL, HF paralleles à GF & à GL, l'on aura le parallelogramme des forces dont la diagonale GH exprimera l'effort de la puiffance P, & le côté GL l'action du poids A, par conféquent l'on aura A, P :: GL, GH : préfentement fi l'on mene la fouftendante LF & les rayons CL, CF, on aura les triangles femblables GLH, LCF, puifque leurs angles du fommet GLH, LCF font égaux, d'où l'on tire GL, GH :: LC, LF; mais A, P :: GL, GH; donc A, P :: LC, LF.

Si l'on foutient un poids à l'aide d'une corde qui embraffe la demi-circonference d'un cylindre immobile, il y aura même raifon du poids à la preffion de la corde, que du rayon du cylindre à la demi-circonference.

301. Si l'on fuppofe que l'arc LOF foit infiniment petit, de maniere qu'il fe confonde avec la fouftandante LF, le point G fe réunira au point O, & il y aura toujours même rapport du poids A à la puiffance P, ou à la preffion de la corde fur l'arc O infiniment petit, que du rayon CL à cet arc; & comme il arrivera la même chofe à tous les points de la demi-circonference du cylindre, il fuit que le poids A fera à la fomme de toutes les preffions de la corde, comme le rayon eft à la fomme de tous les arcs infiniment petits, c'eft-à-dire à la demi-circonference du cylindre.

302. Si au lieu de deux poids l'on fuppofe deux puiffances égales appliquées aux extrémitez d'une corde qui tirent chacun de leur côté, que la partie du cylindre embraffée par la corde foit plus ou moins grande que la demi-circonference; une de ces puiffan-

Si la corde

embraſſe une partie de la circonference, le poids ſera à la preſſion, comme le rayon eſt à l'arc embraſſé par la corde.

ces ſera encore à la preſſion du cylindre, comme le rayon eſt à l'arc embraſſé par la corde.

D'où il ſuit que les preſſions cauſées par des puiſſances égales ſur un même cylindre, ſeront entr'elles comme la grandeur des arcs embraſſez par la corde : que ſi ces arcs ſont égaux, mais que les poids ſoient differens, les preſſions ſeront entr'elles comme ces poids.

Fig. 41.

Si l'on a une corde qui embraſ-je les trois quarts de la circonferen-ce d'un rou-leau, la preſſion ſur chacun de ces quarts de circonfe-rence, aug-mentera dans la rai-ſon des ter-mes d'une progreſſion géométri-que.

303. Si l'on a deux poids P & Q attachez aux extrémitez d'une corde PABF, qui embraſſe le quart AB de la circonference d'un cylindre, dont un des bouts BF aille paſſer ſur une poulie D que je ſuppoſe ſans frottement ; que le poids Q ſoit préciſément d'une peſanteur capable d'enlever le poids P, & de ſurmonter le frotte-ment de la corde contre le cylindre ; d'autre part qu'on ait auſſi le poids R ſuſpendu à une des extrémitez de la corde PABCR, qui embraſſe toute la demi-circonference, en ſorte que le poids R ſoit auſſi prêt d'enlever le poids P, comme nous avons ſuppoſé que l'é-toit le poids Q ; je dis que les trois poids P, Q, R, ſeront en pro-portion continue.

Pour le démontrer, remarquez que ſi l'on a une autre poulie E, ſur laquelle nous ſuppoſerons que paſſe la corde FG, qui ne faſſe que toucher le cylindre au point B ; que voulant ſoutenir le poids Q en équilibre, il faut que le poids S lui ſoit égal : or ſi l'on ſup-poſe préſentement que les poids S & R répondent à une même corde SGBCR, il faudra autant de force au poids R, pour ſur-monter la peſanteur du poids S & du frottement de la corde con-tre le quart BC de la circonference du cylindre que pour enlever le poids P, & ſurmonter le frottement de la demi-circonference : or ſi l'on fait voir que les poids P, S, R, ſont en proportion con-tinue, on conclura que les poids P, Q, R, le ſeront auſſi.

Nommant *a*, le poids P, & *x*, la partie du poids Q, qu'il faut pour ſurmonter le frottement du quart de cercle AB ; tout le poids Q ou ſon égal S ſera exprimé par $a + x$; de même nommant *y* la partie du poids R qui doit ſurmonter le frottement de la corde ſur le quart de cercle BC pour être tout prêt d'enlever le poids S ; tout le poids R ſera exprimé par $a + x + y$; ainſi il faut faire voir que P (a), S ($a + x$) :: S, ($a + x$) R, ($a + x + y$) ou que $aa + ax + ay = aa + 2ax + xx$.

Faites attention que les preſſions des cordes ſur un cylindre, lorſqu'elles embraſſent des arcs égaux, ſont entr'elles comme la peſanteur des poids qui ſont attachez à leurs extrémitez dans le cas de l'équilibre, (302) & que les frottemens étant proportionnez

aux

aux pressions, on pourra dire que le poids P est à la partie du poids Q, capable de surmonter le frottement de la corde sur le quart de cercle AB; comme le poids S est à la partie du poids R, capable de surmonter le frottement de la corde GBCR sur le quart de cercle BC; ainsi l'on aura $a, x :: a+x, y$, d'où l'on tire $ay = ax + xx$: or si l'on met la valeur de ay dans l'équation précedente, l'on aura de part & d'autre $aa + 2ax + xx$. C, Q, F, D.

304. Si la corde qui répond aux poids P & Q, au lieu de n'embrasser que le quart de la circonference du cylindre regnoit sur toute la moitié ABC, comme dans la figure 40, & que la corde qui répond aux poids P & R, venant passer sur la poulie D, au lieu de n'embrasser que la demi-circonference du cylindre, tournât tout autour, comme je suppose que fait la corde P, A, B, C, F, A, E, R; l'on aura encore ∺ P, Q, R; car les pressions augmentant dans la raison des arcs que les cordes embrassent, les poids Q & R qu'il faudra pour surmonter la pesanteur du poids P & le frottement de la corde sur la demi-circonference du cylindre d'une part, & sur la circonference entiere de l'autre, quoique beaucoup plus grands qu'ils ne l'étoient cy-devant, seront toujours dans le même rapport avec le poids P. FIG. 40.

Lorsque la corde fait plusieurs tours sur le cylindre, la pression causée par le poids augmente dans la raison des termes d'une progression géométrique.

305. Enfin si après que la corde qui répond aux poids P & R aura fait un tour sur le cylindre, un de ses bouts au lieu d'aller passer sur la poulie D, venoit repasser sur la demi-circonference ABC pour faire un tour & demi, & qu'à son extrémité il y eut un poids S capable d'enlever le poids P, & de vaincre le frottement des trois demi-tours que la corde fait sur le cylindre; les quatre poids P, Q, R, S, seront continuellement proportionnels; d'où il suit que connoissant les deux premiers poids dont la corde n'embrasse que la demi-circonference du cylindre, on aura la valeur de la puissance capable d'enlever le poids P, & de surmonter le frottement de la corde, selon le nombre des demi-tours qu'elle fait sur le cylindre, en formant une progression géométrique dont les termes soient dans le même rapport que le poids P & Q; ainsi supposant que le poids P soit de deux livres & le poids Q de quatre, l'on aura cette progression 2, 4, 8, 16, 32, 64, 128, 256, &c. alors le poids R sera de 8 ℔, le poids S de 16; & si la corde fait deux tours il faudra que le poids capable de surmonter la pesanteur du poids P & le frottement soit de 32; si elle fait deux tours & demi de 64; si elle en fait trois de 128, si elle en fait trois & demi de 256, ainsi des autres.

Maniere de

306. Quand on a les deux premiers termes d'une progression

géométrique, l'on peut trouver tout d'un coup la valeur de tel terme que l'on voudra, puifque celui que l'on cherche fera toujours exprimé par une fraction qui aura pour numerateur le fecond terme élevé à une puiffance dont l'expofant fera un nombre égal à la quantité des termes qui précédent celui qu'on demande, & pour dénominateur le premier terme élevé à une puiffance qui aura pour expofant celui du numerateur moins l'unité, ce qui fournit une regle très-commode pour abreger le calcul des frottemens dont nous parlons. J'ai fait nombre d'expériences avec des rouleaux & des cordes de differente groffeur, dont le réfultat s'eft rencontré auffi jufte qu'on le pouvoit fouhaiter avec la théorie précédente.

307. L'on voit l'avantage que l'on tire des poulies, & combien eft confidérable le frottement des groffes cordes fur un cylindre de bois; l'on ne doit donc pas s'etonner, fi fur les ports de mer il fuffit de faire faire à un cable trois ou quatre tours fur un pieu pour arrêter le plus gros vaiffeau contre la force des vents & l'agitation des flots.

Après l'obftacle caufé par les frottemens, il n'y en a point de plus difficile à furmonter que celui qui provient de la roideur des cordes qui font obligées de fe plier fur des poulies ou des rouleaux; & comme il importe extrémement d'y avoir égard pour faire une eftimation exacte de la réfiftance, qu'une puiffance qui meut une machine trouve à furmonter; voici quelques regles fondées fur le raifonnement & l'expérience.

308. Pour peu qu'on y faffe attention, on apperçoit d'abord qu'une corde DA doit être d'autant plus difficile à plier, qu'elle eft plus groffe & plus tendue par un poids, à quoi l'on peut ajouter que plus la corde fera obligée de fe courber pour fe rouler fur la poulie G, plus elle fera d'effort pour réfifter à la puiffance P qui fait monter le poids : il eft à remarquer qu'il n'y a que la roideur du brin qui répond au poids qui fait obftacle à fon enlevement; car pour l'autre quoiqu'également tendu, comme il ne fait que fe développer de deffus la poulie à mefure qu'elle tourne, la puiffance P n'a aucune réfiftance à vaincre de ce côté-là.

309. Monfieur Amontons a fait des expériences * pour voir felon quelles proportions ces differentes réfiftances augmentoient, & voici comme il s'y eft pris; il a accroché contre une poutre deux cordes diftantes l'une de l'autre de 5 à 6 pouces, aufquelles pendoit librement le baffin d'une balance; il a engagé un rouleau ou cylindre de bois dans ces deux cordes, en leur faifant faire à chacune un tour du même fens; enfuite il a entortillé vers le milieu du cylindre d'un fens contraire à celui de la corde un ruban de

fil fort flexible , au bout duquel pendoit un fecond baffin ; après
cette préparation il a mis dans le premier baffin un poids d'une
certaine pefanteur, & fucceffivement d'autres plus petits dans le
fecond pour faire defcendre le cylindre, nonobftant la réfiftance
caufée par la roideur des cordes ; après avoir répeté la même chofe avec des cordes de differentes groffeurs , des rouleaux de differens diamétres & des poids de differentes pefanteurs , il en a tiré
les confequences fuivantes.

1°. La réfiftance qui vient de la roideur caufée par les poids qui
tirent la corde croît dans le rapport des mêmes poids.

2°. La réfiftance qui vient de la groffeur des cordes croît dans
le même rapport que leur diamétre augmente.

3°. La réfiftance qui vient des rouleaux, augmente à proportion que leur diamétre diminue, & au contraire.

310. Il eft tout naturel de penfer pour le premier article, que fi
l'on attache fucceffivement plufieurs poids à une corde, elle-fe
tendra de plus en plus, & que la difficulté de plier ou de courber cette corde, croîtra dans la raifon qu'elle fera plus tendue,
c'eft-à-dire dans le rapport des poids qui la tirent.

Pour bien entendre le fecond article, il faut faire attention qu'il F<small>IG</small>. 38.
y a toujours un point H de la circonference de la poulie, par rap-
port auquel le diamétre DH de la corde doit fe mouvoir , par confequent plus ce diamétre fera long , plus l'action du poids qui s'oppofe à la courbure que l'on veut faire prendre à la partie KH aura
d'avantage contre la puiffance oppofée ; ainfi de deux cordes dont
l'une auroit un diamétre double de celui de l'autre, fi elles foutiennent des poids égaux ; leurs réfiftances à fe plier feront dans la
raifon de 1 à 2 : il eft vrai que fi l'on imagine ces deux cordes compofées de filets de même diamétre, la groffe en comprendra quatre fois plus que la petite ; mais en récompenfe chaque filet de la
groffe ne foutiendra que la quatriéme partie du poids que foutient
chaque filet de la petite ; ce qui fait voir que dans leur totalité ils
feront également tendus, & que s'il n'y avoit d'autres difficultez
à courber ces deux cordes, que celle qui vient de la pefanteur des
poids , les réfiftances de ces cordes feroient égales ; d'où il fuit que
les fuperficies de leurs cercles n'entrent ici pour rien ; cependant
les filets de la groffe corde étant deux fois plus éloignés que ceux
de la petite , du point fur lequel ils réfiftent à être ployez , ils doivent caufer une réfiftance double , ce qu'il convenoit de faire
fentir.

Quant à la troifiéme confequence il eft conftant que fi les cor-

P ij

des ont le même diamétre & qu'elles foutiennent ces poids égaux
leur difficulté à fe plier doit augmenter à mefure que les diamétres des poulies feront plus petits, car les diamétres étant comme
leur circonference, plus celle des poulies fera petite, & plus la
courbure des cordes s'éloignera de la ligne droite ; d'un autre côté on peut confiderer les diamétres DH & HI de la corde & de la
poulie comme un lévier DI, dont le point d'appui eft en H ; alors
la réfiftance de la corde à être pliée pourra être fuppofée reunie au
point D, & la puiffance qui doit la furmonter appliquée à l'extrémité I ; mais le diamétre HI ayant au centre C un point d'appui,
cette puiffance perdra la moitié de l'avantage qu'elle auroit fans cela, fon bras de lévier ne peut donc être exprimé que par le rayon
CI ; par conféquent plus ce rayon fera petit, & plus la réfiftance
caufée par la courbure de la corde fera difficile à furmonter.

311. Des expériences qu'a faites M. Amontons, on en tire une
regle fort commode pour tous les calculs qu'on peut faire fur ce
fujet, la voici. *Si l'on a une corde d'une ligne de diamétre à laquelle foit
fufpendu le poids d'une livre, & qu'elle faffe un tour fur un cylindre d'un
pouce, il faudra le poids d'une demi-once ou la trente-deuxiéme partie du
poids que foûtient ici la corde pour furmonter fa réfiftance à fe courber ;*
par conféquent fi au lieu d'une livre on en fufpendoit 64, la réfiftance de la même corde à fe plier fur le cylindre d'un pouce de
diamétre feroit furmontée par le poids de deux livres, c'eft-à-dire
par la trente-deuxiéme partie du précédent.

Pour fçavoir la réfiftance d'une autre corde d'un diamétre quelconque, chargé de tel poids que l'on voudra en fe fervant d'un rouleau d'un diamétre à volonté, il faut 1°. divifer par 32 le poids que
foutient la corde. 2°. Multiplier le quotient par le nombre de lignes
que comprendra le diamétre de la corde. 3°. Divifer ce produit
par le nombre de pouces que comprend le diamétre du rouleau ;
le quotient donnera en livres le poids qui fera en équilibre avec la
réfiftance caufée par la roideur de la corde.

Exemple ; fi le poids étoit de 400 ℔, & la corde de 8 lignes de
diamétre, l'on aura felon la regle $\frac{400}{32} \times 8 = 100$, qui étant divifé par le diametre du rouleau que nous fuppoferons de 5 pouces,
le quotient donnera 20 ℔ pour la pefanteur du poids deftiné à furmonter la réfiftance caufée par la roideur de la corde.

312. Pour rendre raifon de cette regle, remarquez que lorfqu'on
a une corde d'une ligne de diamétre, & un rouleau d'un pouce,
ce fera toujours la trente-deuxiéme partie du poids fufpendu à cette

corde qui en furmontera la roideur ; c'eſt pourquoi nous avons commencé à diviſer 400 ℔ par le nombre 32 ; d'autre part comme la corde au lieu d'une ligne de diamétre en a huit, la réſiſtance de cette corde à ſe plier ſera huit fois plus grande ; par conſéquent la puiſſance qui doit ſurmonter cette réſiſtance, au lieu d'être ex-primée par $\frac{400}{32}$, le ſera par $\frac{8\times400}{32}$; voilà la premiere & ſecon-de opération, ſur quoi il eſt à remarquer qu'elles ne font que don-ner l'expreſſion de la puiſſance appliquée à la ſurface d'un rouleau qui auroit un pouce de diamêtre ; mais ſi cette puiſſance a un bras de levier cinq fois plus grand, elle n'aura beſoin que de la cin-quiéme partie de ſa force ; c'eſt pourquoi dans la troiſiéme opéra-tion on a diviſé le réſultat des deux premieres par le diamétre du rouleau.

313. Si la corde au lieu de paſſer ſur un rouleau, tel que celui dont M. Amontons s'eſt ſervi paſſoit ſur une poulie, comme nous l'avons ſuppoſé d'abord, il faudroit diviſer le produit de la ſecon-de opération par le rayon de la poulie & non par le diamétre ; car autrement la puiſſance qui doit ſurmonter la reſiſtance de la corde ne ſeroit que moitié de ce qu'elle devroit être ; c'eſt à quoi M. Amontons n'a pas fait attention, ayant pris par tout le diamétre des poulies au lieu de leurs rayons, ſans en faire de difference avec les rouleaux, il a même calculé une table fort ample pour évaluer en ℔ la puiſſance qu'il faut pour ſurmonter la roideur des cordes de toutes ſortes de diametre, qui ſoutiendroient des poids depuis 10 ℔ juſqu'à 100 mille. Pour n'y avoir pas pris garde, on ne peut ſe ſervir de cette table qu'en doublant les puiſſances.

Application de la regle précédente pour calcu-ler la roi-deur des cordes qui paſſent ſur une poulie.

314. Pour faciliter l'intelligence de tout ce qui precede, voici un exemple qui pourra ſervir pour le calcul de toutes les puiſſan-ces qui auront un poids à enlever avec une poulie immobile : je ſuppoſe que la poulie a 24 pouces de diamétre, ſon boulon un pou-ce, que celui de la corde qui paſſe par deſſus eſt de 18 lignes, & que le poids eſt de 800 ℔ ; cela poſé il faut que la puiſſance pour être capable d'enlever ce poids ſoit compoſée de trois parties ; la premiere, pour être en équilibre avec le poids ; la ſeconde, pour ſurmonter la roideur de la corde, & la troiſiéme pour vaincre le frottement de la poulie contre le boulon : Pour la premiere elle n'eſt autre choſe que l'équivalent du poids dans l'état d'équilibre, par conſequent de 800 ℔ : pour la ſeconde il faut prendre la tren-te-deuxiéme partie du poids qui ſera 25, qu'il faut multiplier par 18 diamétre de la corde, & diviſer le produit par 12 rayon de

la poulie, il viendra 37 ℔ $\frac{1}{2}$: pour la troifiéme, confiderez que le boulon fe trouvera chargé de deux poids de 800 ℔, plus de 37 $\frac{1}{2}$ ℔ qui font enfemble 1637 $\frac{1}{2}$ ℔, dont il faut prendre la moitié qui eft 819 pour l'expreffion du frottement de la poulie contre le boulon, qu'il faut multiplier par le rayon du boulon, & divifer par celui de la poulie, il viendra 34 ℔ pour le frottement réduit à l'extrémité du bras de levier; (253) ainfi ajoutant ces termes enfemble, l'on aura 800 + 37 $\frac{1}{2}$ + 34 = 871 ℔ $\frac{1}{2}$, pour la puiffance capable de faire monter le poids pour peu qu'on l'augmente, au lieu de 845 ℔ qu'a trouvé M. Amontons, pag. 226.

Parallele pour faire voir l'avantage des grandes poulies audeffus des petites.

315. Le fréquent ufage que l'on fait des poulies m'engage à faire voir qu'il n'eft pas auffi indifferent que le penfent la plûpart de ceux qui ignorent la théorie des Machines, d'en employer de petites au lieu de grandes, on en va juger.

Je fuppofe qu'il s'agit encore d'élever un poids de 800 ℔ avec une corde de 18 lignes de diametre à l'aide d'une poulie fixe dont le boulon fera auffi d'un pouce de diametre, afin qu'il ait au moins la même force que le precedent : la feule difference eft que nous fuppoferons le diamétre de la poulie de 4 pouces au lieu de 24; ainfi on divifera le poids par 32, on en multipliera le quotient par le diamétre de la corde, l'on aura 450, qui étant divifé par le rayon de la poulie, c'eft-à-dire par deux pouces, il viendra 225 ℔ pour l'expreffion de la puiffance qui doit furmonter la roideur de la corde; qu'il faut ajouter avec le double du poids pour avoir 1825 ℔, qui eft le poids dont la poulie fera chargée, il en faut prendre la moitié qui eft 912 ℔ $\frac{1}{2}$ pour le frottement de la poulie contre le boulon, qui étant multiplié par le diamétre du boulon, le produit divifé par celui de la poulie il viendra environ 228 ℔ pour l'expreffion de la puiffance appliquée à l'extrémité du rayon pour furmonter le frottement; or ajoutant ce nombre avec 225, il vient 453 ℔, pour ce qu'il faut ajouter à la puiffance dans l'état d'équilibre, afin d'être capable d'enlever le poids; ainfi cette puiffance doit être de 1253, au lieu que nous ne l'avons trouvé cy-devant que de 871, ce qui fait une difference de 382 ℔, quoique toutes chofes foient égales, excepté le diamétre des poulies; ce qui fait voir combien il importe de préferer les grandes aux petites.

316. J'ajouterai ici quelques remarques ausquelles il convient avoir égard dans la pratique.

1°. La roideur des cordes sera d'autant plus grande, qu'elles seront obligées de plier plus vîte, c'est pourquoi il faudra y faire attention, lorsque dans le calcul d'une machine, il se trouvera des cordes qui se plieront avec differentes vitesses.

2°. Supposez que l'on connoisse la force des cordes d'une certaine grosseur, ou les poids qu'elles peuvent soutenir, il ne faut pas en employer de plus grosses qu'il n'est nécessaire.

3°. Que les cordes neuves résistent plus à se courber sur une poulie ou un treuil que ne font les vieilles, ce qui fait qu'elles éloignent la direction du poids du diamétre horisontal de la poulie, allongent le bras de levier & obligent la puissance opposée à un plus grand effort; d'autre part, les cordes neuves chargées de tout le poids qu'elles peuvent porter sont plus sujettes à se rompre, que lorsqu'on les charge successivement pour les rendre souples.

4°. Aux cordes qui tournent autour d'un treuil, il n'y a que l'axe qui ne varie point, au lieu que la circonference du treuil augmente selon la grosseur de la corde ; ainsi quand elle ne fait qu'un tour, il faut dans le calcul des machines ajouter le demi-diamétre de la corde au rayon du treuil pour former le bras de levier ; si la corde doit faire plusieurs tours les uns sur les autres, il faudra faire l'estimation de la puissance résistante, dans le cas où le bras de levier qui lui répond sera le plus allongé par la grosseur de la corde. Voici encore quelques observations sur la construction des Machines en general.

317. Je laisse à la capacité de ceux qui ont à construire une Machine de chercher les moyens de la rendre la plus simple qu'il sera possible, en ne se servant que des pieces absolument necessaires, ayant égard à toutes les maximes que nous venons d'insinuer ; comme il n'y a point d'ouvrage de quelque nature qu'il soit, où l'on ne découvre des imperfections après l'avoir achevé ; il faut pour n'avoir point de regret faire plusieurs projets differens pour combiner toutes les façons dont une même chose peut être exécutée ; méditer serieusement les avantages & les deffauts dont chaque projet sera susceptible, en faire les developpemens par des Plans, profils & Memoires, comprenant une analyse exacte de ce qu'on aura remarqué pour & contre ; ensuite comparer entr'eux ces differens projets, afin de choisir le meilleur, autrement l'on se reproche d'avoir saisi avec trop de précipitation les premieres idées ; ne vaut-il pas mieux employer du papier pendant quelque tems,

que d'être réduit à la difgracieufe néceffité de conftruire & de démonter plufieurs fois une Machine avant de parvenir à la faire
jouer rondement, comme cela n'eft que trop ordinaire à ceux qui
n'agiffent qu'à tâtons.

Dans le projet d'une Machine on doit fur toutes chofes y faire
entrer le choix du lieu où il faudra la placer ; fi elle doit être per-
manente, il faut prevoir tous les inconveniens aufquels elle pourra être fujette, foit de la part des grandes eaux ou des féchereffes ;
fi c'eft une Machine fituée fur une riviere dont le courant foit le
moteur ; fi elle eft placée dans le quartier d'une Ville, voir fi elle
n'incommodera pas le public, ou fi elle-même n'en recevra point
de préjudice, foit dans le tems préfent ou avenir.

Après avoir déterminé le Méchanifme qu'on aura trouvé le plus
convenable felon l'objet qu'elle doit remplir, & calculé le poids
qu'on veut qu'elle éleve, il en faut faire un devis bien circonftancié où les dimenfions de chaque partie foient exactement rapportées avec leurs façons ; comme ce devis doit être relatif aux plans
& profils, ces derniers doivent être accompagnez des nombres
qui expriment la longueur & la groffeur des bois ayant foin de
developper en particulier tout ce qui fera deffiné trop en petit,
comme les dents des roues, les pignons & lanternes, generalement toutes les pieces qu'il faudra exécuter en fer ou en cuivre ;
& comme à moins d'un grand ufage il eft rare qu'un homme de
cabinet puiffe bien juger de la réfiftance de ces differentes matieres & de la façon qu'on doit les mettre en œuvre, il faudra fe
communiquer avec d'habiles ouvriers. Quand à la réfiftance de
ce qui fe fera en bois, l'on eftimera la force des principales pieces, felon l'effort qu'elles auront à foutenir, en fuivant ce qui a
été enfeigné fur ce fujet dans le quatriéme livre de la Science des
Ingenieurs, faifant enforte qu'elles ayent une force double de celle
qu'il leur faudroit pour être prêtes à fe rompre par l'effort de la
puiffance oppofée ; une plus grande force eft inutile, car fi l'on fait
les parties d'une Machine trop materielles, on augmente la dépenfe mal-à-propos, & on donne lieu à de plus grands frottemens.

Ce que je viens de dire doit s'entendre de la conftruction des
Machines permanentes, dont l'objet eft d'une affez grande confequence pour ne rien négliger d'effentiel ; car pour celles qui ne
doivent fervir que peu de temps, leurs parties n'ont pas befoin
d'une auffi grande folidité, il fuffit qu'elles puiffent durer auffi
long-tems qu'on fera obligé de s'en fervir.

318. Pour

318. Pour dire un mot de la divifion des roues & lanternes, eu égard au nombre des dents & des fufeaux, voici ce qui a été fuivi dans plufieurs occafions dont on s'eft bien trouvé.

Ayant tracé la circonference OPR fur laquelle doit fe rencontrer le centre des fufeaux d'une lanterne, reglé le diamétre des fufeaux felon la réfiftance dont il faudra les rendre capables, eu égard à l'effort qu'ils foutiendront, & à leur diminution à mefure que le frottement des dents les ufe; il faut que le diamétre d'un des fufeaux foit à l'intervale qui doit regner de l'un à l'autre comme 8 eft à 7, c'eft-à-dire qu'ayant divifé le diamétre des fufeaux en huit parties égales pour fervir d'échelle, on en donnera 15 pour l'intervalle d'un centre à l'autre, & il en reftera 7 pour le vuide.

Je fuppofe une lanterne qui doit avoir 10 fufeaux, que chaque fufeau fera de deux pouces & demi de diamétre; il faut pour avoir le diamétre de la circonference OPR multiplier 15 par un nombre égal à celui des fufeaux, comme ici par 10, on aura 150, dont on trouvera la valeur en pouce, en difant; fi 8 parties donnent deux pouces & demi, combien donneront 150, on trouvera à peu près 47 pouces qui répondent à un diamétre de 15.

L'épaiffeur des dents devant être proportionnée au diamétre des fufeaux, il faudra fur la circonference NPQ, leur donner 6 parties & $\frac{1}{2}$ du même diamétre, alors il y en aura une demi pour le jeu, & fi l'on donne 8 parties & $\frac{1}{2}$ pour l'intervalle qui doit fe trouver entre les dents, il y en aura 15 pour la diftance du centre de l'une à celui de l'autre comme pour les fufeaux.

Préfentement pour déterminer le diamétre de cette circonference prife dans le milieu des dents, il n'eft plus queftion que de fçavoir le rapport de la viteffe de la lanterne à celle de la roue. Par exemple, fi l'on veut que la lanterne faffe cinq tours pendant que la roue n'en fera qu'un, la circonference NPQ doit être quintuple de OPR, par confequent le diamétre de la roue fera quintuple de celui de la lanterne, & il faudra 50 dents.

Quant à la figure des dents, on peut la faire de plufieurs manieres, mais pour plus de perfection il faudroit que leur courbure fuivit celle d'une *Epicycloide*; on pourra voir ce que M. de la Hire a dit dans le Traité qu'il a donné de ces fortes de courbes avec leur application.

319. Il eft à propos, comme l'a remarqué le même Auteur dans fon Traité de Mécanique, que le nombre des dents d'une roue ne

Maniere de divifer les roues & lanternes, felon le nombre des dents & des fufeaux.

FIG. 42.

Le nombre qui exprime

Q

contienne jamais exactement celui des fuseaux de la lanterne, afin d'empêcher que les mêmes dents ne rencontrent souvent les mêmes fuseaux, ce qui ne doit arriver que le moins frequemment qu'il est possible, parce qu'alors les dents à force de frotter contre des surfaces differentes, prennent par la suite la figure qui leur conviennent le mieux : pour cela il faut que le nombre des dents & celui des fuseaux soient *premiers* entr'eux, c'est-à-dire qu'ils n'ayent d'autre commune mesure que l'unité, parce qu'un même fuseau de la lanterne ne rencontrera la même dent de la roue qu'après que la lanterne aura fait autant de révolutions qu'il y aura de dents ; ainsi dans l'article précedent, au lieu de 50 dents il en faudroit 49 ou 51.

Voici une Machine pour voiturer ou élever un poids confiderable, dont l'application qui peut avoir lieu dans l'Architecture Hydraulique, va nous donner encore un exemple de la maniere de calculer les frottemens & la roideur des cordes Il est question d'un levier singulier qu'on appelle communément le levier de *la Garouffe* ; comme je ne l'ai vû nulle part bien developpé, je crois que les curieux ne feront pas fâchez de le trouver ici.

320. Ce levier est compofé de trois chofes principales, d'une roue dentée ayant à son centre un arbre ou treuil H, au tour duquel file la corde qui répond au poids ; d'un balancier AB, dont l'appui est dans le milieu C, & deux crochets DO & EP qui accrochent alternativement les dents de la roue : quant aux pieces qui servent à affembler les parties de cette Machine, elles font affez distinctement exprimées pour n'avoir pas befoin de détail, puifque l'on voit bien que le tout compofe une efpece de petit chariot, dont le plan est reprefenté par la troifiéme Figure, qui étant porté fur des roulettes peut être aifément conduit où l'on veut ; en voici la manœuvre.

Suppofant qu'on veuille voiturer un bloc de pierre X d'une extrême pefanteur pofé fur un affemblage de charpente Y, porté fur des roulettes V ; d'abord on enfonce un pilot R, afin d'avoir un point fixe pour y attacher la Machine ; on fait paffer une corde fur la poulie S, dont un des bouts T est attaché à une piece de la Machine, & l'autre file fur le treuil H : comme les deux crochets peuvent fe mouvoir librement autour des boulons D & C ; il est conftant qu'une puiffance ne peut faire baiffer l'extrémité A du balancier, fans que le point E ne monte, & que le point D ne baiffe : réciproquement lorfqu'une feconde puiffance fait baiffer l'autre extrémité B du balancier, le point E baiffe auffi, & le point D monte ; alors il arrive que quand le point E monte, le crochet P contraint la roue dentée de tourner tant foit peu, le crochet O defcend & gliffe le long de quelques dents ; mais auffi-tôt que le point D monte, le crochet O fait la même manœuvre que le précedent qui defcend à fon tour fans agir : or comme la roue dentée ne peut tourner fans que la corde H ne tourne auffi, l'on voit que le poids avance à mefure que la corde NS file autour, ce qui fe fait lentement à la vérité ; mais fi l'on perd du tems, l'on gagne de la force à proportion.

En conftruifant cette Machine, il faut après avoir déterminé le rayon HG de la roue, & la longueur des crochets depuis leurs centres de fufpenfion, placer les boulons D & E, de façon que les lignes de direction GI & FK foient tangentes à la roue ; d'un autre côté, fi l'on détermine auffi le rayon HN du treuil, & la longueur AB du balancier, on n'aura pas de difficulté à calculer l'effet de cette Machine, comme on le va voir.

321. Je fuppofe que le poids X eft de cent mille livres ; ainfi le frottement des effieux fur les roulettes fera de 33333 qu'il faut multiplier par le rapport du rayon de l'effieu au rayon des roulettes que je fuppofe $\frac{2}{9}$, le produit donnera 7407 ℔ $\frac{1}{3}$ pour la puiffance qui poufferoit ou tireroit le chariot Y, felon une direction parallele à l'horifon, (256) dans l'état d'équilibre ; c'eft-à-dire que fi ce chariot étoit fur un Plan fort uni, pour peu que la puiffance fut augmentée elle le feroit avancer.

Calcul de la Machine précedente.

Remarquez que la poulie S cheminant avec le poids, & l'un des bouts de la corde étant attaché au point fixe T, les brins TZ & NS partageront également la réfiftance du poids ; par conféquent la puiffance qui fera appliquée aux brins SN ne fera que de 3704 ℔, à quoi il faut ajouter la réfiftance caufée par la roideur du brin TZ, & le frottement de la poulie fur fon boulon.

Pour commencer par le premier de ces deux obftacles, nous fuppoferons que la poulie a quatre pouces de rayon, & la corde 16 lignes de diamétre, c'eft pourquoi il faut (314) divifer 3704 ℔ par le nombre 32, multiplier le quotient par 16 diamétre de la corde ; divifer le produit par 4 rayon de la poulie, il viendra 464 ℔ pour la réfiftance caufée par la roideur de la corde.

D'autre part, confiderez que l'axe de la poulie fe trouve chargé du poids de 7408 ℔, à quoi il faut ajouter 464 ℔ pour la preffion que caufera la roideur de la corde ; ainfi la preffion totale fera de 7872 ℔, dont il faut prendre la moitié qu'on multipliera par le rapport du rayon du boulon, au rayon de la poulie que je fuppofe $\frac{1}{10}$, l'on aura environ 394 ℔ pour ce frottement réduit à l'extrémité du rayon de la poulie, (254) ainfi la puiffance appliquée à la corde fera compofée 1°. de 3704 ℔. 2°. De 464 ℔. 3°. De 394 ℔, qui font enfemble 4562 ℔.

La corde ne pouvant fe ployer fur le treuil fans que la puiffance appliquée à la circonference de la roue n'en furmonte encore la roideur, il faut comme cy-devant divifer 4562 ℔ par 32, multiplier le quotient par 16 lignes diamétre de la corde, & divifer le produit par 5 pouces rayon du treuil, l'on aura 456 ℔ pour la roideur de la corde, qui étant ajoutées à 4562 ℔, il vient 5018 ℔ pour la réfiftance réunie au point N, qui étant multipliée par le rayon du treuil de 5 pouces, & le produit divifé par celui de la roue qui eft icy de 24 pouces, l'on aura environ 1045 pour l'effort de la puiffance qui feroit appliquée au point F ou G de la circonference.

Comme l'effort des puiffances qui agiffent aux points F & N font naître une preffion des tourillons du treuil contre leur palier, laquelle eft à peu près égale à la fomme des mêmes puiffances, c'eft-à-dire à 6064 ℔, il en faut prendre la moitié pour le frottement qui fera de 3032 ℔, qui étant multipliées par le rapport du rayon du boulon au rayon de la roue que je fuppofe être $\frac{1}{24}$, il vient 126 ℔ pour ce frottement réduit, (251) qui étant ajouté avec 1045, il vient 1171 pour l'effort que feront les crochets aux points F ou G.

Les crochets agiffant felon les directions FK & GI, la puiffance appliquée au point A, fera à la réfiftance qu'oppofe la dent F, dans la raifon réciproque de la perpendiculaire CM, abbaiffée du point d'appui C fur fa direction FK au bras de levier CA, (44) ou comme CL eft à CB, s'il s'agit de la puiffance appliquée au point B; or fuppofant que la perpendiculaire CL ou CM foit la dixiéme partie du bras CA ou CB, chacune des puiffances appliquées aux extremitez A & B, fera la dixiéme partie de la réfiftance réduite au point F ou G, par conféquent d'environ 117 ℔.

Pour avoir auffi égard au frottement du tourillon C, fervant de point d'appui au levier AE ou BD, il faut ajouter enfemble le poids & la puiffance qui feroit appliquée à leurs extrémitez, c'eft-à-dire 1045 & 117, & y joindre le poids du balancier AB, y compris celui des crochets que je fuppofe enfemble de 200 ℔, l'on aura 1362 dont il faut prendre la moitié, qui étant multipliée par 9 lignes rayon du tourillon, & le produit divifé par la longueur CB

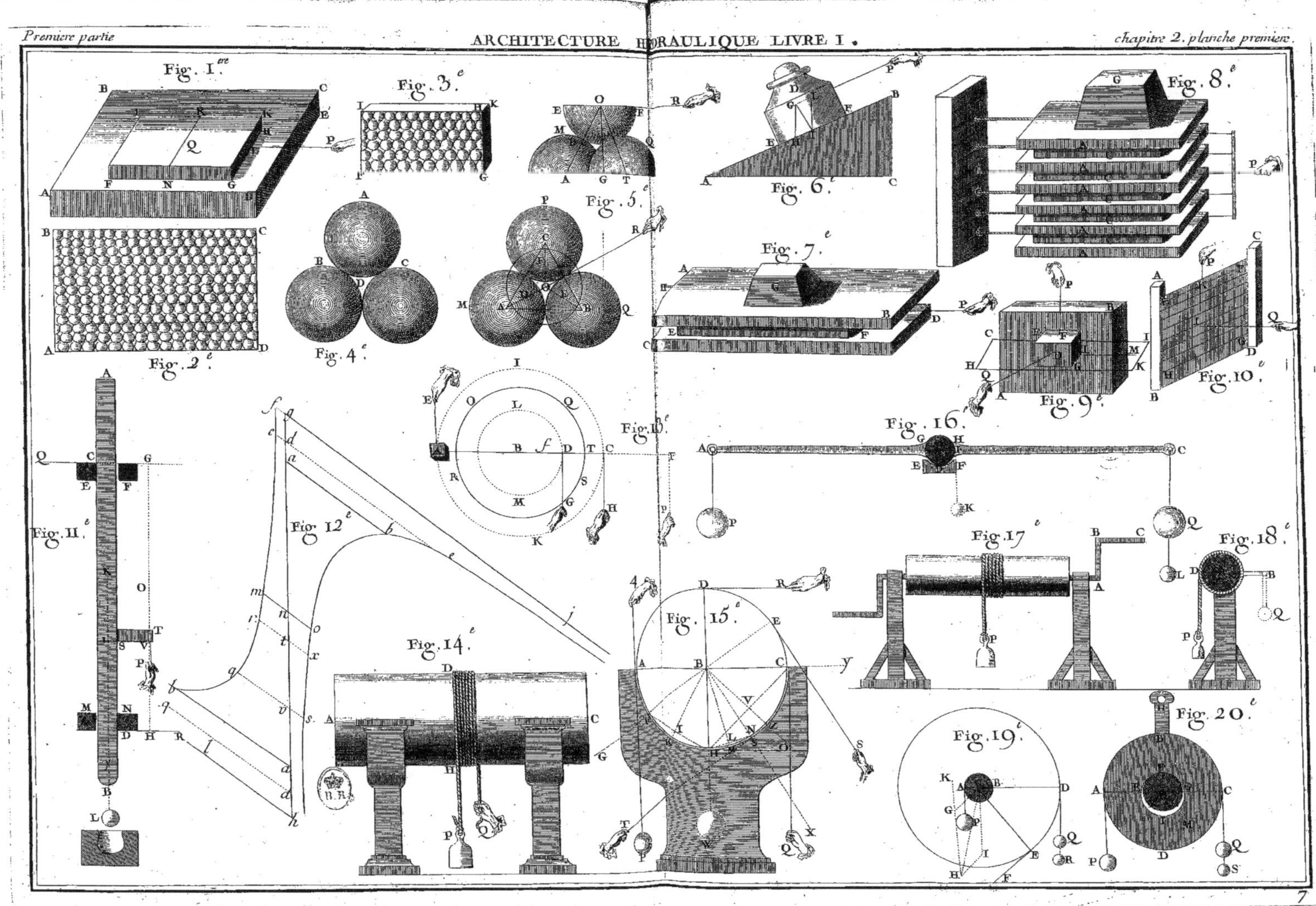

Fig. I.ere
Fig. 2.e
Fig. 3.e
Fig. 4.e
Fig. 5.e
Fig. 6.e
Fig. 7.e
Fig. 8.e
Fig. 9.e
Fig. 10.e
Fig. II.e
Fig. 12.e
Fig. 13.e
Fig. 14.e
Fig. 15.e
Fig. 16.e
Fig. 17.e
Fig. 18.e
Fig. 19.e
Fig. 20.e

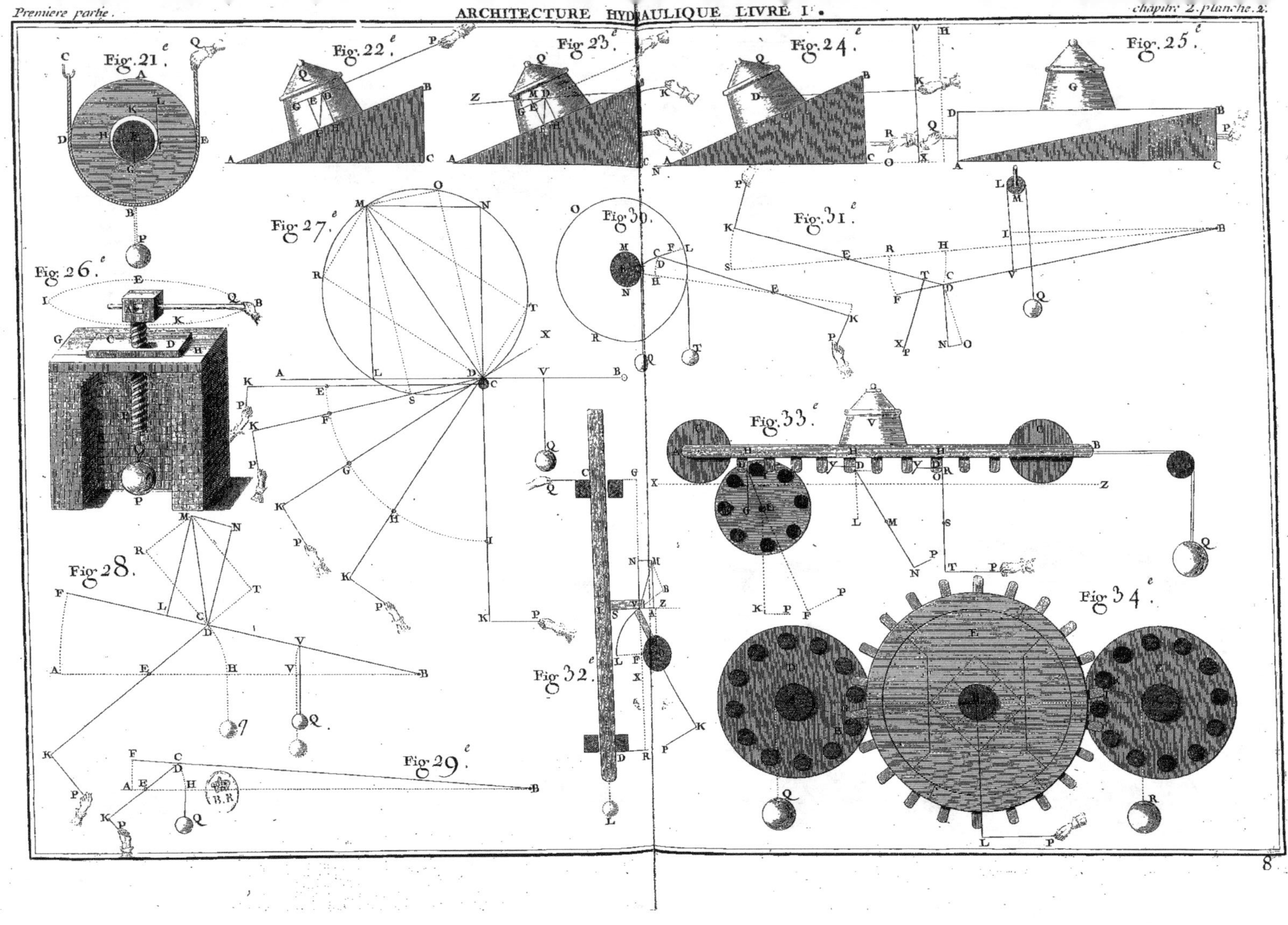

Fig. 21.
Fig. 22.
Fig. 23.
Fig. 24.
Fig. 25.
Fig. 26.
Fig. 27.
Fig. 28.
Fig. 29.
Fig. 30.
Fig. 31.
Fig. 32.
Fig. 33.
Fig. 34.
B.R.

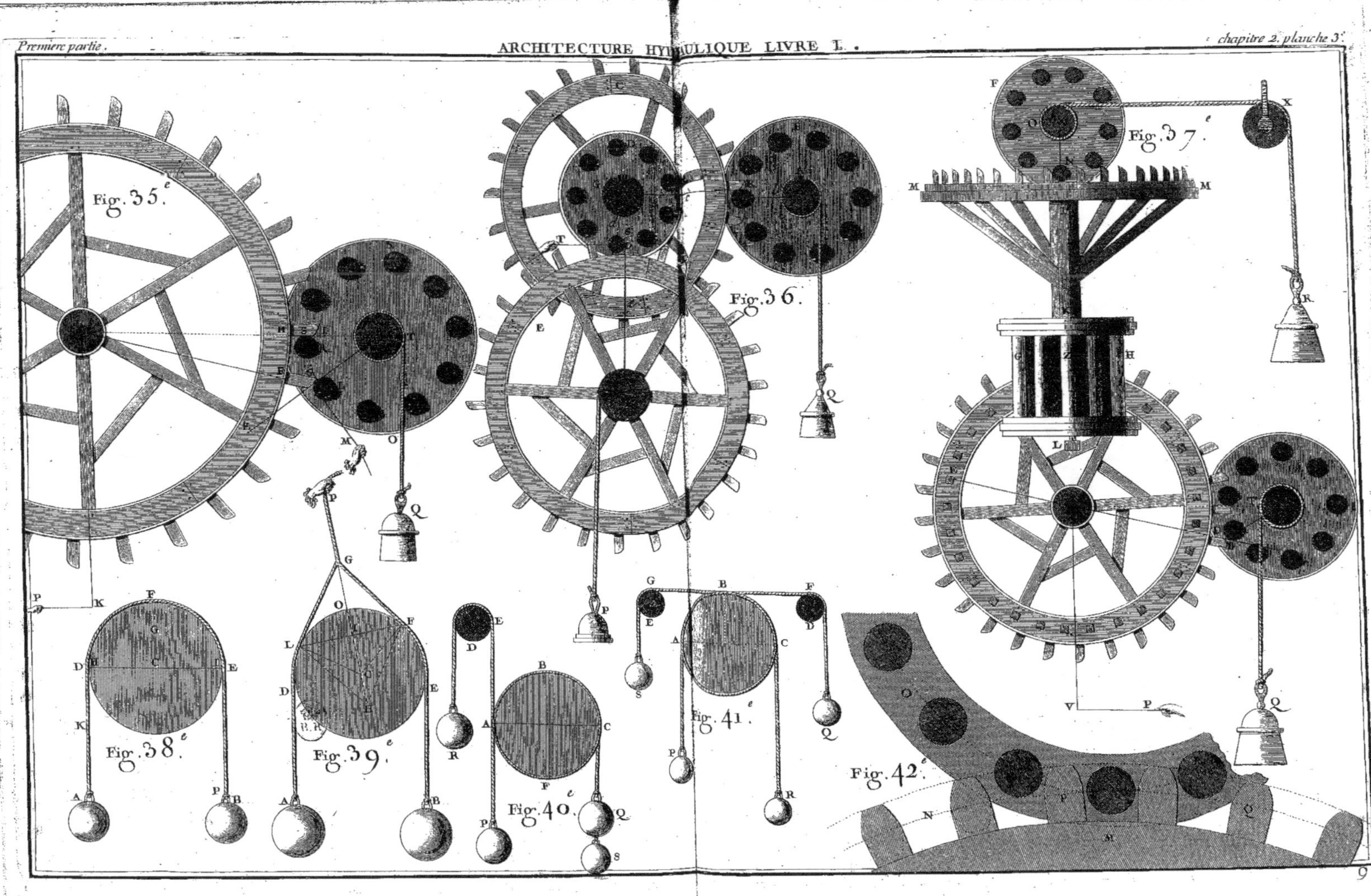

Fig. 35.
Fig. 36.
Fig. 37.
Fig. 38.
Fig. 39.
Fig. 40.
Fig. 41.
Fig. 42.

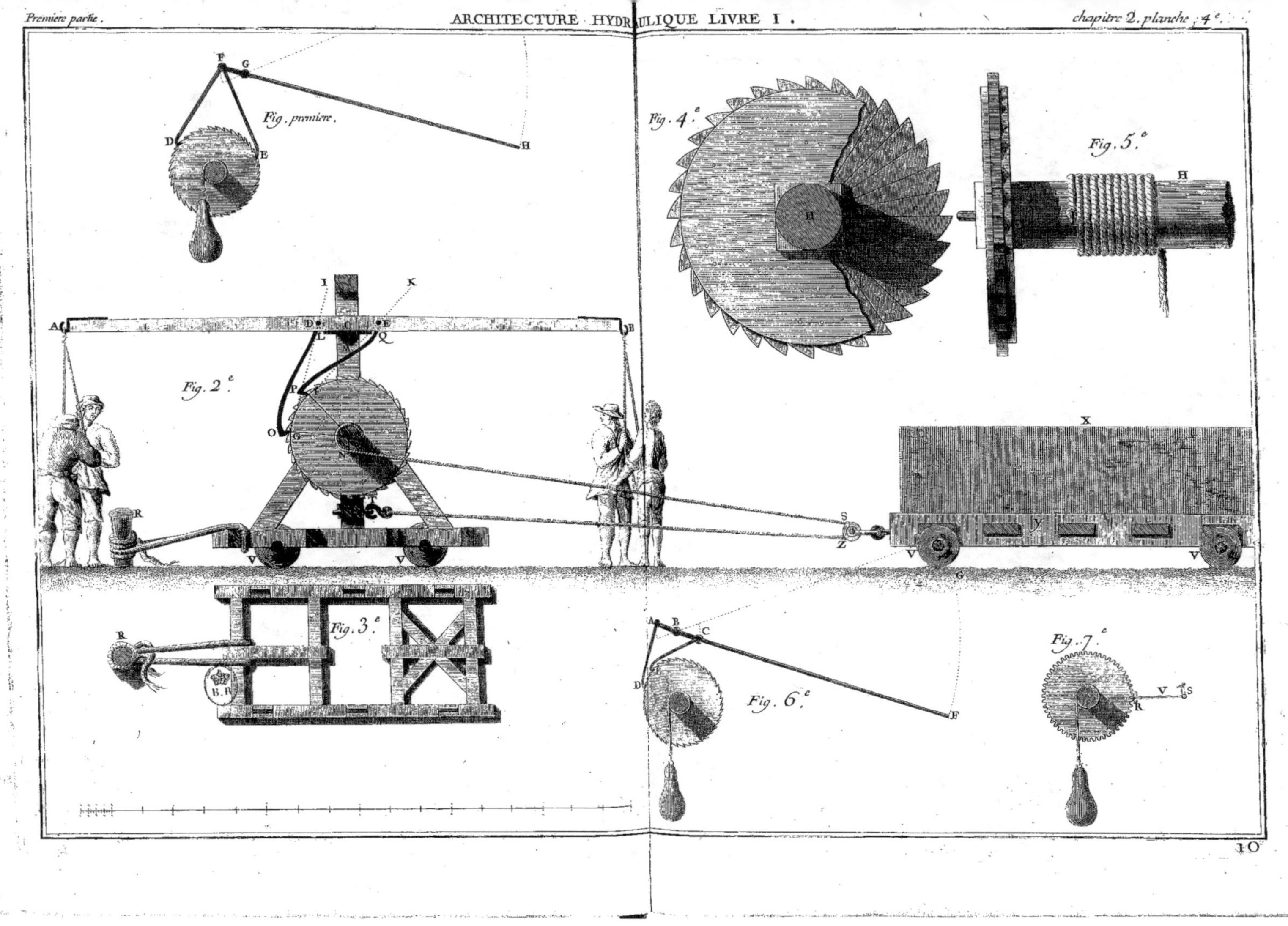
Fig. premiere.
Fig. 2.e
Fig. 3.e
Fig. 4.e
Fig. 5.e
Fig. 6.e
Fig. 7.e

du levier donne environ 5 ℔ pour le frottement réduit à une des extrémitez A ou B, (249) qui étant ajouté avec 117 donne 122 ℔ pour la force de la puissance appliquée à chacune des mêmes extrémitez ; comme ce poids est moindre que celui d'un homme, l'on voit qu'il n'en faudroit qu'un appliqué à chaque extrémité, pour mettre la Machine en mouvement.

322. La sixiéme Figure représente une maniere de se servir du même mouvement pour élever un poids. AF est un levier dont le point d'appui est en B accompagné des deux crochets AD, CE qui accrochent encore alternativement la roue dentée par l'action de la puissance appliquée au point F, qui décrit en montant & en descendant l'arc FG pour faire tourner la roue, par conséquent le treuil autour duquel file la corde qui répond au poids. *Description de quelques Machines dans le goût de la précédente.*

323. La premiere Figure dont l'objet est le même que celui de la précedente, comprend une difference dans la maniere de faire tourner la roue, parce qu'à l'extrémité F du levier FH dont le point d'appui est en G, on y a suspendu un crochet FD & un rayon solide FE : quand la puissance qui est à l'extrémité H agit de haut en bas, le crochet D tire de bas en haut pour faire tourner la roue, & au contraire lorsque la puissance agit de bas en haut, le rayon solide pousse de haut en bas contre les dents pour faire aussi tourner la roue, par conséquent il n'y a point de tems perdu.

324. Enfin la Figure septiéme comprend une roue dentée selon la direction des rayons, & s'engraine avec un pignon R, dont l'essieu répond à une manivelle V qu'une puissance appliquée à la poignée S fait tourner pour élever le poids. Je ne m'arrête point à calculer ces trois dernieres Machines, les exemples précedens devant suffire pour juger de la maniere dont il faudra s'y prendre.

CHAPITRE III.

Où l'on enseigne les Principes & les Regles de l'Hydraulique.

IL conviendroit de donner au commencement de ce Chapitre une connoissance exacte de la nature des liqueurs, pour faire voir la cause de leur fluidité ; mais comme on n'en peut juger par les sens, qui ne s'étendent pas jusques-là, & qu'en n'a pas encore imaginé d'hypotese qui satisfasse pleinement, il faudra nous contenter de déduire de l'expérience & du raisonnement, les régles nécessaires pour la conduite des eaux, en commençant par expliquer la cause, qui fait qu'une liqueur contenuë dans un vase se met toujours de *niveau*, c'est-à-dire, que tous les points de sa surface se trouvent également éloignés du centre de la terre.

SECTION PREMIERE.

Du Niveau des Liqueurs, & de leur Equilibre.

Lorsqu'une liqueur est renfermée dans un vase, sa surface se met toujours de niveau.

325. Il est constant que les liqueurs, comme les autres corps pesans, tendent vers le centre de la terre, & descendent tant qu'elles peuvent, à moins que quelques obstacles ne les empêchent ; de l'eau versée dans un vase, abandonnée à elle-même, doit toujours s'y mettre de niveau ; car s'il y a d'abord une partie de sa surface plus élevée que l'autre, elle descendra vers la plus basse, comme le long d'un plan incliné, ou comme le long de plusieurs plans inclinés, contigus, si elle fait une espece de courbe. S'il se trouve encore des endroits plus élevés que les autres, il arrivera pour chacun en particulier la même chose ; les parties les plus élevées, si peu qu'elles le soient, descendront au plus bas où elles puissent arriver : & lorsqu'il n'y aura plus d'agitation sensible dans la surface, elle se trouvera de niveau, puisque ses points seront également éloignés du centre de la terre, & se maintiendront toujours dans cet état, à moins qu'ils ne soient agités par quelques causes étrangeres.

L'on peut supposer les liqueurs divisées par colonnes, & lorsque cet-

326. Lorsque la surface d'une liqueur est de niveau, toutes les colomnes, dont cette liqueur est composée, sont en équilibre entre-elles : Pour en juger, nous supposerons qu'on a versé de l'eau dans un vaisseau prismatique BC, & qu'on a divisé par pensée toute cette eau en colomnes de bases égales.

Pour que la furface AE de la premiere colomne BE foit de ni-
veau avec la furface EF de la feconde, il faut que ces colomnes
fe contrebalancent, & tendent à fe foulever mutuellement par un
effort égal fur leurs bafes, autrement fi la premiere l'emportoit fur
la feconde, la furface de cette feconde s'élevant au-deffus de celle
de la premiere, ne pourra fe maintenir dans cette fituation, parce
que n'étant point foutenuë par les côtés, elle tombera fur la pre-
miere pour fe remettre de niveau ; (325) de même, la feconde
colonne EM, ne pourra par fon poids l'emporter fur la troifiéme
MG, fans que la furface de cette derniere ne monte, & que celle
de l'autre ne defcende ; mais ces deux colomnes étant d'une éga-
le péfanteur, il n'y a pas de raifon que l'une l'emporte fur l'au-
tre. Si l'on fait le même raifonnement pour toutes celles qui fui-
vent, on verra la néceffité, qu'elles fe foûtiennent toutes récipro-
quement en équilibre.

De-là vient que lorfque l'on mêle enfemble deux liqueurs,
dont l'une eft plus legere que l'autre, comme de l'huile & de
l'eau, la plus péfante contraint la plus legere de s'élever vers la
furface ; cependant il femble que ce foit l'huile qui fe fépare de
l'eau, parce que l'action de l'eau ne frappe point nos fens, au lieu
que le mouvement de l'huile s'apperçoit.

327. Quoique les colonnes EM, MG, GO, OI, IQ, QD,
femblent s'unir contre la feule BE pour la furmonter, cette der-
niere ne laiffe pas de faire elle feule équilibre, avec toutes les au-
tres enfemble ou féparées, parce qu'elles fe divifent entre-elles,
& tendent à fe foulever les unes les autres, c'eft-à-dire, que les
colonnes EM, MG, GO, OI, IQ, s'uniffent de même avec la
premiere BE, contre la feule QD, parce que fi chacune de ces
colonnes eft combattuë par toutes les autres, elle eft auffi aidée
par toutes ces autres, pour agir contre chacune d'entre elles ; d'où
il fuit que la colonne ELCD, compofée de plufieurs petites, n'a
pas plus d'avantage fur la feule BE, que celle-ci fur la précéden-
te ; ce qui fait voir qu'une colonne de liqueur, fi groffe qu'elle foit,
doit demeurer en équilibre avec le moindre filet de la même li-
queur, lorfque l'une & l'autre font de niveau, parce que la colon-
ne plus groffe eft compofée de filets femblables aux premiers qui
fe combattent entre-eux, & s'uniffent avec le premier contre cha-
cun d'eux, comme ils s'uniffent entre-eux contre le premier. On
peut donc conclure *que fi toutes les colonnes d'une même liqueur font
en équilibre entre-elles, leurs furfaces font de niveau, & que fi leurs fur-
faces font de niveau, ces colomnes font en équilibre.*

R ij

colonnes ont leurs furfaces de niveau, elles font en équilibre entre-elles.

PLAN. I.
FIG. I.

Une petite colonne de liqueur peut être en équilibre avec une plus groffe, pourvû que leurs furfaces foient de niveau.

Fig. 2. 328. Si le vaiſſeau eſt tout autre que priſmatique, il ne s'agira que de le concevoir diviſé par tranches horiſontales, depuis le fond X juſqu'au bord AC, en ſorte que chaque tranche puiſſe être regardée comme un petit priſme, verſant doucement de la liqueur le long du bord du vaiſſeau, elle ſe mettra de niveau dans le priſme RXT, enſuite dans le ſecond NT, qui aura pour baſe le premier, de-là dans le troiſiéme IP, qui aura pour baſe le ſecond, ainſi de ſuite juſqu'au dernier AG.

Une liqueur verſée dans un Siphon, ſe met de niveau & en équilibre dans les deux branches, qu'elles ſoient de même groſſeur, ou non.

329. Si l'on a un *Siphon*, dont on ſuppoſera d'abord les *branches* ABCD, EFGH verticales, & de même groſſeur, on ne peut douter que la liqueur verſée dans la premiere branche AC, juſqu'à une certaine hauteur LM, ne monte dans l'autre branche EG, à une hauteur NO, égale à la précédente ; car à cauſe du tuyau de communication CIKE, la colonne LC ſoulevera la colonne NG juſqu'à ce qu'elle lui faſſe équilibre ; ces deux colonnes étant égales en groſſeur, il faudra qu'elles ſe trouvent auſſi de même hauteur pour péſer également, les deux tuyaux AC & EG

Fig. 3. pouvant être regardés comme les baſſins d'une balance, qui contiennent des poids égaux, & le tuyau de communication comme le fleau, autour duquel les deux colomnes d'eau ſont en équilibre, par conſéquent leurs ſurfaces de niveau. (327)

Fig. 4. 330. A l'égard du tuyau de communication, il eſt évident que ſa longueur ne fait rien à l'équilibre des deux colonnes, pouvant le regarder comme nul, c'eſt-à-dire, comme ſi les deux branches du Siphon étoient contigues, ſéparées ſeulement par un *diaphragme* ; car tant que la communication ſera horiſontale, l'eau qu'elle contient ne pourra augmenter celle d'une des branches au préjudice de l'autre.

331. Si la premiere branche ABCD étoit plus petite que la ſeconde EFPQ, les colonnes d'une même liqueur KC & MP n'en feront pas moins en équilibre entre-elles, puiſque ſi l'on retranche par penſée de la ſeconde colonne, une autre MG de même groſſeur que la premiere, il eſt évident que celle-ci n'aura à combattre que la ſeule MG, qui a même baſe qu'elle. (327) Or comme la colonne MG ſera en équilibre avec le reſte de la liqueur de la branche EP, & auſſi avec la colonne KC, cette derniere ſera donc en équilibre avec toute la colonne MP.

Autre maniere de démontrer qu'une liqueur ver-

332. Ce que nous venons de dire des liqueurs verſées dans des Siphons, ſubſiſtera encore, quelque figure, & quelque diſpoſition qu'on donne à leurs branches ; ce que l'on peut démontrer d'une maniere generale, & par une voye des plus ſimples.

Ayant un vaisseau ABCD, rempli de quelque liqueur, que ce foit, jusqu'au niveau IK. Imaginons que dans ce vaisseau il se forme avec la même liqueur un Siphon de glace GEMNFHQPG fervant de diaphragme; il eft évident que la liqueur que contiendra ce Siphon, doit être dans le même état qu'elle étoit auparavant d'être féparée de ce qui refte dans le vaisseau ; mais comme avant la formation du Siphon, les parties de la liqueur qu'il contient étoient en équilibre avec elles, & les furfaces GE & FH de niveau, les mêmes chofes fubfifteront encore.

La liqueur renfermée dans le Siphon, n'ayant rien de commun avec celle qui refte dans le vaisseau, fi on fuppofe que cette derniere foit annéantie, & que le Siphon de glace foit changé en quelqu'autre matiere, comme de cuivre ou de fer-blanc ; l'on verra qu'une liqueur verfée dans un Siphon, de figure quelconque, fe mettra de niveau dans les deux branches, & s'y maintiendra en équilibre, quelqu'inégale que foit la groffeur de ces branches ; cependant, malgré cette loi de la nature, il y a des cas où les liqueurs ne laiffent pas que de s'élever au-deffus de leur niveau, comme on en va juger.

333. Si l'on a un tuyau ouvert par les deux bouts, & qu'on en plonge une partie perpendiculairement dans l'eau, elle y entre & s'y maintient au niveau de la furface, puifqu'on peut la regarder comme une colonne, qui eft en équilibre avec celles de dehors, de la même maniere qu'elle l'étoit avant d'être enfermé dans le tuyau, (327) mais ce qu'il y a de furprenant, c'eft de voir que cela n'arrive point avec toutes fortes de tuyaux, & qu'aux tuyaux *capillaires*, c'eft-à-dire, qui ont un fort petit diamétre, comme ceux que l'on employe aux Barométres, l'eau y monte au-deffus du niveau de celle qui eft dehors, & d'autant plus que le diamétre eft petit.

Meffieurs Geoffroy & Carré ont fait plufieurs expériences rapportées dans les Memoires de 1705, par lefquelles l'on voit que l'eau s'eft élevée de 10 lignes dans un tuyau de $\frac{1}{3}$ de ligne de diamétre, de 18 lignes dans un autre dont le diamétre étoit de $\frac{1}{6}$ de ligne, & de 30 dans un autre dont le diamétre n'étoit que de $\frac{1}{10}$ de ligne ; que fi on plonge les mêmes tuyaux dans d'autres liqueurs, elles ne s'y élevent pas autant que fait l'eau.

Plufieurs Sçavans ont donné à ce Phenomene, des explications

Marginal notes:

... fée dans un Siphon, s'y met de niveau & en équilibre de quelque groffeur & figure qu'en foient les branches.

Fig. 5. 6. 7 & 8.

Dans les tuyaux capillaires, l'eau s'y éleve au-deffus de fon niveau.

differentes ; la feule qui s'eft rencontrée jufte, eft celle qui attribue l'élevation de l'eau dans ces fortes de tuyaux, à l'adhérance de la même eau, aux parois interieurs, contre lefquels elle eft en partie foutenue ; mais cette raifon ne pouvoit paffer que pour une conjecture qui avoit befoin d'une preuve, qui la fit valoir, à l'exclufion de tout ce qui avoit été dit là-deffus, & c'eft ce qu'a fait M. Carré.

Raifon de la proprieté des tuyaux capillaires.

334. Nous venons de voir que toutes les colonnes d'eau tendent par leur péfanteur, à defcendre & à s'élever les unes les autres, & que ce n'eft que l'égalité de leur force qui les met toutes de niveau. (327) Or s'il arrivoit qu'une de ces colonnes fe trouvât moins pefante que les autres, auffi-tôt elle doit être élevée au-deffus des autres, jufqu'à la hauteur néceffaire pour l'équilibre. Quand on met fur la furface de l'eau un tuyau capillaire, les gouttes d'eau comprifes dans fon ouverture, s'attachant dans l'interieur du petit cercle qui la forme, en font foutenues en partie, & par conféquent d'autant moins pefantes par rapport à toute l'eau qui péfe librement fur le fond du Vaiffeau ; alors la colonne d'eau, qui répond à l'ouverture du tuyau capillaire, exerce moins fa pefanteur fur le fond du vaiffeau, que les autres colonnes dont elle eft environnée ; ainfi ces dernieres la doivent élever dans le tuyau capillaire jufqu'à une hauteur, où elle regagne par une plus grande quantité d'eau le poids qu'elle a de moins, par rapport au fond du Vaiffeau, pour être en partie foutenue par les gouttes d'eau qui font adhérantes au tuyau. Il fuit que plus le diamétre du tuyau eft petit, plus l'eau qui eft dedans doit s'élever au-deffus du niveau de l'autre, parce que ayant plus de furface à proportion, un plus grand nombre de gouttes d'eau y feront foutenues, & celles du milieu auront d'autant plus de points d'appui de la part des précédentes, que le tuyau eft plus étroit. Le corps humain étant une machine hydraulique, compofée d'une infinité de tuyaux, qui font prefque tous capillaires, la connoiffance de ces tuyaux eft très-importante pour la perfection de l'anatomie.

Les Liqueurs montent d'elles-mêmes le long d'une bande d'étoffe, & fortent du vafe où elles font renfermées.

335. Voicy encore une expérience qui paroît contraire à l'équilibre, que les liqueurs gardent entre elles. Ayant un vafe AB, de figure arbitraire, dans lequel on a mis de l'eau, ou toute autre liqueur jufqu'à une hauteur quelconque CD ; fi l'on prend une bande d'etoffe, & qu'on la trempe dans de l'eau, ou dans une pareille liqueur, qu'enfuite on mette cette bande fur le bord du vafe, en forte qu'une partie GH trempe dans la liqueur, & que l'autre FE foit hors du vafe, & affez longue pour que fon extrémité E

foit au-deffous de la furface CD de la liqueur, on verra cette li- PLANCH. queur monter le long de la bande, fe répandre goutte à goutte par I. l'extrémité E, & le vafe fe vuider totalement fi l'extremité H at- FIG. 9. teint jufqu'au fond.

Cette expérience eft fi commune, que les Jardiniers s'en fervent pour arrofer continuellement des plantes qui ont befoin d'être entretenues humides, mais les Chymiftes en font un ufage, qui mérite d'être rapporté par fa fingularité. Lorfqu'ils ont plufieurs liqueurs mêlées, qu'ils veulent féparer, ils trempent des bandes d'étoffe, chacune dans une de ces liqueurs pure, difpofent enfuite ces bandes fur le bord du vafe, & chacune diftile la liqueur où elle a été trempée ; ce Phénomene arrivant dans le vuide comme dans le plein, on n'en a pas encore aperçu la caufe, qu'on ne peut attribuer à une impreffion inégale de l'air exterieur & interieur au vafe.

Avant de continuer ce que nous avons à dire fur les différens effets des liqueurs, il eft à propos d'en déterminer le poids, & particulierement celui de l'eau, afin d'être plus à portée d'entendre les calculs numeriques, par lefquels nous appliquerons la théorie à la pratique pour en rendre les regles plus familieres.

336. Pour comparer les pefanteurs *fpécifiques* de différentes li- *Maniere* queurs, on fe fert d'un Inftrument appellé *Arréometre*, imaginé *de mefurer* par M. Homberg. Il eft compofé d'une petite phiole E qui a deux *exactement* goulets AB, DC forts étroits, mais dont le fecond doit l'être en- *la péfanteur* core plus que le premier; on verfe par l'ouverture A, avec un en- *fpécifique* tonnoir F la liqueur qu'on veut péfer, laquelle à mefure qu'elle *des liqueurs.* tombe dans la capacité E, en chaffe l'air par le tuyau CD. On FIG. 10. marque exactement un endroit G, fur le goulet AB où la liqueur arrive, & ayant pefé la phiole avec cette liqueur dans de bonnes balances, on en retranche le poids de l'Arréometre vuide, ce qui donne le poids de la liqueur qu'on y a verfé ; on vuide enfuite l'Arréometre, & l'ayant bien nétoyé, on le remplit d'une autre liqueur, jufqu'à la même marque G, qu'on pefe comme la premiere pour avoir le rapport des pefanteurs fpécifiques de ces deux liqueurs, ainfi des autres.

337. Comme les liqueurs font fujettes à fe *dilater* dans le chaud, *Un vafe* & à fe refferrer dans le froid, M. Homberg rapporte des expé- *rempli d'u-* riences fur le poids des liqueurs, où il marque combien elles ont *ne même li-* pefé dans la plus grande chaleur de l'Eté, & dans le plus grand *queur, en* froid de l'Hyver, afin que par-là on puiffe fçavoir à peu de chofe *contient* près la difference qu'il pourra y avoir de ces deux extrémitez, au *plus en hy-* *ver qu'en* *été.*

tems dans lequel on veut fe fervir de l'Arréometre.

338. Pour l'intelligence de cette Table, on remarquera que la livre vaut deux *marcs* ou 16 onces, l'once 8 *gros* ou 8 *dragmes*, le gros 3 *deniers* ou fcrupules, & le denier 24 *grains*; ainfi le gros vaut 72 grains. J'ajoûterai que le *Quintal* eft un poids de 100 ℔, que le *Tonneau*, en terme de Marine, péfe 2000 ℔, la *Barique* 500 ℔, & que le *Lefte* eft de deux Tonneaux ou de 4000 ℔.

En France, on parle par Tonneau, pour exprimer le port des Vaiffeaux; quand on dit qu'un Vaiffeau eft du port de 100 Tonneaux, on entend qu'il peut porter une charge de 200000 ℔.

TABLE

Des Poids de plusieurs Liqueurs d'usage pour un Pouce Cubique:

Noms des Liqueurs.	Pour l'Eté.			Pour l'Hyver.		
	Onces.	Gros.	Grains.	Onces.	Gros.	Grains.
Mercure.	8	5	60	8	6	8
Huile de Vitriol.	0	7	59	0	7	7½
Esprit de Vitriol.	0	5	33	0	5	38
Esprit de Sel.	0	5	49	0	5	55
Esprit de Nître.	0	6	24	0	6	44
Eau Forte.	0	6	23	0	6	35
Esprit de Soufre.	0	5	34	0	5	39
Vinaigre commun.	0	5	15	0	5	21
Vinaigre distillé.	0	5	11	0	5	15
Vin de Champagne.	0	4	66	0	4	70
Vin de Bourgogne.	0	4	67	0	4	75
Eau-de-Vie.	0	4	48	0	4	57
Esprit de Vin.	0	4	32	0	4	42
Bierre blanche.	0	5	1	0	5	9
Bierre rouge.	0	5	2	0	5	7
Cidre.	0	5	0	0	5	6
Lait de Vache.	0	5	20	0	5	25
Lait de Chévre.	0	5	24	0	5	28
Lait d'Anesse.	0	5	17	0	5	21
Petit-Lait.	0	5	14	0	5	19
Urine.	0	5	14	0	5	19
Esprit d'Urine.	0	5	45	0	5	53
Huile de Tartre.	0	7	27	0	7	43
Huile d'Olive.	0	4	53 }	Ces deux Huiles con-		
Huile d'Amandes.	0	4	52 }	gelées n'ont pû entrer dans l'Arréométre.		
Huile de Terebentine.	0	4	39	0	4	46
Eau de Mer.	0	6	12	0	6	18
Eau de Riviere.	0	5	10	0	5	13
Eau de Puits.	0	5	11	0	5	14
Eau distillée.	0	5	8	0	5	11

AUTRE TABLE De plusieurs Liqueurs les plus utiles pour un Pied Cubique, tirée de la précédente.

Noms des Liqueurs.	En Eté.		En Hyver.	
Mercure.	942 ℔ 14 onc. $\frac{1}{2}$		946 ℔ 10 onces.	
Vinaigre commun.	70	5	71	7
Vin de Champagne.	66	6	67	2
Vin de Bourgogne.	66	9	68	1
Eau-de-Vie.	63	0	64	11
Bierre blanche.	67	11	69	3
Bierre rouge.	67	14	68	13
Cidre.	67	8	68	10
Huile d'Olive.	63	15		
Eau de Mer.	83	4	84	6
Eau de Riviere.	69	6	69	14
Eau de Pluye.	69	9	70	2

339. Quoique l'*Air* ne doive pas être mis au rang des Liqueurs, puisqu'il eſt un *fluide*, & non pas un *liquide*; J'ajoûterai cependant qu'en France un pied cube d'air peſe en Eté 7 gros 9 grains, & en Hyver 14 gros 19 grains; ainſi en Hyver il peſe à peu près le double de ce qu'il peſe en Eté, ſelon les Expériences de M. Homberg, comme nous le ferons voir dans le quatriéme Chapitre.

340. Comme le poids de l'eau nous intereſſe plus que celui de toutes les autres liqueurs, par le fréquent uſage que nous en ferons par la ſuite, voicy le réſultat de pluſieurs Experiences qui ont été faites à ce ſujet.

M. Mariotte dans ſon Traité du Mouvement des Eaux, rapporte qu'il a trouvé qu'un pied cube d'eau douce peſe 70 ℔.

On le déduit des Experiences de M. Romer de 69 ℔ 12 onces.

De celles de M. Homberg de 69 ℔ 10 onces, pris moyennement.

De celles de M. l'Abbé Picard de 69 ℔ 9 onces, 3 dragmes, 20 grains.

De celles de M. de la Hire & Boulduc de 69 ℔ 1 once, 4 dragmes, 20 grains.

Ces varietez viennent fans doute des differentes temperatures
de l'air dans le tems que ces experiences ont été faites.

Nous prendrons avec M. Mariotte le poids *d'un pied cube* d'eau
douce de 70 ℔ : je n'ai pas fait difficulté de le fuppofer quelque-
fois de 70 ℔ $\frac{1}{5}$ ou $\frac{1}{4}$, felon que j'en ai tiré plus de facilité pour
dreffer les Tables qu'on trouvera par la fuite, ayant crû pouvoir
en ufer de la forte dans le calcul des Machines mifes en mouvement par l'action des courants, fans tomber dans aucune erreur
fenfible, vû que M. de la Hire, & après lui M. Pitot, l'ont fuppofé de 72 ℔ pour éviter l'embarras que donnent les fractions.

Le poids le plus or-dinaire d'un pied cube d'eau douce eft de 70 ℔.

341. Le pied cube d'eau pefant 70 ℔, le pied *cylindrique* pefera
55 ℔.

Une colonne d'eau qui auroit un pouce quarré de bafe, fur
un pied de hauteur, étant la cent quarante-quatriéme partie d'un
pied cube, pefera 7 onces, 6 gros, 16 grains. Par la même raifon
une colomne qui auroit pour bafe un cercle d'un pouce de diamétre, & pour hauteur un pied, pefera 6 onces & 64 grains, mais
nous l'eftimerons de 6 onces & 1 gros, pour nous en fervir plus
commodément, la difference de 8 grains ne méritant point qu'on
en tienne compte, vû qu'elle n'auroit pas lieu fi le pied cylindrique étoit eftimé de 55 ℔ 2 onces, ou le pied cube de 70 ℔ 2 onces, & environ 4 gros.

Poids des differentes mefures qui font en ufa-ge pour le calcul des eaux.

La toife cubique d'eau pefera 15120 ℔.
La toife cylindrique 11880 ℔.
Le pouce cubique 5 gros & 13 grains.
Le pouce cylindrique 4 gros & 13 grains.

La *Pinte* de Paris d'eau douce pefe 31 onces, 64 grains, mais
on l'eftime ordinairement de 2 livres, la difference n'étant que de
8 grains, ainfi le pied cube d'eau contient 35 pintes.

Le Muid d'eau contient 8 pieds cubes, & pefe 560 ℔, contient par conféquent 280 pintes.

342. Pour eftimer la quantité d'eau que fournit continuellement une Fontaine, ou une Machine, on fe fert d'une mefure que
l'on nomme communément *Pouce d'eau*, qui eft principalement
en ufage parmi les Fontainiers ; cette mefure eft de 14 pintes, ou de
28 *livres d'eau écoulée pendant une minute.* Par exemple, fi l'on avoit
une Machine qui fit monter au réfervoir dans chaque minutte
140 ℔ d'eau, ou 70 pintes ou deux pieds cubes, divifant le pre-

Le pouce d'eau eft une mefure de 14 pintes, ou de 28 ℔. d'eau écou-lée dans le tems d'une minutte.

mier nombre par 28, ou le fecond par 14, le quotient donnera 5 pour la quantité de pouce d'eau que fournit cette Machine.

Le poids d'un pied cube d'eau, eft à celui d'un pied cube de Mercure, à peu près dans le rapport de 2 à 27.

343. Si en fuivant la feconde Table, on prend le rapport du poids de *l'eau* à celui du Mercure, comme 70 eft à 946, qui eft à peu près celui de 2 à 27, il faudra pour qu'une colonne d'eau foit en équilibre avec une colonne de Mercure de même bafe, que la hauteur de la premiere foit à celle de la feconde, comme 27 eft à 2, ou comme $13\frac{1}{3}$ eft à 1; *ainfi ayant une colonne de Mercure d'un pied de hauteur, il faut pour que la colonne d'eau de même bafe lui faffe équilibre, qu'elle ait 13 pieds 6 pouces de hauteur.*

SECTION II.

De l'Action verticale de l'Eau contre les Parois des Vaiffeaux qui la contiennent.

Une des proprietez des Liqueurs, qu'il importe le plus de bien développer, eft l'effort qu'elles font en tous fens, contre les Parois des Vaiffeaux qui les renferment, ce qui vient du mouvement perpetuel de leurs parties, qui étant détachées les unes des autres, ne cherchent qu'à s'échapper. La caufe de ce mouvement, comme je l'ai déja dit, n'a pas encore été bien expliquée, mais fans nous en mettre en peine, le fait nous fuffit, ne voulant point entrer dans une differtation Phyfique, qui ne feroit que nous diftraire de notre objet principal, fans nous éclairer davantage.

Maniere de calculer l'effort d'une puiffance appliquée à un Pifton.

Fig. 11.

344. Ayant un tuyau droit ABCD, ouvert par les deux bouts, maintenu fixe contre une furface verticale, je dis que fi on introduit dans ce tuyau, par le bout d'en bas, un *Pifton* GHI, pour lui fervir de fond, & qu'on verfe de l'eau jufqu'à une hauteur quelconque EF, la puiffance appliquée à ce Pifton foutiendra un poids égal à celui de la colonne d'eau renfermée dans le tuyau.

Si l'on fait attention que les Liqueurs ont cela de propre, que le mouvement de leurs parties en tout fens, & l'effort qu'elles font de côté pour fe dérober à la preffion de celles dont elles font chargées, ne diminuent rien de l'action de leur péfanteur, qui les fait tendre vers le centre de la terre, comme tous les autres corps; l'on verra que la Puiffance P fe trouvant dans la ligne de direction KL, tirée du centre de gravité de la colonne GEFH, ne peut empêcher cette colonne de defcendre fans en foutenir tout le poids.

Une autre preuve encore que cette puiffance eft en équilibre avec le poids de la colonne d'eau qu'elle soutient, c'est que si elle poussoit le Piston de bas en haut, pour le faire monter, cela ne pourroit arriver sans que la colonne d'eau n'eut la même vitesse, par conséquent la même quantité de mouvement. (89)

Pour estimer l'effort que fait la puissance, nous supposerons que le diamétre du tuyau, ou celui du Piston, est de 5 pouces, & que la hauteur EG est de 18; les superficies des cercles étant comme les quarrez de leurs diamétres, l'on peut en se servant du poids du pied cylindrique d'eau que nous avons trouvé de 55 ℔; (342) dire, comme le quarré de 12 est au quarré de 5, ou comme 144 est à 25; ainsi 55 est à un quatriéme terme qu'on trouvera de 9 ℔, 8 onces, 6 gros & $\frac{2}{9}$ pour le poids d'un cylindre d'eau, qui auroit pour base un cercle de 5 pouces de diametre, & pour hauteur un pied; mais comme la colonne, dont il s'agit, a un pied & demi de hauteur, son poids sera donc de 14 ℔, 5 onces, 1 gros $\frac{1}{3}$. FIG. 122.

345. On remarquera que si le cercle GH du Piston étoit plus petit que le fond AD, la puissance P ne soutiendroit plus que le poids de la colonne d'eau LIKH, qui a pour base le cercle du Piston, & pour hauteur celle du niveau de l'eau, au-dessus du même Piston, puisqu'il ne peut soutenir que les filets d'eau ausquels il sert d'appui, tous les autres qui font la difference des colonnes AEFD & LIKH, étant appuyés sur le fond AD. On peut ajouter, que si la puissance faisoit jouer le Piston pour élever la colonne qu'elle soutient, elle auroit plus d'aisance que si cette colonne étoit renfermée dans un tuyau, où il faudroit surmonter la résistance que peut causer le frottement, ou pour mieux dire la *friction* de l'eau contre ses Parois.

Ces exemples nous serviront dans la suite, pour calculer l'effort d'une puissance appliquée à une pompe refoulante. Comme les autres qu'on va voir ne sont pas rapportés sans dessein, je prie ceux qui font peu de cas des détails, de ne point trouver à redire, s'il paroît que j'y entre un peu trop.

346. Ayant un Siphon composé de deux branches AB, CD, de même diamétre, qu'il y ait dans la seconde un Piston ILK, placé à une hauteur déterminée IK, versant de l'eau dans la premiere branche, jusqu'à la hauteur EF, elle ne pourra se mettre de niveau dans la seconde, à cause de l'obstacle que présente le Piston; si l'on tire la ligne horisontale GK, les colonnes AM & *L'eau pousse de bas en haut avec une force déterminée les corps qui l'empê-*

chent de monter à son niveau.
Fig. 13.

MK ayant leurs furfaces de niveau, feroient en équilibre, fi elles faifoient un effort égal fur leur bafe pour fe furmonter l'une l'autre ; mais comme la premiere foutient tout le poids de la colonne GF, la compofée des deux AF étant plus haute que l'autre MK, pouffera avec le poids de la partie GF cette derniere de bas en haut, pour la faire monter au niveau EQ, ainfi faifant abftraction du Frottement & de la péfanteur du Pifton, il faudra pour empêcher qu'il ne céde à l'effort que fait la colonne MK pour s'élever, qu'il foit chargé d'un poids égal à celui de la colonne GF, ce qui eft trop naturel pour avoir befoin d'autre preuve.

Une petite colonne ou filet d'eau, peut élever un corps fort pefant.
Plan. 2.
Fig. 14.

347. Nous avons vû, (331) que quoique les branches d'un Siphon fuffent d'inégale groffeur, l'eau de la petite OQ n'en étoit pas moins en équilibre, avec celle de la groffe MK, dès que leur furfaces étoient de niveau, parce que la petite eft en équilibre, avec toutes celles dont la groffe eft compofée ; fi l'on verfe de l'eau dans le petit tuyau RO jufqu'à la hauteur N, la colonne NO fera effort pour élever toutes celles de la branche MK jufqu'au niveau EQ, lefquelles poufferont le Pifton IK de bas en haut, avec autant de force que le faifoit la colonne GF, par conféquent il faudra pour maintenir le Pifton à la hauteur IK, qu'il foit encore chargé d'un poids égal à celui de cette colonne.

Comme la groffeur de la branche NO eft indifférente, l'on voit que fi elle étoit réduite à ne contenir qu'un filet d'eau, ce filet feul foutiendroit en équilibre le poids dont le Pifton eft chargé, ce qui eft aifé à démontrer.

Nous fuppoferons que la fuperficie du cercle du filet NQ, eft la milliéme partie de celle du diamétre GH ou IK ; ainfi la péfanteur de ce filet fera la milliéme partie de la colonne GF, ou du poids dont le Pifton eft chargé. Si l'on fuppofe que le Pifton defcende de la hauteur d'une ligne, cela ne pourra arriver, fans qu'il ne paffe dans le tuyau OR mille petites colonnes qui auront chacune une ligne de hauteur, & pour diamêtre celui du filet NQ, & fans que ce filet ne monte dans le tuyau, & ne faffe dans le même tems un chemin mille fois plus grand que celui qu'aura fait le pifton ; d'où il fuit que le poids du filet & celui du Pifton étant dans la raifon réciproque de leur viteffe, ces deux poids font en équilibre. (89)

Il fuit que le filet NQ avoit 10 pieds de hauteur, & le Pifton IK un pied de diamétre, il faudroit que le poids dont le Pifton feroit chargé fut de 550 ℔ pour être en équilibre avec ce filet, quand même il ne contiendroit que la péfanteur d'une once d'eau, c'eſt pourquoi cette Machine eſt nommée *Levier* d'eau.

348. Un ſeul filet d'eau pouvant être en équilibre avec une infi-Fig. 15.
nité d'autres unis ou ſéparés, l'on remarquera qu'ayant un tuyau
FN, plus gros vers le bas que dans le reſte de ſa hauteur pour y
adapter tout au tour une quantité d'autres petits tuyaux AB, répondans à un cylindre DE, fermé par un Piſton ; que verſant de
l'eau par l'orifice F pour remplir tous ces tuyaux & leurs cylindres ; le ſeul filet GN ayant 12 pieds de hauteur, & chaque
cylindre un pied de diamétre, ce filet ſeul ſoutiendra autant de fois
550 ℔, que cette Machine qui reſſemble aſſez à un luſtre aura de
branches.

Puiſque la longueur & la groſſeur du tuyau de communication
OM (Fig. 14) ne contribue qu'indirectement, à l'effet que nous
avons décrit dans l'art. 329, l'on peut ſuprimer ce tuyau (330) &
faire voir les mêmes choſes avec une Machine encore plus ſimple
que le Siphon.

349. Il s'agit d'un cylindre ABCD attaché à une ſurface verticale, ayant pour fond le cercle KL d'un Piſton, & fermé par le
haut avec une plaque de métal, ſoudée de façon à ne pouvoir
être détachée, quelqu'effort qu'elle ait à ſoutenir, au milieu eſt un
trou répondant à un tuyau FE, qui n'aura, ſi l'on veut, qu'une ligne de diamétre. Je dis que ſi l'on remplit avec de l'eau ce cylindre & le tuyau ſur la hauteur EG, la puiſſance appliquée au Piſton
ſoutiendra un poids égal à celui d'une colonne KHIL, qui auroit
pour baſe le cercle du Piſton, & pour hauteur celle du filet GN.

Pour le prouver, remarquez que le filet GN étant plus haut
que tous les autres OR renfermés dans le cylindre KBCL, ces
derniers tendans à s'élever au niveau HI, pouſſeront la ſurface
BC de bas en haut, avec une force égale au poids de la colonne
BHIC, moins la peſanteur du filet GE.

Si l'on fait attention qu'une puiſſance, de quelque nature qu'elle
ſoit, ne peut faire aucun effort, en pouſſant ou en preſſant un
corps, ſans un point d'appui, qui eſt toujours chargé de l'effort
que fait cette puiſſance, l'on verra que tous les filets comme OR
ayant pour appui le cercle du Piſton, ne pourront pouſſer de bas
en haut la ſurface BC qu'ils ne pouſſent de haut en bas, avec la
même force le fond KL, par conſéquent la puiſſance aura à ſoutenir l'action d'une force égale au poids d'une colonne d'eau, telle
que BHIC, & comme d'autre part elle ſoûtient réellement le
poids de celle qui eſt contenue dans le cylindre KBCL, elle ſoûtiendra donc l'action d'une force équivalente au poids de la colonne KHIL.

On peut ajouter pour feconde preuve, que fi le cercle du filet GN étoit la milliéme partie de celui du Pifton, la puiſſance ne pourroit faire defcendre ce Pifton d'une ligne, fans que le niveau G du filet GN ne fît en defcendant un chemin mille fois plus grand ; & comme dans l'état d'équilibre, le poids de ce filet & la puiſſance P doivent être dans la raifon réciproque de leur viteſſe ou des efpaces parcourus dans le même tems., (89) il fuit qu'il faut néceſſairement que la puiſſance foit équivalente au poids d'un filet mille fois plus grand que celui de GN, ou à celui d'une colonne d'eau KHIL.

Fig. 17. Suppofant que le cylindre ABCD foit femblable en tout au précédent, avec cette difference feulement que le tuyau au lieu d'être fitué fur le fond fuperieur BC foit adapté à la furface BA, je dis qu'il arrivera encore la même chofe. Pour en être convaincu, il faut prolonger la ligne horifontale NM, & prendre la ligne MQ pour un diaphragme, qui partage le cylindre KBCL en deux parties. Si l'on regarde les tuyaux FN, & MBCQ, comme les branches d'un Siphon, dont NM eft la communication, le feul filet d'eau GN fera caufe que tous ceux dont la branche MBCQ eft compofée, pouſſeront de bas en haut la furface BC, avec une force égale au poids de la colonne d'eau, qui auroit pour bafe le cercle BC, & pour hauteur GE ou HB ; (347) mais comme nous venons de voir que cela ne peut arriver, fans que le fond MQ ne foit preſſé de haut en bas par une force équivalente au poids de la colonne MHIQ, fi l'on fupprime le diaphragme MQ, la preſſion précedente n'ayant alors d'autre appui que le cercle KL du Pifton, qui eft auſſi chargé du poids de l'eau, comprife dans la partie KMQL, le Pifton foûtiendra un poids égal à celui de la colonne d'eau KHIL.

Planc. 2e. Fig. 18. 350. Il fuit de l'article précedent, que fi l'on a un vaiſſeau AH, femblable à l'étuy d'un miroir de toilette, bien fermé de toute part, & qu'à une des petites faces EH, on ait adapté un tuyau recourbé KNF, que verfant de l'eau par l'orifice F pour remplir le vaiſſeau & le tuyau jufqu'à la hauteur G, le feul filet GN fera que le fond ARQE fera preſſé par un poids équivalent à celui de l'eau, que pourroit contenir le parallelepipede ALPQ, qui auroit ce fond pour bafe, & pour hauteur celle du niveau G de l'eau du tuyau, au-deſſus du même fond, & que la furface fuperieure fera pouſſée de bas en haut avec une force égale au poids de l'eau que peut contenir le parallelepipede CMOD.

La force de l'eau qui 351. Comme la diftance DE des deux furfaces oppofées RE & BH

BH est indifferente à l'action de l'eau qui pousse la seconde de bas en haut; on voit qu'on les peut approcher l'une de l'autre, aussi près que l'on voudra, pourvû qu'elles ne se touchent point; l'eau du tuyau fera toujours son effet, par conséquent dans ce cas cy, comme dans les précedens, ce n'est pas la quantité de l'eau dont on se sert qui en augmente l'action, qui ne dépend que de son élévation dans le tuyau, & de l'étendue de la base, sur laquelle elle est répandue. *agit selon une direction verticale, ne dépend pas de sa quantité, mais seulement de sa hauteur, & de l'étendue de la surface qu'elle pousse.*

Supposant que les surfaces CD & AQ soient chacune d'une toise quarrée, & si près l'une de l'autre, qu'on puisse faire abstraction de leur intervalle, donnant 24 pieds de hauteur au filet GN, chaque surface sera poussée dans un sens opposé par une force de 60480 ℔; & ce qu'il y a de plus surprenant, c'est qu'un tel effet peut être produit par le seul poids de 3 ou 4 onces d'eau.

352. Il faut avouer qu'il n'y a rien dans la nature qui soit plus digne d'admiration, & qui tienne plus du merveilleux que cette proprieté des liqueurs, dont il n'est pas aisé de persuader la plûpart des gens, quoique fort éclairez sur toute autre chose, comme je l'ai éprouvé dans plusieurs occasions; cependant c'est un fait attesté par l'expérience, & auquel la raison ne peut rien opposer de solide; j'en ai fait plusieurs de differentes especes, en voici une qui suffira pour juger des autres. *Expérience sur la poussée de l'eau.*

Je me suis servi de deux planches, ayant chacune un pied quarré, sur 30 lignes d'épaisseur, les ayant placé l'une au-dessus de l'autre, à la distance de 3 pouces; j'ai cloué tout au tour une bande de cuir, en appliquant du *Calfas* sur les bords, & en ai formé une espece de soufflet qui avoit la figure d'un parallelepipede, après avoir pris toutes les précautions convenables pour empêcher que l'eau, dont il devoit être rempli, ne pût s'échapper par les côtés, on a attaché horisontalement & d'une maniere inébranlable, la surface superieure a une poutre posée sur deux appuis, de façon qu'on pouvoit faire joüer le fond inferieur de bas en haut. Aux quatre coins de ce fond étoient des anneaux de fer, répondans à des cordes suspendues à un bras de balance, ensuite on a chargé l'autre bras autant qu'il le falloit, pour que le fond inferieur de la Machine fut appliqué contre le superieur; ce dernier étoit percé de deux trous, à l'un desquels étoit adaptée verticalement une fontaine ou robinet qui devoit être ouvert seulement pour laisser évacuer l'air, lorsqu'on versoit l'eau qui devoit entrer dans le soufflet, à l'autre étoit un tuyau de cuivre, ayant interieurement 3 lignes de diamétre sur 10 pieds de hauteur, attaché le long d'une

T

folive ; arrêtée folidement par fes deux bouts.

La queftion étoit de fçavoir fi en verfant de l'eau dans le tuyau elle enleveroit un poids de 700 ℔, qui eft celui d'une colonne d'eau qui auroit un pied quarré de bafe & 10 pieds de hauteur, c'eft ce qui eft arrivé dès qu'on a eu verfé environ 3 pintes d'eau ; on remarquoit même que la viteffe du poids devenoit plus fenfible à mefure qu'il s'élevoit ; car comme en verfant l'eau on avoit foin d'entretenir toujours plein un entonnoir foudé au fommet du tuyau, l'eau dont le foufflet fe rempliffoit, augmentoit par fon poids l'action de celle du tuyau.

Explication de la caufe qui fait bomber les Radiers des grandes Eclufes. 353. On ne doit plus s'étonner fi l'on voit quelques-fois les *Radiers* des Eclufes *fe bomber*, c'eft-à-dire, s'élever dans leur milieu, comme cela eft arrivé aux grandes éclufes de Mardick, quelque tems avant leur démolition, ce qui étoit caufe qu'on ne pouvoit manœuvrer les portes d'Aval qu'avec de grandes difficultez. J'ai vû d'habiles gens fort en peine pour en découvrir la caufe, mais comme elle n'étoit point fenfible, ils l'attribuoient à des circonftances fort éloignées.

Comme les Portes du côté du Canal foutenoient fouvent jufqu'à 22 & 23 pieds d'eau, tandis que la mer étoit baffe, il arrivoit que de fimples filets paffans fous le feüil, & venant à s'infinuer & fe répandre fous le Radier, & même fous la fondation de l'étendue des fafces, cette eau ne trouvant point d'iffue pour s'échapper, pouffoit de bas en haut tout ce qui l'empêchoit de monter au niveau du Canal, & faifoit fléchir les grillages malgré leurs poids & leur folidité. Nous reprendrons ce fujet quand nous parlerons de la conftruction des Eclufes.

La bafe d'un tuyau cylindrique incliné, eft autant chargée par l'eau, que ce tuyau contient, que s'il étoit droit. 354. Ayant un tuyau cylindrique ABCD, *incliné* fur la bafe AD, fuppofé horifontale, & de l'eau jufqu'à une hauteur quelconque EF, elle chargera autant le fond AD, que fi elle étoit dans un cylindre droit AGHD de même bafe. Tirez par un point quelconque P, de la hauteur FI la ligne horifontale LM, & confiderez que l'eau renfermée dans l'efpace AEG, eft foutenue par le côté EA, puifque tous les filets KL dont elle eft compofée, ont chacun pour appui un point Z, de la furface inclinée EA, par confequent la bafe AD n'en eft nullement chargée.

FIG. 19. 355. Il n'en eft pas de même de celle que comprend l'efpace oppofé IFD ; car comme le filet FI agit fur les autres plus petits MN pour les élever à la hauteur du niveau EH, en étant empêchez par la furface FD, chacun d'eux pouffera de bas en haut tous les points M de cette furface avec une force équivalente au poids du filet FP, difference de FI à MN, & comme la hauteur FP eſt égale à KL, le point M ſera autant pouſſé de bas en haut que le point L l'eſt de haut en bas, ce qui fait voir que les ſurfaces EA & FD ſont pouſſées dans un ſens oppoſé avec une force équivalente au poids de l'eau renfermée dans l'eſpace AEG, ou ſon égal DFH; mais comme tous les filets dont la ſurface FD ſoutient l'action, ne peuvent la preſſer de bas en haut ſans qu'ils ne preſſent autant de haut en bas, la partie ID du fond qui leur ſert d'appui, (349) l'on voit que ſi l'on joint à cette derniere preſſion le poids même des filets que renferme l'eſpace IFD, chaque point du fond AD ſera chargé d'un poids équivalent, à celui du filet FI.

356. Il ſuit de l'article 354 qu'ayant un vaiſſeau BCDE, ſemblable à un cone tronqué renverſé, auquel on a adapté un bout de tuyau ABEF pour y loger un Piſton, ſervant de fond, que rempliſſant ce vaiſſeau avec de l'eau, la puiſſance appliquée au Piſton ne ſoutiendra que le poids de la colonne BGHE, puiſque tout le reſte de l'eau ſera appuyé à la ronde ſur les côtez CB & DE.

FIG. 20.

De quelque figure que ſoit un vaiſſeau rempli d'eau, & quelle que ſoit la quantité qu'il en contient, le fond eſt toujours chargé du poids d'une colonne à laquelle elle ſerviroit de baſe, & qui auroit pour hauteur celle du niveau de l'eau au-deſſus du même fond.

FIG. 21.

Cette conſequence fait voir l'erreur de la plûpart des Fontainiers, qui font leurs tuyaux de deſcente plus gros en haut qu'en bas, dans le deſſein de donner plus d'élevation au jet d'eau, auquel ce tuyau aboutit, ne faiſant point attention que celle qui s'appuye ſur les côtez du tuyau ne peut contribuer à donner plus de chaſſe à celle qui deſcend; cependant cette pratique peut avoir ſon utilité, lorſque l'adjutage, c'eſt-à-dire le trou par où ſort le jet eſt fort grand, parce que le tuyau de deſcente fourniſſant une plus grande quantité d'eau dans le même tems, le jet en eſt plus beau; nous reprendrons ce ſujet dans le ſecond volume, en parlant des eaux jailliſſantes pour la décoration des jardins.

357. Si le Piſton répondoit au grand cercle du vaiſſeau précedent, il arriveroit au contraire par l'art. 355. qu'étant rempli d'eau, la puiſſance ſoûtiendra un poids égal à celui de la colonne AIKC; ſi de plus on ferme l'orifice EH & qu'on y ajoûte un tuyau FB, rempli d'eau juſqu'à la hauteur G, tous les points de la baſe du fond AC étant preſſés avec la même force que le filet GN preſſe le point N, la puiſſance ſoûtiendra un poids égal à celui de l'eau que comprendroit la colonne ALMC, pourvû, comme je l'ai déja dit (349) que ce vaiſſeau ſoit attaché à un endroit fixe; car une puiſſance ne pouvant agir, ſelon quelque direction que ce ſoit, ſans un point d'appui, il faut pour qu'elle puiſſe pouſſer le Piſton de bas en haut, avec la même force que l'eau le repouſſe de haut

T ij

en bas, que la Machine soit arrêtée, autrement l'action de l'eau éleveroit le vaisseau, lui feroit abandonner le Piston qui resteroit seul entre les mains de la puissance ; car on remarquera que si l'eau venoit à se gêler, se trouvant alors sans action, le point d'appui deviendroit inutile, la puissance ne seroit chargée que du poids réel de l'eau & de la Machine.

PLAN. 2.
FIG. 19.

358. Comme la démonstration de l'art. 354 n'a lieu que dans le cas où les triangles AEG & IFD sont renfermez entre les mêmes parallelles EF & AD, il nous reste à faire voir que le principe établi dans cet article est general pour toutes sortes de cas.

Nous prendrons un autre tuyau ABCD, où aucun des points du niveau EF de l'eau ne répond au fond AD, & nous supposerons qu'on a divisé la colonne AEFD en plusieurs autres plus petites GF, IH, AK, par des plans G, H, I, K, paralleles à l'horison ; considerez que la premiere colonne GEFH étant dans le cas de l'art. 354, sa base GH sera chargée d'un poids égal à celui

FIG. 22.

de la colonne droite GLMH. Si l'on supprime le diaphragme GH, le filet ON n'ayant plus d'autre appui que le sommet N du filet NI, ces deux ensemble n'en composant plus qu'un seul OI, qui communique avec tous ceux que renferme l'espace ITK, ces derniers presseront chacun la base IK avec autant de force que fait le premier OI, (355) ainsi cette base sera chargée d'un poids égal à celui de l'eau que comprendroit le Siphon IOPK ; de même, puisque le point Q de la base IK est pressé avec une force égale au poids du filet OI ou RQ ; supprimant encore le diaphragme IK, les filets RQ & QA n'en composant plus qu'un seul RA qui est en équilibre avec tous ceux que comprend l'espace AVD, le fond AD sera autant chargé par l'eau de la colonne oblique

PLAN. 3.
FIG. 23.

AEFD, qu'il le seroit si cette colonne étoit droite ARSD.

359. Si l'on avoit un tuyau dont les parties BD, DF, FQ fus-

De quelque figure & grosseur que soient les parties d'un tuyau, posé sur un plan vertical ou incliné, sa base est toujours chargée du poids d'une colonne d'eau de même base.

sent disposez en ziguezague, & que ce tuyau qu'on suppose appliqué contre une ou plusieurs surfaces verticales fut rempli d'eau, il arriveroit encore que le fond BE seroit chargé d'un poids égal à celui d'une colonne d'eau BKOE, qui auroit pour base le même fond, & pour hauteur la ligne BK qui exprime l'élevation du niveau HQ de l'eau au-dessus de sa base BE. Regardant la ligne FG comme le fond du tuyau FQ, l'eau de ce tuyau chargera autant ce fond, que celle que contiendroit la colonne droite FLIG, (358) supprimant le diaphragme FG, la colonne LG n'ayant d'autre appui que la lame FG, augmentera de tout son poids celui de la colonne FD, le fond CD sera chargé d'un poids égal à celui de la colonne CMND ; par un raisonnement semblable, l'on verra que la base BE étant chargée du poids des colonnes droites & inclinées MD & DB, sera dans le même cas, que si elle servoit de fond à la colonne BKOE.

& qui auroit pour hauteur celle du niveau de l'eau au-dessus de la même base.

Si le tuyau au lieu d'être en ziguezague alloit en *serpentant*, le même principe subsisteroit encore ; car en divisant l'eau de ce tuyau par tranches horisontales, (328) on en composera de petits cylindres droits ou inclinez, qui étant contigus, pourront être regardez comme les parties d'un tuyau tel que le précedent.

Fig. 24.

360. L'on peut conclure en general des articles 356, 357, 358, 359, que *quelque grosseur qu'ait un tuyau uniforme ou non sur son étendue, dans quelque disposition que soient ses parties, posées contre un plan vertical, ou sur un plan incliné, que la puissance appliquée au Piston d'un diamétre égal, plus grand ou plus petit que le fond du tuyau, sera toujours chargée du poids d'une colonne d'eau, qui auroit pour base le cercle du Piston, & pour hauteur celui du niveau de l'eau au-dessus du même Piston.*

Conclusion d'où l'on déduit une regle generale pour l'effort que soutient une puissance appliquée à un Piston servant de fond à un tuyau.

SECTION III.

De l'Action de l'eau contre les surfaces verticales & rectangulaires.

Après avoir montré la maniere dont l'eau agit pour surmonter la résistance des surfaces qui l'empêchent de descendre vers le centre de la terre, ou de s'élever à son niveau, il nous reste à insinuer selon quelle loi elle pousse *de côté* les Parois des vaisseaux qui la soûtiennent, mais auparavant il faut être prévenu que cette *poussée* se fait toujours selon une direction *horisontale*.

361. Imaginons un cylindre d'eau suspendu en l'air, sans être renfermé dans un tuyau, composé d'un grand nombre de cercles d'une égale épaisseur, le cercle le plus haut pressant le second, s'il venoit à se confondre avec lui, que le second conservât toujours sa figure circulaire & la même épaisseur, cela ne pourroit arriver sans que toutes les parcelles d'eau ne fussent poussées en avant selon la direction des rayons, pour occuper une circonference plus grande. Si ce dernier, ainsi augmenté, se confondoit de même avec le troisiéme, les parcelles d'eau seroient encore poussées en avant, selon la direction des rayons pour occuper une circonfe-rence plus grande que celle du second. Faisant le même raisonne-ment pour la suite de tous les cercles d'eau dont le cylindre est composé, la circonférence du dernier seroit d'autant plus augmen-tée, que le nombre des cercles seroit plus grand, ou que le cylin-dre auroit plus de hauteur.

Raisonnement pour prouver que l'eau qui agit sur une surface verticale, la pousse selon des directions horisontales.

Si ce cylindre est renfermé dans un tuyau, tous les cercles d'eau ayant la même tendance pour se confondre ensemble, feront effort pour s'élargir ; mais comme cet effort ne peut s'exercer que contre les Parois du tuyau, l'on voit *qu'ils seront poussez du centre à la circonference, par consequent selon des directions horisontales, avec une force qui ira toujours en augmentant depuis le haut jusqu'au bas du tuyau,* parce que la circonference qu'une certaine quantité de cercles d'eau tendront à occuper, sera d'autant plus grande, que le nombre de ces cercles sera plus grand.

La poussée de l'eau contre une surface verticale & rectangulaire va en croissant depuis son niveau, selon l'ordre des termes d'une progression arithmétique.

FIG. 25.

362. Prenant au lieu d'un cylindre un prisme droit AE, dont l'eau soit divisée en un nombre infini de lames d'une épaisseur insensible, les superieures feront effort pour se confondre avec celles de dessous, ces dernieres tendant à s'élargir pousseront la surface du prisme selon des *directions horisontales* ; & comme nous supposons que ces lames ont un poids égal, la seconde se trouvant chargée de celui de la premiere, poussera le rectangle 2 qui la soutient avec la force double de celle qui pousse le rectangle 1, qu'elle qu'en soit la mesure ; de même la troisiéme lame étant chargée du poids de la premiere & de la seconde, poussera le rectangle 3, avec une force triple de celle qu'à la premiere, ainsi des autres dont la poussée sera proportionnée aux poids dont elles sont chargées ; or comme ces poids augmentent selon l'ordre des termes d'une progression Arithmétique, les poussées augmentant aussi dans le même ordre, pourront être exprimées par les élemens d'un triangle ALD, qui a pour hauteur celle de l'eau ; ainsi on pourra dire que les poussées qui répondent aux élemens NO & PQ de la surface ABCD, sont dans la raison des élemens FG & HI du triangle ALD, ou des hauteurs LR & LS de l'eau au-dessus des mêmes élemens, puisque FG, HI :: LR, LS.

Lorsque deux surfaces ont la même base, les poussées sont dans la raison des quarrez des hauteurs de l'eau.

363. Il suit que la somme de toutes les pressions qui regnent sur la hauteur LR, ou la poussée que soutient la surface NBCO, sera à la somme de toutes les pressions qui regnent sur la hauteur LM, ou à la poussée que soutient la surface ABCD, comme la superficie du triangle FLG est à celle du triangle ALD, ou comme le quarré de la perpendiculaire LR est à celui de la perpendiculaire LM ; ainsi *lorsque les surfaces ont la même base, leurs poussées en commençant depuis le niveau de l'eau sont dans la raison des quarrez des hauteurs de l'eau qu'elles soutiennent.* La poussée qui répond à la hauteur RS, & que soutient la surface PNOQ, pouvant être exprimée par le trapeze HFGI, difference des triangles HLI & FLG, *on voit qu'elle pourra l'être aussi par la difference des quarrez des hauteurs LS, & LR de l'eau.*

364. La ligne BC exprimant le niveau de l'eau., si on la prolonge de C en R pour servir d'axe à une *demie parabole* CLO, décrite avec un *Parametre* à volonté, menant à la ligne BR les paralleles FH, IL, AM en aussi grand nombre que l'on voudra, les *poussées que soutiendront les surfaces* BG, BK, BD, *feront entre-elles dans la raison des ordonnées* GH, KL, DM, *tirées de la tangente à la parabole*; ce qui est bien évident, puisque ces ordonnées sont dans la raison des quarrez des coupées CG, CK, CD, qui marquent la hauteur de l'eau que soutiennent ces surfaces; par consequent, *si des points* H & L, *l'on mene à la tangente les paralleles* HP & LQ, *les lignes* GH, PL, QM, *qui expriment la difference des ordonnées, feront entre-elles dans la raison des poussées que soutiennent les surfaces correspondantes* BG, FK, ID. J'ajouterai que la poussée que soûtient la surface BD, est à celle que soûtient la partie ID, comme DM est à QM, ainsi des autres.

On peut exprimer les poussées de l'eau par les ordonnées d'une parabole menée à la tangente.

Fig. 26.

365. Les pressions des lames que comprend la hauteur LM (Fig. 25.) allant en progression arithmétique, il y aura une pression *moyenne* entre la plus grande & la plus petite, qui étant multipliée par la grandeur qui exprime le nombre des lames, donnera un produit égal à la pression totale; & comme cette moyenne est égale à la moitié de la plus grande, on aura $\dfrac{AD}{2} \times LM$ pour cette pression, qui étant égale à $\dfrac{LM}{2} \times AD$, *on pourra supposer que toutes les lames poussent avec une force égale, & que cette force est exprimée par la hauteur moyenne* LZ, *moitié de* LM.

On peut supposer que toutes les lames d'eau poussent avec une force uniforme, exprimée par une ligne égale à la moitié de la hauteur de l'eau.

366. La poussée que soûtient le rectangle APQD étant exprimée par le trapeze AHID, l'élement moyen entre HI & AD exprimera la poussée moyenne, & comme cet élement ne peut être que la ligne TV, qui passe par le milieu de la hauteur SM de ce Trapeze, *on pourra encore en supposant uniforme la pression de chaque lame que soutient la surface* APQD, *l'exprimer par la hauteur* LY *moyenne arithmétique entre* LS & LM.

Autre maniere de déterminer la hauteur moyenne de l'eau, lorsqu'on prend la poussée au-dessous de son niveau.

367. En supposant que les lames qui répondent à une même surface agissent uniformement, il suit que *les poussées que soutiendront deux surfaces differentes, mais rectangulaires, seront dans la raison composée de l'étendue des mêmes surfaces & des hauteurs moyennes qui leur répondent*; ainsi lorsque les surfaces seront égales, les poussées seront comme les hauteurs moyennes, & lorsque les hauteurs moyennes seront égales, les poussées seront dans la raison des surfaces.

Les poussées de l'eau contre des surfaces differentes, sont dans la raison composée de l'étendue des

368. Pour faire voir présentement comme on doit calculer la poussée de l'eau contre les surfaces verticales, nous nous servirons d'un Siphon composé de deux branches ABCD, & EFGH droites, prismatiques, & d'égale grosseur, unies ensemble par un tuyau de communication horisontale IADLM de même figure & grosseur que chacune des branches, separées en deux parties par un diaphragme NOPQ, parallele & égal au Plan RSDT.

369. Si l'on verse de l'eau dans la premiere branche, pour remplir seulement la partie IADFN de la communication, elle ne fera aucun effort pour monter au-dessus de son niveau AP, & son action se réduira à pousser les surfaces qui la soutiennent, entre autres le diaphragme NOPQ, pour s'aller répandre de l'autre côté; mais si l'on remplit la même branche jusqu'à la hauteur VX, la colonne AVXD pressera l'eau de la communication, laquelle sera poussée de I en N selon une direction horisontale, & tendra à passer dans l'autre branche pour s'élever au niveau YZ, où elle s'éleveroit en effet si elle étoit toujours entretenue à la même hauteur VX, & qu'elle ne fut point empêchée par la surface NOPQ, laquelle soutiendra non-seulement la poussée de l'eau contenue dans la communication, mais encore toute celle que peut causer le poids entier de la colonne AVXD; ce qui est bien évident, car comme nulle autre force que le poids de cette colonne n'agit icy pour faire monter l'eau dans l'autre branche_ & s'y maintenir à la hauteur YZ, au-dessus du niveau AH, il faut nécessairement que la superficie NOPQ soit poussée selon une direction horisontale par tout l'effort de la puissance qu'elle empêche d'agir.

Comme la longueur du bout du tuyau RDOQ est indifferente à l'effort que fait l'eau pour monter dans la seconde branche, on pourra la racourcir autant qu'on voudra, & même confondre la surface NOPQ, avec son égale (330) RSDT, que nous prendrons pour un autre diaphragme, afin de détacher le prisme IBCT du Siphon. Comme ceci ne change rien à l'action de l'eau qui s'y trouve renfermée, la surface RSDT sera poussée avec la même force que l'étoit le diaphragme NOPQ.

370. La poussée que soûtient la surface RSDT de la part de l'eau que renferme l'espace IADT, indépendamment de celle que cause la colonne AVXD, pouvant être exprimée par le produit de cette surface & de la hauteur moyenne PQ (366) & le poids de la colonne par le produit de sa base AD, & de sa hauteur OP, il suit que ces deux produits valans pris ensemble, celui de la surface RD par la hauteur OQ, composée des précedentes

dentes

dentes OP & PQ , il exprimera seul la poussée que soutient la sur- *auroit pour base cette surface, & pour hauteur la hauteur moyenne.*
face RD.

Comme le dernier produit n'est autre chose que la solidité du prisme FVXL, l'on voit que si la poussée que cause en particulier la colonne d'eau AVXD contre la surface RD, doit être exprimée par son poids, toute celle que soutient la même surface, le sera par celui de la colonne FVXL, qui a pour base le plan FHLG égal à cette surface, & pour hauteur la ligne OQ moyenne arithmetique, entre OP & PN , ce qui fait voir que si la surface RD étoit de 4 pieds , & la hauteur OQ de 10 , cette surface seroit poussée par une force équivalente au poids de 2800 ℔,
$= 4 \times 10 \times 70$ ℔.

371. Si des deux branches du Siphon on laisse la premiere *On peut encore démontrer l'article précedent ; quoique les branches du Siphon soient d'inégale grosseur.*
comme elle est, & qu'on r'aproche les surfaces opposées IHXL &
BGZM pour rendre le prisme IHZA beaucoup plus étroit que
l'autre. cela n'empêchera pas qu'en versant de l'eau dans ce nouveau
Siphon elle ne se mette de part & d'autre au même niveau VY,
& que celle de la seconde branche ne soit en équilibre avec celle
de la premiere, parce que la petite colonne IEYA n'aura jamais
à combattre qu'une autre colonne de même base que la sienne,
(331) & que toutes les autres que comprend la grosse branche FIG. 29.
sont en équilibre avec cette derniere.

Comme ces colonnes feront sur leurs bases des efforts égaux
pour se surmonter les unes les autres, l'eau de la communication
sera poussée de & en B par la grosse colonne, avec la même force
qu'elle le sera de B en & par la petite ; ainsi faisant survenir le diaphragme NOPQ, il se trouvera poussé avec des forces égales &
opposées.

Présentement si l'on suppose deux autres diaphragmes RSDT
& KILC, & qu'on suprime le tuyau de communication pour en
détacher les deux branches, la surface RSDT sera poussée de &
en R avec la même force, que la surface KILC égale à la précedente le sera de B en K, l'une & l'autre se trouvant dans le même cas que l'étoit cy-devant le diaphragme NOPQ, puisque la
longueur du tuyau RSPQ & NOLC qui accompagne cette surface étoit indifférente à la poussée qu'elle soutenoit.

372. Il suit de-là, que quoiqu'il y ait beaucoup moins d'eau
dans le second prisme que dans le premier, la surface KILC soûtiendra comme l'autre une poussée égale au poids d'une colonne
d'eau, qui auroit cette surface pour base, & pour hauteur la
moyenne arithmétique entre EI & EK. (366)

V.

373. Les pouſſées de l'eau, étant dans la raiſon compoſée des ſurfaces qui les ſoutiennent, & des hauteurs moyennes qui y répondent, (367) l'on voit que ſans ſe mettre en peine de la dimenſion IR, par conſequent de la quantité d'eau que contient le vaiſſeau IBCT, il y aura même raiſon du produit de la ſurface RSDT par la hauteur moyenne OQ au produit de la ſurface RZXT, par la hauteur moyenne OY, que de la pouſſée que ſoutient la premiere ſurface à celle que ſoutient la deuxiéme : or puiſque la pouſſée que ſoutient la premiere eſt équivalente au poids des pieds cubes d'eau, que donne le produit qui lui eſt relatif, la pouſſée que ſoutiendra la deuxiéme, ſera donc auſſi équivalente au poids du nombre des pieds cubes d'eau du produit qui lui appartient ; ainſi ſuppoſant la baſe RT de cette ſurface de 2 pieds, & la hauteur ON de 12, elle ſera de 24 pieds quarrez, qui étant multipliée par la hauteur moyenne OY de 6 pieds, & le produit par 70 ℔, donne 10080 ℔ pour le poids équivalent à la pouſſée qu'elle ſoutiendra.

374. Si le vaiſſeau au lieu d'être priſmatique, étoit un tuyau, ou un cylindre droit, il faudroit pour avoir la pouſſée que ſoûtiendroit ſa ſurface, multiplier cette ſurface par la moitié de la hauteur de l'eau.

375. Voici l'occaſion de faire voir à quoi ſe réduit la difficulté d'élever une Vanne dont il a été fait mention dans l'article 229, nous la ſuppoſerons de 5 pieds de largeur, ſoutenant 8 pieds de hauteur d'eau ; ainſi la ſurface pouſſée aura 40 pieds quarrez, qui étant multipliez par 4 pieds, hauteur moyenne, on aura 160 pieds cubes, ou 11200 ℔, pour la pouſſée de l'eau ou la preſſion de la Vanne contre les couliſſes, dont il faut prendre le tiers pour le frottement qui ſera d'environ 3733, qui étant ajoûté au poids de la Vanne, l'on aura la réſiſtance qu'il faudra que la puiſſance ſurmonte au premier inſtant qu'elle agira ; car dans les autres ſuivans elle deviendra toujours moindre, à cauſe que la pouſſée ou le frottement ira en diminuant dans la raiſon des quarrez des hauteurs de l'eau que ſoutiendra la Vanne. (363)

376. Il eſt à remarquer que la Vanne en montant, rencontrera un point d'élevation où ſon poids ſe trouvera en équilibre avec le frottement, & que ce ne ſera qu'autant qu'on l'élevera à une certaine hauteur au-deſſus de ce point, qu'elle pourra en deſcendant acquerir une aſſez grande quantité de mouvement ou de force pour arriver juſqu'au ſeüil du pertuy ; car comme le frottement augmentera dans la raiſon des quarrez des hauteurs de l'eau, (363) tandis que cette force ne croîtra que dans la raiſon des racines

quarrées des mêmes hauteurs (171) fi la Vanne ne tombe point
d'affez haut, elle demeurera fufpendue en chemin fans pouvoir
defcendre, à moins de quelque fecours étranger.

377. Pour rendre encore plus fenfible que nous n'avons fait, *Maniere de*
l'action de l'eau contre une furface verticale ABCD, nous nous *rendre fen-*
fervirons du parallelepipede régulier ABCDEFLM, dont une *fible la*
pouffée de
des dimenfions AM fera, fi on veut, plus petite ou plus grande *l'eau contre*
que la hauteur BA de l'eau, nous fuppoferons qu'on a pris fur les *une furfa-*
lignes DI & AK les parties DH & AG, chacune égale à la hau- *ce.*
teur BA de l'eau, & qu'on a tiré les lignes CH, BG pour former *Fig. 30.*
le folide ABCDHG, lequel exprimera un volume d'eau, dont le
poids fera équivalent à la pouffée que foûtient la furface ABCD ;
ce qui eft bien évident, puifque pour avoir la valeur de ce folide, il faut multiplier la même furface par la moitié de AG ou de
AB. Si l'on fuppofe la hauteur BA, divifée en un grand nombre
de parties égales, & que par chaque point de divifion, il paffe
un plan parallele à la bafe AH, le folide ABCDHG fera partagé en
un nombre de tranches ou prifmes, & la furface ABCD en un
même nombre de rectangles égaux entre eux ; alors le poids de
l'eau de chaque tranche exprimera la pouffée que foûtiendra le
petit rectangle qui lui répond dans la furface, & ces tranches ou
prifmes ayant la même hauteur BC, leurs poids ou les pouffées
qu'ils mefurent, feront dans la raifon des trapezes qui fervent de
bafes à ces prifmes.

378. Puifqu'on peut approcher les furfaces KHXC & BGZM *Une petite*
auffi près l'une de l'autre qu'on voudra, pourvû feulement qu'el- *quantité*
les ne fe touchent point, (373) l'on voit *qu'avec une très-petite* *d'eau peut*
être capa-
quantité d'eau, le plan KILC fera pouffé avec autant de force que fi *ble d'une*
leur diftance étoit fort éloignée ; par conféquent, fi l'on avoit un *force prodi-*
vaiffeau prifmatique, dont deux de fes faces paralleles, & oppo- *gieufe.*
fées comme ABCD (Fig. 31) fuffent chacunes d'une toife quar- *Fig. 29.*
rée, placées à la diftance d'une ligne feulement l'une de l'autre, *& 31.*
rempliffant ce vaiffeau avec de l'eau, les deux furfaces foûtien-
dront enfemble un effort de 15120 ℔, ce qui eft affurement auffi
merveilleux, que ce qu'on a vû dans les articles 349, 350, 351 ;
mais ce qui le paroîtra encore davantage, c'eft que fi on ferme
ce vaiffeau pour y adapter un tuyau GF de telle hauteur qu'on
voudra, *le rempliffant d'eau. les furfaces feront pouffées avec la même*
force que fi le vaiffeau étoit rempli d'eau jufqu'à la hauteur HI, ce qui
eft bien évident ; car chacune des colonnes contenues dans le
vaiffeau AE, & qui auroit pour bafe celle du tuyau FG, étant

V ij

preſſée de haut en bas, avec la même force que celle du tuyau preſſe la colonne FK, fera le même effort contre les Parois du vaiſſeau, que la même colonne FK en feroit contre ceux qui la ſoutiendroient; ainſi ſuppoſant GF de 10 pieds, la hauteur moyenne GL ſera de 13, qui étant multipliée par 36 pieds quarrez, & le produit par 70, donnera 65520 ℔ pour l'effort que l'eau fera contre les deux ſurfaces enſemble, quoique ſon poids aille tout au plus à 18 ℔.

La pouſſée de l'eau contre une ſurfaceverticale, ne dépend pas de la quantité qu'en contient le vaiſſeau qui la renferme, mais ſeulement de l'étendue de la ſurface pouſſée, & de la hauteur moyenne qui lui répond.

379. *L'on peut dire encore, comme dans l'article 351 que la pouſſée de l'eau contre une ſurface verticale, ne dépend pas de la quantité qu'en contient le vaiſſeau qui la renferme, mais ſeulement de l'étendue de cette ſurface, & de la hauteur moyenne de l'eau qui lui répond.*

S E C T I O N   IV.

De l'action de l'Eau contre les ſurfaces inclinées.

N'ayant conſideré juſqu'ici que l'action de l'eau contre les ſurfaces verticales, nous allons examiner qu'elle eſt la pouſſée que ſoûtiendroient celles qui feroient *inclinées.*

380. Je ſuppoſe que le Trapeſe ABCD repréſente le profil d'un vaiſſeau plus large en haut qu'en bas, compoſé de ſurfaces planes & remplies d'eau juſqu'au niveau BC, il s'agit de meſurer la pouſſée que ſoûtiendra la ſurface inclinée CD, dont nous faiſons abſtraction de la largeur; il faut du point D mener la perpendiculaire DF ſur l'horiſontale BC, prendre la partie FE égale à cette perpendiculaire, & tirer la ligne ED pour avoir le triangle rectangle & iſocele EFD.

PLAN. 4.
FIG. 32.

Pour peu qu'on y faſſe attention, l'on verra que tous les points H de la ſurface DC ſont pouſſez par des filets d'eau GH, ſelon deux directions differentes, l'une verticale, & l'autre horiſontale; que la premiere pourra être exprimée par la ſuperficie du triangle DFC, (354) & la ſeconde par celle du triangle DFE; (377) & comme ces deux triangles ſont dans la raiſon de leurs baſes FC & FE, puiſqu'ils ont la même hauteur FD, on pourra prendre leur baſe au lieu de leur ſuperficie, alors la pouſſée verticale ſera à l'horiſontale comme FC eſt à FE, ou comme FC eſt à FD, puiſque FE = FD.

Menant du point H la ligne horiſontale HI, & la perpendiculaire HL ſur le côté DC, faiſant le parallelogramme KI, on aura les triangles ſemblables HIL & DFC qui donnent DF, FC :: HI, IL; ainſi on pourra prendre le côté IL, ou HK pour

exprimer la puiſſance qui ſoûtient en équilibre la pouſſée verti- FIG. 33.
cale, & le côté HI pour exprimer celle qui ſoûtient la pouſſée horiſontale, alors la diagonale HL exprimera l'action d'une troiſiéme puiſſance, en équilibre avec le réſultat du concours des pouſſées verticales & horiſontales.

381. Il ſuit que la pouſſée horiſontale ſera à toute celle que
ſoûtiendra la ſurface DC, comme HI eſt à HL, ou comme DF
eſt à DC ; par conſequent ſi l'on éleve ſur l'extrémité D de la ligne
CD la perpendiculaire DM égale à EF, & qu'on tire la ligne
CM, les triangles EFD & CDM ayant des hauteurs égales, ſeront dans la raiſon de leurs baſes DF & DC, ou comme la pouſſée horiſontale eſt à la pouſſée entiere que ſoûtient la ſurface DC ;
or comme la premiere de ces pouſſées eſt exprimée par la ſuperficie du triangle DEF, la ſeconde le ſera donc par celle du triangle DCM, ou ſi l'on veut par un poids équivalent à celui d'un priſme d'eau qui auroit pour baſe ce triangle, & pour hauteur la largeur de la ſurface. (377)

382. Comme il faut pour avoir la valeur du priſme, dont nous
venons de parler, multiplier la ſurface DC par la moitié de DM
ou de ſon égal DF, *l'on voit que la regle pour meſurer la pouſſée de
l'eau contre les ſurfaces inclinées, eſt la même que celle que nous
avons établie pour les verticales* dans les articles 372, 373, puiſqu'elle
ſe réduit encore à multiplier la ſuperficie de la ſurface par la moitié de la hauteur FD de l'eau ; ainſi toutes les conſéquences que
nous avons tiré de cette regle, pourront s'appliquer auſſi aux ſurfaces inclinées. Par exemple, ſi l'on vouloit ſçavoir qu'elle eſt la
pouſſée de l'eau qui agit ſur la partie HD de la ſurface DC, il
faudroit du point H mener la ligne horiſontale HN, & multiplier
cette partie par la moyenne arithmetique entre FN & FD.

383. Si le vaiſſeau STBA, contigu au précedent, étoit plus FIG. 32.
large en bas qu'en haut, la ſurface BA ſera autant pouſſée de bas
en haut par tous les filets que comprend le triangle BXA, qui
tendent à monter au niveau TB, que la même ſurface le ſera de
haut en bas par tous les filets contenus dans le triangle BVA égal
au précedent. (355)

384. Il ſuit que ſi le vaiſſeau STBA ne contenoit de l'eau que
juſqu'à la hauteur YO, & que l'autre ABCD fut tout plein, les
pouſſées oppoſées que ſoûtiendra la ſurface BA, ſeront comme
les quarrez BA & OA ; ſi les ſurfaces dont ces lignes expriment
les hauteurs ont la même baſe, (363) & comme la plus grande
pouſſée ſera diminuée de toute l'action de la plus petite, celle de

l'eau du vaiſſeau ABCD ne ſera plus exprimée que par la différence de ces deux quarrez, puiſqu'il en eſt des ſurfaces inclinées,
comme des verticales. (382)

Maniere de calculer la pouſſée de l'eau contre la ſurface d'un cone. 385. Si le vaiſſeau ABCD avoit la figure d'un cone tronqué, il faudroit pour avoir la pouſſée que ſoutiendroit toute ſa ſurface, multiplier la circonference moyenne arithmétique OP, entre BC & AD par le côté DC, & le produit par la moitié de la hauteur FD de l'eau, & ſi le cone étoit entier, comme BQC, il faudroit multiplier la moitié de la circonference BC de ſa baſe, par le côté QC, & le produit par la moitié de ſon axe RQ.

L'on verra dans la ſuite de cet ouvrage, principalement dans la ſeconde partie, combien il importe de ſçavoir calculer la pouſſée de l'eau que doivent ſoutenir les *Batardeaux*, les *portes des Ecluſes*, les *Digues levées*, *&c.* afin d'en proportionner la réſiſtance à l'effort qu'ils auront à ſoûtenir, relativement à la nature & à la quantité des matéreaux, autrement ſi l'on ignore juſqu'où peut aller l'effet de la puiſſance qui *agit*, comment pouvoir eſtimer celle qu'il faudra lui *oppoſer*. Qu'on ne nous diſe pas que la pratique donne ces connoiſſances, des évenemens toujours fâcheux montrent ſouvent le contraire.

Examen de la pouſſée de l'eau contre des ſurfaces oppoſées pour faire voir les forces qui ſe détruiſent. 386. Ayant un vaiſſeau priſmatique ABFG, dont les faces oppoſées ſont égales, paralleles & verticales, le rempliſſant d'eau, toutes les petites colonnes ayant la même hauteur, preſſeront également le fond ADGH, lequel étant ſoûtenu par un plan horiſontal & inébranlable MNOQ, ſera cauſe que le vaiſſeau ne pourra deſcendre ; d'autre part, les ſurfaces oppoſées ABCD, HEFG étant pouſſées également dans un ſens contraire par l'action de l'eau, une de ces puiſſances ne pouvant l'emporter ſur l'autre, il n'y a *Fig. 33.* pas de raiſon pour que le vaiſſeau ſoit mû vers la droite ou la gauche. Les ſurfaces DCFG & ABEH étant dans le même cas, le vaiſſeau ne pouvant non plus être mû en avant ou en arriere, il faudra néceſſairement qu'il reſte en repos.

387. Si l'on coupe le même vaiſſeau obliquement par un plan AIDK, pour ne plus conſiderer que l'eau renfermée dans la partie ABCDFIKE que nous prendrons pour un nouveau vaiſſeau, poſé librement ſur un plan incliné LMNO, il arrivera qu'indépendamment de la pente que tous les corps ont à deſcendre le long des plans inclinez qui les ſoûtiennent, ce vaiſſeau en aura plus, étant rempli d'eau, que s'il l'étoit par un corps dur de même peſanteur, parce que la pouſſée que ſoûtiendra la ſurface ABCD, eſt autant ſuperieure à celle que ſoûtiendra ſon oppoſée KEFI,

que le quarré de la hauteur BA eſt plus grand que le quarré de la hauteur EK ; (363) ainſi la ſurface ſera pouſſée ſelon une direc-tion horiſontale, avec une force qu'on pourra exprimer par la dif-ference des mêmes quarrez ; (384) c'eſt-à-dire, par exemple, que ſi BA étoit double de EK , elle ſeroit pouſſée avec une force équivalente aux trois quarts du poids du priſme d'eau, qui auroit pour baſe cette ſurface, & pour hauteur la moitié de BA.

Maniere de calculer une puiſ-ſance qui ſoutient, à l'aide d'un plan incli-né, un vaiſ-ſeau où il y a de l'eau.

388. N'ayant égard qu'à l'action de la péſanteur, il ſera indif-ferent à la puiſſance P qui ſoûtient le vaiſſeau, ſelon une direction horiſontale SP, qu'il ſoit rempli par une liqueur ou par un corps dur , puiſque le poids ſera toûjours à la puiſſance , comme la baſe LR du plan eſt à ſa hauteur (83) RO. Or ſi l'on ſuppoſe les lignes BA , BC, BE égales entre-elles, le volume d'eau que com-prendra le vaiſſeau, ſera les trois quarts du cube de la hauteur BA,

ainſi l'on aura LR, RO ∷ $\frac{3}{4}$ × $\overline{BA}^3$, P ; ou $\frac{3RO}{4LR}$ × $\overline{BA}^3$ = P ,

en faiſant abſtraction de la péſanteur propre du vaiſſeau ; mais comme il faut que la puiſſance ſoûtienne encore la difference de la pouſſée contre les ſurfaces BD & EI, ou un poids équivalent

au volume d'eau exprimé par $\frac{3}{4}$ $\overline{BA}^2$ × $\frac{BA}{2}$ = $\frac{3}{8}$ $\overline{BA}^3$; on aura

donc $\frac{3RO}{4LR}$ × $\overline{BA}^3$ + $\frac{3}{8}$ $\overline{BA}^3$ = P.

Quant à l'action de l'eau ſur le fond ADIK du vaiſſeau, l'on voit que ſelon l'article 382 elle doit être exprimée par le produit de la ſuperficie de ce fond, & de la hauteur TV moyenne arith-métique entre BA & EK ; mais comme il ne s'agit ici que de la péſanteur abſolue de l'eau que ſoutient le même fond, le produit précedent n'a aucune relation avec la puiſſance P.

L'on ne ſent point le poids de l'eau qui eſt renfermée dans un vaiſſeau cu-bique, mâ ſur un plan horiſontal , lorſque ce vaiſſeau n'a point de fond.

389. Reprenant le vaiſſeau ABFG que nous ſuppoſerons ſans fond, poſé ſur un plan horiſontal MNOQ, auſſi poli qu'on en puiſſe avoir dans l'uſage, en ſorte que la baſe ADGH lui ſoit in-timement unie, rempliſſant d'eau ce vaiſſeau, *la puiſſance qui le tirera ſelon une direction horiſontale, ne fera pas plus d'effort pour le faire gliſſer que s'il étoit vuide ;* car le vaiſſeau n'ayant point de fond, ce plan ſera chargé de toute la péſanteur de l'eau, dont les parties étant extrémement déliées, gliſſeront ſans frottement ſenſible , parce que toutes celles qui pourroient être arrêtées par les parties ſaillantes du plan, n'empêcheront pas les colonnes de deſſus de ſe mouvoir horiſontalement ſur la ſurface d'une lame d'eau, qui aplanira tous les obſtacles ; ainſi il ne pourra y avoir de réſiſtance Fig. 33.

que de la part de la preſſion des bords du vaiſſeau ſur le plan qui donnera lieu à un frottement inévitable, parce que les parties qui ſe rencontreront n'étant point fluides, ne peuvent ſe trouver dans le cas de celles de l'eau.

Quand un vaiſſeau ſans fond eſt poſé ſur un plan in-cliné, la puiſſance ne ſoutient que la differen-ce des pouſ-ſées oppo-ſées.

FIG. 35.

390. Il ſuit que ſi le vaiſſeau précedent étoit poſé ſans fond ſur un plan incliné, & que l'eau s'appuyât immédiatement ſur ce plan, la puiſ-ſance n'aura à ſoûtenir ſelon une direction SP parallele au plan que la dif-ference des pouſſées de la même eau contre les ſurfaces *ABCD* & *HKIG*; ainſi ſuppoſant que AD ou HG ſoit de 30 pouces, AB de 20, HK de 12, & la hauteur TA de l'eau de 18, il faut pour avoir la puiſſance P commencer par chercher le poids du volume d'eau qui exprime la pouſſée que ſoutient la ſurface ABCD qu'on trouvera de 175 ℔, quarrer les hauteurs BA & KH des ſurfaces, ôter le petit quarré du grand, dire comme 400 quar-ré de BA eſt à 175 ℔, ainſi 356 difference des deux quarrez eſt à la difference des pouſſées qu'on trouvera de 175 ℔, auſquelles on ajoûtera ce qu'il faut pour ſurmonter le frottement de la baſe du vaiſſeau.

On ne doit pas regarder ce qui précede comme de ſimples cu-rioſitez, on en verra l'uſage lorſque nous ferons mention des Moulins à Chapelets, qui agiſſent ſur des plans inclinés, le plus grand ſervice qu'on en peut tirer dépendant de la perfection qu'il faut leur donner, à laquelle on ne peut parvenir que par une théorie fort délicate, comme on en va juger par le problême ſui-vant.

Recherche de l'angle ſous lequel un plan doit être incliné pour y faire monter le plus d'eau, qu'il eſt poſ-ſible dans le tems le plus court.

FIG. 35.

391. Le vaiſſeau ABFG ayant un fond ou non, étant poſé ſur un plan incliné, ne contiendra point tant d'eau que ſi le plan étoit horiſontal, & d'autant moins qu'il ſera plus roide; cependant comme on ſuppoſe ne lui avoir donné cette ſituation que pour procurer à une puiſſance plus de facilité à élever l'eau à la hau-teur donnée OR, moins le plan ſera incliné, plus il aura de lon-gueur, plus il faudra de tems à cette puiſſance pour amener le vaiſſeau du pied de la rampe au ſommet; or il s'agit de combiner la plus grande quantité d'eau que contiendra le vaiſſeau avec le chemin le plus court, de façon qu'elle monte de la hauteur RO du plan, dans le moins de tems qu'il eſt poſſible, parce que ſi des vaiſſeaux, comme celui-ci enchaînez ſe ſuivoient immédiate-ment avec une viteſſe uniforme, il en réſultera que dans un tems déterminé, & avec une viteſſe auſſi déterminée, la puiſſance ti-rera du receptacle qui ſeroit au pied du plan la plus grande quan-tité d'eau qu'il eſt poſſible dans le même tems.

392. La

392. La ligne BK qui marque le niveau de l'eau étant parallele à la base LR, le triangle rectangle BEK sera toujours semblable au triangle LOR, d'autre part sans avoir égard à la largeur du vaisseau, on pourra prendre le trapeze ABKH pour exprimer la quantité d'eau qui sera contenue dans le vaisseau, tirant la ligne AK, ce trapeze sera divisé en deux triangles, dont le premier ABK aura toujours une même superficie, à quelque point de la ligne EH qu'aille aboutir son sommet K, au lieu que le second AKH qui a pour base la ligne constante AH, augmentera ou diminuera dans la raison de sa hauteur KH; ainsi l'accroissement ou la diminution du trapeze ou de l'eau que contiendra le vaisseau sous les differentes inclinaisons du plan, pourra être exprimé par la ligne HK; d'autre part, le tems qu'il faudra à la puissance pour faire monter le vaisseau de L en O, dépendra de la longueur du chemin LO, ou du sinus de l'angle OLR; car plus ce sinus sera petit par rapport au sinus total, plus le point K approchera de E, & plus il y aura d'eau dans le vaisseau, mais en recompense le chemin sera plus long; au contraire, plus ce sinus approchera d'égaler le sinus total, moins il y aura d'eau, mais aussi la longeur LO approchant davantage d'égaler la hauteur OR, il faudra moins de tems à la puissance pour la faire monter; or puisque la plus grande quantité d'eau dépend de la ligne KH, & le chemin le plus court du sinus de l'angle OLR; *l'on voit qu'il faut que le produit de ces deux lignes soit le plus grand de tous ceux qui peuvent être formés par les mêmes lignes.*

Ayant fait OV égal à OR, & mené du point V la ligne VY, parallele à LR, OV pourra être pris pour le sinus total, VY pour celui de l'angle VOR, & OY pour celui de l'angle OVY ou OLR; ainsi nommant OR, ou OV, a; OY, x; VY sera $\sqrt{aa-xx}$; quant aux lignes BE & EH que nous supposerons égales, comme la longueur en est indifferente, nous l'exprimerons par l'unité. Considerez que les triangles semblables VOY & BKE donnent VY $(\sqrt{aa-xx})$, YO, (x) :: BE (1) EK, $\left(\dfrac{x}{\sqrt{aa-xx}}\right)$ d'où l'on

tire EH — EK = KH $\left(1 - \dfrac{x}{\sqrt{aa-xx}}\right)$ qui étant multiplié par OY,

(x) donne $x - \dfrac{xx}{\sqrt{aa-xx}}$ dont il faut prendre la *differentielle* & l'éga-

ler à zero, on aura $dx - \dfrac{2xdx \times \sqrt{aa-xx} - x^3 dx \times \overline{aa-xx} - \frac{1}{2}}{aa-xx} = 0$;

ou bien $aadx - xxdx - 2xdx \times \sqrt{aa-xx} - x^3 dx \times \overline{aa-xx} - \frac{1}{2} = 0$;

X

d'où effaçant les dx, il vient $aa - xx \times \sqrt{aa - xx} - \dfrac{x^3}{\sqrt{aa - xx}} = 0$; ou $aa - xx - \dfrac{2aax + x^3}{\sqrt{aa - xx}} = 0$, ou $\dfrac{x^3 - 2aax}{\sqrt{aa - xx}} = xx - aa$, qui étant quarré donne $\dfrac{x^6 - 4aax^4 + 4a^4x^2}{aa - xx} = x^4 - 2aaxx + a^4$, d'où l'on tire enfin $x^6 - \frac{2}{7} aax^4 + \frac{2}{7} a^4 x^2 - \frac{1}{2} a^6 = 0$; & si l'on suppose $x^2 = ay$, on aura $y^3 - \frac{7}{2} ay^2 + \frac{7}{2} a^2 y - \frac{1}{2} a^3 = 0$, pour l'équation la plus simple, à laquelle ce Problême puisse être réduit.

Comme on peut supposer la ligne OR divisée en autant de parties égales qu'on voudra, prenant le nombre 10 pour exprimer la valeur de a, on trouvera en suivant les regles ordinaires $y = \dfrac{17}{10}$.

Pour s'en convaincre, il n'y a qu'à multiplier les valeurs de a & d'y, de la même façon qu'elles le font dans l'équation précedente, on trouvera $y^3 + \frac{7}{2} a^2 y = \dfrac{522213}{1000}$, & $\frac{7}{2} ay^2 + \frac{1}{2} a^3 = \dfrac{601150}{1000}$ qui montre que la somme des Plus, ne differant gueres de celles des Moins, on peut les regarder comme égales.

Fig. 35.

Pour le plus grand effet il faut que la hauteur du plan incliné soit les deux cinquiémes de sa longueur, ou que ce plan forme avec l'horison un angle de 24 dégrez 21 minutes.

393. Ayant supposé $x^2 = ay$, ou $\dfrac{x^2}{a} = y$ & $a = 10$, on aura $x^2 = 17$, ou $x = \sqrt{17}$: or si l'on multiplie 17 par le quarré de 10000, qui est 100000000 pour en extraire la racine quarrée plus exactement, elle sera exprimée par 41231 ; d'autre part multipliant la valeur de a par 10000, on aura $a = 100000$, qui fait voir que OV (a) doit être à OY (x), comme 100000 est à 41231, ou à peu près comme 5 est à 2, qui est un rapport qu'on peut suivre dans la pratique ; ainsi l'on voit que *pour le plus grand effet, il faut que la hauteur OR du plan incliné soit les $\frac{2}{5}$ de sa longueur LO* ; alors on trouvera que la base LR du même plan est à sa hauteur OR, comme 23 est à 10, ou comme $4\frac{1}{2}$ est à 2.

Prenant le côté OV (100000) pour le sinus total, OY (41231) sera celui de l'angle OVY = OLR qui répond dans les Tables à 24 dégrez 21 minute, qui est la valeur de l'angle que le plan incliné doit former avec l'horison.

Le Lecteur aura attention de regarder comme nul la premiere & feconde ligne de la Page 159, & la Notte qui est à la marge, ces deux lignes étant la fuite d'une erreur qui s'étoit gliffée dans le calcul de l'Article 392. que j'ai corrigé par un Carton, ne m'en étant apperçû qu'après l'Impreffion.

de l'angle OLR, les trois huitiémes du finus total, c'eft-à-dire *l'horifon un angle de 22 dégrez, 2 minutes.*
37500 qui répond dans les Tables à 22 dégrez 2 minutes.

Je ne me fuis point amufé à conftruire la derniere équation que nous a donné le calcul differentiel, parce que pour les chofes qui ont rapport à la pratique, on doit préferer des méthodes courtes & aifées à d'autres qui paroiffent plus exactes, mais qui ne peuvent gueres avoir lieu dans l'exécution.

Section V.

De l'Action de l'Eau contre les furfaces circulaires, verticales & inclinées.

Il me refte à parler de l'action de l'eau contre les furfaces *circulaires*, pour montrer de quelle maniere on en doit calculer la pouffée, comme elle eft toujours équivalente au poids d'un volume d'eau exprimé par les parties d'un cylindre coupé avec des circonftances relatives à la figure & à la fituation de fes furfaces. Je commencerai par infinuer les connoiffances préliminaires dont nous pourrons avoir befoin.

394. Soit un cylindre droit ABCD, coupé d'abord en deux Fig. 36. parties égales par un plan EFGH, paffant par l'axe IK, enfuite par un autre ROBM qui forme une éllipfe ; enfin par deux autres plans paralleles à la bafe, formant deux cercles, dont le premier OLMN paffe par le petit axe OM de l'ellipfe, & le fecond QPVR par l'extrémité R du grand axe.

Cela pofé, confiderez que toutes ces fections font naître plufieurs folides. Premierement *l'onglet* ROMNR formé par le demi cercle OMN, la demi ellipfe OMR, & une portion MYNRTO de la furface du cylindre.

2°. Un autre onglet OLBMO (Fig. 36, 37.) égal & femblable au précedent, puifqu'il eft auffi formé par le demi cercle OLM, la demi ellipfe OBM, & une portion OLBM de la furface du cylindre.

3°. Le folide RQOMVR, (Fig. 36, 39.) formé par le demi cercle RQV, le rectangle QOMV, la demi ellipfe OMR, & de deux portions VMYRV, QOTRQ de la furface du cylindre, je nommerai ce folide *complement* de l'onglet ROMN, parce que c'eft la partie qui lui manque pour valoir le demi cylindre QOMNRVQ.

4°. Le folide BMROQPB, (Fig. 36, 40.) formé par le cercle

PR, l'ellipse OBMR, & la portion du cylindre comprise entre ces deux plans.

5°. Le solide (Fig. 36, 41.) ABMRDEOB.

6°. Les deux solides OEABMHE, & OEDRMHE. (Fig. 36, 42, 43.)

FIG. 37.   395. Si l'on examine chacun de ces solides en particulier, l'on pourra considerer l'onglet OLBMO comme composé d'une infinité de rectangles DEFC, qui auroient pour base la double ordonnée CF du demi cercle OLM, & pour hauteur l'élement correspondant GH du triangle rectangle BLX ; ainsi l'on trouvera la somme de tous ces rectangles, de la même maniere que l'on trouve la solidité de l'onglet.

FIG. 38.   396. On peut aussi imaginer l'onglet composé d'une infinité de triangles rectangles FHG, d'une épaisseur infiniment petite, ayant pour base les ordonnées FG du demi cercle, & pour hauteur l'élement correspondant FH de la surface. Pour avoir la somme de ces triangles, nous nommerons le rayon DL, ou DO, a ; la hauteur LB, b ; DG, x ; GF, y ; G, g, ou K, f sera dx, FK, dy ; & FH, $\frac{by}{a}$.

La solidité de l'onglet est égale aux deux tiers du parallelepipede, compris sous le quarré du rayon, & sous la hauteur de l'onglet.

397. Multipliant le triangle FHG ($\frac{by}{2a}$) par dx, le produit donnera $\frac{byydx}{2a}$ pour *le solide differentiel* de l'onglet, & comme la proprieté du demi cercle donne $aa - xx = yy$, substituant la valeur d'yy dans l'expression précédente, on aura $\frac{abdx}{2} - \frac{bxxdx}{2a}$, dont l'integral est $\frac{abx}{2} - \frac{bx^3}{6a}$ ou $\frac{aab}{2} - \frac{aab}{6}$. Lorsque x devient a, ou $\frac{aab}{3}$ pour la solidité de la moitié de l'onglet, par consequent $\frac{2aab}{3}$ pour la solidité entiere, ou enfin $\frac{2a^3}{3}$, lorsque $a = b$, *qui fait voir que dans ce cas l'onglet est égal aux deux tiers du cube du rayon.*

La surface de l'onglet est égale au rectangle compris sous le diamètre de l'onglet & sous sa hauteur. FIG. 38.

398. Selon ce qu'on vient de voir (396) on pourra regarder la superficie infiniment petite FH fh, comme le *rectangle differentiel* de la surface de l'onglet, dont on aura l'expression de sa base Ff, en tirant le rayon DF, & en considerant que les triangles semblables FDG & FfK donnent FG (y), FD, (a) :: fK (dx) f F ($\frac{adx}{y}$) dont le quatriéme terme étant multiplié par FH ($\frac{by}{a}$),

donne $\dfrac{byadx}{ay}$, ou simplement bdx , dont l'integrale est bx , ou ba , lorsque $x = a$ pour la moitié de la surface de l'onglet ; par consequent $2ab$ pour la *surface entiere qui se trouve égale au rectangle compris sous le diamétre MO , & la hauteur BL de l'onglet.* Je ne fais mention de cette surface présentement , que parce qu'il est nécessaire de la connoître pour l'intelligence de ce qu'on verra dans la suite.

399. Considérant le complement RQOMV de l'onglet , comme composé d'une infinité de rectangles ABCD , qui auroient pour base la double ordonnée AD , & pour hauteur l'élement correspondant EF du triangle rectangle XYR , on trouvera leurs sommes en retranchant du demi cylindre QOMBVR , l'onglet qui en fait la difference ; ainsi supposant $XY = YR = a$, & la demi circonference $QRV = b$, on aura $\dfrac{aab}{2}$ pour la solidité du demi cylindre , par consequent $\dfrac{aab}{2} - \dfrac{2a^3}{3}$, ou $\dfrac{3aab}{6} - \dfrac{4a^3}{6}$ pour la valeur du complement de l'onglet ; ainsi le rapport de ces deux solides sera $\dfrac{4a^3}{3aab - 4a^3}$ ou $\dfrac{4a}{3b - 4a}$ ou $\dfrac{2a}{\frac{3b - 2a}{2}}$, *qui montre*

La solidité de l'ongles est à celle de son complement , comme 14 est à 19. Fig. 39.

que l'onglet est à son complement , comme le diamétre du cercle est à la difference du meme diamétre aux trois quarts de la circonference ; il suit de-là que si l'on pouvoit trouver la valeur exacte du complement de l'onglet , on auroit la quadrature du cercle.

Pour avoir en nombres le rapport de l'onglet à son complement , supposant $a = 7$, il viendra $b = 22$, par consequent $\dfrac{2a}{\frac{3b - a}{2}} = \dfrac{14}{19}$,

qui fait voir *que l'onglet est à son complement , comme* 14 *est à* 19.

400. Considérant aussi le solide exprimé par la quarantiéme Figure , comme composé d'une infinité de plans EFGH , compris sous la double ordonnée EH , & l'élement IK du triangle PBR , on aura la somme de tous ces plans en multipliant le cercle PVQR par l'élement moyen DC , servant d'axe au cylindre PLNR , parce que les onglets OLBM & ROMN , étant égaux , *le solide dont il s'agit sera égal au cylindre.* Fig. 40.

401. Coupant le même solide en deux parties par le plan QOMV qui passe par l'axe DC , & dont la base QV est perpendiculaire au diamétre PR , la grande partie OQPBMV , sera à la petite OQVMR , comme 47 est à 19.

X iij

Supofant $BP = PR$, on aura $BL = LD$, & $DC = CR$, par conféquent fi l'onglet OLBM, eft exprimé par 14, fon complement OQRVM, le fera par 19, & comme ces deux folides enfemble valent le demi cylindre OQPLMV, il pourra être exprimé par la fomme des deux nombres précedens, à laquelle ajoutant celui de l'onglet, on aura 47 pour la plus grande partie OQPBMV, & 19 pour la petite OQRVM.

FIG. 41.

402. Pour avoir la fomme de tous les plans CFHL compris fous la double ordonnée CL, & fous l'élement GI du trapeze ABRD, *il faudra comme dans le cas précedent, multiplier encore la fuperficie du cercle AD par l'élement moyen XK, fervant d'axe au cylindre ALND*, puifque ce cylindre eft égal au folide dont nous parlons.

FIG. 42.
& 43.

403. Quant aux folides exprimés par les Figures 42 & 43, on voit que *pour le premier on aura la fomme de tous les plans DING, en ajoutant à la folidité du demi cylindre ALMHO, celle de l'onglet OLBA, & qu'on aura celle du fecond en retranchant du cylindre EOMNHD, la valeur de l'onglet MNRO.*

Maniere de mefurer la pouffée de l'eau contre un demi cercle, eu égard à fa fituation.

404. Il fera aifé prefentement de calculer la pouffée de l'eau contre toutes fortes de furfaces circulaires, par exemple voulant fçavoir, celle que foutient la fuperficie du demi cercle ABC dont le diametre AC répond au niveau RZ de l'eau, remarquez qu'en faifant le triangle rectangle & ifocele DBE dont tous les élemens reprefentent les hauteurs des lames d'eau, qui repondent à tous les points de la hauteur DB, on aura la pouffée qui agit contre la double ordonnée FG en multipliant cette ligne par l'élement correfpondant IH ; or comme la fomme de tous ces produits fera égale à la folidité d'un onglet qui auroit pour bafe le demi cercle ABC, & pour hauteur la ligne BE égale au rayon, *cette pouffée pourra donc être exprimée par un volume d'eau égal aux deux tiers du cube du rayon* DB. (397)

PLAN. 5.
FIG. 44.

405. Si le demi cercle étoit fitué dans un fens opofé au precedent comme KLM, l'on verra que puifqu'il faut encore, pour avoir l'action de toutes les lames d'eau contre les doubles ordonnées OP, multiplier chacune de ces lignes, par l'élement correfpondant QR du triangle KLN, que la pouffée que foutiendra ce demi cercle pourra être exprimée, par le complement d'un onglet qui auroit pour bafe ce même demi cercle, & pour hauteur le rayon, ainfi on la trouvera (399) en difant 14 eft à 19, comme

$$\frac{2\,\overline{LN}^3}{3} \text{ eft à } \frac{19}{21} \times \overline{LN}^3, \textit{ qui fait voir que cette pouffée eft égale aux}$$

dix-neuf - vingt-uniémes du volume d'eau , exprimé par le cube du rayon.

Il fuit que fi les deux demi cercles font égaux , la pouffée que foutiendra le premier eft à celle que foutiendra le fecond comme 14 eft à 19. (399)

406. Si les deux demi cercles étoient audeffous du niveau RZ , Fig. 45. comme ABCD , & HRS , les lignes IB & OX , exprimant la plus grande hauteur de l'eau , faifant les triangles rectangles & ifoceles IBN , & OXL , il faudra multiplier les doubles ordonnées FG, & QT, par les élemens correfpondans HE & PV des trapezes NKDB & LMRX , alors la fomme des produits, pour le demi cercle ABC étant exprimée par un folide femblable à celui de la quarante-deuxiéme Figure , *il faudra multiplier fa fuperficie par la ligne DK ou DI , qui marque la plus petite hauteur de l'eau , pour avoir le demi cylindre , dont il a été fait mention dans l'article 403 , & y ajouter celle de l'onglet , c'eft-à-dire les deux tiers du cube du rayon , l'on aura le volume d'eau , dont ce demi cercle foutient la péfanteur.*

407. Quant à l'autre demi cercle HRS , comme la fomme des produits , dont nous venons de parler , fera exprimée par un folide femblable à celui de la quarante-troifiéme Figure , *l'on voit que pour avoir la pouffée qu'il foutient , il faut multiplier fa fuperficie par la ligne XL ou XO , pour avoir la folidité du cylindre dont nous avons fait mention dans l'article 403 , de laquelle il faudra retrancher celle de l'onglet , c'eft-à-dire les deux tiers du cube du rayon.*

408. Enfin fi l'on avoit deux cercles , dont l'un répondit au niveau DL de l'eau , & que l'autre fut plus bas , faifant les triangles rectangles & ifoceles CDB , & NLM , la fomme des produits des doubles ordonnées EF , par les élemens correfpondans GH du triangle CDE , pourra être exprimée par un folide femblable à celui de la trente-neuviéme Figure. C'eft pourquoi *il faudra pour avoir la pouffée que foutient le premier cercle , multiplier fa fuperficie , par l'élement moyen IK , qui n'eft autre chofe que le rayon KD , qui marque la hauteur de l'eau , au-deffus du centre K.* (400)

409. Si l'on fe rapelle ce qui a été dit dans l'article 401 , l'on verra que *la pouffée que foutient le dernier cercle inferieur IBZ , eft à celle que foutient le fuperieur IDZ comme 47 eft à 19.*

410. L'on verra de même que la fomme de tous les produits des doubles ordonnées QR , par les élemens correfpondans OP du trapeze NSTM pourra être exprimée par un folide femblable à la quarante-uniéme Figure. C'eft pourquoi, *il faudra pour avoir la pouffée que foutient le fecond cercle , multiplier fa fuperficie par l'élement moyen*

VX, ou par son égal XL qui marque la hauteur de l'eau au-dessus du centre X. (402.)

Dans quelque situation que soit une surface circulaire, la poussée qu'elle soutient est toujours égale au poids d'une colonne d'eau qui auroit cette surface pour base, & pour hauteur celle du niveau de l'eau au dessus du centre du cercle.

FIG. 47. & 48.

FIG. 49.

411. Il suit qu'ayant un tuyau AB recourbé par le bas, pour y adapter un espece d'entonnoir GECDFH, fermé par un piston, que versant de l'eau dans ce tuyau jusqu'à la hauteur K, *la puissance P appliquée au Piston, soutiendra une poussée équivalente au poids d'une colonne d'eau, qui auroit pour base le cercle EF du Piston, & pour hauteur la ligne KB qui marque l'élevation du niveau de l'eau, au-dessus du centre I, quelque petit que soit le diametre du tuyau, ainsi cette puissance sera dans le même cas, que si elle étoit appliquée au Piston de la quarante-huitiéme Figure comme dans l'article* 357.

Si les surfaces precedentes, au lieu d'être vertcales, étoient inclinées, tout ce que nous venons de dire n'en subsisteroit pas moins, ayant montré (382) que la poussée contre les unes & les autres, devoit se mesurer de la même maniere.

412. Il suit de-là que si on avoit un tuyau incliné ABCD rempli d'eau, & que le fond AD, fut fermé par un Piston, que *la puissance qui y seroit appliquée soutiendroit un poids équivalent à celui d'une colonne d'eau qui auroit pour base le cercle du Piston, & pour hauteur la perpendiculaire EF, qui marque la plus grande élevation de l'eau au-dessus du centre F, de quelque Figure que soit le tuyau, sans se mettre en peine de sa grosseur.* (360.)

SECTION VI.

Des Centres d'impression.

FIG. 50.

413. Puisque selon l'article 362, l'action de toutes les lames d'eau contre une surface ABCD peut être exprimée par les élemens d'un triangle isocele AED, il est constant qu'il y a un point M, dans la perpendiculaire EF, où une puissance P étant appliquée selon une direction oposée PM, les soutiendra toutes en équilibre, & pour peu qu'on y fasse attention: on verra que ce point que je viens de nommer ici *centre d'impression*, ne peut être que le centre de gravité du triangle AED, *d'où il suit que le centre d'impression d'une surface rectangulaire ABCD, est placé aux deux tiers de la ligne EF qui la divise en deux également, & qui marque la hauteur de l'eau.* (100.)

414. N'ayant aucun égard qu'à la poussée que soutient le rectangle AGHD, qu'on pourra regarder comme la vanne d'une Ecluse, l'eau ayant toujours la même hauteur EF, le centre d'impression de cette surface sera le même que le centre de gravité O du trapeze AIKD. Pour le trouver nous suposerons que le point N mar

que

que celui du triangle IEK , ainsi nommant EF , a; EL , b; EO , x, on aura $EM = \dfrac{2a}{3}$, $EN = \dfrac{2b}{3}$, $MN = \dfrac{2a}{3}, - \dfrac{2b}{3}$ & $MO = x - \dfrac{2a}{3}$.

Si à la place de la superficie des triangles semblables IEK , & AED , on prend les quarrés de leurs perpendiculaires EL , & EF , la difference de ces deux quarrés , ou $aa - bb$, exprimera la superficie du trapeze AIKD ; (363) ainsi on aura (15) $aa - bb$, bb :: $\dfrac{2a-2b}{3} x - \dfrac{2a}{3}$, d'où l'on tire $\dfrac{2}{3} \times \dfrac{abb-b^3}{aa-bb} = x - \dfrac{2a}{3}$, ou $\dfrac{2}{3} \times \dfrac{abb-b^3}{aa-bb} + a = x$; si l'on multiplie la grandeur a par $aa - bb$, on aura $\dfrac{2}{3} \times \dfrac{abb-b^3 + a^3 - abb}{aa-bb} = x$, ou $\dfrac{2}{3} \times \dfrac{a^3 - b^3}{aa-bb} = x$, d'où l'on tire cette regle génerale.

415. Pour avoir l'intervalle de la surface de l'eau au centre d'impreffion d'une vanne , il faut mefurer exactement , la plus grande & la plus petite hauteur de l'eau , cuber ces deux hauteurs , fouftraire le petit cube du grand, prendre les deux tiers de la difference , enfuite divifer cette quantité par la difference du quarré de la plus grande hauteur de l'eau , à celui de la plus petite , le quotient donnera ce que l'on cherche.

Par exemple fi la hauteur EF étoit de 6 pieds , & la plus petite EL de 4 , l'on fouftraira 64 cube de 4 , de 216 cube de 6 , on aura 152 pour la difference dont il faut prendre les deux tiers qui est $101 \dfrac{1}{3}$ qu'il faut divifer par la difference des quarrez de 6 & de 4 qui eft 20 , le quotient donnera $5 \dfrac{1}{15}$, c'eft-à-dire 5 pieds, 9 lignes, 7 points & $\dfrac{1}{5}$ de point pour l'intervalle EO. L'on verra par la fuite l'ufage des centres d'impreffion pour le calcul des machines muës par un courant.

Comme les centres d'impreffion des furfaces circulaires font les mêmes que les centres de gravité des folides qui expriment ces impreffions , & qu'on ne peut avoir ces derniers centres fans connoître celui de l'onglet , je vais examiner ce folide fous une autre face que dans l'article 396. Pour cela il faut confiderer la folidité d'un cylindre droit ABCD comme compofé de plufieurs furfaces EFGH d'une épaiffeur infiniment petite , lefquelles vont toujours en croiffant depuis l'axe IK jufqu'à la plus grande furface ABCD ,

PLANCH. 6. FIG. 51.

Y

j'entends que si l'on imagine, que le cercle qui sert de base au cylindre, soit composé d'une infinité de circonferences concentriques, formant autant de couronnes d'une épaisseur infiniment petite, chacune d'elles servira de base à l'élement correspondant du
cylindre.

416. En suivant cette idée, si l'on coupe le cylindre par un plan
MLNDOM, passant par le centre I, & l'extremité D du diametre
AD, ce plan en détachera un onglet qui aura pour base le demi
cercle MLC; or comme tous les cylindres qui vont en croissant
depuis l'axe jusqu'à la surface ABCD, auront été coupés de la même maniere que le précedent, chacune d'eux fournissant aussi un
onglet, il s'ensuit que le plus grand pourra être consideré, comme
étant composé d'une infinité d'autres onglets semblables entre eux,
allant tous en croissant depuis le plus petit qui répond au centre I
jusqu'au plus grand; je dis semblable entre eux, puisque tous les
triangles IGP, marqueront leurs coupes par le milieu, par consequent on pourra considerer l'onglet, qui répond au plus grand
triangle ICD comme étant composé d'une infinité de portions de
surfaces cylindriques, semblables, concentriques, & d'une épaisseur infiniment petite, dont chacune sera égale au rectangle, compris sous le diamétre du demi cercle qui lui sert de base, & sous
l'élement correspondant GP du triangle IDC. (398)

417. Pour avoir la solidité de l'onglet par cette voye, soit le de-
FIG. 52. mi cercle ABC qui lui sert de base, décrivant les demi circonferences FGE & *fge*, infiniment près l'une de l'autre, nommant DB,
ou BI, a; DG, ou GP, x; Gg sera dx, ainsi l'on aura pour élement differentiel de l'onglet FEXGPXGg, ($2xxdx$) dont l'inte-
grale donne $\frac{2x^3}{3}$ ou $\frac{2a^3}{3}$ quand $x = a$, pour la solidité de l'onglet.

418. Pour avoir son centre de gravité, il faut multiplier le solide differentiel $2xxdx$ par le rayon DG, (x) ce qui donne $2x^3dx$
dont l'integrale est $\frac{2x^4}{4}$ ou $\frac{x^4}{2}$, ou $\frac{a^4}{2}$, qui étant divisé par $\frac{2a^3}{3}$ solidité de l'onglet, donne $\frac{3a}{4}$, qui fait voir que *le centre de gravité*
de l'onglet est éloigné du centre de son demi cercle, des trois quarts du
rayon.

FIG. 53. 419. Pour avoir le centre de gravité du complement de l'onglet, nous n'aurons égard qu'au demi cercle VRQ, commun à
ces deux solides, & le centre de gravité du demi cylindre, celui
de l'onglet & celui de son complement, étant dans le rayon VR.

perpendiculaire au diamétre VQ, nous fuppoferons que le premier eft au point B, le fecond au point C, & le troifiéme au point
D, fur quoi il eft à remarquer, que la pofition des deux premiers
eft connue ; car felon l'article 106, la demi circonference VRQ
eft à fon diamétre VQ, comme les deux tiers du rayon YR eft à
l'intervalle YB, le demi cylindre étant compofé d'une infinité de
demi cercles égaux, dont tous les centres de gravité paffent par
la même ligne de direction, on pourra regarder tous ces cercles
ou le demi cylindre réunis dans le poids T. D'autre part comme
on aura la pofition du centre de gravité de l'onglet, en faifant YC
égal aux trois quarts du rayon YR, (418) on pourra fuppofer
auffi fa folidité réunie dans le poids Q, & celle de fon complement dans le poids S.

Cela pofé, confidérant le point B, comme l'appuy d'un lévier
DC, au tour duquel font en équilibre les poids S & T, dont le
premier eft au deuxiéme, comme 19 eft à 14, (399) on aura 19,

$$14 :: BC, BD = \frac{14}{19} \times BC, (51).$$

Si l'on fait un angle à volonté YCK, prenant la ligne CE, de
telle grandeur que l'on voudra, il faut la divifer en 19 parties égales, faire EF égal à 14 de fes parties, tirer la ligne EB, & par le
point F lui mener la parallele FD qui donnera le point D centre
de gravité du complement de l'onglet, puifque CE, (19) EF,
(14) :: CB, BD.

420. Ayant un folide, comme celui de la quarante-deuxiéme
Figure, compofé d'un demi cylindre OEALMH, & d'un onglet
OLBM, on trouvera dans le rayon AK le point par où doit paffer la ligne de direction, du centre de gravité de ce folide ; car
nous fervant de la figure cinquante-troifiéme, prenant le poids T
pour celui du demi cylindre, & le poids T pour celui de l'onglet,
on dira comme la fomme des deux poids, qui n'eft autre chofe
que le folide, dont il s'agit (403) eft à l'intervalle BC, ainfi le poids
Q ou l'onglet eft à l'intervalle BG du centre de gravité du demi cylindre à celui que l'on cherche. (51)

421. Pour trouver de même, dans le rayon KD de la bafe du
folide de la quarante-troifiéme figure, le point par où doit paffer
la ligne de direction de fon centre de gravité, on remarquera que
ce folide étant compofé du demi cylindre EQVRDH, & du
complement RQOMV d'un onglet, on pourra en prenant encore dans la figure cinquante-troifiéme le poids P pour celui du
demi cylindre, & le poids S pour celui du complement de l'on-

glet, dire, comme la fomme de ces deux poids (403) eft à l'intervalle DB ; ainfi le poids S ou la folidité du complement de l'onglet (399) eft à l'intervalle BH du centre de gravité du demi cylindre, à celui du folide entier.

422. Si dans la quarantiéme figure on retranche du cylindre PLNR les onglets égaux MNRO, il reftera un folide regulier POMVRQO, dont l'axe DC paffant par fon centre de gravité, on pourra fuppofer, ce folide réuni dans le poids Y, prenant la ligne DA égale aux trois quarts du rayon DL, le centre de gravité commun des onglets égaux MBLO, ou MPLO, étant au point A, (418) on pourra auffi le fuppofer réuni dans le poids X ; on dira donc comme la fomme des poids X & Y, ou la folidité du cylindre PLNR, (400) eft à l'intervalle DA, ainfi le poids X ou la fomme des deux onglets, eft à l'intervalle DS du centre du cercle LN, au centre de gravité du folide PBR.

423. Enfin on trouvera de la même maniere le centre de gravité du folide reprefenté par la quarante-uniéme Figure, en retranchant le double onglet OGBM, & en faifant XY égal aux trois quarts du rayon, afin de pouvoir dire, comme le cylindre ALND eft à l'intervalle XY, ainfi la fomme des deux onglets eft à l'intervalle XS, du centre du demi cercle, au centre de gravité S que l'on cherche.

Section VII.

De la Mefure des Eaux qui coulent par le fond des Tuyaux ou Refervoirs.

Les parties de l'eau renfermée dans un vaiffeau, s'empreffent de toute part à couler du côté le plus foible.

424. Pour bien établir les principes qui vont faire l'objet de cette Section, il convient de remarquer que les parties de l'eau renfermée dans un vaiffeau, fe preffent mutuellement en tous fens avec des forces égales dans chaque couche horifontale, & que s'il vient à s'en échaper par une ouverture pratiquée au fond, toutes les autres dont elles font environnées, s'empreffent à couler de ce côté-là, avec une certaine gradation de viteffe, qui dépend de la force de celles qui les fuivent, ou fi l'on veut, du poids dont elles font chargées ; (343) & comme la force qui preffe la furface de l'eau pour la faire defcendre, peut être regardée comme nulle par rapport à la preffion que foutient la lame, qui fert de bafe à la colonne d'eau qui répond à *l'orifice* ; on ne peut pas dire que ce foit cette colonne, fans ceffe renouvellée par la furface qui s'échape, mais que generalement toute celle du vaiffeau concourt à la dépenfe.

425. Pour mettre ceci dans un plus grand jour, suppofons un vaiffeau ABCD, rempli d'eau jufqu'à la hauteur IK; fi on y plonge jufqu'au-fond un tuyau EFGH ouvert par les deux bouts, fa furface ferâ pouffée felon des directions horifontales, (361) avec des forces égales & opofées, qui iront en croiffant, felon l'ordre des termes d'une progreffion arithmétique; (362) car traçant fur les côtez FE, GH du tuyau, les triangles rectangles & ifoceles FES & GHT, leurs élemens repréfenteront l'action de l'eau contre la furface exterieure : comme le point X fera pouffé avec une force exprimée par l'élement VX, & le point Y oppofé au précedent, avec une force exprimée par la hauteur FY égale à VX, (377) & qu'il en fera de même de tous les autres points pris à la ronde dans une même couche horifontale LM, l'on voit que l'eau du vaiffeau fera autant d'effort pour entrer dans le tuyau, que celle du tuyau en fera pour en fortir.

Quand un Refervoir percé par le fond, eft toujours entretenu à la même hauteur; ce n'eft pas la colonne d'eau qui répond à l'orifice fans ceffe renouvellée, qui fournit à la dépenfe, mais generalement toute l'eau du vaiffeau y concoure.

Comme l'étendue de la bafe AD eft indifferente à la pouffée dont nous parlons, on voit que fi le vaiffeau étoit lui-même un tuyau OPQR, un peu plus gros que celui qu'on plongera dedans, la furface de ce dernier fera toujours pouffée avec la même force, quelque petite que foit la difference des deux cercles OR & EH, pourvû que leurs circonferences ne fe confondent point. (379)

Planch. 6. Fig. 54.

426. Si l'on fuprime le tuyau du milieu pour n'avoir égard qu'à la colonne qui s'y trouve renfermée, fa furface fera preffée par l'eau dont elle eft environnée, avec la même force que l'étoit celle du tuyau. Pour connoître le rapport de cette force à l'action du poids de la colonne fur le fond du vaiffeau, nous nommerons r le rayon NH, du cercle EH; c, fa circonference, & h, la hauteur FE de l'eau; ainfi on aura $\dfrac{hhc}{2}$ pour la pouffée que foutient la furface; (374) & $\dfrac{rhc}{2}$ pour fon poids, d'où l'on tire $\dfrac{hhc}{2}$,

L'effort que fait l'eau pour occuper la place de la colonne, eft à l'action de cette colonne pour defcendre, comme fa hauteur eft au rayon de fa bafe.

$\dfrac{rhc}{2}$ :: h, r, qui montre que *l'effort que fait l'eau du vaiffeau pour occuper la place de la colonne, eft à l'action de cette colonne pour defcendre, comme fa hauteur eft au rayon de fa bafe.*

427. L'on peut conclure, que lorfque la hauteur de la colonne excedera fon demi diamétre, les parties de l'eau qui la compofent ne pourront jamais fortir toutes enfemble, par une ouverture égale à fa bafe, parce que la force avec laquelle elle tendra à defcendre, fera moindre que celle de l'eau qui tend à la remplacer, ce qui mon-

Y iij

tre que cette colonne, dan le tems de l'écoulement, aura toujours la même péfanteur, puifque les parties qui s'en échaperont, feront à l'inftant remplacées par celles qui cherchent à fortir à leur tour.

L'eau d'un vaiffeau entretenuë au même niveau, coule toujours avec une viteffe uniforme, étant chaffée par une force conftante.

428. Il fuit que lorfque l'eau d'un vaiffeau fera continuellement entretenuë au même niveau, celle qui fortira par un orifice pratiqué au fond, aura toujours la même viteffe, puifqu'elle fera chaffée par tout le poids de la colonne qui la preffe, qu'on peut regarder comme *une force conftante*, qui agit *uniformement* fur toute l'étenduë de l'orifice.

Quand un tuyau vertical dont l'ouverture eft égale à la bafe, vient à fe vuider, la furface de l'eau acquiert en defcendant une viteffe, qui croit comme celle des corps graves, qui tombent librement.

429. Il n'en eft pas de même de l'eau d'un tuyau droit, qui fe vuide par une ouverture égale à fa bafe, parce qu'elle tombe tout d'une piéce comme un cylindre de glace, c'eft-à-dire qu'en fortant elle a d'abord une très-petite viteffe, qui va en croiffant, comme celle qu'acquierent les corps graves depuis l'inftant de leur chute, car l'eau de la colonne n'étant point remplacée ni par le haut, ni par les côtés, fa furface repondant immédiatement à celle du vaiffeau, elle fe trouve dans le cas de tous les corps graves, par confequent elle doit fuivre la loi de leur acceleration (154) ne fe rencontrant ici aucune circonftance, qui puiffe faire naître quelque changement. Le tems qu'un pareil tuyau mettra à fe vuider totalement, fera égal à celui qu'il faudra à un corps, pour parcourir en defcendant librement le même efpace que parcourera dans le tuyau la furface fuperieure de l'eau. (175)

430. Comme on peut toujours rendre *uniforme* une viteffe retardée ou accelerée, *en prenant la moitié de la grande viteffe*, (160) il faudra en ufer de la forte, lorfqu'on voudra comparer la dépenfe d'un tuyau, tel que le précedent, avec celle d'un autre toujours entretenu plein.

Les viteffes de l'eau font dans la raifon des racines quarrées des hauteurs de la même eau.

431. Si la furface de l'eau contenue dans un tuyau, ou Refervoir, après avoir été entretenue pendant un certain tems, au même niveau BC, l'étoit enfuite au niveau FG, malgré la dépenfe qui s'en fera par l'orifice EH, pratiqué au fond du vaiffeau ; fa viteffe uniforme dans le *premier cas, fera à fa viteffe uniforme dans le fecond, comme la racine quarrée de la hauteur* IE, *eft à la racine quarrée de la hauteur* KE.

FIG. 55.

Pour s'en convaincre, il faut confiderer que les quantitez ou maffes d'eau qui s'écoulent d'un même orifice, en tems égaux, doivent être comme les viteffes qu'elles ont à leurs forties, puifqu'il eft naturel qu'une viteffe double ou triple, fourniffe dans le même tems une quantité d'eau double ou triple ; ainfi nommant V la grande viteffe ; M, la maffe ou quantité d'eau qu'elle fournit dans un certain tems ; u, la petite vitesse ; & m, la masse qu'elle fournit dans le même tems ; on aura $V , u :: M , m$, par conséquent $m = \dfrac{Mu}{V}$. D'autre part nommant F , le poids de la colonne IH ; & f, celui de la colonne KH ; l'un & l'autre ayant la même base, donneront $F , f :: IE , KE$: les forces F , f étant comme les quantitez de mouvement qu'elles causent, (149) c'est-à-dire, comme le produit des masses d'eau qu'elles font sortir en tems égaux , multipliées chacune par sa vitesse , l'on aura $F , f :: VM , \dfrac{u \times u M}{V}$, par conséquent $\dfrac{FMuu}{V} = fMV$, ou $Fuu = fVV$, qui donne $VV , uu :: F , f$; ou $VV , uu :: IE , KE$; ou enfin $V , u :: \sqrt{IE} , \sqrt{KE}$, qui montre que *les vitesses de l'eau sont comme les racines quarrées des hauteurs de sa surface au-dessus de l'orifice.*

432. L'on a fait long-tems usage de ce principe, sans en connoître la veritable cause, qui n'a été découverte qu'en 1695 par M. Varignon, parce qu'on en étoit détourné par la ressemblance qui se rencontre entre l'expression des vitesses de l'eau, & celles qui résultent de la chûte des corps graves. On vouloit que la vitesse de l'eau qui s'échappe vint de l'impression de la chûte accelerée de sa surface , sans faire reflexion que toutes les parties de la colonne qui répond à l'orifice étant contigues, celles d'en haut ne pouvoient avoir plus de vitesse que celles d'en bas, pour leurs en communiquer, & qu'au contraire les premieres devoient en avoir moins que les autres. (424)

433. On voit en general qu'ayant deux tuyaux ou reservoirs, dans chacun desquels l'eau soit toujours remplacée pour entretenir sa surface au même niveau IL & KP , mais à des hauteurs differentes, *que les vitesses de celle qui sortira par les orifices* $\odot$ o , *seront comme les racines quarrées des hauteurs IG , & KG.*

L'on pourra donc , quand on le jugera à propos , au lieu des vitesses de l'eau, prendre les racines des hauteurs des tuyaux ou reservoirs ; j'entends ici par la hauteur des reservoirs celle de l'eau au-dessus de leur fond.

434. Le principe précedent est general , que le vaisseau soit *droit* ou *incliné*, parce que la pression de l'eau sur le fond de ce dernier, étant la même que s'ils étoient droits, (412) les forces seront aussi les mêmes , par conséquent les vitesses qu'elles causent ; d'où il suit que lorsqu'on voudra calculer la quantité d'eau qui s'écoule par le fond d'un tuyau, posé sur un plan incliné, de quelque figure que soit ce tuyau, *il faudra n'avoir égard qu'à la per-*

La démonstration du principe general du mouvement des eaux, a été trouvé par M. de Varignon.

Les vitesses de l'eau peuvent être exprimées par les racines quarrées des hauteurs des reservoirs.

Fig. 56. & 57.

Que les tuyaux soient droits ou inclinés, les vitesses de l'eau doivent toujours s'exprimer par *les racines quarrées de la hauteur de son niveau, au-dessus de l'orifice.*

pendiculaire, qui exprime la hauteur de la surface de l'eau, au-dessus du centre de l'écoulement, & pour le reste, agir comme si le tuyau étoit droit.

435. Si après avoir rempli d'eau le vaisseau ABCD, on la laissoit couler par l'orifice EH, il suit que ses vitesses à chaque instant, seront comme les racines des hauteurs, où sa surface se rencontrera au-dessus du fond. (431)

FIG. 55.

La vitesse de l'eau à la sortie d'un orifice est la même que celle qu'un corps auroit acquise en tombant de la hauteur du reservoir.

436. Puisque les vitesses de l'eau qui s'écoule des tuyaux ou reservoirs, toujours entretenus pleins, peuvent être exprimées par les racines quarrées des hauteurs, comme celles qu'acquierent les corps graves qui tombent librement, (169) l'on voit que les regles de Galilée sur l'acceleration, peuvent être appliquées au mouvement des eaux en general, en regardant leurs vitesses à la sortie des orifices, comme ayant été acquises par une chûte, dont la hauteur seroit égale à celle du niveau de l'eau au-dessus de ces orifices, d'autant mieux que tout le monde sçait que les jets d'eau remontent à peu près à la hauteur du niveau de leurs reservoirs où ils atteindroient précisément, sans la résistance de l'air qu'ils sont obligez de fendre; ce qui prouve qu'à la sortie de l'adjutage, ils ont la même vitesse que celle qu'auroit acquis un corps par une chûte égale à la hauteur du reservoir, qui est celle qu'il lui faudroit pour remonter d'où il étoit tombé. (161)

Quand un vaisseau est toujours entretenu plein, il se dépense par le fond une colonne d'eau double de celle qui auroit pour base l'orifice, & pour hauteur celle de l'eau, dans le tems qu'il faudroit à un corps pour parcourir cette hauteur, en tombant librement.

437. Si la colonne d'eau IEHL étoit renfermée dans un tuyau de même grosseur, & qu'on lui laissât tout-à-coup la liberté de s'échapper par l'ouverture EH, égale à sa base, nous avons vû, (430) que sa vitesse moyenne seroit la moitié de celle qu'un corps acquereroit en tombant de la hauteur IE, (ainsi elle peut être exprimée par $\frac{1}{2}\sqrt{IE}$) & que le tems de cette chûte seroit égal à celui qu'il faudroit au tuyau pour se vuider. (429)

Si l'on fait abstraction du tuyau, que l'eau soit toujours remplacée & entretenue au même niveau BC, la vitesse uniforme de celle qui sortira par la même ouverture EH devant être exprimée par $\sqrt{IE}$ (433) double de $\frac{1}{2}\sqrt{IE}$, l'on voit que la dépense de l'orifice, dans le tems qu'un corps mettroit à tomber de la hauteur IE, sera double de celle qui sortira dans le même tems du tuyau dont nous venons de parler, (157) par consequent double de la colonne EILH, parce que les orifices égaux donnent dans le même tems des quantités d'eau, qui sont en même raison que leurs vitesses. (431)

FIG. 55.

438. On

438. On peut donc dire, que *la dépense d'un tuyau ou reservoir, pendant la durée du tems qu'il faudroit à un corps pour tomber librement de la hauteur du niveau de l'eau au-dessus du fond, est égale à une colonne d'eau, qui auroit pour base l'orifice, & pour hauteur une ligne égale au chemin que peut parcourir un corps d'un mouvement* (158) *uniforme dans le tems de sa chûte, avec la vitesse acquise.*

439. Ayant un vaisseau rempli d'eau, si on lui laisse la liberté de se vuider par un orifice pratiqué au fond sans y rien ajoûter, & qu'ensuite on l'entretienne toujours plein, *il en sortira deux fois autant d'eau qu'il en contient, dans un tems égal à celui qu'il lui faudra peut se vuider totalement,* parce que les vitesses de l'eau d'un vaisseau qui se vuide, allant en décroissant, comme celles d'un corps qui est poussé de bas en haut, si ce corps peut parcourir d'un mouvement uniforme en conservant sa premiere vitesse, un espace double de celui où il seroit monté pour la perdre, (157) la dépense de l'eau doit être double dans le même tems, dès que sa premiere vitesse reste la même.

440. Comme un corps qui est tombé d'une certaine hauteur, peut avec la vitesse acquise, remonter d'un mouvement uniforme au point d'où il est parti, dans la moitié du tems qu'il a mis à descendre, (160, 161) *il arrivera aussi qu'un vaisseau entretenu plein d'eau, en depensera autant qu'il en contient, dans la moitié du tems qu'il employera à se vuider.*

441. Prevenus qu'un corps en tombant, parcourt dans des tems égaux des espaces qui vont en croissant, selon les nombres impairs 1, 3, 5, 7, 9, &c. (161, 164) & qu'en remontant ils parcourent les mêmes espaces, mais dans un ordre renversé ; il suit que les quantités d'eau d'un vaisseau prismatique ou cylindrique qui se vuide par le fond, *doivent diminuer en tems égaux dans le même ordre, que les espaces que parcourt un corps qui est poussé de bas en haut,* puisque la proportion des vitesses est la même. Supposant que le vaisseau se vuide totalement en 5 minutes, si la quantité d'eau qui se sera écoulée dans la premiere est exprimée par 9, elle le sera dans la seconde par 7, dans la troisiéme par 5, dans la quatriéme par 3, & dans la cinquiéme par 1.

442. On pourra déterminer le tems qu'un vaisseau prismatique ou cylindrique employera à se vuider, en disant, *comme la superficie de l'orifice est à celle de la base du vaisseau ; ainsi le tems qu'un corps employera à tomber de la hauteur de l'eau* (174) *est à celui qu'on cherche ;* car si l'on imagine toute l'eau divisée en autant de colonnes égales à celle qui répond à l'orifice, que cet orifice peut être

Z

ra à tomber de la hauteur du vaiffeau. contenu de fois dans la bafe du vaiffeau, l'on verra que le tems de l'écoulement doit être proportionné au nombre des colonnes; cependant, comme dans l'expérience, l'écoulement ne fera pas auffi régulier fur la fin qu'au commencement; il faut pour plus de précifion obferver le tems que le vaiffeau employera à fe vuider feulement jufqu'au quart ou au tiers de fa hauteur, enfuite fouftraire de la premiere hauteur de l'eau, celle où elle fe trouvera après l'obfervation, *& dire comme la racine de la difference de ces deux hauteurs, eft à la racine de la plus grande; ainfi le tems qu'on aura trouvé eft au tems que l'on cherche.*

On pourra donc connoître le tems qu'il faudroit à un corps pour tomber de la hauteur du vaiffeau, par celui que ce vaiffeau mettra à fe vuider totalement, en difant *comme fa bafe eft au tems de l'écoulement, ainfi la fuperficie de l'orifice eft au tems que le tuyau mettra à fe vuider,* qui eft le même que celui que le corps employera pour fa chûte.

Quand 2 vaiffeaux fe communiquent, il faut le double du tems au premier pour remplir le fecond, que fi celui-cy étoit au-deffous de l'autre. 443. Ayant deux vaiffeaux prifmatiques, pofez fur un même plan horifontal, unis par un tuyau de communication, fi on entretient le premier plein d'eau, en remplaçant celle qu'il dépenfera, & qu'on lui laiffe tout-à-coup la liberté de s'écouler dans le fecond, *il lui faudra pour fe remplir le double du tems qu'il lui auroit falu, s'il avoit été placé immédiatement au-deffous du premier,* parce que fa viteffe diminuera à mefure que la furface de l'eau approchera de fon niveau dans le même ordre, que diminue celle d'un corps qui remonte vers le point d'où il eft defcendu, ou comme diminueroit celle de l'eau du même vaiffeau, fi après en avoir été rempli on la laiffoit couler par le fond; ce qui montre qu'il faudra autant de tems pour le remplir que pour le vuider. (441) Cet article nous fervira dans la fuite pour connoître le tems qu'il faut pour remplir les fafces des éclufes des canaux.

Conclufion pour faire voir la conformité des regles du mouvement des eaux, avec la doctrine de Galilée fur la chute des corps. 444. Ces exemples font voir la parfaite conformité qui fe rencontre entre le mouvement des eaux & celui des corps graves, ce qui procede de ce principe fi fimple, *que les effets font toujours proportionnés à leurs caufes,* (11) car toute la doctrine de Galilée roule fur ce que *les efpaces parcourus font entre-eux, comme la fomme des viteffes acquifes depuis le repos,* & toute la théorie du mouvement des eaux, *fur ce que leur dépenfe par des orifices égaux, font comme les fommes de leurs viteffes.* Ainfi dans le fecond objet les quantitez d'eau écoulées, tiennent lieu des efpaces parcourus dans le premier, par conféquent les mêmes regles doivent leur être communes en tout point.

445. Lorsqu'à deux refervoirs de differente hauteur, les orifices $\odot$, o, font inégaux en fuperficie, les petits *prifmes d'eau* qui en fortent dans *un même inftant* peuvent être exprimés par $\odot$V, & ou, parce qu'ils ne peuvent avoir pour bafes que celles des colonnes qui les chaffent, & pour hauteur l'efpace qu'une lame détachée des mêmes colonnes peut parcourir d'un mouvement uniforme dans cet inftant ; & comme ces efpaces feront dans la raifon des viteffes exercées dans le même inftant, (147) les viteffes pourront tenir lieu des efpaces, puifqu'il ne s'agit icy que du rapport de ces prifmes. *Formule generale, d'où l'on peut tirer toutes les regles pour la mefure des eaux.* FIG. 56. & 57.

446. Comme les colonnes ou maffes d'eau que les orifices depenferont en deux tems differens Tt, contiendront autant de fois leurs petits prifmes $\odot$V, ou, qu'il fe fera écoulé d'inftans dans la durée des tems Tt, l'on aura $\frac{M}{T} = \odot V$, & $\frac{m}{t} = ou$, d'où l'on tire $\frac{M}{T}$, $\frac{m}{t} :: \odot V, ou$, qui donne $\frac{Mou}{T} = \frac{m \odot V}{t}$, ou M$otu$ $= m \odot$TV, qui eft une formule generale qui comprend *les maffes* ou *quantitez d'eau*, leurs *viteffes*, les *tems* de leur écoulement, & *la grandeur des orifices*, c'eft-à-dire, toutes les circonftances qui entrent dans la mefure des eaux, de laquelle on pourra tirer autant d'analogie, qu'elle comprend de racine, & autant de confequences particulieres qu'on pourra faire de fuppofitions differentes : par exemple, les Analogies generales font,

1°. M, $m :: \odot$TV, otu.   2°. T, $t :: $ Mou, $m\odot$V.

3°. $\odot$, $o :: Mtu$, mTV.   4°. V, $u :: Mot$, $m\odot$T.

447. La premiere montre que les *maffes* ou *quantitez d'eau* font entre-elles, dans la raifon compofée des orifices, des tems & des viteffes. *Regles generales tirées de la formule précedente pour la mefure des eaux.*

448. La feconde, que les *tems* font dans la raifon compofée des quantitez ou maffes d'eau prifes directement, des orifices, & des viteffes réciproquement.

449. La troifiéme, que les *orifices* font dans la raifon compofée des quantitez d'eau prifes directement, des tems & des viteffes réciproquement.

450. La quatriéme, que les *viteffes* font dans la raifon compofée des quantitez d'eau prifes, des orifices, & des tems réciproquement.

451. Quant aux Analogies ou regles particulieres, fi l'on fuppofe V $= u$, & qu'on fupprime ces lettres de la formule, on en tirera M, $m :: \odot$T, ot, qui montre que lorfque les *viteffes* ou les *Analogies particulieres felon les differentes hypothefes*

Z ij

hauteurs des reſervoirs ſon égales, les quantitez d'eau qui s'en écoulent, ſont dans la raiſon compoſée des tems & des orifices.

452. De même ſuppoſant T = t, on aura M, m :: ⊙V, ou, c'eſt-à-dire, que lorſque les *tems* ſont égaux, les quantitez d'eau ſont dans la raiſon compoſée des orifices & des viteſſes.

453. Suppoſant auſſi ⊙ = o, il vient M, m :: TV, tu, qui montre que lorſque les *orifices* ſont égaux, les quantitez d'eau qu'ils dépenſent ſont dans la raiſon compoſée des tems & des viteſſes, ou des tems & des racines quarrées des hauteurs des reſervoirs.

454. Si l'on ſuppoſe encore M = m, l'on aura V, u :: ot, ⊙T, qui montre que lorſque la *dépenſe* des reſervoirs eſt égale, les viteſſes de l'eau ſont dans la raiſon réciproque des produits des tems & des orifices.

455. Si Mt = mT, on aura ⊙, o :: u, V, qui montre, que lorſque *les quantitez d'eau ſont égales, ainſi que les tems*, les orifices ſont dans la raiſon réciproque des viteſſes; par conſequent lorſque les orifices ſont dans la raiſon réciproque des viteſſes, ou des racines quarrées des hauteurs des reſervoirs, ils depenſent en tems égaux des quantitez d'eau égales.

456. Ayant de même tu = TV, il viendra M, m :: ⊙, o; qui montre que lorſque les *viteſſes* ſont égales, par conſequent les hauteurs des reſervoirs, les quantitez d'eau qui s'en écouleront dans *le même tems*, ou dans des tems égaux, ſeront dans la raiſon des orifices.

457. Suppoſant auſſi ou = ⊙V, ou oh = ⊙H, on aura M, m :: T, t, qui fait voir, que lorſque *les viteſſes* ou *les hauteurs des réservoirs* ſont égales, les quantitez d'eau qui ſortiront par des orifices égaux, ſont dans la raiſon des tems de leur écoulement.

458. Suppoſant ⊙T = ot, on aura M, m :: V, u :: √H, √h, c'eſt-à-dire, que lorſque les *tems* ſeront égaux, ainſi que les *orifices*, les quantitez d'eau qui en ſortiront ſeront dans la raiſon des viteſſes, ou dans la raiſon des racines quarrées des hauteurs des reſervoirs.

459. De même ſi Mo = m⊙, on aura u, V :: T, t, c'eſt-à-dire, que lorſque les *quantitez d'eau* ſont égales, ainſi que *les orifices*, les viteſſes ſont dans la raiſon réciproque des tems.

460. Enfin ſi Mu = mV, on aura o, ⊙ :: T, t, qui montre que lorſque *les quantitez d'eau* ſont égales, ainſi que *les viteſſes* ou *les hauteurs des reſervoirs*, les orifices ſont dans la raiſon réciproque des tems.

Tout ce qu'on vient de dire n'en ſubſiſtera pas moins, ſoit que l'eau coule de haut en bas, ou qu'elle jaillisse de bas en haut, comme aux jets d'eau, pourvû que *le plan de l'orifice soit horisontal*, parce que *les poussées ou les forces qui sont exprimées par les mêmes hauteurs d'eau, agissant également, quelles qu'en soient les directions*, les vitesses qu'elles causent seront égales.

461. Les Analogies précedentes comprenant toutes les regles d'où dépend la mesure des eaux, il sera aisé, *en faisant abstraction de tout accident*, de les appliquer à la pratique, dès qu'on connoîtra *la hauteur, l'orifice* d'un certain reservoir, toujours entretenu au même niveau, & par l'experience ou le raisonnement, *sa dépense dans un tems déterminé*, alors la valeur des quatre grandeurs T, ⊙, V, M, tirées de la regle generale (446) pourra servir dans tous les cas.

462. Comme le tems, la grandeur de l'orifice, la vitesse de l'eau ou la hauteur du reservoir, sont arbitraires, nous supposerons pour la facilité du calcul, que le tems est d'une seconde, l'orifice d'un pouce de diamétre, par consequent son quarré de 144 lignes, la vitesse de l'eau de 26 pieds, qui est celle qui répond à un reservoir de 11 pieds 3 pouces de hauteur, parce que selon l'article 176, on aura $\sqrt{15} . 30 :: \sqrt{11\frac{1}{4}} , x$, ou $15 , 900 :: 11\frac{1}{4} , xx$, qui donne $676\frac{2}{3}$ ou $26 = x$, en négligeant la fraction : ainsi l'orifice dépensera par seconde une colonne d'eau d'un pouce de diamétre, sur 26 pieds de hauteur, qui étant multipliée par 6 onces 1 gros, (341) donne 10 ℔ d'eau. On aura donc T = une seconde; ⊙ = 144 lignes, V = 26 pieds, M = 10 ℔.

463. Il m'a paru qu'il convenoit de prendre le tems d'une seconde préferablement à tout autre, pour mesurer la dépense, parce que la multipliant par 60, on l'aura pendant une minute. J'ai cru devoir aussi exprimer cette dépense en livres, parce qu'ensuite il sera aisé de la réduire à telle mesure que l'on voudra : par exemple, divisant par 2 le nombre qu'on aura, il viendra des *pintes*, (241) par 70 des *pieds cubes*, & par 28 des *pouces d'eau*, lorsque le tems de l'écoulement sera d'une minute. (342)

464. On a un reservoir de 4 pieds de hauteur, percé par le fond d'un orifice de 9 lignes de diamétre, on demande *la quantité d'eau qu'il dépensera en 45 secondes*.

Il faut chercher (176) la vitesse uniforme par seconde acquise par une chûte de 4 pieds, on la trouvera à peu près de 15 pieds 6 pouces ; ainsi on aura $t = 45$ secondes, $o = 81$ lignes, quarré du diamétre de l'orifice, $u = 15$ pieds 6 pouces, viteffe de l'eau.

Les dépenfes étant comme les produits des crifices, ou des quarrés de leur diamétre, par les tems & les vitelfes (447) nommant x la quantité d'eau qu'on cherche ; on aura $\odot$TV ($144 \times 1 \times 26$), otu ($81 \times 45 \times 15 \frac{1}{2}$) :: M (10), m (x) ou 3744, 56497 $\frac{1}{2}$ :: 10, $x = 151$ ℔, ou $75 \frac{1}{2}$ pintes pour la dépenfe que l'on demande.

465. L'on peut fi l'on veut fe fervir de l'équation ou regle generale $Motu = m\odot TV$, pour trouver la *dépenfe*, le *tems*, *l'orifice*, la *vitelfe* ou la *hauteur* de l'eau d'un refervoir quelconque, dès qu'on connoîtra trois de ces termes qui doivent toujours être repréfentez par les *petites lettres*, en fubftituant x dans l'équation à la place du terme que l'on cherche, parce que les quatre grandeurs T, $\odot$, V, M, étant déterminées, on n'aura qu'à dégager x, fans faire aucune analogie, *obferver d'effacer les lettres femblables, lorfque leur valeur fe trouvera la même*, afin de rendre le calcul plus fimple.

466. Par exemple, ayant un refervoir de 4 pieds de hauteur, on demande *quel doit être l'orifice*, pour qu'en 45 fecondes il dépenfe 151 ℔ d'eau ; je fubftitue x à la place de o dans l'équation, pour avoir $Mxtu = m\odot TV$, ou $x = \dfrac{m\odot TV}{Mtu}$; ou $x = \dfrac{151 \times 144 \times 1 \times 26}{10 \times 45 \times 15 \frac{1}{2}} = \dfrac{565344}{6975} = 81$, pour le quarré du diamétre, en négligeant un refte qui n'auroit pas lieu fi la dépenfe du refervoir avoit été de 150 ℔, & environ $\dfrac{9}{10}$ au lieu de 151, comme je l'ai fuppofé dans la regle précedente ; extrayant la racine quarrée du nombre qu'on vient de trouver, on aura 9 lignes pour le diamétre de l'orifice.

467. Un refervoir dépenfe 10 pouces par un orifice de 8 lignes ; on demande *la hauteur de l'eau au-delfus de cet orifice*.

Comme le tems de l'écoulement eft ici d'une minute, ou de 60 fecondes, puifqu'il eft queftion de pouces d'eau, on aura $t = 60$, & la quantité d'eau que comprend un pouce pefant 28 livres, on aura $m = 280$, & $o = 64$, quant à la hauteur que l'on cherche, comme on ne peut la trouver que par la connoilfance de la vitelfe qu'aura l'eau à la fortie de l'orifice, nous la nommerons x ; ainfi on aura $Motx = m\odot TV$; ou $x = \dfrac{m\odot TV}{Mot}$ qui donne x

$$= \frac{280\times144\times1\times26}{10\times64\times60} = 27 \text{ pieds } 3 \text{ pouces } 7 \text{ lignes},$$ pour la vitesse

qui répond à une chûte de 12 pieds 5 pouces, comme on la trouvera en faisant le calcul indiqué dans l'article 177.

468. Un reservoir de 6 pieds de hauteur a dépensé 400 pintes, ou 800 ℔ d'eau par un orifice de 6 lignes de diamétre ; on demande *en combien de tems.*

Nommant *x* le tems que l'on cherche, on aura $Moxu = m\odot TV$, ou $x = \dfrac{m\odot TV}{Mou}$, $m = 800$ ℔, $o = 36$, & $u = 19$ pieds pour la vitesse, comme on le trouvera par l'article 176, faisant le calcul indiqué par les lettres, il viendra 7 minutes 17 secondes & 53 tierces pour le tems de l'écoulement.

469. Pour faciliter le calcul de la dépense des eaux, j'ai dressé plusieurs Tables fort utiles, dont la premiere comprend *les chûtes* & *les vitesses uniformes* qui leur sont relatives, pendant la durée *d'une seconde* ; les chutes sont en progression arithmétique, & commencent par celles qui n'auroient qu'une ligne de hauteur, & vont en croissant jusqu'à un pied selon l'ordre des nombres naturels, pour mesurer avec plus de précision la vitesse des eaux coulantes, comme on le verra par la suite ; mais comme cette Table eut été d'un calcul trop ennuyeux, si je l'avois continué de même jusqu'à une chûte de 15 pieds de hauteur, qui est la plus grande qui se rencontre icy ; j'ai crû qu'il suffiroit que toutes les autres qui suivoient celles d'un pied se surpassassent seulement de deux lignes, parce que dans l'usage que nous en ferons, l'exactitude sera poussée aussi loin qu'on le peut souhaiter.

Comme toutes ces chûtes sont accompagnées des vitesses uniformes qui leur répondent, l'on trouvera tout d'un coup celle d'un corps par seconde, après être tombé de telle hauteur que l'on voudra : par exemple, voulant sçavoir quelle vitesse il aura acquise par une chûte de 6 pouces 9 lignes ; on verra dans la premiere page qu'elle répond à 5 pieds 9 pouces 4 lignes 5 points ; de même voulant connoître celle qu'il acquerrera par une chûte de 6 pieds 4 pouces 8 lignes, on la trouvera dans la sixiéme page de 19 pieds, 6 pouces 11 lignes 2 points, ainsi des autres.

470. Si l'on avoit une *parabole* ADC, dont *l'axe* AB soit supposé de 15 pieds, & sa plus grande *ordonnée* BC de 30, cette parabole aura les mêmes proprietez que la Table dont nous parlons ;

car cette courbe donnant AE, AG :: $\overline{EF}^2$, $\overline{GH}^2$, par consequent

ordonnées menées à l'axe.

PLAN. 6.
FIG. 58.

Maniere de trouver à l'aide de la Table précedente les vitesses acquises pour celles chûtes que l'on voudra au-dessus de 15 pieds.

$\sqrt{AE}$, $\sqrt{AG}$ :: EF, GH ; l'on voit que puisque d'une part les racines des *chûtes* font comme les *vitesses* correspondantes, (169) & que de l'autre les racines des *abcisses* font comme les *ordonnées* qui leur répondent, ces abcisses pourront être prises pour les chûtes, & les ordonnées pour les vitesses acquises ; on peut donc regarder la colonne des chûtes, comme exprimant l'axe AB, divisé en autant de parties que cette colonne comprend de termes, & la colonne des vitesses, comme exprimant la valeur en pieds, pouces, lignes des ordonnées, qui répondent aux abcisses formés par la progression des parties de l'axe, alors le *Parametre* AI sera de 60 pieds, puisqu'on aura ÷ AB, (15) BC (30), AI (60).

471. Quoique nous ayons terminé cette Table à une chûte de 15 pieds, c'est-à-dire, à celle qu'un corps parcourt depuis son repos pendant une seconde, (172) qu'on peut regarder comme la plus grande hauteur de l'eau des reservoirs, ou comme la plus grande élevation où elle puisse être soutenue pour faire tourner la roue d'une Machine ; nous ne laisserons pas de montrer qu'on peut en deux traits de plume, avec la même Table, trouver la vitesse qui doit répondre à une chûte beaucoup plus grande ; pour cela il faut diviser la chûte donnée par le quarré d'un des nombres, 2, 3, 4, 5, &c. enforte que le diviseur soit assez grand pour qu'il donne moins de 15 pieds, après quoi on cherchera dans la Table une chûte pareille au quotient, on prendra la vitesse qui lui répond, & on la multipliera par la racine quarrée du diviseur pour avoir celle qui appartient à la chûte proposée.

Par exemple, pour connoître la vitesse uniforme, dont un corps peut être capable, après être tombé de la hauteur de 130 pieds, il faut diviser ce nombre par 9 quarré de 3 ; on trouvera 14 pieds 5 pouces 4 lignes pour le quotient qui répond dans la Table à une vitesse de 29 pieds 5 pouces 3 lignes 2 points, qui étant multiplié par 3, (racine du diviseur 9) donne 88 pieds 3 pouces 9 lignes 6 points pour celle que l'on cherche.

Si au lieu de diviser la chûte de 130 pieds par 9, on la divisoit par 16, (quarré de 4) le quotient donnera 8 pieds 1 pouce 6 lignes, qui est une chûte qui répond à une vitesse de 22 pieds 11 lignes 4 points, qui étant multiplié par 4, racine du diviseur, donne 88 pieds 3 pouces 9 lignes 4 points, qui ne differe que de deux points du nombre précédent ; l'on voit que l'on peut toujours diviser la chûte proposée par le quarré de tel nombre que l'on voudra, pourvû qu'il vienne moins de 15 pieds au quotient, parce que s'il étoit plus grand, on ne le trouveroit pas dans la Table.

La

La raifon des opérations précédentes, eft tirée de ce que les viteffes font entre-elles, comme les racines quarrées des chûtes;
(169) or comme dans le premier cas, la chûte de 14 pieds 5
pouces 4 lignes, eft à celle de 130 pieds, comme 1 eft à 9, &
que les racines quarrées des deux termes de ce rapport, font comme 1 eft à 3, la viteffe qui doit répondre à la chûte de 130 pieds,
doit donc être triple de celle qui répond à la chûte de 14 pieds
5 pouces 4 lignes; par la même raifon, le rapport de la chûte de
8 pieds 1 pouce 6 lignes, à celle de 130 pieds, étant comme 1
eft à 16, celui des viteffes qui répondent à ces deux chûtes doit
être comme 1 eft à 4.

472. Quoiqu'on trouvera dans la fuite une autre Table qui donne les *chûtes* qui doivent répondre à de telles viteffes uniformes que
l'on peut propofer, je ne laifferai pas de faire remarquer en paffant, que celle-ci peut fervir au même ufage, mais non pas d'une
maniere auffi commode ni auffi exacte; par exemple, voulant connoître la chûte d'un corps pour acquerir une viteffe uniforme de
20 pieds 6 pouces par fecondes, il faudra chercher dans la colonne des viteffes celles qui en approchent le plus; on trouvera au
fommet de la feptiéme page, qu'elle répond à une chûte de 7 pieds
2 lignes, ainfi des autres.

Si la viteffe dont on veut avoir la chûte furpaffoit 30 pieds,
qu'elle fut par exemple de 400, il faudra la divifer par un nombre
affez grand, pour que le quotient foit moins de 30, comme par 20,
il viendra 20 pieds qui répondent dans les colonnes des viteffes à
une chûte de 6 pieds 8 pouces qu'il faut multiplier par le quarré
du divifeur, c'eft-à-dire par 400, on aura 2666 pieds 8 pouces
pour la hauteur de la chûte que l'on demande; car les viteffes
étant entre-elles comme les racines quarrées des chûtes, (169) il
y aura même raifon de la viteffe de 20 pieds à celle de 400, que
de la racine quarrée d'1 à la racine 20; par confequent les chûtes
feront comme le quarré de ces racines, c'eft-à-dire comme 1 eft
à 400, ou comme 6 pieds 8 pouces eft à 2666 pieds 8 pouces.

473. Il fuit que lorfqu'on connoîtra la hauteur de l'eau d'un refervoir, & la fuperficie de l'orifice pratiqué au fond; que fi le niveau de l'eau eft toujours entretenu à la même hauteur, on trouvera fur le champ la quantité qui s'en écoulera par feconde, puifque moyennant la hauteur du refervoir qui tient lieu de chûte, on
aura la viteffe de l'eau ou la hauteur de la colonne, qui auroit pour
bafe l'orifice; il ne s'agira plus que de connoître le poids de cette
colonne pour la réduire à telle mefure que l'on voudra. (463)

A a

Usage d'u-
ne seconde
Table pour
connoître la
quantité
d'eau que
comprend
une colonne
dont la hau-
teur & le
diamétre
sont don-
nés.

474. J'ai crû devoir accompagner cette premiere Table d'une autre qui comprend la pesanteur d'une colonne d'eau, qui auroit pour base *un pouce de diamétre*, & pour hauteur depuis un pied jusqu'à 400, voulant sçavoir quel est le poids d'une colonne d'eau de même base qui auroit 240 pieds de hauteur, il faut chercher cette hauteur au rang des pieds, on trouvera pour son poids 91 ℔, 14 onces.

475. Comme cette Table ne comprend point de pouces, & qu'il s'en rencontre presque toujours aussi bien que des lignes dans la hauteur des colonnes dont on cherche le poids, on fera attention que son premier terme étant une colonne d'un pied de hauteur, dont le poids se trouve de 6 onces 1 gros, (341) chaque pouce d'eau cylindrique peut être regardé comme d'une demi-once; ainsi lorsqu'on aura pris dans la Table le poids d'une colonne dont la hauteur est exprimée en pieds, il faudra ajouter au poids autant de demi-onces qu'on aura de pouces, c'est-à-dire, que si la colonne précedente étoit de 240 pieds 8 pouces, il faudroit ajouter à 91 ℔ 14 onces, le produit de 8 pouces par une demi-once, pour avoir le poids total de 92 ℔ 2 onces. De même, lorsqu'on aura des lignes, il faudra si l'on veut en tenir compte, chercher le poids qu'elles doivent donner par rapport à celui d'un pouce.

476. Si l'orifice ou la base de la colonne que je suppose toujours circulaire avoit plus d'un pouce de diamétre, on n'en aura pas moins le poids de l'eau par le moyen de la seconde Table; par exemple, s'il s'agissoit d'une colonne de 120 pieds 9 pouces 6 lignes de hauteur, ayant pour base un cercle de 6 pouces de diamétre, on supposera pour un instant qu'il n'est que d'un pouce, alors la colonne sera de 46 ℔ 3 onces 6 gros; comme les cercles sont dans la raison des quarrez de leurs diamétres; multipliant le quarré de 6 pouces, qui est 36 par le poids précedent, le produit donnera celui de la colonne que l'on cherche.

Méthode
pour con-
noître à
l'aide de la
seconde Ta-
ble le poids
des colonnes
d'eau qui
ont plus ou
moins d'un
pouce de
diamétre.

477. Si au contraire le diamétre de l'orifice avoit moins d'un pouce, il faudra en faire le *numerateur* d'une fraction dont le *denominateur* doit être 12 lignes, réduire cette fraction s'il est possible, ensuite en quarrer les deux termes, & multiplier ce quarré par le poids de la colonne qui auroit un pouce de diamétre; par exemple, si celui de la précedente n'étoit que de 9 lignes, on aura $\frac{9}{12}$ ou $\frac{3}{4}$, dont le quarré est $\frac{9}{16}$, qui étant multiplié par 46 livres 3

onces 6 gros, donnera ce que l'on demande. On peut aussi se servir de cette Méthode, lorsque le diamétre de l'orifice a plus de
12 lignes.

478. Voulant connoître *la dépense par secondes* d'un reservoir
toujours entretenu à une hauteur de 7 pieds 6 pouces par un orifice de 2 pouces de diamétre, il faut chercher dans la premiere
Table la vitesse qui répond à une chûte de 7 pieds 6 pouces,
qu'on trouvera de 21 pieds 2 pouces 6 lignes 8 points; prendre dans la seconde le poids d'une colonne de 21 pieds de hauteur qui se trouve de 8 livres 5 gros, à quoi ajoutant ce qu'il faut
pour les 2 pouces 6 lignes 8 points ; (474) on aura 8 livres
2 onces & un gros, qui étant multipliez par 4 (quarré du diamétre) donne 33 ℔ 4 gros pour la dépense qu'on cherche.

479. De même, ayant un reservoir dont la dépense soit de 10
pintes ou de 20 ℔ d'eau en une seconde, par un orifice de 18 lignes de diamétre, *voulant connoître la hauteur de l'eau*, il faudra supposer pour un moment que le diamétre de l'orifice n'est que d'un
pouce, & chercher dans la seconde Table la hauteur d'une colonne du poids d'environ 20 ℔, on la trouvera de 52 pieds qu'il
faut diviser par le quarré de $\frac{18}{12}$ ou de $\frac{3}{2}$ qui est $\frac{9}{4}$, (477) le quotient donnera 23 pieds 1 pouce 4 lignes pour la vitesse de l'eau
qui répond dans la premiere Table à une chûte de 8 pieds 10 pouces 10 lignes.

480. Si la hauteur d'un reservoir étoit de 5 pieds, *& qu'on voulut sçavoir quel devroit être le diamétre de l'orifice, pour qu'il dépensât 30
pintes d'eau, ou 60 ℔ par seconde* ; il faut chercher cette hauteur
dans la premiere Table, on trouvera qu'elle répond à une vitesse
d'environ 17 pieds 4 pouces; prendre dans la seconde le poids
d'une colonne qui auroit cette hauteur sur un pouce de diamétre,
on trouvera qu'il doit être de 6 ℔ 10 onces, ensuite on dira,
comme 6 ℔ 10 onces, ou $\frac{53}{8}$ est à 144, (quarré du diamétre d'un
pouce) ainsi 60 ℔ (dépense du reservoir) est au quarré du diamétre de l'orifice qu'on trouvera de $1304\frac{1}{3}$, dont la racine
quarrée est d'environ 3 pouces 1 point pour le diamétre que l'on
cherche.

481. Un reservoir toujours entretenu à 3 pieds de hauteur, a
dépensé sans interruption 40 pintes ou 80 ℔ d'eau par un orifice de
6 lignes de diamétre ; *on demande en combien de tems ?* Il faut cher-

A a ij

cher dans la premiere Table la vitesse qui répond à une chûte de 3 pieds, on la trouvera de 13 pieds 5 pouces, & l'on verra dans la seconde que le poids d'une colonne qui auroit cette hauteur est de 5 ℔ 2 onces 1 gros, divisant la dépense de l'orifice par le poids de cette colonne, le quotient donnera 15 secondes & $\frac{25}{41}$ de secondes pour le tems de l'écoulement par un orifice d'un pouce; mais comme celui dont il s agit n'a que 6 lignes, il faudra quadrupler le quotient, parce que les orifices doivent être dans la raison reciproque des tems, (460) il viendra 62 secondes, & $\frac{18}{41}$ pour la durée de l'écoulement.

482. Un reservoir prismatique de 4 pieds de hauteur, contient 190 pintes $\frac{1}{2}$ ou 381 ℔ d'eau, ayant au fond un orifice d'un pouce de diamétre; *on demande quel est le tems qu'il mettra à se vuider, en laissant couler l'eau sans interruption;* or cherchera dans la premiere Table la vitesse qui répond à une chûte de 4 pieds, qui se trouve de 15 pieds 6 pouces, laquelle servant de hauteur à une colonne d'un pouce de diamétre, donnera dans la seconde Table environ 5 ℔ 15 onces pour la dépense de l'orifice par seconde, si l'eau étoit toujours entretenue à la hauteur de 4 pieds; divisant par cette quantité le poids de celle du reservoir, il viendra 64 $\frac{1}{16}$ secondes pour le tems qu'il faudra à l'orifice, afin de fournir autant d'eau que le reservoir en contient; & comme le tems qu'il mettra à se vuider sera double de celui-cy, (448) il sera donc de 2 minutes, 8 $\frac{1}{8}$ secondes.

483. Un vaisseau prismatique contenant 540 pintes d'eau s'est vuidé totalement par le fond en 30 minutes; *on demande combien il s'en est écoulé dans les 5 premieres, combien dans les 5 suivantes, & toujours de 5 en 5 jusqu'aux 5 dernieres.*

Le tems de l'écoulement pouvant être divisé en 6 parties égales, si on les considere selon leur ordre naturel, on aura 1, 2, 3, 4, 5, 6, comme le nombre des pintes qui se feront dépensées pendant chacun de ces tems, seront dans le rapport de la différence des quarrez des mêmes tems, mais dans un ordre renversé, (441) c'est-à-dire comme 11, 9, 7, 5, 3, 1; il y aura même raison de la somme de tous les termes à la quantité d'eau que contient le vaisseau, que de son plus grand terme au nombre de pintes, qui se seront écoulées dans le premier tems, faisant la regle, on en trouvera 165. Comme il y aura encore même rapport de 36 à 540, que du second terme 9 de cette progression au nombre de pintes qui se seront écoulées dans le second tems, qu'on trouvera de 135, l'on voit qu'il s'en sera écoulé dans le second tems 30 moins que dans le premier, qui est la difference des termes de la progression; on aura donc 165, 135, 105, 75, 45, 15 pintes pour la quantité qui répond à chaque tems pris immédiatement de suite.

Voici un Problême d'Hydraulique qui m'est venu en pensée, & que je n'aurai peut être pas occasion de placer ailleurs; il est vrai qu'il paroît n'avoir pas grand rapport au sujet que je traite icy, mais je compte que l'on me passera ce petit écart, en faveur de la Méthode, dont je me sers pour le résoudre, qui peut avoir son application dans bien des cas, comme on en jugera par quelques exemples rapportez dans le quatriéme Chapitre.

484. On a un tonneau contenant 100 pintes de vin, on en tire d'abord une par la fontaine, qu'on remplace d'une autre d'eau par le bondon, & supposant que l'eau se mêle parfaitement avec le vin; on tire ensuite une pinte de ce mélange, que l'on remplace par une seconde pinte d'eau; on tire encore une autre pinte de nouveau mélange, que l'on remplace par une troisiéme partie d'eau; continuant de même, on demande combien il faudra mettre de pintes d'eau dans le tonneau, pour qu'il y en ait autant que de vin.

Problême d'Hydraulique sur le mélange des Liqueurs.

On peut dire en general que quand le vin est mêlé avec l'eau, il est plus *rare* ou plus *dilaté* qu'il n'étoit auparavant, de toute la quantité d'eau qui en a augmenté le volume; par exemple, si l'on a un verre à demi plein de vin, & qu'on acheve de le remplir d'eau, faisant abstraction de cette eau, le vin occupera un volume double de celui qu'il occupoit auparavant; ainsi *ce Problême se réduit à faire ensorte que le vin soit dilaté dans le tonneau au double de ce qu'il l'est naturellement.*

Après qu'on aura tiré du tonneau une pinte de vin, il en restera 99, & quand on y aura remis une pinte d'eau, on pourra dire que la dilatation naturelle du vin est à celle où il se trouve après la premiere opération, comme 99 est à 100; voilà une progression géométrique, dont les termes qui expriment la dilatation du vin, iront toujours en augmentant dans le rapport de 99 à 100, à mesure que l'on mettra une nouvelle pinte d'eau dans le tonneau, il est donc question de connoître quel sera le terme double du premier 99, & l'exposant de ce terme donnera la quantité de pintes d'eau qu'il faudra mettre dans le tonneau pour que le vin y soit dilaté au double, ou ce qui revient au même, pour qu'il y en ait autant que d'eau.

485. Supposant $a = 99$, $b = 100$, les deux premiers termes de cette proportion seront a & b ; mais par la proprieté de la progreſſion géométrique, *le premier terme élevé à une certaine puiſſance; eſt toujours au ſecond élevé à la même puiſſance, comme le premier terme eſt à un autre terme, autant éloigné du premier, que l'expoſant de la puiſſance où on a élevé le premier à d'unitez.* Ainſi le terme que nous cherchons dépend de l'expoſant de la puiſſance où il faudra élever le premier & le ſecond terme ; cet expoſant n'étant point connu, nous le nommerons x, alors nous aurons a^x, b^x :: $1a$, $2a$, qui donne $\dfrac{ab^x}{a^x} = 2a$, ou bien $\dfrac{b^x}{a^x} = 2$; nommant m le logarithme de b ; n, celui de a ; & p celui du nombre 2, l'expoſant x deviendra le coëfficient des logarithmes de a & de b ; ainſi au lieu de $\dfrac{b^x}{a^x} = 2$, l'on aura $xm - xn = p$, ou $x = \dfrac{p}{m-n}$: prenant dans les Tables ordinaires les logarithmes exprimez icy par les lettres m, n, p, c'eſt-à-dire, ceux des nombres 100, 99, 2, l'on aura $x = \dfrac{3010300}{20000000 - 19956352}$, ou $x = \dfrac{3010300}{43648}$, qui donne $x = 68$, *c'eſt-à-dire, que quand on aura mis dans le tonneau environ 68 pintes d'eau, elle ſera mêlée par moitié avec le vin.*

Nous n'avons conſideré juſqu'icy que l'action de l'eau, ſans parler de celle des autres Liqueurs, parce qu'elle fait l'unique objet de ce Chapitre ; cependant je ne laiſſerai pas de montrer ce qui doit leur arriver, lorſque leur peſanteur *ſpécifique* eſt differente, *c'eſt-à-dire, lorſqu'une certaine meſure de Liqueur peſe plus ou moins que la même meſure d'une autre.*

486. Pour peu qu'on y faſſe attention, l'on concevra, que *les peſanteurs abſolues de deux Liqueurs ſont dans la raiſon compoſée de leur volume, & de leur peſanteur ſpecifique* ; par exemple, ſi le volume de la premiere étoit à celui de la ſeconde, comme 1 eſt à 2, & leur peſanteur ſpécifique, comme eſt 1 à 3, la peſanteur abſolue de la premiere ſera à la peſanteur abſolue de la ſeconde, comme 1 eſt à 6 ; ainſi il faudroit que le volume de la premiere fut triple de celui de la ſeconde, pour que les peſanteurs abſolues de ces Liqueurs fuſſent égales, *parce qu'alors leur volume & leur peſanteur ſpécifiques ſeront en raiſon réciproque.*

487. Ayant deux colonnes de liqueurs differentes BA & DC,

répondantes à des orifices égaux, les volumes de ces colonnes fe- *queurs dif-*
ront dans la raison de leur hauteur EB (H) & FD (*h*), puisqu'el- *férentes,*
font comme
les ont la même bafe ; fi la pefanteur fpécifique de la premiere eft *les racines*
à la pefanteur fpecifique de la feconde, comme *p* eft à *q*; celui *quarrées*
des pro-
des pefanteurs abfolues de ces colonnes, ou des forces dont elles *duits de*
font capables, feront comme H*p* eft à *hq*, d'où l'on tire F, *f* :: H*p*, *leur pefan-*
hq ; mais comme d'autre part l'on a F, *f* :: VV, *uu* (431) on aura *teur fpéci-*
fique par
donc VV, *uu* :: H*p*, *hq* ; par confequent V, *u* :: $\sqrt{Hp}$, $\sqrt{hq}$, qui *leur hau-*
montre que *quelles que foient les liqueurs qui coulent du fond des tuyaux* *teur.*
ou refervoirs, leurs viteffes font comme les racines quarrées des produits Fig. 56.
des pefanteurs fpécifiques de ces liqueurs, multipliées par leur hauteur. & 57.

488. Il fuit 1°. Que lorfque les hauteurs & les pefanteurs fpéci- *Conféquen-*
fiques des liqueurs font égales, les viteffes à la fortie des orifices *ces tirées*
le font auffi. *du principe*
précedent.
489. 2°. Que lorfque les viteffes font égales, les ~~viteffes~~ *hauteurs* feront
comme les racines des pefanteurs fpécifiques.

490. 3°. Lorfque les pefanteurs fpécifiques feront égales, les
viteffes feront comme les racines des hauteurs, ce qui retombe
dans le principe general. (431)

Si la liqueur GL étoit de l'eau, & l'autre GP du Mercure, que
la hauteur EB fut à la hauteur FD, comme 7 eft à 4, le rapport
de la pefanteur fpécifique de ces deux liqueurs étant comme 2 eft
à 27, (343) celui de leur viteffe fera comme $\sqrt{7}$ eft à $\sqrt{54}$. Si
ces deux colonnes avoient la même hauteur, (444) la viteffe de
l'eau fera à celle du Mercure, comme $\sqrt{2}$ eft à $\sqrt{27}$, ou comme 7 eft à 26 ; par confequent, fi les orifices font égaux, & que
celui par où coule l'eau en dépenfe 7 pintes dans une feconde,
celui par où coule le Mercure en dépenfera 26 dans le même
tems. Au refte je ne m'arrêterai point à rapporter d'autres exemples, ce principe étant plus curieux, qu'utile, puifque dans l'ufage
il n'eft queftion que de la connoiffance du mouvement des Eaux.

TABLE

TABLE PREMIERE.

Qui comprend les Vitesses uniformes par Seconde, qu'un Corps peut acquerir pour une Chute donnée.

Chute.			Vitesse.				Chute.			Vitesse.			
pieds.	pouces.	lign.	pieds.	pouces.	lign.	points.	pieds.	pouces.	lign.	pieds.	pouces.	lign.	points.
0	0	1	0	7	8	10	0	3	1	3	11	1	4
0	0	2	0	10	11	3	0	3	2	3	11	8	11
0	0	3	1	1	4	11	0	3	3	4	0	4	5
0	0	4	1	3	5	9	0	3	4	4	0	11	9
0	0	5	1	5	3	9	0	3	5	4	1	7	1
0	0	6	1	6	11	7	0	3	6	4	2	2	4
0	0	7	1	8	5	9	0	3	7	4	2	9	4
0	0	8	1	9	10	9	0	3	8	4	3	2	10
0	0	9	1	11	2	9	0	3	9	4	3	11	6
0	0	10	2	0	5	10	0	3	10	4	4	6	5
0	0	11	2	1	8	1	0	3	11	4	5	1	2
0	1	0	2	2	9	11	0	4	0	4	5	7	11
0	1	1	2	3	11	1	0	4	1	4	6	2	6
0	1	2	2	4	11	9	0	4	2	4	6	9	2
0	1	3	2	6	0	0	0	4	3	4	7	3	8
0	1	4	2	6	11	7	0	4	4	4	7	10	2
0	1	5	2	7	11	2	0	4	5	4	8	4	7
0	1	6	2	8	10	3	0	4	6	4	8	10	11
0	1	7	2	9	9	0	0	4	7	4	9	5	3
0	1	8	2	10	10	2	0	4	8	4	9	11	7
0	1	9	2	11	4	11	0	4	9	4	10	5	7
0	1	10	3	0	3	10	0	4	10	4	10	11	9
0	1	11	3	1	1	6	0	4	11	4	11	5	11
0	2	0	3	1	11	3	0	5	0	5	0	0	0
0	2	1	3	2	8	8	0	5	1	5	0	5	10
0	2	2	3	3	5	10	0	5	2	5	0	11	10
0	2	3	3	4	2	11	0	5	3	5	1	5	11
0	2	4	3	4	11	9	0	5	4	5	1	11	7
0	2	5	3	5	8	6	0	5	5	5	2	5	4
0	2	6	3	6	5	0	0	5	6	5	2	11	1
0	2	7	3	7	1	5	0	5	7	5	3	4	9
0	2	8	3	7	9	8	0	5	8	5	3	10	4
0	2	9	3	8	6	0	0	5	9	5	4	3	11
0	2	10	3	9	3	10	0	5	10	5	4	9	7
0	2	11	3	9	9	9	0	5	11	5	5	3	2
0	3	0	3	10	5	8	0	6	0	5	6	0	0

Bb

TABLE des Vitesses rélatives aux Chutes.

Chute			Vitesse				Chute			Vitesse			
pieds.	pouces.	lign.	pieds.	pouces.	lign.	points.	pieds.	pouces.	lign.	pieds.	pouces.	lign.	points.
0	6	1	5	6	2	1	0	9	10	7	0	1	7
0	6	2	5	6	7	5	0	9	11	7	0	5	10
0	6	3	5	7	0	11	0	10	0	7	0	10	2
0	6	4	5	7	6	3	0	10	1	7	1	2	4
0	6	5	5	7	11	5	0	10	2	7	1	6	6
0	6	6	5	8	4	9	0	10	3	7	1	10	9
0	6	7	5	8	10	1	0	10	4	7	2	2	11
0	6	8	5	9	3	3	0	10	5	7	2	8	1
0	6	9	5	9	4	5	0	10	6	7	2	11	3
0	6	10	5	10	1	7	0	10	7	7	3	3	5
0	6	11	5	10	6	6	0	10	8	7	3	7	5
0	7	0	5	10	11	10	0	10	9	7	3	11	7
0	7	1	5	11	4	11	0	10	10	7	4	3	8
0	7	2	5	11	9	11	0	10	11	7	4	7	10
0	7	3	6	0	2	10	0	11	0	7	4	11	10
0	7	4	6	0	7	11	0	11	1	7	5	4	0
0	7	5	6	1	0	9	0	11	2	7	5	7	11
0	7	6	6	1	6	10	0	11	3	7	6	0	0
0	7	7	6	1	10	9	0	11	4	7	6	3	10
0	7	8	6	2	3	3	0	11	5	7	6	7	11
0	7	9	6	2	8	4	0	11	6	7	6	11	9
0	7	10	6	3	1	1	0	11	7	7	7	3	10
0	7	11	6	3	5	10	0	11	8	7	7	7	8
0	8	0	6	3	10	7	0	11	9	7	7	11	7
0	8	1	6	4	3	5	0	11	10	7	8	3	6
0	8	2	6	4	8	1	0	11	11	7	8	7	6
0	8	3	6	5	0	9	1	0	0	7	8	11	5
0	8	4	6	5	5	2	1	0	2	7	9	7	0
0	8	5	6	5	10	1	1	0	4	7	10	2	8
0	8	6	6	6	2	8	1	0	6	7	10	10	6
0	8	7	6	6	7	4	1	0	8	7	11	4	11
0	8	8	6	6	11	9	1	0	10	8	0	2	0
0	8	9	6	7	4	4	1	1	0	8	0	8	11
0	8	10	6	7	8	10	1	1	2	8	1	4	3
0	8	11	6	8	1	5	1	1	4	8	1	11	7
0	9	0	6	8	5	11	1	1	6	8	2	6	11
0	9	1	6	8	10	4	1	1	8	8	3	2	3
0	9	2	6	9	2	8	1	1	10	8	3	9	2
0	9	3	6	9	7	2	1	2	0	8	4	4	8
0	9	4	6	9	11	7	1	2	2	8	5	0	2
0	9	5	6	10	4	0	1	2	4	8	5	6	11
0	9	6	6	10	8	5	1	2	6	8	6	2	0
0	9	7	6	11	0	9	1	2	8	8	6	9	0
0	9	8	6	11	5	1	1	2	10	8	7	4	0
0	9	9	6	11	9	4	1	3	0	8	7	11	0

TABLE des Vitesses rélatives aux Chutes.

Chute			Vitesse				Chute			Vitesse			
pieds.	pouces.	lign.	pieds.	pouces.	lign.	points.	pieds.	pouces.	lign.	pieds.	pouces.	lign.	points.
1	3	2	8	8	5	11	1	10	8	10	7	9	0
1	3	4	8	9	0	8	1	10	10	10	8	2	0
1	3	6	8	9	7	7	1	11	0	10	8	8	1
1	3	8	8	10	2	9	1	11	2	10	9	1	10
1	3	10	8	10	9	2	1	11	4	10	9	7	4
1	4	0	8	11	4	0	1	11	6	10	10	0	9
1	4	2	8	11	10	6	1	11	8	10	10	5	9
1	4	4	9	0	5	2	1	11	10	10	10	11	10
1	4	6	9	0	11	9	2	0	0	10	11	5	4
1	4	8	9	1	6	4	2	0	2	10	11	10	10
1	4	10	9	2	1	0	2	0	4	11	0	4	3
1	5	0	9	2	6	4	2	0	6	11	0	9	7
1	5	2	9	3	2	0	2	0	8	11	1	3	1
1	5	4	9	3	8	5	2	0	10	11	1	8	7
1	5	6	9	4	3	0	2	1	0	11	2	1	11
1	5	8	9	4	9	5	2	1	2	11	2	7	2
1	5	10	9	5	3	7	2	1	4	11	3	0	6
1	6	0	9	5	9	11	2	1	6	11	3	5	10
1	6	2	9	6	4	3	2	1	8	11	3	11	2
1	6	4	9	6	10	7	2	1	10	11	4	4	6
1	6	6	9	7	4	10	2	2	0	11	4	9	8
1	6	8	9	7	11	0	2	2	2	11	5	3	0
1	6	10	9	8	5	2	2	2	4	11	5	8	3
1	7	0	9	9	0	1	2	2	6	11	6	1	4
1	7	2	9	9	5	7	2	2	8	11	6	6	9
1	7	4	9	9	11	7	2	2	10	11	6	11	11
1	7	6	9	10	5	10	2	3	0	11	7	4	11
1	7	8	9	10	11	10	2	3	2	11	7	10	2
1	7	10	9	11	5	11	2	3	4	11	8	3	4
1	8	0	10	0	0	0	2	3	6	11	8	8	6
1	8	2	10	0	5	10	2	3	8	11	9	1	7
1	8	4	10	0	11	9	2	3	10	11	9	7	0
1	8	6	10	1	5	10	2	4	0	11	9	11	9
1	8	8	10	1	11	9	2	4	2	11	10	4	10
1	8	10	10	2	5	7	2	4	4	11	10	9	10
1	9	0	10	2	11	5	2	4	6	11	11	2	2
1	9	2	10	3	5	3	2	4	8	11	11	7	11
1	9	4	10	3	11	1	2	4	10	12	0	0	10
1	9	6	10	4	4	11	2	5	0	12	0	5	10
1	9	8	10	4	10	9	2	5	2	12	0	10	11
1	9	10	10	5	4	6	2	5	4	12	1	3	10
1	10	0	10	5	10	3	2	5	6	12	1	8	8
1	10	2	10	6	3	9	2	5	8	12	2	1	9
1	10	4	10	6	9	7	2	5	10	12	2	6	8
1	10	6	10	7	3	3	2	6	0	12	2	11	6

TABLE des Vitesses rélatives aux Chutes.

Chute			Vitesse			
pieds.	pouces.	lign.	pieds.	pouces.	lign.	points.
2	6	2	12	3	4	5
2	6	4	12	3	9	4
2	6	6	12	4	3	5
2	6	8	12	4	7	0
2	6	10	12	4	11	10
2	7	0	12	5	4	7
2	7	2	12	5	9	6
2	7	4	12	6	2	3
2	7	6	12	6	7	0
2	7	8	12	6	11	11
2	7	10	12	7	4	8
2	8	0	12	7	9	5
2	8	2	12	8	2	2
2	8	4	12	8	6	9
2	8	6	12	8	11	6
2	8	8	12	9	4	3
2	8	10	12	9	8	11
2	9	0	12	10	1	2
2	9	2	12	10	6	1
2	9	4	12	10	10	10
2	9	6	12	11	3	2
2	9	8	12	11	8	4
2	9	10	13	0	0	10
2	10	0	13	0	5	5
2	10	2	13	0	10	0
2	10	4	13	1	2	8
2	10	6	13	1	7	1
2	10	8	13	1	11	9
2	10	10	13	2	3	9
2	11	0	13	2	8	9
2	11	2	13	3	1	3
2	11	4	13	3	6	8
2	11	6	13	3	10	3
2	11	8	13	4	2	11
2	11	10	13	4	7	5
3	0	0	13	4	11	10
3	0	2	13	5	4	4
3	0	4	13	5	8	9
3	0	6	13	6	1	3
3	0	8	13	6	5	9
3	0	10	13	6	10	0
3	1	0	13	7	2	6
3	1	2	13	7	7	0
3	1	4	13	7	11	3
3	1	6	13	8	3	9
3	1	8	13	8	8	1
3	1	10	13	9	0	5
3	2	0	13	9	4	10
3	2	2	13	9	9	2
3	2	4	13	10	1	6
3	2	6	13	10	5	10
3	2	8	13	10	10	2
3	2	10	13	11	2	5
3	3	0	13	11	6	9
3	3	2	13	11	11	1
3	3	4	14	0	3	3
3	3	6	14	0	7	7
3	3	8	14	0	11	11
3	3	10	14	1	4	1
3	4	0	14	1	8	5
3	4	2	14	2	0	7
3	4	4	14	2	4	10
3	4	6	14	2	9	3
3	4	8	14	3	1	3
3	4	10	14	3	4	5
3	5	0	14	3	9	7
3	5	2	14	4	1	9
3	5	4	14	4	6	0
3	5	6	14	4	10	2
3	5	8	14	5	2	4
3	5	10	14	5	6	8
3	6	0	14	5	10	8
3	6	2	14	6	2	10
3	6	4	14	6	6	11
3	6	6	14	6	11	1
3	6	8	14	7	3	1
3	6	10	14	7	7	3
3	7	0	14	7	11	4
3	7	2	14	8	3	5
3	7	4	14	8	7	6
3	7	6	14	8	11	7
3	7	8	14	9	3	8
3	7	10	14	9	7	9
3	8	0	14	9	11	9
3	8	2	14	10	3	10
3	8	4	14	10	7	10
3	8	6	14	10	11	10
3	8	8	14	11	3	11
3	8	10	14	11	7	11
3	9	0	15	0	0	0

TABLE des Vitesses relatives aux Chutes.

Chute.			Vitesse.			
pieds.	pouces.	lign.	pieds.	pouces.	lign.	points.
3	9	2	15	0	3	10
3	9	4	15	0	7	11
3	9	6	15	1	0	0
3	9	8	15	1	3	10
3	9	10	15	1	7	10
3	10	0	15	1	11	9
3	10	2	15	2	3	9
3	10	4	15	2	7	8
3	10	6	15	2	11	6
3	10	8	15	3	3	6
3	10	10	15	3	7	5
3	11	0	15	3	11	4
3	11	2	15	4	3	3
3	11	4	15	4	7	3
3	11	6	15	4	11	2
3	11	8	15	5	3	0
3	11	10	15	5	6	8
4	0	0	15	5	10	8
4	0	2	15	6	2	7
4	0	4	15	6	6	5
4	0	6	15	6	10	4
4	0	8	15	7	2	3
4	0	10	15	7	6	1
4	1	0	15	7	9	10
4	1	2	15	8	1	9
4	1	4	15	8	5	6
4	1	6	15	8	9	10
4	1	8	15	9	1	1
4	1	10	15	9	5	0
4	2	0	15	9	8	9
4	2	2	15	10	0	6
4	2	4	15	10	4	4
4	2	6	15	10	8	1
4	2	8	15	10	11	10
4	2	10	15	11	3	7
4	3	0	15	11	7	4
4	3	2	15	11	11	1
4	3	4	16	0	2	10
4	3	6	16	0	6	7
4	3	8	16	0	10	4
4	3	10	16	1	2	1
4	4	0	16	1	5	10
4	4	2	16	1	9	7
4	4	4	16	2	1	4
4	4	6	16	2	5	0
4	4	8	16	2	8	8
4	4	10	16	3	0	5
4	5	0	16	3	4	0
4	5	2	16	3	7	9
4	5	4	16	3	11	4
4	5	6	16	4	3	1
4	5	8	16	4	6	8
4	5	10	16	4	10	5
4	6	0	16	5	2	0
4	6	2	16	5	5	9
4	6	4	16	5	9	4
4	6	6	16	6	1	0
4	6	8	16	6	4	7
4	6	10	16	6	8	2
4	7	0	16	7	0	0
4	7	2	16	7	3	6
4	7	4	16	7	7	1
4	7	6	16	7	10	9
4	7	8	16	8	2	4
4	7	10	16	8	5	11
4	8	0	16	8	9	6
4	8	2	16	9	1	1
4	8	4	16	9	4	7
4	8	6	16	9	8	2
4	8	8	16	9	11	9
4	8	10	16	10	3	4
4	9	0	16	10	6	10
4	9	2	16	10	10	5
4	9	4	16	11	1	7
4	9	6	16	11	5	6
4	9	8	16	11	9	1
4	9	10	17	0	0	6
4	10	0	17	0	4	2
4	10	2	17	0	7	7
4	10	4	17	0	11	2
4	10	6	17	1	2	8
4	10	8	17	1	6	1
4	10	10	17	1	9	8
4	11	0	17	2	1	2
4	11	2	17	2	4	7
4	11	4	17	2	8	3
4	11	6	17	2	11	8
4	11	8	17	3	3	2
4	11	10	17	3	6	7
5	0	0	17	3	10	0

TABLE des Vitesses rélatives aux Chutes.

Chute.			Vitesse.				Chute.			Vitesse.			
pieds.	pouces.	lign.	pieds.	pouces.	lign.	points.	pieds.	pouces.	lign.	pieds.	pouces.	lign.	points.
5	0	2	17	4	1	6	5	7	8	18	4	8	7
5	0	4	17	4	4	11	5	7	10	18	4	11	10
5	0	6	17	4	8	5	5	8	0	18	5	3	2
5	0	8	17	4	11	10	5	8	2	18	5	6	4
5	0	10	17	5	3	4	5	8	4	18	5	9	8
5	1	0	17	5	6	9	5	8	6	18	6	0	10
5	1	2	17	5	10	3	5	8	8	18	6	4	2
5	1	4	17	6	1	7	5	8	10	18	6	7	4
5	1	6	17	6	5	0	5	9	0	18	6	10	7
5	1	8	17	6	8	5	5	9	2	18	7	1	9
5	1	10	17	6	11	11	5	9	4	18	7	5	0
5	2	0	17	7	3	3	5	9	6	18	7	8	3
5	2	2	17	7	6	8	5	9	8	18	7	11	5
5	2	4	17	7	10	2	5	9	10	18	8	2	9
5	2	6	17	8	1	5	5	10	0	18	8	5	11
5	2	8	17	8	4	11	5	10	2	18	8	9	1
5	2	10	17	8	8	3	5	10	4	18	9	0	2
5	3	0	17	8	11	8	5	10	6	18	9	3	5
5	3	2	17	9	3	0	5	10	8	18	9	6	7
5	3	4	17	9	6	5	5	10	10	18	9	9	11
5	3	6	17	9	9	9	5	11	0	18	10	1	1
5	3	8	17	10	1	1	5	11	2	18	10	4	3
5	3	10	17	10	4	6	5	11	4	18	10	7	5
5	4	0	17	10	7	10	5	11	6	18	10	10	7
5	4	2	17	10	11	2	5	11	8	18	11	1	9
5	4	4	17	11	2	7	5	11	10	18	11	5	0
5	4	6	17	11	5	11	6	0	0	18	11	8	1
5	4	8	17	11	9	3	6	0	2	18	11	11	3
5	4	10	18	0	0	6	6	0	4	19	0	2	5
5	5	0	18	0	3	10	6	0	6	19	0	5	7
5	5	2	18	0	7	2	6	0	8	19	0	8	9
5	5	4	18	0	10	6	6	0	10	19	0	11	11
5	5	6	18	1	1	9	6	1	0	19	1	2	11
5	5	8	18	1	5	1	6	1	2	19	1	6	1
5	5	10	18	1	8	5	6	1	4	19	1	9	3
5	6	0	18	1	11	9	6	1	6	19	2	0	5
5	6	2	18	2	3	0	6	1	8	19	2	3	7
5	6	4	18	2	6	4	6	1	10	19	2	6	8
5	6	6	18	2	9	8	6	2	0	19	2	9	10
5	6	8	18	3	1	0	6	2	2	19	3	1	0
5	6	10	18	3	4	3	6	2	4	19	3	4	0
5	7	0	18	3	7	7	6	2	6	19	3	7	2
5	7	2	18	3	10	9	6	2	8	19	3	10	2
5	7	4	18	4	2	1	6	2	10	19	4	1	4
5	7	6	18	4	5	5	6	3	0	19	4	4	4

TABLE des Vitesses rélatives aux Chutes.

Chute			Vitesse				Chute			Vitesse			
pieds.	pouces.	lign.	pieds.	pouces.	lign.	points.	pieds.	pouces.	lign.	pieds.	pouces.	lign.	points.
6	3	2	19	4	7	7	6	10	8	20	3	11	6
6	3	4	19	4	10	7	6	10	10	20	4	2	6
6	3	6	19	5	1	9	6	11	0	20	4	5	5
6	3	8	19	5	4	9	6	11	2	20	4	8	3
6	3	10	19	5	7	11	6	11	4	20	4	11	3
6	4	0	19	5	10	11	6	11	6	20	5	2	2
6	4	2	19	6	2	0	6	11	8	20	5	5	2
6	4	4	19	6	5	2	6	11	10	20	5	8	2
6	4	6	19	6	8	2	7	0	0	20	5	10	11
6	4	8	19	6	11	2	7	0	2	20	6	2	0
6	4	10	19	7	2	4	7	0	4	20	6	4	10
6	5	0	19	7	5	5	7	0	6	20	6	7	9
6	5	2	19	7	8	5	7	0	8	20	6	10	9
6	5	4	19	7	11	5	7	0	10	20	7	1	8
6	5	6	19	8	2	7	7	1	0	20	7	4	6
6	5	8	19	8	5	7	7	1	2	20	7	7	5
6	5	10	19	8	8	8	7	1	4	20	7	10	3
6	6	0	19	8	11	8	7	1	6	20	8	1	4
6	6	2	19	9	2	8	7	1	8	20	8	4	2
6	6	4	19	9	5	9	7	1	10	20	8	7	1
6	6	6	19	9	8	9	7	2	0	20	8	9	11
6	6	8	19	9	11	9	7	2	2	20	9	0	10
6	6	10	19	10	2	9	7	2	4	20	9	3	8
6	7	0	19	10	5	10	7	2	6	20	9	6	7
6	7	2	19	10	8	10	7	2	8	20	9	9	4
6	7	4	19	10	11	10	7	2	10	20	10	0	4
6	7	6	19	11	2	11	7	3	0	20	10	3	3
6	7	8	19	11	5	11	7	3	2	20	10	6	1
6	7	10	19	11	8	11	7	3	4	20	10	9	0
6	8	0	20	0	0	0	7	3	6	20	10	11	10
6	8	2	20	0	2	10	7	3	8	20	11	2	9
6	8	4	20	0	5	10	7	3	10	20	11	5	7
6	8	6	20	0	8	11	7	4	0	20	11	8	6
6	8	8	20	0	11	11	7	4	2	20	11	11	5
6	8	10	20	1	2	9	7	4	4	21	0	2	1
6	9	0	20	1	5	10	7	4	6	21	0	5	0
6	9	2	20	1	8	10	7	4	8	21	0	7	11
6	9	4	20	1	11	9	7	4	10	21	0	10	9
6	9	6	20	2	2	9	7	5	0	21	1	1	8
6	9	8	20	2	5	9	7	5	2	21	1	4	4
6	9	10	20	2	8	8	7	5	4	21	1	7	3
6	10	0	20	2	11	8	7	5	6	21	1	10	2
6	10	2	20	3	2	8	7	5	8	21	2	0	10
6	10	4	20	3	5	7	7	5	10	21	2	3	9
6	10	6	20	3	8	7	7	6	0	21	2	6	8

TABLE des Viteſſes rélatives aux Chutes.

Chute			Viteſſe			
pieds.	pouces.	lign.	pieds.	pouces.	lign.	points.
7	6	2	21	2	9	4
7	6	4	21	3	0	3
7	6	6	21	3	3	2
7	6	8	21	3	5	10
7	6	10	21	3	8	9
7	7	0	21	3	11	6
7	7	2	21	4	2	4
7	7	4	21	4	5	1
7	7	6	21	4	8	0
7	7	8	21	4	10	9
7	7	10	21	5	1	5
7	8	0	21	5	4	4
7	8	2	21	5	7	2
7	8	4	21	5	9	11
7	8	6	21	6	0	8
7	8	8	21	6	3	7
7	8	10	21	6	6	4
7	9	0	21	6	9	0
7	9	2	21	6	11	11
7	9	4	21	7	2	8
7	9	6	21	7	5	5
7	9	8	21	7	8	3
7	9	10	21	7	11	0
7	10	0	21	8	1	9
7	10	2	21	8	4	6
7	10	4	21	8	7	2
7	10	6	21	8	10	1
7	10	8	21	9	0	10
7	10	10	21	9	3	7
7	11	0	21	9	6	4
7	11	2	21	9	9	0
7	11	4	21	9	11	9
7	11	6	21	10	2	6
7	11	8	21	10	5	3
7	11	10	21	10	8	0
8	0	0	21	10	10	9
8	0	2	21	11	1	5
8	0	4	21	11	4	2
8	0	6	21	11	6	11
8	0	8	21	11	9	8
8	0	10	22	0	0	5
8	1	0	22	0	3	2
8	1	2	22	0	5	10
8	1	4	22	0	8	7
8	1	6	22	0	11	4

Chute			Viteſſe			
pieds.	pouces.	lign.	pieds.	pouces.	lign.	points.
8	1	8	22	1	2	1
8	1	10	22	1	4	10
8	2	0	22	1	7	5
8	2	2	22	1	10	2
8	2	4	22	2	0	10
8	2	6	22	2	3	7
8	2	8	22	2	6	4
8	2	10	22	2	8	11
8	3	0	22	2	11	8
8	3	2	22	3	2	5
8	3	4	22	3	5	2
8	3	6	22	3	7	9
8	3	8	22	3	10	6
8	3	10	22	4	1	2
8	4	0	22	4	3	10
8	4	2	22	4	6	6
8	4	4	22	4	9	2
8	4	6	22	4	11	10
8	4	8	22	5	2	7
8	4	10	22	5	5	2
8	5	0	22	5	7	11
8	5	2	22	5	10	6
8	5	4	22	6	1	3
8	5	6	22	6	3	10
8	5	8	22	6	6	7
8	5	10	22	6	9	2
8	6	0	22	6	11	11
8	6	2	22	7	2	6
8	6	4	22	7	5	3
8	6	6	22	7	7	10
8	6	8	22	7	10	5
8	6	10	22	8	1	2
8	7	0	22	8	3	9
8	7	2	22	8	6	4
8	7	4	22	8	9	1
8	7	6	22	8	11	8
8	7	8	22	9	2	3
8	7	10	22	9	5	0
8	8	0	22	9	7	7
8	8	2	22	9	10	2
8	8	4	22	10	0	11
8	8	6	22	10	3	6
8	8	8	22	10	6	1
8	8	10	22	10	8	8
8	9	0	22	10	11	3

TABLE des Vitesses relatives aux Chutes.

Chute.			Vitesse.			
pieds.	pouces.	lign.	pieds.	pouces.	lign.	points.
8	9	2	22	11	2	0
8	9	4	22	11	4	7
8	9	6	22	11	7	2
8	9	8	22	11	9	10
8	9	10	23	0	0	5
8	10	0	23	0	3	0
8	10	2	23	0	5	7
8	10	4	23	0	8	2
8	10	6	23	0	10	9
8	10	8	23	1	1	6
8	10	10	23	1	4	1
8	11	0	23	1	6	8
8	11	2	23	1	9	3
8	11	4	23	1	11	10
8	11	6	23	2	2	5
8	11	8	23	2	5	1
8	11	10	23	2	7	6
9	0	0	23	2	10	1
9	0	2	23	3	0	8
9	0	4	23	3	3	3
9	0	6	23	3	5	10
9	0	8	23	3	8	5
9	0	10	23	3	11	1
9	1	0	23	4	1	8
9	1	2	23	4	4	1
9	1	4	23	4	6	8
9	1	6	23	4	9	3
9	1	8	23	4	11	10
9	1	10	23	5	2	5
9	2	0	23	5	5	1
9	2	2	23	5	7	6
9	2	4	23	5	10	1
9	2	6	23	6	0	8
9	2	8	23	6	3	3
9	2	10	23	6	5	9
9	3	0	23	6	8	4
9	3	2	23	6	10	11
9	3	4	23	7	1	4
9	3	6	23	7	3	11
9	3	8	23	7	6	6
9	3	10	23	7	9	0
9	4	0	23	7	11	7
9	4	2	23	8	2	0
9	4	4	23	8	4	7
9	4	6	23	8	7	2
9	4	8	23	8	9	8
9	4	10	23	9	0	3
9	5	0	23	9	2	8
9	5	2	23	9	5	3
9	5	4	23	9	7	9
9	5	6	23	9	10	4
9	5	8	23	10	0	9
9	5	10	23	10	3	4
9	6	0	23	10	5	10
9	6	2	23	10	8	5
9	6	4	23	10	10	10
9	6	6	23	11	1	4
9	6	8	23	11	3	11
9	6	10	23	11	6	4
9	7	0	23	11	8	11
9	7	2	23	11	11	5
9	7	4	24	0	1	10
9	7	6	24	0	4	5
9	7	8	24	0	6	10
9	7	10	24	0	9	4
9	8	0	24	0	11	11
9	8	2	24	1	2	4
9	8	4	24	1	4	10
9	8	6	24	1	7	5
9	8	8	24	1	9	10
9	8	10	24	2	0	4
9	9	0	24	2	2	9
9	9	2	24	2	5	2
9	9	4	24	2	7	9
9	9	6	24	2	10	3
9	9	8	24	3	0	8
9	9	10	24	3	3	2
9	10	0	24	3	5	7
9	10	2	24	3	8	2
9	10	4	24	3	10	7
9	10	6	24	4	1	1
9	10	8	24	4	3	6
9	10	10	24	4	6	0
9	11	0	24	4	8	5
9	11	2	24	4	10	10
9	11	4	24	5	1	4
9	11	6	24	5	3	9
9	11	8	24	5	6	2
9	11	10	24	5	8	8
10	0	0	24	5	11	1

TABLE des Vitesses rélatives aux Chutes.

Chute.			Vitesse.			
pieds.	pouces.	lign.	pieds.	pouces.	lign.	points.
10	0	2	24	6	1	7
10	0	4	24	6	4	0
10	0	6	24	6	6	5
10	0	8	24	6	8	11
10	0	10	24	6	11	4
10	1	0	24	7	1	9
10	1	2	24	7	4	3
10	1	4	24	7	6	8
10	1	6	24	7	9	2
10	1	8	24	7	11	7
10	1	10	24	8	2	0
10	2	0	24	8	4	6
10	2	2	24	8	6	11
10	2	4	24	8	9	3
10	2	6	24	8	11	8
10	2	8	24	9	2	1
10	2	10	24	9	4	7
10	3	0	24	9	7	0
10	3	2	24	9	9	4
10	3	4	24	9	11	9
10	3	6	24	10	2	3
10	3	8	24	10	4	8
10	3	10	24	10	7	1
10	4	0	24	10	9	5
10	4	2	24	10	11	10
10	4	4	24	11	2	3
10	4	6	24	11	4	7
10	4	8	24	11	7	1
10	4	10	24	11	9	6
10	5	0	25	0	0	0
10	5	2	25	0	2	3
10	5	4	25	0	4	9
10	5	6	25	0	7	0
10	5	8	25	0	9	6
10	5	10	25	0	11	11
10	6	0	25	1	2	3
10	6	2	25	1	4	8
10	6	4	25	1	7	0
10	6	6	25	1	9	5
10	6	8	25	1	11	10
10	6	10	25	2	2	2
10	7	0	25	2	4	7
10	7	2	25	2	6	11
10	7	4	25	2	9	4
10	7	6	25	2	11	8
10	7	8	25	3	2	1
10	7	10	25	3	4	5
10	8	0	25	3	6	10
10	8	2	25	3	9	2
10	8	4	25	3	11	7
10	8	6	25	4	1	11
10	8	8	25	4	4	4
10	8	10	25	4	6	8
10	9	0	25	4	9	0
10	9	2	25	4	11	5
10	9	4	25	5	1	9
10	9	6	25	5	4	2
10	9	8	25	5	6	6
10	9	10	25	5	8	9
10	10	0	25	5	11	3
10	10	2	25	6	1	7
10	10	4	25	6	3	10
10	10	6	25	6	6	4
10	10	8	25	6	8	7
10	10	10	25	6	10	11
10	11	0	25	7	1	2
10	11	2	25	7	3	8
10	11	4	25	7	6	0
10	11	6	25	7	8	3
10	11	8	25	7	10	9
10	11	10	25	8	1	0
11	0	0	25	8	3	4
11	0	2	25	8	5	7
11	0	4	25	8	7	11
11	0	6	25	8	10	4
11	0	8	25	9	0	8
11	0	10	25	9	3	0
11	1	0	25	9	5	3
11	1	2	25	9	7	7
11	1	4	25	9	9	11
11	1	6	25	10	0	4
11	1	8	25	10	2	8
11	1	10	25	10	4	11
11	2	0	25	10	7	3
11	2	2	25	10	9	7
11	2	4	25	10	11	10
11	2	6	25	11	2	2
11	2	8	25	11	4	6
11	2	10	25	11	6	9
11	3	0	25	11	9	1

TABLE des *Viteſſes rélatives aux Chutes.*

Chute.			Viteſſe.			
pieds.	pouces.	lign.	pieds.	pouces.	lign.	points.
11	3	2	25	11	11	5
11	3	4	26	0	1	8
11	3	6	26	0	4	0
11	3	8	26	0	6	4
11	3	10	26	0	8	7
11	4	0	26	0	10	11
11	4	2	26	1	1	2
11	4	4	26	1	3	6
11	4	6	26	1	5	10
11	4	8	26	1	8	1
11	4	10	26	1	10	5
11	5	0	26	2	0	9
11	5	2	26	2	3	0
11	5	4	26	2	5	4
11	5	6	26	2	7	8
11	5	8	26	2	9	11
11	5	10	26	3	0	1
11	6	0	26	3	2	5
11	6	2	26	3	4	9
11	6	4	26	3	7	0
11	6	6	26	3	9	4
11	6	8	26	3	11	7
11	6	10	26	4	1	11
11	7	0	26	4	4	1
11	7	2	26	4	6	5
11	7	4	26	4	8	8
11	7	6	26	4	11	0
11	7	8	26	5	1	2
11	7	10	26	5	3	6
11	8	0	26	5	5	9
11	8	2	26	5	8	1
11	8	4	26	5	10	3
11	8	6	26	6	0	6
11	8	8	26	6	2	10
11	8	10	26	6	5	2
11	9	0	26	6	7	4
11	9	2	26	6	9	7
11	9	4	26	6	11	11
11	9	6	26	7	2	1
11	9	8	26	7	4	4
11	9	10	26	7	6	8
11	10	0	26	7	8	10
11	10	2	26	7	11	2
11	10	4	26	8	1	5
11	10	6	26	8	3	7

Chute.			Viteſſe.			
pieds.	pouces.	lign.	pieds.	pouces.	lign.	points.
11	10	8	26	8	5	11
11	10	10	26	8	8	1
11	11	0	26	8	10	4
11	11	2	26	9	0	8
11	11	4	26	9	2	10
11	11	6	26	9	5	2
11	11	8	26	9	7	4
11	11	10	26	9	9	7
12	0	0	26	9	11	9
12	0	2	26	10	2	1
12	0	4	26	10	4	3
12	0	6	26	10	6	6
12	0	8	26	10	8	8
12	0	10	26	10	11	0
12	1	0	26	11	1	2
12	1	2	26	11	3	6
12	1	4	26	11	5	7
12	1	6	26	11	7	11
12	1	8	26	11	10	1
12	1	10	27	0	0	5
12	2	0	27	0	2	7
12	2	2	27	0	4	9
12	2	4	27	0	7	0
12	2	6	27	0	9	2
12	2	8	27	0	11	6
12	2	10	27	1	1	8
12	3	0	27	1	3	10
12	3	2	27	1	6	1
12	3	4	27	1	8	3
12	3	6	27	1	10	5
12	3	8	27	2	0	9
12	3	10	27	2	2	11
12	4	0	27	2	5	1
12	4	2	27	2	7	4
12	4	4	27	2	9	6
12	4	6	27	2	11	8
12	4	8	27	3	2	0
12	4	10	27	3	4	2
12	5	0	27	3	6	4
12	5	2	27	3	8	5
12	5	4	27	3	10	9
12	5	6	27	4	0	11
12	5	8	27	4	3	1
12	5	10	27	4	5	3
12	6	0	27	4	7	7

TABLE des Vitesses rélatives aux Chutes.

Chute			Vitesse				Chute			Vitesse			
pieds.	pouces.	lign.	pieds.	pouces.	lign.	points.	pieds.	pouces.	lign.	pieds.	pouces.	lign.	points.
12	6	2	27	4	9	8	13	1	8	28	0	11	1
12	6	4	27	4	11	10	13	1	10	28	1	1	2
12	6	6	27	5	2	0	13	2	0	28	1	3	3
12	6	8	27	5	4	2	13	2	2	28	1	5	5
12	6	10	27	5	6	6	13	2	4	28	1	7	7
12	7	0	27	5	8	8	13	2	6	28	1	9	8
12	7	2	27	5	10	10	13	2	8	28	1	11	10
12	7	4	27	6	1	0	13	2	10	28	2	1	11
12	7	6	27	6	3	2	13	3	0	28	2	4	0
12	7	8	27	6	5	3	13	3	2	28	2	6	2
12	7	10	27	6	7	5	13	3	4	28	2	8	4
12	8	0	27	6	9	9	13	3	6	28	2	10	6
12	8	2	27	6	11	11	13	3	8	28	3	0	6
12	8	4	27	7	2	1	13	3	10	28	3	2	8
12	8	6	27	7	4	3	13	4	0	28	3	4	10
12	8	8	27	7	6	5	13	4	2	28	3	6	10
12	8	10	27	7	8	7	13	4	4	28	3	9	0
12	9	0	27	7	10	9	13	4	6	28	3	11	2
12	9	2	27	8	0	10	13	4	8	28	4	1	4
12	9	4	27	8	3	0	13	4	10	28	4	3	4
12	9	6	27	8	5	2	13	5	0	28	4	5	6
12	9	8	27	8	7	4	13	5	2	28	4	7	8
12	9	10	27	8	9	6	13	5	4	28	4	9	8
12	10	0	27	8	11	8	13	5	6	28	4	11	10
12	10	2	27	9	1	10	13	5	8	28	5	2	0
12	10	4	27	9	4	0	13	5	10	28	5	4	0
12	10	6	27	9	6	2	13	6	0	28	5	6	2
12	10	8	27	9	8	4	13	6	2	28	5	8	4
12	10	10	27	9	10	6	13	6	4	28	5	10	4
12	11	0	27	10	0	8	13	6	6	28	6	0	6
12	11	2	27	10	2	9	13	6	8	28	6	2	7
12	11	4	27	10	4	11	13	6	10	28	6	4	9
12	11	6	27	10	7	1	13	7	0	28	6	6	10
12	11	8	27	10	9	3	13	7	2	28	6	8	11
12	11	10	27	10	11	5	13	7	4	28	6	11	1
13	0	0	27	11	1	7	13	7	6	28	7	1	1
13	0	2	27	11	3	9	13	7	8	28	7	3	3
13	0	4	27	11	5	11	13	7	10	28	7	5	5
13	0	6	27	11	8	1	13	8	0	28	7	7	5
13	0	8	27	11	10	3	13	8	2	28	7	9	7
13	0	10	28	0	0	3	13	8	4	28	7	11	7
13	1	0	28	0	2	5	13	8	6	28	8	1	9
13	1	2	28	0	4	7	13	8	8	28	8	3	9
13	1	4	28	0	6	9	13	8	10	28	8	5	11
13	1	6	28	0	8	11	13	9	0	28	8	7	11

TABLE des Vitesses rélatives aux Chutes.

Chute			Vitesse			
pieds.	pouces.	lign.	pieds.	pouces.	lign.	points.
13	9	2	28	8	10	1
13	9	4	28	9	0	1
13	9	6	28	9	2	3
13	9	8	28	9	4	3
13	9	10	28	9	6	5
13	10	0	28	9	8	5
13	10	2	28	9	10	7
13	10	4	28	10	0	8
13	10	6	28	10	2	9
13	10	8	28	10	4	10
13	10	10	28	10	6	10
13	11	0	28	10	9	0
13	11	2	28	10	11	0
13	11	4	28	11	1	2
13	11	6	28	11	3	2
13	11	8	28	11	5	2
13	11	10	28	11	7	4
14	0	0	28	11	9	4
14	0	2	28	11	11	6
14	0	4	29	0	1	7
14	0	6	29	0	3	7
14	0	8	29	0	5	9
14	0	10	29	0	7	9
14	1	0	29	0	9	9
14	1	2	29	0	11	11
14	1	4	29	1	1	11
14	1	6	29	1	3	11
14	1	8	29	1	6	1
14	1	10	29	1	8	1
14	2	0	29	1	10	2
14	2	2	29	2	0	4
14	2	4	29	2	2	4
14	2	6	29	2	4	4
14	2	8	29	2	6	4
14	2	10	29	2	8	6
14	3	0	29	2	10	6
14	3	2	29	3	0	6
14	3	4	29	3	2	7
14	3	6	29	3	4	9
14	3	8	29	3	6	9
14	3	10	29	3	8	9
14	4	0	29	3	10	9
14	4	2	29	4	0	9
14	4	4	29	4	2	11
14	4	6	29	4	4	11
14	4	8	29	4	7	0
14	4	10	29	4	9	0
14	5	0	29	4	11	0
14	5	2	29	5	1	2
14	5	4	29	5	3	2
14	5	6	29	5	5	2
14	5	8	29	5	7	2
14	5	10	29	5	9	3
14	6	0	29	5	11	3
14	6	2	29	6	1	3
14	6	4	29	6	3	5
14	6	6	29	6	5	5
14	6	8	29	6	7	5
14	6	10	29	6	9	6
14	7	0	29	6	11	6
14	7	2	29	7	1	6
14	7	4	29	7	3	6
14	7	6	29	7	5	6
14	7	8	29	7	7	7
14	7	10	29	7	9	7
14	8	0	29	7	11	7
14	8	2	29	8	1	7
14	8	4	29	8	3	7
14	8	6	29	8	5	7
14	8	8	29	8	7	8
14	8	10	29	8	9	8
14	9	0	29	8	11	8
14	9	2	29	9	1	8
14	9	4	29	9	3	8
14	9	6	29	9	5	9
14	9	8	29	9	7	9
14	9	10	29	9	9	9
14	10	0	29	9	11	9
14	10	2	29	10	1	9
14	10	4	29	10	3	10
14	10	6	29	10	5	10
14	10	8	29	10	7	10
14	10	10	29	10	9	10
14	11	0	29	10	11	10
14	11	2	29	11	1	11
14	11	4	29	11	3	11
14	11	6	29	11	5	11
14	11	8	29	11	7	11
14	11	10	29	11	9	11
15	0	0	30	0	0	0

TABLE SECONDE *de la pesanteur d'une Colonne d'eau d'un pouce de diamétre, qui auroit depuis un pied jusqu'à 400 de hauteur.*

Pieds	Livres	onc.	gros.	Pieds	Livres	onc.	gros.	Pieds	Livres	onc.	gros.
1	0	6	1	45	17	3	5	89	34	1	1
2	0	12	2	46	17	9	6	90	34	7	2
3	1	2	3	47	17	15	7	91	34	13	3
4	1	8	4	48	18	6	0	92	35	3	4
5	1	14	5	49	18	12	1	93	35	9	5
6	2	4	6	50	19	2	2	94	35	15	6
7	2	10	7	51	19	8	3	95	36	5	7
8	3	1	0	52	19	14	4	96	36	12	0
9	3	7	1	53	20	4	5	97	37	2	1
10	3	13	2	54	20	10	6	98	37	8	2
11	4	3	3	55	21	0	7	99	37	14	3
12	4	9	4	56	21	7	0	100	38	4	4
13	4	15	5	57	21	13	1	101	38	10	5
14	5	5	6	58	22	3	2	102	39	0	6
15	5	11	7	59	22	9	3	103	39	6	7
16	6	2	0	60	22	15	4	104	39	13	0
17	6	8	1	61	23	5	5	105	40	3	1
18	6	14	2	62	23	11	6	106	40	9	2
19	7	4	3	63	24	1	7	107	40	15	3
20	7	10	4	64	24	8	0	108	41	5	4
21	8	0	5	65	24	14	1	109	41	11	5
22	8	6	6	66	25	4	2	110	42	1	6
23	8	12	7	67	25	10	3	111	42	7	7
24	9	3	0	68	26	0	4	112	42	14	0
25	9	9	1	69	26	6	5	113	43	4	1
26	9	15	2	70	26	12	6	114	43	10	2
27	10	5	3	71	27	2	7	115	44	0	3
28	10	11	4	72	27	9	0	116	44	6	4
29	11	1	5	73	27	15	1	117	44	12	5
30	11	7	6	74	28	5	2	118	45	2	6
31	11	13	7	75	28	11	3	119	45	8	7
32	12	4	0	76	29	1	4	120	45	15	0
33	12	10	1	77	29	7	5	121	46	5	1
34	13	0	2	78	29	13	6	122	46	11	2
35	13	6	3	79	30	3	7	123	47	1	3
36	13	12	4	80	30	10	0	124	47	7	4
37	14	2	5	81	31	0	1	125	47	13	5
38	14	8	6	82	31	6	2	126	48	3	6
39	14	14	7	83	31	12	3	127	48	9	7
40	15	5	0	84	32	2	4	128	49	0	0
41	15	11	1	85	32	8	5	129	49	6	1
42	16	1	2	86	32	14	6	130	49	12	2
43	16	7	3	87	33	4	7	131	50	2	3
44	16	13	4	88	33	11	0	132	50	8	4

TABLE *de la pésanteur d'une Colonne d'eau.*

Pieds	Livres	onc.	gros.	Pieds	Livres	onc.	gros.	Pieds	Livres	onc.	gros.
133	50	14	5	178	68	2	2	223	85	5	7
134	51	4	6	179	68	8	3	224	85	12	0
135	51	10	7	180	68	14	4	225	86	2	1
136	52	1	0	181	69	4	5	226	86	8	2
137	52	7	1	182	69	10	6	227	86	14	3
138	52	13	2	183	70	0	7	228	87	4	4
139	53	3	3	184	70	7	0	229	87	10	5
140	53	9	4	185	70	13	1	230	88	0	6
141	53	15	5	186	71	3	2	231	88	6	7
142	54	5	6	187	71	9	3	232	88	13	0
143	54	11	7	188	71	15	4	233	89	3	1
144	55	2	0	189	72	5	5	234	89	9	2
145	55	8	1	190	72	11	6	235	89	15	3
146	55	14	2	191	73	1	7	236	90	5	4
147	56	4	3	192	73	8	0	237	90	11	5
148	56	10	4	193	73	14	1	238	91	1	6
149	57	0	5	194	74	4	2	239	91	7	7
150	57	6	6	195	74	10	3	240	91	14	0
151	57	12	7	196	75	0	4	241	92	4	1
152	58	3	0	197	75	6	5	242	92	10	2
153	58	9	1	198	75	12	6	243	93	0	3
154	58	15	2	199	76	2	7	244	93	6	4
155	59	5	3	200	76	9	0	245	93	12	5
156	59	11	4	201	76	15	1	246	94	2	6
157	60	1	5	202	77	5	2	247	94	8	7
158	60	7	6	203	77	11	3	248	94	15	0
159	60	13	7	204	78	1	4	249	95	5	1
160	61	4	0	205	78	7	5	250	95	11	2
161	61	10	1	206	78	13	6	251	96	1	3
162	62	0	2	207	79	3	7	252	96	7	4
163	62	6	3	208	79	10	0	253	96	13	5
164	62	12	4	209	80	0	1	254	97	3	6
165	63	2	5	210	80	6	2	255	97	9	7
166	63	8	6	211	80	12	3	256	98	0	0
167	63	14	7	212	81	2	4	257	98	6	1
168	64	5	0	213	81	8	5	258	98	12	2
169	64	11	1	214	81	14	6	259	99	2	3
170	65	1	2	215	82	4	7	260	99	8	4
171	65	7	3	216	82	11	0	261	99	14	5
172	65	13	4	217	83	1	1	262	100	4	6
173	66	3	5	218	83	7	2	263	100	10	7
174	66	9	6	219	83	13	3	264	101	1	0
175	66	15	7	220	84	3	4	265	101	7	1
176	67	6	0	221	84	9	5	266	101	13	2
177	67	12	1	222	84	15	6	267	102	3	3

TABLE de la péſanteur d'une Colonne d'eau.

Pieds	Livres	onc.	gros.	Pieds	Livres	onc.	gros.	Pieds	Livres	onc.	gros.
268	102	9	4	313	119	13	1	358	137	0	6
269	102	15	5	314	120	3	2	359	137	6	7
270	103	5	6	315	120	9	3	360	137	13	0
271	103	11	7	316	120	15	4	361	138	3	1
272	104	2	0	317	121	5	5	362	138	9	2
273	104	8	1	318	121	11	6	363	138	15	3
274	104	14	2	319	122	1	7	364	139	5	4
275	105	4	3	320	122	8	0	365	139	11	5
276	105	10	4	321	122	14	1	366	140	1	6
277	106	0	5	322	123	4	2	367	140	7	7
278	106	6	6	323	123	10	3	368	140	14	0
279	106	12	7	324	124	0	4	369	141	4	1
280	107	3	0	325	124	6	5	370	141	10	2
281	107	9	1	326	124	12	6	371	142	0	3
282	107	15	2	327	125	2	7	372	142	6	4
283	108	5	3	328	125	9	0	373	142	12	5
284	108	11	4	329	125	15	1	374	143	2	6
285	109	1	5	330	126	5	2	375	143	8	7
286	109	7	6	331	126	11	3	376	143	15	0
287	109	13	7	332	127	1	4	377	144	5	1
288	110	4	0	333	127	7	5	378	144	11	2
289	110	10	1	334	127	13	6	379	145	1	3
290	111	0	2	335	128	3	7	380	145	7	4
291	111	6	3	336	128	10	0	381	145	13	5
292	111	12	4	337	129	0	1	382	146	3	6
293	112	2	5	338	129	6	2	383	146	9	7
294	112	8	6	339	129	12	3	384	147	0	0
295	112	14	7	340	130	2	4	385	147	6	1
296	113	5	0	341	130	8	5	386	147	12	2
297	113	11	1	342	130	14	6	387	148	2	3
298	114	1	2	343	131	4	7	388	148	8	4
299	114	7	3	344	131	11	0	389	148	14	5
300	114	13	4	345	132	1	1	390	149	4	6
301	115	3	5	346	132	7	2	391	149	10	7
302	115	9	6	347	132	13	3	392	150	1	0
303	115	15	7	348	133	3	4	393	150	7	1
304	116	6	0	349	133	9	5	394	150	13	2
305	116	12	1	350	133	15	6	395	151	3	3
306	117	2	2	351	134	5	7	396	151	9	4
307	117	8	3	352	134	12	0	397	151	15	5
308	117	14	4	353	135	2	1	398	152	5	6
309	118	4	5	354	135	8	2	399	152	11	7
310	118	10	6	355	135	14	3	400	153	2	0
311	119	0	7	356	136	4	4				
312	119	7	0	357	136	10	5		Fin de la Table.		

Section VIII.

De la maniere d'estimer le déchet causé par le bord des orifices.

491. Comme l'eau doit couler plus vite vers le *milieu* des orifices, que vers les *bords* à cause qu'elle est retardée par la friction, c'est-à-dire par le frottement que ces mêmes bords occasionnent, il en doit moins sortir d'un orifice quelconque pendant un tems déterminé, qu'il en sortiroit si tous ces filets avoient une vitesse uniforme, comme nous l'avons supposé jusqu'icy. (427) Les dépenses que donnent les calculs précedens, sont donc plus grandes que celles qu'on trouvera par l'expérience, & d'autant plus que les orifices seront petits, parce que les circonferences des cercles étant entre-elles comme les diamétres, tandis que les superficies sont comme les quarrez des mêmes diamétres, *les petits orifices ayant plus de circonference à proportion que les grands, retarderont plus la vitesse de l'eau par rapport à la quantité qui en devroit sortir.*

Le bord des orifices retarde la vitesse de l'eau, ainsi tous les calculs qu'on a rapportez cy-devant sur leur mesure, ne sont point exacts.

492. Pour sçavoir quel est ce rapport, nous prendrons les quarrez des diamétres pour les superficies des orifices, & les côtez de ces quarrez pour leurs circonferences ; ainsi nommant a le diamétre du petit, & b celui du grand, on aura $\dfrac{a}{aa}$ pour le rapport du circuit du premier à sa superficie, & $\dfrac{b}{bb}$ pour le rapport du circuit du second à sa superficie, qui se réduit à $\dfrac{1}{a}$ & $\dfrac{1}{b}$, d'où l'on tire $\dfrac{1}{a}$, $\dfrac{1}{b} :: b, a$, puisque $\dfrac{a}{a} = \dfrac{b}{b}$, ou que $ab = ab$, qui montre que *le raport du circuit du premier à sa superficie, est au raport du circuit du second à la sienne réciproquement, comme le diamétre du second est au diamétre du premier.*

Le rapport du déchet d'un orifice à sa dépense naturelle, est au rapport du déchet d'un autre orifice à sa dépense naturelle dans la raison réciproque de leur diamétre.

493. Il suit que *le rapport du déchet du premier orifice à sa dépense naturelle, sera au rapport du déchet du second orifice à sa dépense naturelle réciproquement, comme le diamétre du second est au diamétre du premier.*

J'entends par *dépense naturelle*, celle qu'on trouvera par nos regles, en faisant abstraction de tout accident, & par *déchet* l'excès de la dépense naturelle au-dessus de la dépense *effective* qu'on doit trouver par l'experience.

Lorsque par une experience on aura trouvé le rapport du dé-

D d

chet à la dépenfe naturelle d'un certain orifice, on aura ce raport pour un orifice quelconque en difant, *comme le diamétre de l'orifice propofé eft au diamétre de celui de l'experience ; ainfi le rapport du déchet à la dépenfe naturelle qu'on a trouvé par cette experience, eft à un quatriéme terme qui donnera ce que l'on demande.*

494. M. Mariotte dans le fecond difcours de la troifiéme partie de fon *Traité du Mouvement des Eaux*, rapporte page 245, qu'il a trouvé par un nombre d'experiences très-exactes, *qu'un orifice horifontal de 3 lignes de diamétre étant à 13 pieds au-deffous de la furface fuperieure de l'eau d'un large tuyau, donnoit un pouce, c'eft-à-dire qu'il en fortoit pendant le tems d'une minute 14 pintes, mefure de Paris,* ou 28 ℔. (342) Comme c'eft fur cette experience qu'il appuye tout le refte de fon Traité, je crois pouvoir m'en fervir comme d'un principe certain ; il feroit à fouhaiter que cet Auteur qui avoit une adreffe merveilleufe pour les experiences, nous en eut laiffé d'autres fur de plus grands orifices ; cependant on ne doit pas regarder comme un défaut, que celui dont nous allons nous fervir n'ait eu que 3 lignes, parce que fa circonference étant fort grande par rapport à fa fuperficie, le déchet en fera plus fenfible, eu égard à la dépenfe naturelle. (491)

495. Pour comparer la dépenfe de cette experience, avec celle qu'on trouvera par nos regles, il faut chercher dans la premiere Table la viteffe acquife par une chûte de 13 pieds de hauteur, qui eft de 27 pieds 11 pouces par feconde, ou de 1675 par minute ; divifer ce nombre par 16 pour réduire la colonne d'eau à un pouce de diamétre, fa hauteur fera de 104 pieds & environ 8 pouces, qui répond dans la feconde Table à 40 ℔ 1 once, au lieu que M. Mariotte n'en a trouvé que 28 ℔, *ce qui montre que dans ce cas la dépenfe naturelle eft à la dépenfe effective, à peu près comme 10 eft à 7, & que le déchet eft à la dépenfe naturelle, comme 3 eft à 10, par confequent peut être exprimée par* $\dfrac{3}{10}$.

496. Voulant connoître le rapport du déchet d'un orifice quelconque à fa dépenfe naturelle, on dira, *comme d diamétre de l'orifice propofé eft à 3 lignes, diamétre de l'orifice de l'experience ; ainfi* $\dfrac{3}{10}$*, rapport du déchet à la dépenfe naturelle trouvée par l'experience eft à celui du déchet à la dépenfe naturelle pour l'orifice dont il s'agit,* (493) qui fera exprimé par $\dfrac{9}{10 \times d}$*, qui montre qu'en general on aura toujours ce rapport pour un orifice quelconque, en multipliant le dé-*

nominateur de $\frac{9}{10}$ *par son diamétre exprimé en lignes ;* par exemple, s'il étoit de 2 pouces, ou de 24 lignes, la formule deviendra $\frac{9}{10 \times 24}$ qui se réduit à $\frac{3}{80}$.

497. L'on remarquera que lorsque *l'on a une fois trouvé le rapport du déchet à la dépense naturelle pour un certain orifice, ce rapport demeure toujours le même, soit que l'on augmente ou que l'on diminue la hauteur de l'eau,* parce qu'il est certain que le déchet augmente ou diminue dans la raison de la dépense naturelle, ou si l'on veut dans la raison de la racine des differentes hauteurs de l'eau. J'entends par exemple, que si le tuyau dont M. Mariotte s'est servi avoit eu 26 pieds de hauteur, ou qu'il n'en eut eu que 6 au lieu de 13, le rapport du déchet à la dépense naturelle se feroit toujours trouvé pour un orifice de 3 lignes, celui de 3 à 10 ; ce qui montre qu'on peut avoir le rapport du déchet à la dépense naturelle pour un orifice quelconque, sans se mettre en peine de la hauteur de l'eau.

498. Quand on aura trouvé les deux termes qui marquent le rapport du déchet à la dépense naturelle, *on n'aura qu'à soustraire le plus petit du plus grand, la difference donnera l'expression de la dépense effective ;* par consequent son rapport avec la dépense naturelle sera de $\frac{77}{80}$ pour l'exemple de l'article 451.

Après avoir trouvé le rapport de la dépense effective, à la dépense naturelle pour un orifice quelconque, il faut ensuite, avec le secours de nos deux Tables, chercher la dépense naturelle de cet orifice, relativement à la hauteur de l'eau, soit par seconde ou par minute ; ayant ces trois termes il sera aisé d'avoir la dépense effective : par exemple, un reservoir de 7 pieds 6 pouces de hauteur devant donner par un orifice de 2 pouces de diamétre 33 ℔ 4 gros d'eau pour la dépense naturelle par seconde, (478) & venant de voir que le rapport de la dépense effective à la dépense naturelle de cet orifice étoit exprimée par $\frac{77}{80}$, on dira comme 80 est à 77, ainsi 33 $\frac{1℔}{32}$ est à un quatriéme terme qu'on trouvera d'environ 28 ℔ 14 onces 3 gros pour la dépense effective, par consequent le déchet est de 4 ℔ 2 onces 1 gros.

499. Pour qu'un reservoir dépense *effectivement* une certaine

quantité d'eau déterminée dans un tems donné, il faut, fi l'on veut fe fervir de *l'orifice* qu'on trouvera par la Méthode des articles 466, 480, augmenter *la hauteur de l'eau*, pour qu'ayant plus de *viteffe* elle fourniffe dans le tems prefcrit la dépenfe que l'on demande ; ou fi la hauteur de l'eau refte la même, *prolonger le tems* afin qu'il fuplée au déchet ; ou fi l'on veut que le tems & la hauteur de l'eau demeurent les mêmes, trouver un *orifice* dont la dépenfe effective foit égale à celle qu'on demande ; nous allons examiner ces trois cas chacun en particulier.

500. Nommant e la dépenfe effective d'un certain orifice ; n fa dépenfe naturelle ; h, la hauteur du refervoir, & x celle qu'il faudroit lui donner pour que la dépenfe effective fut égale à la dépenfe naturelle. Confiderez que *les dépenfes étant entre-elles comme les viteffes, ou comme les racines quarrées des hauteurs des refervoirs lorfque les tems font égaux, ainfi que les orifices,* (458) l'on aura u, V $:: e, n :: \sqrt{h}, \sqrt{x}$, ou $ee, nn :: h, x$, d'où l'on tire $\frac{nnh}{ee} = x$;

qui montre que lorfqu'on a le rapport de la dépenfe effective à la dépenfe naturelle, il faut pour avoir la hauteur qu'il convient de donner au refervoir pour fupléer au déchet, *quarrer les deux termes multiplier le plus grand quarré par la hauteur de l'eau, & divifer le produit par le plus petit quarré.* Par exemple, dans l'experience de M. Mariotte où nous avons trouvé que pour un orifice de 3 lignes de diamétre, la dépenfe effective étoit à la dépenfe naturelle, comme 7 eft à 10, (495) voulant qu'il coule de cet orifice 20 pintes par minute, l'on aura $\frac{100 \times 13}{49} = x$, qui donne

26 pieds 6 pouces 4 lignes, & environ $\frac{2}{5}$ de ligne pour la hauteur de l'eau, qui eft plus que le double de celle du tuyau dont il s'eft fervi.

501. On a vû, art. 479, que pour qu'un refervoir dépenfe 10 pintes en une feconde par un orifice de 18 lignes de diamétre, il falloit que la hauteur de l'eau fut de 8 pieds 10 pouces 10 lignes, en faifant abftraction du déchet ; mais voulant y avoir égard, il faut que la hauteur de l'eau foit plus grande que celle que nous avons trouvé, *dans la raifon que la dépenfe naturelle eft plus grande que l'effective.* Pour connoître ce rapport, il faut multiplier le dénominateur de la fraction $\frac{2}{10}$ par 18 lignes, diamétre de l'orifice ;

(496) ce qui donne $\frac{1}{20}$, d'où l'on tire $\frac{19}{20}$. (498) On dira donc comme 381 quarré de 19 est à 400 quarré de 20, ainsi la hauteur de 8 pieds 1 pouce 10 lignes est à celle qu'on cherche, qu'on trouvera de 9 pieds & environ 5 lignes.

502. Prévenu que les reservoirs qui ont la même hauteur *dépensent par des orifices égaux des quantitez d'eau dans la raison des tems de leur écoulement*, (457) on aura pour le second cas, *e*, *n* :: *t*, *x* ; d'où l'on tire $\frac{nt}{e} = x$, qui montre que pour avoir le tems de l'écoulement, afin que la dépense effective soit égale à la dépense naturelle, *il faut multiplier la dépense naturelle par le tems qui répond à la regle qu'on a fait, en ne tenant point compte des frottemens, & diviser le produit par la dépense effective.* Par exemple, nous avons trouvé art. 481, que pour qu'un reservoir de 3 pieds de hauteur dépense 40 pintes d'eau par un orifice de 6 lignes de diamétre, il falloit que le tems de l'écoulement fut de 15 secondes & d'environ 37 tierces ; mais comme ce tems doit être *prolongé*, il faut chercher le rapport des dépenses (496, 498) qu'on trouvera exprimées par $\frac{17}{20}$ & dire comme 17 est à 20, ainsi 15 $\frac{25}{41}$ secondes est au tems que l'on cherche, qui est de 18 secondes, & environ 22 tierces.

Résolution du second cas, en augmentant la durée de l'écoulement.

503. De même ayant trouvé, art. 480, qu'un reservoir de 5 pieds de hauteur devoit avoir un orifice d'environ 36 lignes pour dépenser 30 pintes par secondes, on aura *le tems* qui doit supléer au déchet, en cherchant encore le rapport de la dépense effective à la dépense naturelle qu'on trouvera exprimé par $\frac{39}{40}$, ensuite dire comme 39 est à 40 ; ainsi 60 tierces est au tems que l'on demande, qui est de 61 $\frac{1}{2}$ tierces, ainsi des autres. Ces exemples montrent que plus les diamétres des orifices seront grands, plus la dépense *naturelle* approchera d'égaler la dépense *effective* que doit donner l'experience ; ce qui prouve l'exactitude des regles que nous avons déduites du principe de la chûte des corps.

504. Pour avoir une formule qui convienne au troisiéme cas, & generalement à tous ceux qu'on peut proposer relativement aux *modifications* ausquelles il faut avoir égard dans la pratique ; considerez que *lorsque deux reservoirs ont la même hauteur, leurs dépenses naturelles en tems égaux étant dans la raison des orifices,* (456)

On peut prendre les dépenses effectives de deux orifices pour exprimer le

on pourra dire aussi que *les dépenses effectives sont entre-elles comme les superficies des mêmes orifices diminuées dans la proportion que leurs dépenses effectives sont moindres que les dépenses naturelles.*

505. Supposant que le cercle AB represente un orifice provenant d'une experience faite sur la dépense des eaux, divisant son diametre au point C, *dans la raison de la dépense effective au déchet;* nommant AB, a; & CB, b; le quarré DB (aa) exprimera la dépense naturelle; le rectangle FB (ab) le déchet, & le rectangle DC, ($aa-ab$) la dépense effective. De même nommant d le diametre d'un autre orifice, dd exprimera sa dépense naturelle; & *comme les déchets sont entr'eux dans la raison des diametres,* on aura a, $d :: ab$, bd, d'où l'on tire $dd-bd$ pour l'expression de la dépense effective du second orifice.

Si l'on prend $aa-ab$, & $dd-bd$ pour exprimer le rapport des deux *orifices*, & Mm pour exprimer celui de leur *dépense*, on aura M, $m :: aa-ab$, $dd-bd$; lorsque les tems seront égaux, & que les reservoirs auront la même hauteur (504); nommant V la vitesse de l'eau de l'orifice de l'expérience, dont la dépense est exprimée par M; & T le tems de l'écoulement; u la vitesse de l'eau du second reservoir dont la dépense est exprimée par m; & t le tems de l'écoulement; on aura M, $m :: \overline{aa-bb} \times$ TV, $\overline{dd-bd} \times tu$, puisque par l'article 447 *les dépenses sont dans la raison composée des orifices, des tems & des vitesses,* d'où l'on tire $\overline{aa-ab} \times$ TV$m = dd-bd \times tu$M, qui est une formule qui donnera celle des quatre grandeurs d, m, t, u qui sera inconnue.

506. Voulant avoir le *diametre* de l'orifice d'un reservoir dont on connoît *la hauteur* ou *la vitesse,* pour qu'il dépense *effectivement* dans *un tems donné* une quantité *d'eau déterminée* & désignée par m, moyennant la connoissance de toutes les autres grandeurs que comprend la formule, on substituera x à la place de d pour avoir $\overline{aa-ab} \times$ TV$m = \overline{xx-bx} \times tu$M, qui se réduit à

$$ b + \sqrt{\frac{bb}{4} + \frac{TVm}{tuM} \times \overline{aa-ab}} = x. $$

507. Si le diametre de l'orifice, la hauteur du reservoir ou la vitesse de l'eau & le tems étoient donnez, & que l'on voulut connoître la *dépense effective*, il faudra substituer x à la place de m pour avoir $aa-ab \times$ TV$x = dd-bd \times tu$M, d'où l'on tire

$$ x = \frac{\overline{dd-bd}}{aa-ab} \times \frac{tuM}{TV}. $$

508. Si le diametre de l'orifice, sa dépense effective & le tems

étoient donnez, & qu'on voulut connoître la *vitesse de l'eau* par
feconde, afin d'en déduire la hauteur du refervoir ; il faudra met-
tre x à la place de u pour avoir $\dfrac{\overline{aa-ab}}{dd-bd} \times \dfrac{TVm}{uM} = x.$

plication pour trouver la vitesse ou la hauteur de l'eau.

509. Enfin, fi le diamétre de l'orifice, la dépenfe, la vitefſe ou
la hauteur du refervoir étoient donnez, & qu'on voulut connoître *le tems* de l'écoulement, on fubftituera x à la place de t, pour
avoir $\dfrac{\overline{aa-ab}}{dd-bd} \times \dfrac{TVm}{uM} = x.$

Autre aplication pour trouver le tems de l'écoulement.

510. Lorfqu'il fe rencontrera que quelques grandeurs *fembla-*
bles auront *la même valeur*, il faudra les effacer de la formule, qui
devenant plus fimple, rendra le calcul plus aifé. Par exemple,
l'on demande quel *diamétre* il faudroit donner à l'orifice d'un refervoir de 13 pieds de hauteur, pour que fa dépenfe effective par
minute foit *quadruple* de celle que M. Mariotte a trouvé, comme
on aura $T = t$, $V = u$, & $\dfrac{m}{M} = \dfrac{4}{1}$; l'équation (506) fera changée en celle-cy, $\dfrac{\sqrt{4aa-4ab}}{1} + \dfrac{bb}{4} + \dfrac{b}{2} = x$; ayant $a = 3$ lignes,

Trouver le rapport que doivent avoir les diamétres des deux orifices, pour que leurs dépenſes effectives ſoient en raiſon données.

$b = \dfrac{9}{10}$ & $\dfrac{b}{2} = \dfrac{9}{20}$, faifant le calcul, on trouvera que le diamétre que l'on cherche doit être à peu près de $5\,\dfrac{1}{2}$ lignes, *au lieu de*
6 *qu'il femble qu'on devroit lui donner.*

Pour montrer que l'orifice qu'on vient de trouver dépenſera
effectivement le quadruple de celui de l'experience, l'on dira
comme 9 quarré du diamétre de 3 lignes eſt à $30\,\dfrac{1}{4}$ quarré du
diamétre qu'on vient de trouver de $5\,\dfrac{1}{2}$ lignes ; ainfi 40 ℔ d'eau,
dépenſe naturelle du premier orifice, eſt à la dépenfe naturelle du
fecond, qu'on trouvera de $134\,\dfrac{4}{9}$; pour en fouftraire le déchet, on multipliera le dénominateur $\dfrac{9}{10}$ par le diamétre $5\,\dfrac{1}{2}$,
on aura $\dfrac{9}{55}$ pour le rapport du déchet à la dépenfe naturelle ;
(496) on dira donc comme 55 eſt à 46, ainfi $1034\,\dfrac{4}{9}$, dépenſe
naturelle du fecond orifice eſt à fa dépenfe effective, qu'on trou-

vera de 112 ℔ & environ $\frac{1}{4}$ qui eſt un nombre quadruple de 28 ; c'eſt-à-dire de la dépenſe effective du premier orifice, en négligeant les 4 onces que nous trouvons de plus, qui viennent de ce que le diamétre a été eſtimé un peu plus grand qu'il ne devroit être, pour avoir ſuppoſé $\frac{42}{100} = \frac{1}{2}$.

Maniere de trouver géométriquement le diamétre d'un orifice en conſtruiſant la formule.

Fig. 60.

511. L'on aura dans toute la préciſion géométrique le diamétre que l'on demande, en *conſtruiſant* l'équation $\sqrt{4aa - 4ab + \frac{bb}{4}} + \frac{b}{2} = x$. Pour cela il faut tirer la ligne AB égale à $2a$, la prolonger de B en C, enſorte que BC ſoit égale à $2b$, décrire ſur AC, comme diamétre, le demi cercle ADC, élever la perpendiculaire BD dont le quarré vaudra $4ab$, élever auſſi ſur l'extrémité A la perpendiculaire AF égale à $\frac{b}{2}$; tirer la ligne FB ; dont le quarré vaudra $4aa + \frac{bb}{4}$, décrire ſur cette ligne le demi cercle BHF, faire BH égale à BD, enſuite tirer la ligne FH qu'on prolongera de F en G de la longueur de FA, alors la ligne GH fera *exactement* le diamétre que l'on demande, puiſqu'on aura

$$\sqrt{\overline{FB}^2, (4aa + \frac{bb}{4}) - \overline{BH}^2 (4ab) + GF (\frac{b}{2})} = GH (x).$$

Examen des orifices quarrez.

512. De quelque figure que ſoient les orifices, *ſemblables ou non ;* leur dépenſe naturelle étant toujours dans la raiſon de leur ſuperficie, & les déchets dans la raiſon de leur circuit, il ſuit que lorſque les ſuperficies feront comme les circuits, les dépenſes naturelles feront comme les déchets ; c'eſt ce qui ſe rencontre lorſque de deux orifices, l'un eſt un cercle & l'autre le quarré de ſon diamétre ; car nommant d, le diamétre, & c, la circonference, $\frac{cd}{4}$ fera la ſuperficie du cercle, & $4d$, le circuit de ſon quarré ; d'où l'on tire $\frac{cd}{4}, dd :: c, 4d$, qui fait voir *que le rapport du déchet à la dépenſe naturelle d'un orifice quarré, qui auroit 3 lignes de côté,* peut encore être exprimé par $\frac{3}{10}$; ainſi lorſque l'on voudra connoître ce rapport pour un orifice quarré quelconque, il faudra multiplier le dénominateur de $\frac{9}{10}$ par le côté du quarré réduit en

lignes

lignes. (496) Par exemple, pour un quarré d'un pouce on aura $\frac{9}{10 \times 12}$ ou $\frac{3}{40}$.

513. Si l'orifice étoit un *rectangle* compris sous les dimensions *Examen des orifices rectangulaires.* a & b, son *circuit* sera $2a + 2b$ & sa superficie ab, alors on aura comme 12 lignes, circuit du quarré de l'expérience, est à $2a + 2b$, circuit de l'orifice rectangulaire ; ainsi 3, expression du déchet du premier orifice est à $\frac{a + b}{2}$ déchet du second. D'autre part, comme 9, superficie de 3 lignes du côté est à ab, superficie du rectangle ; ainsi 10 expression de la dépense naturelle du premier orifice, est à $\frac{10ab}{9}$, expression de la dépense naturelle du second, ce qui donne $\frac{\frac{ab}{2}}{\frac{10ab}{9}}$ ou $\frac{9 \times \frac{a+b}{2}}{10 \times ab}$, qui est une formule generale pour tous les orifices rectangulaires, qui montre que pour avoir le rapport du déchet à leur dépense naturelle, *il faut multiplier le numera-teur de* $\frac{9}{10}$ *par la moitié de la somme des deux dimensions du rectangle réduites en lignes, & le dénominateur par la superficie du même rectangle exprimée en lignes quarrées.*

514. Si les dimensions de l'orifice étoient assez grandes pour être exprimées en pouces, la formule deviendra alors $\frac{3 \times \frac{a+b}{2}}{40 \times ab}$; qui montre que dans ce cas il faut multiplier le numerateur de $\frac{3}{40}$ (513) par la moitié de la somme des deux dimensions du pertuis exprimées en pouces, & le dénominateur par la superficie de l'orifice exprimée en pouces quarrez, comme on le verra lorsque nous ferons usage de cette derniere formule, pour calculer la dépense effective des *pertuis* pratiquez aux écluses.

515. Quand on aura trouvé le rapport du déchet à la dépense naturelle pour un orifice de quelque figure qu'il soit, & ensuite sa dépense effective, on la substituera dans la formule de l'article 505, pour découvrir quelqu'unes des grandeurs qui y sera relative, & on agira comme nous avons fait pour les orifices circulaires.

516. Comme le *cercle* & le *quarré* sont les figures qui compren- *Les orifices quarrés &* nent le plus d'étendue sous moins de circuit, l'on voit que les ori-

circulaires caufent moins de déchet que ceux de toute autre figure qui auroient la même fuperficie.

fices faits ainfi caufent moins de déchet que les autres qui auroient la même fuperficie, au lieu que lorfqu'ils font *rectangulaires*, le déchet eft d'autant plus grand à la fuperficie égale, qu'une des dimenfions excedera l'autre.

Au refte, voilà ce me femble ce que l'on peut dire de plus fatis-faifant pour unir la théorie à la pratique dans la mefure des eaux.

Il eft effen-tiel d'avoir égard au déchet pour la diftribution des eaux des fontaines d'une ville.

517. L'on voit la confequence d'avoir égard aux déchets pour diftribuer les eaux avec économie; lorfque l'on eft obligé d'amener à grand frais, celles de plufieurs *fources*, ou de conftruire des machines pour la tirer d'une riviere, parce que pour la partager à des communautez ou à des particuliers, il faudra que chacun en ait une quantité proportionnée aux frais qu'il a fait pour fa part de la dépenfe totale, ou de ce qu'il payera pour la dépenfe annuelle de l'entretien des eaux, ce qui demande beauccup d'intelligence de la part de ceux qui en font chargez, autrement il arrive que l'un a plus, & l'autre moins qu'il ne devroit avoir. Il y a bien des chofes à confiderer fur ce fujet, que je réferve de traiter ailleurs.

SECTION IX.

De la Mefure des Eaux qui coulent par des orifices rectilignes & verticaux.

L'eau qui fort des ori-fices verti-caux eft chaffée felon une direc-tion horifon-tale, avec des viteffes qui peuvent être expri-mées par les ordonnées d'une para-bole.

PLANCH. 7.

FIG. 61.

518. Ayant un vaiffeau prifmatique continuellement rempli d'eau, on a vû (362) que chacune de fes *faces* étoit pouffée felon une direction horifontale, par toutes les lames d'eau qu'elle foûtient; par confequent, fi cette furface eft percée de plufieurs trous H, K, &c dans la verticale EF, l'eau qui en fortira fera chaffée felon des directions horifontales, avec des viteffes qui pourront être exprimées par les racines des hauteurs EH & EK, ou par les ordonnées correfpondantes HI & KL d'une parabole EIG, puifque la propriété de cette courbe donne (470) $\sqrt{EH}$, $\sqrt{EK}$ :: HI, KL. Si l'on fuppofe le paramétre de cette parabole de 60 pieds, les ordonnées HI & KL exprimeront non feulement le rapport des viteffes de l'eau, mais auffi les viteffes réelles par feconde des filets qui fortiront par les trous H & K (470) que nous fuppofons fort pe-tits; alors connoiffant en pieds, pouces, lignes, les hauteurs EH & EK, on aura à l'aide de la premiere Table de la feptiéme Section les valeurs en pieds, pouces, lignes, des ordonnées HI & KL.

519 Il fuit que fi tous les filets d'eau qui fortiront par un des ori-fices H ou K, ont la même viteffe, la dépenfe naturelle par

seconde sera égale à une colonne qui auroit pour bafe le plan de l'orifice, & pour hauteur l'ordonnée qui lui répond.

520. Si l'on fuppofe l'axe EF de la parabole ELG, divifé en un nombre infini de parties égales, elles compoferont une pro- greffion arithméthique infinie, c'eft-à-dire dont le plus petit terme fera zero, & le plus grand la hauteur EF de l'eau qui exprimera en même tems le nombre des termes de cette progreffion, tirant par chaque point de divifion une ordonnée HI ou KL, en com- mençant du fommet E, toutes ces ordonnées étant dans la raifon des racines de leurs abciffes, ou des racines des termes de la pro- greffion des parties de l'axe, on trouvera la fomme de toutes ces racines de la même maniere que l'on trouve celles des ordonnées qui compofent la fuperficie d'une parabole *en multipliant l'axe EF par les deux tiers de la plus grande ordonnée FG ; on aura donc auffi la fomme de toutes les racines des abciffes correfpondantes, ou celles de tous les termes de la progreffion, en multipliant l'axe EF par* $\frac{2}{3} \sqrt{EF}$, *ou* $\sqrt{EF}$

par $\frac{2EF}{3}$.

Pour démontrer la même regle indépendament de la parabole, confiderez le triangle rectangle & ifocele EFG, dont la hauteur EF étant prife pour celle de l'eau, tous les élemens MN com- poferont les termes de la progreffion précédente, ou fi l'on veut toutes les differentes hauteurs de l'eau prifes depuis fon niveau jufqu'au fond du vaiffeau. Pour avoir la fomme des racines de tous ces élemens, nous nommerons EF, h; EM, x; ainfi Mm fe-

ra dx, qui étant multiplié par $\sqrt{x}$ donne $dx \sqrt{x} = x^{\frac{1}{2}} dx$ pour

la fomme des racines comprifes dans le Plan differentiel MmNn,

dont l'integrale donne $\frac{2}{3} x^{\frac{3}{2}}$ ou $\frac{2}{3} x \times \sqrt{x}$, ou $\frac{2}{3} h \times \sqrt{h}$ lorf-

que x devient égale à h.

521. Il fuit que fi l'on pratique dans la furface du vaiffeau une fente verticale POEF d'une largeur uniforme, on aura l'expref- fion de toutes les viteffes de l'eau qui fortira par cette fente, *en multipliant la racine de la plus grande hauteur EF par les deux tiers de la même hauteur.*

522. Comme entre toutes les viteffes interpofées, il y en a une moyenne, qui étant multipliée par la grandeur qui en exprime le nombre, donne un produit égal à la fomme des mêmes viteffes, l'on voit *que cette viteffe moyenne eft égale aux deux tiers de la plus gran-*

E e ij

égale aux deux tiers de la plus grande, & la lame à laquelle elle appartient est située au-dessous du niveau de l'eau des quatre neuviémes de la plus grande hauteur.

de ordonnée FG, ou a $\frac{2}{3}$ $\sqrt{h}$, quand on prendra les racines des abcisses, au lieu des ordonnées de la parabole.

523. Pour sçavoir à quel point de la hauteur EF doit répondre la vitesse moyenne, il n'y a qu'à quarrer $\frac{2}{3}$ $\sqrt{h}$, on aura $\frac{4}{9}$ h qui montre que *la lame d'eau qui répond à la vitesse moyenne est au-dessous du niveau OB des quatre neuviémes de la hauteur entiere EF.*

FIG. 62.
Maniere de mesurer la dépense d'un pertuis vertical, dont le sommet répond au niveau de l'eau.

524. Quand on aura un Pertuis rectangulaire ABCD, pratiqué dans une surface verticale, que ce pertuis regnera sur toute la hauteur de l'eau, il faut pour avoir sa dépense, pendant un certain tems, *multiplier la superficie du pertuis par les deux tiers de la plus grande ordonnée DG, ou par la vitesse uniforme dont un corps seroit capable pendant ce tems, après l'avoir acquise par une chûte CE égale aux quatre neuviémes de la hauteur de l'eau,* parce que la vitesse EF sera égale aux deux tiers de la plus grande DG, puisqu'on a $\sqrt{\overline{CD}}$, $\frac{2}{3}$ $\sqrt{\overline{CD}}$ :: DG, $\frac{2}{3}$ DG, ou que CD, $\frac{4}{9}$ CD :: $\overline{DG}^2$, $\frac{4}{9} \times \overline{DG}^2$.

525. Supposant que le pertuis ABCD, ait 4 pieds de largeur sur 13 pieds 1 pouce 6 lignes de hauteur, sa superficie sera de 52 pieds 6 pouces ; & les quatre neuviémes de la hauteur de l'eau, 5 pieds 10 pouces, qui est une chûte qui répond dans la premiere table de la septiéme Section à une vitesse de 18 pieds 8 pouces, 6 lignes, qui étant multiplié par le produit precedent donne 982 pieds cubes 2 pouces 3 lignes pour la quantité d'eau que le pertuis dépensera par seconde.

Maniere de mesurer la dépense d'une nappe d'eau droite ou circulaire.

526. Quand on sera dans le cas de mesurer une *nappe d'eau* comme celles qui se rencontrent dans la décoration des Jardins de plaisance, ou comme celles qui se forment aux décharges d'une écluse, d'une machine hydraulique, d'un canal, &c. *Il faudra de même prendre la superficie du rectangle, qui auroit pour baze la longueur du bord, & pour hauteur celle de l'eau qui coule au-dessus du même bord, & en multiplier la superficie par la vitesse qui auroit pour chûte les quatre neuviémes de la hauteur precedente.*

PLANCH. 7.

FIG. 67.
527. Lorsqu'un vaisseau ABCD est percé par le fond, que l'eau n'y est entretenuë qu'à une hauteur médiocre GH, il arrive quelquefois qu'en sortant elle ne remplit pas entierement le trou EF, laissant un vuidé dans le milieu, formant un entonnoir NMIQLOP, qui donne lieu à une nappe circulaire dont *la dépense par seconde est égale au volume d'eau compris sous la circonference du trou EF, sous la hauteur IK, & sous la ligne qui exprimeroit la vitesse*

acquife par la chûte des quatre neuviémes de la hauteur IK.

528. Comme cette nappe n'a lieu que lorfque la fomme des viteffes de l'eau qui tend à remplacer celle de la colonne du milieu,
eft moindre que la viteffe uniforme de la même colonne. Voici le
raport de ces deux viteffes.

Nommant h, la hauteur IK de l'eau ; d, le diamétre EF du trou,
c, fa circonférence, $\frac{cd}{4}$ en fera la fuperficie, laquelle reprefen-
tant celle des lames qui s'échapent lorfque la colonne eft entiere,
on aura $\frac{cd}{4} \times \sqrt{h}$ pour la quantité d'eau qui fort à chaque inftant,
(445) d'autre part la furface de la colonne fera ch, qui étant mul-
tipliée par $\sqrt{\frac{4}{9} h}$, ou par $\frac{2}{3}\sqrt{h}$, donne $\frac{2}{3} ch \times \sqrt{h}$ pour la fomme
des viteffes de l'eau qui tend à remplacer la colonne, d'où l'on
tire $\frac{cd}{4} \times \sqrt{h}$, $\frac{2}{3} ch \times \sqrt{h}$ :: $\frac{d}{4}$, $\frac{2h}{3}$ *qui montre que la viteffe de l'eau*
à la fortie du tuyau eft à la viteffe de celle qui s'empreffe à la remplacer,
comme le quart du diamétre de l'orifice eft aux deux tiers de la hauteur de
l'eau.

Si l'on multiplie les deux derniers termes de la proportion pré-
cédente par $\frac{3}{2}$ pour les rendre plus fimples, on aura $\frac{d}{4}$, $\frac{2h}{3}$
:: $\frac{3d}{8}$, h, qui montre encore *que la viteffe de l'eau de la colonne eft à*
la viteffe de celle qui s'empreffe à la remplacer, comme les trois huitiémes
du diamétre eft à la hauteur de l'eau ; ainfi faifant abftraction de tout
accident, l'on voit que *quand la hauteur de l'eau fera plus grande*
que les trois huitiémes du diamétre de l'orifice, fa dépenfe fera complette,
& qu'au contraire lorfque la hauteur de l'eau fera moindre que les
trois huitiémes du diamétre, l'orifice ne fera pas rempli.

529. Ceux qui ont écrit jufqu'ici fur le mouvement des eaux,
ont infinué qu'il falloit que *l'orifice fut fort petit, par raport à la bafe*
du vaiffeau, pour que la viteffe de l'eau pût être exprimée par la
racine de fa hauteur, fans faire nulle mention du raport que cette
hauteur devoit avoir avec le diamettre de l'orifice ; cependant
c'eft de ce raport qu'elle doit dépendre, car un orifice pourroit
être fort petit, eu égard à la fuperficie du fond, & le diametre fort
grand par raport à la hauteur de l'eau ; alors la condition qu'on
exige fe rencontreroit fans que la regle eut lieu. Cela vient, comme
je l'ai déja dit, de ce qu'on s'eft imaginé que c'étoit la colonne

---

Marginal notes:

La viteffe de l'eau qui fort d'un orifice pratiqué au fond du vaiffeau, eft à la viteffe de celle qui s'empreffe à la remplacer, comme le quart du diamétre de l'orifice eft aux deux tiers de la hauteur de l'eau, ou comme les trois huitiémes du même diamétre eft à la hauteur entiere de l'eau.

Fig. 67.

Pour que la dépenfe d'un orifice foit complette, il faut avoir plus d'égard au raport du diamétre de l'orifice à la hauteur de l'eau, qu'à

sans cesse renouvellée par l'eau superieure qui fournissoit à la dépense, & qu'il falloit seulement prendre garde que l'orifice fut
assez petit pour empêcher que cette colonne ne sortit tout à la
fois, comme s'il étoit possible que l'eau d'alentour restât soutenuë
sans se répandre dans le vuide qu'elle laisseroit.

530. Pour voir si l'experience seroit conforme à la regle précedente, je me suis servi d'une cuvette, dont le fond avoit environ
un pied de superficie, percé d'un trou de 3 lignes de diametre,
l'ayant entretenu pleine d'eau sur la hauteur de 4 pouces ; j'ai répandu dessus un peu de sciure de bois, laissant couler l'eau pendant
quelque tems, sans y rien ajouter, pour ne point l'agiter, sa surface est restée sans aucun mouvement sensible, mais on voyoit l'eau
du fond couler vers l'orifice, & toute celle du vaisseau concourir à la dépense, ce qu'on apercevoit par le mouvement des petits
corps que j'y avois plongé, mais ce qui m'a fort surpris, c'est de
voir, que lorsque sa surface fut descenduë d'environ 2 pouces, il
s'est formé un petit espace vuide, qui avoit la figure d'un tuyau qui
se terminoit en pointe par le bas ; à mesure que l'eau baissoit, ce
vuide devenoit plus sensible, & son extrêmité étant parvenuë à
l'orifice il s'est fait un trou dans le milieu de l'eau, sa surface étant
encore à 12 ou 13 lignes du fond.

J'ay repeté la même experience plusieurs fois, tantôt en laissant vuider le vaisseau sans y rien ajouter, tantôt en entretenant la
surface à la distance du fond où le vuide étoit entierement formé,
quoique la hauteur de l'eau fut bien plus de trois huitiémes du diametre de l'orifice, la dépense n'étoit jamais complette, ce qu'on
trouvera de singulier, c'est qu'en agitant l'eau le vuide n'en subsis-
toit pas moins allant en serpentant d'une largeur assez uniforme depuis en haut jusqu'à la sortie du trou. Quant à l'eau qui sortoit par
l'orifice, & qui formoit une petite nappe circulaire, on voyoit
qu'elle venoit de toutes les parties du vaisseau fournir à la dépense.

J'ai aussi fait cette experience avec des vaisseaux beaucoup plus
grands, m'en étant servi dont le fond avoit jusqu'à huit pieds de
superficie, percé dans le milieu d'un orifice d'un pouce de diametre ; j'ai toujours remarqué que lorsque la surface de l'eau n'étoit qu'à
5 ou 6 pouces du fond, le vuide traversoit l'orifice, & que l'eau à
sa sortie formoit encore une nappe circulaire.

531. Ne pouvant concilier ces experiences avec le raisonnement des art. 527, 528. je me suis imaginé qu'il falloit que quelque cause étrangere à l'action naturelle de l'eau s'en mêlât, &

que ce ne pouvoit être que le poids de l'air qui répondoit au-des-
fus de l'orifice qui donnoit dans un certain cas à la colonne d'eau
plus de force pour descendre, que celle qui l'environne n'en pouvoit avoir pour la remplacer.

Pour sçavoir si ma conjecture étoit juste, j'ai mis un bout d'ais
flotter sur l'eau avant de la laisser couler, il ne s'est point formé de
vuide, & aussi-tôt que je l'ai ôté il s'en est fait un comme auparavant, si je le posois de nouveau, l'eau se réunissoit, parce que la
planche étant beaucoup plus grande que l'orifice, avoit un trop
grand nombre de points d'appuy pour que l'air superieur put prendre aucun avantage sur celui de dessous ; ainsi il paroît que ce
n'est que dans le vuide où il arrive que la dépense d'un orifice pratiqué au fond d'un vaisseau sera complette lorsque les trois huitiémes de son diametre seront un peu moindres que la hauteur de
l'eau, à moins qu'on ne fasse flotter un corps au-dessus de l'orifice.

532. Quand un orifice horisontal NO, est pratiqué à l'extrêmité d'un tuyau recourbé EPLM, la hauteur IQ de la surface GH
de l'eau, par raport au diametre de l'orifice est indifferente, parce que la partie recourbée TPVML du tuyau étant remplie, il ne
ne peut arriver que l'air qui répond au niveau GH sorte par l'orifice, cependant quoique l'eau soit entretenuë au niveau GH, il
ne faut pas conclure que sa vitesse sera toujours exprimée par la racine de la hauteur IQ, parce que le diametre de l'orifice NO,
celui de la crapaudine XY, la hauteur IQ, & la hauteur IK du
niveau de l'eau au-dessus du fond AD du reservoir pourroient être
tels que l'eau ne suffiroit pas à la dépense de l'orifice. Car de quelque hauteur que soit la ligne IQ, le reservoir n'en fournira jamais
plus que celle qui peut sortir par le trou XY, & pour peu qu'on
y fasse attention, on verra que *pour que le jet agisse pleinement, il faut
que le produit du quarré du diametre NO de l'ajutage, & de la racine
de la hauteur IQ du niveau du reservoir, au-dessus de cet ajutage, soit au moins égal au produit de la racine de la hauteur GA, ou
IK de l'eau du reservoir par le quarré du diametre XY de la crapaudine,
c'est-à-dire que ces quatre termes doivent être reciproquement proportionnels.*

Il ne faut donc plus s'étonner s'il arrive quelquefois que des reservoirs fort élevés au-dessus d'un ajutage, ne forment qu'un jet
d'une hauteur mediocre & fort éloigné de la proportion qu'il devroit avoir, eu égard à la résistance de l'air, parce que le passage
de l'eau par la crapaudine étant toujours beaucoup plus petit que le
cercle du tuyau du conduit, il n'en faut pas davantage pour em-

pêcher que ce tuyau ne soit toujours plein, & pour être cause que l'eau restera à une certaine hauteur RS, parce que la crapaudine n'en fournira qu'une certaine quantité qui fera que la dépense de l'orifice sera relative à $\sqrt{RP}$, & non pas à $\sqrt{IQ}$; nous reprendrons ce sujet dans le second volume en parlant de la distribution des eaux pour la décoration des Jardins.

Maniere de connoître la vitesse moyenne de la dépense d'un pertuis rectangulaire, dont le sommet est au dessous du niveau de l'eau.

Fig. 66.

533. Quand le sommet d'un pertuis rectangulaire se trouve au-dessous du niveau de l'eau, comme MKLN, la somme de toutes les vitesses des lames d'eau qui en sortiront pouvant être exprimées par les élemens du segment parabolique FHIG, il y en a un moyen OT, qui étant multiplié par la hauteur HF donnera un produit égal à la superficie de ce segment : comme la portion de cet élement déterminera la hauteur moyenne EO; voici comment on pourra la trouver.

Nommant EF, a; EH, b; HF, c; & la hauteur moyenne EO, x; la somme de toutes les vitesses dont sont capables les lames sur la hauteur EF sera $\frac{2a}{3}\sqrt{a}$, & la somme de toutes les vitesses qui regnent sur la hauteur EH sera $\frac{2b}{3}\sqrt{b}$, (520) par conséquent

$$\frac{2a}{3}\sqrt{a} - \frac{2b}{3}\sqrt{b},$$

donnera la somme de toutes les vitesses des lames qui sortiront du Pertuis, qui étant égale au produit de la vitesse moyenne $\sqrt{OP}$ ($\sqrt{x}$) par la hauteur HF (c), l'on aura

$$\frac{2a}{3}\sqrt{a} - \frac{2b}{3}\sqrt{b} = c\sqrt{x},$$

qui étant quarré donne $\frac{4}{9}a^3 - \frac{4}{9} \times 2ab\sqrt{ab} + \frac{4}{9}b^3 = ccx$, ou $\frac{4}{9} \times \frac{a^3 + b^3 - 2ab\sqrt{ab}}{cc} = x$; d'où l'on tire $9, 4 :: a^3 + b^3 - 2ab\sqrt{ab}, x$; *qui montre que 9 est à 4, comme la somme des cubes de la plus grande & de la plus petite hauteur de l'eau par rapport au pertuis, moins le double de la racine quarrée du produit de ces deux cubes, la différence divisée par le quarré de la hauteur du pertuis est à la moyenne que l'on cherche.*

Si la hauteur EF (a) étoit de 8 pieds, la hauteur EH (b) de 6; la hauteur HF (c) sera de 2 pieds; alors on aura 512 pour le premier cube, & 216 pour le second, dont le produit donne 110592, duquel extrayant la racine quarrée, on la trouvera de 332 $\frac{11}{20}$ dont le double est de 665 $\frac{1}{10}$, qui étant soustrait de 728, (somme

des

des deux cubes) reste $62\frac{9}{10}$, qui étant divisé par 4 quarré de la hauteur du pertuis, donne $15\frac{29}{40}$ pour le troisième terme de la proportion. On dira donc comme 9 est à 4, ainsi $15\frac{29}{40}$ est à la hauteur qu'on demande, qu'on trouvera de 6 pieds 11 pouces 10 $\frac{2}{5}$ lignes, qui répond dans la Table à une vitesse de 20 pieds 5 pouces 10 lignes.

534. Voici encore une autre maniere beaucoup plus simple de trouver la vitesse moyenne de l'eau d'un pertuis rectangulaire. *Il faut chercher dans la premiere table les vitesses qui répondent à la plus grande & à la plus petite hauteur de l'eau ; multiplier chacune de ces vitesses par sa chûte, soustraire le second produit du premier, prendre les deux tiers de la difference, & diviser cette quantité par la hauteur du pertuis, le quotient donnera la vitesse qu'on demande.* Ainsi pour l'exemple précedent on trouvera que les vitesses qui répondent aux chûtes de 8 & de 6 pieds donnent pour la premiere 21 pieds 10 pouces 10 lignes 9 points, & pour la seconde 18 pieds 11 pouces 8 lignes qui étant multipliées chacune par leur chute il viendra 61 pieds 5 pouces 2 lignes pour la difference des produits, dont il faut prendre les deux tiers qui étant divisés par deux pieds, hauteur du pertuis, donne 20 pieds 5 pouces 9 lignes 6 points pour la vitesse moyenne par seconde qui est à $\frac{1}{2}$ ligne près la même que celle que nous avons trouvé par la regle precedente.

535. Supofant que la largeur du pertuis soit de 1 pied 6 pouces, sa superficie sera de 3 pieds quarrés qui étant multipliés par la vitesse moyenne donnent 61 pieds cubes 5 pouces 9 lignes pour le volume d'eau de la dépense naturelle de ce pertuis par seconde.

Pour avoir le rapport du déchet à la dépense naturelle, il faut selon l'article 514 multiplier le numerateur de la fraction $\frac{3}{40}$ par 21, moitié de la somme des dimensions du pertuis réduite en pouces, & le dénominateur par 432 pouces, superficie du pertuis, on aura $\frac{7}{1960}$ pour le rapport que l'on demande, d'où l'on tire $\frac{1953}{1960}$ pour celui de la dépense effective à la dépense naturelle, on

Ff

dira donc, comme le dénominateur est au numerateur, ainsi la dépense naturelle qu'on vient de trouver est à la dépense effective.

Lorsque les pertuis ont plus d'un pied de superficie, comme font ordinairement ceux des écluses, la dépense effective ne differant que très-peu de la dépense naturelle, on peut se dispenser d'avoir égard au déchet, parce que plus ces pertuis sont grands, & plus leurs circuits font petits par raport à leurs superficies.

La dépense d'un pertuis vertical peut être considerée selon la méthode de la Géométrie des indivisibles.

536. L'on peut encore considerer la masse d'eau qui sort par seconde du même pertuis, comme égale au volume d'un solide composé d'une infinité de plans, compris sous les élemens VX de sa superficie, & sous les ordonnées OT, correspondantes du segment parabolique FHIG, pourvû que le parametre de la parabole soit de 60 pieds, ou que la plus grande ordonnée FG, soit égale à la vitesse par seconde qu'un corps peut acquerir en tombant de la hauteur EF. (470)

FIG. 66.

La dépense d'un pertuis vertical est égale à celle d'un pertuis horisontal de même superficie, qui répondroit à un reservoir qui auroit pour hauteur la hauteur moyenne.

537. Quand on a une fois trouvé la hauteur moyenne EO, l'on peut suposer que le fond du vaisseau passe par le point O, comme fait ici le plan PQRS ; que ce fond est percé d'un trou horisontal *mkln*, égal au pertuis, & resoudre tous les cas qu'on peut proposer pour les pertuis verticaux de la même maniere que s'ils étoient horisontaux, & suivre ce qui a été enseigné dans la septiéme & huitiéme Section.

Ce n'est que par le calcul intégral que l'on peut parvenir à mesurer la dépense des pertuis verticaux qui ne sont point rectangulaires.

538. Comme ce n'est que par le calcul *integral* que l'on peut parvenir à connoître la somme de tous ces plans, je ne puis me dispenser d'y avoir recours pour resoudre les questions que l'on va voir, les ayant tenté vainement par la méthode des anciens.

Bien des gens qui n'entendent point ce calcul, feront peut-être peu satisfaits de voir que j'en ai rempli tout le reste de cette Section & la suivante, mais c'est une occasion de leurs en faire sentir l'utilité, dans les choses mêmes qui sont de pure pratique ; cependant comme les nouveaux calculs deviennent fort à la mode, & qu'on en connoît plus que jamais la nécessité, je me flatte que ceux qui ne les ont pas familiers, feront bien-aises d'en trouver une application aussi étenduë que celle que je donne, n'ayant rien negligé pour me faire entendre. J'ay même cité les endroits de *l'Analyse démontrée du Pere Reynaud*, où l'on trouve expliquées les methodes dont je me sers, afin que les commençans puissent y avoir recours ; quant à ceux qui voudront se contenter de ce qui peut leur être utile, j'ai tâché de les satisfaire, en rapportant les regles que l'on déduit des mêmes calculs dont ils pourront faire usage avec la confiance que la plûpart ont pour les maximes de la Géometrie pratique, quoiqu'ils ignorent la théorie d'où elles ont été tirées.

539. Lorsque l'on sera parvenu par quelque moyen que ce soit à connoître la dépense d'un pertuis vertical, quelle qu'en soit la figure, divisant cette dépense par la superficie du pertuis, on aura la vitesse moyenne pendant le tems de l'écoulement.

540. Pour connoître indépendamment de ce qui précede, le volume d'eau que dépensera le pertuis rectangulaire ABCD, dont le sommet BC repond au niveau de l'eau ; nous nommerons a, la vitesse DG pendant la durée de l'écoulement ; b, la base AD, ou l'élement HE du rectangle ; h, la hauteur CD ; p, le parametre de la parabole ; y, l'ordonnée EF ; x, l'abcisse CE ; ainsi Ee sera dx, qui étant multiplié par y, & le produit par b, donne $bydx$, pour l'élement differentiel du solide. (538) Comme l'on tire de l'équation de la parabole $p^{\frac{1}{2}} x^{\frac{1}{2}} = y$, substituant la valeur d'y, on aura $bp^{\frac{1}{2}} x^{\frac{1}{2}} dx$, dont l'integral donne $\dfrac{2bp^{\frac{1}{2}} x^{\frac{3}{2}}}{3}$, ou $\dfrac{2bp^{\frac{1}{2}} h^{\frac{3}{2}}}{3}$ lorsque $x = h$; & comme l'on a dans ce cas $ph = aa$, ou $p^{\frac{1}{2}} h^{\frac{1}{2}} = a$, on aura par conséquent $\dfrac{2abh}{3} = \dfrac{2a}{3} \times bh$, qui montre comme dans l'article 524, *qu'il faut multiplier la superficie du pertuis par les deux tiers de la plus grande vitesse.*

541. Pour avoir de même le volume d'eau que dépensera le pertuis MKLN, nous nommerons FG, a ; MN, ou VX, b ; EH, c ; HF, h ; EF, $n = c + h$; HI, q ; le Paramétre de la parabole p ; l'ordonnée OT, y ; HO, x ; ainsi Oo sera dx, qui étant multiplié par y, & le produit par b, donne $bydx$ pour la differentielle du solide.

Comme l'on tire de l'équation $cp + px = yy$, cette autre $x = \dfrac{yy}{p} - c$, dont la differentielle est $dx = \dfrac{2ydy}{p}$, substituant la valeur de dx dans $bydx$, on aura $\dfrac{2by^2 dy}{p}$ dont l'integral donne $\dfrac{2by^3}{3p}$

$= \dfrac{2b}{3p} \times \overline{cp + px} \times \sqrt{cp + px}$; supposant $x = 0$, * il restera $\dfrac{2bc}{3}$

$\times \sqrt{cp} = \dfrac{2bcq}{3}$, parce que $\sqrt{cp} = q$. Or si l'on ajoute $\dfrac{2bcq}{3}$ avec le

* *Analise démontré, Art. 664, pag. 726.*

par les deux tiers de la largeur du pertuis. ſigne contraire à l'expreſſion du ſolide, on aura $\dfrac{2b}{3p} \times \overline{cp + px}$

$\times \sqrt{cp + px} - \dfrac{2bcq}{3}$ pour l'integral complet ; & comme on a

$c + x = n$, & $\sqrt{cp + px} = a$, lorſque $x = h$, le ſolide ſera alors

exprimé par $\dfrac{2abn - 2bcq}{3} = \dfrac{2b}{3} \times an - cq$, qui montre *qu'il faut*

multiplier la plus grande & la plus petite viteſſe chacunes par leur chû-
te, ſouſtraire le ſecond produit du premier, & multiplier la difference par
les deux tiers de la largeur du pertuis ; ce qui eſt bien évident, puiſque

ſi l'on diviſe $\dfrac{2abn - 2bcq}{3}$ par bh, ſuperficie du pertuis, (539) on

aura $\dfrac{2an - 2cq}{3h}$ pour la viteſſe moyenne, qui ſe trouve expri-

FIG. 63. mée par les mêmes grandeurs dont on a fait mention dans l'article 534.

542. Ayant un triangle rectangle ABD, dont la hauteur BA
La dépenſe d'un pertuis triangulai- re dont la baſe eſt ho- riſontale, & dont le ſom- met répond au niveau de l'eau, ſe trouve en multipliant la ſuperficie du triangle par les deux cinquiémes de la plus grande vi- teſſe de l'eau pendant la durée de l'é- coulement. ſert d'axe à une parabole BIC, on demande l'expreſſion du ſolide formé par la ſomme de tous les plans, compris ſous les éle-
mens FG du triangle, & ſous les ordonnées correſpondantes GI
de la parabole. Nommant AC, a ; DA, b ; BA, c ; le Paramétre
de la parabole, p ; GI, y ; & BG, x ; Gg ſera dx ; & à cauſe des
triangles ſemblables BAD, BGF on aura $c, b :: x, \dfrac{bx}{c} = $ GF,

qui étant multiplié par GI (y), & le produit par Gg (dx) donne
$\dfrac{bxydx}{c}$ pour l'élement differentiel du ſolide que l'on cherche.

Comme la proprieté de la parabole donne $px = yy$, ou

$p^{\frac{1}{2}} x^{\frac{1}{2}} = y$, ſubſtituant la valeur d'y dans $\dfrac{bxydx}{c}$, on aura

$\dfrac{bp^{\frac{1}{2}} x^{\frac{3}{2}} dx}{c}$ dont l'integral donne $\dfrac{2bp^{\frac{1}{2}} x^{\frac{5}{2}}}{5c}$ ou $\dfrac{2bx^2 y}{5c}$, après avoir

mis y en la place de $p^{\frac{1}{2}} x^{\frac{1}{2}}$ ou $\dfrac{2abc}{5}$, lorſque $x = c$, & $y = a$,

qui montre que *lorſqu'on aura un pertuis triangulaire, dont le ſom-*
met aboutira à la ſurface de l'eau ; il faut pour avoir ſa dépenſe pren-
FIG. 64. *dre les deux cinquiémes du parallelepipede, compris ſous la hauteur*
& la baſe du triangle, & ſous la ligne qui exprimera la plus grande vi-
teſſe de l'eau pendant la durée de l'écoulement.

Quand la 543. Si le triangle étoit diſpoſé d'un ſens *oppoſé* au précedent ;

on aura à cause des triangles semblables AB, (c) BD, (b) :: AG $(c-x)$, GF $(\frac{bc-bx}{c})$, qui étant multiplié par $y\,dx$ ou par $p\frac{1}{2}x\frac{1}{2}\,dx$, donne $bp\frac{1}{2}x\frac{1}{2}\,dx - \frac{bp\frac{1}{2}x\frac{3}{2}\,dx}{c}$, dont l'integral donne $2bp\frac{1}{2}x\frac{3}{2} - \frac{2bp\frac{1}{2}x\frac{5}{2}}{5c}$, mettant y à la place de $p\frac{1}{2}x\frac{1}{2}$, on aura $\frac{2byx}{3} - \frac{2byx^2}{5c}$, ou $\frac{2abc}{3} - \frac{2abc}{5}$ quand $x=c$, & $y=a$, qui étant réduite donne $\frac{4abc}{15}$, qui montre que *lorsque la base d'un pertuis triangulaire répond au niveau de l'eau, sa dépense est égale aux quatre quinziémes du parallelepipede, compris sous la base & la hauteur du triangle, & sous la ligne qui mesure la plus grande vitesse de l'eau pendant la durée de l'écoulement.*

544. Pour être convaincu que $\frac{2abc}{5}$ & $\frac{4abc}{15}$ expriment exactement la dépense des deux pertuis précedens, en leur supposant les mêmes dimensions, il suffit de montrer que leur somme est égale au produit d'un rectangle compris sous les mêmes dimensions & sous les deux tiers de la plus grande vitesse; (524, 540) ce qui est bien évident, puisque ces deux termes étant réduits en même dénomination donnent $\frac{6}{15}abc$, $\frac{4}{15}abc$, dont la somme est $\frac{10abc}{15}$ ou $\frac{2}{3}abc$.

Comme les triangles sont égaux, lorsqu'ils ont la même base & la même hauteur, dans quelque situation que soient leurs côtés par rapport à leurs bases; l'on voit que quand ceux qui expriment la superficie du pertuis ne seroient pas rectangles, on pourra toujours les supposer tels, afin que leurs élemens soient perpendiculaires à l'axe de la parabole; l'on peut aussi ajoûter que si l'on avoit plusieurs pertuis triangulaires, semblablement disposez & de même hauteur, on pourra les considerer comme n'en composant qu'un seul, qui auroit pour base la somme de celles des triangles & la hauteur commune.

545. Il suit que deux pertuis triangulaires qui auroient les mêmes dimensions, mais situez d'un sens opposé, dépenseront dans le même tems des quantitez d'eau bien differentes, puisqu'elles se-

semblables & égaux situez dans un sens opposé, répondent au niveau de l'eau leurs dépenses font dans le rapport de 3 à 2.

FIG. 69. & 70.

Formule tirée des articles précedens pour la dépense des pertuis qui ont la figure d'un trapeze répondant au niveau de l'eau.

FIG. 71. & 72.

Formule pour mesurer la dépense d'un pertuis triangulaire, dont le sommet est au-dessous de l'eau.

ront l'une à l'autre, comme $\frac{2}{5}$ est à $\frac{4}{15}$, ou comme 3 est à 2.

Je n'ai point rapporté d'application numerique des deux cas précedens, ni n'en donnerai plus dans la suite, celles qui précedent étant plus que suffisantes pour contenter ceux qui ont peine à comprendre les choses sans le secours des nombres, ils doivent même me tenir quelque compte d'avoir eu la patience de m'être conformé à leur goût.

546. Il suit que lorsque les pertuis seront des trapezes, dont les côtez BC, AD seront paralleles, ayant leur sommet au niveau de l'eau, on aura la dépense du premier (Fig. 69) *en multipliant les deux tiers du rectangle EBCF, plus les deux cinquiémes de la somme des triangles AEB, FCD par la plus grande vitesse de l'eau.* (540, 542)

547. On aura de même la dépense du second, (Fig. 70) *en multipliant les deux tiers du rectangle BEFC, plus les quatre quinziémes de la somme des triangles AEB, FDC par la plus grande vitesse.*

548. Si les deux triangles CEA ne répondoient pas au niveau de l'eau, que le sommet du premier & la base du second fussent au-dessous du sommet B de la parabole, il faudra alors multiplier les élemens de ces triangles par les ordonnées correspondantes du segment parabolique AEFD. Nommant le paramétre de la parabole p; AD, a; la base CA, ou CE, b; BE, c; EA, h; BA, n; EF, q; EH, x; HI, y; on aura pour la Figure 71 à cause des triangles semblables $h, b :: x \; \frac{bx}{h} = $ GH, qui étant multiplié par

ydx donne $\frac{bxydx}{h}$ pour la differentielle du solide; & comme on

a $pc + px = yy$, ou $x = \frac{yy - pc}{p}$, dont la differentielle est $dx = \frac{2ydy}{p}$

mettant les valeurs d'x, & de dx dans $\frac{bxydx}{h}$, il viendra $\frac{2by^4dy - 2pbcyydy}{pph}$

dont l'integral donne $\frac{2by^5}{5pph} - \frac{2bcy^3}{3ph}$, & mettant à la place d'y^5 &

d'y^3 leur valeur, il vient $\frac{2b}{5h} \times \overline{c + x^2} \sqrt{pc + px} - \frac{2bc}{3h} \times \overline{c + x} \sqrt{pc + px}$

$= \frac{2b}{5h} \times \overline{c + x^2} \sqrt{pc + px} - \frac{2bc}{3h} \times \overline{c + x} \sqrt{pc + px}$; & supposant $x = 0$, *

* *Analise démontré, Article 664 pag. 726.*

il reste $\frac{2bcc}{5h}\sqrt{pc} - \frac{2bcc}{3h}\sqrt{pc} = -\frac{4bccq}{15h}$, qui étant ajoûté avec le

signe contraire donne $\frac{2b}{5h} \times \overline{c+x^2}\sqrt{pc+px} - \frac{2bc}{3h} \times \overline{c+x}\sqrt{pc+px}$

$+\frac{4bccq}{15h}$.

Lorsque x deviendra égale à h, on aura $c+x=n$, & $\sqrt{pc+px}$
$= a$; c'est pourquoi en substituant ces valeurs, il viendra, après
avoir réduit les termes en même dénomination, $\frac{b}{15h} \times 6ann + 4ccq$
$- 10\,acn$, pour l'expression la plus simple du solide dont il s'a-
git, qui montre que *pour avoir la dépense d'un pertuis triangulaire,
dont le sommet est au-dessous du niveau de l'eau ; il faut premierement
multiplier la plus grande vitesse AD pendant la durée de l'écoulement
par le sextuple du quarré de la hauteur BA de l'eau ; secondement, multiplier la plus petite vitesse EF pendant la durée de l'écoulement par
le quadruple du quarré de la hauteur BE du niveau de l'eau au-dessus* FIG. 72.
*du sommet du pertuis, ajoûter ces deux produits ensemble ; troisiémement,
multiplier la plus grande vitesse AB par le décuple du rectangle compris
sous toute la hauteur BA de l'eau, & sous la partie BE qui marque son
niveau au-dessus du sommet du pertuis, soustraire ce dernier produit de la
somme des deux précedens, multiplier la difference par la base CA du
pertuis; & diviser ce dernier produit par le quindécuple de la hauteur EA
du pertuis.*

Pour être convaincu de la justesse de la formule précédente,
nous allons la découvrir d'une autre façon ; pour cela il faut du
point B, mener la ligne BK parallele à CE, prolonger EF & CD
pour former les triangles BLE, BKA, & le parallelograme KLCE;
regardant ces trois figures comme des pertuis, si l'on retranche de
la dépense du plus grand KBA, celle des deux autres LBE &
KLEC, la difference sera la dépense du premier CEA.

Les triangles de cette Figure étant semblables, on aura EA
(h), AC (b) :: BE (c), EL $= \frac{bc}{h}$, d'autre part EA (h), AC (b)
:: BA (n), AK $= \frac{bn}{h}$; ainsi le triangle BAK donnera $\frac{2abnn}{5h}$;
le triangle BEL $\frac{2bccq}{5h}$ (539), & le parallelogramme KLEC
$\frac{2abnc - 2bccq}{3h}$. (541). Si l'on soustrait ces deux produits du premier,

on aura après la réduction $\frac{b}{15h} \times \overline{6ann + 4ccq - 10anc}$; qui comprend la même chose que la formule. (548)

Autre formule pour mesurer la même chose lorsque le sommet du triangle est en bas.		549. Quant au second triangle CEA (Fig. 72.) nous servans des mêmes lettres, on aura AE (h), EC $(b) :: $ AH $(h - x)$, HG $= \frac{bh - bx}{h}$, qui étant multiplié par ydx, donne $\frac{bhydx - bxydx}{h}$; & ti-rant de l'équation à la parabole $x = \frac{yy}{p} - c$, & $dx = \frac{2ydy}{p}$ pour

FIG. 72. substituer les valeurs de x & de dx, on aura $\frac{2by^2 dy}{p} - \frac{2by^4 dy}{p^2 h}$ $+ \frac{2bcy^2 dy}{ph}$, dont l'integral est $\frac{2by^3}{3p} + \frac{2bcy^3}{3ph} - \frac{2by^5}{5p^2 h}$ pour l'expression du solide : or si l'on substitue les valeurs d'y^3 & d'y^5, on aura $\frac{2b}{3p} \times \overline{cp + px} \times \sqrt{cp + px} + \frac{2bc}{3ph} \times \overline{cp + px} \times \sqrt{cp + px} - \frac{2b}{5p^2 h}$; & supposant $x = 0$, il reste $\frac{2bc}{3} \times \sqrt{cp} + \frac{2bcc}{3h} \times \sqrt{cp} - \frac{2bcc}{5h} \times \sqrt{pc}$ $= \frac{2bcq}{3} + \frac{2bccq}{3h} - \frac{2bccq}{5h}$, qui étant ajoûté à la grandeur précedente avec des signes contraires, donne $\frac{2abhn}{3h} + \frac{2abcn}{3h} - \frac{2abnn}{5h}$ $+ \frac{2bccq}{5h} - \frac{2bchq}{3h} - \frac{2bccq}{3h}$ pour l'integral complet, lorsque $x = h$; ou que $n = c + h$, ou $n = c + x$, parce qu'on a alors $cp + px = aa$ $= pn$.

Comme les deux premiers termes ne different que par les grandeurs h & c, & que les deux derniers se trouvent dans le même cas ayant $h + c = n$, on aura $\frac{2abhn + 2abcn}{3h} = \frac{2abnn}{3h}$ & $\frac{2bchq}{3h}$ $+ \frac{2bccq}{3h} = \frac{2bcqn}{3h}$, qui donne après la réduction $\frac{2abnn}{3h} - \frac{2abnn}{5h}$ $+ \frac{2bccq}{5h} - \frac{2bcnq}{3h}$, qui étant réduit en même dénomination donne enfin $\frac{b}{15h} \times \overline{4ann + 6ccq - 10cnq}$, qui montre que *pour avoir la dépense d'un pertuis triangulaire disposé d'un sens opposé au précédent, il faut ajouter le produit du quadruple de la plus grande vitesse AD par le quarré de la plus grande hauteur BA de l'eau au produit du sextuple de la plus petite vitesse EF par le quarré de la plus petite hauteur BE de l'eau, soustraire de cette somme le produit du décuple de la plus petite vi-tesse*

tesse EF par le rectangle compris sous la plus grande hauteur BA de l'eau, & sous la plus petite BE, multiplier la différence par la base CE du triangle, & diviser ce dernier produit par le quindécuple de la hauteur EA du même triangle.

Pour montrer encore l'exactitude du calcul précédent, par conséquent la justesse de la formule que nous en avons déduits, il faut prolonger le côté AC jusqu'à la rencontre de la ligne BL menée PLAN. 7. parallele à CF, afin d'avoir les triangles semblables ALB, & ACE FIG. 72. qui donnent AE (h), EC (b) :: AB (n), BL $= \frac{bn}{h}$; si de la dépense du triangle ALB, qui est exprimée par $\frac{4abnn}{15h}$ (543) on retranche celle du trapeze CLBE qui est exprimée par $\frac{4bccq}{15h}$ + $\frac{2bcq}{3}$, (547) on aura $\frac{4abnn}{15h}$ — $\frac{4bccq}{15h}$ — $\frac{2bchq}{3h}$ pour la dépense du triangle ACE, après avoir multiplié le numerateur & le dénominateur du troisiéme terme par h ; or comme on a $n - c = h$, par conséquent $\frac{2bchq}{3h} = \frac{2bcnq}{3h} - \frac{2bccq}{3h}$. Si à la place du troisiéme terme on met sa valeur, on aura après la réduction $\frac{b}{15h} \times \overline{4ann + 6qcc - 10qcn}$ qui comprend les mêmes choses que la formule. (549)

L'on tirera des deux formules précédentes & de l'article 541, les regles qu'il faudra suivre pour avoir la dépense des pertuis qui auront la figure d'un trapeze placé au-dessous du niveau de l'eau, de la même maniere que nous en avons usez dans les articles 546, 547 ; ce qui est fort utile pour mesurer la quantité d'eau qui coule dans les Rivieres, Ruisseaux & Aqueducs, en faisant abstraction des frottemens qui en retardent la vitesse ; ainsi l'on voit qu'il ne faut pas regarder ce que je viens de dire sur les pertuis triangulaires comme de simples curiositez ; on en trouvera l'application dans la seconde partie de cet Ouvrage.

SECTION X.

De la Mesure des Eaux qui coulent par des orifices verticaux & circulaires.

550. Cette Section va nous donner de nouveaux motifs d'admirer la fécondité de la Géométrie de *l'infini* à laquelle seule il étoit réservé de fournir des méthodes pour mesurer la dépense

Pour avoir la dépense d'un pertuis circulaire

G g

& vertical, dont le sommet répond au niveau de l'eau, il faut multiplier le quarré de son diamétre par les huit quinziémes de la plus grande vitesse de l'eau.

Fig. 73.

des orifices circulaires & verticaux, ce qui paroît n'avoir été tenté par aucun de ceux qui ont écrit sur le Mouvement des Eaux.

Pour rendre nos calculs plus commodes, nous n'aurons égard qu'aux solides formez par la somme des produits des élemens d'un demi cercle, & par les ordonnées correspondantes de la parabole, parce que le diamétre du demi cercle étant vertical, ce solide sera exactement la moitié de celui qui doit exprimer la dépense du cercle entier.

Ayant un demi cercle AEB, & une demie parabole AFD qui a pour axe le diamétre AB, l'on demande quel sera le solide formé par la somme de tous les plans compris sous les élemens LP du demi cercle, consideré comme la largeur des lames d'eau, & sous les ordonnées correspondantes PM qui expriment la vitesse de ces lames pendant un tems déterminé. (537)

Nommant a la plus grande ordonnée BD; r, le rayon du demi cercle; x, la coupée AP; Pp fera dx; & LP $\sqrt{2rx-xx}$ par la proprieté du cercle; d'autre part celle de la parabole donnera AB $(2r)$, AP $(x) :: \overline{BD}^2 (aa), \overline{PM}^2 = \dfrac{aax}{2r}$, & fuppofant pour abreger $\dfrac{aa}{2r} = c$, on aura PM $\times$ PL $= \sqrt{cx} \times \sqrt{2rx-xx}$, ou $\sqrt{2rcx^2-cx^3}$ $= x\sqrt{2rc-cx}$, qui étant multiplié par dx, donne $xdx\sqrt{2rc-cx}$, ou $xdx \times \overline{2rc-cx}^{\frac{1}{2}}$ pour l'élement du folide, qui eft une differentielle binome, * dont l'integrale eft *exacte* ou *finie*, *puifque l'expofant de la changeante qui eft hors du figne, étant augmenté de l'unité, eft un multiple de l'expofant de la même changeante fous le figne.*

Pour en trouver l'integrale, nous fuppoferons $\overline{2rc-cx}^{\frac{1}{2}} = z$; d'où l'on tire $2rc - cx = zz$, ou $x = 2r - \dfrac{zz}{c}$, dont la differentielle eft $dx = -\dfrac{2zdz}{c}$; or fi l'on met à la place de x & de dx leurs valeurs dans $xdx\sqrt{2rc-cx}$, on aura $2r - \dfrac{zz}{c} \times -\dfrac{2zdz}{c}$, ou $-\dfrac{4rz^2dz}{c}$ $+\dfrac{2z^4dz}{cc}$, dont l'integrale eft $-\dfrac{4rz^3}{3c} \times \dfrac{2z^5}{5cc}$.

Mais l'on a $z = \overline{2rc-cx}^{\frac{1}{2}}$, donc $z^3 = \overline{2rc-cx}^{\frac{3}{2}}$, & $z^5 = \overline{2rc-cx}^{\frac{5}{2}}$; fi l'on met la valeur de z^3 & de z^5 dans l'intégrale, elle deviendra

---

* *Analife démontré, Articles* 669 & 687.

$\frac{2}{5cc} \times \overline{2rc-cx^2}^{\frac{5}{2}} - \frac{4r}{3c} \times \overline{2rc-cx^2}^{\frac{3}{2}}$, que l'on peut mettre fous cette autre forme $\frac{2}{5cc} \times \overline{2rc-cx^2} \times \overline{2rc-cx^2}^{\frac{1}{2}} - \frac{4r}{3c} \times \overline{2rc-cx} \times \overline{2rc-cx^2}^{\frac{1}{2}}$, ou bien il viendra en élevant les quantitez qui ont des expofans entiers, aux puiffances dont ils font les expofans $\frac{8r^2-8rx+2x^2}{5} \times \overline{2rc-cx^2}^{\frac{1}{2}} - \frac{8r^2+4rx}{3} \times \overline{2rc-cx^2}^{\frac{1}{2}}$, ajoûtant enfemble les grandeurs qui multiplient $\overline{2rc-cx^2}^{\frac{1}{2}}$, l'on aura $\frac{8r^2-8rx+2x^2}{5} - \frac{8r^2+4rx}{3} \times \overline{2rc-cx^2}^{\frac{1}{2}}$, qui étant réduit en même dénomination, donne $\frac{24r^2-24rx+6x^2-40r^2+20rx}{15} \times \overline{2rc-cx^2}^{\frac{1}{2}} = -\frac{16r^2-4rx+6x^2}{15} \times \overline{2rc-cx^2}^{\frac{1}{2}}$ qui eft l'integrale que l'on cherche : pour s'en affurer, il n'y a qu'à prendre la differentielle *, & l'on trouvera $xdx\sqrt{2rc-cx}$ toute réduction faite, qui eft l'élement differentiel du folide. Pour voir fi l'integrale eft *complette*, il faut suppofer $x = 0$, alors il reftera $-\frac{16r^2}{15} \times \overline{2rc^2}^{\frac{1}{2}}$ qui étant retranché, l'on aura pour l'integrale complette $-\frac{16r^2-4rx+6x^2}{15} \times \sqrt{2rc-cx} + \frac{16r^2}{15} \times \sqrt{2rc}$.

Si l'on suppofe $x = 2r$, l'on aura $-\frac{16r^2-8r^2+24r^2}{15} \times \sqrt{2rc-2rc} + \frac{16r^2}{15} \times \sqrt{2rc}$, qui fe réduit à $\frac{16r^2}{15}\sqrt{2rc}$, fubftituant à la place de c, fa valeur $\frac{aa}{2r}$, l'on aura $\frac{16r^2}{15}\sqrt{\frac{2raa}{2r}} = \frac{16}{15}r^2a$, *qui fait voir que le folide dont il s'agit eft les feize quinziémes du parallelepipede compris fous le quarré du rayon & fous la plus grande ordonnée, ou ce qui eft la même chofe, les quatre quinziémes du parallelepipede compris fous le quarré du diamétre & fous la plus grande ordonnée* ; ainfi pour avoir la dépenfe entiere par feconde d'un orifice circulaire, dont le fommet répond au niveau de l'eau, *il faut prendre les huit quinziémes du pro-* Fig. 73. *duit du quarré du diamétre, par la viteffe dont un corps feroit capable par feconde, l'ayant acquife par une chûte égale au diamétre de l'orifice.*

551. Pour avoir le folide formé par la fomme des produits des élemens du quart de cercle AEC & des ordonnées correfpondantes de la parabole, il faut suppofer $x = r$ & mettre cette valeur dans

Pour mefurer la dépenfe d'un pertuis en demi cer-

* *Analife des Infinimens petits, Article* 7.

rle dont la circonfe- rence ré- pond au ni- veau de l'eau, il faut multiplier le quarré du rayon par les quatre cinquiémes de la plus grande vi- tesse.

$$\frac{6x^2 - 4rx - 16r^2}{15} \times \sqrt{2cr - cx} + \frac{15r2^2}{15} \times \sqrt{2cr},$$ il viendra après la ré-

duction $\dfrac{16r^2}{15} \sqrt{2rc} - \dfrac{14r^2}{15} \sqrt{rc} = \dfrac{4}{15} \times \overline{AB}^2 \times BD - \dfrac{14}{15} \overline{CE}^2 \times CF$;

parce qu'ayant $c = \dfrac{aa}{2r}$, on aura $\sqrt{2cr} = a = BD$, & $\sqrt{cr} = \dfrac{\sqrt{aa}}{2}$ $= CF$, qui montre que *pour avoir la dépense d'un orifice qui auroit la figure d'un quart de cercle, situé comme AEC, il faut multiplier le quarré du diamétre par le quadruple de la vitesse BD, répondant à l'extremité du même diamétre, soustraire de ce produit celui du quarré du rayon par 14 fois la valeur de la vitesse, qui répond au centre, & prendre la quinziéme partie de la différence.*

PLAN. 7. & 8.

552. Le quarré de BD étant double de celui de CF, BD sera à CF, comme la diagonale d'un quarré est à son côté, ou à peu

FIG. 73. & 74.

près comme 7 est à 5 ; ainsi on aura $CF = \dfrac{5a}{7}$, par conséquent

$$\frac{16}{15} rra - \frac{14}{15} rr \times \frac{5a}{7}, \text{ ou } \frac{16}{15} rra - \frac{2}{3} rra = \frac{16}{15} rra - \frac{10}{15} rra = \frac{6}{15}$$

$rra = \dfrac{2}{5} rra$, qui montre encore *que la dépense du quart de cercle supérieur, est les deux cinquiémes du volume d'eau, qui auroit pour base le quarré du rayon, & pour hauteur la plus grande vitesse pendant la durée de l'écoulement, & que la dépense du quart de cercle inferieur est les deux tiers du même volume ;* ainsi ces deux dépenses font com-

me $\dfrac{2}{5}$ est à $\dfrac{2}{3}$, ou comme 3 est à 5.

Lorsque le diamétre du demi cercle, répond au niveau de l'eau, on trouvera la dépense en multipliant le quarré du rayon par la moi- tié de la plus grande vitesse.

553. Lorsque l'orifice est un demi cercle, dont le diamétre répond au niveau de l'eau, on ne peut avoir sa dépense que par approximation, comme on en va juger.

Nous servans des mêmes lettres que cy-devant, on aura $\sqrt{rr - xx}$ $= BI$, & $p\frac{1}{2} x \frac{1}{2} = IG$, par conséquent $p\frac{1}{2} x \frac{1}{2} dx \times \sqrt{rr - xx}$ pour l'élement differentiel du solide dont il s'agit ; mais comme on ne peut avoir l'integrale exacte de cette differentielle, à cause de $\sqrt{rr - xx}$, il faudra extraire la racine quarrée de cette grandeur par *approximation,* suivant la méthode ordinaire ; & si l'on se borne à *une suite* de quatre termes, qui me paroît suffisante pour l'usage

PLAN. 8.

que nous en faisons icy, on aura $\sqrt{rr - xx} = r - \dfrac{xx}{2r} - \dfrac{x^4}{8r^3} - \dfrac{x^6}{16r^5}$; *

FIG. 74.

* *On trouvera la même chose en se servant de la Table de l'Analise démon- tré, page* 410.

par confequent $p^{\frac{1}{2}} x^{\frac{1}{2}} dx \sqrt{rr-xx} = p^{\frac{1}{2}} rx^{\frac{1}{2}} dx - \dfrac{p^{\frac{1}{2}} x^{\frac{5}{2}} dx}{2r}$

$- \dfrac{p^{\frac{1}{2}} x^{\frac{9}{2}} dx}{8r^3} - \dfrac{p^{\frac{1}{2}} x^{\frac{13}{2}} dx}{16r^5}$, prenant l'integrale de cette fuite, il

vient $\dfrac{2p^{\frac{1}{2}} rx^{\frac{3}{2}}}{3} - \dfrac{p^{\frac{1}{2}} x^{\frac{7}{2}}}{7r} - \dfrac{p^{\frac{1}{2}} x^{\frac{11}{2}}}{44r^3} - \dfrac{p^{\frac{1}{2}} x^{\frac{15}{2}}}{120r^5}$, ou bien

$\dfrac{2rx\sqrt{px}}{3} - \dfrac{x^3 \sqrt{px}}{7r} - \dfrac{x^5 \sqrt{px}}{44r^3} - \dfrac{x^7 \sqrt{px}}{120r^5}$, après avoir mis $\sqrt{px}$ à la

place de $p^{\frac{1}{2}} x^{\frac{1}{2}}$; mais lorfque $x = r$, on a alors $\sqrt{px} = a$, par

confequent $\dfrac{2ar^2}{3} - \dfrac{ar^2}{7} - \dfrac{ar^2}{44} - \dfrac{ar^2}{120}$, après avoir fait la fubfti-

tution & effacé ce qui fe détruit, réduifant en même dénomina-

tion $\dfrac{1}{7}$, $\dfrac{1}{44}$, $\dfrac{1}{120}$, on aura $\dfrac{1607}{9240}$ pour la fomme de ces trois

termes, qui étant fouftrait de $\dfrac{2}{3}$, donne $\dfrac{13659}{27720}$ ou à peu près

$\dfrac{arr}{2}$, *qui montre que pour trouver la dépenfe d'un pertuis qui a la figure d'un quart de cercle, dont le diamétre répond au niveau de l'eau, il faut multiplier le quarré du rayon par la moitié de la plus grande viteffe de l'eau pendant la durée de l'écoulement, & par cette viteffe entiere lorfqu'il s'agit d'un demi cercle.*

554. Ayant vû (552) que la dépenfe d'un orifice qui auroit la figure d'un quart de cercle, & dont la circonference répondroit au niveau de l'eau, pouvoit être exprimée par $\dfrac{2}{5}$ arr, & venant de montrer que lorfque le quart de cercle étoit dans un fens op- pofé, elle l'étoit par $\dfrac{1}{2}$ arr, il ne s'en fuit pas que ces deux dé- penfes foient comme $\dfrac{2}{5}$ eft à $\dfrac{1}{2}$, parce que la plus grande vi- teffe de l'eau n'eft pas égale dans ces deux expreffions, quoique dé- fignée par la même lettre, a ; car dans le premier cas, cette vi- teffe a pour chûte le diamétre, au lieu que dans le fecond fa chûte eft le rayon ; ainfi ces deux viteffes étant à peu près comme 7 eft à 5 , l'on voit que pour que la même lettre a puiffe avoir lieu dans le rapport que nous allons découvrir, il faut multiplier $\dfrac{1}{2}$ rr par

$\dfrac{5a}{7}$, qui donne $\dfrac{5}{14}$ arr, au lieu de $\dfrac{1}{2}$ arr ; on peut donc dire qu'ayant

FIG. 74. & 75.

Gg iij

PLAN. 8. *deux demi cercles égaux, disposez comme FKH & PLM, la dépense du*
FIG. 74. *premier est à celle du second dans le même tems, comme $\frac{5}{14}$ est à $\frac{2}{5}$, ou*
& 75. *comme 25 est à 28.*

Analise pour trouver une formule qui puisse mesurer la dépense des orifices circulaires placez au-dessous du niveau de l'eau.

555. De tous les Problêmes qui ont rapport au Mouvement des eaux, & même à la pratique en general, je n'en connois point de plus difficile à résoudre que celui de mesurer la dépense d'un orifice vertical & circulaire, placé *au-dessous du niveau de l'eau*; car on ne peut parvenir à une formule que par un calcul algébrique fort composé, dont l'application dépend d'un grand nombre d'opérations arithmétiques, qu'on ne peut exécuter sans avoir cette formule sous les yeux; cependant comme je ne négligerai aucune circonstance pour en rendre la pratique commode, on ne laissera pas que d'en faire usage, moyennant un peu de patience & d'exactitude à suivre ce que je prescrirai.

PLANC. 8.

FIG. 76.
Nommant b, le diamétre AD de l'orifice; c, la plus petite hauteur EA de l'eau; a, la plus grande vitesse DH de l'eau; q, la plus petite AF; p, le Paramétre de la parabole; x, l'indeterminée AP; l'on aura $PM = \sqrt{bx - xx}$ par la proprieté du cercle, & $PN = \sqrt{pc - px}$, par consequent $dx \times PM \times PN = \sqrt{bcpx + bpx^2 - pcx^2 - px^3}$ pour l'élement differentiel du solide, ou $dx \sqrt{px} \times \sqrt{bc + bx - cx - x^2}$, & faisant $b - c = -f$ en supposant AD (b) moindre que AE (c), l'on aura $p^{\frac{1}{2}} x^{\frac{1}{2}} dx \times \sqrt{bc - fx - xx}$.

556. Comme on ne peut avoir l'integrale de cette differentielle que par aproximation, à cause des grandeurs qui sont sous le signe: voicy la maniere d'en extraire la racine, differente de celle dont je me suis servi dans le cas precedent, (553) m'ayant paru plus generale & celle qui donne le plus de termes de la suite que l'on cherche en moins d'opérations: elle est tirée de l'Analife démontré, Liv. 7. Art. 175. Il faut supposer $\sqrt{bc - fx - xx} = z$, pour avoir $bc - fx - xx = zz$, d'où l'on tire $zz + xx + fx - bc = 0$; comme il s'agit d'avoir la valeur de z, il faudra supposer que cette lettre est égale à une suite infinie de grandeurs positives que voicy; $z = A + Bx + Cx^2 + Dx^3 + Ex^4 + Fx^5 + Gx^6$, &c. Les lettres A, B, C, D, &c. sont des indeterminées que l'on déterminera de la maniere qui convient pour avoir z.

Quarrant z, & sa valeur, l'on aura
$$zz = A^2 + 2ABx + 2ACx^2 + 2ADx^3 + 2AEx^4 + 2AFx^5 + 2AGx^6. \&c.$$
$$+ B^2x^2 + 2BCx^3 + 2BDx^4 + 2BEx^5 + 2BFx^6. \&c.$$
$$+ C^2x^4 + 2CDx^5 + 2CEx^6. \&c.$$
$$+ D^2x^6. \&c.$$

Si l'on met dans l'égalité $zz - bc + fx + xx = 0$ à la place de zz, la suite qui en est la valeur, elle sera changée en cette autre,

$$\left. \begin{array}{l} +2ABx + 2ACx^2 + 2ADx^3 + 2AEx^4 + 2AFx^5 + 2AGx^6. \&c. \\ -bc + fx\, ; \quad +B^2x^2 + 2BCx^3 + 2BDx^4 + 2BEx^5 + 2BFx^6. \&c. \\ \quad\quad +x^2 \quad\quad\quad\quad +C^2x^4 + 2CDx^5 + 2CEx^6. \&c. \\ \quad\quad\quad\quad\quad\quad\quad\quad\quad +D^2x^6. \&c. \end{array} \right\} = zz - bc + fx + x^2$$

Comme l'on peut à cause des indéterminées A, B, C, &c. qui se trouvent dans les termes précedens, supposer chacun de ces termes égal à zero, afin de tirer de cette supposition les valeurs de A, B, C, &c. pour les mettre dans la suite infinie, qu'on a supposé être la valeur de z; si on agit de la sorte, cette suite sera véritablement la valeur de z, puisqu'étant substituée à la place de cette lettre dans $zz - bc + fx + xx = 0$, elle rend cette égalité qui a pour lors une infinité de termes égale à zero, puisque les grandeurs qui composent chaque terme se détruisent par des signes contraires; mais comme l'on ne peut avoir une suite composée d'une infinité de termes, l'on ne sçauroit aussi parvenir à une valeur exacte de z, c'est pourquoi il faut se contenter d'en approcher de plus en plus, en augmentant le nombre des termes de la suite; cependant je me bornerai à six pour éviter l'extrême longueur du calcul, ils seront suffisans pour l'usage que nous en voulons faire.

557. L'on aura donc pour le premier terme $A^2 - bc = 0$, ou $A = \sqrt{bc}$; pour le second $2AB + f = 0$, ou $B = -\dfrac{f}{2A} = -\dfrac{f}{2\sqrt{bc}}$ puisque $2A = 2\sqrt{bc}$; operant de la même maniere sur les quatre autres termes suivans, l'on trouvera $C = \dfrac{ff - 4bc}{8bc\sqrt{bc}}$. $D = -\dfrac{f^3 - 4bcf}{16b^2c^2\sqrt{bc}}$.

$$E = -\frac{5f^4 - 24bcf^2 - 16b^2c^2}{128b^3c^3\sqrt{bc}}. \quad F = -\frac{7f^5 - 40bcf^3 - 48b^2c^2f}{256b^4c^4\sqrt{bc}}.$$

Si l'on met à la place de A, B, C, &c. leur valeur dans la suite $z = A + Bx + Cx^2$, &c. l'on aura la valeur approchante de z, par conséquent la racine quarrée de $bc - fx - xx$; sur quoi il est à remarquer, que comme cette quantité est moindre que bc, sa racine doit être moindre que $\sqrt{bc}$, aussi toute la suite que l'on vient de trouver est moindre que $\sqrt{bc}$, tous les termes qui suivent cette grandeur étant négatifs; d'ailleurs ils vont toujours en diminuant, puisque ce sont des fractions qui ont au dénominateur les puissances de bc, plus grandes que celles de fx qui sont au numerateur; par conséquent plus les puissances des grandeurs qui sont au numerateur & au dénominateur augmentent, plus ces Fractions deviennent petites, ce qui fait voir qu'on peut négliger les derniers termes fans une erreur fenfible.

558. Préfentement fi l'on multiplie la fuite $\sqrt{bc} - \dfrac{f}{2\sqrt{bc}} x$

$$- \dfrac{ff - 4bc}{8bc\,\sqrt{bc}} xx - \dfrac{f^3 - 4bcf}{16b^2c^2\,\sqrt{bc}} x^3 - \dfrac{5f^4 - 24bcf^2 - 16b^2c^2}{128b^3c^2\,\sqrt{bc}} x^4 -$$

$$- \dfrac{7f^5 - 40bcf^3 - 48b^2c^2f}{256b^4c^4\,\sqrt{bc}} x^5,$$ &c. par $p\frac{1}{2} x\frac{1}{2} dx$, le produit qui fera égal à $p\frac{1}{2} x\frac{1}{2} dx \times \sqrt{bc - fx - xx}$, donnera l'élement differentiel du folide que l'on cherche. Pour faire cette multiplication il faut ajoûter $\dfrac{1}{2}$ aux expofans des Puiffances de x, & confiderer que tous les termes de la fuite étant divifez par $\sqrt{bc}$, excepté le premier qui le fera auffi, en le multipliant & divifant par $\sqrt{bc}$, & que tous ces termes devant être multipliez par $p\frac{1}{2} = \sqrt{p}$, il fuffira d'écrire au commencement, une fois pour tout, le multiplicateur commun $\dfrac{\sqrt{p}}{\sqrt{bc}}$; fi l'on fait auffi attention qu'on peut prendre la moitié de tous les divifeurs numeriques, l'on verra qu'en multipliant le premier terme par 2, à caufe qu'il n'a point de divifeur, on pourra écrire $\dfrac{\sqrt{p}}{2\sqrt{bc}} \times 2bcx\frac{1}{2} dx - fx\frac{3}{2} dx - \dfrac{ff - 4bc}{4bc} x\frac{5}{2} dx$

$$- \dfrac{f^3 - 4bcf}{8b^2c^2} x\frac{7}{2} dx - \dfrac{5f^4 - 24bcf^2 - 16b^2c^2}{64b^3c^3} x\frac{9}{2} dx - \dfrac{7f^5 - 40bcf^3 - 48b^2c^2f}{128b^4c^4}$$

$x\frac{11}{2} dx -$ &c. $= p\frac{1}{2} x\frac{1}{2} dx \sqrt{bc - fx - xx}.$

Prenant l'integrale de chaque terme de cette differentielle, l'on

aura $\dfrac{\sqrt{p}}{2\sqrt{bc}} \times \dfrac{4}{3} bcx\frac{3}{2} - \dfrac{2}{5} fx\frac{5}{2} - \dfrac{ff - 4bc}{14bc} x\frac{7}{2} - \dfrac{f^3 - 4bcf}{36b^2c^2} x\frac{9}{2} -$

$$- \dfrac{5f^4 - 24bcf^2 - 16b^2c^2}{352b^3c^3} x\frac{11}{2} - \dfrac{7f^5 - 40bcf^3 - 48b^2c^2f}{} x\frac{13}{2} -$$ &c. qui eft le folide approché, & que l'on déterminera en faifant x égal au diamétre du demi cercle; ainfi mettant b, à la place de x, & de fes puiffances diminuées de $\dfrac{1}{2}$, afin de fupprimer $b\frac{1}{2}$, ou $\sqrt{b}$

pour le joindre au multiplicateur commun, qui fera alors $\dfrac{\sqrt{bp}}{2\sqrt{bc}}$

$= \dfrac{\sqrt{p}}{2\sqrt{c}}$, il viendra $\dfrac{\sqrt{p}}{2\sqrt{c}} \times \dfrac{4cb^2}{3} - \dfrac{2fb^2}{5} - \dfrac{ff - 4bc}{14bc} b^3 - \dfrac{f^3 - 4bcf}{36b^2c^2}$

$b^4 -$

$$b^4 \cdot \frac{5f^4 - 24bcf^2 - 16b^2c^2}{352b^3c^3}\, b^5 \cdot \frac{7f^5 - 40bcf^3 - 48b^2c^2f}{832b^4c^4}\, b^6.$$

559. Si à la place de f l'on met sa valeur $c - b$, & que l'on ait soin de mettre une virgule entre les termes pour les distinguer, afin de voir ce qui est provenu de chaque terme de la suite, l'on trouvera après avoir réduit les Fractions, $\frac{4}{3}cb^2, + \frac{2}{5}b^3 - \frac{2}{5}cb^2$;

$$- \frac{b^4}{14c} - \frac{1}{7}b^3 - \frac{1}{14}cb^2, + \frac{b^5}{36c^2} + \frac{b^4}{36c} - \frac{1}{36}b^3 - \frac{1}{36}cb^2 ;$$

$$- \frac{5b^6}{552c^3} - \frac{b^5}{88c^2} + \frac{b^4}{176c} - \frac{1}{88}b^3 - \frac{5}{352}cb^2, + \frac{7b^7}{832c^4} + \frac{5b^6}{832c^3}$$

$$- \frac{b^5}{416c^2} + \frac{5}{832}b^3 - \frac{7}{832}cb^2, \text{ le tout multiplié par } \frac{\sqrt{p}}{2\sqrt{c}}.$$

560. Présentement si l'on ajoute ensemble les Coëficiens numeriques de tous les termes semblables, en les écrivant de suite, il viendra $\frac{4}{3} - \frac{2}{5} - \frac{1}{14} - \frac{1}{36} - \frac{5}{352} - \frac{7}{832} \times cb^2 + \frac{2}{5} - \frac{1}{7}$

$- \frac{1}{36} - \frac{1}{88} - \frac{5}{832} \times b^3 - \frac{1}{14} + \frac{1}{36} + \frac{1}{176} + \frac{1}{416} \times \frac{b^4}{c} + \frac{1}{36}$

$- \frac{1}{88} - \frac{1}{416} \times \frac{b^5}{c^2} - \frac{5}{352} + \frac{5}{832} \times \frac{b^6}{c^3} + \frac{7b^7}{832c^4}$, le tout multi-

plié par $\frac{\sqrt{p}}{2\sqrt{c}}$.

Comme l'ordonnée AF (q) qui exprime la plus petite vitesse de l'eau est moyenne proportionelle entre le paramétre & l'abcisse EA (c); on aura $\div p, q, c$, d'où l'on tire $p, q :: \sqrt{p}, \sqrt{c}$, par consequent $\frac{p}{q} = \frac{\sqrt{p}}{\sqrt{c}}$, ou $\frac{p}{2q} = \frac{\sqrt{p}}{2\sqrt{c}}$, ainsi on pourra prendre $\frac{p}{2q}$ pour le multiplicateur commun de la suite ; mais comme cette suite ne donne que le solide formé par la somme des produits des élemens du demi cercle par ceux du segment parabolique, c'est-à-dire un solide égal à la moitié de celui que nous cherchons ; il suit qu'en supprimant le nombre 2 du multiplicateur commun, le produit donnera la dépense de l'orifice entier. Si l'on considere encore que tous les termes de la suite sont multipliez par les puissances de b, & que la plus petite est b^2, on pourra pour abreger prendre b^2 pour un second multiplicateur commun, après quoi si l'on fait les opérations numeriques indiquées par les signes $+$ & $-$

on aura $\frac{p}{q} \times bb \times \frac{2339483}{2882880}c + \frac{24446}{115315}b + \frac{577}{41184}\frac{b^3}{c^2} + \frac{7}{832}\frac{b^5}{c^4}$

Hh

$$- \frac{10253}{288288} \frac{b^2}{c} - \frac{75}{9152} \frac{b^4}{c^3}$$ pour l'expreſſion du ſolide cherché,

qu'on peut changer en la ſuivante, $\frac{p}{q} \times bb \times \frac{29}{37} c + \frac{18}{85} b + \frac{1}{72} \frac{b^3}{c^2}$

$+ \frac{1}{119} \frac{b^5}{c^4} - \frac{1}{28} \frac{b^2}{c} - \frac{1}{122} \frac{b^4}{c^3}$ qui n'eſt pas tout-à-fait ſi exacte, mais beaucoup plus ſimple, & qui peut ſervir de formule ; dans la pratique ; on peut même ſans erreur ſenſible en ſupprimer le quatriéme & le ſixiéme terme, à cauſe de leurs extrême petiteſſes,

& la réduire à $\frac{p}{q} \times bb \times \frac{29}{37} c + \frac{18}{85} b + \frac{1}{72} \frac{b^3}{c^2} - \frac{1}{28} \frac{b^2}{c}$.

Méthode pour meſurer la dépenſe des orifices circulaires placez au-deſſous du niveau de l'eau.

Fig. 76.

561. Qui montre que *pour meſurer la quantité d'eau qui s'écoule par ſeconde d'un orifice vertical & circulaire pratiqué au-deſſous du niveau de l'eau, il faut premierement multiplier la plus petite hauteur EA de l'eau par 29, & diviſer le produit par 37 pour avoir un premier quotient.*

Secondement, multiplier le diamétre de l'orifice par 18, diviſer le produit par 85 pour avoir un ſecond quotient.

Troiſiémement, cuber le diamétre de l'orifice, & diviſer ce cube par le produit de 72 par le quarré de la plus petite hauteur de l'eau pour avoir un troiſiéme quotient.

Quatriémement, quarrer le diamétre de l'orifice, & diviſer le produit par 28 fois la plus petite hauteur de l'eau, afin d'avoir un quatriéme quotient.

Cinquiémement, ſouſtraire le quatriéme quotient de la ſomme des trois précedens.

Sixiémement, multiplier la difference par le produit du quarré du diamétre de l'orifice & du nombre 60. (470)

Septiémement, diviſer ce produit par la plus petite viteſſe AF de l'eau, c'eſt-à-dire par la viteſſe, dont un corps peut être capable par ſeconde, l'ayant acquiſe par une chûte égale à la plus petite hauteur de l'eau, (560) *le quotient donnera la dépenſe que l'on cherche.*

Application de la formule précedente à un exemple pour en faire voir la juſteſſe.

Plan- 8.

Fig. 76.

562. L'uſage ordinaire pour meſurer la dépenſe des orifices dont nous parlons, eſt de ſuppoſer que la hauteur moyenne de l'eau répond au *centre* ; il eſt vrai que quand l'orifice eſt beaucoup au-deſſous du niveau de l'eau, la viteſſe moyenne n'en étant point éloignée, cette pratique peut-être ſuivie ſans une erreur, qui puiſſe tirer à conſéquence, parce que la partie FH de la parabole ne differant gueres d'une ligne droite, quand le diamétre AD eſt fort petit par rapport à l'axe ED, l'ordonnée CG approche fort d'être moyenne arithmétique entre AF & DH.

Pour en juger, nous ſuppoſerons ED de 12 pieds, & AD (b)

de 2 ; ainsi EA (c) sera de 10, & EC de 11 ; cherchant dans la Table des vitesses celle qui répond à la chûte EC, on la trouvera de 25 pieds 8 pouces 3 lignes ; faisant les opérations que nous venons d'indiquer, on verra que l'orifice doit dépenser par seconde 80 pieds cubes d'eau 9 pouces 7 lignes, ou $\dfrac{784442712}{9708615}$ pieds cubes, divisant cette quantité par la superficie de l'orifice, c'est-à-dire par les onze quatorziémes du quarré de son diamétre, qui se réduisent à $\dfrac{7}{22}$, il viendra 25 pieds 8 pouces 6 lignes pour la vitesse moyenne, (539) qui ne differe que de 3 lignes de celle qui répond au centre, ce qui montre qu'on peut se servir en toute confiance de la formule précedente, puisque l'ayant appliquée à un orifice d'une grandeur outrée, le résultat de notre calcul est autant conforme qu'on peut le souhaiter, à ce qu'il devroit donner naturellement ; s'il y a quelque difference, elle deviendra d'autant plus insensible, que les diamétres des orifices seront petits par rapport à la hauteur de l'eau. Je conviens qu'il est fâcheux de ne pouvoir juger de la justesse d'une chose que par les apparences ; mais c'est le cas inévitable de toutes les recherches qui tombent dans les aproximations. Plan. 8.
Fig. 76.

563. Pour avoir le solide formé de la somme des produits des élemens du quart de cercle ABC par les élemens du segment parabolique ACGF, il faut mettre $\frac{1}{2} b = r$ à la place d'x dans $\frac{p}{q}$

$$ \times \frac{4}{3}\, bcx\, \tfrac{3}{2} - \frac{2}{5}\, fx\, \tfrac{5}{2} - \frac{ff - 4bc}{14bc}\ \&\text{c}. $$

que l'on a trouvé pour l'integrale de la suite, (558) & faire le reste du calcul comme cy-devant, il en résultera une formule qui servira à mesurer la dépense d'un orifice fait en demi cercle, ayant pour base le diamétre, & situé au-dessous du niveau de l'eau.

Maniere de découvrir les formules pour la dépense des orifices faits en demi cercles, placez au-dessous du niveau de l'eau.

564. Si l'on souftrait du premier solide, c'est-à-dire de celui qui exprime le volume de la dépense de l'orifice entier, le solide qu'on trouvera en suivant l'article précédent, la difference sera l'expression d'un troisiéme qui donnera la dépense du même demi cercle, situé dans un sens opposé ; mais je ne m'arrête point à en faire le calcul, ces deux derniers cas paroissant plus curieux qu'utils.

565. Si AD (b) est plus grand grand que AE (c), alors f sera positive, au lieu que dans tout le calcul précedent elle étoit négative ; cependant la résolution sera la même, & il n'y aura pas la Remarque sur les calculs préce-dens.

H h ij

moindre chofe de changé, ce qui fait voir qu'elle eft generale; & convient également que b foit plus grand ou plus petit que c; tout le changement que cela apportera, c'eft que dans la fuite que l'on a trouvé pour la valeur de z & dans l'expreffion generale & indéterminée du folide, tous les termes où f fera avec une dimenfion impaire, feront pofitifs, au lieu qu'ils étoient négatifs; mais quand à la place de f, on fubftituera $b - c$, on trouvera précifément la même chofe.

Formule particuliere pour mefurer la dépenfe des orifices circulaires, dont le diamétre eft égal à la plus petite hauteur de l'eau.

566. Si $b = c$, f deviendra zero; l'élement du folide fera pour lors $p \frac{1}{2} x \frac{1}{2} dx \sqrt{bb - xx}$ pour avoir la réfolution; dans ce cas il faut effacer tous les termes qui font multipliez par f dans l'expreffion indeterminée, & mettre b à la place de c, alors ce folide indéterminé fera

$$\frac{p}{q} \times \frac{4}{3} b^2 x^{\frac{3}{2}} - \frac{2}{7} x^{\frac{7}{2}} - \frac{1}{22 b^2} x^{\frac{11}{2}}.$$

S ECTION XI.

Du Choc de l'Eau contre des furfaces planes.

Les chocs de l'eau font dans la raifon compofée des quarrez des viteffes, & des furfaces qui en reçoivent l'impreffion.

PLAN. 8.

FIG. 82. & 83.

567. Ayant montré dans l'article 445 que les petits *prifmes d'eau* qui fortoient dans un même inftant du fond de deux refervoirs AC & EG, de hauteur differente, pouvoient être exprimez par $\odot \sqrt{H}$, $o \sqrt{h}$; multipliant ces prifmes par leur viteffe, il viendra $\odot \sqrt{H} \times \sqrt{H}$, $o \sqrt{h} \times \sqrt{h}$; pour leur quantité de mouvement; (171. 433) ou pour l'expreffion des forces F, f, avec lefquelles ils choqueront directement les furfaces des piftons L, M, foutenus par les puiffances P, Q, fi ces piftons font à une affez petite diftance des orifices, pour pouvoir regarder la viteffe de l'eau comme uniforme, dans le chemin qu'elle parcourera; ainfi on aura F, f :: $\odot \sqrt{H} \times \sqrt{H}$, $o \sqrt{h} \times \sqrt{h}$, ou F, f :: $\odot \times H$, $o \times h$.

Qui montre que *les chocs de l'eau font entr'eux dans la raifon compofée des bafes des colonnes & des quarrez des viteffes, ou dans la raifon compofée des bafes des colonnes & des chûtes.*

568. Il fuit que *lorfque les bafes des colonnes feront égales, les chocs feront entr'eux dans la raifon des quarrez des viteffes de l'eau, ou comme les hauteurs des chûtes, capables des mêmes viteffes.*

Autre maniere de démontrer que les chocs ou impulfions de l'eau fur des furfa-

569. On peut encore, lorfque les bafes des colonnes font égales ou qu'elles choquent directement en plein des furfaces égales, confiderer l'eau comme un amas de petites boules, dont l'impreffion dépendra de leur viteffe, & du nombre de celles qui frapperont en même tems; car une eau qui coule deux fois plus vite qu'une autre, frappant une furface oppofée, non-feulement avec

deux fois plus de force ; mais encore avec deux fois plus de parties, son impreſſion doit croître ſelon la raiſon doublée, ou ſelon les quarrez de ſa viteſſe, c'eſt-à-dire, que ſi les viteſſes ſont comme 3 eſt à 5, les chocs ſeront comme 9 eſt à 25.

ces égales ; ſont dans la raiſon des quarrez des viteſſes.

570. Les chocs étant entr'eux comme les produits des orifices par les hauteurs de l'eau, (567) ou comme les colonnes BR, & FS, qui ſont *les forces* qui cauſent les chocs, *il ſuit que les chocs pourront être meſurez par le poids des mêmes colonnes ;* l'effet d'une force qui agit ſimplement ſans aucune modification pouvant être pris pour la force même.

Comme la pouſſée que les colonnes BR & FS exercent ſur leur baſe, n'eſt autre choſe qu'une tendance au mouvement, dont l'effet ſeroit de produire un choc, qui peut être meſuré par la cauſe même ; *il ſuit que le poids qui exprimera la pouſſée de l'eau contre une ſurface, en exprimera auſſi le choc.*

Les chocs ſont meſurez par le poids des colonnes d'eau qui cauſent ces viteſſes, ou par la pouſſée que ſoutiendroit la ſurface choquée.

571. La différence que fait naître le frottement entre la dépenſe *naturelle* & la dépenſe *effective* d'un même orifice de médiocre grandeur, doit en cauſer une grande dans le choc de l'eau, parce que les ſchocs dans ces deux cas étant encore dans la raiſon doublée des viteſſes, l'impreſſion de la dépenſe effective ſera d'autant moindre que l'impreſſion de la dépenſe naturelle, que le quarré de la viteſſe de la premiere ſera moindre que celui de la viteſſe de la ſeconde ; c'eſt-à-dire par exemple que dans l'expérience de M. Mariotte, où la dépenſe effective eſt à la dépenſe naturelle, comme 7 eſt à 10, (495) le choc ne ſera exprimé que par 49, tandis qu'il devroit l'être par 100 ; ce qui montre qu'il faudroit que la hauteur du réſervoir fut un peu plus du double de celle qu'il avoit dans cette expérience, pour que le choc de l'eau de la dépenſe effective pût égaler celui de la dépenſe naturelle ; (500) mais comme nous n'aurons point égard par la ſuite à la diminution du choc que le frottement peut cauſer aux pertuis, qui ont plus d'un pied de ſuperficie, je ne m'arrêterai point d'avantage ſur ce ſujet, qui n'eſt qu'une ſuite de ce qui a été enſeigné dans la huitiéme Section.

Le choc de l'eau qui coule d'un orifice, n'eſt pas ſi fort qu'il ſeroit s'il n'y avoit pas de frottement dans la raiſon du quarré de la dépenſe effective au quarré de la dépenſe naturelle.

572. Si la ſurface GH étoit placée à une certaine diſtance EI de l'orifice E, l'eau qui en ſortira, acquerant de nouveaux dégrez de viteſſe, en parcourant l'eſpace EI, choquera avec plus de force que dans le cas précedent, parce que ſa viteſſe ſera alors exprimée par la racine de la hauteur FI, ce qui a fait croire à la plûpart de ceux qui ont écrit ſur le mouvement des eaux que le choc devoit être encore égal au poids d'une colonne qui auroit

Examen de la force que l'eau peut acquerir en accélerant ſa viteſſe à la ſortie du réſervoir.

FIG. 84.

Hh iij

pour bafe l'orifice E, & pour hauteur la ligne FI, qui marque l'élevation de fon niveau au-deffus de la furface, fans faire attention, comme l'a remarqué M. Pitot avant moi, que la viteffe de l'eau augmentoit à la vérité, mais que la quantité qui en fortoit du réfervoir étoit toujours la même, à quelque diftance que fut fituée la furface ; ainfi ils comptoient fur une force plus grande que celle dont ils pouvoient difpofer pour faire tourner la roue d'une Machine, ou pour quelqu'autre ufage.

L'eau dirigée dans un tuyau vertical n'augmente point la force du choc.

FIG. 85.

573. D'autres fe font imaginé que quand l'eau feroit dirigée par un tuyau IEFL, c'étoit alors que fon choc pouvoit être exprimé par le poids de la colonne IKPL, fans confiderer qu'il n'étoit pas poffible que ce tuyau fe rempliffe jamais parfaitement, puifque quelle qu'en foit la longueur, la viteffe de l'eau à fa fortie fera toujours plus grande que celle qu'elle aura en y entrant : (429) il eft donc impoffible qu'il s'y forme jamais une colonne, à moins qu'il ne foit affez étroit, pour que la viteffe de l'eau foit plus retardée par les frottemens, qu'elle ne peut être augmentée par l'accélération ; car n'y ayant que l'eau du refervoir qui n'a rien de commun avec le tuyau qui puiffe entretenir la colonne EKPF, (425, 426, 428.) celle du tuyau ne pouvant être remplacée par les côtez, fa dépenfe ne peut être plus grande que celle de l'orifice qui le nourrit.

FIG. 84.

Le choc d'une eau qui accelere fa viteffe eft égal au poids d'une colonne qui auroit pour bafe la furface choquée, & pour hauteur une moyenne proportionnelle entre la hauteur de l'eau dans le refervoir, & la ligne qui exprime l'élevation de fon niveau au-deffus de la furface choquée.

574. Pour déterminer exactement le choc d'une eau, qui ne peut être mefurée par fa pouffée, confiderez qu'en nommant $\odot$, l'orifice, on aura $\odot \sqrt{FE}$ pour l'expreffion de la quantité qui en fortira à chaque inftant, (445) qui étant multipliée par la viteffe $\sqrt{FI}$, qu'elle aura acquife à l'inftant qu'elle rencontrera le plan GH, on aura $\odot \sqrt{FE} \times \sqrt{FI} = \odot \sqrt{FE \times FI}$ pour fa quantité de mouvement, ou pour l'expreffion du choc, *qui montre que fi l'on fait FK moyenne proportionnelle, entre FE & FI, on aura $\odot \times FK$ pour la colonne d'eau, dont le poids fera égal au choc ;* par conféquent plus il y aura d'intervalle entre la furface & le fond du réfervoir, & plus on gagnera de force pour faire agir quelque Machine ; ce qui montre que le feul avantage que l'on peut tirer du tuyau EL, eft de diriger toute l'eau vers la furface, & empêcher qu'en fendant l'air, la plus grande partie ne fe diffipe ailleurs.

FIG. 86.

Le choc de l'eau qui fort

575. Ayant un refervoir prifmatique ABCD continuellement plein d'eau ; fi l'on pratique un perruis rectangulaire FGHI dans l'une de fes faces EC, fervant d'entrée à un canal, dont le fonds & les côtez foient compofez des rectangles FIXS, IHVX, FGTS, & qu'une puiffance R foutienne une furface verticale NOMQ

égale au pertuis. Je dis que si tout-à-coup on ouvre le pertuis, que je suppose fermé par une *vanne*, l'eau viendra choquer la surface immobile qui lui est directement opposée, *avec une force qui sera égale à la pouffée que soutenoit la vanne, lorsque le pertuis étoit fermé, c'est-à-dire par le poids d'un prisme d'eau, qui auroit pour base la surface choquée, & pour hauteur, la hauteur moyenne arithmétique LK, entre La & Lb*; (372) ce qui est bien évident, car la vitesse de l'eau dans le canal, que l'on nomme aussi *Courfier* étant uniforme & exprimée par la racine de la hauteur moyenne LK, le choc sera égal au produit de cette surface par le quarré de √LK, qui n'est autre chose que LK même; (568) par conséquent si la surface opposée étoit de 4 pieds quarrez, & la moyenne LK de 10 pieds, le choc sera équivalent au poids de 40 pieds cubes d'eau, ou à 2800 ℔, qui est la force qu'il faudra à la puissance R pour soutenir en équilibre l'impulsion du courant, dont la vitesse moyenne & uniforme par seconde, sera égale à celle qu'un corps peut acquerir en tombant de la hauteur LK.

d'un pertuis vertical, & qui est dirigée par un canal horifontal, est égal au poids de la colonne, qui auroit pour base la surface choquée, & pour hauteur, la hauteur moïenne de l'eau.

76. Comme les lames d'eau du courant, auront d'autant plus de vitesse, qu'elles seront plus près du fond du *Courfier*, leur impression contre la surface ira en diminuant à mesure qu'elles approcheront du sommet OM, selon l'ordre des termes d'une progression arithmétique, puisque ces impressions seront les mêmes que celles de la pouffée que soutient la vanne du pertuis quand elle est fermée; (362) d'où il suit que la puissance R, pour être en équilibre avec l'impulsion, doit être appliquée *au centre d'impression Y* de la surface, qu'on trouvera de la même maniere que celui d'une vanne. (415)

Les centres d'impression qui répondent au choc de l'eau, sont les mêmes que ceux qui appartiennent à sa pouffée. FIG. 86.

Si la surface dont nous parlons représentoit l'une des aubes d'une roue, il faudroit nécessairement en connoître le centre d'impression, parce que le bras de lévier qui répond au moteur, doit toujours être exprimé par la distance de ce centre à l'axe de la roue.

FIG. 90.

577. Prévenu qu'un corps qui roule ou qui glisse le long d'un plan incliné fort poli BCDE, acquiert en descendant depuis le sommet jusqu'en bas la même vitesse qu'il eut acquis, en tombant de la hauteur BA du même plan. (188) *Il suit qu'une eau dormante qui viendroit à couler le long d'un plan incliné, acquerera une vitesse qui pourra être exprimée par la racine de la hauteur du plan.*

La force que l'eau acquiert en descendant le long d'un plan incliné est la même que celle qu'elle acquereroit en parcourant la hauteur du même plan.

578. Si un reservoir est placé au sommet d'un plan incliné, l'eau qui sortira par le pertuis FGHI ayant déja une vitesse exprimée par la racine de la hauteur moyenne LK ou son égale MN, en acquerera une plus grande qui le sera par √MA, après avoir par-

Maniere d'exprimer

le choc de l'eau qui coule le long d'un plan incliné.

couru le plan incliné ; mais comme le volume de l'eau qui sortira du pertuis dans chaque inftant fera toujours exprimé par $\odot \sqrt{MN}$, de quelque hauteur que foit ce plan, (572) (nommant $\odot$ le pertuis) la quantité de mouvement, ou le choc de l'eau le fera par $\odot \sqrt{MN} \times \sqrt{MA} = \odot \times \sqrt{MN \times MA}$, qui montre que fi l'on place au pied du plan incliné une furface égale au pertuis, pour recevoir directement l'impreffion de l'eau qu'on fuppofe dirigée par un canal, comme cy-devant, (575) la puiffance R qui foutiendra cette furface en équilibre doit être équivalente au poids d'un prifme d'eau, qui auroit pour bafe un plan égal au pertuis ou à la furface, & pour hauteur la moyenne proportionnelle entre MN & MA. (574)

Quelle que foit la grandeur d'une furface, il faut pour la mefure du choc n'avoir égard qu'à la partie qui en reçoit l'impreffion.

579. Dans ce cas-ci, comme dans le précedent, ce n'eft point une néceffité que la furface oppofée foit égale au pertuis, pouvant être plus petite ou plus grande ; fi elle eft plus petite, elle ne pourra manquer de recevoir l'impreffion de l'eau fur toute fon étenduë, & fi elle eft plus grande, il ne faudra avoir égard qu'à la partie qui la recevra directement pour déterminer la bafe du prifme d'eau qui doit mefurer l'impreffion.

Maniere de mefurer le choc d'une eau qui coule le long de plufieurs plans inclinez contigus.

Fig. 88.

580. Si l'eau en fortant du fonds ou par une des faces d'un refervoir, venoit à couler le long de plufieurs plans inclinez contigus fans rencontrer d'autres obftacles que l'oppofition des mêmes plans, l'on déterminera fon impulfion directe contre une furface relativement à la hauteur de l'eau dans le refervoir, foit entiere ou moyenne, en fuivant ce qui eft enfeigné dans les articles 198, 199, 200, qui n'ont été rapportez que comme pouvant être utiles en pareils cas, qui fe rencontre fréquemment dans les Pays montagneux, où l'on fe fert utilement de l'eau qui tombe des montagnes pour faire agir des Machines.

Quand une furface verticale eft inclinée à un courant, la force abfolue du courant eft à fon impreffion contre la furface, comme le quarré du Sinus total eft au quarré du Sinus de l'angle d'incidence.

Fig. 88.

581. Quand la direction du courant n'eft pas perpendiculaire à la furface oppofée, l'on fent affez qu'il n'agit point avec fa force abfolue : l'on fuppofe par exemple que la ligne NO repréfente la bafe d'une furface *verticale*, placée *obliquement* au courant dans le fonds du *Courfier* de la Fig. 86, & que la ligne PV exprime la viteffe & la direction du courant. Il eft conftant que fi cette furface étoit choquée par un corps folide, l'impreffion feroit exprimée par la perpendiculaire PT ; (23) mais comme il s'agit d'un fluide dont l'impreffion doit fe mefurer par le quarré de fa viteffe, (568) il y aura même raifon de fa force abfolue à fa force refpective, que du quarré de PV au quarré de PT, c'eft-à-dire *du quarré du Sinus total, au quarré du Sinus de l'angle d'incidence.*

Lorfque de

582. Suppofant que la ligne NQ repréfente la bafe d'une furface

face directement opposée au courant ; comme elle sera perpendiculaire sur le côté IX du Coursier, les paralleles QO & PV donneront les triangles semblables QNO, TPV ; ainsi nommant NQ, *a* ; NO, *b* ; PV, *m* ; PT, *n* ; on aura NQ (*a*), NO (*b*) :: PT (*n*), PV (*m*), ou *aa*, *bb* :: *nn*, *mm* ; qui donne *aamm* = *bbnn*, d'où l'on tire *amm*, *bnn* :: *b*, *a*. Comme le premier terme de cette proportion exprime le produit de la surface NQ, par le quarré de la vitesse entiere du courant, & le second celui de la surface NO par le quarré de cette vitesse modifiée ; (car ces surfaces ayant la même hauteur, on peut prendre leurs bases pour leurs superficies.) *L'on voit que l'impulsion que soutient la surface directe, est à l'impulsion que soutient la surface oblique, réciproquement comme la longeur NO de celle-ci est à la longeur NQ de l'autre.*

deux surfaces l'une est directement & l'autre obliquement opposée à un courant, les impressions qu'elles soutiennent, ont la raison réciproque de leurs dimensions inégales.

583. Si la surface NO étoit inclinée, eu égard au fond du Coursier ou à la verticale, comme elle paroît dans la Figure 89, & qu'elle eut la même base que l'autre QN, directement opposée au courant, l'on verra par un raisonnement semblable au précedent, que la ligne HV representant le niveau de l'eau, *l'impulsion que soutiendra la surface verticale, sera à l'impulsion que soutiendra la surface inclinée, réciproquement comme la largeur NO de celle-ci est à la largeur NQ de l'autre.* FIG. 89.

584. Quand une surface immobile est directement opposée à un courant, nous avons vû (575) que la puissance qui la soutenoit étoit équivalente au poids d'une colonne d'eau qui auroit pour base cette surface, & pour hauteur, la hauteur moyenne du reservoir. Or si dans l'intervalle KY, on place un rouleau Z, lequel traversant le Coursier jusqu'à la rencontre de ses côtez, puisse tourner librement sur des tourillons, & qu'au dessus il y ait deux poulies ; il est constant que si l'on attache une corde au centre Y, qui viennent passer sous le rouleau, & de-là sur les poulies, & qu'à l'extrémité de cette corde on suspende un poids P égal à l'impulsion du courant ; ce poids tiendra lieu de la puissance R, & soutiendra la surface NOMQ en équilibre comme auparavant ; mais si on le diminue, la surface sera poussée en avant avec une vitesse égale à celle du poids en montant, parce qu'il n'y a point de difference dans les bras de léviers, & l'impulsion du courant se trouvera diminuée, précisement de la quantité dont le poids l'aura été, puisque ces deux forces seront toujours égales. FIG. 86.

585. Quand le poids P sera diminué d'une certaine quantité, qu'il aura la liberté de monter sans y toucher davantage, la surface prendra du fluide la plus grande vitesse qu'elle pourra prendre, &

L'impression que reçoit une surface verti-

cale qui se meut avec une vitesse uniforme du même sens qu'un courant, ne doit être exprimée que par le quarré de l'excès de la vitesse du courant sur celle de la surface.

Fig. 86. & 87.

Une surface qui fuit avec une vitesse égale à celle du courant, n'en ressent point l'impression.

Pour qu'une surface qui fuit reçoive de la part du courant la plus grande quantité de mouvement qu'il est possible, il faut que sa vitesse soit le tiers de celle du courant.

la conservera toujours *uniforme* tant que le poids pourra monter; & *l'impulsion qui la poussera alors sera exprimée par le quarré de l'excès de la vitesse du courant, sur celle qu'aura pris la surface.*

586. Nommant a, la vitesse du courant; b, celle de la surface, le quarré de $a - b$, qui est $aa - 2ab + bb$, exprimera l'impulsion de l'excès de la vitesse du courant sur celle de la surface, qui étant multipliée par cette derniere vitesse, donnera $aab - 2abb + b^3$ pour la quantité de mouvement de la surface.

587. Quand la surface est immobile, l'impression qu'elle reçoit à chaque instant, étant toujours exprimée par le quarré de la vitesse entiere du courant, (575) elle pourra l'être aussi par les quarrez des élemens BC ou EF d'un rectangle ABCD: si on diminuoit continuellement le poids P, de façon que la vitesse de la surface fut en croissant selon l'ordre des termes d'une progression arithmétique, ou comme les élemens du triangle ACD, il arrivera que chaque élement EF du rectangle se trouvant divisé en deux parties par la diagonale AC, si l'une GF exprime la vitesse de la surface dans un certain instant, le quarré de l'autre EG exprimera l'impression qu'elle recevra dans le même instant, & le produit de $\overline{EG}^2$ par GF donnera la quantité de mouvement (586) de la surface dans cet instant, & lorsque GF sera égale à AD, c'est-à-dire lorsque la surface aura acquise la vitesse entiere du courant, l'autre partie EG devenant zero, l'impression du courant sera nulle, & alors le poids P sera réduit à zero.

588. Comme entre tous les élemens du rectangle il y en a sûrement un qui se trouve divisé par la diagonale AC, de façon que le quarré de la plus grande partie HK multiplié par la plus petite KI, donne le plus grand de tous les produits qui peuvent être formez de la sorte; *l'on voit que la vitesse entiere du courant peut être aussi divisée en deux parties, dont la plus petite devenant celle de la surface, & l'autre celle avec laquelle elle est choquée, cette surface aura la plus grande quantité de mouvement qu'il est possible.* Pour connoître le point de division, ou si l'on veut la vitesse que doit avoir dans ce cas la surface par rapport à celle du courant, nous nommerons HI, a; KI, x; ainsi HK sera $a - x$, dont le quarré qui est $aa - 2ax + xx$ étant multiplié par x, donne $aax - 2axx + x^3$; dont prenant la differentielle pour l'égaler à zero, selon la Méthode ordinaire, il vient $aadx - 4axdx + 3xxdx = o$, d'où effaçant dx, il reste $aa - 4ax + 3xx = o$, ou $xx - \frac{4a}{3}x = -\frac{aa}{3}$, dont le pre-

mier membre étant réduit en quarré donne $xx - \frac{4a}{3}x + \frac{4}{9}aa$

$= \frac{4}{9}aa - \frac{aa}{3}$, ou $\frac{2}{3}a - x = \sqrt{\frac{1}{9}aa}$, d'où dégageant l'inconnue en la rendant positive, (parce qu'ayant eu le figne — au commencement du calcul, elle doit l'avoir encore dans la racine) il viendra $\frac{2}{3}a - \frac{\sqrt{aa}}{9} = x$, ou après la réduction $\frac{a}{3} = x$, *qui montre que la vitesse de la surface doit être le tiers de celle du courant ; pour le plus grand effet ; c'est-à-dire, pour qu'en même tems elle reçoive de la part du courant la plus grande vitesse & la plus grande impression qu'il est possible, dont le concours répond à la plus grande quantité de mouvement.*

589. La vitesse entiere du courant étant exprimée par a, & venant de trouver que celle de la surface devoit l'être par $\frac{a}{3}$ pour le plus grand effet, l'on aura donc $\frac{2a}{3}$ pour la vitesse *respective* avec laquelle le courant choquera la surface ; ainsi dans ce cas, la force du choc fera $\frac{4}{9}aa$, c'est-à-dire *égale aux quatre neuviémes du poids de la colonne d'eau, qui mesure la force absolue du courant contre la surface lorsqu'elle est immobile.*

On peut rendre le calcul précedent beaucoup plus simple, en nommant x la partie HK, parce qu'alors KI devenant $a - x$, on aura xx à multiplier par $a - x$, qui donne $ax^2 - x^3$ dont la differentielle étant égalée à zero, il vient $2axdx - 3x^2dx = 0$, ou $2a - 3x = 0$, ou $\frac{2a}{3} = x$, qui montre encore que la vitesse respective doit être les $\frac{2}{3}$ de la vitesse entiere, & que celle de la surface en fera le tiers.

590. Comme dans l'état d'équilibre la quantité de mouvement *du moteur* est toujours égale à la quantité de mouvement *du poids ;* l'on voit que puisque pour le plus grand effet il ne faut compter que sur les quatre neuviémes de la force du moteur, *il ne pourra enlever que les quatre neuviémes du poids, avec lequel il étoit en équilibre lorsqu'il agissoit pleinement.*

591. Si l'on multiplie l'expression de la force du choc de l'eau, qui est $\frac{4}{9}aa$, par $\frac{1}{3}a$, vitesse de la surface, on aura $\frac{4}{27}a^3$ pour

---

Marginal note: *Dans le cas du plus grand effet, la force respective du courant est égale aux $\frac{4}{9}$ de sa force absolue, & la surface ne pourra faire monter que les $\frac{4}{9}$ du poids d'équilibre.*

fa plus grande quantité de mouvement, ou pour la force qui eſt ſeule capable de faire monter *le plus grand poids qu'il eſt poſſible, avec le plus de viteſſe qu'il eſt poſſible.*

Ce n'eſt que depuis le commence-ment de ce ſiécle que l'on ſçait de quelle ma-niere doit être reglé le mouvement des Machi-nes mûes par un cou-rant pour être parfai-tes.

592. Depuis qu'on a commencé à faire uſage de la force de l'eau pour mouvoir les Machines, toute la perfection à laquelle les plus habiles Machiniſtes ont pû atteindre s'eſt bornée à met-tre d'abord la puiſſance en équilibre, avec le poids qu'il s'agiſſoit de mouvoir, enſuite à diminuer le poids au hazard, ou à augmen-ter le rayon de quelqu'une des roues, afin que la puiſſance l'em-portant ſur la charge, elle mit la Machine en mouvement, ſans ſçavoir juſqu'à quel point devoit aller ſa viteſſe ; on penſoit même que plus cette viteſſe ſeroit grande, & plus l'effet en ſeroit avanta-geux, & ce ſentiment paroiſſoit ſi naturel qu'on étoit fort éloigné de le croire ſuſceptible d'erreur.

Tel étoit l'état de la Mécanique, lorſque M. *Parent* par une ſuite de réflexions, s'apperçut que pour qu'une Machine mûe par un courant, fut capable du plus grand effet qu'elle pouvoit pro-duire ; il falloit néceſſairement qu'il y eut un certain rapport dé-terminé entre la viteſſe de la roue & celle du courant : ayant ſuivi cette idée, il a découvert par le calcul précedent (588) que la vi-teſſe de la roue devoit être le tiers de celle du courant, ou que la Machine ne devoit faire mouvoir que les quatre neuviémes du poids qui lui convenoit dans l'état d'équilibre ; car les roues qui trempent dans l'eau étant accompagnées d'*aubes* qui ſe ſuccedent immédiatement, peuvent être conſiderées comme une ſeule ſur-face qui recevroit l'impreſſion du fluide ſans interruption.

Cette découverte mérite d'être regardée comme une des plus importantes que l'on ait fait depuis le renouvellement des Scien-ces & des beaux Arts ; quand tous les travaux de M. Parent n'au-roient aboutis qu'à ce ſeul objet, il devroit ſuffire pour le rendre recommandable parmi ceux qui ſont touchez du bien public, d'autant mieux qu'elle eſt le fruit d'un grand nombre de connoiſ-ſances acquiſes, & d'une nature à ne rien tenir du hazard : j'a-vouerai ingénuement que la premiere fois que je la vis dans les Mémoires de l'Academie Royale des Sciences de l'année 1704, j'en fus ſi frappé que je la regardai comme ce que j'avois appris juſques-là de plus intereſſant en Mécanique : en effet, que pou-vois-je rencontrer qui me ſatisfit plus, vû le goût que j'ai eu dès l'âge le plus tendre pour tout ce qui s'appelle Machine, qu'un principe qui ne laiſſoit plus rien à déſirer pour la juſteſſe de leur calcul ?

593. On eſt aſſuré préſentement que quelques Machines qu'on faſſe, qui doivent être mûes par un courant, on n'en peut attendre un plus grand effet que les $\frac{4}{27}$ de *l'effet naturel* (591) du courant qui conſiſte *dans le produit de ſa viteſſe entiere par un poids qui en pourroit être emporté avec toute cette viteſſe*, ou en $aa \times a = a^3$.

594. On jugera donc ſûrement, de combien une Machine exécutée approche ou eſt éloignée du degré de perfection, en comparant ſon effet aux $\frac{4}{27}$ de l'effet naturel du fluide qui la fait agir, ou en comparant le poids qu'elle meut aux quatre neuviémes de celui qui lui convient dans l'état d'équilibre.

595. On voit auſſi que quand on aura à conſtruire une Machine, il faudra en diſpoſer les parties de façon que la réſiſtance qu'elle aura à ſurmonter ſoit les $\frac{4}{9}$ du poids d'équilibre, ou que la viteſſe de la roue ſoit le tiers de celle du courant; ou ce qui revient au même, il faut ſi la viteſſe du courant eſt donnée, conſtruire la Machine, de façon que ſon poids d'équilibre ſoit à celui qu'on veut élever, dans le rapport de 9 à 4.

596. Que ſi au contraire le poids eſt donné, il faut que la grandeur des aubes ſoit tellement ménagée, que leur quantité de mouvement ſoit à l'effet naturel du fluide, comme 4 eſt à 27, ou que leur viteſſe ſoit le tiers de celle du courant, après quoi on ſera aſſuré d'avoir rendu la Machine parfaite, quelle que ſoit d'ailleurs ſa conſtruction, qui peut avec ces conditions varier d'une infinité de manieres; car il reſte toujours à l'induſtrie de celui qui en fait le projet de diſpoſer les pieces de façon, qu'en joüant avec aiſance il y ait le moins de déchet qu'il eſt poſſible de la part des frottemens.

Pour montrer la néceſſité d'aſſujettir aux principes que l'on vient de voir toutes les Machines mûes par un courant, & en même tems faciliter l'intelligence du fréquent uſage que nous en ferons dans la ſuite, je vais examiner la choſe ſous une autre face, & la rendre ſenſible par un exemple.

597. Si l'on en excepte un petit nombre de Sçavans, il n'y a perſonne qui ne penſe, que plus la roue qui fait agir les pompes de la Samaritaine à Paris aura de viteſſe, & plus la quantité d'eau qui montera dans le réſervoir ſera grande; cependant comme la force du courant de la Seine eſt limitée, puiſqu'elle dépend du quarré de ſa viteſſe, l'on ſçaura à quoi s'en tenir, ſi l'on fait atten-

Quand on voudra connoître le poids que peut mouvoir une Machine mûe par un courant, il faudra ne lui donner à élever que les $\frac{4}{9}$ du poids qui lui convient dans l'état d'équilibre.

Lorſque le poids qu'on veut élever ſera donné, il faut que ſon produit par ſa viteſſe, ſoit égal aux $\frac{4}{27}$ du produit de la force abſolue du courant par ſa viteſſe entiere.

Exemple apliqué aux Pompes de la Samaritaine à Paris, pour montrer la

tion que cette roue doit néceſſairement ſe rencontrer dans un des trois cas que voicy.

Néceſſité de ſe conformer au Principe précedent. Dans le premier, elle reſtera immobile, ſi la force du choc de l'eau contre une des aubes eſt inferieure, ou égale au poids que la machine doit élever : dans le ſecond, ſi cette roue a autant de viteſſe que le courant, l'eau ne rencontrant aucune oppoſition, ne choquera point ; (587) ce qui ne pourroit même arriver à une machine qui n'auroit nulle réſiſtance à vaincre : il n'y a donc que dans le troiſiéme, lorſque la viteſſe de la roue eſt moindre que celle du courant, qu'elle ſera capable d'élever un poids ; parce qu'une partie de l'action du courant, ſera en équilibre avec la peſanteur du poids, tandis que l'autre partie fera mouvoir la roue, & par conſéquent monter le poids avec une certaine viteſſe. (586)

Si les colonnes d'eau que refoulent les Piſtons étoient trop groſſes par rapport à leur hauteur, elles oppoſeroient par leurs poids une ſi grande réſiſtance au courant, que ne lui reſtant que peu de viteſſe après le choc pour faire tourner la roue, l'eau qui doit paſſer dans le reſervoir y montera ſi lentement, que l'on pourra perdre davantage de la part du tems, que l'on ne gagnera par l'augmentation du poids : ſi au contraire l'on fait le cercle des Piſtons trop petits, ou les colonnes trop minces, l'eau à la vérité montera plus promptement dans le reſervoir, mais en ſi petite quantité à chaque coup de Piſton, qu'on perdra plus du poids, qu'on ne gagnera de la part de la viteſſe.

Cependant comme l'objet de cette Machine doit être de fournir la plus grande quantité d'eau qu'il eſt poſſible, dans un certain tems déterminé par le mouvement d'une roue, dont le rayon & la grandeur des aubes doivent avoir été aſſujettis à l'emplacement de la Machine ; l'on voit que ſa perfection ſe réduit à faire en ſorte que chaque coup de Piſton faſſe non-ſeulement monter beaucoup d'eau à la fois, mais qu'elle monte encore avec le plus de viteſſe qu'il ſera poſſible. Cependant le plus grand effet de ces Piſtons dépendant néceſſairement de celui de la roue, il faut que cette roue ait la plus grande quantité de mouvement qu'il eſt poſſible, pour le communiquer aux Piſtons ; c'eſt-à-dire, qu'il faut que le produit du choc du courant, par la viteſſe de la roue, ſoit le plus grand de tous ceux formez de la ſorte.

Comme la viteſſe entiere du courant peut être exprimée par une ligne droite, ce Problême ſe réduit à la diviſer en deux parties, de ſorte que le quarré de l'une multiplié par l'autre, donne le plus grand parallelepipede qu'il eſt poſſible de former par une telle division, & n'y ayant dans la longueur de la ligne qu'un point pris vers l'une ou l'autre de ses extrémitez qui puisse satisfaire à ce que l'on demande; l'on voit qu'il s'agit icy d'un *maximum* qu'on ne peut trouver aisément que par le calcul *differentiel*.

Si je me suis un peu étendu sur un sujet qui pouvoit être expliqué en moins d'une page, c'est que mon dessein est d'écrire pour tout le monde; & que je me suis apperçu qu'il n'étoit point aisé de faire entendre à bien des gens, & même à ceux qui s'imaginent sçavoir beaucoup, que c'étoit une erreur de conclure que plus une roue avoit de vitesse, & plus l'effet de la machine étoit grand. FIG. 86.

598. Si l'on suppose que le pertuis FGHD est fermé, & que l'eau comprise dans l'espace FGMQ est dormante; faisant abstraction du poids P, la puissance qui poussera en avant la surface NOMQ avec une vitesse uniforme, selon la direction RY, sera la même que celle qu'il faudroit pour soûtenir cette surface en équilibre contre le choc d'un courant qui auroit la même vitesse; car que ce soit l'eau qui vienne rencontrer la surface, ou la surface qui aille à la rencontre de l'eau, le choc sera toujours exprimé par le quarré de la vitesse de l'un ou de l'autre.

599. Si la surface précédente alloit à la rencontre du courant qui sort du pertuis, la puissance ayant à soûtenir non seulement l'impulsion dont peut être capable la vitesse du courant, mais encore celle qu'elle fait naître par sa vitesse propre, la résistance qui résultera de leur concours, doit être exprimée par le quarré de la somme des vitesses de la surface & du courant; c'est-à-dire, que si le courant avoit 3 pieds de vitesse par seconde, & que la surface en remontant, fît un chemin de 2 pieds, dans ce tems elle sera dans le même cas que si elle soûtenoit en équilibre l'impression d'un courant, qui auroit 5 pieds de vitesse par seconde, ou comme si elle étoit mue avec cette vitesse dans une eau dormante; car si lorsqu'une surface fuit, & semble se dérober à un courant, il faut soustraire sa vitesse de celle du courant, pour avoir la vitesse respective avec laquelle elle est frapée, (585.) il est tout naturel, quand la surface va à la rencontre du courant, d'ajoûter sa vitesse à celle du courant.

600. L'on verra au contraire, que lorsque la même surface sera mue selon la direction naturelle du courant, avec une vitesse plus grande, l'impulsion que soûtient la puissance, doit être exprimée par le quarré de la différence de la vitesse de la surface à celle du courant, parce que la surface est alors à l'égard de l'eau qui fuit, ce qu'est le courant, lorsque la surface tend à se dérober à son impression.

que si elle étoit mêlé dans une eau dormante avec l'excès de sa vitesse sur celle du courant.

601. L'on ignoroit encore la manière de mesurer la force dont pouvoient être capables les rivieres ou ruisseaux dans les cas précédens, lorsqu'il vint en pensée à M. de la Hire, *qu'on pouvoit regarder la vitesse uniforme d'une eau courante, comme ayant été acquise par une chûte ;* par conséquent comme la vitesse moyenne que prendroit à la sortie d'un pertuis vertical, l'eau d'un réservoir, dont la hauteur seroit égale à cette chûte; d'où il conclut que *l'impression directe d'un courant contre une surface verticale, devoit être mesurée par le poids d'un prisme d'eau, qui auroit pour base la surface choquée, & pour hauteur la chûte relative à la vitesse du courant.*

Il n'y a point de courant dont la vitesse uniforme ne puisse être regardée comme ayant été acquise par une chûte.

Supposant donc une surface immobile & verticale de 10 pieds quarrez, recevant directement l'impression d'un courant, qui auroit 4 pieds de vitesse par seconde, il faudra chercher la chûte qui répond à cette vitesse, (177) en disant, comme 30 est à $\sqrt{15}$; ainsi 4 est à $\sqrt{x}$, ou comme 900 est à 15 ; ainsi 16 est à $x = \dfrac{4}{15}$, qui montre que la hauteur que l'on cherche doit être les $\dfrac{4}{15}$ d'un pied qu'il faut multiplier par 10, superficie de la surface, & le produit par 70 pour avoir $186\dfrac{2}{3}$ ℔, force absolue du courant.

On aura toujours la hauteur du prisme d'eau qui exprime la force absolue d'un courant en divisant sa vitesse entiere par 6c.

602. Nommant a, la vitesse du courant, & x, la chûte, on aura 900, 15 :: aa, x ; d'où l'on tire $900x = 15aa$, ou $x = \dfrac{15}{900}aa$, ou après la réduction $x = \dfrac{aa}{60}$, qui montre en general que pour avoir la chûte qui doit répondre à la vitesse de l'eau, ou la hauteur de la colonne, qui exprime la force du choc, *il suffit de diviser le quarré de la vitesse de l'eau par 60.*

Application du principe précédent aux differentes vitesses & directions d'une surface par rapport à celle du courant,

603. Si la surface se déroboit au courant, on aura de même l'impulsion qu'elle soûtiendra en soustrayant sa vitesse de celle du courant, si la première est moindre que la seconde ; ou en soustrayant la vitesse du courant de celle de la surface, si c'est le contraire, & en divisant le quarré de la différence par 60, pour avoir la hauteur du prisme d'eau.

604. Quand la surface ira à la rencontre du courant, il faudra au contraire, ajoûter leurs vitesses ensemble, & diviser encore le quarré de la somme par 60.

605. Quand la force qui doit mouvoir la surface dans une eau dormante sera donnée, & qu'on voudra connoître avec quelle vitesse une surface doit être mue, il faudra trouver quelle est la hauteur

hauteur du prifme d'eau qui auroit pour bafe la même furface, & dont le poids feroit égal à la force donnée, enfuite chercher la viteffe relative à une chûte égale à la hauteur du prifme, elle fera celle que l'on demande.

606. Si l'objet de la force donnée étoit de mouvoir une furface contre un courant, il faudra chercher, comme dans le cas précédent, la viteffe qui répond à la hauteur du prifme d'eau, la regarder comme la fomme des viteffes du courant & de la furface ; d'où retranchant celle du courant, la différence fera la viteffe avec laquelle la furface remontera.

607. Les principes que l'on vient d'établir, nous ferviront dans la fuite à calculer les machines mues par le courant des rivieres ou ruiffeaux; pour fçavoir auffi avec quelle viteffe un bateau pourra être mû avec une force donnée, ou quelle eft la force qu'il faudra pour le mouvoir avec une viteffe donnée, foit en remontant ou en defcendant une riviere, ou dans une eau dormante, comme fur les canaux de navigation, foit que l'on fe ferve de la force des *hommes*, des *chevaux*, ou du *vent*, relativement à la charge du bateau ; c'eft-à-dire, à fon enfoncement dans l'eau, d'où dépend la grandeur de la furface qui doit la fendre; c'eft ce que l'on trouvera détaillé dans le troifiéme Volume, ne s'agiffant ici que des principes généraux.

608. N'ayant rien voulu négliger de tout ce qui pouvoit faciliter le calcul des machines, j'ai crû devoir accompagner cette fection d'une table, dans laquelle on pût trouver toutes les *chûtes* relatives aux viteffes uniformes par feconde, que l'on peut propofer avec la force du choc, dont les courans qui auroient ces viteffes feroient capables fur une furface donnée.

Ufage d'une Table qui donne les chûtes dont on a les viteffes & les chocs de l'eau relatives aux viteffes.

Dans la premiere colonne l'on voit que les *viteffes uniformes* par feconde, vont en progreffion arithmetique, en ne fe furpaffant que d'un demi-pouce; ainfi on trouvera toujours, à peu de chofes près, telle viteffe que l'on peut propofer, depuis la plus petite d'un pouce jufqu'à la plus grande qui fe termine à 30 pieds; c'eft-à-dire, à celle qui peut être acquife dans le tems d'une feconde par une chûte de 15 pieds. (172)

La feconde colonne comprend les *chûtes* relatives aux viteffes ; & la troifiéme, le *choc* exprimé en *livres*, dont l'eau qui auroit les mêmes viteffes, peut être capable fur une furface *d'un pied quarré*, ou ce qui revient au même, le poids des colonnes d'eau qui auroient cette furface pour bafe & pour hauteur, les chûtes qui répondent aux chocs.

K k

Connoiffant le choc d'un courant contre une furface immobile, trouver la viteffe du courant.

609. Lorfque par quelque moyen que ce foit, l'on fera parvenu à connoître la force du choc exprimé en livres d'un courant contre une furface verticale immobile, dont on a la fuperficie en pieds quarrés, il faudra divifer la force par le nombre des mêmes pieds pour avoir le poids que chacun d'eux foûtient; chercher ce poids dans la table, & l'on trouvera fur le même alignement la viteffe entiere du courant.

Connoiffant la viteffe d'une furface, & l'impreffion qu'elle foûtient, connoître la viteffe du courant.

610. Si la furface fuyoit devant le courant, il faudra faire le même calcul, & on trouvera dans la table la viteffe *refpective* avec laquelle la furface eft frapée; (603) ajoûtant cette viteffe à celle de la furface, on aura celle du courant. (585)

611. Si au contraire, la furface va à la rencontre du courant, il faudra, après avoir pris dans la table la viteffe qui répond au choc que foûtient un des pieds quarrés de la furface, fouftraire de cette viteffe celle de la furface, la différence donnera celle du courant. (599)

Connoiffant la viteffe & le choc d'une furface qui va à la rencontre d'un courant, connoître fa viteffe.

612. Quand on aura une force déterminée, & qu'on voudra fçavoir avec quelle viteffe elle peut mouvoir une furface donnée dans une eau dormante, on divifera encore cette force par le nombre de pieds que comprend la furface, on cherchera dans la colonne des chocs le nombre le plus approchant du quotient, on trouvera fur le même alignement la viteffe que l'on demande. (605)

Connoiffant la force aveclaquelle une furface peut être mûë dans une eau dormante, trouver la viteffe qu'elle aura.

L'on voit affez que par le moyen de cette table, l'on peut réfoudre tous les cas qui ont raport au choc de l'eau, fans qu'il foit befoin d'en raporter un plus grand nombre d'exemples : j'ajoûterai feulement qu'on peut s'en fervir avec confiance, puifqu'elle eft auffi conforme qu'on puiffe l'exiger, à toutes les experiences que l'on a fait fur le choc de l'eau, & qu'on pourra auffi en faire ufage pour mefurer la force du vent, comme nous le ferons voir au commencement du fecond Volume.

Nouvelle maniere de mefurer la viteffe d'un courant auffi parfaite que l'ancienne étoit défectueufe.

613. Il ne refte plus préfentement que d'avoir une méthode exacte pour mefurer la viteffe des courans : celle qui a été en ufage jufqu'ici, & que M. Mariotte donne comme la meilleure, eft de jetter dans le fil de l'eau une boule de bois ou de cire, & d'obferver le chemin qu'elle fera pendant un certain tems. Cette méthode eft fort imparfaite & fujette à plufieurs inconveniens ; on ne peut avoir par-là que la viteffe de la furface de l'eau, au lieu qu'il faudroit connoître celle du milieu & du fond, afin de prendre la moyenne, parce que les eaux *inferieures* étant preffées par celles de *deffus*, il femble qu'elles devroient être forcées à couler plus

vîte ; d'un autre côté les *frottemens* que le *fond* occasionne, doivent retarder la vitesse de l'eau inferieure, & peut-être la rendre moindre que celle de la surface ; ce qui souffre une infinité de variations que la théorie peut déterminer.

Souvent il importe extrêmement de bien connoître la vitesse de l'eau sous *l'arche d'un Pont*, afin de connoître la face dont on pourra disposer pour faire aller une machine ; mais en suivant la méthode ordinaire, la boule passe si vîte en cet endroit, qu'on ne peut sçavoir précisément le temps qu'elle a employé à faire un certain chemin : la même expérience repetée plusieurs fois ne donnant jamais la même chose, parce que la boule ne suit pas toujours le même fil d'eau ; mais sans nous arrêter à tous les défauts de cette méthode, il suffit de dire que M. Pitot en a trouvé une autre incomparablement plus exacte, & qui ne laisse rien à désirer, l'ayant éprouvé plusieurs fois moi-même avec un succès qui me l'a fait regarder comme l'invention la plus utile qu'on puisse souhaiter pour la mesure des eaux, n'y ayant point d'obstacle qu'elle ne surmonte ; elle se réduit à l'usage de l'instrument du monde la plus simple, par le moyen duquel on connoît sur le champ la *chûte* capable de la vitesse que l'on cherche à quelqu'endroit de la surface ou du fond qu'on veuille la prendre ; & aussi-tôt que l'on a cette chûte, il est aisé de connoître la vitesse qui lui répond, par consequent celle du courant, soit en suivant le calcul qui est enseigné dans l'article 176. ou en se servant de la Table de la septiéme Section. (169)

PLAN. 8.
FIG. 91.

614. Cet instrument est composé de deux tuyaux de verre ouverts par les bouts ; le premier AB est tout droit, & le second CD a une de ses extrémitez recourbée & évasée en forme d'entonnoir EFGD ; ces tuyaux doivent être encastrez dans une espece de prisme de bois, de figure triangulaire, pour être maintenus inébranlables l'un à côté de l'autre, & garantis d'accident.

Description & usage d'un instrument imaginé par M. Pitot pour mesurer la vitesse d'un courant.

Sur la hauteur de ces tuyaux on fait une division de parties égales, comme aux Barométres, accompagnée d'une marque qui puisse s'arrêter à l'endroit que l'on veut ; cette division pour plus de commodité doit être exprimée en pouces & en lignes.

Pour faire usage de cet instrument, on le plonge perpendiculairement dans l'eau, de maniere que l'entrée du tuyau recourbé soit opposée à la direction du courant, afin qu'il puisse s'engouffrer dans l'entonnoir ; alors l'eau monte dans les deux tuyaux, mais à des hauteurs differentes ; car si la ligne HI représente son niveau, elle ne pourra monter dans le premier AB qu'à la hauteur GB qui

trempe dans l'eau, n'y ayant que fon poids qui puiffe les contraindre comme dans une eau dormante ; (333) il n'en fera pas de
même de l'eau qui entrera dans le tuyau recourbé CD, qui fera
forcée de monter au-deffus du niveau HI d'une hauteur MK, relative à la force du courant ; car fa viteffe pouvant être confiderée
comme acquife par une chûte d'une certaine hauteur, (601) l'eau
doit remonter à la même hauteur (160) & y être foutenue par l'impulfion dont cette viteffe fera capable, laquelle agiffant fur l'entrée DE du tuyau, doit être en équilibre avec le poids de la colonne MK. (601)

On fera toujours fûr d'avoir dirigé l'entonnoir dans le fil le plus
rapide de l'eau, quand on aura remarqué le point où elle monte le
plus haut, fans fe mettre en peine fi ce fil eft direct ou oblique ; s'il
arrive quelquefois qu'un tourbillon faffe monter l'eau au-deffus de la
chûte qui convient à fa viteffe, on la verra après quelque balancement fe remettre à fa hauteur naturelle. Comme le vent occafionne
auffi des balancemens, qui empêchent de fixer la hauteur que l'on
cherche, il faut ne faire ces experiences que dans un tems calme.

L'on peut par le moyen de cette Machine, comme le fait obferver M. Pitot, faire un grand nombre d'obfervations curieufes &
utiles, pour connoître par exemple la viteffe *moyenne* du *total* des
eaux d'une riviere ; pour fçavoir fi les augmentations de viteffes font
proportionnelles aux accroiffemens des eaux ou dans quel rapport ;
pour voir quelle eft la relation entre les volumes d'eau & la quantité des frottemens.

Application du même inftrument pour mefu-rer le fillage des vaif-feaux.

615. M. Pitot après avoir découvert cette Machine, a penfé avec
beaucoup de raifon qu'elle pouvoit être employée à mefurer le *fillage*
d'un *vaiffeau* ; car ce fillage dépend entierement de la viteffe du vaiffeau qu'on peut regarder comme celle d'une eau courante, fur laquelle il feroit immobile ; (598) il faut placer dans le milieu du
vaiffeau, ou le plus près qu'il fe pourra de fon *centre de balancement*,
deux tuyaux de métal de 3 ou 4 lignes de diamétre, l'un droit &
l'autre courbé comme les précedens, qui doivent tremper dans
l'eau de la mer, & il n'y aura rien à craindre de ces ouvertures fi
petites ; dans ces deux tuyaux feront enchaffez deux autres de verre
d'une hauteur convenable pour les obfervations ; l'eau dans le premier montera jufqu'à fon niveau, & dans le fecond jufqu'à une hauteur relative à la viteffe du vaiffeau, parce que l'entonnoir étant dirigé vers la proue, fera dans le même cas que fi on l'avoit mis dans
le fil d'une eau courante, & par conféquent on aura la viteffe du vaiffeau de la même maniere qu'on trouve celle d'un courant.

TABLE

TABLE TROISIE'ME *qui comprend les chutes rélatives aux Vitesses uniformes données par Seconde, & les Chocs dont l'eau qui auroit ces Vitesses peut être capable, sur une surface d'un pied quarré.*

Vitesse		Hauteur de la chute			choc de l'eau	Vitesse		Hauteur de la chute			choc de l'eau
pieds.	pouces.	pouc.	lignes.	points.	Livres.	pieds.	pouces.	pouc.	lignes.	points.	Livres.
0	1	0	0	0 1/5	0 1/123	1	4	0	4	3 1/5	2 1/10
0	1 1/2	0	0	0 9/20	0 1/55	1	4 1/2	0	4	6 2/5	2 1/5
0	2	0	0	0 4/5	0 1/31	1	5	0	4	9	2 1/3
0	2 1/2	0	0	1 1/4	0 1/20	1	5 1/2	0	5	1 1/6	2 1/2
0	3	0	0	1 4/5	0 1/14	1	6	0	5	4 4/5	2 7/10
0	3 1/2	0	0	2 1/2	0 1/10	1	6 1/2	0	5	8 2/5	2 3/4
0	4	0	0	3 1/5	0 1/8	1	7	0	6	0 1/5	2 19/21
0	4 1/2	0	0	4 1/20	0 1/6	1	7 1/2	0	6	4	3 1/12
0	5	0	0	5	0 1/5	1	8	0	6	8	3 5/21
0	5 1/2	0	0	6 1/20	0 1/4	1	8 1/2	0	7	0	3 5/12
0	6	0	0	7 1/5	0 2/7	1	9	0	7	4 1/5	3 4/7
0	6 1/2	0	0	8 1/4	0 1/3	1	9 1/2	0	7	8 2/5	3 3/4
0	7	0	0	9 4/5	0 2/5	1	10	0	8	0 4/5	3 19/21
0	7 1/2	0	0	11 1/4	0 14/31	1	10 1/2	0	8	5 1/5	4 1/6
0	8	0	1	0 4/5	0 1/2	1	11	0	8	9 4/5	4 2/7
0	8 1/2	0	1	2 1/2	0 4/7	1	11 1/2	0	9	2 2/5	4 1/2
0	9	0	1	4 1/5	0 2/3	2	0	0	9	7 1/5	4 2/3
0	9 1/2	0	1	6 1/20	0 3/4	2	0 1/2	0	10	0	4 9/10
0	10	0	1	8	0 5/6	2	1	0	10	5	5 1/12
0	10 1/2	0	1	10 1/20	0 11/12	2	1 1/2	0	10	10	5 3/10
0	11	0	2	0 1/5	1	2	2	0	11	3 1/5	5 1/2
0	11 1/2	0	2	2 1/2	1 1/12	2	2 1/2	0	11	8	5 3/4
1	0	0	2	4 1/5	1 1/6	2	3	1	0	1 4/5	5 38/41
1	0 1/2	0	2	7	1 11/41	2	3 1/2	1	0	7	6 1/7
1	1	0	2	9 4/5	1 3/8	2	4	1	1	0 4/5	6 2/7
1	1 1/2	0	3	0 1/2	1 1/2	2	4 1/2	1	1	6	6 5/8
1	2	0	3	3 1/5	1 4/7	2	5	1	2	0 1/5	6 5/6
1	2 1/2	0	3	6 1/20	1 3/4	2	5 1/2	1	2	6	7 1/14
1	3	0	3	9	1 17/20	2	6	1	3	0	7 13/41
1	3 1/2	0	4	0 1/20	2	2	6 1/2	1	3	6	7 1/2

TABLE des Chûtes & des Chocs rélatifs aux Vitesses.

Vitesse (pieds.)	Vitesse (pouces.)	Hauteur de la Chute (pieds)	(pouc.)	(lig.)	(points.)	Choc de l'eau (Livres.)
2	7	1	4	0		$7\frac{5}{6}$
2	$7\frac{1}{2}$	1	4	6		$8\frac{1}{14}$
2	8	1	5	0		$8\frac{1}{3}$
2	$8\frac{1}{2}$	1	5	7		$8\frac{4}{7}$
2	9	1	6	1		$8\frac{5}{6}$
2	$9\frac{1}{2}$	1	6	8		$9\frac{1}{8}$
2	10	1	7	3		$9\frac{5}{12}$
2	$10\frac{1}{2}$	1	7	10		$9\frac{2}{3}$
2	11	1	8	5		10
2	$11\frac{1}{2}$	1	9	0		$10\frac{1}{4}$
3	0	1	9	7		$10\frac{1}{2}$
3	$0\frac{1}{2}$	1	10	2		$10\frac{3}{4}$
3	1	1	10	9		$11\frac{1}{8}$
3	$1\frac{1}{2}$	1	11	5		$11\frac{1}{2}$
3	2	2	0	0		$11\frac{3}{4}$
3	$2\frac{1}{2}$	2	0	8		$12\frac{1}{20}$
3	3	2	1	4		$12\frac{15}{41}$
3	$3\frac{1}{2}$	2	2	0		$12\frac{1}{2}$
3	4	2	2	8		13
3	$4\frac{1}{2}$	2	3	4		$13\frac{1}{3}$
3	5	2	4	0		$13\frac{2}{3}$
3	$5\frac{1}{2}$	2	4	8		14
3	6	2	5	4		$14\frac{1}{3}$
3	$6\frac{1}{2}$	2	6	1		$14\frac{2}{3}$
3	7	2	6	9		$15\frac{1}{11}$
3	$7\frac{1}{2}$	2	7	6		$15\frac{3}{7}$
3	8	2	8	3		$15\frac{3}{4}$
3	$8\frac{1}{2}$	2	9	0		$16\frac{1}{10}$
3	9	2	9	9		$16\frac{1}{2}$
3	$9\frac{1}{2}$	2	10	6		$16\frac{5}{6}$
3	10	2	11	3		$17\frac{1}{7}$
3	$10\frac{1}{2}$	3	0	0		$17\frac{7}{12}$
3	11	3	0	9		18
3	$11\frac{1}{2}$	3	1	7		$18\frac{3}{8}$
4	0	3	2	4		$18\frac{3}{4}$
4	$0\frac{1}{2}$	3	3	2		$19\frac{1}{8}$
4	1	3	4	0		$19\frac{1}{5}$
4	$1\frac{1}{2}$	3	4	10		20
4	2	3	5	8		$20\frac{1}{3}$
4	$2\frac{1}{2}$	3	6	6		$20\frac{3}{4}$
4	3	3	7	4		$21\frac{1}{7}$
4	$3\frac{1}{2}$	3	8	2		$21\frac{3}{5}$
4	4	3	9	0		22
4	$4\frac{1}{2}$	3	9	11		$22\frac{5}{8}$
4	5	3	10	9		$22\frac{17}{21}$
4	$5\frac{1}{2}$	3	11	8		$23\frac{1}{4}$
4	6	4	0	7		$23\frac{3}{4}$
4	$6\frac{1}{2}$	4	1	6		$24\frac{1}{7}$
4	7	4	2	5		$24\frac{7}{12}$
4	$7\frac{1}{2}$	4	3	4		$25\frac{1}{25}$
4	8	4	4	3		$25\frac{1}{2}$
4	$8\frac{1}{2}$	4	5	2		26
4	9	4	6	1		$26\frac{5}{12}$
4	$9\frac{1}{2}$	4	7	1		$26\frac{6}{7}$
4	10	4	8	0		$27\frac{1}{3}$
4	$10\frac{1}{2}$	4	9	0		$27\frac{3}{4}$
4	11	4	10	0		$28\frac{3}{10}$
4	$11\frac{1}{2}$	4	11	0		$28\frac{4}{7}$
5	0	5	0	0		$29\frac{1}{4}$
5	$0\frac{1}{2}$	5	1	0		$29\frac{3}{4}$

TABLE des Chûtes & des Chocs rélatifs aux Vitesses.

Vitesse		Hauteur de la Chute			Choc de l'eau
pieds.	pouces.	pouc.	lignes.	points.	Livres.
5	1	5	2	0	30 1/4
5	1½	5	3	0	30 3/4
5	2	5	4	0	31 1/4
5	2½	5	5	1	31 6/7
5	3	5	6	2	32 1/4
5	3½	5	7	2	32 4/5
5	4	5	8	3	33 3/10
5	4½	5	9	4	33 3/4
5	5	5	10	5	34 1/3
5	5½	5	11	6	34 6/7
5	6	6	0	7	35 5/12
5	6½	6	1	8	36
5	7	6	2	9	36 1/2
5	7½	6	3	11	37 1/25
5	8	6	5	1	37 4/7
5	8½	6	6	2	38 2/7
5	9	6	7	4	38 3/4
5	9½	6	8	6	39 1/4
5	10	6	9	8	39 5/6
5	10½	6	10	10	40 5/12
5	11	7	0	0	41
5	11½	7	1	2	41 4/7
6	0	7	2	5	42 1/7
6	0½	7	3	7	42 3/4
6	1	7	4	10	43 1/3
6	1½	7	6	0	43 11/12
6	2	7	7	3	44 1/2
6	2½	7	8	6	45 1/8
6	3	7	9	9	45 3/4
6	3½	7	11	0	46 3/8
6	4	8	0	3	47
6	4½	8	1	6	47 7/12
6	5	8	2	9	48 1/5
6	5½	8	4	0	48 7/8
6	6	8	5	4	49 7/15
6	6½	8	6	8	50 5/12
6	7	8	8	0	50 3/4
6	7½	8	9	4	51 2/5
6	8	8	10	8	52 1/31
6	8½	9	0	0	52 2/3
6	9	9	1	4	53 1/3
6	9½	9	2	8	54
6	10	9	4	0	54 3/4
6	10½	9	5	5	55 3/8
6	11	9	6	9	56
6	11½	9	8	2	56 2/3
7	0	9	9	7	57 5/14
7	0½	9	11	0	58 1/20
7	1	10	0	5	58 3/4
7	1½	10	1	10	59 5/12
7	2	10	3	3	60 1/8
7	2½	10	4	8	60 5/6
7	3	10	6	1	61 1/2
7	3½	10	7	6	62 1/4
7	4	10	9	0	63
7	4½	10	10	6	63 2/3
7	5	11	0	0	64 2/7
7	5½	11	1	6	65 1/8
7	6	11	3	0	65 6/7
7	6½	11	4	6	66 1/7

TABLE des Chutes & des Chocs rélatifs aux Vitesses.

VITESSE.		HAUTEUR de la Chute.			CHOC de l'eau.	VITESSE.		HAUTEUR de la Chute.			CHOC de l'eau.
pieds.	pouces.	pouc.	lignes.	points.	Livres.	pieds.	pouces.	pouc.	lignes.	points.	Livres.
7	7	0	11	6	0	$67\frac{1}{2}$	8	10	1	3	7	3	$91\frac{1}{3}$
7	$7\frac{1}{2}$	0	11	7	6	$68\frac{1}{15}$	8	$10\frac{1}{2}$	1	3	9	0	$92\frac{1}{5}$
7	8	0	11	9	0	$68\frac{5}{6}$	8	11	1	3	10	9	$93\frac{1}{12}$
7	$8\frac{1}{2}$	0	11	10	6	$69\frac{1}{2}$	8	$11\frac{1}{2}$	1	4	0	7	94
7	9	1	0	0	1	$70\frac{1}{4}$	9	0	1	4	2	4	$94\frac{2}{3}$
7	$9\frac{1}{2}$	1	0	1	8	$71\frac{1}{14}$	9	$0\frac{1}{2}$	1	4	4	2	$95\frac{3}{4}$
7	10	1	0	3	3	72	9	1	1	4	6	0	$96\frac{4}{7}$
7	$10\frac{1}{2}$	1	0	4	10	$72\frac{7}{8}$	9	$1\frac{1}{2}$	1	4	7	10	$97\frac{1}{2}$
7	11	1	0	6	5	$73\frac{3}{8}$	9	2	1	4	9	8	$98\frac{1}{3}$
7	$11\frac{1}{2}$	1	0	8	0	$74\frac{1}{7}$	9	$2\frac{1}{2}$	1	4	11	6	$99\frac{1}{4}$
8	0	1	0	9	7	$74\frac{3}{4}$	9	3	1	5	1	4	$100\frac{1}{6}$
8	$0\frac{1}{2}$	1	0	11	2	$75\frac{3}{4}$	9	$3\frac{1}{2}$	1	5	3	2	$101\frac{1}{14}$
8	1	1	1	0	9	$76\frac{1}{2}$	9	4	1	5	5	0	102
8	$1\frac{1}{2}$	1	1	2	5	$77\frac{1}{3}$	9	$4\frac{1}{2}$	1	5	6	10	103
8	2	1	1	4	0	$78\frac{1}{12}$	9	5	1	5	8	9	104
8	$2\frac{1}{2}$	1	1	5	8	$78\frac{6}{7}$	9	$5\frac{1}{2}$	1	5	10	8	$104\frac{3}{4}$
8	3	1	1	7	4	$79\frac{2}{3}$	9	6	1	6	0	7	$105\frac{2}{3}$
8	$3\frac{1}{2}$	1	1	9	0	$80\frac{1}{2}$	9	$6\frac{1}{2}$	1	6	2	6	$106\frac{7}{12}$
8	4	1	1	10	8	$81\frac{1}{4}$	9	7	1	6	4	5	$107\frac{1}{2}$
8	$4\frac{1}{2}$	1	2	0	4	$82\frac{1}{8}$	9	$7\frac{1}{2}$	1	6	6	4	$108\frac{1}{2}$
8	5	1	2	2	0	$82\frac{3}{4}$	9	8	1	6	8	3	$109\frac{1}{3}$
8	$5\frac{1}{2}$	1	2	3	8	$83\frac{3}{4}$	9	$8\frac{1}{2}$	1	6	10	2	$110\frac{1}{3}$
8	6	1	2	5	4	$84\frac{1}{2}$	9	9	1	7	0	1	$111\frac{2}{7}$
8	$6\frac{1}{2}$	1	2	7	1	$85\frac{3}{7}$	9	$9\frac{1}{2}$	1	7	2	1	$112\frac{1}{4}$
8	7	1	2	8	9	$86\frac{1}{3}$	9	10	1	7	4	0	$113\frac{1}{5}$
8	$7\frac{1}{2}$	1	2	10	6	$87\frac{1}{6}$	9	$10\frac{1}{2}$	1	7	6	0	$114\frac{1}{6}$
8	8	1	3	0	3	$87\frac{2}{3}$	9	11	1	7	8	0	$115\frac{1}{8}$
8	$8\frac{1}{2}$	1	3	2	0	$88\frac{4}{5}$	9	$11\frac{1}{2}$	1	7	10	0	$116\frac{1}{10}$
8	9	1	3	3	9	$89\frac{1}{2}$	10	0	1	8	0	0	117
8	$9\frac{1}{2}$	1	3	5	6	$90\frac{1}{2}$	10	$0\frac{1}{2}$	1	8	2	0	$118\frac{1}{20}$

TABLE

TABLE des Chûtes & des Chocs rélatifs aux Vitesses.

VITESSE.		HAUTEUR de la Chute.				CHOC de l'eau.	VITESSE.		HAUTEUR de la Chute.				CHOC de l'eau.
pieds.	pouces.	pieds	pouc.	lig.	points.	Livres.	pieds.	pouces.	pieds	pouc.	lig.	points.	Livres.
10	1	1	8	4	0	119	11	4	2	1	8	3	$150\frac{1}{3}$
10	$1\frac{1}{2}$	1	8	6	0	$120\frac{1}{61}$	11	$4\frac{1}{2}$	2	1	10	6	$151\frac{1}{2}$
10	2	1	8	8	0	121	11	5	2	2	0	9	$152\frac{3}{5}$
10	$2\frac{1}{2}$	1	8	10	1	122	11	$5\frac{1}{2}$	2	2	3	1	$153\frac{3}{4}$
10	3	1	9	0	1	123	11	6	2	2	5	4	$154\frac{2}{3}$
10	$3\frac{1}{2}$	1	9	2	2	124	11	$6\frac{1}{2}$	2	2	7	8	$155\frac{1}{7}$
10	4	1	9	4	3	125	11	7	2	2	10	0	157
10	$4\frac{1}{2}$	1	9	6	4	$126\frac{1}{61}$	11	$7\frac{1}{2}$	2	3	0	4	$158\frac{1}{8}$
10	5	1	9	8	5	127	11	8	2	3	2	8	$159\frac{1}{3}$
10	$5\frac{1}{2}$	1	9	10	6	$128\frac{1}{20}$	11	$8\frac{1}{2}$	2	3	5	0	$160\frac{1}{2}$
10	6	1	10	0	7	129	11	9	2	3	7	4	$161\frac{1}{2}$
10	$6\frac{1}{2}$	1	10	2	8	$130\frac{1}{10}$	11	$9\frac{1}{2}$	2	3	9	8	$162\frac{4}{5}$
10	7	1	10	4	9	$131\frac{1}{8}$	11	10	2	4	0	0	$163\frac{6}{7}$
10	$7\frac{1}{2}$	1	10	6	10	$132\frac{1}{6}$	11	$10\frac{1}{2}$	2	4	2	4	$165\frac{1}{11}$
10	8	1	10	9	0	$133\frac{1}{5}$	11	11	2	4	4	9	$166\frac{1}{4}$
10	$8\frac{1}{2}$	1	10	11	2	$134\frac{1}{4}$	11	$11\frac{1}{2}$	2	4	7	2	$167\frac{2}{5}$
10	9	1	11	1	4	$135\frac{2}{5}$	12	0	2	4	9	7	$168\frac{4}{7}$
10	$9\frac{1}{2}$	1	11	3	6	$136\frac{1}{3}$	12	$0\frac{1}{2}$	2	5	0	0	170
10	10	1	11	5	8	$137\frac{1}{3}$	12	1	2	5	2	5	$171\frac{2}{3}$
10	$10\frac{1}{2}$	1	11	7	10	$138\frac{1}{2}$	12	$1\frac{1}{2}$	2	5	4	10	$172\frac{1}{8}$
10	11	1	11	10	0	$139\frac{2}{3}$	12	2	2	5	7	3	$173\frac{1}{5}$
10	$11\frac{1}{2}$	2	0	0	2	$140\frac{3}{5}$	12	$2\frac{1}{2}$	2	5	9	8	$174\frac{1}{2}$
11	0	2	0	2	4	$141\frac{1}{2}$	12	3	2	6	0	1	$175\frac{2}{3}$
11	$0\frac{1}{2}$	2	0	4	6	$142\frac{3}{4}$	12	$3\frac{1}{2}$	2	6	2	7	$176\frac{6}{7}$
11	1	2	0	6	9	$143\frac{2}{3}$	12	4	2	6	5	0	178
11	$1\frac{1}{2}$	2	0	9	0	$144\frac{11}{12}$	12	$4\frac{1}{2}$	2	6	7	6	$179\frac{2}{7}$
11	2	2	0	11	3	146	12	5	2	6	10	0	$180\frac{1}{2}$
11	$2\frac{1}{2}$	2	1	1	6	$147\frac{1}{14}$	12	$5\frac{1}{2}$	2	7	0	6	$181\frac{3}{4}$
11	3	2	1	3	9	$148\frac{1}{6}$	12	6	2	7	3	0	$182\frac{2}{3}$
11	$3\frac{1}{2}$	2	1	6	0	$149\frac{1}{4}$	12	$6\frac{1}{2}$	2	7	5	6	$184\frac{3}{7}$

TABLE des Chutes & des Chocs rélatifs aux Vitesses.

VITESSE.		HAUTEUR de la Chute.				CHOC de l'eau.	VITESSE.		HAUTEUR de la Chute.				CHOC de l'eau.
pieds.	pouces.	pieds	pouc.	lig.	points.	Livres.	pieds.	pouces.	pieds	ponc.	lig.	points.	Livres.
12	7	2	7	8	0	185	13	10	3	2	3	3	224
12	7 $\frac{1}{2}$	2	7	10	6	186	13	10 $\frac{1}{2}$	3	2	6	0	225
12	8	2	8	1	0	187	13	11	3	2	8	9	226
12	8 $\frac{1}{2}$	2	8	3	7	189	13	11 $\frac{1}{2}$	3	2	11	7	228
12	9	2	8	6	1	190	14	0	3	3	2	4	229
12	9 $\frac{1}{2}$	2	8	8	8	191	14	0 $\frac{1}{2}$	3	3	5	2	230
12	10	2	8	11	3	192	14	1	3	3	8	0	232
12	10 $\frac{1}{2}$	2	9	1	10	194	14	1 $\frac{1}{2}$	3	3	10	10	233
12	11	2	9	4	5	195	14	2	3	4	1	8	235
12	11 $\frac{1}{2}$	2	9	7	0	196	14	2 $\frac{1}{2}$	3	4	4	6	236
13	0	2	9	9	7	197	14	3	3	4	7	4	237
13	0 $\frac{1}{2}$	2	10	0	2	199	14	3 $\frac{1}{2}$	3	4	10	2	239
13	1	2	10	2	9	200	14	4	3	5	1	0	240
13	1 $\frac{1}{2}$	2	10	5	5	201	14	4 $\frac{1}{2}$	3	5	3	11	241
13	2	2	10	8	0	202	14	5	3	5	5	9	243
13	2 $\frac{1}{2}$	2	10	10	8	204	14	5 $\frac{1}{2}$	3	5	9	8	244
13	3	2	11	1	4	205	14	6	3	6	0	7	246
13	3 $\frac{1}{2}$	2	11	3	4	206	14	6 $\frac{1}{2}$	3	6	3	6	247
13	4	2	11	6	8	208	14	7	3	6	6	5	249
13	4 $\frac{1}{2}$	2	11	9	4	209	14	7 $\frac{1}{2}$	3	6	9	4	250
13	5	3	0	0	0	210	14	8	3	7	0	3	251
13	5 $\frac{1}{2}$	3	0	2	8	212	14	8 $\frac{1}{2}$	3	7	3	2	253
13	6	3	0	5	4	213	14	9	3	7	6	1	254
13	6 $\frac{1}{2}$	3	0	8	1	214	14	9 $\frac{1}{2}$	3	7	9	1	256
13	7	3	0	10	9	216	14	10	3	8	0	0	257
13	7 $\frac{1}{2}$	3	1	1	6	217	14	10 $\frac{1}{2}$	3	8	3	0	259
13	8	3	1	4	3	218	14	11	3	8	6	0	260
13	8 $\frac{1}{2}$	3	1	7	0	220	14	11 $\frac{1}{2}$	3	8	9	0	262
13	9	3	1	9	9	221	15	0	3	9	0	0	263
13	9 $\frac{1}{2}$	3	2	0	6	222	15	0 $\frac{1}{2}$	3	9	3	0	265

TABLE des Chûtes & des Chocs relatifs aux Vitesses.

VITESSE.		HAUTEUR de la Chute.				CHOC de l'eau.	VITESSE.		HAUTEUR de la Chute.				CHOC de l'eau.
pieds.	pouces.	pieds	pouc.	lig.	points.	Livres.	pieds	pouces.	pieds	pouc.	lig.	points	Livres.
15	1	3	9	6	0	266	16	4	4	5	4	3	312
15	1 ½	3	9	9	0	267	16	4 ½	4	5	7	6	313
15	2	3	10	0	0	269	16	5	4	5	10	9	315
15	2 ½	3	10	3	1	270	16	5 ½	4	6	2	1	317
15	3	3	10	6	1	272	16	6	4	6	5	4	318
15	3 ½	3	10	9	2	273	16	6 ½	4	6	8	8	320
15	4	3	11	0	3	275	16	7	4	7	0	0	322
15	4 ½	3	11	3	4	276	16	7 ½	4	7	3	4	323
15	5	3	11	6	5	278	16	8	4	7	6	8	325
15	5 ½	3	11	9	6	279	16	8 ½	4	7	10	0	326
15	6	4	0	0	7	281	16	9	4	8	1	4	328
15	6 ½	4	0	3	8	282	16	9 ½	4	8	4	8	330
15	7	4	0	6	9	284	16	10	4	8	8	0	331
15	7 ½	4	0	9	11	285	16	10 ½	4	8	11	4	333
15	8	4	1	1	0	287	16	11	4	9	2	9	335
15	8 ½	4	1	4	2	288	16	11 ½	4	9	6	2	336
15	9	4	1	7	4	290	17	0	4	9	9	7	338
15	9 ½	4	1	10	6	292	17	0 ½	4	10	1	0	340
15	10	4	2	1	8	293	17	1	4	10	4	5	341
15	10 ½	4	2	4	10	295	17	1 ½	4	10	7	10	343
15	11	4	2	8	0	296	17	2	4	10	11	3	345
15	11 ½	4	2	11	2	298	17	2 ½	4	11	2	8	346
16	0	4	3	2	4	299	17	3	4	11	6	1	348
16	0 ½	4	3	5	6	301	17	3 ½	4	11	9	7	350
16	1	4	3	8	9	302	17	4	5	0	1	0	351
16	1 ½	4	4	0	0	304	17	4 ½	5	0	4	6	353
16	2	4	4	3	3	306	17	5	5	0	8	0	355
16	2 ½	4	4	6	6	307	17	5 ½	5	0	11	6	356
16	3	4	4	9	9	309	17	6	5	1	3	0	358
16	3 ½	4	5	1	0	310	17	6 ½	5	1	6	6	360

TABLE des Chutes & des Chocs relatifs aux Vitesses.

VITESSE.		HAUTEUR de la Chute.				CHOC de l'eau.
pieds.	pouces.	pieds	pouc.	lig.	points.	Livres.
17	7	5	1	10	0	362
17	7 ½	5	2	1	6	363
17	8	5	2	5	0	365
17	8 ½	5	2	8	7	367
17	9	5	3	0	1	369
17	9 ½	5	3	3	8	370
17	10	5	3	7	3	372
17	10 ½	5	3	10	10	374
17	11	5	4	2	5	375
17	11 ½	5	4	6	0	377
18	0	5	4	9	7	379
18	0 ½	5	5	1	2	381
18	1	5	5	4	0	382
18	1 ½	5	5	8	0	384
18	2	5	6	0	0	386
18	2 ½	5	6	3	0	388
18	3	5	6	7	0	389
18	3 ½	5	6	11	0	391
18	4	5	7	3	0	393
18	4 ½	5	7	6	0	395
18	5	5	7	10	0	396
18	5 ½	5	8	1	0	398
18	6	5	8	5	0	400
18	6 ½	5	8	9	0	402
18	7	5	9	0	0	404
18	7 ½	5	9	4	0	406
18	8	5	9	8	0	407
18	8 ½	5	10	0	0	409
18	9	5	10	3	0	411
18	9 ½	5	10	7	0	413

VITESSE.		HAUTEUR de la Chute.			CHOC de l'eau.
pieds.	pouces.	pieds.	pouses.	lignes.	Livres.
18	10	5	10	11	415
18	10 ½	5	11	3	417
18	11	5	11	6	419
18	11 ½	5	11	10	420
19	0	6	0	2	422
19	0 ½	6	0	6	424
19	1	6	0	10	426
19	1 ½	6	1	2	428
19	2	6	1	5	430
19	2 ½	6	1	9	431
19	3	6	2	1	433
19	3 ½	6	2	5	435
19	4	6	2	9	437
19	4 ½	6	3	0	439
19	5	6	3	4	441
19	5 ½	6	3	8	443
19	6	6	4	0	445
19	6 ½	6	4	4	447
19	7	6	4	8	449
19	7 ½	6	5	0	450
19	8	6	5	4	452
19	8 ½	6	5	8	454
19	9	6	6	0	456
19	9 ½	6	6	4	459
19	10	6	6	8	460
19	10 ½	6	7	0	462
19	11	6	7	4	464
19	11 ½	6	7	8	466
20	0	6	8	0	468
20	0 ½	6	8	4	470

TABLE des Chûtes & des Chocs rélatifs aux Vitesses.

Vitesse		Hauteur de la Chute.			Choc de l'eau.
pieds.	pouces.	pieds.	pouces.	lignes.	Livres.
20	1	6	8	8	472
20	1 $\frac{1}{2}$	6	9	0	474
20	2	6	9	4	476
20	2 $\frac{1}{2}$	6	9	8	478
20	3	6	10	0	480
20	3 $\frac{1}{2}$	6	10	4	482
20	4	6	10	8	484
20	4 $\frac{1}{2}$	6	11	0	486
20	5	6	11	4	488
20	5 $\frac{1}{2}$	6	11	8	490
20	6	7	0	0	491
20	6 $\frac{1}{2}$	7	0	4	494
20	7	7	0	8	495
20	7 $\frac{1}{2}$	7	1	0	498
20	8	7	1	5	499
20	8 $\frac{1}{2}$	7	1	9	502
20	9	7	2	1	504
20	9 $\frac{1}{2}$	7	2	5	506
20	10	7	2	9	508
20	10 $\frac{1}{2}$	7	3	1	510
20	11	7	3	6	512
20	11 $\frac{1}{2}$	7	3	10	514
21	0	7	4	2	516
21	0 $\frac{1}{2}$	7	4	6	518
21	1	7	4	10	520
21	1 $\frac{1}{2}$	7	5	3	522
21	2	7	5	7	524
21	2 $\frac{1}{2}$	7	5	11	526
21	3	7	6	3	528
21	3 $\frac{1}{2}$	7	6	8	530
21	4	7	7	0	532
21	4 $\frac{1}{2}$	7	7	4	534
21	5	7	7	8	536
21	5 $\frac{1}{2}$	7	8	1	539
21	6	7	8	5	541
21	6 $\frac{1}{2}$	7	8	9	543
21	7	7	9	2	545
21	7 $\frac{1}{2}$	7	9	6	547
21	8	7	9	10	549
21	8 $\frac{1}{2}$	7	10	3	551
21	9	7	10	7	553
21	9 $\frac{1}{2}$	7	10	11	555
21	10	7	11	4	558
21	10 $\frac{1}{2}$	7	11	8	560
21	11	8	0	0	562
21	11 $\frac{1}{2}$	8	0	5	564
22	0	8	0	9	566
22	0 $\frac{1}{2}$	8	1	2	568
22	1	8	1	6	570
22	1 $\frac{1}{2}$	8	1	10	572
22	2	8	2	3	575
22	2 $\frac{1}{2}$	8	2	7	577
22	3	8	3	0	579
22	3 $\frac{1}{2}$	8	3	4	581
22	4	8	3	9	583
22	4 $\frac{1}{2}$	8	4	1	586
22	5	8	4	6	588
22	5 $\frac{1}{2}$	8	4	10	590
22	6	8	5	3	592
22	6 $\frac{1}{2}$	8	5	7	594

TABLE des Chutes & des Chocs relatifs aux Viteſſes.

VITESSE.		HAUTEUR de la Chute.			CHOC de l'eau.	VITESSE.		HAUTEUR de la Chute.			CHOC de l'eau.
pieds.	pouces.	pieds.	pouces.	lignes.	Livres.	pieds.	pouces.	pieds.	pouces.	lignes.	Livres.
22	7	8	6	0	597	23	10	9	5	7	665
22	7 ½	8	6	4	599	23	10 ½	9	6	0	667
22	8	8	6	9	601	23	11	9	6	4	669
22	8 ½	8	7	1	603	23	11 ½	9	6	9	672
22	9	8	7	6	606	24	0	9	7	2	674
22	9 ½	8	7	10	608	24	0 ½	9	7	7	676
22	10	8	8	3	610	24	1	9	8	0	679
22	10 ½	8	8	7	612	24	1 ½	9	8	4	681
22	11	8	9	0	614	24	2	9	8	9	683
22	11 ½	8	9	5	617	24	2 ½	9	9	2	686
23	0	8	9	9	619	24	3	9	9	7	688
23	0 ½	8	10	2	621	24	3 ½	9	10	0	690
23	1	8	10	6	623	24	4	9	10	5	693
23	1 ½	8	10	11	626	24	4 ½	9	10	9	695
23	2	8	11	4	628	24	5	9	11	2	697
23	2 ½	8	11	8	630	24	5 ½	9	11	7	700
23	3	9	0	1	632	24	6	10	0	0	702
23	3 ½	9	0	5	635	24	6 ½	10	0	5	705
23	4	9	0	10	637	24	7	10	0	10	707
23	4 ½	9	1	3	639	24	7 ½	10	1	3	709
23	5	9	1	8	641	24	8	10	1	8	712
23	5 ½	9	2	0	643	24	8 ½	10	2	1	714
23	6	9	2	5	646	24	9	10	2	6	717
23	6 ½	9	2	10	648	24	9 ½	10	2	11	719
23	7	9	3	2	651	24	10	10	3	4	721
23	7 ½	9	3	7	653	24	10 ½	10	3	9	724
23	8	9	4	0	655	24	11	10	4	2	726
23	8 ½	9	4	5	657	24	11 ½	10	4	7	729
23	9	9	4	9	660	25	0	10	5	0	731
23	9 ½	9	5	2	662	25	0 ½	10	5	5	734

TABLE des Chûtes & des Chocs rélatifs aux Vitesses.

VITESSE.		HAUTEUR de la Chute.			CHOC de l'eau.	VITESSE.		HAUTEUR de la Chute.			CHOC de l'eau.
pieds.	pouces.	pieds.	pouces.	lignes.	Livres.	pieds.	pouces.	pieds.	pouces.	lignes.	Livres.
25	1	10	5	10	736	26	4	11	6	8	811
25	1 $\frac{1}{2}$	10	6	3	739	26	4 $\frac{1}{2}$	11	7	1	814
25	2	10	6	8	741	26	5	11	7	6	816
25	2 $\frac{1}{2}$	10	7	0	743	26	5 $\frac{1}{2}$	11	8	0	819
25	3	10	7	6	746	26	6	11	8	5	822
25	3 $\frac{1}{2}$	10	7	11	748	26	6 $\frac{1}{2}$	11	8	10	824
25	4	10	8	4	751	26	7	11	9	4	827
25	4 $\frac{1}{2}$	10	8	9	753	26	7 $\frac{1}{2}$	11	9	9	829
25	5	10	9	2	756	26	8	11	10	2	832
25	5 $\frac{1}{2}$	10	9	7	758	26	8 $\frac{1}{2}$	11	10	8	835
25	6	10	10	0	761	26	9	11	11	1	837
25	6 $\frac{1}{2}$	10	10	5	763	26	9 $\frac{1}{2}$	11	11	6	840
25	7	10	10	10	766	26	10	12	0	0	842
25	7 $\frac{1}{2}$	10	11	3	768	26	10 $\frac{1}{2}$	12	0	5	845
25	8	10	11	9	771	26	11	12	0	10	848
25	8 $\frac{1}{2}$	11	0	2	773	26	11 $\frac{1}{2}$	12	1	4	850
25	9	11	0	7	776	27	0	12	1	9	853
25	9 $\frac{1}{2}$	11	1	0	779	27	0 $\frac{1}{2}$	12	2	3	856
25	10	11	1	5	781	27	1	12	2	8	858
25	10 $\frac{1}{2}$	11	1	10	783	27	1 $\frac{1}{2}$	12	3	2	861
25	11	11	2	4	786	27	2	12	3	7	864
25	11 $\frac{1}{2}$	11	2	9	788	27	2 $\frac{1}{2}$	12	4	0	866
26	0	11	3	0	791	27	3	12	4	6	869
26	0 $\frac{1}{2}$	11	3	7	793	27	3 $\frac{1}{2}$	12	4	11	871
26	1	11	4	0	796	27	4	12	5	5	874
26	1 $\frac{1}{2}$	11	4	6	799	27	4 $\frac{1}{2}$	12	5	10	877
26	2	11	4	11	801	27	5	12	6	4	880
26	2 $\frac{1}{2}$	11	5	4	804	27	5 $\frac{1}{2}$	12	6	9	882
26	3	11	5	9	806	27	6	12	7	3	885
26	3 $\frac{1}{2}$	11	6	3	809	27	6 $\frac{1}{2}$	12	7	8	888

TABLE des Chutes & des Chocs rélatifs aux Vitesses.

VITESSE.		HAUTEUR de la Chute.			CHOC de l'eau.	VITESSE.		HAUTEUR de la Chute.			CHOC de l'eau.
pieds.	pouces.	pieds.	pouces.	lignes.	Livres.	pieds.	pouces.	pieds.	pouces.	lignes.	Livres.
27	7	12	8	2	890	28	10	13	10	3	973
27	7½	12	8	7	893	28	10½	13	10	9	976
27	8	12	9	1	896	28	11	13	11	2	978
27	8½	12	9	7	898	28	11½	13	11	8	981
27	9	12	10	0	901	29	0	14	0	2	984
27	9½	12	10	5	904	29	0½	14	0	8	987
27	10	12	10	11	906	29	1	14	1	2	990
27	10½	12	11	4	909	29	1½	14	1	7	992
27	11	12	11	10	912	29	2	14	2	0	996
27	11½	13	0	4	915	29	2½	14	2	7	998
28	0	13	0	9	917	29	3	14	3	1	1001
28	0½	13	1	2	920	29	3½	14	3	7	1004
28	1	13	1	8	923	29	4	14	4	1	1007
28	1½	13	2	2	926	29	4½	14	4	7	1010
28	2	13	2	8	928	29	5	14	5	0	1013
28	2½	13	3	1	931	29	5½	14	5	6	1016
28	3	13	3	7	934	29	6	14	6	0	1019
28	3½	13	4	1	937	29	6½	14	6	6	1021
28	4	13	4	6	939	29	7	14	7	0	1024
28	4½	13	5	0	942	29	7½	14	7	6	1027
28	5	13	5	6	945	29	8	14	8	0	1030
28	5½	13	5	11	948	29	8½	14	8	6	1033
28	6	13	6	5	950	29	9	14	9	0	1036
28	6½	13	7	0	953	29	9½	14	9	6	1039
28	7	13	7	5	956	29	10	14	10	0	1042
28	7½	13	7	10	959	29	10½	14	10	6	1045
28	8	13	8	4	962	29	11	14	11	1	1048
28	8½	13	8	10	965	29	11½	14	11	6	1050
28	9	13	9	3	967	30	0	15	0	0	1053
28	9½	13	9	9	970				Fin de la Table.		

SECTION

Section XII.

Des Corps plongez dans l'eau.

Quand on pose légerement un corps sur la surface d'une eau dormante, il arrive nécessairement l'un de ces trois cas.

1°. Si la pésanteur spécifique du corps est moindre que celle de l'eau, *il surnagera* & ne s'enfoncera que pour occuper un volume d'eau d'une pésanteur égale à la sienne.

2°. Si la pesanteur spécifique du corps est égale à celle de l'eau, il s'enfoncera *totalement* & restera immobile entre deux eaux.

3°. Si la pesanteur spécifique du corps est plus grande que celle de l'eau, il descendra, & sera poussé vers *le fonds* avec une force exprimée par *l'excès* de son poids, sur celui du volume d'eau dont il occupe la place.

616. Pour démontrer le premier cas, je suppose que l'on a posé sur la surface de l'eau un vaisseau prismatique ABCD, de la pésanteur duquel nous ferons abstraction ; qu'ensuite on y a versé doucement de l'eau jusqu'à la hauteur EF, que nous considererons comme une augmentation faite à celle de la colonne de dessous GADH, qui se trouvant alors plus pésante que chacune des autres de même base, descendra & les fera toutes monter pour se mettre de niveau avec elle ; (326) ainsi le prisme *aefd* pourra être regardé comme faisant partie de la totalité de l'eau.

Un corps d'une pésanteur spécifique, moindre que celle de l'eau ne s'y enfonce qu'en partie.

Fig. 77. & 78.

Comme le poids de l'eau contenue dans le vaisseau *abcd* a été la seule cause de son enfoncement, l'on voit que si on lui substituoit un corps d'une pésanteur égale à la sienne, le vaisseau s'enfonceroit à la même profondeur qu'auparavant, c'est-à-dire, qu'il occuperoit encore la place d'un volume d'eau d'un poids égal à celui qu'il contiendra. Voilà ce qui fait que les bateaux peuvent être chargez sans couler à fond, du poids de quelque matiere que l'on voudra, pourvû qu'il ne soit pas tout-à-fait si grand que celui de l'eau qu'ils peuvent contenir.

Si le vaisseau *abcd* étoit un corps solide d'une pésanteur égale à l'eau qu'il peut contenir, il s'enfoncera encore à la même profondeur qu'auparavant, pour n'occuper que la place d'un volume d'eau d'une pésanteur égale à la sienne ; ce qui arrivera toujours de quelque figure que soit ce corps.

617. Il suit que la pésanteur spécifique du prisme *abcd*, consideré comme un solide, sera à la pésanteur spécifique de l'eau réciproquement, comme la hauteur *ea* de l'eau où le prisme s'est enfoncé, est à la hauteur *ab* du prisme même.

Consequences tirées du principe précedent.

M m

618. Il suit encore que lorsqu'on enfonce entierement dans l'eau un corps plus leger, que le volume qu'il déplace, il est repoussé de bas en haut par les colonnes d'alentour, avec une force égale à l'excès du poids de ce volume sur celui du corps.

619. Il est bon de remarquer qu'un même corps s'enfoncera plus ou moins dans des liqueurs de pésanteurs spécifiques differentes; par exemple, un vaisseau chargé s'enfoncera plus dans une riviere que dans la mer, parce que l'eau douce est plus legere que celle de la mer.

Maniere de retirer les vaisseaux submergez.   620. On a sçû mettre à profit le principe précédent pour retirer du fond de la mer des vaisseaux submergez. Pour cela on se sert de trois vaisseaux, dont l'un est lesté de façon à demeurer à fleur d'eau, on le conduit au-dessus du vaisseau submergé, & on les fait attacher ensemble par des plongeurs, ensuite on décharge le premier de son leste que l'on met dans un des deux autres qui doit être plus grand; celui qui est submergé monte à mesure qu'on décharge celui avec lequel il est attaché: quand celui-ci est vuide & que le second est chargé, on l'attache tout de nouveau au submergé; on le vuide ensuite dans un troisiéme plus grand que le second, ce qui fait encore monter le submergé, & on continue cette manœuvre jusqu'à ce qu'il soit à fleur d'eau.

Fig. 78. & 79.

Un corps d'une pésanteur spéci-fique égale à celle de l'eau, s'y maintient en équilibre à quelque profondeur qu'il y soit plongé.   621. Il est aisé présentement d'expliquer le second cas, car si on continue de verser de l'eau dans le vaisseau *abcd* pour le remplir, il s'enfoncera de plus en plus, tant que les surfaces des deux eaux soient confondues, alors le vaisseau étant entierement plongé dans le réservoir, fera partie de la colonne *gbch*, laquelle s'étant mise en équilibre avec toutes les autres, ce vaisseau s'y trouvera aussi.

Si la hauteur *bg* de la colonne *gbch* contient plusieurs fois celle du vaisseau, cette colonne sera composée de plusieurs prismes *abcd*; & comme il sera indifferent à l'équilibre que l'un d'eux soit plûtôt situé vers le niveau de l'eau que vers le fond, l'on voit qu'à quelqu'endroit que soit placé le vaisseau, ou un corps solide d'une pésanteur égale à celle du volume d'eau, dont il peut occuper la place, il se maintiendra en équilibre avec toute celle dont il sera environné.

622. Puisque le volume qu'un corps occupe dans l'eau peut être consideré comme faisant partie de la totalité de l'eau même, il suit que quand un corps d'une pésanteur spécifique égale ou moindre que celle de l'eau s'y trouve plongé, le fond du vaisseau est plus chargé qu'il n'étoit auparavant du poids de l'eau dont ce corps occupe la place, ou de celui du corps même.

Les corps perdent   623. A l'égard du troisiéme cas, un corps ne se maintenant entre deux eaux, qu'autant qu'il eſt ſoutenu en équilibre par une force *dans l'eau une partie de leur poids* égale au poids du volume d'eau dont il occupe la place, l'on voit que *égale à celui du vo-* lorſque ce corps eſt plus péſant que celui du même volume, il doit *lume dont* ſurmonter la réſiſtance qui lui eſt oppoſée, & deſcendre avec toute *ils occupent* la force qui lui reſte, c'eſt-à-dire avec l'excès de ſon poids ſur ce- *la place.* lui du volume dont il occupe la place.

624. Il ſuit de-là que les corps perdent dans l'eau une partie de leur poids, égale à celui du volume d'eau dont ils occupent la place.

625. L'on tire de cette conſequence le moyen de trouver le *Maniere de connoître le rapport de la peſanteur ſpécifique des corps à celle de l'eau.* rapport de la péſanteur ſpécifique d'un corps à celle de l'eau ; car ſi on le poſe dans de juſtes balances, & qu'on le trouve de 12 ℔, qu'enſuite on le ſuſpende avec un fil fort délié à l'un des baſſins de la balance pour le plonger entierement dans l'eau ; ſi on s'apper- çoit qu'il ne peſe plus que 7 ℔, c'eſt une marque qu'il occupe le volume de 5 ℔ d'eau, que par conſequent la peſanteur ſpécifique de ce corps eſt à celle de l'eau : comme 12 eſt à 5.

626. Quand on ſçait quelle partie de ſon poids un corps perd *Maniere de connoître la ſolidité des corps irré- guliers en les plon- geant dans l'eau.* dans l'eau, ou quelle eſt la péſanteur de celle dont il occupe la place, il eſt aiſé d'en avoir la ſolidité quelqu'irregulier qu'il ſoit, parce qu'il y aura toujours même raiſon du poids d'un pied cube d'eau au nombre de pouces, contenu dans un pied cube, que du poids de l'eau dont ce corps peut occuper la place au nombre de pouces, qui doit en exprimer le volume ; ainſi ſuppoſant comme dans l'exemple précedent qu'un corps du poids de 12 ℔ occupe la place de 5 ℔ d'eau, on dira comme 70 eſt à 1728 ; ainſi 5 eſt au volume que l'on cherche, qu'on trouvera de 123 $\frac{3}{7}$ pouces.

Pour ſçavoir combien peſera un pied cube de la même matiere ; on dira ſi 123 $\frac{3}{7}$ pouces peſent 12 ℔, combien peſeront 1728 pou- ces, on trouvera 168 ℔ pour le poids du pied cube.

627. C'eſt par de pareilles expériences que l'on a trouvé que *l'Or* perd dans l'eau la dix-neuviéme partie de ſon poids ; le *Mer- cure* la quatorziéme, le *Plomb* la douziéme, *l'Argent* la dixiéme, le *Cuivre* la neuviéme, le *Fer* la huitiéme, & *l'Etain* la ſeptiéme.

628. On tire de là le ſecret de connoître la quantité d'alliage *Maniere de faire l'ana- lyſe des mé- taux mix- tes ou hé- terogenes.* qu'il y a dans une piece de monnoye ou dans un morceau de métal quelconque, comme on le va voir par un Problême tiré de notre *Cours de Mathématique*, qui ſe réduit à faire l'analyſe de l'aliage du métal dont le canon eſt compoſé.

Il faut d'abord être prévenu que le *métal* dont on fait les pieces d'Artillerie eſt compoſé de *roſette*, que l'on nomme communément Cuivre rouge, & d'*Etain* fin d'Angleterre ; que la proportion que l'on obſerve ordinairement pour la quantité de ces deux métaux eſt de 25 ℔ de Roſette ſur 3 ℔ d'Etain.

Comme il arrive fréquemment de fondre d'anciennes pieces qui ſont hors d'état de ſervir, pour en faire de nouvelles, & que ſouvent les Fondeurs ſont embaraſſez pour ſçavoir ſi le métal eſt conforme à l'alliage qu'ils ont coutume de ſuivre, pour qu'il ne ſoit ni trop aigre ni trop doux ; voicy comme on en pourra juger en ſe rappellant que l'Etain perd dans l'eau la ſeptiéme partie de ſon poids, & la Roſette la neuviéme partie. (627)

Pour connoître la quantité de Roſette & d'Etain qui ſe trouve dans une Piece de 24, du poids de 5200 ℔, il faut peſer bien exactement un de ſes tronçons, que nous ſuppoſerons avoir été trouvé de 163 ℔, le peſer enſuite dans l'eau, pour voir quelle eſt ſa perte que nous ſuppoſerons de 19 ℔ Préſentement il faut conſiderer ce morceau comme étant tout de *Roſette*, alors ſa perte dans l'eau ſera $\frac{163}{9}$, & le conſidérant auſſi comme étant tout d'*Etain*, ſa perte ſera $\frac{163}{7}$; nommant x la quantité de Roſette, & y la quantité d'Etain que l'on cherche, nous ſuppoſerons $a = 163$, $b = 19$; $c = \frac{163}{9}$, $d = \frac{163}{7}$. Pour parvenir à la connoiſſance de x & de y, il faut dire comme le poids du métal, conſideré comme Roſette, eſt à la perte du même ; ainſi la quantité de Roſette inconnue eſt à la perte de la même, qui donne $a, c :: x, \frac{cx}{a}$; enſuite comme le poids du métal, conſideré comme Etain, eſt à la perte du même ; ainſi l'Etain que l'on cherche eſt à ſa perte, d'où l'on tire encore a, $d :: y, \frac{dy}{a}$, qui donnent $\frac{cx}{a} + \frac{dy}{a} = b$; comme x & y repréſentent la Roſette & l'Etain qui compoſent le métal, l'on aura encore $x + y = a$, ou $x = a - y$; ſubſtituant la valeur de x dans l'équation précedente, il viendra $\frac{ac - yc + dy}{a} = b$, ou $dy - yc = ab - ac$, ou $y = \frac{ab - ac}{d - c}$, qui étant ſubſtitué dans $x = a - y$, donne $x = a + \frac{ac - ab}{d - c}$, faiſant les opérations indiquées par les lettres l'on trouvera $x = 135$, & $y = 28$.

Préfentement il faut dire, fi dans 163 ℔ de métal, il y a 28 ℔ d'Etain, combien y en aura-t'il dans 5200 ℔, poids de la piece, l'on en trouvera environ 894 ℔, & par conféquent 4306 ℔ de Rofette.

Mais comme la raifon de 4306 à 894 n'eft pas celle de 25 à 3, parce que nous avons fuppofé qu'il y avoit dans le métal beaucoup plus d'Etain qu'il n'en falloit, il fera facile de fçavoir combien il faut ajoûter de Rofette, pour que l'alliage foit bien fait en difant : Si pour 3 ℔ d'Etain il faut 25 ℔ de Rofette, combien en faudra-t'il pour 894, on trouvera qu'il en faut 7450 ℔, & comme il y en a déja 4306 ℔, il faudra n'en ajouter que 3144 ℔.

L'Hiftoire rapporte que *Hieron* Roy de *Syracufe* ayant donné 18 livres d'Or à un Orfévre pour lui faire une Couronne, voulut fçavoir quand elle fut achevée fi elle étoit d'or pur, foupçonnant que l'Orfévre pouvoit y avoir mêlé beaucoup d'argent ; il propofa fa difficulté au fameux Archimede, qui n'apperçut pas d'abord de quelle maniere il pourroit fatisfaire le Prince. Un jour qu'il étoit dans le bain, l'efprit occupé du Problême qu'il cherchoit, il apperçut tout d'un coup la voye pour le réfoudre, & en fut fi charmé, qu'il fortit du bain, courut tout nud chez lui pour faire l'experience qu'il avoit méditée, fans s'appercevoir qu'il avoit oublié de prendre fes vêtemens, & criant en chemin, *je l'ai trouvé, je l'ai trouvé.*

Quoique les Métaux foient plus péfans que l'eau, cela n'empêche pas qu'une boule creufe, d'Etain ou de Cuivre ne furnage, fi elle eft plus legere que le poids d'un volume d'eau égal au fien, puifqu'elle ne peut être en équilibre qu'avec celui d'une quantité d'eau égale à fa pefanteur propre.

FIG. 80.
& 81.

629. Il peut auffi arriver qu'un corps maffif, dont la pefanteur fpécifique feroit plus grande que celle de l'eau, furnage ou fe maintienne en équilibre entre deux eaux, s'il eft attaché à un autre corps d'une pefanteur fpécifique beaucoup moindre que celle de l'eau : par exemple, fi le prifme CEDH n'eft enfoncé dans l'eau que fur la hauteur CF, on pourra fuppofer que tout fon poids eft réuni dans la partie CFGH, & confiderer l'autre FEDG, comme n'ayant aucune pefanteur ; or fi au centre de gravité de ce prifme on fufpend un corps P d'une pefanteur fpécifique double de celle de l'eau, & qu'on fuppofe pour plus d'intelligence le volume de ce corps égal à CFGH, il fera defcendre le prifme fur la profondeur CK double de CF, après quoi ils fe maintiendront l'un & l'autre en repos, parce que le corps P ne péfant plus que la moi-

*Un corps
d'une pefan-
teur fpéci-
fique, plus
grande que
celle de l'eau
y peut être
foutenu lorf-
qu'il eft at-
taché à un
autre d'une
pefanteur
fpécifique
moindre.*

M m iij

tié de ce qu’il pefoit dans l’air, fera en équilibre avec le poids du volume d’eau qu’occupe la partie FKMG, qui n’eft maintenue dans l’eau que par la contrainte où l’affujettit la péfanteur qui refte au poids P.

Le volume du corps P, & celui de la partie FKMG du prifme ayant fait monter la furface de l’eau au point où elle feroit parvenue fi au lieu d’y avoir plongé le corps P, on y avoit verfé une quantité d’eau d’un poids égal à celui de ce corps, l’on voit que le fond du vaiffeau en fera autant chargé, que s’il le foutenoit immédiatement. (622)

Si l’on vient à couper le fil, le corps defcendra, & le prifme CEDH remontera pour reprendre fa fituation naturelle ; alors fi l’on fuppofe le vaiffeau fort profond, le fond pendant le tems de la defcente du corps fera moins chargé qu’il l’étoit de l’excès de la péfanteur du corps fur celle du volume d’eau dont il occupe la place ; (623) car le prifme étant remonté de la hauteur FK, la furface de l’eau fera autant defcendue que fi on en avoit ôté un volume d’eau égal à celui de la partie FKMG.

Quand un corps d’une pefanteur fpécifique, plus grande que celle de l’eau, y eft plongé, il ceffe en defcendant de charger le fond du vaiffeau avec toute fa pefanteur.

630. On peut donc établir ce principe general, que tant qu’un corps étranger eft foutenu dans l’eau, il fait partie de fon poids total, & charge de toute fa péfanteur le fond du vaiffeau ; mais que depuis l’inftant qu’il commence à defcendre librement jufqu’à ce qu’il ait atteint le fond, ce fond eft foulagé de l’excès de la péfanteur du corps fur celle du volume d’eau, dont il occupe la place.

631. Il fuit que plus la pefanteur fpecifique d’un corps fera grande, par rapport à celle du fluide dans lequel il eft foutenu, plus le fond fera foulagé lorfque ce corps viendra à defcendre : par exemple, la péfanteur fpécifique du Mercure étant à celle de l’eau comme 14 eft à 1 ; (627) fi une certaine quantité de Mercure étoit foutenue dans l’eau, par quelque moyen que ce foit, auffi-tôt qu’il viendra à defcendre, le fond fera foulagé des treize quatorziémes de fon poids.

632. M. *Leibnits* dans une lettre écrite à M. l’Abbé *Bignon* en 1711. pour lui expliquer fon opinion fur la caufe de l’effet du *Barométre*, dont il eft fait mention dans l’Hiftoire de l’Académie Royale des Sciences de la même année, *dit qu’un corps étranger qui eft dans un liquide, pefe avec ce liquide & fait partie de fon poids total tant qu’il eft foutenu ; mais que s’il ceffe de l’être & tombe par conféquent, fon poids ne fait plus partie du liquide, qui par là vient à pefer moins.*

J’ai été quelque tems en peine de fçavoir dans quel fens il falſoit prendre ce diſcours, ne pouvant m'imaginer qu'un Sçavant de la premiere Claſſe, tel que M. Leibnits, eut penſé que lorſqu'un corps plongé dans l'eau venoit à deſcendre, il ceſſoit de faire partie de ſon poids & de preſſer le fond, comme il l'inſinue en termes clairs ; car que le corps ſoit ſoutenu ou qu'il deſcende, il occupe toujours un volume d'eau égal au ſien, qui ne peut être ſoutenu que par le fond du vaiſſeau ; & pouvois-je croire qu'il ne ſe fut point apperçu que pendant la deſcente du corps, le fond ne pouvoit être ſoulagé que de l'excès de ſa peſanteur ſur celle de l'eau, dont il occupe la place, comme je crois l'avoir prouvé ; & ce qui paroît bien ſurprenant, c'eſt que M. de Fontenelle après avoir formé les mêmes objections, ſemble vouloir prouver le ſentiment de M. Leibnits. Voici ſes termes.

„ Malgré ces objections, le principe ſubſiſte, quand on l'examine
„ de plus près : ce qui porte un corps peſant en eſt preſſé ; une ta-
„ ble, par exemple, qui porte une maſſe de fer d'une livre en eſt
„ preſſée, & ne l'eſt que parce qu'elle ſoutient toute l'action & tout
„ l'effort que la cauſe de la peſanteur, quelle qu'elle ſoit, exerce ſur
„ cette maſſe de fer pour la pouſſer plus bas. Si la table cédoit
„ & obéiſſoit à l'action de cette cauſe de la peſanteur, elle ne ſe-
„ roit point preſſée & ne porteroit plus rien. De même le fond d'un
„ vaſe qui contient un liquide s'oppoſe à toute l'action de la cauſe
„ de la peſanteur contre ce liquide ; ſi un corps étranger y nage,
„ le fond s'oppoſe auſſi à cette même action contre ce corps, qui
„ étant en équilibre avec le liquide, en eſt à cet égard une vérita-
„ ble partie ; ainſi le fond eſt preſſé, & par le liquide & par le corps
„ étranger, & il les porte tous deux. Mais ſi ce corps tombe il obéit
„ à l'action de la peſanteur, & par conſequent le fond ne la ſou-
„ tient plus, & il ne la ſoutiendra que quand le corps ſera deſcen-
„ du juſqu'à lui ; *donc pendant tout le tems de la chûte le fond eſt ſou-*
„ *lagé du poids de ce corps qui n'eſt plus porté par rien,* mais pouſſé par
„ la cauſe de la peſanteur, à laquelle rien ne l'empêche de céder.

Le principe de M. Leibnits pouvant avoir lieu ſans aucune modification, lorſqu'il s'agira d'un corps dont la peſanteur ſpécifique ſera infiniment plus grande que celle du fluide dans lequel il ſera ſoutenu, il ne s'en ſert pas moins heureuſement pour expliquer d'une maniere ingenieuſe & ſolide la cauſe des variations du Baromètre, comme nous le ferons voir au commencement du ſecond Volume, où il ſera parlé des proprietez de l'air.

633. Pour voir ſi effectivement le fond d'un vaiſſeau étoit moins chargé quand le corps deſcend, que lorſqu'il eſt ſoutenu dans l'eau ;

defcendent dans l'eau ne preffent par le fond avec toute leur pefanteur. M. *Ramazzini* Profeffeur de Padoue a attaché aux deux bouts d'un fil deux corps, l'un plus pefant, & l'autre plus leger que l'eau ; les ayant mis dans un tuyau plein d'eau fufpendu à un des bras d'une balance, & difpofé le tout en équilibre avec un poids, il a coupé le fil où étoit attaché les deux corps ; auffi-tôt que le plus pefant a defcendu, l'équilibre s'eft rompu, & le poids qui étoit de l'autre côté a fait monter le tuyau ; cette Experience a réuffi de même à M. de *Reaumur* à qui l'Academie Royale des Sciences en avoit donné le foin.

Selon l'arrangement que j'avois d'abord donné à ce premier Livre, il devoit contenir un quatriéme Chapitre *de la Nature & des Proprietez de l'Air*, comme on a dû s'en appercevoir aux endroits où j'en ai fait mention ; mais dans le cours de l'impreffion ayant penfé qu'il feroit mieux placé au commencement du fecond Volume, pour être plus lié avec la théorie des Pompes aufquelles il fert d'introduction, j'ai pris ce dernier parti.

Fin du Premier Livre.

ARCHITECTURE

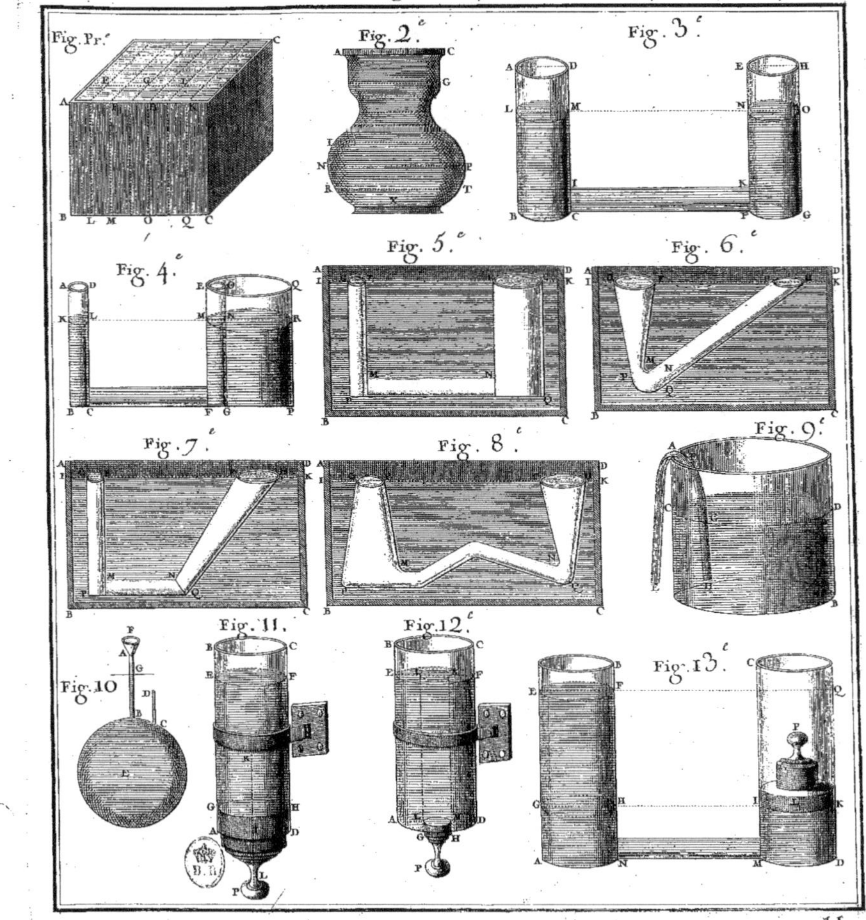

Architecture Hydraulique Livre I. Chapitre III planche premiere.

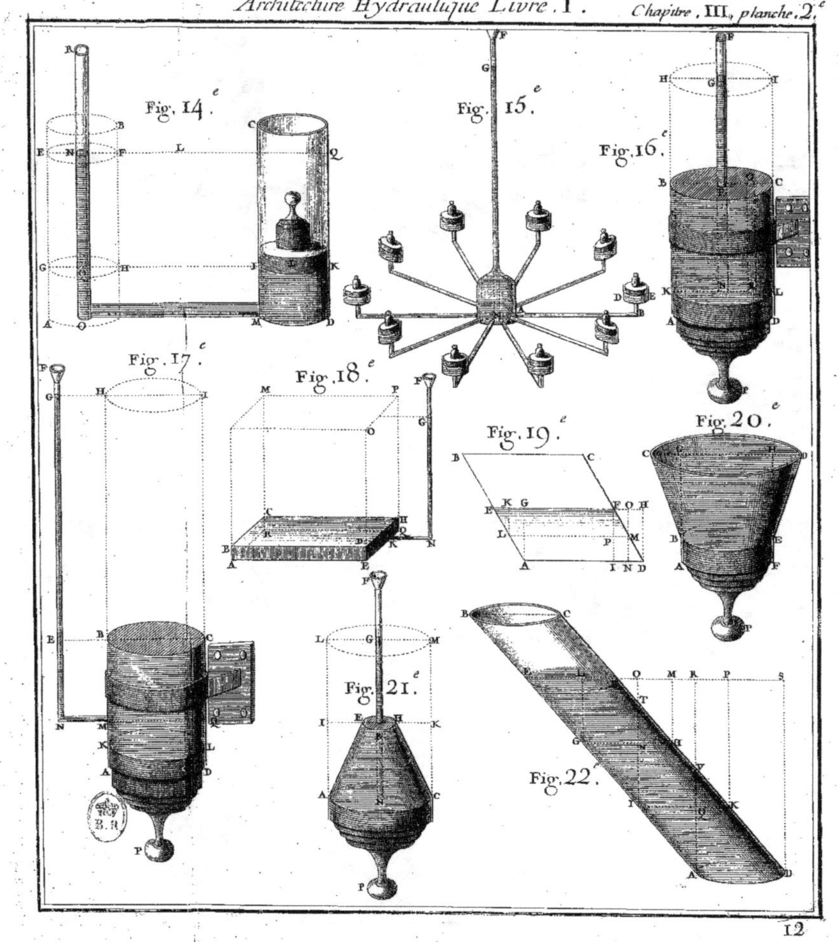

Fig. 14.
Fig. 15.
Fig. 16.
Fig. 17.
Fig. 18.
Fig. 19.
Fig. 20.
Fig. 21.
Fig. 22.

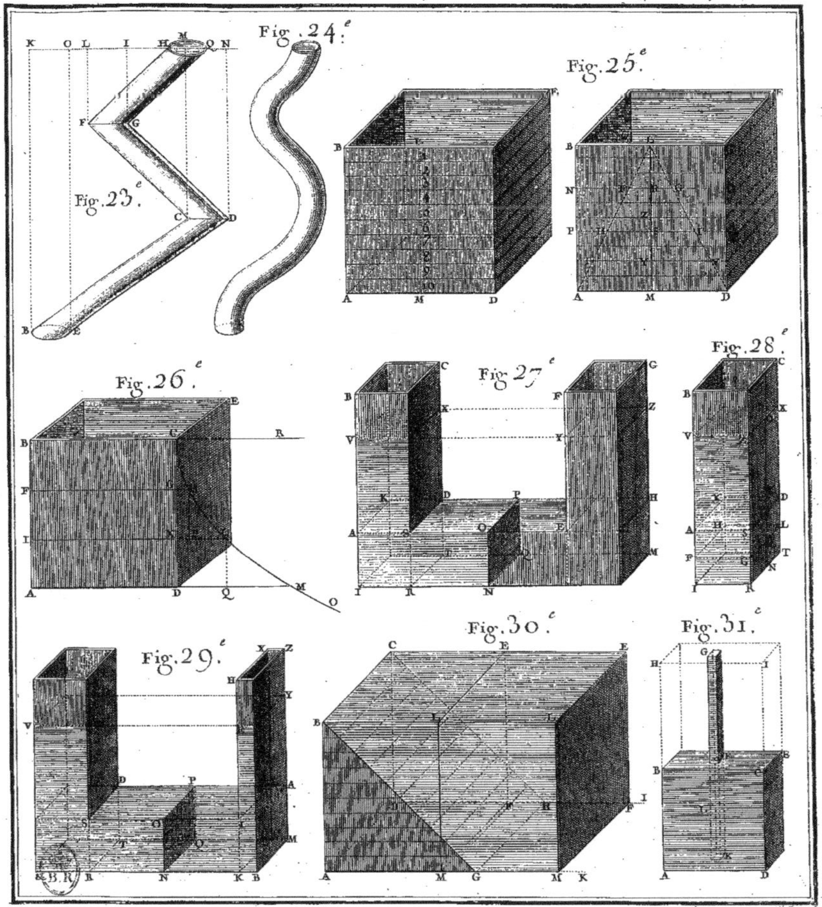

Fig . 24.ᵉ

Fig . 23.ᵉ

Fig . 25.ᵉ

Fig . 26.ᵉ

Fig 27.ᵉ

Fig . 28.ᵉ

Fig . 29.ᵉ

Fig . 30.ᵉ

Fig . 31.ᵉ

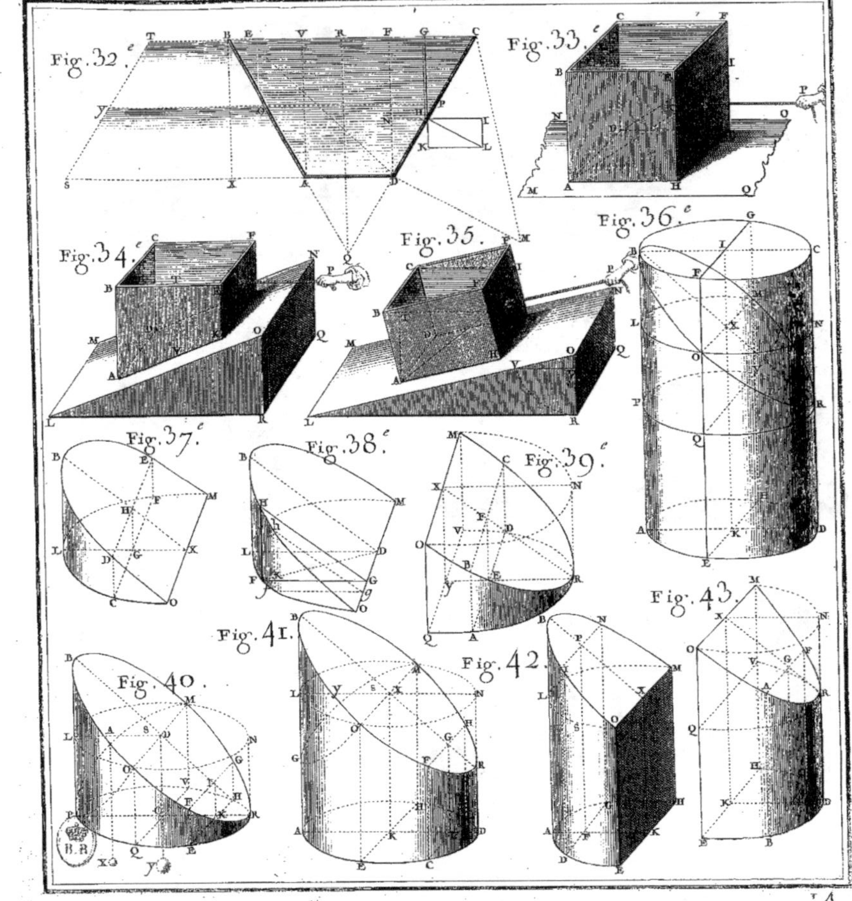

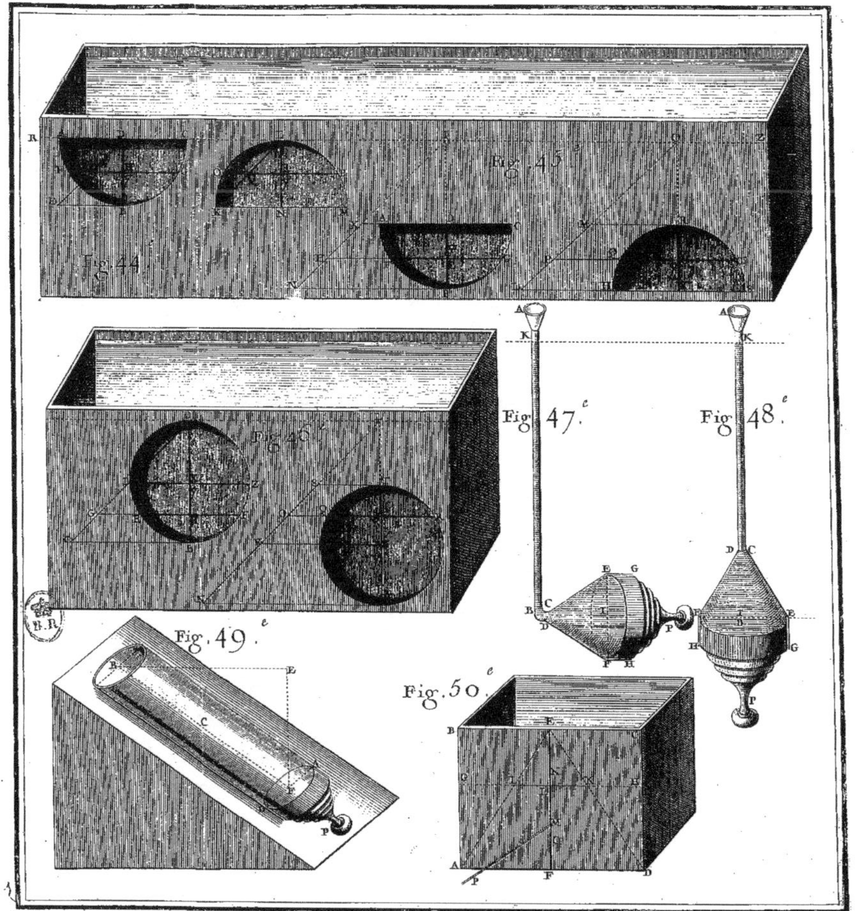

Fig. 44.

Fig. 45.

Fig. 46.

Fig. 47.ᵉ

Fig. 48.ᵉ

Fig. 49.ᵉ

Fig. 50.ᵉ

13

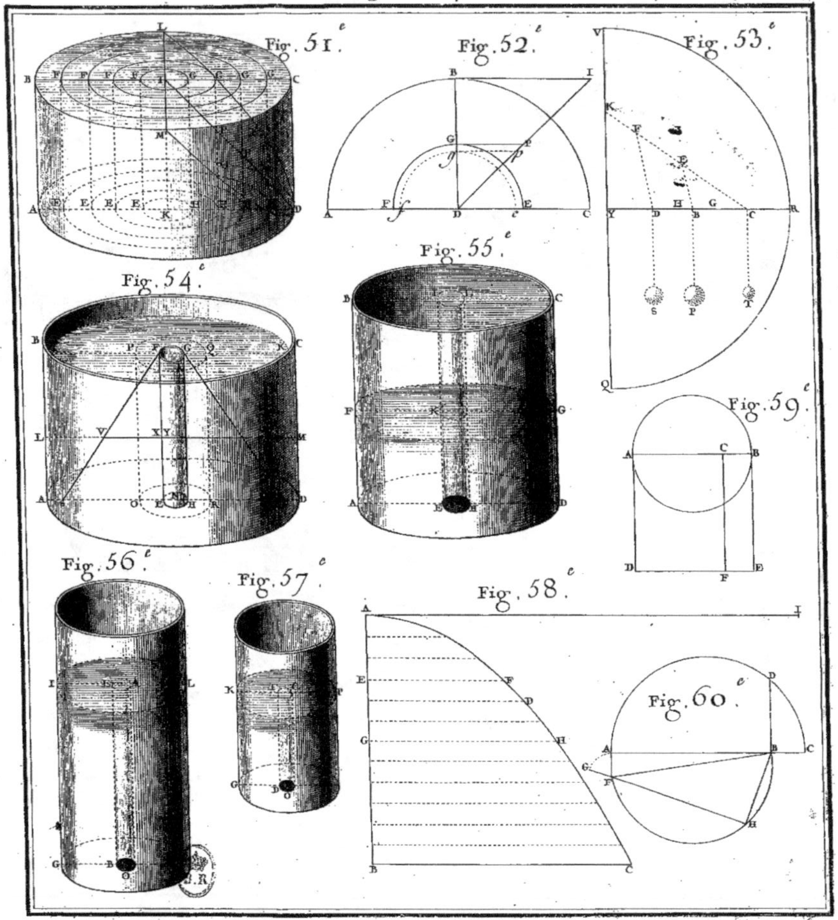

Fig. 51.

Fig. 52.

Fig. 53.

Fig. 54.

Fig. 55.

Fig. 56.

Fig. 57.

Fig. 58.

Fig. 59.

Fig. 60.

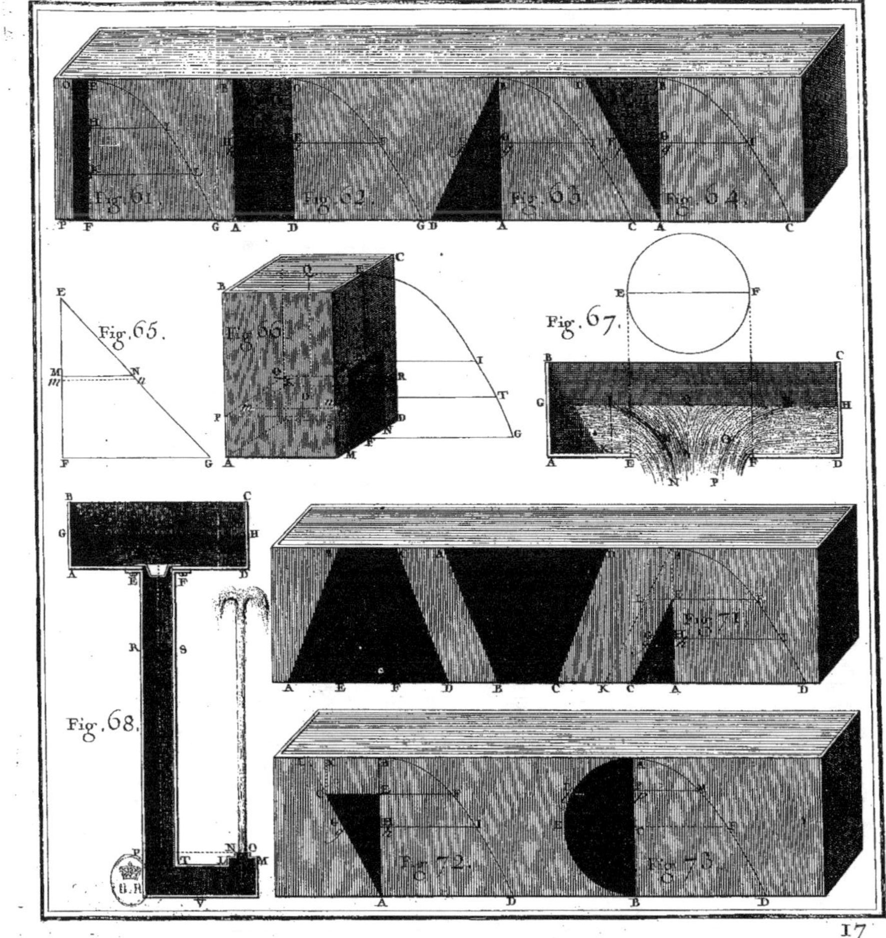

Fig. 61.
Fig. 62.
Fig. 63.
Fig. 64.
Fig. 65.
Fig. 66.
Fig. 67.
Fig. 68.
Fig. 71.
Fig. 72.
Fig. 73.

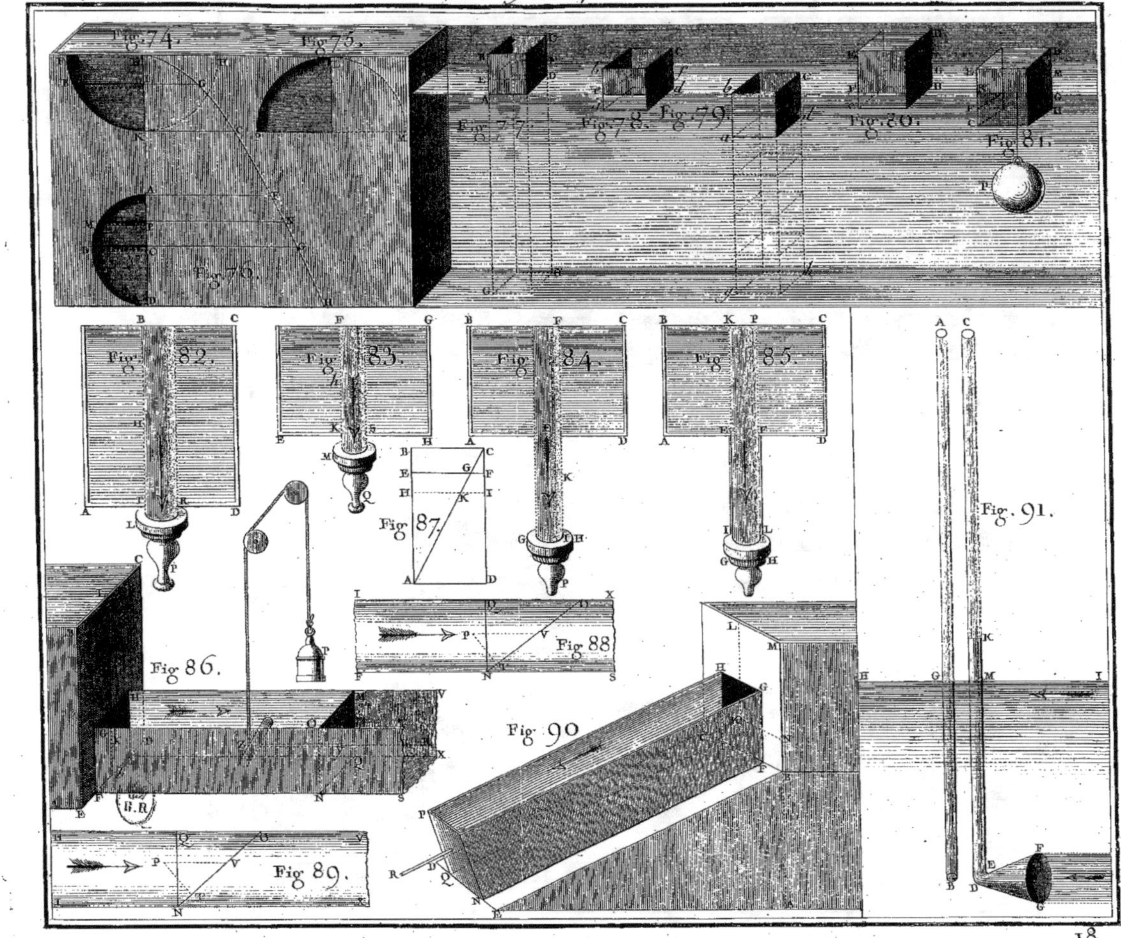
Fig. 74.
Fig. 75.
Fig. 76.
Fig. 77.
Fig. 78.
Fig. 79.
Fig. 80.
Fig. 81.
Fig. 82.
Fig. 83.
Fig. 84.
Fig. 85.
Fig. 86.
Fig. 87.
Fig. 88.
Fig. 89.
Fig. 90.
Fig. 91.

ARCHITECTURE
HYDRAULIQUE,
Ou l'Art de conduire, d'élever & de ménager
les Eaux pour les differens besoins de la vie.

LIVRE SECOND,

*Où l'on donne la Description de differentes sortes de Moulins ;
la Maniere d'en calculer les Effets & d'en découvrir le
Point de perfection.*

CHAPITRE PREMIER.

*Des Moulins pour moudre le Bled, où l'on trouve l'application des Prin-
cipes qui peuvent contribuer à la perfection des Machines mües
par un Courant.*

634. IL paroîtra peut être étrange que je me sois donné la peine d'écrire sur un sujet aussi connu que
celui-ci ; mais si l'on veut bien entrer dans les raisons qui m'ont fait composer ce Chapitre, on
trouvera assez de motifs pour me justifier. Les
Moulins sont communs à la vérité ; c'est justement ce qui en prouve

*Raisons qui
ont engagé
l'Auteur
d'écrire sur
cette Ma-
tiere.*

N n

l'utilité, & la néceſſité de chercher les moyens de les perfectionner ; mais c'eſt aſſez le ſort des choſes les plus eſtimables de perdre de leur priſe par l'habitude de les voir, au lieu que ſouvent il ne faut qu'une bagatelle qui ait un air de nouveauté pour cauſer de l'admiration. Si un Machiniſte avoit préſenté à l'Empereür Auguſte le deſſein d'un Moulin, tel quon les fait aujourd'hui, il n'y a point à douter qu'il n'en eut été reçû avec beaucoup de diſtinction ; car on prétend que ce n'eſt que dans le ſixiéme Siécle qu'on s'eſt aviſé d'employer la force de l'eau à la place des hommes & des animaux, dont les anciens ſe ſervoient pour faire tourner les meules, ne connoiſſant pas non plus la maniere de tirer parti du vent pour la même fin : en récompenſe ils avoient l'uſage de quantité de Machines utiles qui ne ſont point paſſées juſqu'à nous, la barbarie des tems les ayant anéanties. Comme on ne peut pas répondre qu'il n'arrive encore de ces malheureuſes révolutions, il y a une ſorte d'équité de laiſſer à la poſterité la deſcription de tout ce que nous avons d'eſſentiel à la vie ; & c'eſt dans cette vûë que l'Academie Royale des Sciences a entrepris ſon fameux Livre *des Arts & Métiers*.

Sans enviſager des tems qui paroiſſent ſi éloignez, n'y a-t-il pas actuellement des Peuples auſſi deſtituez des ſecours de l'Art que l'étoient les premiers hommes, & pour leſquels tout eſt nouveau, mais qui ne manquant pas de génie & d'adreſſe, n'ont beſoin que de modeles pour les imiter. La Moſcovie nous en fournit un exemple récent ; un de ſes Empereurs y fait venir d'habiles gens de toute eſpece, munis de bons livres, & en moins de vingt-cinq ans ce grand Empire a changé entierement de face. Sans ſortir du Royaume de France, combien n'avons nous pas de Provinces où la néceſſité a donné lieu à l'invention de pluſieurs Machines, dont l'uſage eſt entierement ignoré en d'autres, où l'on en pourroit tirer le même avantage ; les moulins ſont particulierement dans ce cas là, c'eſt pourquoi j'ai cru que l'on me ſauroit gré de donner la deſcription de ceux qui ſont venus à ma connoiſſance, afin qu'on en put faire uſage ſelon la diſpoſition des lieux ; & que les accompagnant de remarques curieuſes & utiles, l'on s'apperçut que les choſes dont on ſe ſert le plus communément, n'en ſont pas moins dignes de recherche.

635. Peu de gens ignorent que le bled ſe moud avec deux meules poſées l'une au-deſſus de l'autre ſans ſe toucher, que la meule de deſſous que l'on nomme *giſſante* eſt immobile, & qu'il n'y a que celle de deſſus qui tourne ſur un pivot. Comme cette derniere eſt

fufceptible de plufieurs remarques aufquelles on n'a pas coutume
de faire attention, il convient avant de paffer outre d'être prévenu
de ce qui fuit.

Les furfaces oppofées de deux meules qui agiffent pour moudre
le bled, ne font point *planes*; celle du deffus eft *creufe*, & celle de
deffous a du *relief*; l'une & l'autre fuivant la figure d'un *Cone*, dont
à la vérité l'axe eft fort petit par rapport au diamétre de fa bafe;
quand la premiere a 6 pieds de diamétre, elle n'a gueres qu'un
pouce de creux vers fon centre, & la feconde 9 lignes de relief;
ainfi ces deux meules vont en s'approchant de plus en plus l'une
de l'autre vers leur circonference, ce qui donne au bled qui tombe de la *Tremie* la facilité de s'infinuer jufques vers les deux tiers
du rayon, qui eft l'endroit où il commence à fe rompre, & où il
oppofe la plus grande réfiftance dont il peut être capable; l'intervalle des meules n'étant en cet endroit que des deux tiers où des
trois quarts de l'épaiffeur d'un grain de bled; mais comme les
Meûniers ont la liberté de hauffer & de baiffer tant foit peu la
meule fuperieure, ils en reglent l'intervalle avec celle de deffous, felon qu'ils veulent que la farine foit plus ou moins fine.

Plan. I.
Fig. I.

636. Il y a deux chofes à confiderer dans l'effet d'une meule
tournante, fon *poids* & fa *viteffe*; le travail qu'elle fait dépendant
de fa quantité *de mouvement*, qui eft *le produit de fa viteffe par une
partie de fa maffe*. Je dis *une partie de fa maffe*; car comme cette meule tourne fur un pivot, fa pefanteur abfoluë n'eft pas totalement
employée à moudre le bled, & il n'eft pas aifé de déterminer la
partie qui peut y avoir le plus de part; l'on fçait feulement qu'elle
eft toujours proportionnée à la pefanteur abfolue, l'expérience
faifant voir que fi deux meules ont la même viteffe, mais d'inégale
pefanteur; leurs effets ou les quantitez de farines qu'elles produifent dans le même tems font à peu près dans le rapport de leurs
pefanteurs abfolues. Comme on eft obligé de piquer les meules
prefque tous les mois, leurs épaiffeurs, par confequent leur poids
diminuent infenfiblement, & quand elles parviennent à n'avoir plus
que les trois quarts ou la moitié de l'épaiffeur qu'elles avoient étant
neuves, elles ne produifent plus qu'environ les trois quarts, ou la
moitié de la quantité de farine qu'elles donnoient au commencement; c'eft de quoi tous les Meûniers conviennent.

L'effet d'u-
ne Meule
tournante
dépend de
fa quantité
de mouve-
ment.

637. La force *centrifuge* emportant le bled du centre vers la circonference, il eft naturel que lorfqu'il eft parvenu à un endroit où
l'intervalle des deux meules eft moindre que fon épaiffeur il y foit
écrafé; cependant la meule fuperieure ayant un point d'appui qu'el-

Raifon qui
fait voir
pourquoiles
Meules fons
un effet

N n ij

proportion-
né à leur
pefanteur.

le n'abandonne jamais, on ne voit pas clairement pourquoi à mefure qu'elle eſt plus pefante, elle fait plus d'effet, puiſque ſi elle
étoit toujours également éloignée de celle de deſſous, elle ne pourroit être capable que d'une impreſſion limitée; mais l'expérience
prouvant le contraire, j'ai foupçonné que dans l'action de cette
meule il devoit y avoir quelque chofe de plus que ce qu'on a coutume d'y confiderer, & qu'outre fon mouvement circulaire elle
devoit en avoir un autre de bas en haut & de haut en bas; je fus examiner la chofe de plus près que je n'avois fait, & m'apperçus que
j'avois rencontré juſte; le pivot de la meule repofant fur le milieu
du *Palier*, qui eſt une piece de bois de 6 pouces de largeur fur 5
d'épaiſſeur, & d'environ 9 pieds de longeur entre fes deux appuis,
la *force élaſtique* de cette piece donne à la meule un mouvement con-
tinuel le long de la verticale peu fenſible à la vérité, mais qu'on ne
laiſſe pas d'appercevoir diſtinctement; en voici la caufe.

La force centrifuge attirant comme je l'ai déja inſinué les grains
de bled, du centre à la circonference, en leur faiſant décrire à
chacun une fpirale, ils s'introduifent comme autant de petits coins
entre les deux meules, & contraignent celle de deſſus à fe foulever tant foit peu; alors le Palier fe trouvant foulagé d'une partie du
poids dont il étoit chargé, fe roidit & tend à fe mettre dans fon état
naturel; mais un inſtant après la meule ayant écrafé le bled qui la
foutenoit, le Palier fléchit tout de nouveau, & d'autant plus que la
Meule a un plus grand poids: les grains dont nous parlons & qui
n'ont pû être que concaſſez, continuant de cheminer vers la circonference pour y être entierement pulverifez, font d'autant plus
preſſez par le poids de la meule, qu'ils fe trouvent reſſerrez dans
un efpace plus étroit.

Les Effets
de deux
Meules dif-
ferentes font
dans la rai-
fon compo-
fée de leur
maffe & de
leur viteſſe.

638. Comme c'eſt le mouvement circulaire de la meule qui fait
tomber le bled de la trémie par intervalle & avec une viteſſe qui
dépend de celle de la meule, il fuccede d'autres grains qui la fou-
levent tout de nouveau, & la farine qui vient d'être faite ceſſant
d'être preſſée, eſt emportée dans le *Blutoir* par la circulation de
l'air que la meule met en mouvement, & qui forme un tourbillon
dans le tonneau: or puiſque ce font les deux mouvemens que je
viens d'expliquer qui concourent à moudre le bled, je conclus que
les effets de deux meules differentes font dans la raifon compofée de leur
viteſſe & de leur pefanteur, & qu'en general les mêmes effets feroient
beaucoup moindres, ſi les pivots de ces meules, au lieu de
repofer fur une piece à reſſort, avoient un appui inébranlable,
comme je l'ai éprouvé en faifant étançonner le Palier; auſſi-tôt

que la meule n’eut plus que son mouvement horisontal, la farine devint si grossiere qu’à peine le son en étoit détaché.

L’on doit entendre par la *vitesse* d’une meule le chemin que fait en tournant un des poins de sa circonference *moyenne* pendant un tems déterminé, & se rappeller que cette circonference a pour rayon les deux tiers de celui de la meule. (240) J’ajouterai qu’une meule doit faire au plus 60 tours par minute pour ne point échaufer la farine.

639. Je ne dis rien du plus ou du moins de surface que pourroit avoir la base de plusieurs meules de differens diamétres; car pourvû qu’elles ayent la même quantité de mouvement, elles produiront toujours le même effet; il est vrai qu’il paroît d’abord que de deux meules de même pesanteur, celle qui a la plus grande base pouvant faire impression sur une plus grande quantité de bled, doit en moudre davantage à la fois; mais c’est ce qui n’arrive pas, parce que s’il y avoit également répandu sous ces meules une quantité de bled proportionnée à leurs bases, le poids dont chaque grain sera pressé, n’agira que dans la raison réciproque des quarrez des diamétres, c’est-à-dire, que chaque grain qui répondra à la plus grande base sera d’autant moins pressé, que chacun de ceux qui répondront à la petite, dans la raison que le quarré du diamétre de celle-ci, sera plus petit que le quarré du diamétre de l’autre : (219) cependant la raison simple des diamétres, ne laisse pas que d’entrer pour quelque chose dans l’effet de ces deux meules, puisque leur vitesse font dans la raison composée de leurs rayons, & du nombre de tours que l’une & l’autre feront dans le même tems.

Les meules ordinaires ont depuis 5 jusqu’à 7 pieds de diamétre, sur 12, 15, 18 pouces d’épaisseur; elles durent 35 à 40 ans, & après avoir tourné long-tems, & que leur épaisseur est considérablement affoiblie, on les taille de nouveau pour donner à leur surface une figure opposée à celle qu’elle avoit pour les faire servir' de meules glissantes, encore pendant plusieurs années.

Comme il est à propos avant de construire un moulin de prendre de justes mesures qui en assurent le succès, voici quelques observations qui pourront avoir leur utilité.

640. Les eaux vives, de quelque part qu’elles viennent, suivant d’elles-même la pente du terrein qui leur est le plus propre pour s’écouler, il faut avant de faire aucune dépense pour les rassembler, niveller cette pente pour voir à quelle hauteur on pourra les faire gonfler à l’aide d’une écluse, digue ou chaussée, sans incommoder le pays; & l’on jugera de-là quelle sera la chûte à l’endroit le

Attentions qu’il faut avoir avant de construire un Moulin à eau.

plus convenable pour l'emplacement du moulin : obfervant qu'il faut que cette chûte ait au moins 3 pieds , fi on veut faire paffer l'eau au-deffous de la roue , qui eft la maniere la plus commode , parce qu'on a la liberté de faire fon diamétre auffi grand qu'on veut , & d'élever le rez-de-chauffée du moulin autant qu'il fera né-ceffaire pour le mettre à l'abri des crûes d'eau.

Enfuite il faut examiner fi la fource fera affez abondante pour faire aller le moulin fans interruption ; on en jugera en mefurant exactement fon produit en été plutôt qu'en hyver , autrement il pourroit arriver qu'on n'auroit de l'eau que pour faire aller le mou-lin une partie de l'année : il faut donc contraindre l'eau à ne s'é-couler que par un feul endroit, pour voir combien il en paffe de pieds cubes pendant une minute : (524) fi l'on eft obligé de retre-cir fon paffage & de la faire gonfler, il faut que pendant le tems de l'écoulement fon niveau s'entretienne toujours à la même hauteur, & avoir égard à tout ce qui peut en rendre la mefure exacte : il y a pour cela mille moyens aifez à imaginer fans qu'il foit néceffaire que je m'y arrête.

Prévenu de la quantité d'eau dont on pourra difpofer , & de la hauteur de la chûte, il faut voir fi la dépenfe qui fe fera par un per-tuis égal à la fuperficie d'une des aubes de la roue, ne l'excedera pas ; moyennant toutes ces confidérations , on fera en état de pren-dre fon parti.

Plan. I.
Fig. 2. 641. Quand les rivieres ne font pas navigables , & qu'on y veut conftruire des Moulins , on en arrête le cours nature_ par une *éclufe* qui foutient l'eau à une hauteur fuffifante , & à côté on fait un *dé-chargeoir* qui entretenant toujours l'eau au même point, facilite l'é-coulement du fuperflu , afin de ne point inonder les Campagnes voifines : inconvenient effentiel à prévoir ; c'eft pourquoi il faut avant toutes chofes bien connoître la fituation du pays, s'informer où peuvent s'étendre les crûes d'eau qui furviennent dans certain tems & qui pourroient incommoder le voifinage.

Il y a fur-tout beaucoup de mefures à garder quand on veut conftruire un moulin fur une riviere où il y en a déja d'établis , crainte de s'incommoder réciproquement : fi l'on en fait un au-deffous d'un ancien, & qu'on n'en foit point affez éloigné, on n'aura que peu de chûte, & en voulant foutenir les eaux on noyera peut-être le moulin fuperieur ; fi au contraire on veut l'établir au-deffus, cela ne fe pourra fans diminuer la chûte de l'inferieur , à moins qu'on ne remonte vers la fource autant qu'il fera néceffai-re. Il y a fur ce fujet mille chofes à prévoir qui font d'une extrême

conféquence ; d'ailleurs il faut être bien fûr du droit que l'on a de
faire conftruire un moulin à l'endroit que l'on a en vûe fans avoir
aucune oppofition à craindre, fouvent un moulin bâti au hafard
donne lieu à une fource de procès qui entraînent la ruine du proprietaire : au refte, en quelqu'endroit qu'on veuille en établir, il
faut en faifant l'éclufe qui doit foutenir les eaux, ménager une ou
deux vannes de décharge, indépendamment de celles qui ferment
le Courfier.

642. Il faut que l'eau qui fait tourner une roue de moulin puiffe
s'échapper avec plus de viteffe que n'en a la roue, autrement elle
devient un obftacle par l'oppofition qu'elle préfente à celle qui
frappe les aubes ; c'eft pourquoi il faut donner beaucoup de pente
au Courfier, ménager à fa fortie le plus d'étendue que l'on pourra,
afin que l'eau fuye fans rien rencontrer qui la faffe rejaillir : entre
la vanne & la roue il ne doit y avoir que le moins d'intervalle qu'il
eft poffible, afin que l'eau en fortant du pertuis vienne frapper les
aubes par le chemin le plus court ; de même il ne faut donner entre les bords de *l'aube verticale* & le coffre du Courfier que le jeu
néceffaire pour le mouvement de la roue, afin que toute l'eau foit
uniquement employée à la faire tourner. Je voudrois auffi que le
Courfier allât en s'élargiffant vers fes deux extrémitez, pour faciliter
l'entrée & la fortie de l'eau.

Remarques sur la difpo- fition qu'on doit donner aux Cour- fiers d'un moul

Les Moulins que l'on établit fur des bateaux ne demandent pas
tant de fujetion, puifqu'il fuffit feulement de faire enforte à l'aide
des rouets & lanternes, que le courant puiffe donner à la meule
une viteffe qui lui faffe faire environ 60 tours par minute. (638)
Pour peu que l'on fache les principes de la Mécanique, il eft bien
aifé de regler cette viteffe, eu égard à la force refpective du courant, c'eft pourquoi je ne m'arrêterai point à ces fortes de moulins
qui ne font fufceptibles d'aucuns calculs qu'on ne foit en état de
faire, quand on aura entendu les endroits les plus intereffans de ce
Chapitre.

643. Dans plufieurs Provinces lorfque l'eau deftinée à faire tourner un moulin n'eft pas abondante, on la conduit au-deffus de la
roue A par une bufe MN, dont l'entrée P fe ferme avec une vanne
QR, qui maintient le niveau ST à une hauteur médiocre ; cette
eau provient ordinairement de plufieurs fources que l'on raffemble
dans un grand réfervoir foutenu par une chauffée ou digue.

Defcription des roues de moulin nom- mées vul- gairement roues à por- PLAN. I.

La circonference des jantes de la roue eft couverte d'ais, & FIG. 4.
forme un tambour dont la furface fert de fond à une efpece d'auge
circulaire renfermée par d'autres ais, comme VX entretenues en-

ſemble par un nombre de petites cloiſons compoſées de deux planches BC & CD ; ainſi l'eſpace renfermé entre-deux cloiſons BCD & EFG forme une cellule, dans laquelle l'eau venant tomber, ſon choc & ſon poids font tourner la roue : l'on voit que ſelon la figure que l'on a donné aux célules, il y en a toujours pluſieurs dans leſquelles le poids de l'eau agit, parce que les premieres H & I étant deſcendues en K & en L, comprennent encore la plus grande partie de l'eau qu'elles ont reçûes. Quand la chûte n'eſt pas aſſez haute pour faire paſſer l'eau au-deſſus de la roue, on diſpoſe les cellules d'un ſens oppoſé à celui que nous venons de dire, comme

FIG. 3. on le voit dans la Figure troiſiéme, où l'eau ſe déchargeant à la hauteur du centre de la roue, il ſuffit que ſa chûte ſoit un peu plus haute que ſon axe ; mais d'une maniere comme de l'autre, ces ſortes de roues que les Meûniers nomment *roues à pot* ſont défectueuſes, en ce qu'elles perdent une bonne partie de l'eau qui s'échappe par les côtez ; cependant quand on n'en a qu'en petite quantité on ne ſçauroit trop la ménager, autrement le Moulin chóme tous les jours pendant quelques heures.

FIG. 8. 644. Pour remedier à cet inconvenient, on feroit beaucoup mieux de conduire l'eau par une auge inclinée CAB, terminée en portion de cercle vers le bas de la roue, faite de maniere que le fond & les côtez approchent de ſi près les aubes, qu'il n'y ait que le jeu néceſſaire pour que toute l'eau ſoit employée à faire tourner la roue, ſon impulſion ſera bien plus grande que dans le cas précedent, ſans en dépenſer davantage, parce que tombant de toute la hauteur de la chûte, elle acquerra une viteſſe qu'elle n'avoit pas, & celle qui aura choqué les premieres aubes, agira encore par ſon poids juſqu'à la ſortie B.

Maniere de tirer le meilleur parti qu'il eſt poſſible d'une petite quantité d'eau qui répond à une chûte.

645. Voici encore un moyen quand on a une chûte, de tirer tout l'avantage poſſible d'une petite quantité d'eau qu'on veut employer à faire tourner une roue ; l'on ſçait (643) que la ligne ST exprime le niveau de l'eau d'un ruiſſeau ou reſervoir d'une médiocre profondeur ſoutenue par une vanne, qui étant levée à une certaine hauteur proportionnée à la dépenſe du reſervoir, entretient toujours l'eau à peu près au même niveau. L'opinion commune eſt

FIG. 4. que ſi l'on pratiquoit un pertuis au pied de la chûte, comme dans la ſeconde figure, l'eau ne ſuffiroit pas pour faire tourner une roue à aube ; ſans reflechir qu'en le faiſant plus petit, on gagnera beaucoup plus de force par la viteſſe que l'on donnera à l'eau, que l'on n'en perdra par la diminution de ſon volume.

Deux reſervoirs de differentes hauteurs donnant dans le même tems

tems des quantitez d'eau égales, lorfque les fuperficies de leurs orifices font dans la raifon réciproque des racines des hauteurs moyennes qui leur répondent, (455) nommant a, la bafe du pertuis fuperieur; b, fa hauteur, & h, la hauteur qui répond à la viteffe moyenne de l'eau; c, la bafe qu'on veut donner au pertuis inferieur; x, fa hauteur, & H, la hauteur qui répondra à la viteffe moyenne; on aura ab, cx :: $\sqrt{H}$, $\sqrt{h}$, qui donne $ab\sqrt{h} = cx\sqrt{H}$, ou $\frac{ab}{c} \times \frac{\sqrt{h}}{\sqrt{H}} = x$, qui montre que *pour avoir la hauteur du pertuis fitué au pied de la chûte, il faut divifer la fuperficie du premier pertuis par la bafe du fecond, & multiplier le quotient par celui que donnera la racine de la petite hauteur moyenne, divifée par la racine de la grande.*

Si la largeur du fecond pertuis eft égale à celle du premier, on aura $a = c$, par confequent $b \times \frac{\sqrt{h}}{\sqrt{H}} = x$; alors fi la profondeur de l'eau derriere la vanne QR étoit de 20 pouces, & la hauteur du pertuis de 8, on trouvera (533 ou 534) que la hauteur qui répond à la viteffe moyenne de l'eau fera de 16 pouces & $\frac{2}{27}$; ce qui donne à peu de chofes près $\sqrt{h} = 4$ pouces; quant à la chûte nous la fuppoferons de 9 pieds, qui eft celle qui convient aux roues à pots; ainfi la hauteur relative à la viteffe moyenne pourra être de 100 pouces, ce qui donnera $\sqrt{H} = 10$, par confequent $\frac{\sqrt{h}}{\sqrt{H}} =$ $= \frac{2}{5}$, qui étant multiplié par 8, il vient $x = 3$ pouces $\frac{1}{5}$ pour la hauteur du pertuis de la chûte, afin qu'il ne dépenfe que la même quantité d'eau que celui d'en haut.

646. Pour connoître le rapport de *l'effet naturel* de l'eau qui fortira des deux pertuis, en venant choquer les aubes d'une même roue, il faut fe rappeller que les quantitez de mouvement de la roue dans ces deux cas feront dans la raifon compofée des cubes des viteffes de l'eau, ou des racines des hauteurs qui les expriment (593) & de la fuperficie des pertuis; par conféquent comme $abh\sqrt{h}$ eft à $cdH\sqrt{H}$, en fuppofant $x = d$, ou comme $bh\sqrt{h}$ eft à $dH\sqrt{H}$ en fuppofant $a = c$, comme dans le cas précedent, qui étant rapporté aux nombres, donne $8 \times 16 \times 4$ & $3\frac{1}{5} \times 100 \times 10$, ou $\frac{512}{3200}$ ou $\frac{4}{25}$, qui fait voir que la quantité de mouvement de la roue qui recevroit l'eau du fommet de la chûte, ne fera que les quatre-vingt-cinquiémes de la quantité de mouvement de la même roue, lorfqu'elle recevra l'eau du pied de la même chûte; ainfi

dans cette derniere situation elle pourra avec la même quantité d'eau, moudre par jour au moins six fois autant de bled que dans la premiere, pourvû que le poids des meules tournantes dans les deux cas soient dans le rapport des forces qui les mettront en mouvement ; (638) c'est-à-dire, dans la raison composée des superficies des pertuis & des hauteurs moyennes qui leur répondent.

Voilà assurement un avantage à ne point négliger & qui mérite qu'on y fasse attention, étant naturel que le revenu d'un moulin soit proportionné à son produit.

647. Il y a des Provinces où les roues à pot font si communes, qu'il semble qu'on ne sçauroit faire aller un moulin sans leur secours ; & lorsqu'il n'y a point une chûte suffisante pour donner à la roue un rayon ou un bras de lévier d'une grandeur raisonnable, & qu'on Fig. 6. a d'ailleurs de l'eau à discrétion, on y fait les aubes fort larges. Passant dans un endroit où j'en vis une dans ce goût là, je demandai pourquoi employer une roue aussi incommode, puisqu'en faisant une écluse, on auroit pû en construire une autre d'un diamétre aussi grand qu'on auroit voulu, qui auroit tourné en faisant passer l'eau par dessous ; on me répondit que cela n'auroit pû se faire sans une grande dépense, parce que la hauteur de l'eau dans le réservoir n'étant que de 7 à 8 pouces, il auroit fallu pour la rendre égale à la chûte qui étoit de 5 pieds, faire une excavation immense. Comme cette erreur est commune à tous ceux qui ignorent les principes de l'Hydraulique, je vais faire enforte de les désabuser en mettant dans un plus grand jour ce que je viens d'insinuer.

Plan. 1.
Fig. 2.

Quand on soutient l'eau pour faire tourner une roue de moulin, la force du courant dépend uniquement de la hauteur moyenne de l'eau, & non de l'étendue du terrein qui lui sert de base au pied de l'écluse.

Je suppose que la ligne EG exprime la surface d'un terrein superieur à VX de 5 à 6 pieds ; que ce terrein sert de lit à un reservoir ou ruisseau LM, qui n'aura si l'on veut que 6 pouces de profondeur ; la plûpart s'imaginent que quand même l'on auroit assez d'eau pour fournir à la dépense du pertuis CD, elle ne peut avoir de force pour faire tourner la roue S, qu'autant que le lit du reservoir se trouve à la profondeur DY sur une étenduë considerable.

Prévenu que l'action de l'eau agit selon sa hauteur, & non selon sa quantité dans le reservoir, (378, 379) il sera indifferent à celle qui doit fuir par le pertuis qu'il y en ait ou non sur l'étendue HY, pourvû que la source soit assez abondante pour entretenir toujours le niveau de l'eau à la hauteur LM, puisque son impulsion dépendra de la hauteur de la colonne DLIH si petite que soit sa base DH ; par consequent il suffira d'approfondir seulement le terrein vis-à-vis l'écluse, en donnant au profil de l'excavation la figure d'un trapeze DEFH, afin que les terres puissent se soutenir felon le talud naturel FH pour éviter la dépenfe d'un revêtement de Maçonnerie, fans fe mettre en peine de la profondeur MG de l'eau ni de l'étendue de fon lit; on pourra donc quand on n'aura qu'une médiocre quantité d'eau pratiquer à peu de frais un pertuis au pied d'une chûte pour exécuter ce qui a été dit dans l'art. 645.

Fig. 7.

648. Les Moulins dont nous avons parlé jufqu'icy font compofez d'une roue à aubes AB, dont l'arbre D appartient auffi à un rouet E qui s'engraine avec une lanterne G qui fait tourner la meule qu'on fuppofe dans le tonneau I, ayant pour effieu la barre de fer F.

Defcription des Moulins à eau ordinaires.

On donne à la *roue* depuis 12 jufqu'à 18 pieds de diamétre, les aubes ont ordinairement 2 pieds & $\frac{1}{2}$ ou 3 pieds de largeur, fur 10 à 12 pouces de hauteur. A l'égard de l'arbre on lui donne depuis 15 jufqu'à 18 pouces de diamétre.

Le *rouet* a ordinairement 8 pieds de diamétre pris de milieu en milieu de la largeur des Jantes, c'eft-à-dire à la hauteur où les dents agiffent contre les fufeaux de la lanterne; (287) les jantes doivent être compofées de deux *Membrures* de chacune 8 pouces d'épaiffeur croifées l'une fur l'autre, fur une largeur de 8 pouces; ce rouet a 48 dents de 4 pouces de hauteur fur 3 & $\frac{1}{2}$ de largeur, deux d'épaiffeur à l'extrémité, & 2 & $\frac{3}{4}$ par le bas à caufe du talon; leur racine eft de 12 pouces de longueur fur 2 & $\frac{1}{4}$ d'épaiffeur en quarré par le haut, réduit à 1 pouce & $\frac{1}{2}$ par le bas.

La lanterne eft compofée de deux *tourteaux* de 22 pouces de diamétre, & de 4 pouces d'épaiffeur, dans lefquels on affemble 9 fufeaux de 2 pouces & demi de diamétre fur 18 pouces de hauteur : le centre de ces fufeaux doit être placé fur une circonference de 9 pouces de rayon, lequel doit être pris pour celui de la lanterne. (287) On fait les fufeaux, ainfi que les dents, d'un bon bois dur de *Poirier fauvage* ou de *Cormier*; la lanterne eft traverfée d'un effieu de fer de 2 pouces & $\frac{1}{2}$ en quarré, & d'une hauteur proportionnée à la fituation des meules par rapport à la pofition du rouet, il doit être bien attaché à la meule de deffus, & réduit à un pivot d'environ 6 lignes de diamétre qui tourne dans une crapaudine pratiquée dans l'épaiffeur du Palier; les dimenfions précédentes font les mêmes que celles qu'on donne au rouet & à la lanterne des Moulins à vent.

649. Il y a à la Fere plufieurs Moulins femblables au précédent, j'en prendrai un pour exemple de la maniere de calculer tout ce qui peut intereffer dans une pareille Machine, afin de découvrir principalement quelle eft la force capable de furmonter la réfiftance que le bled oppofe au mouvement de la meule, en faifant en-

Maniere de calculer l'effet de toutes les parties qui concourent.

à moudre le bled dans un moulin à eau.

PLAN· 1.

FIG. 7.

trer dans le calcul le frottement des tourillons C de la roue AB
fur les Couffinets K ; celui du rouet E contre les fufeaux de la lanterne G ; & enfin celui du pivot de la même lanterne fur fa crapaudine encaftrée dans le palier H, qui font les feuls-aufquels on doit
avoir égard, en fuppofant que l'on connoît la hauteur de la retenue ou de la chûte de l'eau, la fuperficie des aubes, la viteffe de
la roue, le rayon de la même roue, ceux du rouet, de la lanterne
& de la meule, avec le poids dont la crapaudine H eft chargée,
c'eft-à-dire celui de la meule, de la lanterne avec fon effieu F ; &
enfin celui que foutiennent les tourillons C de l'arbre D.

La hauteur moyenne de l'eau qui s'échappe par le pertuis pour
faire tourner la roue, eft de 5 pieds ; ainfi l'on trouvera dans la
Table (469) que fa viteffe dans le courfier eft de 17 pieds 3 pouces
4 lignes par féconde.

La roue a 8 pieds de rayon depuis fon centre jufqu'à celui d'impreffion d'une des aubes, ce qui répond à une circonference de
50 pieds $\frac{2}{7}$; & comme cette roue fait 10 tours en une minute,
fa viteffe par féconde fera à peu près de 8 pieds 4 pouces 7 lignes,
qui étant fouftraite de celle du courant, il reftera 8 pieds 10 pouces
9 lignes pour la viteffe refpective de l'eau qui frappe les aubes. (585)

Il faut chercher quelle eft la hauteur d'une colonne capable d'une
viteffe de 8 pieds 10 pouces 9 lignes par féconde, (608) on trouvera
qu'elle doit être de 15 pouces 9 lignes, qui répond à un choc de
92 ℔ $\frac{1}{5}$ qu'il faut multiplier par la fuperficie d'une des aubes qui
eft ici de 2 pieds 2 pouces quarrez ; il vient 200 ℔ pour la puiffance
qui fait agir la roue avec une viteffe de 8 pieds 4 pouces 7 lignes
par féconde.

A quoi fe réduit le frottement de la roue fur les tou- rillons.

650. Pour calculer le frottement de la roue fur les tourillons,
j'ai commencé par en avoir le poids, auffi-bien que du rouet &
de l'arbre, en cherchant la quantité de pieds cubes dont le tout
étoit compofé : l'ayant fait, j'en ai trouvé 50 $\frac{1}{4}$, qui étant multiplié
par 60 ℔, péfanteur d'un pied cube de bois de Chefne, il vient
3015 ℔ pour la charge des tourillons.

La preffion du poids de la roue ne caufe pas feule le frottement
des tourillons, il y en a encore un autre qui doit y entrer néceffairement : pour l'appercevoir, remarquez que la puiffance appliquée
à la roue, c'eft-à-dire, l'eau qui la frappe agit felon une direction
horifontale pour furmonter la réfiftance que les dents du rouet rencontrent à faire tourner la lanterne, & que cette réfiftance agit
auffi felon la même direction ; on peut donc dire que le rayon de
la roue, & celui du rouet compofent enfemble les bras d'un lévier

fitué verticalement, dont le point d’appui eft à l’extrémité du diamétre horifontal des tourillons de la roue, c’eft-à-dire diamétralement oppofé aux puiffances appliquées au lévier, (76) & qui caufent enfemble une preffion de 600 ℔; car comme le rayon de la
roue eft double de celui du rouet, la puiffance môtrice étant de
200 ℔, celle qui réfifte aux dents du rouet fera de 400.

Il eft donc manifefte que le centre des tourillons eft attiré par
deux puiffances, dont l’une qui eft le poids de la roue agit verticalement, & l’autre qui eft la preffion dont je viens de parler agit horifontalement : or comme la preffion horifontale ne détruit point
l’action de la pefanteur de la roue, ni ne diminue point le frottement (68) caufé par cette même pefanteur; il faut donc ajouter le
tiers de cette derniere qui eft 1005 ℔ avec 300 pour avoir 1305 ℔
pour le frottement des tourillons. (243)

651. Pour fçavoir auffi de quelle maniere je fuis parvenu à connoître le poids de la meule tournante, on fçaura qu’il y avoit à la
porte du Moulin une vielle meule tirée de la même meuliere que
celle dont il s’agit, & dont la pierre m’a paru de même qualité :
j’en ai fait rompre un morceau qui s’eft trouvé du poids de 28 ℔ $\frac{1}{4}$;
je l’ai fufpendu à une balance romaine pour le pefer dans l’eau,
(626) où fon poids ne s’eft plus trouvé que de 10 ℔ $\frac{1}{4}$, par confequent il occupoit la place de 18 ℔ d’eau : Pour en fçavoir le volume, j’ai dit : Si 70 ℔ d’eau contiennent 1728 pouces pour un
pied cube, combien contiendront 18 ℔, j’ai trouvé environ 444
pouces. Pour fçavoir préfentement ce que pefe le pied cube, j’ai
dit ; fi 444 pouces pefent 28 ℔ $\frac{1}{4}$, combien peferont 1728, j’ai
trouvé environ 110 ℔ pour le poids d’un pied cube de la pierre
dont nous parlons ; la meule ayant 6 pieds de diamétre, & fon épaiffeur réduite, eu égard à fon creux, s’étant trouvée de 16 pouces,
fa folidité eft de 37 $\frac{1}{2}$ pieds cubes, qui étant multipliez par 110,
donnent 4148 ℔ pour le poids de la meule, à quoi il faut ajouter
celui de la lanterne & de fon effieu que j’ai eftimé de 200 ℔, afin
d’avoir le poids dont le palier étoit chargé, c’eft-à-dire 4348 ℔.

Voici le nom, la mefure & le poids de toutes les parties qui doivent entrer dans le calcul.

$a =$ 8 pieds, rayon de la meule.

$b =$ 4 pieds, rayon du rouet.

$c =$ 9 pouces, rayon de la lanterne.

$d =$ 2 pieds, rayon moyen de la meule.

$f =$ 9 lignes, rayon des tourillons de la roue.

$h =$ 2 lignes, rayon moyen de l’extrémité du pivot de la meule
ou de la lanterne.

Maniere de connoître le poids d’une meule.

$p = 200$ ℔, force de la puissance qui fait tourner la roue.

$q = 1305$ ℔, frottement des tourillons.

$r = 4348$ ℔, poids de la meule, de la lanterne, & de son essieu.

$x =$ le poids équivalent à la résistance que la meule trouve à moudre le bled.

652. Pour commencer le calcul que nous nous sommes proposez; faites attention que la résistance qu'éprouvent les dents du rouet pour faire tourner la lanterne vient 1°. du frottement que le poids de la meule & de son équipage fait naître du pivot contre la crapaudine. 2°. De la résistance que la meule rencontre de la part du bled qu'elle veut moudre.

Il faut donc pour réduire ces deux résistances à l'extrémité du rayon de la lanterne, multiplier le tiers de la charge du pivot par son rayon moyen, (240) ce qui donne $\frac{hr}{3}$; multiplier aussi l'effort x de la meule par son rayon moyen, ajouter le produit dx au précedent, & diviser l'un & l'autre par le rayon de la lanterne, (60) on aura $\frac{hr}{3c} + \frac{dx}{c}$ qu'il faut multiplier par la fraction $\frac{19}{18}$, afin d'avoir égard au frottement du rouet & de la lanterne (290); multiplier $\frac{19hr}{54c} + \frac{19dx}{18c}$ par le rayon du rouet, il viendra $\frac{19hrb}{54c}$ $+ \frac{19bdx}{18c}$ pour le produit du poids par son bras de lévier, à quoi il faut ajouter la résistance causée par le frottement des tourillons C, (68) c'est-à-dire le produit du frottement q des tourillons par le rayon des mêmes tourillons (64,65), l'on aura $\frac{19hrb}{54c} + \frac{19bdx}{18c} + qf$, qui est une quantité égale au produit de la puissance p par le rayon de la roue dans l'état d'équilibre (45), d'où l'on tire cette équation $\frac{19hrb}{54c} + \frac{19bdx}{18c} + qf = ap$, de laquelle dégageant l'inconnue, il vient $x = \frac{18acp}{19bd} - \frac{hr}{3d} - \frac{18cqf}{19bd}$; il ne reste plus qu'à faire avec les nombres les mêmes opérations que celles qu'indiquent les lettres qui les expriment, l'on trouvera $142\frac{1}{9}$ pour le premier terme, 10 pour le second, & $7\frac{1}{5}$ pour le troisiéme : ajoûtant ensemble les deux derniers, il vient $17\frac{1}{5}$ pour la somme, qui étant retranchée de la valeur du premier, il reste à peu près 125 ℔ pour la valeur de x, c'est-à-dire pour le poids équivalent à la résistance que le bled oppose à la meule.

653. Pour sçavoir préfentement quelle partie de la puiffance eft employée à furmonter cette réfiftance, il faut être prévenu que le rouet à 48 dents, & la lanterne 9 fufeaux; que par confequent la lanterne & la meule font 5 tours & $\frac{1}{3}$, tandis que la roue n'en fait qu'un.

Le rayon moyen de la meule étant de 2 pieds, (651) fa circonference fera de 12 $\frac{4}{7}$, qu'il faut multiplier par 5 $\frac{1}{3}$, il vient 67 pieds pour le chemin que fait un des points de cette circonference, tandis que le centre d'impreffion d'une des aubes en fait un de 50 pieds $\frac{2}{7}$; ainfi multipliant la puiffance 125 ℔ par fa viteffe 67 pieds, & divifant le produit par 50 pieds $\frac{2}{7}$, viteffe de la puiffance môtrice, il viendra 166 $\frac{6}{11}$ pour l'expreffion d'une partie de cette puiffance (89), uniquement employée à furmonter la réfiftance que le bled oppofe au mouvement de la meule, qui étant retranché de 200 ℔, valeur entiere de la puiffance môtrice, il reftera 33 $\frac{5}{11}$ pour l'autre partie de cette puiffance, employée à furmonter le frottement de toutes les parties du moulin.

654. Pour connoître combien chaque piece qui frotte emprunte de la force qui furmonte le frottement total, nous commencerons par celui du pivot de la lanterne fur la crapaudine, en fuppofant qu'elle eft toujours chargée de la pefanteur abfolue de la meule & de fon équipage, c'eft-à-dire de 4348 ℔, quoique felon l'article 637 l'action de ce poids varie fans ceffe à caufe du mouvement vertical de la meule, mais il faut ftatuer fur le plus grand obftacle; ainfi le frottement dont nous parlons fera $\frac{r}{3}$ qu'il faut multiplier par $\frac{19}{18}$ (290) à caufe du rouet & de la lanterne, il vient $\frac{19r}{54}$: or comme entre ce poids & la puiffance qui le meut, il y a quatre bras de levier, le rayon de la roue, celui du rouet, celui de la lanterne, & le rayon moyen du pivot : nommant y, la puiffance qui doit furmonter ce frottement, l'on aura (73, 74) ac, bh :: $\frac{19r}{54}$, y; ou 6 pieds 8 lignes :: 1530 ℔, $y = 14$ ℔ $\frac{1}{6}$.

Nommant u la puiffance qui furmonte le frottement caufé par l'action de la meule fur le bled, & m, cette même action qu'on peut regarder comme un poids de 125 ℔; $\frac{m}{18}$ exprimera le frottement à la rencontre du rouet & de la lanterne; (276) & comme l'on a encore ici quatre bras de levier entre la puiffance & la réfiftance $\frac{m}{18}$, qu'on doit regarder comme un poids qui répond à l'ex-

trémité du rayon moyen de la meule, on aura (73, 74) ac, $bd :: \frac{m}{18}$;
u, ou 6 pieds 8 ℔ :: 6 ℔ $\frac{8}{9}$, $u = 9\frac{1}{6}$.

Si l'on nomme z, la puiſſance qui doit ſurmonter le frottement des tourillons de la roue qui eſt q, & qu'on multiplie ce poids par ſon bras de levier f, diviſant le produit par le rayon de la roue (48), l'on aura $\frac{qf}{a} = z = 10 + \frac{1}{5}$.

Ajoutant enſemble la valeur de y, u, z, il vient à peu près $33\frac{1}{2}$ pour la puiſſance qui ſurmonte le frottement total qu'on peut regarder comme le même nombre que nous avons trouvé dans l'article 653, n'ayant point d'égard à la différence des deux fractions qu'on doit regarder comme zero, puiſque cela ſuffit pour prouver la juſteſſe de tout ce qui précede, & pour ſervir d'introduction au calcul des Machines en general.

Je ferai remarquer en paſſant l'erreur de ceux qui s'imaginent que dans les Machines compoſées, il y a toujours *un tiers* de la puiſſance mótrice, employée à ſurmonter le frottement, ſans avoir égard à la longueur des bras de levier, à la ſituation des parties qui frottent, & ſi la Machine eſt plus ou moins compoſée, puiſqu'il eſt aiſé de voir dans cet exemple, qu'il n'y a gueres qu'un ſixiéme de cette puiſſance d'employé pour cela; $33\frac{1}{2}$ étant la ſixiéme partie de 200; cependant je puis bien aſſurer que les calculs précedens répondent parfaitement à l'effet du moulin dont il s'agit, m'en étant convaincu par pluſieurs experiences faites avec beaucoup de ſoin.

La puiſſance qui ſurmonte l'action de la peſanteur relative d'une meule ſur le bled, eſt à peu près la trente-cinquiéme partie de la peſanteur abſolue de la meule.

655. Comme la puiſſance qui ſurmonte la réſiſtance que le bled oppoſe à la meule agit ſelon une direction horiſontale, on ne peut pas dire qu'elle eſt égale à la peſanteur relative de la meule que nous ne connoiſſons pas : l'on ſçait ſeulement que cette peſanteur relative eſt toujours une même partie de la peſanteur abſolue de la meule; mais ſans nous en mettre en peine, il n'y a point de doute que la puiſſance qui la ſurmonte n'ait toujours avec elle le même rapport; cette puiſſance pourra donc en avoir auſſi un conſtant avec la peſanteur abſolue de la meule; je veux dire par exemple que ſi la peſanteur relative d'une meule étoit la dixiéme partie de ſa peſanteur abſolue, & que la puiſſance qui ſurmonte la réſiſtance du bled fut la moitié de la peſanteur relative, cette puiſſance ſeroit toujours la vingtiéme partie de la peſanteur abſolue.

Le calcul précedent ayant donné 125 ℔ pour la puiſſance qui ſurmonte la reſiſtance que le bled oppoſe à une meule du poids de 4348 ℔;

4348 ℔ , cette puissance sera à la pesanteur absolue de la meule, comme 125 est à 4348 , ou à peu près comme 1 est à 35 , qui est un rapport que nous regarderons comme exact , afin de nous en servir dans la suite.

656. Un Moulin tel que celui dont nous venons de faire le calcul, qui a une meule mobile de 6 pieds de diamétre du poids d'environ 4348 ℔ , & qui fait 53 tours par minute , peut moudre en 24 heures 120 septiers de bled du poids de 75 ℔ chacun, quand la meule est nouvellement piquée & qu'elle est de bonne qualité : circonstance qui entre pour beaucoup dans le plus ou moins de farine qu'elle peut faire, l'expérience faisant voir que les plus dures & les plus *spongieuses* sont préferables aux autres ; cependant, comme dans une théorie telle que je l'ai établi ici, on ne peut se dispenser de faire abstraction des accidens, nous supposerons dans la suite que les meules dont il sera question seront à peu près de même nature que celle sur laquelle j'ai fait mes observations, parce que tout bien considéré, quand cela ne se rencontreroit pas absolument de même, la chose ne peut pas tirer à consequence dans l'application que l'on fera de nos principes.

Estimation de la quantité de bled que le moulin précédent peut moudre par jour.

657. Il reste à examiner si le moulin sur lequel nous venons d'operer, fait tout l'effet qu'on peut en attendre : il faut se rappeller que nous avons démontré qu'une Machine mise en mouvement par un courant étoit dans sa perfection, lorsque la vitesse de la roue étoit le tiers de celle du courant qui la fait agir, (588 , 589 , 594) c'est ce qui ne se rencontre pas icy où la vitesse de la roue est à peu près la moitié de celle du courant, ainsi la roue va beaucoup plus vîte qu'elle ne devroit aller, ce qui vient de ce que la meule n'est point assez pesante, eu égard à la force du courant dont la vitesse respective n'est pas bien ménagée.

Examen du moulin précedent pour voir de combien il est éloigné du plus grand effet.

Voulant sçavoir quel est le poids de la meule qu'il faudroit employer à ce moulin pour le rendre capable du plus grand effet, il faut commencer par chercher la force respective de l'eau contre les aubes dans le cas dont nous parlons, en disant : si le quarré de 8 pieds 10 pouces 9 lignes donne 200 ℔ , que donnera le quarré de $11\frac{1}{2}$, qui est les deux tiers de $17\frac{1}{4}$, on trouvera 339 ℔. (568)

Il faut présentement avoir recours à l'équation $\dfrac{19bhr}{54c} + \dfrac{19bdx}{18c}$

$+ qf = ap$, (652) & faire attention que puisque x exprime la résistance que le bled oppose au mouvement de la meule, $35x$ exprimera le poids de la même meule, y compris celui de son équipage ; (655) l'on pourra donc à la place de r, substituer $35x$, l'on

aura $\dfrac{665hbx}{54c} + \dfrac{19bdx}{18c} + qf = ap$, dont tous les termes étant mul-
tipliez par $54c$, donnent après la réduction $665hbx + 57bdx + 18cfq = 54acp$, d'où dégageant l'inconnue, il vient $x = \dfrac{54acp - 54cfq}{665bh + 57bd}$,
dans laquelle les lettres connues ont la même valeur que cy-de-
vant, puisqu'il s'agit de la même Machine, excepté p, qui exprime la puissance qui vaut icy 339 ℔, au lieu de 200, & q, qui vaut
1513 ℔ au lieu de 1305, à quoi il faut bien prendre garde dans le
calcul numerique, lequel donnera $54acp = 109836$, & $54cfq = 3704$, qui étant soustrait du nombre précedent, il vient 106132
pour la difference : l'on trouvera de même $665bh = 27$, & $57bd = 456$; ajoutant ces deux nombres ensemble, l'on a 483 pour le
diviseur de 106132, dont le quotient donne 220 ℔ pour la valeur
de l'inconnue x, c'est-à-dire pour le poids équivalent à la résistance que le bled oppose au mouvement de la meule, qui étant multiplié par 35, donne 7700 ℔ pour le poids dont le palier doit être
chargé, d'où retranchant celui de la lanterne & de son essieu, (651)
il reste 7500 ℔ pour la pesanteur de la meule.

Si on donne à cette meule le même diamétre qu'à la premiere,
les vitesses de l'une & de l'autre seront dans le rapport de celle
qu'aura la roue dans ces deux cas, c'est-à-dire comme $8\frac{5}{12}$ est à
$5\frac{1}{4}$: or si l'on multiplie le poids de chaque meule par la vitesse qui
lui répond, les produits seront dans la raison des quantitez de bled
qu'elles pourront moudre dans le même tems : (638) si l'on en fait
la proportion, l'on trouvera que la meule qui convient au plus
grand effet pourra moudre environ 145 septiers en 24 heures, c'est-
à-dire, 25 de plus que ne faisoit le Moulin dans l'état où il étoit
quand j'ay fait le calcul; l'on peut juger de-là combien il importe
de mettre dans une juste proportion toutes les parties d'une Machine : on n'auroit peut-être pas soupçonné que celle-ci fut susceptible de tant de recherches.

Voulant connoître comme cy-devant quelle est la force appliquée à la roue uniquement employée à surmonter la résistance du
bled, l'on fera attention qu'entre la puissance & le poids, il y a
quatre bras de levier qui sont le rayon de la roue, celui du rouet,
celui de la lanterne, & le rayon moyen de la meule; qu'il y a même raison du produit du premier par le troisiéme, à celui du second par le quatriéme, je veux dire de 6 à 8; que du poids 220 ℔
à la puissance (73) qu'on trouvera de 293 ℔ $\frac{1}{3}$, laquelle étant retranchée de 339, il reste 45 ℔ $\frac{2}{3}$ pour la force qu'il faut de plus à

cette puiſſance pour ſurmonter le frottement de toute la Machine, au lieu de 33 ℔ ⅓ que nous avons trouvé cy-devant ; ce qui fait une difference de 12 ℔ ⅓ que la ſeconde meule cauſeroit de plus que la premiere, vû ſa plus grande peſanteur.

658. Quand on a beaucoup d'eau & une chûte ſuffiſante, l'on peut diſpoſer le moulin de façon que la même roue faſſe tourner deux meules à la fois, comme on en peut juger par la ſeconde & troiſiéme figure de la Planche 8, où l'on voit que le rouet G qui répond à l'arbre de la roue F, s'engraine avec la lanterne I, dont l'eſſieu K eſt auſſi celui d'un autre rouet L, qui tournant horiſontalement s'engraine avec les lanternes M & N pour faire tourner les meules H. *Maniere de diſpoſer les parties d'un moulin, pour que la même roue faſſe tourner deux meules à la fois.*

Comme on n'a pas toujours aſſez de grains à moudre pour occuper les deux meules à la fois, il faut faire la lanterne de deux pieces, ſuivant les deſſeins D, E, F, afin qu'elle puiſſe s'ouvrir par le moyen des charnieres pour n'être plus en priſe aux dents du rouet ; quand on veut qu'elle agiſſe on la referme. Pour que la lanterne étant ouverte, n'abandonne pas l'eſſieu, il faut qu'une de ſes moitiez y ſoit arrêtée haut & bas par des coliers de fer, comme on le voit au plan D d'un des Tourteaux : l'on pourroit au lieu de briſer la lanterne ſe contenter d'ôter deux fuſeaux à celle qui répond à la meule que l'on veut faire chomer. *Plan. 9. Fig. 2. & 4.*

659. Pour qu'un Moulin ſoit complet, il doit bluter la farine, voicy comme on s'y prend ; on a des chauſſes de pluſieurs eſpeces, plus ou moins fines, faites avec du Canevas comme aux tamis : on met une de ces chauſſes dans un tonneau percé par les deux fonds ; on la ſoutient tendue par pluſieurs petits cerceaux, ſervant auſſi à la ſuſpendre dans le tonneau qui doit être un peu incliné ; le fond le plus élevé reçoit la farine, laquelle étant entrée dans la chauſſe, eſt ſecouée deux ou trois fois à chaque tour de lanterne par le moyen du bâton H, qui eſt mis en mouvement par des bouts de fuſeaux qui excedent le tourteau ſuperieur ou inferieur, ou bien l'on met deux morceaux de bois en croix formant une eſpece de tourniquet qu'on attache au ſommet ou au bas de la lanterne, & qui donne le mouvement au bâton ; ainſi la farine tombe dans le tonneau & ſe ſepare du ſon, qui de ſon côté ſuit la pente du blutoir pour ſe rendre dans une auge ou dans un ſac. Afin que le bâton H faſſe bien ſon effet, il doit être un peu forcé par un bout de regle paſſé entre-deux cordes tordues enſemble. *Pour qu'un moulin ſoit complet, il faut qu'il puiſſe bluter la farine à meſure que le bled eſt moulu. Plan. 9. Fig. 4. & 5.*

La cinquiéme figure eſt un autre blutoir où l'on voit plus diſtinctement ce que je viens d'inſinuer, mais differemment diſpoſé ;

comme le deſſein en fait aſſez ſentir la manœuvre, je ne m'y arrêterai pas, ce n'eſt même qu'avec repugnance que je parle de ſemblables bagatelles, mais il faut ſçavoir préferer l'utile à des objets
plus intereſſans à décrire, & qui n'auroient pas la même fin.

Deſcription d'un Moulin executé à Mont-Roïal avant la démolition de cette Place.
PLAN. 2. & 3.

660. Voici un moulin qui a été executé autrefois à *Mont-Royal*:
l'on ſçait que cette Place étoit ſituée dans la preſqu'Iſle de *Trabanne*
ſur un rôcher eſcarpé, entouré en partie de la Moſelle : il y a dans
cette Riviere pluſieurs Iſles, dans l'une deſquelles on avoit établi
un poſte; & comme il étoit aiſé de retrecir en cet endroit le paſſage du courant pour faire gonfler les eaux, on a fait un moulin dans
une Tour, élevée exprès pour le mettre à l'abri de l'ennemi, étant
d'une grande conſequence pour la Garniſon. Quoique ce moulin
n'ait rien de ſingulier, je ne laiſſerai pas que de le rapporter comme un exemple pour étendre d'avantage l'application de nos principes ſur le frottement.

Cette tour eſt rectangulaire, comme on en peut juger par la figure ABCD qui en eſt le plan interieur, dont on a ſupprimé l'é-
paiſſeur des murs : on y remarquera que chaque flanc eſt percé par
un Aqueduc, dont le premier EF ſert à introduire l'eau dans un
canal qui traverſe la Tour, & le ſecond GH en facilite la ſortie ; à
l'endroit IK eſt une vanne pour retenir l'eau à une certaine hauteur, & faire tourner deux roues L & M placées de ſuite : pour
juger de la diſpoſition de ces roues, il faut conſiderer les profils de
la Tour, l'un coupé ſur la largeur du plan & l'autre ſur la longueur:
Dans ce dernier on voit la vanne IK qui répond à l'entrée de l'eau,
& la premiere roue qui en reçoit le choc ; ſur la gauche en eſt une
autre dont on s'eſt contenté de ponctuer la circonference, pour
qu'on puiſſe voir diſtinctement pluſieurs parties cachées par la précédente.

Si l'on conſidere les deux profils, l'on verra que chaque roue
eſt accompagnée d'un rouet, dont les dents s'engrainent dans une
lanterne ; que cette lanterne eſt traverſée par un arbre au ſommet
duquel eſt un autre rouet qui fait tourner une ſeconde lanterne
qui donne le mouvement à la meule.

Maniere de faire cho- mer une ou pluſieurs roues qui ſe trouvent dans le mê- me courſier, ſans empê- cher que les autres ne tournent.

661. Les deux roues ſe trouvant de ſuite, on a fait enſorte que
lorſque l'on ſeroit obligé d'en faire chomer une, l'autre pût toujours aller : l'on a poſé ſur les bords du canal un chaſſis VTXY des
deux côtez de la roue ; dans les montans TV & XY ſont des couliſſes, le long deſquelles les extrémitez V & Y des couſſinets qui
portent les tourillons de la roue, peuvent monter & deſcendre ;
c'eſt pourquoi on y a fait des écroues où entrent les verins qui ac-

compagnent les chaffis. Quand on veut empêcher qu'une roue
agiffe, on l'éleve à la hauteur où on veut l'arrêter, & on paffe des
boulons dans les trous que l'on a fait aux montans des couliffes,
afin d'en foutenir le poids ; ce qui fe fait fans que la lanterne renfermée dans le chaffis devienne un obftacle, parce que les dents du
rouet s'engrainant au bas des fufeaux qui ont au moins 18 pouces
de hauteur, on peut élever la roue autant qu'il le faut, pour que les
aubes ne foient pas choquées par le courant.

Je paffe fous filence le détail de ce qui appartient à la Tour ;
puifque les batteries de Canon hautes & baffes qui fervoient à dé-
fendre le paffage de la riviere font affez diftinctement marquées par
les embrafures, l'on voit auffi que la voûte qui n'a que 18 pieds
de largeur fur 3 pieds d'épaiffeur, recouverte de 4 pieds de terre,
mettoit ce moulin à l'épreuve de la Bombe.

On remarquera en paffant qu'il y a bien des endroits, où dans le
tems des grandes eaux les roues des moulins font fubmergées pendant une partie de l'hyver. Pour éviter cet inconvenient, le moyen
le plus ordinaire eft d'élever l'arbre de la roue de quelques pieds,
en fe fervant d'une Machine deftinée à cet ufage, & rien ne me paroît plus fimple que celle dont nous venons de parler, mais pour
cela il faut que les fufeaux de la lanterne foient d'une hauteur convenable, afin que les dents du rouet puiffent toujours s'engrainer
avec les fufeaux, qu'il faut fortifier par deux tourteaux pofez horifontalement dans l'interieur de la lanterne.

662. Il y a apparence que le peu de chûte qu'avoit le courant
qui faifoit aller les roues du moulin de Mont-Royal, eft caufe que
l'on a été obligé d'employer deux roues & deux lanternes pour donner aux meules une viteffe convenable : il eft vrai que la Machine
devenant par-là plus compofée, les frottemens en font auffi deve-
nus plus confidérables, ce qui demande néceffairement une augmentation de force au môteur ; & voilà le cas où fe trouvent tous
les moulins qu'on établit fur des bateaux, & les autres Machines
qui font mifes en mouvement par le courant d'une riviere ; la feule
reffource qui refte eft de donner aux *aubes* autant de fuperficie qu'il
en faut pour fuppléer à la viteffe du courant : or pour faire voir de
quelle maniere on doit déterminer les principales proportions du
moulin dont nous parlons pour le rendre parfait, en connoiffant
feulement le diamétre de la roue, celui de la meule, fon poids &
la viteffe du courant ; fans nous mettre en peine de ce que l'on a
fuivi dans l'exécution, nous nous attacherons à la premiere roue.

Quelles de-
voient être
les propor-
tions du
Moulin de
Mont-Roïal
dans l'étau
de perfec-
tion.

Je fuppofe que l'on a été affujetti à donner 7 pieds de rayon à cette roue, dont la circonference fera par confequent de 44 pieds ; & que le courant n'a que 9 pieds de viteffe par feconde, parce qu'on ne peut faire gonfler les eaux qu'à une hauteur médiocre, ainfi fa viteffe par minute fera de 540 pieds, dont le tiers qui eft 180 fera celle qu'aura le centre d'impreffion d'une des aubes dans le même tems pour le *plus grand effet* ; (595) ainfi cette roue fera environ 4 tours par minute ; fi l'on veut que la meule en faffe 60 dans le même tems, (638) il faut proportionner le nombre des dents des rouets & celui des fufeaux de lanternes, de façon que la quantité de tours de la premiere lanterne, multipliée par la quantité de tours de la feconde, à chaque tour de roue donne 15 au produit, parce qu'alors la roue faifant 4 tours par minute, la meule en fera 60 ; pour cela il n'y a qu'à donner 4 pieds de rayon au premier rouet, & l'accompagner de 48 dents ; 16 pouces de rayon à fa lanterne, & la faire de 16 fufeaux, alors elle fera trois tours, contre un que fera le rouet : d'autre part, fi l'on donne 3 pieds 9 pouces au rayon du fecond rouet, qu'on l'accompagne de 45 dents, 9 pouces au rayon de fa lanterne, & qu'elle foit de 9 fufeaux, elle fera 5 tours contre le rouet un ; ainfi on aura les nombres 3 & 5, dont le produit répond à l'objet qu'on s'eft propofé.

Il nous refte à déterminer la fuperficie qu'il faut donner aux aubes, pour que le courant foit capable de furmonter la réfiftance que le bled oppofe à la meule, eu égard à fon poids & à tous les frottemens qui fe rencontrent ici : nous fuppoferons que la meule a 3 pieds de rayon, & que fon épaiffeur réduite eft de 12 pouces, ce qui donne 28 pieds 3 pouces cubes de folidité, mais nous négligerons les 3 pouces pour le vuide de *l'œil* ; multipliant 28 par 110, (651) il vient 3080 ℔ pour le poids de la meule, auquel il faut ajouter 200 ℔ pour celui de la lanterne & de fon effieu ; (651) ainfi la crapaudine fera chargée de 3280 ℔, qui étant divifé par 35, il vient 94 ℔ pour le poids équivalent à la réfiftance que le bled oppofe à la meule, (655) qui étant multiplié par fon bras de levier, c'eft-à-dire par les deux tiers du rayon de la meule (240) donne 188.

<table>
<tr><td>Maniere de faire le calcul de toutes les parties du moulin de Mont-Roïal.</td><td>663. Pour calculer le frottement du pivot de la meule fur fa crapaudine, il faut comme à l'ordinaire prendre le tiers du poids dont elle eft chargée, qui eft 1093 ℔, le multiplier par les deux tiers du rayon du pivot, (240) c'eft-à-dire par 2 lignes, il vient 15, qui étant ajoûté avec le produit précedent, je veux dire avec 188, il vient 203, qu'il faut divifer par le rayon de la lanterne qui eft de 9 pouces, on aura 270 ⅟ pour la réfiftance du bled, jointe au frottement du pivot de la meule réduite au point où les fufeaux & les</td></tr>
</table>

dents du rouet se rencontrent, c'est pourquoi il faut multiplier ce nombre par $\frac{19}{18}$, (290) il vient 286 ℔ pour le poids qui répond à l'extrémité du rayon du rouet superieur, qui étant multiplié par ce même rayon, qu'on peut considerer comme un bras de levier de 3 pieds 9 pouces, & le produit divisé par le rayon de la premiere lanterne qui est de 16 pouces que l'on peut regarder aussi comme le second bras de levier, donnera 804 ℔ pour une partie de la résistance que les dents du premier rouet rencontreront à mouvoir les fuseaux de la lanterne ; car il faudra y ajouter encore celle que peut causer le frottement de l'extrémité du pivot de l'arbre vertical sur sa crapaudine (240) que nous supposerons chargée de 960 ℔ dont on multipliera le tiers, qui est 320 ℔ par les deux tiers du rayon du pivot, c'est-à-dire par 4 ℔, & diviser le produit par 16 pouces, rayon de la lanterne d'en bas, il vient 6 ℔ $\frac{2}{3}$, qui étant ajouté avec 804 ℔ donne 810 ℔ $\frac{2}{3}$, qu'il faut multiplier par $\frac{19}{18}$ (292) à cause du frottement du rouet & de la lanterne pour avoir 856 ℔.

Le rayon du rouet d'en haut, & celui de la lanterne d'en bas composant ensemble un levier recourbé à angle droit, qui a pour point d'appui la crapaudine du pivot d'en bas & le colier du pivot d'en haut ; il faut chercher la diagonale du parallelogramme rectangle, (72) qui auroit pour côtez les nombres 286 & 856, & qu'on trouvera de 902 dont on prendra la moitié (251) qui est 451 ℔ pour le frottement, qu'on multipliera par 6 lignes, rayon des pivots, & diviser le produit par 16 pouces rayon de la lanterne, il vient à peu près 14 ℔ $\frac{1}{8}$ pour ce frottement réduit au fuseau de la lanterne, qu'il faut multiplier par $\frac{19}{18}$, il vient 15 ℔ qui étant ajoutez avec 856, donne 871 ℔ pour la résistance totale que les dents du rouet d'en bas rencontreront à faire tourner la lanterne ; or multipliant ce nombre par 4 pieds rayon du rouet, & divisant le produit par 7 rayon de la roue, il viendra 498 ℔ pour la puissance qui doit être appliquée à la roue, à quoi il faut ajouter ce qui lui manque pour surmonter le frottement des tourillons de la même roue.

Je suppose que la roue, le rouet qui l'accompagne & l'arbre qui leur est commun, pesent ensemble 3450 ℔ dont il faut prendre le tiers qui est 1150 pour la pression qui se fait selon la verticale, ensuite ajouter ensemble les nombres 871 & 498, c'est-à-dire les puissances qui agissent sur les fuseaux de la lanterne d'en bas & à l'extrémité du rayon de la roue, & prendre la moitié de leur somme qui eſt 684 ½ ſelon l'article 251, & l'ajouter avec 1150, il viendra 1834 ℔ ½ pour le frottement des tourillons qu'il faut multiplier par le rayon des mêmes tourillons; c'eſt-à-dire par 9 lignes, & diviſer le produit par celui de la roue, il vient environ 16 ℔, qui étant ajouté avec 498 ℔, donne 514 ℔ pour la puiſſance qui doit ſurmonter tous les obſtacles qui ſe rencontrent dans la Machine.

Connoiſſant la viteſſe d'un courant & la puiſſance qu'il faut pour faire tourner une rouedemoulin trouver la ſuperficie des aubes.

664. Ayant dit (662) que la viteſſe du courant étoit de 9 pieds par ſeconde, & ſuppoſé que celle de la roue en étoit le tiers, la viteſſe *reſpective* de l'eau contre les aubes ſera de 6 pieds par ſeconde, laquelle répond à un reſervoir de 7 pouces ½ de hauteur, dont la baſe étant d'un pied quarré ſera chargé d'une colonne d'eau de 42 ℔, (Tab. 3.) ainſi la force reſpective du courant ſera capable d'une impulſion de 42 ℔ par pied quarré; & comme la puiſſance doit être de 514, diviſant ce nombre par 42, il vient 12 pieds ¼ pour la ſuperficie qu'il faudra donner à chaque aube (596) que l'on fera de telle largeur & hauteur que l'on voudra, pourvû que le produit de ſes deux dimenſions ne faſſe pas moins de 12 pieds ¼, & que ſon centre d'impreſſion ſoit éloigné de 7 pieds de celui de la roue, puiſque c'eſt le bras de levier ſur lequel nous avons fait notre calcul. (576)

N'ayant égard qu'à la réſiſtance que le bled oppoſe à la meule que nous avons trouvé (662) de 94 ℔, & à la raiſon réciproque de la viteſſe de ce poids & de celle de la puiſſance motrice, qui eſt comme 7 eſt à 30; on trouvera 403 ℔ pour la puiſſance motrice, qui étant retranché de 514 ℔, il reſte 111 ℔ pour la force deſtinée à ſurmonter tous les frottemens, c'eſt-à-dire à peu près la cinquiéme partie de la force totale.

Maniere de regler la pente qu'il faut donner à un Courſier dans lequel il ſe trouve pluſieurs roues de ſuite, pour que le courant puiſſe les frapper toutes de la même force.

665. On remarquera qu'au ſujet des roues qui ſe rencontrent dans le même courſier, qu'afin que l'eau qui a choqué la premiere acquierre enſuite la viteſſe qu'elle a perdu pour choquer la ſeconde, il faut donner au courſier une certaine pente. Par exemple, nous avons ſuppoſé ici que la viteſſe de l'eau étoit de 9 pieds, & que la viteſſe de la premiere roue étoit le tiers de celle du courant; il ne lui reſtera donc après avoir choqué les aubes que la viteſſe de 3 pieds par ſeconde; ainſi il faudra donner au courſier une certaine pente, pour que le courant puiſſe acquerir encore 6 pieds de viteſſe; pour cela il n'y a qu'à voir de quelle hauteur il faudroit que tombât un corps pour acquerir une viteſſe uniforme de 9 pieds par ſeconde; on trouvera dans la Table troiſiéme qu'elle doit être de 16 pouces 2 ½ lignes, dans le cas où il n'auroit eu d'abord aucun mouvement; mais ſi ce corps étoit déja capable d'une viteſſe de 3 pieds

pieds par feconde, il ne faudroit pas qu'il tombât de fi haut ; c'est pourquoi il faudra diminuer de la hauteur précedente celle qu'il auroit dû d'abord parcourir pour avoir cette vitesse de 3 pieds, laquelle doit être d'un pouce 9 $\frac{1}{2}$ lignes, qui étant retranché de 16 pouces 2 $\frac{1}{2}$ lignes, reste 14 pouces 5 lignes pour la difference des deux hauteurs, qui est la pente qu'il faut donner au courfier dans l'intervalle des deux roues : quand il y auroit 5 ou 6 roues de fuite, elles iront toutes avec la même vitesse, dès quelles fe trouveront dans le cas des deux précedentes.

666. En Provence & dans une bonne partie du Dauphiné les moulins y font d'une grande fimplicité, n'ayant qu'une roue horifontale D de 6 ou 7 pieds de diamétre, dont les aubes font faites en *cuilleres* pour recevoir le choc de l'eau qui coule ordinairement dans un auge A ; l'arbre E qui répond à la meule fuperieure est la feule piece qui fert à lui communiquer le mouvement, & je ne crois pas qu'il foit possible de faire un moulin à moindre frais ; il est vrai qu'il faut pouvoir ménager une chûte comme celle que l'on voit ici, & qui font très-fréquentes dans ce Païs-là.

Description d'un moulin fort fimple dans le goût de ceux qu'on fait en Provence.

PLAN. 4.

La roue tourne fur un pivot dans une crapaudine pratiquée au milieu de l'entretoife du chaffis OF, fervant à approcher les deux meules, par le moyen de la vis qui est à l'extrémité de la piece G, & de l'écroue H que l'on fait tourner pour hauffer ou baiffer le chaffis.

Les roues que l'on voit exécutées dans le goût de celle-ci ont leurs cuilleres fimplement affemblées à l'arbre par un tenon & une cheville fortifiée par le deffous par des membrures qui les entretiennent toutes enfemble ; d'autres font faites, comme on le voit au plan M, & a fon profil N, que la feule infpection de la figure fait affez connoître pour n'avoir pas befoin d'explication.

Quand le Meûnier veut arrêter le Moulin, il peut fans fortir interrompre le cours de l'eau en pouffant la perche I, baiffer le clapet L qui est attaché auffi bien que le bras de levier K à un tourniquet qui facilite cette manœuvre ; plus haut il y a une vanne à l'entrée du canal, comme on le voit marqué à l'endroit C du plan, pour empêcher que l'eau n'y entre & qu'elle ne fe perde en paffant par deffus les bords, comme cela arriveroit fi l'on ne fermoit que le clapet L : on la ménage dans un refervoir lorfque le moulin chome pendant quelque tems pour en avoir enfuite avec plus d'abondance.

Ce moulin est exécuté à *Briançon* ; l'eau de la *Durance* en fait tourner trois femblables dans le même bâtiment.

667. Pour profiter de l'occafion que me fournit la Planche qua-

Maniere de calculer la

triéme de donner un exemple de la maniere de mesurer le choc de l'eau qui coule sur un plan incliné ; nous supposerons que celle du reservoir que soutient la vanne C, est toujours entretenue à 17 pouces de profondeur, que le pertuis a 4 pouces de hauteur sur 12 de largeur ; ainsi la hauteur moyenne de l'eau sera à peu près de 15 pouces, (534) qu'il faut selon l'article 578 multiplier par 16 pieds qui est la hauteur que nous donnerons au canal incliné A, ou à l'élevation du pertuis au-dessus de la roue D ; ensuite extraire la racine quarrée du produit, qu'on trouvera de 4 pieds 5 pouces 8 lignes pour la hauteur de la colonne d'eau, qui auroit pour base le pertuis ou le tiers d'un pied quarré : prenant dans la Table troisiéme le tiers du choc qui répond à une chûte de 4 pieds 5 pouces 8 lignes, on trouvera 103 ℔ ⅓ pour l'expression du choc de l'eau qui fait tourner la roue, quoique celui de la même eau ne soit capable que d'environ 29 ℔ immédiatement à la sortie du pertuis ; ce qui fait voir combien elle a acquis de force par son accéleration.

Si la vanne étoit élevée jusqu'au niveau de l'eau, & que la source fut assez abondante pour fournir à la dépence d'une ouverture de 12 pouces de largeur sur 17 de hauteur, qui donne un pied 5 pouces de superficie ; la hauteur moyenne seroit alors les quatre-neuviémes de la profondeur de l'eau, (524) c'est-à-dire de 7 pouces 6 lignes 8 points, qui étant multiplié par 16, hauteur du canal incliné, (578) on aura un produit dont la racine quarrée donne environ 3 pieds 2 pouces pour la hauteur de la colonne, qui auroit pour base le plan de la Section de l'eau au sommet du canal ; cherchant dans la Table troisiéme le choc qui répond à une chûte de 3 pieds 2 pouces, on le trouvera de 222 ℔, qui étant multiplié par un pied 5 pouces, donne 314 ℔ ⅓ pour le choc de l'eau à la sortie du canal, au lieu qu'elle ne peut être capable que d'un choc de 62 ℔ à son sommet.

668. L'on voit à quelques endroits sur la Garonne des Moulins qui sont encore d'une construction assez singuliere ; la roue est une espece de tambour qui a la figure d'un Cone tronqué renversé, qui tourne dans une cuve de Maçonnerie faite exprès : les aubes de cette roue sont appliquées obliquement sur la surface du tambour où elles forment des portions de spirales. Ces aubes ainsi disposées obligent la roue à tourner avec une extrême vitesse, par conséquent la meule qui répond à son essieu, & pour cela il ne faut qu'un filet d'eau.

669. De tous les moulins à eau qui ont été imaginez jusqu'icy, je crois qu'il n'y en a pas de plus ingénieux & de plus simples que

ceux qui on été exécutez au *Bafacle* à *Toulouſe*, comme on en va juger.

Il y a aux moulins du Bafacle 25 meules de front qui vont inceſ-famment & qui entretiennent de farine la Ville & les environs; & comme elles agiſſent toutes de même par la force du courant, & que leur action eſt indépendante l'une de l'autre, je ne rapporte-rai que ce qui convient à trois de ces meules.

La premiere figure montre le plan de pluſieurs piles de maçon-nerie ſervant de pieds droits à des arcades fermées par des vannes **Plan. 5.** qu'on voit dans la 8e. figure, qui eſt une élevation priſe ſur la lon- **& 6.** gueur AB; chaque vanne répond à un courſier 7, revêtu de ma- **Fig. 1.** çonnerie, allant en retréciſſant juſqu'à l'endroit CD où il aboutit à **& 6.** un cylindre ou tonneau CED ſans fond, qui eſt auſſi de maçon-nerie: l'eau retenue derriere la vanne 5 paſſant par le pertuis 22, entre avec précipitation dans le courſier, & ne trouvant point pour ſortir un paſſage auſſi grand que celui par lequel elle eſt entrée, gonfle & s'introduit avec plus de force dans le tonneau en formant un tourbillon, & contraint de tourner avec elle une roue horiſon-tale qui eſt dans le fond repréſentée aux endroits F, & mieux en-core dans les Figures 4 & 5. L'arbre 1 de cette roue aboutit à la meule K de la ſixiéme figure.

L'eau qui eſt entrée dans le tonneau après avoir fait pluſieurs tours & frappé les aubes de la roue, s'échappe par le vuide qui ſe trouve dans l'intervalle que ces mêmes aubes laiſſent entr'elles, ſort par le fond du tonneau, & s'écoule du côté d'Aval où on a ménagé une pente; voilà une idée generale de la manœuvre de ces ſortes de moulins que je vas détailler ſuccintement.

A la roue eſt un pivot tournant ſur la crapaudine pratiquée dans le palier N: ce palier eſt appuyé à l'endroit V ſur un ſeuil avec le-quel il eſt encaſtré de quelques pouces; l'extrémité X eſt attachée avec un boulon à un poteau pendant O, ſuſpendu au balancier **Fig. 6.** PQ, appuyé d'une part à l'endroit P, ſuſpendu de l'autre à la piece QR percé vers le haut de pluſieurs trous pour recevoir un boulon: comme toutes les pieces jouent enſemble quand on hauſſe ou baiſſe l'extrémité R, l'on peut par leur moyen faire monter ou deſcendre la roue F, afin d'approcher la meule ſuperieure K de ſon inferieure ſelon l'uſage ordinaire des moulins.

La hauteur du tonneau eſt exprimée par LM, & l'on voit que du côté de la ſortie de l'eau, la maçonnerie dont il eſt compoſé eſt portée par des poutres M & T, & qu'à cet endroit il y a une arcade S derriere chaque tonneau qu'on ne peut bien diſtinguer que dans la ſeptiéme figure, qui eſt une élevation du moulin du côté d'Aval prise depuis le radier jusqu'à la hauteur du rez-de-chaussée, où l'on distingue les differentes parties que l'on peut voir dans l'enfoncement depuis l'entrée de l'eau jusqu'à sa sortie. Pour les reconnoître il ne faut que chercher les chiffres & les lettres semblables répandues dans les differentes figures, qui font voir la relation qu'elles ont entr'elles puisqu'elles répondent aux mêmes choses vûes de differens sens ; la troisiéme figure montre le plan du radier du côté d'Aval, & de quelle maniere sont assemblées les pieces de charpente sur lesquelles on a établi la maçonnerie qui compose les tonneaux ; car comme l'eau passe par dessous, il a fallu les porter en l'air & se contenter d'appuyer leur base sur les piles Y.

La deuxiéme figure fait voir le plan du rez-de-chaussée du moulin où sont placez les meules, & l'assemblage des pieces de charpente qui en font la séparation : elles sont disposées de maniere qu'on peut démonter tout ce qui appartient à une des meules quand il y a quelque réparation à faire sans interrompre le travail des autres, ayant chacune leur coursier qu'il suffit de fermer pour avoir la liberté de manœuvrer haut & bas.

Comme il n'y a que 5 pieds 4 pouces du centre d'une meule à celui de l'autre sur une riviere de 10 à 11 toises de large, on peut en placer jusqu'à 12, au lieu qu'ordinairement on n'en met que 4, encore faut-il faire deux bâtimens, un sur chaque bord ; icy il n'y a ni rouet ni lanterne, & par consequent d'autre frottement que celui du pivot de la roue, ce qui rend les réparations moins fréquentes : cette roue qui n'a que 3 pieds de diamétre est composée d'une seule piece ; pour la faire, on prend un tronçon d'un gros arbre, & on y taille les aubes que l'on incline sur son épaisseur, les faisant un peu courbes comme on le peut voir par la quatriéme & cinquiéme figure qu'on a rapporté en grand pour la rendre plus sensible.

Pour donner à cette roue toute la perfection dont elle me paroît susceptible, il y auroit plusieurs recherches curieuses à faire ausquelles je ne m'arrêterai point : je dirai seulement que l'eau qui la pousse la fait agir avec une force composée de l'action de sa pesanteur & de la direction circulaire que le tonneau lui donne ; que la courbure des aubes devroit suivre celle de la développée d'un cercle, & que l'obliquité qu'elles ont de haut en bas devroit faire avec l'arbre qui leur sert d'essieu un angle de 55 dégrez, puisque ces aubes sont dans le même cas que les aîles d'un moulin à vent.

Maniere de
se servir du
flux & re-   670. Il me reste à décrire une autre espece de Moulin dont je crois qu'aucun Auteur n'a parlé, étant nouvelle & peu connue :

elle fe réduit à faire enforte d'affujettir le flux & le reflux de la mer *flux de la*
pour faire tourner des roues toujours du même fens, ce qui s'exé- *mer, pour*
cute d'une maniere fort ingenieufe; l'on en attribue la premiere *faire tour-*
invention à un nommé *Perfe* Maître Charpentier de Dunkerque, *ner des*
qui mérite affurément beaucoup d'éloge, n'y ayant point de gloire *roues tou-*
plus digne d'un bon Citoyen que de produire quelqu'invention *jours du mê-*
utile à la focieté. En effet, combien n'y a-t'il point de chofes effen- *me fens.*
tielles à la vie, dont on ne connoît le prix que quand on en eft
privé; les moulins en general font dans ce cas-là, l'on doit fçavoir
bon gré à ceux qui nous ont mis en état d'en conftruire par tout:
par exemple à Calais, comme il n'y ferpente point de rivieres, on
n'y a point fait jufqu'ici de moulins à eau, & ceux qui vont par le
vent chomant une partie de l'année, il y a des tems où cette Ville
fe trouve fans farine, & j'ai vû la Garnifon en 1730 obligée de
faire venir du pain de Saint Omer, au lieu qu'en fe fervant du flux
& reflux de la mer, on pourroit conftruire autant de moulins à eau
que l'on voudroit; il y a d'autres Villes dans le voifinage de la mer
fujettes au même inconvenient, parce qu'apparemment elles ignorent le moyen d'y remédier. C'eft principalement en leur faveur
que j'ay écrit ce qui fuit.

La figure premiere comprend trois canaux dont celui du milieu Plan. 7.
KCM fe ferme avec deux vannes placées aux endroits B & E, les Fig. 1.
deux autres GDL & HFI fe ferment auffi par les vannes D & F.
Pour entendre la manœuvre qui fait aller le moulin dont la roue
eft placée en C, on fuppofe que l'eau de la mer entre du côté de
M, & fort du côté de K pour s'aller rendre dans un grand refervoir où elle refte en dépôt.

Quand la mer monte, on leve les vannes B, E, & l'on baiffe
les deux autres D & F; alors l'eau paffant par le canal du milieu
fait tourner la roue environ 4 heures & ½ des 6 que la mer employé
à monter, parce que lorfqu'elle approche de fe mettre de niveau
avec l'eau du refervoir, la roue ceffe de tourner pendant une heure
& demie avant que la marée ait atteint fa plus grande hauteur, &
encore une heure & demie après: ainfi des 12 heures que comprend le tems du flux & reflux, il y en a 3. pendant lefquelles le
moulin chome.

Quand la mer commence à baiffer, l'on ferme les vannes E &
B, & l'on ouvre les deux autres D & F; l'eau du refervoir eft contrainte de paffer dans le canal GDL, & ne pouvant s'échapper du
côté de la mer, elle vient paffer fous la roue C qu'elle fait tourner du même fens qu'auparavant: de-là elle s'échappe par le canal

HFI & va s'écouler à la mer ; ainsi toute la manœuvre se réduit à ouvrir & à fermer alternativement tous les six heures les vannes E, B, & D, E. Pour interrompre le moulin quand on le juge à propos, l'on a placé une vanne à l'endroit A qui empêche que la mer ne passe au-delà.

La seconde figure comprend deux moulins qui agissent de la même maniere que le précedent, mais avec un peu plus de circuit ; l'on suppose que le côté L répond au rivage & le côté K au reservoir : Quand la mer monte, l'on ouvre les trois vannes A,G,C, & l'on ferme les trois autres B, D, H ; ainsi l'eau fait tourner d'abord la roue F, ensuite l'autre E, de-là passe dans le canal MCI pour se rendre au reservoir.

Quand la mer baisse on ferme les trois passages A, G, C, & l'on ouvre les trois autres BDH, l'eau du reservoir vient faire tourner la roue E de même sens qu'auparavant, de-là coule par le passage D, & va faire tourner la roue F comme en premier lieu, ensuite elle s'échappe par le canal PBO, & va se jetter à la mer ; ainsi la manœuvre consiste à ouvrir & à fermer alternativement les vannes.

Exemple d'un moulin exécuté autrefois à Dunkerque & qui alloit par le flux & reflux.

671. Voici les développemens d'un moulin dans le goût des précédens qui a été exécuté à Dunkerque, & qui a subsisté encore long-tems après la démolition ; n'ayant été détruit que depuis quelques années par le proprietaire même, picqué de voir qu'on vouloit l'obliger d'entrer dans les frais de l'entretien des canaux de Furnes & de la Moëre qui facilitoient la manœuvre de ce moulin situé dans la Ville entre ces deux canaux. Il faut être prévenu que le fond du canal de la Moëre est de niveau avec l'ancien port, & que le fond de celui de Furnes est de 6 pieds plus élevé ; ainsi le moulin manœuvroit à la marée montante par le canal de la Moëre, & continuoit à la marée descendante par celui de Furnes de la maniere du monde la plus commode comme on en va juger.

Plan. 8.

Ce moulin contenoit huit meules marquées H, dont 6 tournoient par le moyen de la mer, & les deux autres par celui du vent ; c'est pourquoi on a pratiqué la gallerie de charpente KL en dehors de la Tour pour disposer l'axe des aîles dans la direction du vent.

Le plan fait voir trois coursiers A, B, C, dans chacun desquels tournoit une roue qui donnoit le mouvement à deux meules, comme le profil le fait assez sentir. Je ne dis rien du mouvement de la roue F, qui répondant dans le coursier C, avoit la liberté de tourner tantôt d'un sens, tantôt d'un autre suivant le flux & le reflux pour ne m'arrêter qu'aux deux autres répondans aux coursiers A

& B dont l'équipage de chacune est représentée par le second profil. Pour leur donner le mouvement, on a fait quatre portes à deux
battans D, E, F, G, qui s'ouvroient & se fermoient alternativement d'elles-mêmes par l'action de l'eau. Par exemple, à la marée
montante les portes E & F s'ouvroient, & les deux autres D & G
se fermoient, l'eau venant passer par les coursiers du sens marqué
par les fléches faisoit tourner les roues pendant le flux ; & à la marée descendante les portes G & D s'ouvroient, & les deux premieres E & F se fermoient ; l'eau se trouvant arrêtée en E passoit
par la porte G, & sortoit par l'entrée D, après avoir fait tourner les
deux roues du même sens qu'auparavant.

PLAN. 7.
FIG. 8.

672. J'ai fait réflexion que l'on pouvoit se servir de la marée pour
faire aller des moulins d'une maniere encore plus simple que celle
que je viens de décrire. Je suppose que RST marque la basse mer,
& KQM la haute mer ; que l'on a creusé le terrein au niveau des
plus basses marées sur l'étendue SLAGNT, qui aboutit à deux reservoirs DOH & GPI, dont le lit du premier doit être de 6 ou 7
pieds plus élevé que celui du second qu'on fera de niveau avec la
basse mer ; ainsi l'on ménagera une chûte à l'endroit HI, accompagnée d'une écluse fermée avec des vannes pour soutenir les eaux
du canal superieur & faire tourner plusieurs moulins : à l'entrée du
bassin superieur, il faudra faire une écluse AB fermée par deux portes busquées D qui s'ouvriront d'elles-mêmes du côté du canal à la
marée montante ; l'eau entrera à la hauteur de 7 à 8 pieds, & s'y
trouvera enfermée sans en pouvoir sortir qu'en ouvrant les pertuis
des moulins, parce que les portes D se refermeront d'elles-mêmes
aussi-tôt que la mer commencera à baisser.

Autre ma-
niere de se
servir du
flux & re-
flux pour
faire tour-
ner des
roues.

On construira aussi une écluse EF à l'entrée du bassin inferieur,
dont les portes G regardant la mer se fermeront d'elles-mêmes
quand elle montera, & elle ne pourra entrer dans ce bassin uniquement destiné à recevoir les eaux d'en haut ; car le radier des moulins étant à peu près de niveau avec le lit du bassin superieur, l'eau
pourra passer de l'un dans l'autre, & de-là aller se jetter à la mer,
lorsque la marée en baissant laissera la liberté aux portes G de s'ouvrir pour mettre ce bassin à sec de 12 heures en 12 heures : or si l'on
proportionne l'étendue de celui d'en haut à la quantité d'eau que
les moulins dépenseront pendant 9 ou 10 heures, afin d'avoir égard
au tems que la mer mettra à baisser & à remonter jusqu'à un certain point, les moulins iront continuellement sans aucune su-
jettion.

Comme toutes les rivieres qui vont se jetter à la mer ont un flux PLAN. 7.

FIG. 9. & reflux qui s'étend fenfiblement fur plufieurs lieux en-deçà de leur embouchure : on peut encore profiter de cet avantage pour la commodité des Villes qui en font à portée : par exemple ABCDE repréfente une riviere qui va fe jetter à la mer du côté de A ; l'on fe fervira du circuit BCD afin de conftruire les moulins à l'endroit MN ; pour cela il faudra creufer deux baffins FMNG & MIKN, le premier plus profond que le fecond, le faifant de niveau avec le lit HA ; ce qui s'executera d'autant plus commodement que les rivieres ont toujours beaucoup de profondeur à mefure qu'elles approchent de leurs embouchures : on fera une éclufe FG dont les portes H regarderont la mer, & une autre IK dont les portes L regarderont les moulins ; l'on apperçoit d'abord que la mer venant à monter fermera l'éclufe d'en bas & ouvrira celle d'en haut, & que quand elle fe retirera l'eau du baffin fuperieur fermera l'éclufe d'en haut, & l'eau du baffin inferieur ouvrira celle d'en bas pour s'aller jetter à la mer ainfi alternativement.

Maniere de faire une roue de moulin qui puiffe tourner, étant entierement plongée dans l'eau d'une riviere.

673. Les rivieres qui font dans le cas que nous venons de fuppofer groffiffant de 12 ou 15 pieds, on ne peut y faire de moulin dont les roues ne foient fubmergées deux fois par jour, & les Machines qu'elles font agir ne rempliffent gueres que le quart de leur deftination, à moins qu'on n'éleve les roues de la façon que nous l'avons infinué dans l'article 661, mais c'eft une fujettion qu'on peut éviter par une nouvelle conftruction de roues imaginées par Meffieurs *Goffet* & *de la Deville*, Prêtres du Diocéfe de *Laon*, à l'occafion d'un projet d'une Machine qu'on devoit exécuter contre l'une des Arches du Pont-au-Change à Paris. Il s'agiffoit de donner une plus grande abondance d'eau à la Ville que ne font les Pompes du Pont Notre-Dame, qui ne vont pas lorfque la riviere eft fort groffe, quoiqu'on éleve les roues jufqu'à une certaine hauteur, au lieu que celle dont je parle tournera continuellement fans bouger de fa place que la riviere foit haute ou baffe, parce qu'elle peut y être entierement plongée ; en voici le détail.

PLAN. 7. FIG. 10. On fuppofe que la ligne GH exprime la furface des plus hautes eaux, la ligne LM celle des plus baffes, & que le courant fuit la direction de la fléche N ; il eft queftion de faire enforte que la roue puiffe toujours tourner fur fon axe IK, il faut être prévenu que la figure que nous donnons ici eft un profil compofant un affemblage de charpente qui doit être répeté plufieurs fois le long de l'arbre, felon la longueur que l'on veut donner aux aubes, afin que les planches qui doivent compofer ces aubes ayent autant de point d'appui qu'il convient de leur en donner pour foûtenir le choc de

l'eau

l'eau fans fléchir ; ce que cette roue a de fingulier fe réduit feule-ment à attacher fur les rets avec des charnieres les planches qui doivent compofer les aubes, afin qu'elles puiffent fe préfenter en face comme D quand elles font au bas de la roue pour recevoir le choc de l'eau , & qu'au contraire elles ne fe préfentent que de pro-fil comme A , lorfqu'elles font vers le fommet, parce qu'alors l'eau ayant incomparablement plus de prife en bas qu'en haut, la roue fera contrainte de tourner, au lieu que fi les planches étoient arrê-tées à demeure, comme de coutume, le choc fe trouvant égal en bas & en haut , la roue refteroit immobile.

L'on voit qu'auffi-tôt que les planches D font parvenues vers M , elles commencent à flotter comme en E & plus encore en F, & que ce n'eft qu'en A qu'elles fe trouvent dans une fituation hori-fontale ; qu'enfuite étant parvenues en B , elles font prêtes à fe cou-cher fur leur appui, & c'eft à quoi le courant les contraindra lorf-qu'elles feront defcendues au-deffous de l'axe de la roue, ce qui arrivera toujours de même à quelque hauteur que foit le niveau GH de l'eau au-deffus ou au-deffous de l'axe IK , pourvû que lorfqu'il fera au plus bas LM, l'aube verticale PQY foit entiere-ment plongée. J'ay été appellé à la premiere épreuve que l'on a fait d'une pareille roue à Paris, qui a réuffi avec tout le fuccès qu'on pouvoit defirer.

674. Il ne paroît pas que dans la conftruction des roues de moulin l'on ait fuivi jufqu'ici aucune regle pour déterminer le nom-bre des aubes qu'il convenoit d'y appliquer, eu égard à leur hau-teur, & relativement à la grandeur du diamétre qu'il faudra don-ner à la roue ; cependant il importe qu'elles foient diftribuées à propos, fans en employer plus qu'il ne faut, comme on le fait tou-jours, ce qui les empêche de recevoir toute la force du courant, parce que fe couvrant les unes fur les autres, elles n'en font cho-quées qu'imparfaitement. *Regle pour déterminer le nombre d'aubes qu'il faut donner aux roues felon la grandeur de leur diamé-tre.*

Si l'on fuppofe la circonference d'une roue divifée en un nom-bre de parties égales par autant de rayons, à chacun defquels on ait attaché une aube , comme LE & CB, la premiere oblique au courant , & la feconde perpendiculaire : il eft certain que fi la pre-miere trempe dans l'eau, tandis que la feconde eft encore dans la verticale , tirant du point E la perpendiculaire ED , fur le rayon AB , que fi la ligne HI repréfente la furface du courant, la partie EF couvrira l'aube CB fur toute la hauteur CD, qui ne fera point choquée , puifqu'elle ne peut l'être que fur la hauteur BD. Il eft vrai que cette diminution femble être reparée par l'impulfion que PLAN. 7. FIG. 5.

recevra la partie FE ; mais comme elle eſt oblique au courant ,
elle ſera moindre que celle que recevroit CD ou FG, dans la rai-
Fig. 6. ſon réciproque de FG à FE (583) , ou de AD à AE, c'eſt-à-dire
du ſinus de l'angle AED, complement de l'angle EAD au ſinus
total. Il faut donc pour bien faire que la baſe E de l'aube LE ne
faſſe que rencontrer la ſurface du courant HI, au moment que
l'aube CB ceſſe d'être verticale ; alors la hauteur CB de chaque
aube pourra être exprimée par le ſinus verſe de l'angle EAB que
doivent former entr'eux les rayons de la roue.

Préſentement il ſera aiſé lorſqu'on connoîtra le rayon d'une roue
& la hauteur qu'on voudra donner aux aubes de déterminer le nombre des mêmes aubes , ou bien le nombre des aubes étant donné
avec leur largeur, trouver le diamétre de la roue , ou encore le diamétre de la roue étant donné & le nombre des aubes, trouver leur
hauteur , puiſque ces trois cas ſe réduiſent à des ſimples calculs de
Trigonométrie ; cependant pour plus de commodité , voici une
petite Table qu'a donné M. Pitot qui eſt le premier que je ſache
qui ait traité ce ſujet exactement.

Nombre des Aubes.

4. 5. 6. 7. 8. 9. 10. 11. 12. 13.14.15.16.17.18.19.20.

Largeur des Aubes.

1000.691.500.377.293.234.191.159.134.114.99.86.76.67.60.54.49.

675. Pour faire uſage de cette Table , il faut être prévenu qu'elle
a été calculée pour un rayon diviſé en 1000 parties égales , & que
les chiffres qui ſont dans la ſeconde ligne , comprennent le nombre des parties du rayon qu'il faudra donner à la hauteur des aubes ; voulant ſçavoir combien il en faudra employer de 2 pieds de
hauteur à une roue qui auroit 10 pieds de rayon , il faut faire cette
regle de proportion ; ſi 10 pieds, rayon de la roue propoſée, donnent
mille pour le rayon de la Table, combien donneront 2 pieds, hauteur des aubes propoſées , pour le nombre des parties des aubes
de la même Table ; on trouvera 200 pour le terme que l'on demande ; l'on cherchera le nombre le plus approchant dans la ſeconde
ligne de la Table ; l'on trouvera 191 , & le nombre 10 qui répond
Plan. 7. au-deſſus marquera la quantité d'aubes qu'il faut donner à la roue.

Fig. 6. Si l'on vouloit réſoudre la même queſtion ſans le ſecours de la
Table, conſiderez qu'ayant le rayon AB de la roue , & la hauteur CB des aubes , on connoîtra dans le triangle rectangle AEC
les côtez AE & AC ; par conſéquent la valeur de l'angle EAC for-

mé par deux rayons : Si l'on divife 360 par le nombre de dégrez que comprendra cet angle, il viendra au quotient le nombre des aubes qu'il faudra donner à la roue ; les autres queftions que l'on peut faire fur ce fujet font fi aifées à réfoudre, que je ne crois pas devoir m'y arrêter.

Je ne dis rien ici de la largeur qu'on peut donner aux aubes en general, parce qu'elle eft arbitraire, & dépend de la force que l'on veut emprunter du courant, puifque cette force fera toujours proportionnée à la fuperficie des aubes : quant à leur hauteur il n'en eft pas de même, étant le plus fouvent affujettie à la profondeur de l'eau où elles doivent tremper : Je ne dis rien non plus de la grandeur du rayon de la roue, dépendant du bras de levier dont on a befoin, ou de la fituation de la Machine au-deffus du niveau de l'eau.

676. Les aubes formant à chaque inftant des angles differens avec la verticale, l'impulfion qu'elles reçoivent du courant varie continuellement ; & comme la fituation verticale eft la plus avan- PLAN. 7. tageufe de toutes, il y en a auffi une autre qui répond à la plus FIG. 7. defavantageufe, laquelle fe rencontre lorfqu'une aube eft entierement couverte par celle qui la fuit immédiatement ; ce qui arrive toutes les fois que l'angle BAL que forment leurs rayons eft divifé en deux également par la verticale AG, parce que l'eau ne frappe que la premiere CB obliquement, & ne s'étend que fur la partie DB, y en ayant toujours une autre DC hors de l'eau ; ainfi on pourra comparer la plus grande impreffion avec la moindre, en fuppofant l'aube verticale FG, & en abbaiffant la perpendiculaire BE pour avoir le triangle rectangle BED, afin de faire le même raifonnement que dans l'article 674.

677. Ayant promis fur la fin du Chapitre onziéme du quatriéme Defcription Livre de la *Science des Ingenieurs*, la defcription de quelques mou- d'un moulin lins à bras & à cheval, pour entretenir de farine en tems de fiége à bras. la Garnifon d'une Fortereffe ; voici l'occafion de fatisfaire à mes PLAN. 9. engagemens.

La premiere figure repréfente le profil d'un moulin à bras ; deux hommes le font aller avec affez d'aifance avec des efpeces de béquilles attachées à la manivelle B, qui a 2 pieds de coude : cette manivelle donne le mouvement à la lanterne C, qui a 15 pouces de diamétre, & 15 fufeaux qui s'engrainent dans la roue D de 18 pouces de diamétre, & de 16 dents : cette roue fait tourner la lanterne E de 7 pouces de diamétre, compofée de 6 fufeaux. Suivant la difpofition de ces pieces, chaque tour de manivelle en fait faire

2 & ½ à la meule, laquelle a 3 pieds de diamétre fur 5 pouces d'é-
paiffeur, & peut fe hauffer & fe baiffer avec le palier G; l'effieu de
la lanterne eft accompagné d'une volée H, compofée de deux regles chacune de 6 pieds de longueur, mifes en croix & chargées
aux extrémitez des tables de plomb pour rendre le mouvement
plus uniforme.

Autre mou-
lin à bras.

Fig. 3.

678. Comme dans les Machines qui concourent à la même fin,
on doit préferer les plus fimples à celles qui le font le moins; voici
un autre moulin dans le goût du précédent, dont la troifiéme figure
repréfente le profil. Ce moulin, comme on le verra par la fuite,
peut être mis en mouvement par deux hommes appliquez à une
manivelle de 12 pouces de coude, laquelle répond à un rouet de
12 pouces de rayon accompagné de 12 dents; ainfi l'on peut regarder la puiffance comme fi elle agiffoit immédiatement fur les fufeaux de la lanterne, laquelle a 6 pouces de rayon & 6 fufeaux,
par confequent la meule fera deux tours, contre la manivelle un.
Pour entretenir l'uniformité du mouvement, on a accompagné
l'effieu de cette lanterne, d'une volée femblable à celle du moulin
précédent, & on en a auffi ajoûté un autre à la manivelle.

Le diamétre de la meule eft de 3 pieds 6 pouces, & fon épaiffeur a fa circonference de 6 pouces 6 lignes, & feulement de 5
pouces 9 lignes au centre, parce que fon creux eft de 9 lignes de
profondeur; ainfi fon épaiffeur réduite eft de 6 pouces, & fa folidité de 8316, d'où il faut retrancher le vuide formé par l'œil, lequel ayant 5 pouces de diamétre, fe trouve d'environ 170 pouces
cubes; par confequent la folidité de la meule ne fera que de 8146,
dont on aura le poids, en difant: Si 1728 pouces cubes donnent
110 ℔ pour la pefanteur d'un pied cube de la pierre dont on fait les
meules, combien donneront 8146, l'on trouvera 518 ℔ pour le
poids de la meule, à quoi il faut ajoûter celui de la lanterne, de fon
effieu & de la volée qui l'accompagnent que j'eftime enfemble de
182 ℔; l'on aura donc 700 ℔ pour la charge du palier.

Calcul d'un
moulin à
bras, y com-
pris celui
des frotte-
mens.

679. Selon l'article 655 la réfiftance que le bled oppofe au mouvement de la meule eft la trente-cinquiéme partie de la charge du
palier; ainfi divifant 700 par 35, il vient 20 pour cette réfiftance
que je multiplie par fon bras de levier, c'eft-à-dire par 14 pouces
rayon moyen de la meule, & divifant le produit par 6 pouces rayon
de la lanterne, le quotient donne 46 ℔ ⅔ pour la puiffance appliquée à la manivelle, & uniquement employée à moudre le bled.

Il refte à chercher de combien il faudra augmenter cette puiffance pour la rendre capable de furmonter le frottement; nous com-

mencerons par celui du pivot de la lanterne dont nous fuppoferons le diamétre de 4 lignes à fon extrémité, fon rayon moyen ou le bras de levier du frottement fera d'une ligne & un tiers qu'il faut multiplier par le tiers de la charge du palier, (240) & le produit par $\frac{12}{18}$ à caufe du frottement du rouet & de la lanterne, (290) & divifer ce fecond produit par le rayon de la lanterne, il viendra 4 ℔ ½ pour la puiffance appliquée à l'extrémité du même rayon.

Le poids équivalant à la réfiftance que le bled oppofe au mouvement de la meule étant de 20 ℔, le frottement que ce poids caufera à la rencontre du rouet & de la lanterne en fera la dix-huitiéme partie, c'eft-à-dire $\frac{20}{18}$ ou $\frac{10}{9}$, qui étant multiplié par le rayon moyen de la meule, & le produit divifé par celui de la lanterne, il vient 2 ℔ $\frac{4}{7}$, qui étant ajoûté à 4 ℔ ½, donne à peu près 7 ℔ pour la fomme des deux frottemens; par conféquent la puiffance appliquée à la manivelle doit être de 53 ℔ ⅔ ou de 54 ℔ pour furmonter les trois réfiftances dont nous venons de faire mention.

Pour le frottement de la manivelle, il faut fe rappeller qu'il doit être exprimé dans le cas où il eft le plus grand, c'eft-à-dire lorfque la direction de la puiffance & du poids font paralleles; (248) ce qui arrive quand la manivelle fe trouve dans la fituation où elle eft repréfentée dans la Figure; alors le point d'appui fe rencontre à l'extrémité du diamétre horifontal de la manivelle, & fe trouve preffé felon la même direction par le poids & la puiffance, c'eft-à-dire par 108 ℔, parce que le poids qui fe réduit à la difficulté que les dents du rouet ont à faire tourner la lanterne, a la même viteffe que la puiffance; mais comme la pefanteur de la manivelle, celle du rouet & de la volée que nous fuppofons enfemble de 200 ℔, preffe les deux appuis felon une direction verticale; il réfulte une preffion compofée des deux précédentes, qui fera par conféquent exprimée par la diagonale d'un rectangle, (72) dont l'un des côtez feroit de 108 parties, & l'autre de 200; cette diagonale fe trouvant de 226 parties, il en faut prendre la moitié pour le frottement (250) qui fera par conféquent de 113 ℔, qui étant multiplié par le rayon de la manivelle (108) que je fuppofe de 8 lignes, & le produit divifé par la longueur de fon coude, il vient 3 ℔ & ½, qui étant ajoûté avec 54 ℔, on aura 57 ℔ pour la puiffance qui moud le bled & qui furmonte tous les frottemens.

680 La force d'un homme ordinaire appliquée à une manivelle étant de 27 à 28 ℔, (120) l'on voit que deux hommes pourront

faire agir ce moulin fans difficulté, & faire faire à la manivelle 30 tours par minute, qui eft une viteffe moderée en ne les faifant travailler que pendant une heure fans interruption; ayant remarqué plufieurs fois à la conftruction des éclufes *du Canal de Picardie* & ailleurs, que les manœuvres qui épuifoient l'eau avec des chapelets, ne faifoient pas moins de 55 tours de manivelle par minute, encore la manivelle avoit-elle 16 pouces de coude, & agiffoient chacun avec une force de 35 ℔ & ½ felon le calcul que j'en ai fait. Il eft vrai que ce travail eft un peu forcé, auffi n'ai-je pas voulu me regler là-deffus, pour ne compter que fur ce qui fe pratique communément; je ne détermine point le tems qu'on donnera pour le repos de ceux qu'on relevera du travail, ce qui dépend du monde dont on peut difpofer : au refte, quand il s'agit de la fubfiftance d'une Garnifon affiegée, les hommes ne manquent pas pour une femblable befogne.

681. Pour fçavoir la quantité de farine que ce moulin pourra moudre en 24 heures, il faut fe rappeller que les produits de deux meules differentes font dans la raifon compofée de leur pefanteur abfolue, & de leur viteffe par minute, (638) & que chacune de ces viteffes doit être exprimée par le produit du rayon moyen, multiplié par le nombre de tours que chaque meule fait dans le même tems; fur quoi nous fçavons qu'une meule du poids de 4348 ℔, dont le rayon moyen eft de 24 pouces, & qui fait environ 53 tours par minute, moud 120 feptiers de bled en 24 heures. (656) On pourra donc faire cette proportion 4348 ℔ × 24 pouces × 53 tours, 120 feptiers :: 700 ℔ × 14 pouces × 60 tours à un quatriéme terme qu'on trouvera de 12 feptiers, & environ ⅔ pour la quantité de farine que le moulin pourra moudre en 24 heures, ce qui revient à un demi feptier de bled par heure, le feptier dont je parle pefant 75 ℔ comme j'ai dit ailleurs.

C'eft ainfi que dans les Machines de même efpece, lorfqu'on eft parvenu à en bien développer une, on en tire de juftes confequences pour les autres; & ce qui me fatifait le plus eft de voir que toute la théorie fur laquelle j'ay fondé les calculs précédens fe trouve conforme à l'expérience.

PLAN.10.
FIG. 1. 682. La premiere Figure de la Planche dixiéme exprime une autre maniere de faire agir une petite meule, en donnant le mouvement aux manivelles G d'une façon fort commode. Ce mouvement eft entretenu par trois volées D, E, F, dont chacune eft croifée par une feconde volée qu'on ne peut voir que dans le deffein, lequel eft affez intelligible, fans qu'il foit befoin que je m'y arrête davantage.

683. La troisiéme & quatriéme figure de la Planche septiéme, représente le plan & le profil d'un autre moulin à bras qui est de la derniere simplicité, n'ayant d'autre frottement que celui de deux pivots : il est composé de deux roues AB & CD posées horisontalement, ayant chacune un canal à leur circonference comme aux poulies ; la premiere est de 4 pieds de diamétre, & l'autre de deux ; ces roues sont embrassées par une corde sans fin, ainsi la premiere ne peut tourner que la seconde ne tourne aussi.

Description d'un moulin à bras, plus simple encore que le précédent.
PLAN. 7.
FIG. 3. & 4.

L'essieu F de la roue CD est commun à une autre roue GH de 3 pieds & $\frac{1}{2}$ de diamétre, & de 5 à 6 pouces d'épaisseur, laquelle sert de volée pour rendre uniforme le mouvement de la meule : quant à l'essieu de la roue AB, l'on voit qu'il est coudé à la hauteur de 4 pieds pour former une manivelle K, & qu'il est aussi accompagné d'une double volée E, E : deux hommes font tourner la manivelle en se servant de béquilles, comme je l'ai dit dans l'article 677, ou de deux potences tournantes LM, dont il est aisé de s'imaginer l'effet.

Comme la meule fera deux tours contre la manivelle un, si l'on suppose à cette meule les mêmes dimensions qu'au moulin précédent, elle pourra moudre comme l'autre un demi-septier de bled par heure, avec une puissance de 50 ℔ tout au plus.

684. La seconde figure de la Planche 10. comprend le dessein d'un moulin à cheval composé d'un grand rouet A, que l'on suppose accompagné de 100 dents, qui s'engrainent avec la lanterne B de 20 fuseaux, dont l'essieu répond à un autre rouet C de 48 dents qui s'engrainent avec la lanterne D qui a 6 fuseaux. Selon cette disposition le cheval attelé au palonneau H faisant un tour, la meule en fera 40 : cependant pour éviter les engrainemens inutiles, voici un autre moulin représenté par la figure 6 de la planche 9, beaucoup plus simple, & par conséquent préferable.

Maniere de déterminer les dimensions d'un moulin mis en mouvement par un Cheval.
PLAN. 10.
FIG. 2.

685. Pour montrer de quelle maniere l'on doit s'y prendre lorsqu'on veut faire le projet d'une Machine, nous allons déterminer les parties du moulin dont il est question en nous servant des regles tirées de l'expérience & du raisonnement, ce qui pourra servir d'exemple pour le conduire dans tout autre cas que celui-ci.

Mon premier objet est de faire ensorte que la Machine soit la plus simple qu'il est possible ; cependant je ne puis me dispenser d'employer un rouet & une lanterne pour donner à la meule une vitesse qui lui fasse faire au moins 40 tours par minute ; ensuite je vois qu'il faut proportionner la résistance qu'on aura à surmonter à la force moyenne d'un cheval estimée de 180 ℔, (123) lorsqu'il

PLAN. 9.
FIG. 6.

agit felon une direction horifontale, & qu'il fait une petite lieue par heure ou deux mille toifes. (124)

Je donne 8 pieds au rayon du rouet, & accompagne fa circonference de 112 dents, lefquels s'engrainant avec une lanterne de 7 fufeaux, la meule fera 16 tours, contre un que fera le rouet; & comme il doit y avoir même raifon du nombre des dents à celui des fufeaux, que du rayon du rouet à celui de la lanterne, le rayon de la lanterne doit être de 6 pouces.

Quant au bras de levier, à l'extrémité duquel doit être attelé le cheval, je confidere que fi je le fais trop long, l'animal ayant une grande circonference à décrire, ne fera qu'un petit nombre de tours par minute, & qu'il faudra un bâtiment d'une largeur confiderable pour loger le moulin; ainfi fans avoir égard à l'avantage que la puiffance peut tirer d'un plus grand bras de levier, je le détermine de 12 pieds, ne pouvant gueres lui en donner moins, autrement le cheval ne tourneroit pas commodément; il décrira donc à chaque tour une circonference de 12 toifes $\frac{4}{7}$, & comme il en peut parcourir 2000 par heure, il fera 160 tours dans le même tems, qui étant multiplié par 16, l'on a 2560 pour le nombre de tours que fera la meule en une heure, ce qui revient à 42 par minute.

Il s'agit préfentement de connoître les dimenfions de la meule; & comme on a la liberté de lui donner tel diamétre que l'on veut, nous le déterminerons de 5 pieds, afin d'avoir le rayon moyen ou le bras de levier qui doit répondre à la puiffance réfiftante; il ne refte donc plus qu'à trouver fon épaiffeur qui n'eft point arbitraire dépendant de la puiffance motrice.

La meule devant tourner fur un pivot, l'on fçait que ce n'eft pas fon poids que la puiffance motrice doit furmonter, mais feulement la trente-cinquiéme partie qui eft égale à la réfiftance que le bled oppofe à fon mouvement; (655) ainfi nommant x, la pefanteur de la meule jointe à celle des autres parties qui repofent fur le palier, l'on aura $\frac{x}{35}$ qu'on ne peut connoître que par l'analyfe; c'eft pourquoi voici le nom & la valeur des grandeurs qui doivent entrer dans le calcul.

$a = $ 12 pieds, bras du levier du Moteur.

$b = $ 8 pieds, rayon du rouet.

$c = $ 6 pouces, rayon de la lanterne.

$d = $ 20 pouces, rayon moyen de la meule.

$f = $ 9 lignes, rayon du pivot du rouet.

$g = $ 2 lignes, rayon moyen du pivot de la lanterne.

$p = 180$ ℔, force de la puissance motrice.

$q = 1500$ ℔, poids du rouet & de son arbre.

$x =$ le poids de la meule & de la lanterne ensemble.

$\dfrac{x}{h} = \dfrac{x}{35} =$ la résistance que le bled oppose au mouvement de la meule.

$\dfrac{m}{n} = \dfrac{19}{18} =$ le frottement du rouet & de la lanterne.

686. Voulant comprendre dans le calcul que nous allons faire le déchet causé par les frottemens, nous commencerons par celui du pivot de la lanterne qui sera sur la crapaudine $\dfrac{x}{3}$ qu'il faut mul-tiplier par g son rayon moyen, & le produit par $\dfrac{m}{n}$ à cause qu'il y a ici un engrainement, (290) l'on aura $\dfrac{mgx}{3n}$: il faut de même mul-tiplier la résistance du bled, j'entens $\dfrac{x}{h}$ par d, rayon moyen de la meule, & le produit par $\dfrac{m}{n}$, l'on aura $\dfrac{mdx}{nh}$ qu'il faut ajouter avec $\dfrac{mgx}{3n}$, & diviser ces deux termes par c, rayon de la lanterne, il viendra $\dfrac{mgx}{3nc} + \dfrac{mdx}{nch}$ pour la résistance qui répond aux dents du rouet.

Pour avoir aussi égard au frottement de la surface du pivot de l'arbre du rouet, il faut ajouter la puissance P aux deux termes pré-cedens, prendre la moitié de la somme, (243) multiplier le tout par f rayon du pivot, on aura $\dfrac{mfgx}{6nc} + \dfrac{mdx}{2nch} + \dfrac{fp}{2}$, à quoi il faut ajouter le tiers du poids q, (240) multiplié par $\dfrac{2f}{3}$, c'est-à-dire $\dfrac{2fq}{9}$, il vient $\dfrac{mfgx}{6nc} + \dfrac{mfdx}{2nch} + \dfrac{fp}{2} + \dfrac{2fq}{9}$ pour le frottement horison-tal & vertical du pivot dans le cas le plus desavantageux où se trou-veroit la puissance, (69) ensuite multiplier $\dfrac{mgx}{3nc} + \dfrac{mdx}{nch}$ par b, rayon du rouet, ajouter le produit aux termes précédens ; on aura une quantité égale au produit de la puissance par son bras de levier, c'est-à-dire l'équation suivante $\dfrac{mbgx}{3nc} + \dfrac{mbdx}{nhc} + \dfrac{mfgx}{6nc}$

$$+ \frac{mfdx}{2nhc} + \frac{fp}{2} + \frac{2qf}{9} = ap \quad \text{ou} \quad \frac{m}{n} \times \overline{\frac{bgx}{3c} + \frac{bdx}{hc} + \frac{fgx}{6c} + \frac{fdx}{2hc}}$$

$$= ap - \frac{fp}{2} - \frac{2qf}{9} \text{ , d'où dégageant l'inconnue, il vient en-}$$

fin $x = \dfrac{ap - \dfrac{fp}{2} - \dfrac{2qf}{9} = 25602 \, \text{℔}}{\dfrac{m}{n} \times \dfrac{bg}{30} + \dfrac{bd}{ch} + \dfrac{fg}{6c} + \dfrac{fd}{2ch} = 10\frac{2}{3}}$ Or, si l'on divise

25602 ℔ par $10\frac{2}{3}$, le quotient donnera 2400 ℔ pour la valeur de
x, c'est-à-dire pour le poids dont la crapaudine de la meule
fera chargée, d'où retranchant celui de la lanterne & de son essieu
que je suppose de 200 ℔, il restera 2200 ℔ pour le poids de la
meule.

A l'égard de l'épaisseur de cette meule, il faut chercher combien
elle contiendra de pouces cubes, en disant; si 110 ℔ (651) donnent 1728, combien 2200, il vient 34560 qu'il faut diviser par la
superficie d'un cercle de 5 pieds de diamétre qui est de 2828 pouces quarrez, le quotient donnera 12 pouces 3 lignes pour l'épaisseur que l'on cherche; & comme le creux de la meule doit être
d'environ 10 lignes, il faudra ajouter le tiers de cette profondeur
à ce que l'on vient de trouver, l'on aura 12 pouces 6 lignes pour
l'épaisseur réduite.

Maniere de calculer le produit du même mou-lin. 687. Pour connoître le produit de ce moulin il faut faire la
même proportion que dans l'art. 681, c'est-à-dire comme 4348 ℔
× 24 pouces × 53 tours est à 120 septiers; ainsi 2400 ℔, × 20 pouces
× 42 tours est à un quatriéme terme qu'on trouvera d'environ 44
septiers, qui est la quantité que ce moulin pourra moudre en 24
heures.

Si l'on divise 2400 ℔ par 35, l'on trouvera 68 ℔ $\frac{4}{7}$ pour la résistance que le bled oppose au mouvement de la meule; (655)
ainsi voulant sçavoir quelle partie de la puissance môtrice est employée à moudre le bled, considerez que le rapport du rayon
moyen de la meule au rayon de la lanterne est $\frac{10}{3}$, & que celui du
rayon du rouet au bras de levier de la puissance est $\frac{2}{3}$; multipliant
ces deux rapports l'un par l'autre, & le produit $\frac{20}{9}$ par 68 $\frac{4}{7}$, l'on
aura 152 $\frac{2}{7}$ pour ce que l'on cherche, qui étant retranché de 180 ℔,
il en restera 27 $\frac{1}{7}$ pour la partie de la puissance qui doit surmonter
le frottement.

Pour faire agir un moulin comme celui-ci rondement & sans im-

terruption, j'eftime qu'il faut trois chevaux, dont chacun travail-
lera trois heures de fuite alternativement.

L'on compte ordinairement qu'un cheval attelé à une Machine
tient lieu de fept hommes, (123) lefquels font enfemble à peu près
le même effet; or fi l'on fe rappelle que dans l'article 681, nous
avons trouvé que deux hommes pouvoient moudre 12 feptiers $\frac{2}{3}$ en
24 heures, cherchant par proportion ce que pourroient faire
fept hommes, on trouvera qu'ils pourront moudre 44 feptiers,
c'eft-à-dire à peu près autant que le cheval qui feroit agir le moulin que nous venons de détailler; car la pefanteur des meules de
part & d'autre étant proportionnée à la force des moteurs, il y aura
auffi à peu près la même proportion dans les frottemens.

Pour eftimer le nombre des moulins à bras & à cheval qu'il faudra dans une Fortereffe, eu égard à la Garnifon qu'on jugera devoir y être enfermée en tems de fiége; il eft bon de fçavoir que les
Entrepreneurs des vivres ont pour regle qu'un fac de farine pefant
200 ℔, fuffit pour la fubfiftance d'un foldat pendant fix mois, en
lui donnant la ration fimple.

688. Après avoir parlé de plufieurs fortes de moulins, il ne fera
pas hors de propos de rapporter une excellente maniere de conferver long-tems le bled. Il y a fous le terre plein d'un baftion de
la Ville d'Ardres, petite place forte proche Calais, neufs magafins
conftruits dans un grand foûterrein deftinez à renfermer le grain
de la Garnifon en cas de fiége, appellez communément les Poires
d'Ardres; c'eft fur leur modéle que j'ai fait le plan & les profils que
l'on voit fur la planche 10.

Defcription des greniers à Poire pour con- ferver le bled à l'i- mitation de ceux d'Ar- dres.

L'on peut conftruire plus ou moins de ces Poires, fuivant le befoin & la capacité du terrein, les faire plus grandes ou plus petites
que celles-ci. Je me contente d'en rapporter fix feulement, ce qui
fuffira pour en faire connoître la difpofition; il faut creufer en terre
à la profondeur de 30 pieds, & établir une premiere voûte pour
avoir le foûterrein GG, repréfenté dans la quatriéme Figure, &
en même tems élever les poires ou cylindres de Maçonnerie FF,
dont le fommet terminé en demi-fphere ira aboutir à une feconde
voûte, répondant à un rez-de-chauffée, prenant garde que chaque
poire foit ifolée, afin que l'air circulant au tour puiffe tenir le bled
plus fec: on pourroit bien auffi les conftruire ailleurs que dans des
caves, & les placer entre deux planchers; mais il feroit plus difficile de les garentir de la bombe.

PLAN. 10. FIG. 3. 4. & 5.

On fait à chaque Poire deux ouvertures E & G, l'une en haut
pour l'entrée du bled, & l'autre en bas pour fa fortie; la premiere

qui fe ferme par une trape doit avoir 18 pouces en quarré ; la feconde terminée en forme de tuyau fe ferme avec un clapet à charniere & cadenas.

Tous ceux qui connoiffent ces Poires, conviennent qu'on n'a
jamais rien imaginé de mieux, je crois qu'on pourroit s'en fervir
avec autant d'avantage pour conferver la Poudre à canon ; on y en
mettroit une bien plus grande quantité dans un même efpace qu'aux
magafins ordinaires, où il ne peut y avoir tout au plus que quatre
barils en gerbe, & elle fe maintiendroit feche & en bon état fort
long-tems. Dans les lieux éminents, comme font ordinairement
les Forts & Citadelles, on feroit fûr, en prenant les précautions ordinaires, de mettre ces magafins à l'épreuve de la bombe, & de
n'avoir rien à craindre de ce côté-là.

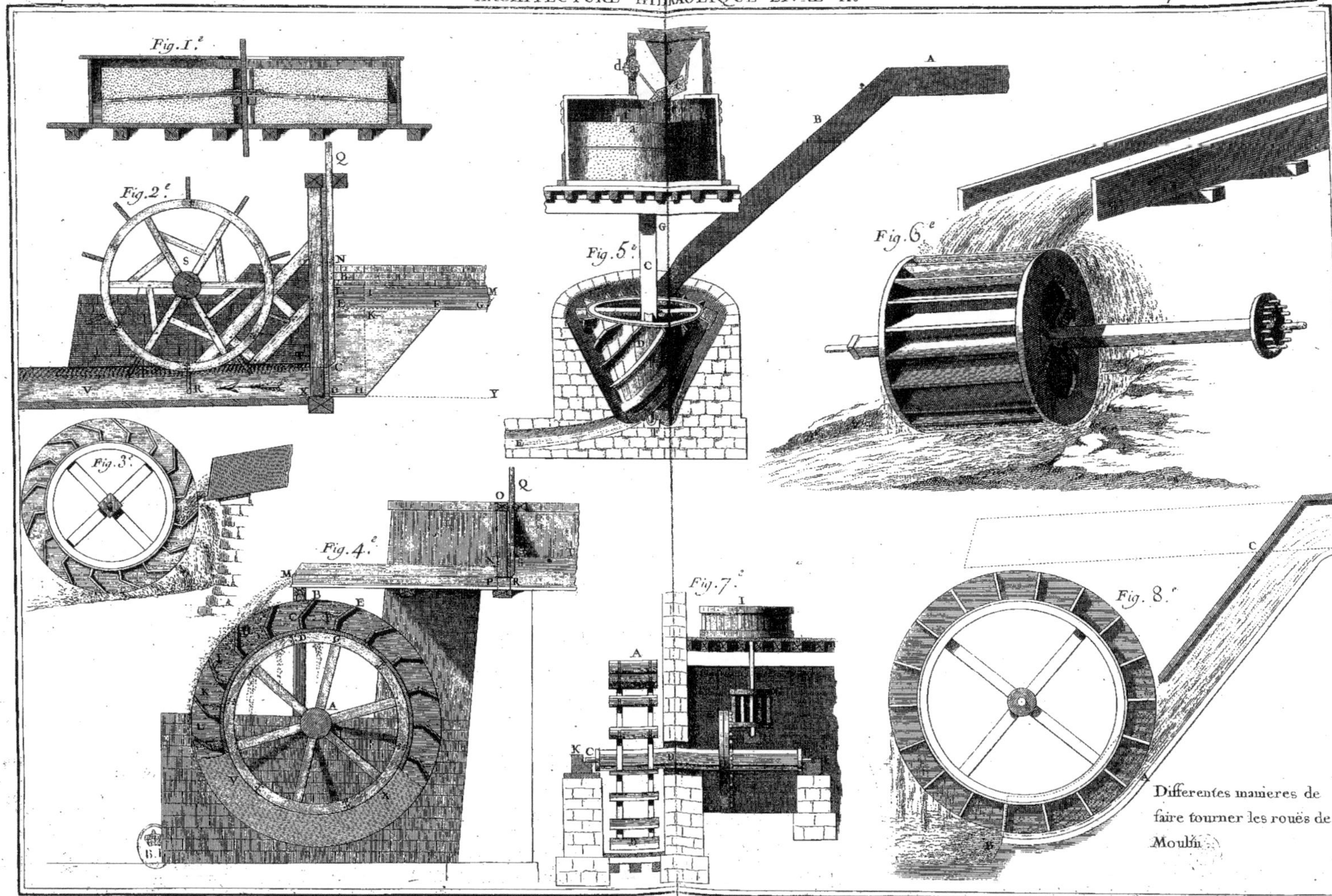

Fig. 1.e
Fig. 2.e
Fig. 3.e
Fig. 4.e
Fig. 5.e
Fig. 6.e
Fig. 7.e
Fig. 8.e
Differentes manieres de faire tourner les roües de Moulin.

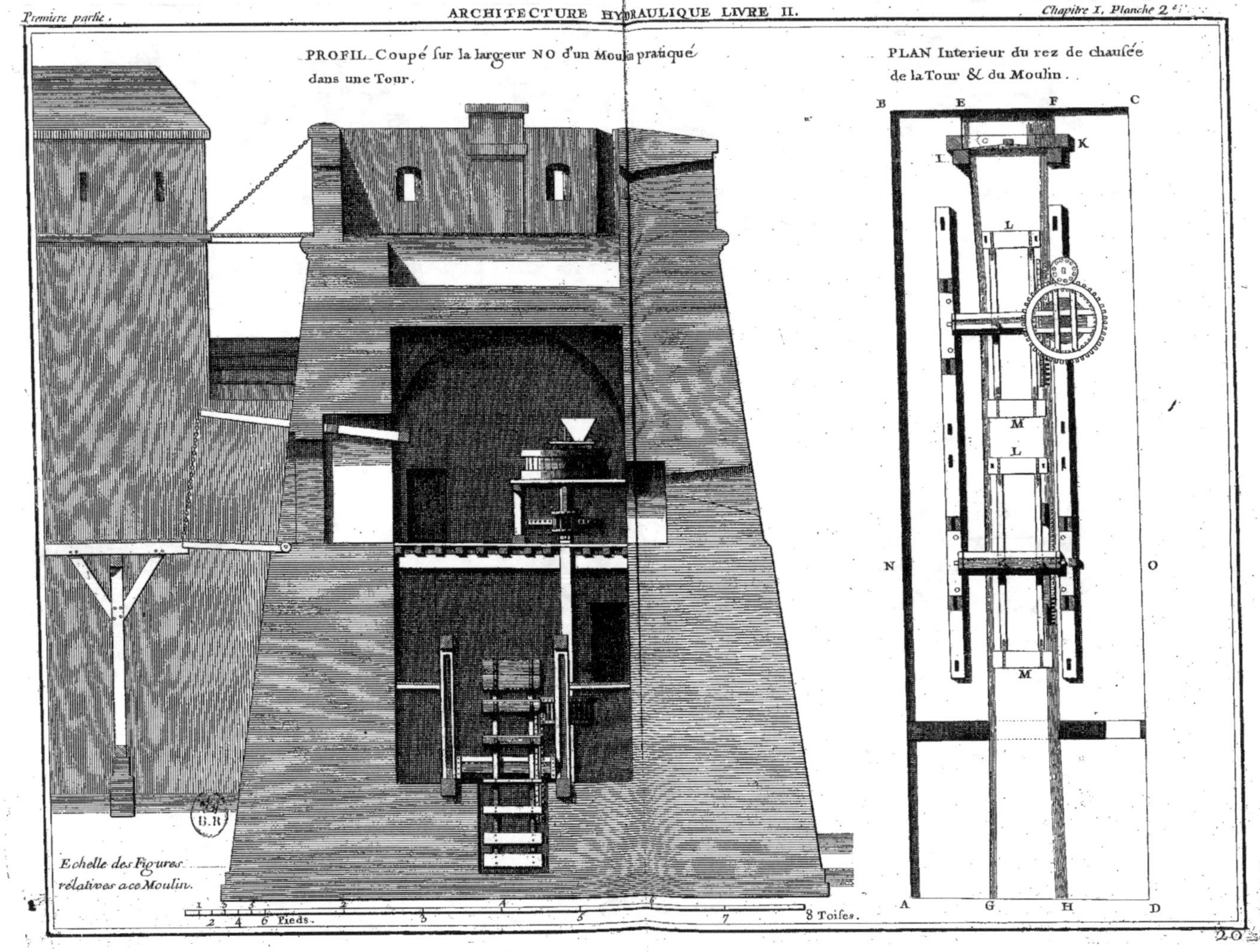

PROFIL. Coupé fur la largeur NO d'un Moulin pratiqué dans une Tour.

PLAN Interieur du rez de chaufée de la Tour & du Moulin.

Echelle des Figures rélatives a ce Moulin.

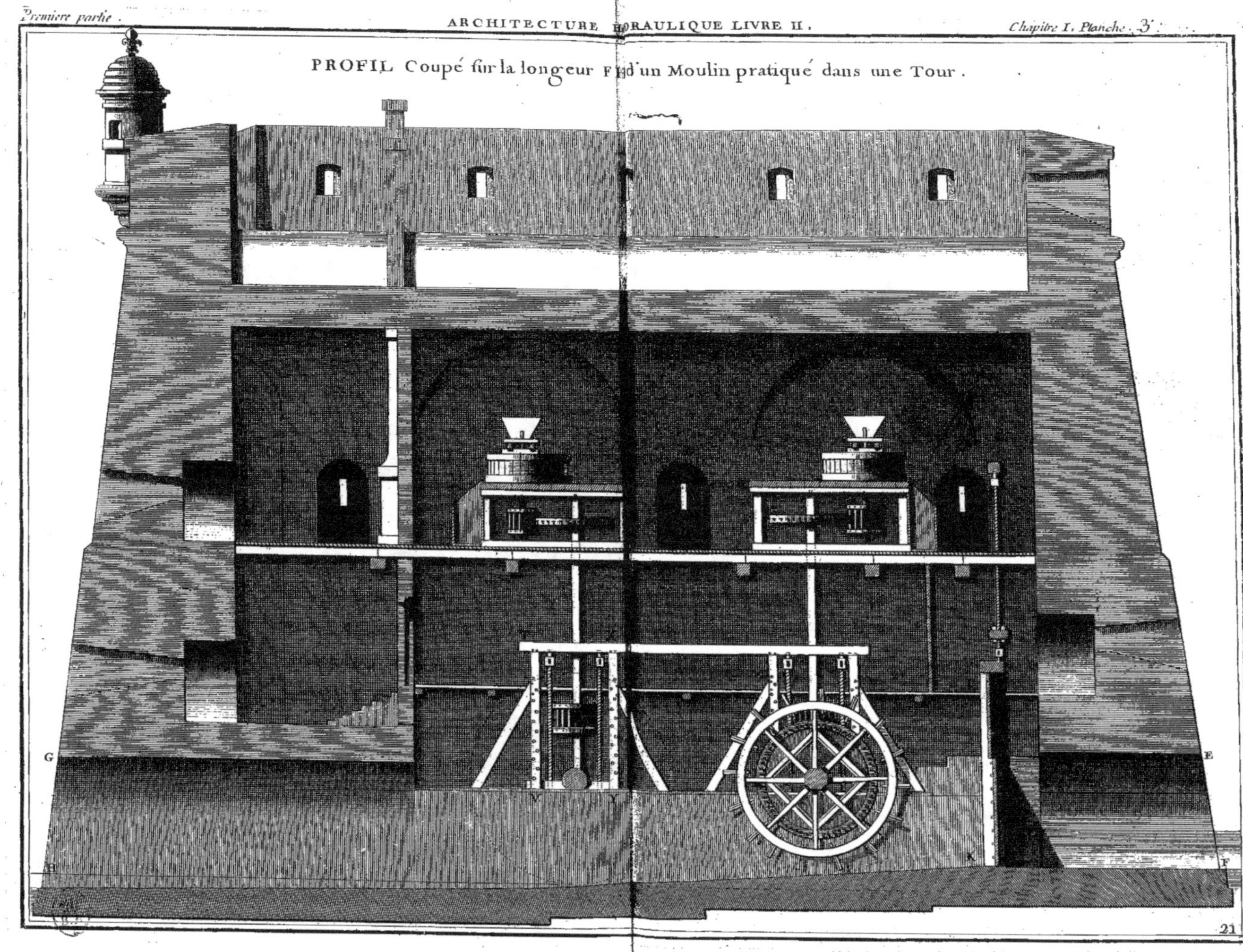

PROFIL Coupé sur la longeur F H d'un Moulin pratiqué dans une Tour.
G
E
H
F
21

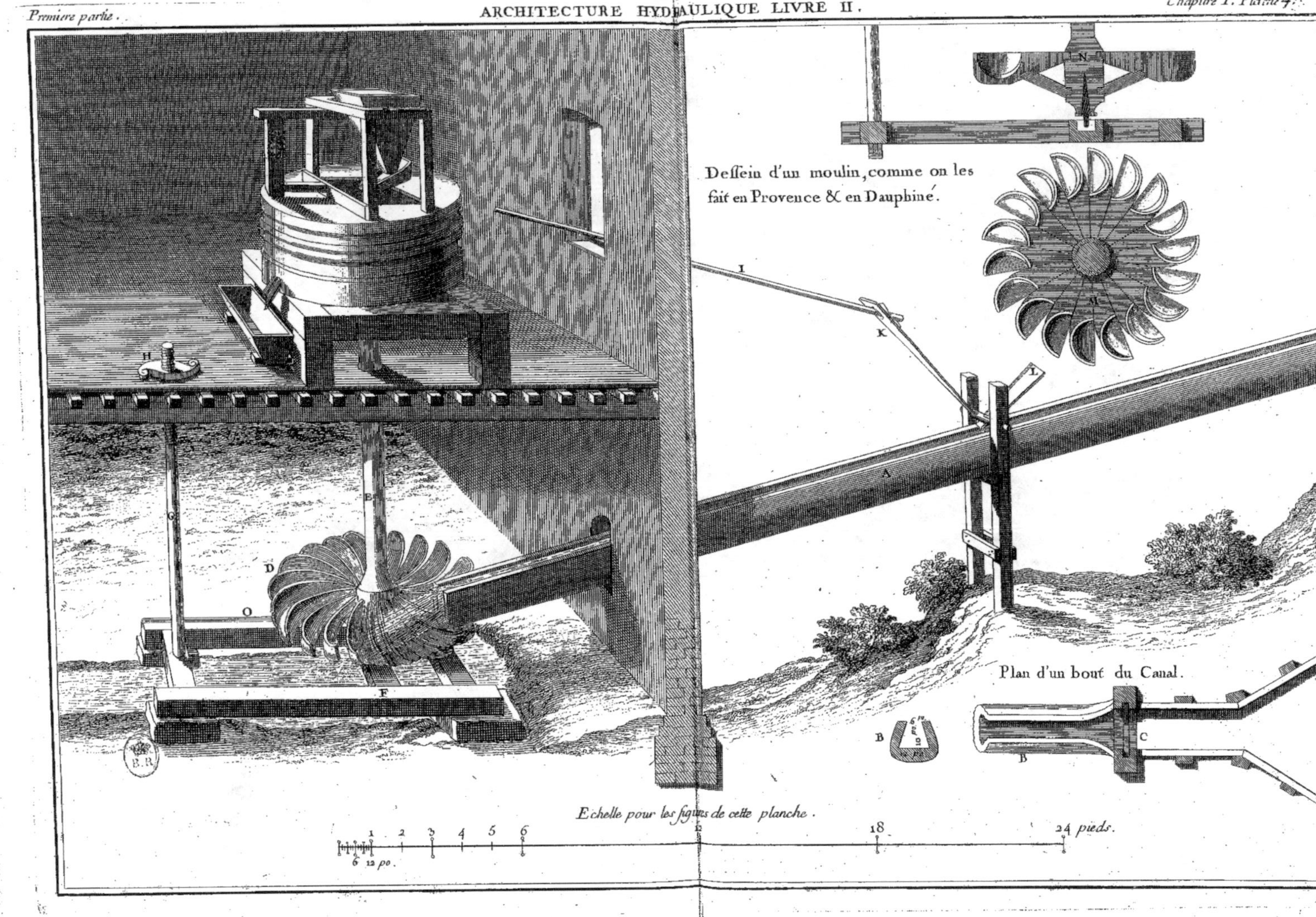

Dessein d'un moulin, comme on les
fait en Provence & en Dauphiné.
Plan d'un bout du Canal.
Echelle pour les figures de cette planche.
1 2 3 4 5 6
6 12 po.
18
24 pieds.
A
B
C
D
E
F
G
H
I
K
L
N
O
B.R.

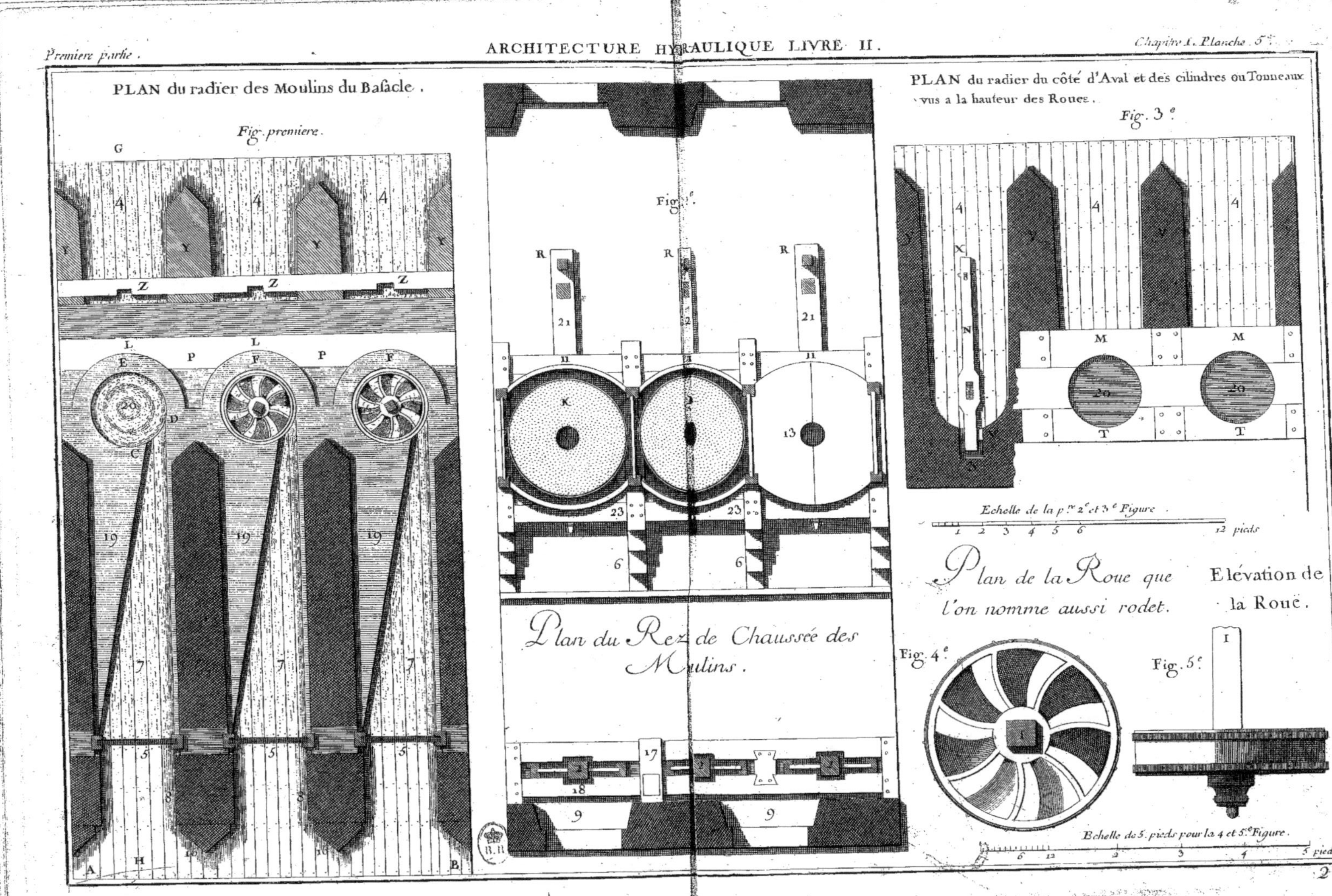
PLAN du radier des Moulins du Bafacle .
Fig. premiere .
G
4   4   4
Y   Y   Y
Z   Z   Z
L   L
E   P   P   F   F
D
C
20
19   19   19
7   7   7
5   5   5
8   8
A   H   10 pieds   B

Fig. 2.
R   R   R
21   21
11   11
K   J   13
23   23
6   6
Plan du Rez de Chaussée des
Moulins .
17
18
9   9
B.R.

PLAN du radier du côté d'Aval et des cilindres ou Tonneaux
vus a la hauteur des Roues .
Fig. 3.
4   4   4
Y   Y   V
X
N   M   M
20   20
N   T   T
Echelle de la p.re 2.e et 3.e Figure .
1 2 3 4 5 6   12 pieds

Plan de la Roue que   Elévation de
l'on nomme aussi rodet.   la Roue .
Fig. 4.   Fig. 5.
I
Echelle de 5. pieds pour la 4 et 5.e Figure .
6 12   5 pieds .
23

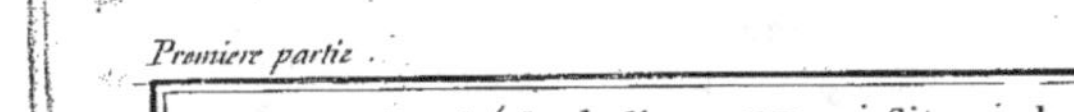

PROFIL Coupé sur la ligne GH. qui fait voir la disposition de toutes les parties qu'ont raport aux plans & élévations des Moulins du Basacle.

Fig. 6.ᵉ

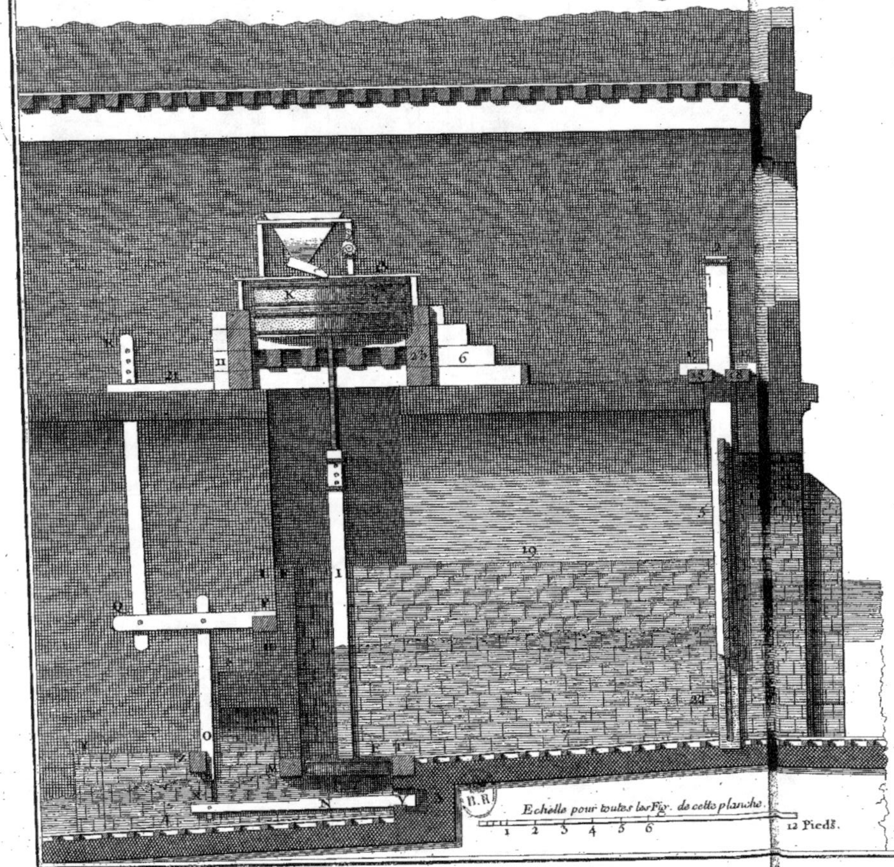

PROFIL & Elevation pris sur la ligne QR. de la figure premiere, rélatifs aux aûtres dévélopemens

Fig. 7.ᵉ

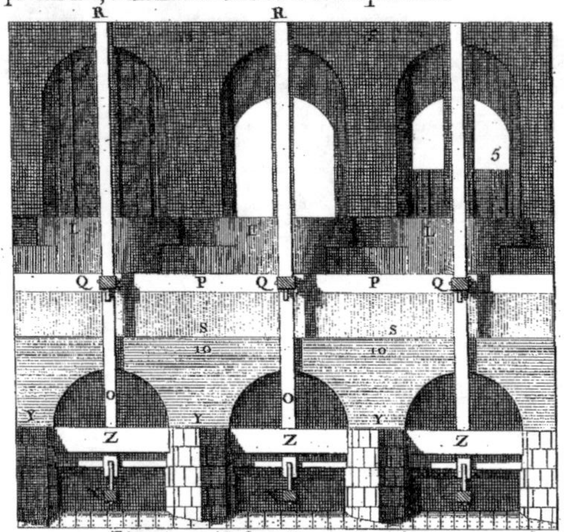

Elevation prise sur la ligne AB. de la 1ʳᵉ Fig.

Fig. 8.ᵉ

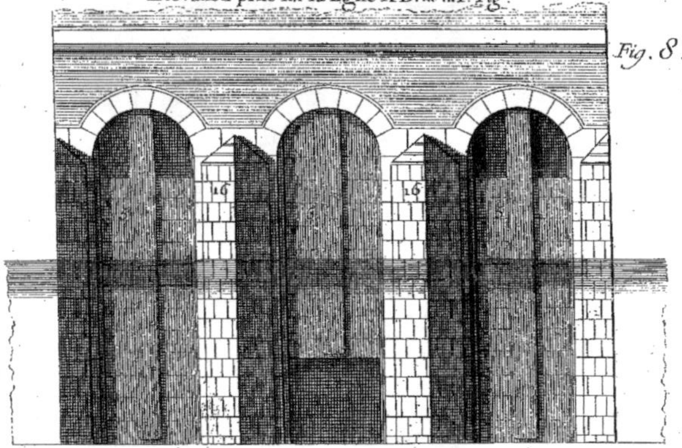

Moulin qu'on fait aller par le flux & reflu de la mer.

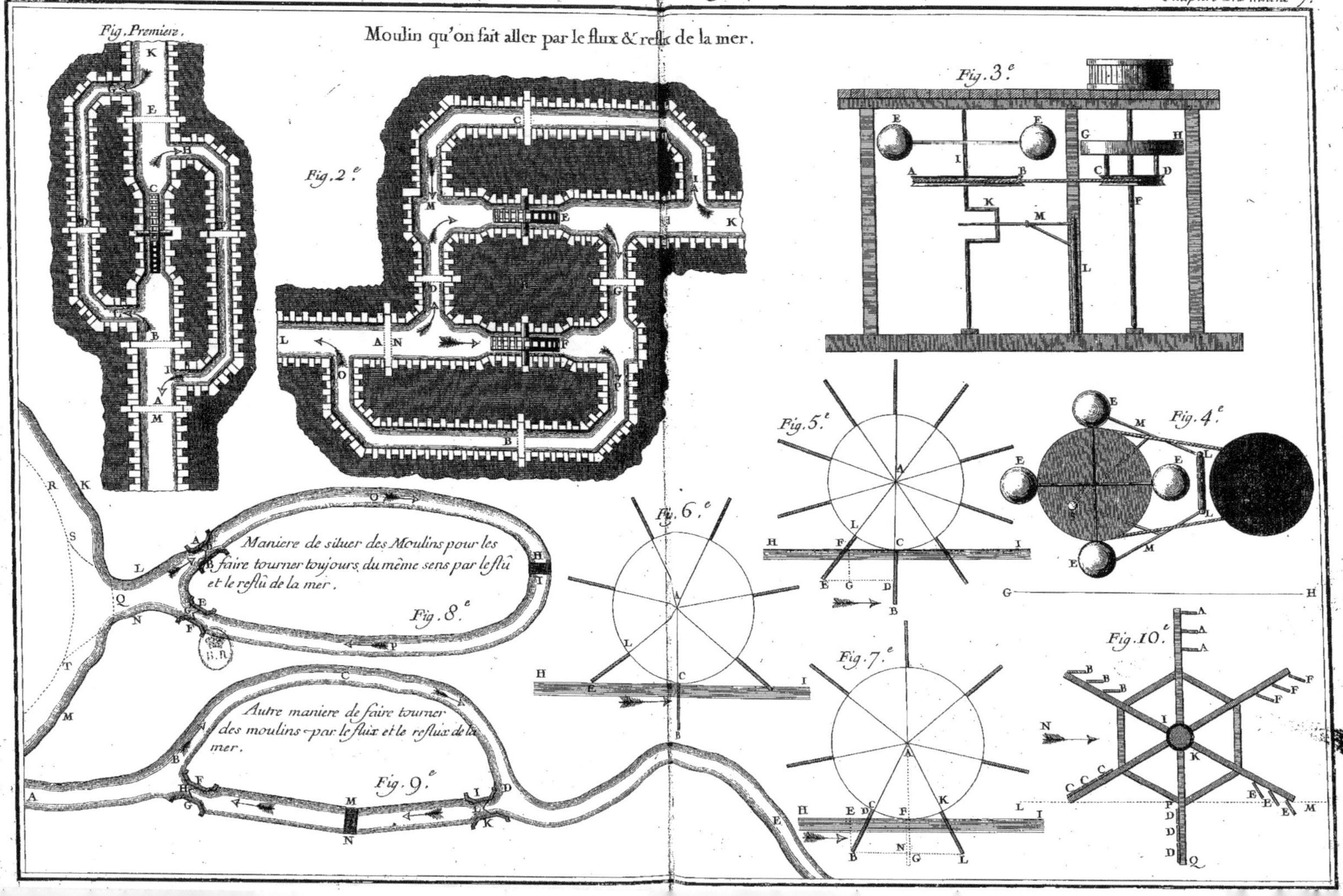

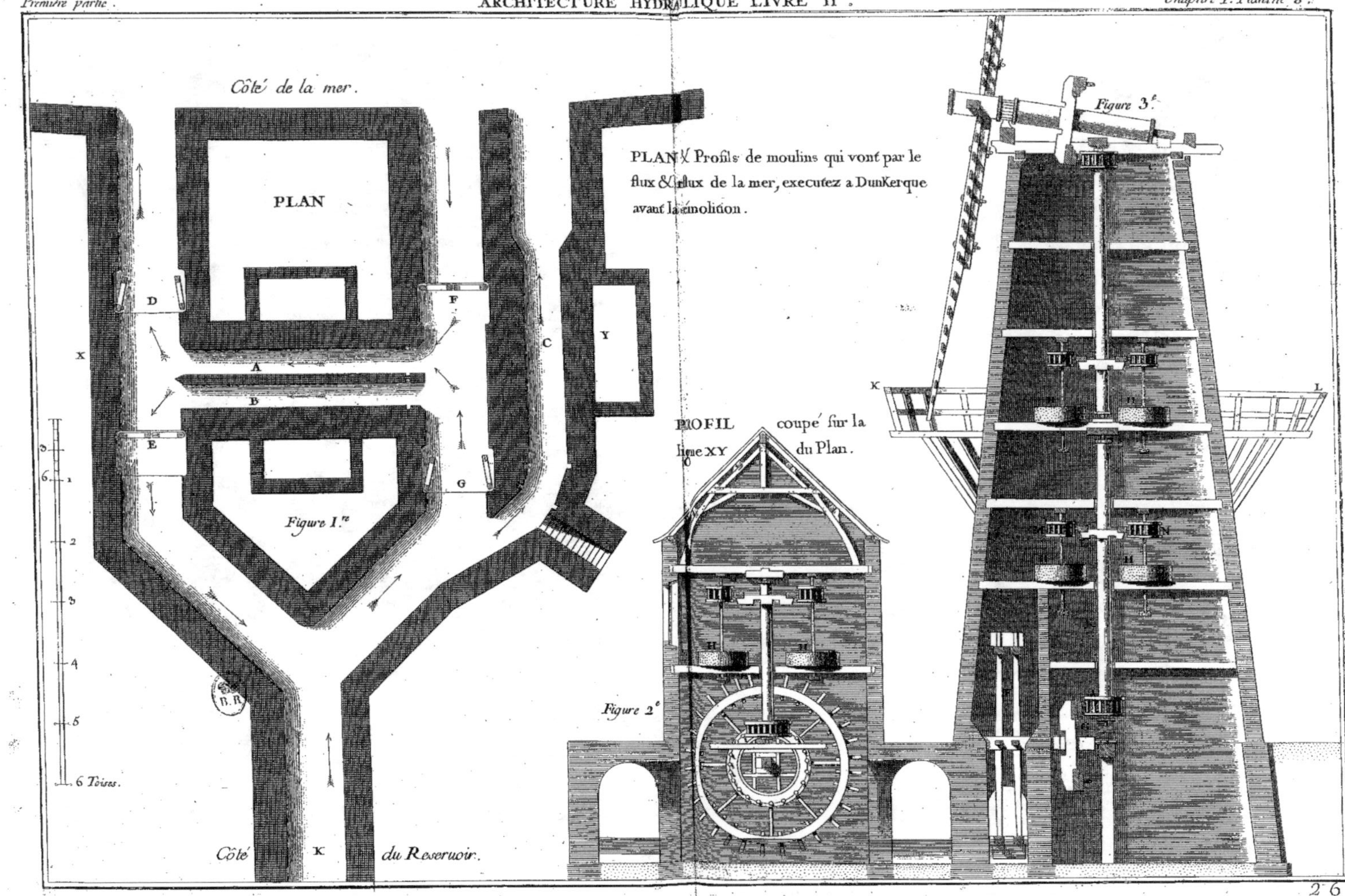
Côté de la mer.
PLAN
Côté   K   du Reservoir.
Figure I.re
D
A
B
E
F
C
Y
G
X
6 Toises.
B.R.
PLAN & Profils de moulins qui vont par le
flux & reflux de la mer, executez a Dunkerque
avant la demolition.
PROFIL   coupé sur la
ligne XY   du Plan.
Figure 2.e
H   H
K   L
M   N
H   H
Figure 3.e

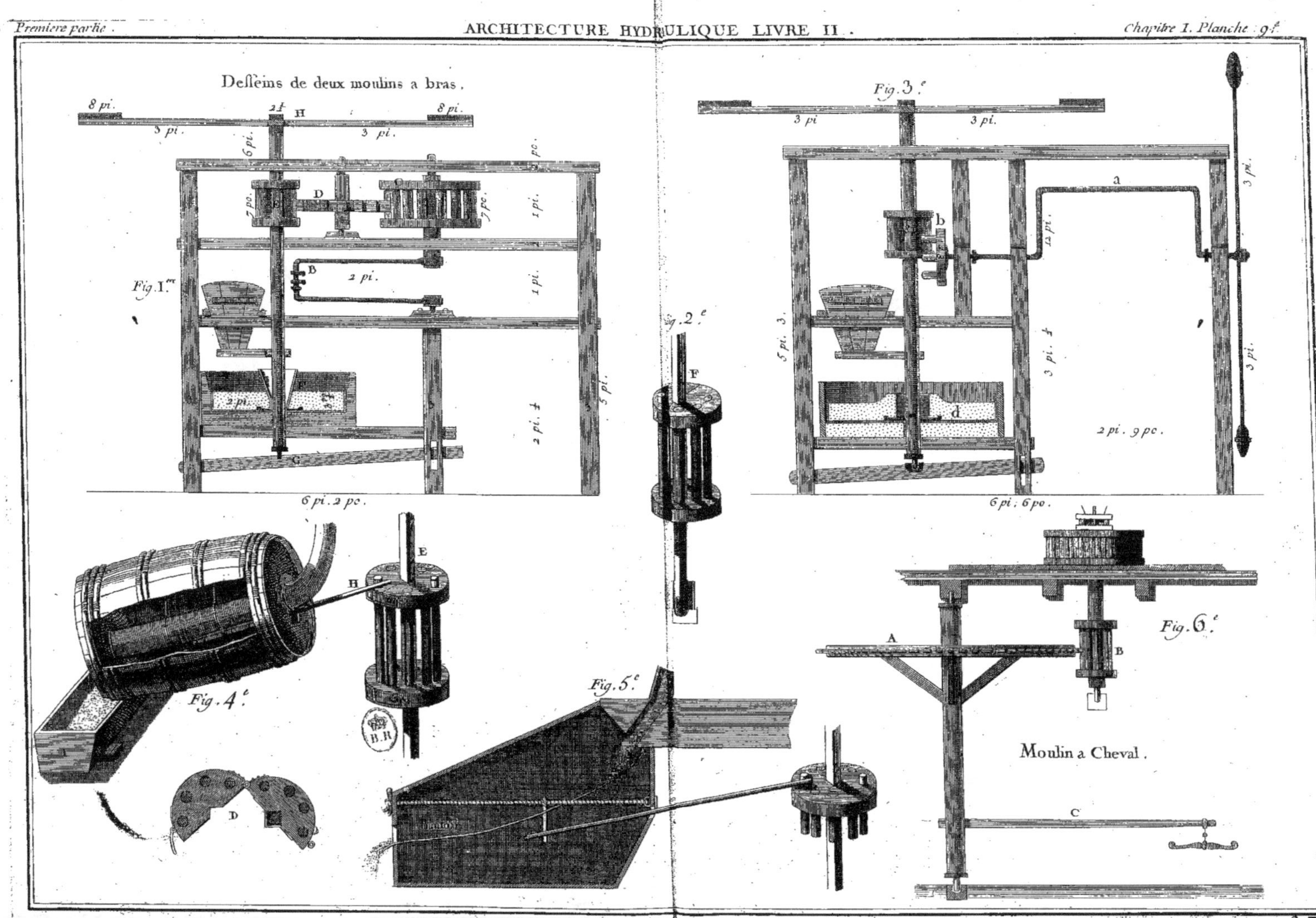
Desseins de deux moulins a bras.
Fig. 1.re
Fig. 2.e
Fig. 3.e
Fig. 4.e
Fig. 5.e
Fig. 6.e
Moulin a Cheval.

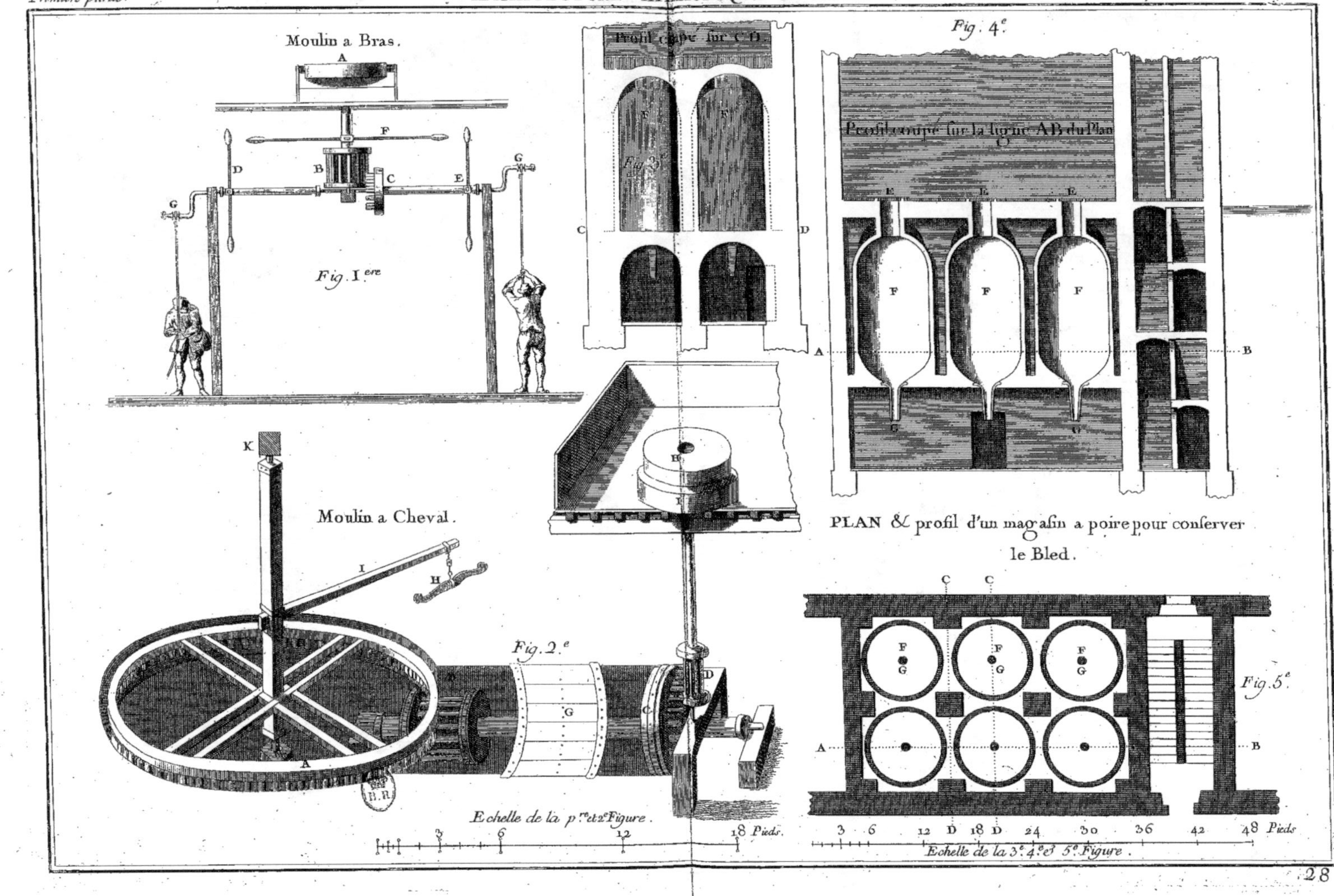
Moulin a Bras.
Fig. I ere
A
F
D
B
C
E
G
G
Profil coupe sur C D
Fig. 3 e
C
D
Fig. 4 e
Profil coupé sur la ligne A B du Plan
E E E
F F F
G G
A
B
Moulin a Cheval.
K
I
H
Fig. 2 e
A
G
C
D
PLAN & profil d'un magasin a poire pour conserver
le Bled.
C C
F F F
G G G
A
B
Fig. 5 e
Echelle de la p.re et 2e Figure.
3 6 12 18 Pieds.
Echelle de la 3.e 4.e et 5.e Figure.
3 6 12 D 18 D 24 30 36 42 48 Pieds

CHAPITRE II.

Des Moulins à scier le Bois, le Marbre, & à percer des Tuyaux.

JE crois qu'il n'est pas nécessaire de faire sentir les avantages d'un Moulin à scier dans les endroits où l'on fait de grands travaux, comme aux Arsenaux de Marine & de l'Artillerie, aussi-bien que dans les autres lieux où l'on débite une grande quantité de bois qu'on ne pourroit faire scier à force de bras qu'avec beaucoup de dépense, au lieu que le moulin une fois construit, son entretien est un petit objet, & d'une bien plus promte exécution, pouvant faire travailler trois ou quatre scies à la fois, pourvû que l'on ait assez d'eau pour donner à la roue un certain dégré de vitesse.

Ce sont ces considérations qui ont engagé la Cour d'en faire construire un à la Fere en 1736 à l'usage de l'Arsenal ; comme j'ai été chargé du projet & de son exécution, je n'ai rien négligé pour lui donner toute la perfection dont il pouvoit être susceptible ; on en pourra juger par le détail avec lequel je vais en expliquer les parties développées dans les plans & profils des planches 1 & 2, & ce Chapitre servira à montrer dans quel goût les Machines doivent être traitées.

689. Le Mécanisme d'un moulin à scier se réduit à trois choses principales ; la première que la scie hausse & baisse aussi long-tems qu'il est nécessaire, par le mouvement que l'eau communique à la roue ; la seconde, que la piece qu'on veut scier avance d'un mouvement uniforme pour recevoir les traits de scie ; car ici c'est le bois qui doit aller à la rencontre de la scie, au lieu qu'ordinairement c'est la scie qui va à la rencontre du bois ; ainsi le mouvement du bois & celui de la scie doivent dépendre immédiatement l'un de l'autre : la troisiéme, que lorsque la scie a parcouru la longueur de la piece, toute la Machine s'arrête d'elle-même & demeure immobile, crainte que n'ayant plus d'obstacle à surmonter, la force de l'eau, ne fit tourner la roue avec trop de vitesse, & ne cassât quelques pieces.

La premiere figure de la planche premiere exprime le profil du moulin pris sur sa longueur AB ; la seconde son plan au rez-de-chaussée qu'on suppose élevé de 8 pieds au-dessus de la surface de la terre ; la troisiéme le profil coupé sur la largeur du moulin, & la

A quoi se réduit le Mécanisme d'un moulin à scier.

PLAN. II.
FIG. 1. 2.
3. & 4.

S f iij

quatriéme le plan de la cave où eft logée la Machine où l'on entre par une porte I, en defcendant 4 ou 5 dégrez. Pour entrer dans le moulin, l'on monte par une rampe douce du côté A.

Defcription generale d'un moulin à fcier. 690. On a conftruit ce moulin entre la riviere d'Oyfe & la muraille de la place, & comme à cet endroit il y a une éclufe qui retient l'eau, on a fait un canal KL, qui a une chûte à l'endroit M où il y a une vanne; ainfi l'eau qui eft dans l'intervalle NL s'écoulera avec beaucoup de viteffe à caufe de la pente qu'on a donné au courfier. Si l'on confidere la quatriéme figure, l'on verra que l'eau fait tourner la roue N; qu'à l'arbre de cette roue, il y a un rouet O, dont les dents s'engrainent dans les deux lanternes P & R: la premiere de ces lanternes répond à une manivelle Q, fervant à faire monter & defcendre la fcie; la feconde à un treuil S, fur lequel file une corde qui fert à amener dans le moulin le bois que l'on veut fcier, & la lanterne R ne devant tourner que pour ce fujet, on l'éloigne quand on veut des dents du rouet.

L'on reconnoîtra dans la premiere & troifiéme figure une partie des chofes qu'on vient de voir. Premierement l'élevation de la roue N, le rouet O qui s'engraine dans la lanterne P, la manivelle Q qui fait mouvoir la fcie T, dont le chaffis VX hauffe & baiffe dans une couliffe: pour cela il y a une chaffe YQ attachée par une de fes extrémitez Y, à l'entretoife inferieure du chaffis de la fcie, par le moyen d'une écharpe de fer traverfée d'un boulon, comme on le peut voir plus diftinctement dans la huitiéme figure: à l'autre extrémité Q eft un œillet dans lequel paffe la manivelle, laquelle a 15 pouces de coude; ainfi quand la lanterne P fait tourner cette manivelle, la chaffe joüe librement, & donne le mouvement à la fcie, qui monte & defcend fur la hauteur de 30 pouces.

De quelle maniere avance le chariot qui porte la piece qu'on fcier.
Fig. 9. & 10.
691. Pour juger de la maniere dont la piece de bois avance pour être fciée, on remarquera dans la deuxiéme, neuviéme & dixiéme figure qu'il y a deux *couliffes* f, f, attachées fur le plancher du moulin, fervant à entretenir un chaffis g, g, nommé *chariot*, qui peut fe mouvoir aifément d'un bout de la couliffe à l'autre: on voit que le chariot eft traverfé par un *chevet i*, où il eft encaftré fur la profondeur de 2 pouces, afin que fans y être attaché à demeure, il puiffe fe maintenir fixe: fur ce chariot repofe encore un *couffinet* K, qui eft un bout de Madrier taillé en-deffous, de façon à s'emboiter avec les *brancarts* g, g, afin qu'il puiffe les parcourir fans s'écarter de la direction où il doit être; & pour le fixer aux endroits où on veut l'arrêter, on fe fert de deux boulons placez en K, qui après avoir traverfé le couffinet, font recourbez à angles droits & ap-

platis pour se loger chacun dans une rainure pratiquée dans l'é-
paisseur des brancarts du chariot : les extrémitez des boulons qui
paroissent au-dessus du coussinet sont percées pour recevoir une
clavette, à l'aide de laquelle ces boulons arrêtent le coussinet avec
le chariot : or c'est sur le chevet *i*, & sur le coussinet K que l'on
pose la piece *l*, que l'on veut scier, dont la longueur détermine la
position du coussinet : cependant comme l'effort que fait la scie ne
manqueroit pas de faire sortir cette piece de l'alignement où elle
doit rester, si on ne la maintenoit inébranlable, on se sert de plusieurs crochets *m* à deux pointes, & de deux épées *h*, qui sont deux
pieces de fer faites comme les cyseaux des Charpentiers, ayant
une tête à une de leur extrémité, & un tranchant à l'autre que l'on
enfonce de 3 ou 4 lignes dans un des bouts de la piece ; & comme
c'est par celui-là qu'elle commence à être sciée, on pratique une
fente de 2 pouces de largeur dans le milieu du coussinet pour loger la scie. On remarquera aussi que dans la neuviéme figure les
brancarts du chariot sont herissez de dents par le dessous, qui s'engrainent dans deux lanternes O pour faire avancer le chariot, &
par conséquent la piece a la rencontre de la scie, ce qui se fait ainsi.

Sur l'entretoise superieure *b* du chassis de la scie exprimé dans
la premiere & cinquiéme figure, il y a une verge de fer *cb* attachée
à l'endroit *f* par le moyen d'une charniere ; l'autre extrémité *c* est
aussi attachée à un bras de levier *ac* avec une autre charniere, afin
que dans le mouvement que la scie donne à cette verge elle agisse
librement : le bras de levier *ac* aboutit à un essieu *g*, avec lequel il
est attaché à tenons & mortoises : cet essieu a deux tourillons sur lesquels il tourne dans deux pieces suspendues à la charpente du moulin. A cet essieu est encore attaché avec une charniere une hampe
de, portant un pied de biche *e*, qui aboutit sur les dents de la roue
z ; le corps de cette roue est composé de plusieurs jantes embrassées
d'un cercle de fer dentelé en cramelieres ; le moyeu *t* de cette roue
est traversé par un essieu de fer quarré *pq* (Fig. 10) comme on le
voit dans la sixiéme & dixiéme figure.

Cet essieu sert d'axe à deux lanternes ou pignons O, O qui s'engrainent avec les dents du chariot, dont le profil aussi-bien que
celui des coulisses & du chariot est représenté dans la sixiéme Figure. Présentement l'on remarquera que quand la scie monte, la
verge *cs* & le bras de levier *ac* font faire un mouvement à l'essieu *g*,
par lequel le pied de biche est poussé en avant, & contraint la roue *z*
de tourner tant soit peu ; quand la scie descend, le pied de biche recule ; & pour qu'il n'arrive pas la même chose à la roue & qu'elle

FIG. 1.
& 5.

FIG. 5.
& 6.

foit contrainte de refter un moment dans la fituation où le pied de biche l'a fait avancer, il y a un déclit *u* attaché au plancher du moulin avec une charniere qui retient la roue en s'accrochant contre un de fes crans ; il ne feroit pas mal d'avoir deux déclits au lieu d'un, afin que fi le premier venoit à échapper le cran qu'il doit retenir, le fecond pût en accrocher un autre : à chaque fois que la fcie monte la roue avance, & les lanternes O, O qui font à fon effieu, font cheminer le chariot, par confequent la piece de bois qui eft deffus ; & comme la viteffe de cette piece dépend abfolument de celle avec laquelle la fcie agit ; on voit que de part & d'autre le progrès eft uniforme.

Fig. 1.
& 6.
La roue z eft traverfée de plufieurs chevilles entre lefquelles on embarre un levier pour la faire tourner d'un fens oppofé à celui dont nous venons de parler, afin de ramener le chariot fur fes pas & recommencer la même manœuvre, ce qui fe peut faire auffi par le moyen du treuil, qui fert à amener le chariot roulant, j'entens celui qui apporte le bois ; en attachant une poulie de retour au milieu de l'entretoife qui eft à l'extrémité de la couliffe du côté de la rampe ; car faifant paffer la corde du treuil fur cette poulie, & l'accrochant enfuite à l'entretoife N du chariot, elle la tirera du côté A, ce qui peut être commode lorfque le chariot eft chargé d'un gros arbre, dont le poids donneroit trop de peine à un homme feul pour le ramener de l'autre façon.

De quelle
maniere le
moulin s'ar-
rête de lui-
même lorf-
que la piece
eft fciée fur
toute fa lon-
gueur.
692. Pour montrer de quelle maniere la machine ceffe d'agir lorfque la fcie a parcouru la piece que l'on veut débiter, on remarquera dans la huitiéme figure que la vanne 2 qui doit répondre à la roue à aube, fe leve & fe baiffe à l'aide d'un levier 5, 6, qui paffe à travers le poteau 4, où il eft maintenu par un boulon qui lui fert de point d'appui : quand la vanne eft levée, & que la roue tourne, l'extrémité 6 du levier eft contrainte de refter dans la fitua-

Fig. 8.
& 10.
tion où on la voit, par le moyen d'une corde qui y eft attachée, à l'autre bout de laquelle il y a un anneau accroché à un déclit, pratiqué à l'endroit 7 dans l'épaiffeur d'un montant de la couliffe de la fcie : or fi l'on confidere la dixiéme figure, l'on verra que vis-à-vis du même montant 7, on a attaché au chevet *i* une bande de fer X, qui venant à appuyer contre le déclit lorfque cette extrémité du chariot eft arrivé jufques-là, l'anneau qui eft à la corde du levier 5, 6, échappe le levier, & la vanne baiffe par l'action du poids 8 qu'on y a fufpendu ; alors le paffage de l'eau étant interrompu la roue ceffe de tourner, & toute la machine demeure immobile.

De quel-
le maniere
693. Pour amener le bois que l'on veut fcier du pied de la rampe

jufques fur le chariot où il doit être pofé, on fe fert de la lanterne *la Machine*
R & du treuil de la quatriéme figure, comme nous l'avons dit plus *fait avan-*
cer la piece
haut ; le tourillon qui répond à l'extrémité 15 repofe fur un che- *que l'on*
valet, & celui qui eft à l'autre extrémité tourne dans une piece de *veut fcier.*
bois de bout exprimé par le nombre 12 dans la feptiéme figure fur *Fig. 1.2.*
laquelle je m'arrêterai un moment : cette piece 12 repofe fur une *4. & 7.*
femelle 16, à laquelle elle eft attachée par une charniere 11 : vers
le milieu eft attaché encore avec une charniere un bout de folive ou
clapet 10, qui repofe fur un talon 13 ; quand on veut que la lanterne
R tourne, la piece 12 eft maintenue comme on la voit fans pouvoir fe déranger, parce que d'un côté elle eft appuyée contre le
plancher du moulin à l'endroit 17, & de l'autre contre le poteau
18, à l'aide d'un clapet 10 ; car le poteau 18 eft immobile étant attaché à demeure par fes extrémitez : alors les fufeaux de la lanterne
s'engrainant avec les dents du rouet, le treuil tourne & la corde
file deffus en traverfant le plancher par une fente pratiquée à l'endroit 19 de la feconde figure, paffe fur une poulie ou un rouleau, &
de-là va aboutir à un petit chariot marqué 20 chargé de la piece que
l'on veut fcier, qu'elle attire depuis le pied de la rampe jufqu'au
moulin ; ce qui eft un grand foulagement pour les ouvriers, fur-
tout quand il eft queftion de gros arbres qu'on ne pourroit tranf-
porter qu'à force de bras ; au lieu que par ce moyen les bois en
grumes étant rendus fur le chantier, un homme feul pour peu qu'il
fache fe fervir du levier & de la pince, les pofe fur le chariot 20,
parce qu'il eft fort bas, les manœuvre & les débite aifément. Quand
le chariot eft arrivé l'on détache la corde qui y étoit accrochée,
l'on va à l'endroit 14 de la deuxiéme figure où l'on voit que le
plancher eft percé. Pour empêcher que le treuil qui attire la piece
ne tourne davantage, l'on écarte vers la droite la piece 12 de la
feptiéme figure pour féparer la lanterne du rouet après avoir tiré la
corde 21 pour lever le clapet 10 ; alors l'on appuye la piece 12
contre le bord oppofé du plancher où elle refte tant que la néceffité oblige à la redreffer, & tout cela fe fait fans être obligé de
defcendre dans la cave.

Voilà en general tout le Mécanifme de ces fortes de moulins
qui eft des plus fimple, puifqu'il n'y a d'autre fujettion que de placer fur le chariot des couliffes la piece que l'on veut fcier, d'accrocher l'anneau au déclit qui interrompt le mouvement au moment qu'il doit ceffer, & d'approcher ou d'éloigner du rouet la
lanterne qui amene le bois à la porte du moulin ; la machine eft
chargée du refte.

Tt

Détail de ce qui appartient à la scie.

Fig. 8.

694. Ayant passé légerement sur plusieurs articles, qui pour être bien entendus demandent un peu de détail, je vais le faire en commençant par ce qui appartient à la scie ; considérant dans la huitiéme figure les *jumelles* 22, 23, dans lesquelles sont pratiquées les coulisses, l'on verra qu'elles sont attachées en haut & en bas à deux poutres du moulin avec des boulons, & que le chassis de la scie est maintenu de chaque côté dans la coulisse par trois *clefs* marquées 21 ; ces clefs qui sont de bois traversent les deux jumelles, & sont retenues derriere avec des *clavettes*, afin de pouvoir les ôter quand on veut faire quelque réparation au chassis de la scie : les deux *montans* V, X du chassis de la scie ne touchent pas immédiatement contre l'épaisseur des jumelles 22, 23 qui forment les coulisses, parce qu'il y a entre-deux une regle d'environ 10 lignes d'épaisseur ; ces regles sont mises pour pouvoir être renouvellées, lorsque le frottement du chassis de la scie les ayant usées, il se trouve avoir trop de jeu, & n'agit pas bien perpendiculairement, au lieu que sans cela il faudroit le réparer assez souvent.

L'on remarquera aussi que ce chassis a par le haut deux entretoises 24 & 25, qu'il n'y a que la premiere 24 qui soit attachée fixement à tenons & mortoises avec les deux montans, au lieu que la seconde 25 à laquelle répond la scie, a deux tenons qui peuvent monter & descendre dans des rainures pratiquées dans l'épaisseur des montants sur la hauteur d'un pied seulement, & l'on y introduit ces tenons par le moyen d'une entaille faite à l'endroit 26 sans être obligé de démonter le chassis : ces entretoises font traversées par deux vis 27, posées la tête en bas sous la seconde 25 ; & au-dessus de la premiere 24 il y a une écroue à chaque vis que l'on fait tourner avec une clef de fer pour attirer l'entretoise 25 contre la superieure 24 pour bander la scie. J'ajoûterai que cette scie est plus large en haut qu'en bas, afin qu'à mesure que les dents descendent elles puissent pénetrer davantage dans le bois.

La chasse qui joint la manivelle avec la scie doit avoir 8 pieds de longueur entre les deux points autour desquels elle agit, quoiqu'elle n'en ait gueres que 5 dans le dessein, parce que dans les figures premiere & troisiéme on a donné trop de hauteur aux chevalets qui portent le rouet & les lanternes qu'il faudra abaisser, afin que la chasse YQ manœuvre avec plus d'aisance, & l'obliquité où elle se rencontre lorsque le coude de la manivelle est horisontal, soit le moins sensible qu'il est possible, pour que la direction de la puissance qui éleve la scie ne s'éloigne que peu de la perpendiculaire ; c'est à quoi je n'avois pas fait attention en traçant ces figures.

Le bras de levier *ac* dans la cinqûiéme figure a 6 pieds de lon- Fig. 5.
gueur, depuis le centre de mouvement de l'effieu *a*, jufqu'à la & 8.
verge de fer CS qui a 22 pouces de long ; la diftance du centre de
mouvement de l'effieu au centre de mouvement de la charniere *d*
eft de 6 pouces, & la diftance depuis ce dernier centre jufques au
fond du cran où l'extrémité du pied de biche touche la roue, eft
de 11 pieds 6 pouces : quand la fcie eft en repos, le levier *ac* eft
dans une fituation horifontale.

695. La roue *z* doit être de 3 pieds 4 pouces de diamétre, y *Proportion*
compris l'épaiffeur du cercle de fer : ce cercle doit avoir 384 crans *qu'il feut*
de 4 lignes de largeur & 2 ½ de hauteur : il eft à propos que les an- *donner à la roue dentée*
gles des crans dans lefquels appuye le pied de biche & le déclit *& à la ham-*
foient un peu aigus pour éviter que les crans n'échappent ; à cha- *pe du pied de biche qui*
que fois que la fcie monte, cette roue avance de deux crans. Pour *la fait tour-*
en voir la raifon, jettez les yeux fur la premiere figure de la plan- *ner.*
che troifiéme, qui n'eft autre chofe qu'une répétition de la cinquié- Plan. 3.
me de la planche deuxiéme que je n'ai exprimé que par de fimples Fig. 5.
traits, pour qu'on puiffe mieux appercevoir ce qu'il m'a paru néceffaire d'infinuer. On y remarquera que le point E exprime le centre de mouvement de l'effieu ABCD qui fait tourner la roue den-
telée : que lorfque le bras de levier EF qui répond au chaffis G de la
fcie eft horifontal, l'on a un triangle EDH formé par la ligne ED
de 6 pouces, qui marque la diftance du centre de mouvement E
au centre D de la charniere de la hampe du pied de biche, par la
ligne DH de 11 pieds 6 pouces, qui exprime la diftance du point D
à l'endroit où le pied de biche touche la roue *z* quand elle eft en
repos, & par la ligne EH de 11 pieds 11 pouces 4 lignes qui marque la diftance du centre E au même point H : or on fera attention que quand l'extrémité F de la verge de fer eft montée de 30
pouces, qui eft le chemin de la fcie, le treuil prend une autre fituation ; le point D tombe en M, parce que les deux lignes ED &
DH n'en font plus qu'une feule EI de 12 pieds ; alors le point H
tombe en I par le mouvement que le pied de biche fait faire à la
roue, la ligne EI devient plus grande que la ligne EH de la valeur
de deux crans ; & c'eft de quoi il eft aifé de fe convaincre en faifant attention que les angles DEH & LE*f* font égaux, le premier
étant formé par la defcente de la fcie, & le fecond par fa montée : Plan. 3.
que le triangle rectangle EL*f* ayant le côté E*f* de 5 pieds 7 pouces, Fig. 5.
& le côté *f*L de 30 pouces, l'angle LE*f* fe trouve de 26 dégrez
24 minutes : or le triangle DEH étant affujetti à un angle de la
même valeur, l'on verra par le calcul que le côté EH eft néceffai-

Ttij

rement plus petit de 8 lignes que la fomme des deux autres côtez ED & DH.

Il eft à propos de faire le côté DH un peu plus long que nous ne l'avons fuppofé, quand ce ne feroit que de deux lignes, n'étant gueres poffible que les deux côtez ED & DH puiffent former une ligne parfaitement droite, quoique la fcie foit arrivée au fommet des couliffes, ce qui pourroit empêcher que le point H ne faffe un chemin exactement de 8 lignes, au lieu qu'avec cette précaution on fera fûr que le pied de biche fera toujours tourner la roue de deux crans, & qu'il ne manquera pas d'accrocher l'extrémité du fecond qui pourroit quelque fois échapper fans cette précaution.

Si fur le prolongement de la ligne HD l'on fait le triangle rectangle EKD, l'angle FEK pourra être pris pour un levier recourbé dont le point d'appui eft en E ; alors la puiffance qui agit fur l'extrémité F, fera à celle qui pouffe la roue Z, felon la direction KH dans le premier inftant de fon action, comme EK eft à EF, c'eft-à-dire à peu près comme 1 eft à 26 ; ce qui fait voir que la roue Z eft pouffée avec 26 fois plus de force que n'en a la puiffance qui fait avancer le chariot, dont l'action va toujours en diminuant à mefure que l'extrémité F du grand bras de levier monte, à proportion que la perpendiculaire EK diminue, tant que les deux côtez ED & DH ne forment plus qu'une même ligne.

Détail des parties du chariot qui fait avancer la piece qu'on veut fcier.

Plan. 2.
Fig. 6.9.
& 10.

696. Le chariot a ici 30 pieds de longueur, mais on peut lui en donner d'avantage pour le proportionner à celle des plus grandes pieces qu'on veut débiter ; & comme il y en a une partie à découvert qui n'eft point renfermée dans le moulin qui n'a que 36 pieds, l'on voit dans la premiere & feconde figure que le plancher s'étend en dehors à droite & à gauche, & que du côté B il y a une efpece de Pont. Les dents du chariot doivent avoir environ 18 lignes de hauteur, 16 de largeur à la racine, & autant d'épaiffeur : il y en a 24 à la toife, les lanternes où elles s'engrainent ont 10 pouces de diamétre, & 8 fufeaux de 16 lignes de diamétre, elles font liées par des cercles de fer.

Pour diminuer le frottement, chaque brancart eft porté par des roulettes de fonte, pofées de 4 en 4 pieds, qui ont 1 pouce d'épaiffeur fur 4 de diamétre, & celui de l'effieu a un demi pouce : elles ne paroiffent point en dehors étant pratiquées dans l'épaiffeur du bois, & n'excedent le deffous des brancarts que d'environ 4 lignes : pour empêcher auffi le frottement des faces du brancart contre les joues des couliffes, on a placé encore des roulettes de

revers dans les mêmes brancarts , lefquelles tournent horifontalement, & n'excedent que d'environ deux lignes ; elles ont 3 pouces
de diamétre fur 1 d'épaiffeur.

697. La grande roue doit avoir 5 pieds & ¼ de rayon , aboutif- *Dimenfions des princi-pales par-ties du mou-lin.*
fant au centre d'impreffion des aubes , & fon arbre 16 pouces, le
rouet 2 pieds & ½ de rayon & 32 dents ; les lanternes chacunes 8
pouces de rayon ; elles doivent avoir 8 fufeaux de chacun 2 pouces & 9 lignes de diamétre : les autres parties dont je ne donne point
les dimenfions feront faciles à connoître avec le fecours des échel-
les relatives aux figures.

698. Comme la puiffance môtrice, c'eft-à-dire le courant qui *La réfiftan-ce que la puiffance motrice doit furmonter , fe réduit à enlever le poids du chaffis de la fcie.*
fait tourner la roue eft principalement employée à donner le mou-
vement à la fcie, l'effort qu'elle a à furmonter répondra immédiatement à la manivelle. Or comme la fcie ne travaille que lorfqu'elle
defcend, & non pas quand elle monte, fi l'on fuppofe cette puiffance en équilibre avec le poids du chaffis de la fcie, & celui de
la chaffe qui communique le mouvement, la difficulté fe réduira
à élever ce poids à chaque tour de manivelle , c'eft-à-dire à faire
monter la fcie , & quand elle fera parvenue à fon plus haut point ,
elle defcendroit d'elle-même par l'action de fon propre poids, &
avec plus de viteffe que n'en peut avoir la manivelle , fi elle ne
trouvoit rien qui lui fut oppofé ; mais fi les dents rencontrent en
chemin une piece de bois, elles s'accrocheront aux fibres, & le
tems de la defcente de la fcie fera d'autant plus retardé que ces fibres feront en plus grand nombre , c'eft-à-dire que le bois aura plus
d'épaiffeur, & le nombre de ces fibres pourroit être tel que la
fomme de leurs réfiftances à être rompus fe trouveroit en équilibre
avec l'action du poids de la fcie , indépendamment de la force
motrice : mais fi cette force eft jointe à celle du poids de la fcie ,
comme elle s'y joint en effet pour la faire defcendre , alors l'équilibre fera rompu & les fibres divifés fort promptement ; car comme
la force qui les fepare fera double de ce que nous venons de la
fuppofer, elle pourroit être en équilibre avec un nombre de fibres
double , parce qu'on peut regarder la force de la manivelle prife
indépendamment de fa viteffe , comme un poids qu'on auroit
ajoûté à celui de la fcie : cependant la viteffe de la manivelle étant
une force réelle (99) qui détruira l'équilibre, il s'enfuit que tous
les fibres feront rompus avec une viteffe égale à celle que la fcie a
eü en montant, quoique la piece à fcier eut une épaiffeur double.

699. Si l'on fait abftraction des frottemens, il fuit de ce que *Dans le cas du plus grand effet ,*
nous venons d'infinuer que lorfque la pefanteur de la fcie fera en

équilibre avec les $\frac{4}{9}$ de la force absolue du courant, réduite au cou-de de la manivelle qui est le cas du plus grand effet, (589) la scie en descendant aura indépendamment de sa vitesse une force équi-valente aux $\frac{2}{9}$ de celle du courant.

Pour faire voir l'exactitude que l'on peut apporter dans le cal-cul des Machines lorsqu'on veut prendre la peine de les examiner de près, nous ne négligerons rien de tout ce qui mérite attention dans celle dont nous parlons, sur-tout à l'égard des frottemens.

Puisque la scie en montant fait avancer le chariot, la puissance qui fait monter la scie a donc quelque chose de plus à surmonter que le poids de la scie. Quand il n'y auroit que cette seule diffi-culté, on ne pourroit pas dire que le poids de la scie dans le cas du plus grand effet peut être exprimé par les $\frac{4}{9}$ de la force absolue du moteur réduite au coude de la manivelle; nous commencerons donc par rechercher quelle est la force capable de faire avancer le chariot que nous supposerons chargé du plus grand fardeau qu'il puisse jamais porter, & pour plus d'intelligence le lecteur ne feroit pas mal de revoir les articles 282, 283, 284, qui ont été rappor-tez exprès pour le cas dont il s'agit.

700. Nommant p le poids du chariot, y compris celui de l'ar-bre dont il est chargé, $\frac{p}{3}$ exprimera le frottement des roulettes contre leur essieu, (256) qu'il faut multiplier par $\frac{19}{18}$ à cause de l'engrainement de la lanterne & des dents du chariot; (290) en-suite multiplier ce premier produit par $\frac{1}{8}$, rapport du rayon de l'es-sieu à celui des roulettes; (696) ce second produit par $\frac{1}{4}$, rapport du rayon de la lanterne à celui de la roue dentée (695, 696); & ce troisième produit par $\frac{1}{26}$, rapport des bras de levier du tourniquet,

$$(595) \text{ on aura } \frac{p}{3} \times \frac{19}{18} \times \frac{1}{8} \times \frac{1}{4} \times \frac{1}{26} = \frac{19p}{44928}, \text{ qui étant réduit}$$

donne $\frac{p}{2891}$.

Pour avoir la valeur de p, nous supposerons que le chariot a 50 pieds de longueur pour porter un arbre aussi de 50 pieds, & dont le diamétre feroit de 36 pouces, afin de prendre les choses à l'ex-trême; alors le chariot sera composé de 8 solives, & l'arbre en contiendra 113, ce qui fait ensemble 378 pieds cubes, qui étant multipliez par 70 ℔ pesanteur d'un pied cube de bois, lorsqu'il n'est pas sec, il vient $p = 26460$ ℔, qui étant divisées par 2891, don-nent environ 9 ℔ pour la plus grande force qu'il faudra jamais aude-là du poids de la scie pour faire avancer le chariot, & qui peut être réduite à 2 ℔ dans l'usage ordinaire, où il est rare d'avoir des bois à débiter qui ayent plus de 30 pieds de long sur 18 pouces en quarré. Je ne m'arrête point au frottement de l'essieu de la roue z, ni à celui du Tourniquet, se réduisant à si peu de chose que la puissance qui fait avancer le chariot n'en seroit augmentée que d'environ deux onces.

Pour faire voir qu'un même mouvement peut être exécuté de differentes façons ; en voici une de disposer la manivelle qui fait agir la scie, qui nous donnera lieu à exprimer d'une maniere plus sensible l'action de la chasse, & le frottement du chassis de la scie contre les coulisses ; car que le jeu de cette chasse se fasse dans le plan de la scie ou dans le plan de son chassis, le frottement contre les coulisses sera toujours le même. Plan. 3. Fig. 6. & 4.

Si l'on considere la figure sixiéme de la planche troisiéme, l'on verra que la lanterne A s'engraine avec les dents du rouet O, posez sur son plan ; ainsi la manivelle B tournera de C en D, & pour cela il faut que la chasse soit unie à ce chassis, comme on l'a marqué dans la quatriéme figure de la même planche.

701. Voici une occasion d'appliquer ce qui a été enseigné dans l'article 109. au sujet de la manivelle simple : car si l'on suppose que la ligne AB représente l'entretoise inferieure du chassis de la scie, & la verticale IG la chasse ; lorsque le coude FG de la manivelle est au plus bas d'une de ses révolutions, la pesanteur du chassis de la scie tiendra lieu du poids suspendu à la poignée de cette manivelle ; ainsi la puissance qui fera monter la scie à la hauteur GQ ou IN, ira en croissant, & en décroissant quand le point G décrira le demi-cercle GHQ ; & le plus grand effort de cette puissance sera lorsque le coude de la manivelle se trouvera dans la situation horifontale FH, (108) & la chasse dansla direction oblique HE ; d'où il suit qu'il faudra prendre pour bras de levier moïen du poids la ligne FM, égale aux deux tiers du rayon FH, selon ce qui a été remarqué dans l'article 105 ; & comme ce rayon est de 15 pouces, le bras du levier moyen du poids sera donc de 10. Examen de l'action de la manivelle qui communique le mouvement à la scie. Plan. 3. Fig. 1.

702. Comme la chasse qui communique le mouvement à la scie n'agit pas selon une direction verticale dans le tems que la manivelle décrit le demi cercle GHQ ; s'il y avoit une puissance qui se servit de cette chasse comme d'un rayon solide pour faire monter le poids en parcourant le même chemin que la manivelle, cette puissance aura besoin d'une force d'autant plus grande que sa direction sera plus oblique au chassis, & quand elle sera arrivée au Le poids de la scie doit être moindre que la force de la puissance qui seroit appliquée aux deux

tiers du coude de la manivelle. point H, l'angle d'incidence HER étant alors le moindre de tous, sa force absolue sera à sa force relative, comme le sinus total HE est au sinus HR ; (23) mais comme cet angle croîtra à mesure que la scie montera, l'on voit qu'il doit y avoir un certain angle d'incidence PST où le sinus PT tiendra un milieu entre le plus grand & le plus petit ; ce qui arrivera lorsque celui de son complement ST tiendra aussi un milieu entre tous ceux que comprend le quart de cercle FHQ : or comme ce dernier n'a cette proprieté que quand il est égal à FM, bras de levier moyen du poids ; il suit que lorsque ST ou OP sera les deux tiers du rayon FH, (105) que prenant PS pour exprimer la puissance uniforme appliquée au bras de levier, la verticale OS exprimera le poids de la scie.

Examen du frottement des chassis de la scie contre les coulisses. 703. La puissance ne pouvant agir selon une direction oblique sans pousser de côté le chassis de la scie selon une direction TS, perpendiculaire à la coulisse VX, avec une force exprimée par le sinus ER ou ST du complement de l'angle d'incidence ; l'on voit que cette pression étant variable, celle qui tiendra un milieu entre la plus grande & la plus petite sera exprimée par le sinus ST ou OP, & que le frottement que cette pression fait naître, le sera par le tiers du même sinus, lorsque la puissance qui doit le surmonter agira selon une direction verticale ; (228) ainsi faisant OC égal au tiers de OP, achevant le triangle rectangle CSD, le côté CS exprimera le poids & le frottement du chassis de la scie, & le côté DS la puissance qui surmonte l'un & l'autre, lorsqu'on la considerera comme agissant uniformément, & appliquée aux deux tiers du coude de la manivelle. (105)

Le poids de la scie doit être à la puissance qui seroit appliquée aux deux tiers du coude de la manivelle dans le rapport de 30 à 31. Remarquez que la ligne OP sera de 10 pouces, puisqu'elle est égale à FM, & que la ligne PS sera de 8 pieds ou de 96 pouces, puisqu'elle est égale à la longueur de la chasse : prenant donc OP pour le sinus total, PS pour la secante de l'angle OPS, la ligne OS en sera la tangente ; ainsi on pourra dire, comme OP de 10 pouces est à 100000 sinus total ; ainsi PS de 96 pouces est à la secante qu'on trouvera de 960000, laquelle répond dans les Tables des sinus à une tangente de 954106 : ajoûtant à ce nombre le tiers du sinus total, c'est-à-dire 33333, on aura 987439 pour l'expression de la ligne SC qu'on peut regarder comme la tangente de l'angle SDC, qui répond dans les Tables à une secante DS de 992389 ; ainsi le rapport de SO à SD sera le même que celui de 954106 à 992389 ; c'est pourquoi nommant SO, r, & SD, t, on aura

$$\frac{r}{t} = \frac{954106}{992389}, \text{ ou à peu près } \frac{r}{t} = \frac{30}{31},$$

dont le *dénominateur* (*numérateur*)

exprimera

exprimera le poids de la scie, & le dénominateur la puissance capable de surmonter ce poids & son frottement contre les coulisses.

Comme la manivelle décrira le demi cercle QNG quand la scie descendra, & que la puissance aura les mêmes variations que celles que nous venons d'observer, (109) je ne m'y arrête point pour ne rien dire d'inutile ; on observera seulement que quand la scie descend, le plus grand frottement du chassis se fait contre la coulisse YZ, au lieu que nous venons de voir qu'en montant, ce frottement se faisoit contre l'autre.

704. Il nous reste à déterminer quel doit être le poids de la scie & de son équipage pris ensemble, ce que nous allons faire d'abord *Maniere de* par le calcul litteral, afin d'avoir une formule generale qu'on puisse *découvrir* appliquer à tous les moulins à scier ; mais avant d'en venir-là, il *tre le poids* faut être prévenu que la hauteur moyenne de l'eau qui doit faire *de la scie &* aller la roue est de 6 pieds 6 pouces 6 lignes, ce qui répond dans *de son équi-* la première Table à une vitesse de 19 pieds 9 pouces 8 lignes par *cas du plus* seconde, & dans la troisiéme à un choc de 458 ℔ par pied quarré ; *grand effet,* & comme on suppose les aubes de 2 pieds de superficie, la force absolue du courant sera de 916 ℔, dont prenant les $\frac{4}{9}$ pour le plus grand effet, la puissance motrice sera de 407 ℔ : (589, 590, 595) cela posé, voici le nom & la valeur de toutes les grandeurs qui doivent entrer dans le calcul.

$a = 5$ pieds $\frac{1}{4}$, rayon de la roue.

$b = 2$ pieds $\frac{1}{2}$, rayon du rouet.

$d = 10$ pouces, coude de la manivelle réduit.

$f = 8$ pouces, rayon de la lanterne.

$c = 9$ lignes, rayon des tourillons de la roue & de l'essieu de la lanterne.

$g = 2500$ ℔, poids de la roue, du rouet, & de l'arbre qui leur est commun.

$h = 240$ ℔ ; poids de la lanterne, y compris celui de l'essieu & de la manivelle.

$p = 407$ ℔, valeur de la puissance motrice.

$q = 9$ ℔, expression de la force qui fait avancer le chariot.

$\dfrac{m}{n} = \dfrac{19}{18}$, frottement du rouet & de la lanterne.

$\dfrac{r}{t} = \dfrac{30}{31}$, rapport du poids de la scie à la force absolue de la puissance qui répond à la manivelle.

$x \backsim$ poids de la scie.

$y \backsim$ force absolue de la puissance qui répond à la manivelle ;

V u

qui étant multipliée par $\frac{30}{31}$ donnera un produit égal au poids de la fcie, joint à la force qu'il faut pour faire avancer le chariot ; par conféquent $x + q = \frac{30v}{31}$.

L'on doit regarder le rayon de la lanterne P, & le coude de la manivelle Q lorfqu'il eft horifontal comme un levier droit ; alors y exprimant la puiffance appliquée aux deux tiers du coude de la manivelle, (105) multipliant cette puiffance par fon bras de levier, & divifant le produit par le rayon de la lanterne, il vient $\frac{dy}{f}$ pour l'action des dents du rouet fur les fufeaux de la lanterne ; & comme h exprime le poids de la lanterne & de fon effieu, ajoûtant ces trois termes enfemble, on aura $y + \frac{yd}{f} + h$ pour la preffion que caufe l'effieu de la lanterne, dont il faut prendre la moitié pour le frottement, (250) qui étant multipliée par le rayon de l'effieu, & le produit divifé par le rayon de la lanterne donne $\frac{cd}{2ff} y + \frac{c}{2f} y + \frac{ch}{2f}$ pour ce frottement réduit au fufeau de la lanterne ou aux dents du rouet ; à quoi ajoûtant la force $\frac{d}{f} y$; multipliant le tout par le rayon du rouet, & enfuite le produit par $\frac{m}{n} = \frac{19}{18}$ à caufe du frottement des dents & des fufeaux (290) ; il vient $\frac{m}{n} \times \overline{\frac{bd}{f} y + \frac{bcd}{2ff} y + \frac{bcy}{2f} y + \frac{bch}{2f}}$, à quoi il faut ajouter le frottement des tourillons de la roue, c'eft-à-dire la moitié de la force précédente ; plus la moitié de la puiffance motrice (251) ; plus le tiers du poids de la roue, (650) le tout multiplié par le rayon des tourillons pour avoir une quantité égale au produit de la puiffance motrice par fon bras de levier ; par conféquent $\frac{m}{n}$

$$\times \overline{\frac{bd}{f} y + \frac{bcd}{2ff} y + \frac{bc}{2f} y + \frac{bch}{2f}} + \frac{m}{n} \times \overline{\frac{cd}{2f} y + \frac{ccd}{4ff} y + \frac{cc}{4f} y + \frac{cch}{4f}}$$

$$+ \frac{cp}{2} + \frac{cg}{3} = ap,$$ qui étant multiplié par $2f$, & divifé par c,

donne $\frac{m}{n} \times \overline{\frac{2bd}{c} y + \frac{bd}{f} y + by + bh + dy + \frac{cd}{2f} y + \frac{cy}{2} + \frac{ch}{2}}$

$+ fp + \frac{2fg}{3} = \frac{2fap}{c}$: faifant paffer $fp + \frac{2fg}{3}$ du premier membre dans le second , & divisant toute l'équation par $\frac{m}{n}$, on

aura $\frac{2bd}{c} y + \frac{bd}{f} y + by + dy + \frac{dc}{2f} y + \frac{cy}{2} + bh + \frac{ch}{2} = \frac{nf}{m}$

$\times \frac{2ap}{c} - p - \frac{2g}{3}$, d'où dégageant l'inconnue , il vient enfin

$$y = \frac{\frac{nf}{m} \times \frac{2ap}{c} - p - \frac{2g}{3} - bh - \frac{ch}{2} = 495216}{\frac{2bd}{c} + \frac{bd}{f} + \frac{dc}{2f} + \frac{c}{2} + d + b = 878}$$; divisant donc

495216 par 878 , l'on trouvera à peu près 564 ℔ pour la valeur de y, laquelle étant multipliée par $\frac{30}{31}$ donne 546 ℔, d'où retran-chant 9 ℔ valeur de q, reste 537 ℔ pour x poids de la scie, y compris celui de son équipage, dont toutes les parties doivent avoir leurs dimensions proportionnées de façon, que le poids du bois & des ferrures soit à peu près de 537 ℔.

705. Ayant dit que la vitesse du courant étoit de 19 pieds 9 pouces 8 lignes par seconde, (704) elle sera par conséquent de 1188 pieds 9 pouces par minute, dont le tiers est 396 : (595) pour sçavoir le nombre de tours que la roue fera dans le même tems, je considere que cette roue ayant 10 pieds $\frac{1}{2}$ de diamétre (697) décrira à chaque tour une circonference de 33 pieds ; divisant donc 396 pieds par le nombre précedent, il viendra 12 au quotient, qui fait voir que la roue fera 12 tours par minute dans le cas du plus grand effet.

Maniere de calculer le chemin que le chariot fera dans un tems déterminé , par conséquent le progrès de la scie.

Le rouet ayant 32 dents, & la lanterne de la manivelle 8 fuseaux, (697) une révolution du rouet en fera faire quatre à la lanterne ; & comme il fait 12 tours par minute, la lanterne en fera 48 ; ainsi la scie montera & descendra 48 fois dans le même tems, & à chaque fois qu'elle montera le pied de biche fera avancer la roue Z de la valeur de deux crans ; & en ayant 384, (695) il faudra que la scie monte 192 fois, ou qu'elle agisse pendant 4 minutes pour lui faire faire un tour aussi-bien qu'aux lanternes qui sont à son essieu ; & ces lanternes ayant chacune 8 fuseaux, elles accrocheront 8 dents du chariot à chaque révolution pour le faire avancer de 2 pieds, parce qu'il a 24 dents à la toise ; (696) par conséquent la vitesse du chariot sera de 6 pouces par minute ; & la piece qui est dessus sera sciée sur cette longueur ; & comme elle reçoit 48 traits de scie dans le même tems , chacun sera d'une ligne & demie de profondeur.

V u ij

706. Ayant estimé par plusieurs experiences faites avec soin quel doit être le résultat du plus grand effet de ce moulin, j'ai trouvé que le faisant aller avec trois scies, elles pouvoient en une heure de tems partager une poutre de 12 pouces d'épaisseur, & de 30 pieds de longueur en quatre parties, c'est-à-dire, en faire quatre plattes formes, chacune d'environ 3 pouces d'épaisseur sur 30 pieds de long. Que si au lieu de trois scies on n'en met que deux, elles iront bien plus vîte, & plus encore quand il n'y en aura qu'une, en supposant l'épaisseur du bois toujours la même ; ce qui est bien naturel selon la loi generale des Mécaniques ; car ici l'effort que fait la scie est proportionnée à la quantité de parties qu'elle accroche en descendant : sur quoi il est à remarquer que deux scies qui agiroient ensemble sur une piece de bois, par exemple de 10 pouces d'épaisseur, mettent autant de tems pour la débiter d'un bout à l'autre, qu'il en faut lorsque n'y ayant qu'une scie elle agiroit sur une piece de même longueur, mais qui auroit 20 pouces d'épaisseur : par conséquent, si au lieu de trois scies le moulin n'en faisoit agir qu'une, on pourroit en une heure de tems dans le cas du plus grand effet, partager en deux parties une piece qui auroit 36 pouces d'épaisseur sur 30 pieds de longueur.

Quoique la vitesse de la scie augmente à mesure que la piece qu'elle débite a moins d'épaisseur, sa plus grande vitesse doit pourtant être limitée sans se prévaloir de la force du courant, crainte que le frottement ne mette le feu à la Machine, principalement au chassis & aux coulisses de la scie, comme cela est arrivé à celui de notre Arsenal ; il m'a paru que la plus grande vitesse que pouvoit avoir la scie, étoit de monter & descendre 80 fois par minute, alors le chariot avance de 10 pouces dans le même tems. (705)

707. La force qui fait mouvoir le chariot n'ayant lieu que quand la scie monte, la puissance appliquée à la manivelle agira donc de haut en bas avec une force de 546 ℔, (704) à quoi ajoûtant 537 ℔ pour le poids de la scie, il vient 1083 pour la force équivalente à celle de la scie lorsqu'elle descend : or comme dans le cas du plus grand effet elle met à peu près autant de tems à monter qu'à descendre, il suit que les 48 traits qu'elle donne par minute se font en 30 secondes, & son chemin en descendant étant de 30 pouces, sa vitesse par seconde sera 4 pieds, qui étant multiplié par le nombre précedent donne 4332 pour la quantité de mouvement de la scie, ou son action sur le bois. (85)

Comme entre la puissance motrice & le poids, il y a 4 bras de levier, multipliant le premier par le troifiéme, & le fecond par le quatriéme, les produits feront comme 42 eft à 25, raifon réciproque du poids réel de la fcie à la puiffance motrice ; (74) ainfi multipliant 537 par $\frac{25}{42}$, on a à peu près 320 ℔ pour la force qu'il faudroit feulement à la puiffance motrice, afin d'être en équilibre avec le poids de la fcie : fouftrayant donc ce nombre de 407, (704) il refte 87 ℔ pour la force que cette puiffance employe à furmonter les obftacles & le frottement de toutes les parties de la Machine. L'on peut donc dire que des 407 ℔ qui expriment le choc de l'eau, il n'y en a que 320 qui foient employées effectivement à fcier le bois.

La viteffe de la roue étant de 6 pieds 7 pouces ⅔ de lignes par feconde, (705) fi on la multiplie par 320 ℔, il viendra à peu près 2108 pour la quantité de mouvement de la puiffance réduite ; & comme nous venons de trouver 4332 pour celle du poids, on voit que l'action de la puiffance eft à fon effet, comme 2108 eft à 4332, ou à peu près comme 1 eft à 2. Cette Machine a cela de fingulier, que fon effet fe trouve beaucoup au-deffus de l'action du moteur, au lieu qu'il arrive ordinairement que c'eft l'action du moteur qui eft au-deffus de l'effet machinal, mais auffi l'on perd le tems que la fcie employe à monter.

En faifant conftruire ce moulin, j'ai fait une réflexion effentielle qui m'avoit échappée dans le projet ; la vanne ayant 2 pieds 4 pouces de largeur, & devant foutenir quand elle eft baiffée environ 7 pieds de hauteur d'eau, fa pouffée contre les couliffes fera d'environ 4000, qui caufe un frottement de 1333 ℔, (375) à quoi ajoutant au moins 250 ℔ pefanteur propre de la vanne, on aura 1583 ℔ pour la réfiftance qu'il faudra que la puiffance furmonte : or comme cette puiffance n'eft autre chofe que la force que peut avoir un homme qui tire de haut en bas, & qui ne peut excéder la pefanteur de fon corps eftimée 140 ou 150 ℔ ; (118) l'on voit qu'étant appliqué à l'extrémité 6 du levier 5, 6, dont le point d'appui eft dans le milieu, il eft impoffible qu'il puiffe jamais élever un poids de 1583 ℔ ; cependant il doit gouverner toute la Machine fans aucun fecours étranger, & quand même il en recevroit, il arriveroit encore un inconvenient ; le frottement de la vanne contre les couliffes étant bien fuperieur au poids de la même vanne, elle ne pourroit defcendre d'elle-même lorfque le déclit 7 auroit lâché l'anneau de la corde. (376)

Pour obvier à toutes ces difficultez, j'ai confideré qu'il étoit inutile de faire une vanne mobile de toute la hauteur de l'eau, & qu'il fuffifoit de pratiquer un pertuis de la grandeur des aubes, c'eft-à-dire de deux pieds de largeur fur un de hauteur qu'on fermeroit par une vanne de même grandeur, & d'arrêter à demeure les planches qui doivent foutenir le refte de l'eau ; alors la hauteur moyenne de l'eau qui répond à cette vanne fera de 6 pieds $\frac{20}{59}$, (415) ou à peu près de 6 pieds $\frac{1}{2}$, qui étant multipliez par 2 pieds 4 pouces, fuperficie de la vanne, donnent 15 $\frac{1}{8}$ de pieds cubes ou 1061 ℔ pour la pouffée, dont le tiers eft environ 354 ℔, qui étant ajoûté avec 150 pefanteur qu'aura la petite vanne, jointe au poids qui en facilitera la defcente, donnent 504 ℔, réfiftance que la puiffance aura à furmonter. Pour lui en donner le moyen, j'ai fupprimé le poteau 4, j'ai placé le point d'appui à l'endroit 29, afin de racourcir le bras de levier du poids, & allongé celui de la puiffance en la prolongeant encore de toute la partie 6, 28 ; & pour qu'il n'embaraffe pas la manœuvre, je l'ai fait paffer derriere la fcie, comme on le voit dans la deuxiéme figure de la premiere planche, où le levier eft marqué par l'intervalle 5, 28, ayant pratiqué un déclit contre les couliffes du chariot à l'endroit 28, dont le chariot occafionne l'échappement ; ce qui eft aifé à imaginer : alors il arrive que le bras de levier 30, 28 de la puiffance fe trouvent quadruple de l'autre 5, 30, la puiffance n'eft plus que la quatriéme partie du poids, c'eft-à-dire environ 126 ℔.

Voilà, ce me femble, comme il faut examiner toutes les parties d'une Machine pour en déterminer au jufte les dimenfions & les effets, eu égard à fes differens mouvemens, autrement fi l'on n'y apporte toute la précifion à laquelle on voit que je me fuis attaché icy, on n'agit qu'à tâtons ; on recommence plufieurs fois les mêmes pieces avant qu'elles puiffent fervir, & ce n'eft qu'en multipliant la dépenfe mal-à-propos qu'on parvient à les faire jouer, au lieu qu'en voyant clair à ce qu'on fait, on eft en état de répondre du fuccès, même avant l'exécution.

Sujettions principales qui doivent diriger la conftruction d'un moulin à fcier, & qui peuvent fervir d'exemple pour l'emplacement des Machines en general.

708. N'ayant rien dit jufqu'ici de ce qu'il faut fuivre pour la conftruction du Canal où coule l'eau qui fait tourner le moulin précédent ; voici quelques articles tirez du devis que j'en ai fait.

1°. Il faut que le plancher du radier pris au pied de la vanne foit de niveau avec celui du moulin à Poudre, qui eft fur la riviere d'Oyfe à côté de celui que l'on veut conftruire ; pour cela il doit être établi à 12 pieds au-deffous du repaire, marqué au pignon du même moulin.

Cet article montre que lorfque l'on veut établir une Machine,

il faut avoir un point fixe pris fur les lieux pour y rapporter les mefures qui marquent de combien il faudra s'enfoncer ou s'élever au-
deffus de ce point.

2". Le rez-de-chauffée de la cave doit être de 3 pieds au-deffus
la naiffance du radier, ou de 9 pieds au-deffus du Repaire.

3°. La partie inferieure du Canal aura 6 toifes de longueur depuis l'angle du gros mur de l'ancienne fortification jufqu'au pied
de la vanne.

La tranchée de cette partie fera creufée de 14 pieds 10 pouces
au-deffous du repaire en commençant à l'endroit du feuil de la
vanne, & à mefure que l'on defcendra, on obfervera de donner
au fonds de cette tranchée 2 pouces 6 lignes de pente par toife.

Cette tranchée fera creufée fur la largeur de 9 pieds dans le fond.

4°. On affeoira fur le fond de la tranchée précédente une plate-
forme de Maçonnerie de 9 pieds 6 pouces de largeur fur 2 pieds
6 pouces d'épaiffeur, qui regnera fur toute l'étendue de la partie
inferieure du canal. Cette maçonnerie faite à bain de Ciment.

5°. Pour la partie fuperieure du canal, on fera une tranchée dont
le fond fera d'un demi pied au-deffous de la précedente, c'eft-à-
dire de 15 pieds 4 pouces au-deffous du repaire : on lui donnera 3 toifes de longueur depuis l'éclufe, en remontant vers la prife d'eau fur 10 pieds de largeur.

6°. On établira fur l'étendue de cette tranchée une plate-forme
de maçonnerie de 3 pieds d'épaiffeur, faite en mortier de ciment
comme la précedente.

Pour le refte de la tranchée jufqu'à la prife d'eau, il faut la creufer en remontant d'un pied par toife, enforte que le fonds du canal
à fa jonction avec la riviere, ne foit plus qu'à 9 pieds 10 pouces au-
deffous du repaire, obfervant que cette partie qui aura 12 toifes
de longueur, ne doit pas être maçonnée dans le fond.

7°. Le long du bord de la plate-forme de maçonnerie de la partie fuperieure du canal, du côté de la prife d'eau, on battra à refus
de mouton à travers le canal une file de palplanches ; ces palplanches auront 7 pieds de longueur fur 4 pouces d'épaiffeur, taillées
à rainure & à grain d'orge pour s'emboiter : elles auront au moins
12 pouces de longueur, & feront affemblées par une lierne ou
ventriere de 6 pouces d'équariffage que l'on encaftrera dans la maçonnerie.

8°. Sur la plate-forme de maçonnerie de la partie fuperieure
du canal, on encaftrera des traverfines de 5 pouces d'équariffage,
aufquelles on donnera 5 pieds de longueur, pofées dans le milieu

de la même plate-forme, enforte qu'elles foient à la diftance de 3 pieds les unes des autres, pris de milieu en milieu, obfervant de faire la même chofe pour la partie inferieure du canal ; mais les traverfines n'auront que 4 pieds de longueur, elles ferviront de part & d'autre pour clouer le plancher du radier, lequel doit être double, & fait de deux planches de deux pouces d'épaiffeur, pofées plein fur joint, bien calfatées comme au radier des éclufes.

9°. La partie inferieure du canal doit avoir dans le fond 3 pieds 6 pouces de largeur depuis la vanne jufqu'à la rencontre du mur de l'ancienne fortification, & le refte ira en s'élargiffant à queuë d'Hironde vers la riviere, les angles des retours formant 110 dégrez.

Le revêtement de cette partie du canal du côté de la riviere aura 2 pieds 6 pouces d'épaiffeur, avec une retraite de 3 pouces fur la fondation du côté des terres ; on donnera à ce revêtement 8 pieds 6 pouces de hauteur au-deffus de la fondation, réduit à 2 pieds 6 pouces au fommet.

A l'égard de l'autre revêtement du côté du moulin à fcier, il faudra lui donner la même épaiffeur qu'au précedent, fur la hauteur de 14 pieds 10 pouces pris à l'entrée du moulin, & le fommet conduit de niveau fur toute la longueur du moulin & du belvedere.

10°. La partie fuperieure du canal aura 4 pieds 2 pouces de largeur depuis la vanne jufqu'à la prife d'eau.

Son revêtement aura des deux côtez 8 pieds 6 pouces de hauteur au-deffus de la fondation, avec une retraite de 4 pouces du côté des terres, & 3 pieds d'épaiffeur réduit à 2 pieds 6 pouces au fommet.

11°. Dans la partie inferieure du canal, le courfier fera formé par des planches de bordage de 2 pouces d'épaiffeur, clouées fur des poteaux de 3 pieds de hauteur & de 5 pouces d'équariffage, lefquels feront pofez à 4 pieds 6 pouces de milieu en milieu, appliquez contre le revêtement du canal, retenus en haut & en bas par des chevilles de fer enclavées dans la maçonnerie dans le tems de fa conftruction, & ces boulons traverfant les poteaux les retiendront avec des clavettes afin de pouvoir les renouveller au befoin.

12°. Selon les mefures précedentes, le courfier aura 2 pieds 4 pouces de largeur, & l'on aura deux appuis de maçonnerie de 6 pouces de largeur pour foutenir les poteaux des couliffes de la vanne ; puifque le canal fuperieur a un pied de largeur de plus que

celui

celui d'en bas, ces poteaux auront 14 pouces de largeur sur 10 d'é-
paisseur, & 12 pieds de hauteur, & doivent être assemblez dans
une semelle de 4 pieds 6 pouces de longueur sur 14 de largeur, &
10 d'épaisseur.

13°. L'intervalle des poteaux des coulisses se trouvera de 2 pieds
qui sera la largeur du pertuis ou le passage de l'eau sur la roue, lequel ne devant avoir qu'un pied de hauteur au-dessus du radier, il
faudra sur cette hauteur pratiquer une feuillure de 2 pouces de
profondeur sur 4 de largeur pour recevoir la vanne qui doit fermer le pertuis, qui n'aura par conséquent qu'un pied de hauteur.

Au-dessus de la feuillure précedente, on en pratiquera une seconde de 4 pouces de profondeur sur autant de largeur, & de 7
pieds de hauteur, pour recevoir des planches de 2 pouces d'épaisseur clouées à demeure, qui doivent soutenir l'eau qui est au-dessus du pertuis.

Le chapeau à travers lequel passera l'éguille de la vanne doit
avoir 5 pieds 6 pouces de longueur sur 12 pouces de largeur & 10
d'épaisseur.

Je supprime les articles qui regardent la main d'œuvre du canal
& la construction de la cage du moulin pour ne point anticiper sur
la seconde partie de cet Ouvrage.

Je dirai pourtant qu'il faut que le revêtement du canal superieur
du côté du moulin soit composé d'une bonne maçonnerie de mortier de ciment, pour empêcher que les eaux du canal ne transpi-
rent & ne viennent inonder la cave, c'est pourquoi il faudra en
user de même pour le mur de cette cave, qui répond à l'entrée
du moulin, & avoir soin d'appliquer derriere ses murs un bon
conroy de terre glaise.

709. Dans les Pays de Montagnes où l'on a des chûtes d'eau *Description*
qui tombent d'une grande hauteur, on y trouve des moulins à scier *d'un autre*
moulin à
un peu plus simples que celui que je viens de décrire, parce que *scier le bois*
l'on ne se sert point de rouets ni de lanternes, le mouvement de *plus simple*
que le pré-
la scie dépendant immédiatement de celui de la grande roue, com- *cedent.*
me on en peut juger par la seconde & troisiéme Figure de la plan- PLAN. 3.
che troisiéme, où l'on voit que le canal A dont je ne détermine FIG. 2.
point la hauteur, conduit l'eau qui fait tourner une roue B, dont & 3.
l'essieu est coudé comme une manivelle pour recevoir l'extrémité
C de la scie, qui agit librement par le haut dans les coulisses DD :
quand elle monte elle fait faire un mouvement au levier E qui en
communique un autre à la hampe F pour faire tourner la roue dentée I qui fait avancer le chariot N, à l'aide du déclit K du pignon

X x

L , en s’engrainant dans les dents M , à peu près comme on l’a vû
fur les planches précedentes.

Au lieu de la manivelle il y a de ces fortes de moulins qui ont à
l’arbre de la roue deux morceaux de bois RR dans la feptiéme figure qui le traverfent diamétralement, au bout defquelles il y en
a deux autres SS , formant des levées, attachez l’un deffus, l’autre
deffous : l’on charge la fcie d’un poids capable de la faire defcendre en furmontant la réfiftance du bois qu’on veut fcier : au bas du
chaffis de la fcie il y a un mentonet T , qui étant rencontré par
les levées S , S , à chaque tour de roue , force la fcie à monter
& defcendre deux fois , au lieu que la manivelle ordinaire ne la fait
defcendre qu’une fois à chaque tour de roue.

Je ne m’arrêterai pas d’avantage à détailler les figures de cette
planche , puifqu’au premier coup d’œil on peut juger de ce qu’elle
fignifie ; c’eft à ceux qui auront à faire conftruire de pareils moulins , à voir lequel des deux que je donne icy peut convenir le mieux
à la fituation des lieux , & à tirer de l’un & de l’autre les parties
qu’on eftimera les plus néceffaires.

710. Le bois fec eft plus difficile à fcier que le tendre ou le verd ,
à peu près dans le rapport de 4 à 3 ; ayant éprouvé fur deux pieces de Chefne de 12 pouces d’équariffage , que la premiere qui
étoit de vieux bois ; mais fain & dur , a été fciée fur la longueur de
12 pieds en 25 minutes , & que celle qui étoit de bois verd a été
fciée fur la même longueur en 18 minutes.

J’ai reconnu par experience que trois hommes appliquez à une
fcie , deux en bas & un en haut , peuvent fcier une piece de bois
de Chefne verd de 12 pouces d’épaiffeur fur la longueur de 10 pieds
par heure , & continuer ce travail 6 heures le matin , & 6 heures
l’après midi , par confequent fcier 120 pieds par jour.

Les mêmes ne peuvent fcier que 5 pieds par heure de bois de
Chefne fec de 12 pouces d’épaiffeur , & qu’environ 60 pieds par
jour, c’eft-à-dire la moitié moins que fi le bois étoit verd.

Ils peuvent fcier 14 pieds par heure de bois blanc & verd, qui
auroit 12 pouces d’épaiffeur , & feulement 6 pieds & ½ ou 7 pieds
tout au plus quand il eft fec.

Ils ne peuvent fcier 17 à 18 pieds par heure de bois de Chefne
dur , de 7 ou 8 pouces d’épaiffeur , & quand il eft verd , au tour
de 25 ou 26 pieds , & fi c’eft du bois blanc dur , ils en peuvent
débiter jufqu’à 31 ou 32 pieds , ainfi des autres pieces dont ils
fcieront plus ou moins à peu près dans la proportion inverfe de leur
épaiffeur.

711. Pour ne rien négliger de ce qui peut appartenir à ce Cha-
pitre, j'ajoûterai icy la defcription d'une Machine pour fcier le
Marbre, dont le deffein qu'on voit fur la planche vient de M.
Morel.

Defcription d'un moulin pour fcier le Marbre.

Peu de gens ignorent la maniere dont on fcie d'ordinaire les
blocs de Marbre ; on fe fert d'une fcie unie & fans dents, où deux
hommes font employez, un de chaque côté, qui de tems en tems
jettent du grais pilé dans la voye de la fcie pour ufer le Marbre,
& y font tomber de l'eau pour empêcher la fcie de s'échauffer : la
monture de la fcie eft défignée par la lettre A au plan & à l'éle-
vation, auffi-bien qu'au profil exprimé par la troifiéme figure. Cette
derniere montre que les bras de la fcie font creux en forme de
couliffes, fur la hauteur de 5 pieds, pour répondre aux plus gros
blocs qu'on a coutume de débiter : & comme la fcie ne peut agir
fur le marbre que par l'effort qu'elle fait pour s'y enfoncer, on fup-
pofe que chacune de fes extrémitez eft chargée d'un cube de
plomb, dont on déterminera la pefanteur dans l'exécution pour la
faire defcendre à mefure que le travail avance ; cette monture, ou-
tre les pieces de fon affemblage eft encore munie de deux oreil-
les CC pour la foutenir, & la faire gliffer fur les chevalets DD,
pofez en droite ligne, & efpacez de maniere que la monture de
la fcie puiffe facilement couler entre deux.

PLAN. 4.

FIG. 1. 2. & 3.

Comme l'on peut faire agir plufieurs fcies à la fois, je ne parle-
rai d'abord que d'une des deux qui eft au plan : on voit que la
puiffance doit être appliquée à une manivelle E de 12 pouces de
coude, qui répond à une lanterne F de 8 pouces de diamétre, s'en-
grainant avec une roue dentée G dont le diamétre eft de 16 pou-
ces : à l'effieu de la roue G eft une autre roue H qu'on ne peut voir
que dans la premiere figure, étant cachée au plan fous la piece I.
Cette roue qui a 20 pouces de rayon jufqu'aux extrémitez de fes
dents, n'eft dentée que fur la moitié de fa circonference : ces dents
s'engrainent avec les coches de la cremaillere I, attachée par une
de fes extrémitez à la monture de la fcie, & à l'autre eft une cor-
de, qui après avoir paffé fur une poulie, va aboutir à un poids K.

Quand la puiffance fait tourner la manivelle, les dents de la
roue H rencontrant celles de la cremaillere I, l'obligent malgré
la pefanteur du poids K, de faire un chemin de 30 pouces de la
gauche à la droite, alors la fcie eft pouffée du même côté, & quand
la roue H a fait une demie révolution, ne préfentant plus de dents
qui accroche la cremaillere, la fcie eft ramenée de la droite à la
gauche par l'action du poids K ; ainfi il faut que la manivelle faffe

deux tours pour que la fcie aille & revienne une fois ; & de ces deux tours qu'eft obligé de faire la puiffance à chaque révolution de la roue H , l'on voit qu'il y en a toujours un où elle n'a aucune réfiftance à furmonter , que celle qui peut venir de la part du frottement.

Le diamétre de la lanterne F n'étant que moitié de celui de la roue G , la fcie faifant 30 pouces de chemin à chaque demi revolution de la roue H , pour laquelle la manivelle eft obligée de faire un tour, la viteffe de la puiffance agiffante fera donc à celle de la fcie , en montant à peu près comme 75 eft à 30, ou comme 5 eft à 2 ; ainfi l'on voit que la réfiftance de la fcie fera à la puiffance appliquée à la manivelle , comme 5 eft à 2. (89)

Comme il faut ordinairement deux hommes pour mouvoir la fcie que je fuppofe faire enfemble un effort de 50 ℔, (120) on peut dire en faifant abftraction du poids K, que la puiffance appliquée à la manivelle doit être de 20 ℔ ; mais comme il faut autant d'effort pour ramener la fcie que pour la pouffer en avant, puifque les deux cubes de plomb dont elle eft chargée exercent toujours également leur pefanteur , il fuit que le poids K doit être au moins de 50 ℔ ; mais ce poids qui rend la puiffance agiffante nulle dans un des deux tours de la manivelle, lui devient contraire dans l'autre , puifqu'il fe réunit à la réfiftance de la fcie qui fera en montant de 100 ℔ , dont prenant les $\frac{2}{5}$ pour la puiffance appliquée à la manivelle, elle fera donc de 40 ℔ pour laquelle il faudra deux hommes ; ce qui fait voir que jufques-là cette Machine n'eft d'aucun avantage , puifque les deux hommes qu'il faut y employer ne faifant gueres plus de befogne que s'ils agiffoient tout uniment , il eft plus à propos de leur laiffer fuivre l'ufage ordinaire , que de les affujettir à gouverner une Machine qui ne les foulage aucunement, ne regardant point comme un avantage les intervalles où le poids K agit feul.

Cependant le défaut qu'on vient d'appercevoir peut être corrigé en faifant agir enfemble deux fcies au lieu d'une, comme on le voit dans la feconde figure , ayant deux manivelles qui auront un effieu commun , & coudées d'un fens oppofé ; l'on pourra faire que l'une des fcies recule pendant que l'autre avance , & employant un homme à chaque manivelle, ils partageront enfemble l'effort qu'il faudra pour faire monter une des fcies , tandis que le poids K ramenera l'autre ; leur effort ne fera tout au plus que de 20 ℔ chacun , & toujours égal, parce que les deux roues H ayant leurs dents difpofées d'un fens oppofé, au moment que l'une abandon-

mera fa cremaillere , l'autre accrochera la fienne ; alors deux hommes feront aifément la befogne de quatre qui n'auroient pas le foulagement que donne une Machine ; mais il faut être affujetti à fcier
deux blocs à la fois.

Pour juger du progrès de la puiffance qui fera mouvoir cette
Machine , il faut fe rappeller que felon l'article 122 , l'effet de la
force d'un homme eft de lever 25 ℔ , ayant 1000 toifes de viteffe
par heure ; ainfi divifant 1000 toifes ou 6000 pieds par la circonference que décrira la manivelle à chaque tour , on trouvera que la
puiffance pourra faire faire à la manivelle 954 tours & $\frac{1}{2}$ par heure ,
& à peu près 16 tours par minute , qui eft le nombre de traits que
le Marbre recevra de chaque fcie dans le même tems ; car ici comme les fcies ne font pas dentées , elles font autant d'effet en montant qu'en defcendant ; j'ajouterai que l'homme appliqué à chaque
manivelle n'ayant befoin , felon notre calcul , que de 20 ℔ de force
pour mouvoir la Machine , il eft à propos que le poids K foit de
60 ℔ , afin qu'il defcende au moins avec autant de viteffe que la
puiffance le fait monter ; alors fuppofant que chaque homme employe fa force naturelle , c'eft-à-dire 25 ℔ , ils en auront enfemble
plus qu'il n'en faut pour agir avec aifance , furmonter le frottement & l'effort des 10 ℔ que nous avons ajouté au poids K. M.
Morel veut que chaque manivelle foit accompagnée d'une volée
L , dans la penfée que la puiffance en tirera beaucoup de foulagement , mais comme elles ne font tout au plus qu'entretenir l'uniformité du mouvement fans rien augmenter à la puiffance , malgré
le préjugé de la plûpart des Machiniftes & des Ouvriers , je ne
m'y arrêterai point.

Quoique je ne faffe pas grand cas de cette Machine , je n'ai pas
laiffé que de la rapporter , moins pour en propofer l'exécution ,
que pour avoir occafion d'appliquer les principes à des exemples
differens.

712. Voici la defcription d'un moulin pour percer des tuyaux de *Defcription*
bois , propres à la conduite des eaux que je tiens encore de M. *d'un moulin*
Morel. *pour percer*
des tuyaux
de bois.
Comme on fuppofe que ce moulin doit être mis en mouvement
par un courant ou par une chûte d'eau , il s'agit d'abord d'une PLAN. 5.
roue A , à l'arbre de laquelle il y a un rouet B qui fait tourner horifon- FIG. 1. 2.
talement les lanternes C & D , dont l'axe commun doit par confe- & 3.
quent être vertical : la lanterne D fait tourner en même tems deux
rouets E & F ; le premier E qui eft vertical fait agir la tarriere qui
perce le bois , & le fecond F qui eft horifontal fait avancer le cha-

riot qui porte la piece qu'on veut percer par le moyen de la roue dentée G, mife en mouvement à l'aide des hampes H & I, dont la premiere accroche les dents de la roue G pour la tirer de H en F, & la feconde pouffe au contraire cette roue d'un fens oppofé; & comme cette derniere manœuvre eft à peu près la même que celle qu'on a vû dans la defcription que j'ai faite du premier moulin pour fcier le bois, (691) on concevra aifément que l'axe K de cette roue qui ne bouge point de fa place ayant deux lanternes qui s'engrainent avec les dents du chariot, la piece à percer doit nécef-fairement avancer toujours avec la même force à la rencontre de la tarriere, & d'une maniere fi fimple & fi naturelle, que cette ma-chine ne peut pas manquer de réuffir lorfqu'elle fera bien exé-cutée.

La tarriere pouvant avoir depuis 9 jufqu'à 12 pieds de longueur, il a fallu en foutenir le poids, afin qu'elle ne plie point, & qu'elle perce toujours d'une maniere uniforme : la difficulté a été de faire en forte que les fupports ou *lunettes* L ne faffent point d'obftacles au chemin du chariot; voici l'expédient qui a paru le plus com-mode.

Fig. 4. 5. 5 & 7. Si l'on confidere la cinquiéme & la fixiéme figure, l'on verra deux regles à couliffes c, c, qu'on fuppofe arrêtées à quelque piece de la charpente du moulin ; ces couliffes embraffent une petite planche fufpendue à une corde, au bas de laquelle en a attaché les lunettes b, b, avec des charnieres aux endroits E ; & afin qu'elles ne s'écartent pas hors du plan vertical, elles font accompagnées d'un tenon f, fait en quart de cercle encaftré dans l'épaiffeur de la planche a où elles peuvent jouer librement : fur l'épaiffeur d'une des lunettes eft attaché un reffort g, qui fait qu'elles ne peuvent fe joindre qu'en les contraignant d'entrer par le bas dans une entaille ou mortoife d, pratiquée dans l'épaiffeur d'un bout de regle, alors ces deux pieces n'en compofent plus qu'une percée d'un trou dans lequel doit paffer la tarriere. (Fig. 5.)

Plan. 5. Fig. 4. 5. & 6. L'on voit par la quatriéme figure que la corde à laquelle eft at-tachée la planche a, paffe fur deux poulies h ; qu'à l'autre bout de cette corde eft fufpendu un poids i qui repofe fur une trape N, la-quelle eft appuyée d'une part à l'endroit o, & attachée de l'autre par une charniere à un levier K, qui a fon centre de mouvement uni à une piece de charpente h ; de forte qu'appuyant contre l'ex-trémité M du levier, la trape N abandonne l'appui o, le poids def-cend & fait monter la piece a ; alors les lunettes b, b fortent de la mortoife d, & le reffort g les écarte.

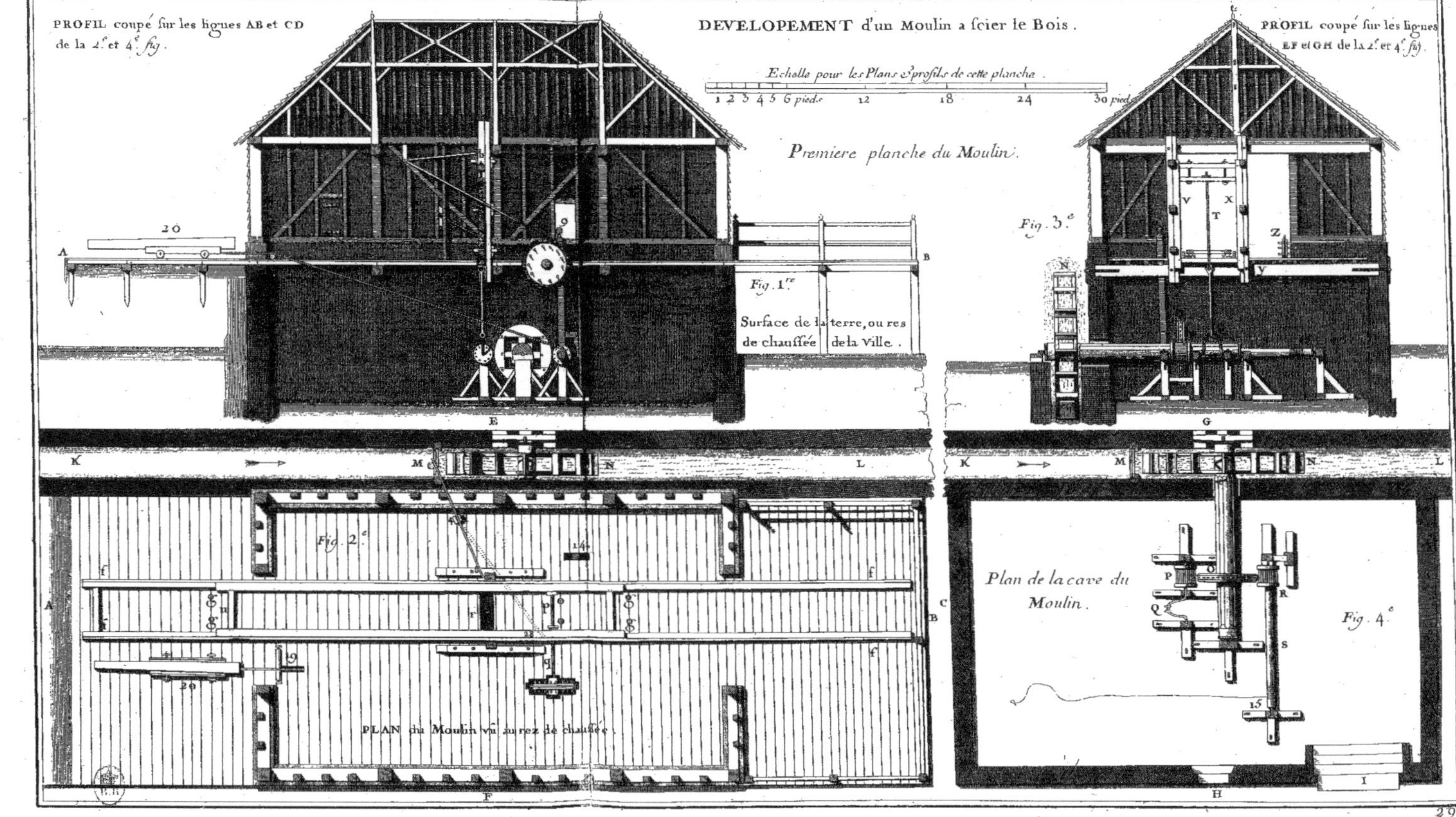

Premiere partie.
ARCHITECTURE HYDRAULIQUE LIVRE II.
Chapitre 2. Planche Premiere.
PROFIL coupé sur les lignes AB et CD de la 2.e et 4.e fig.
DEVELOPEMENT d'un Moulin a scier le Bois.
PROFIL coupé sur les lignes EF et GH de la 2.e et 4.e fig.
Echelle pour les Plans & profils de cette planche.
1 2 3 4 5 6 pieds 12 18 24 30 pieds
Premiere planche du Moulin.
20
9
Fig. 1.re
Surface de la terre, ou res de chaussée de la Ville.
Fig. 3.e
N
V X T Z V
G
Fig. 2.e
14
f f
A C B
f f
19 20
PLAN du Moulin vû au rez de chaussée.
F
Plan de la cave du Moulin.
P O R Q S
Fig. 4.e
15
H I
K M N L
E
29

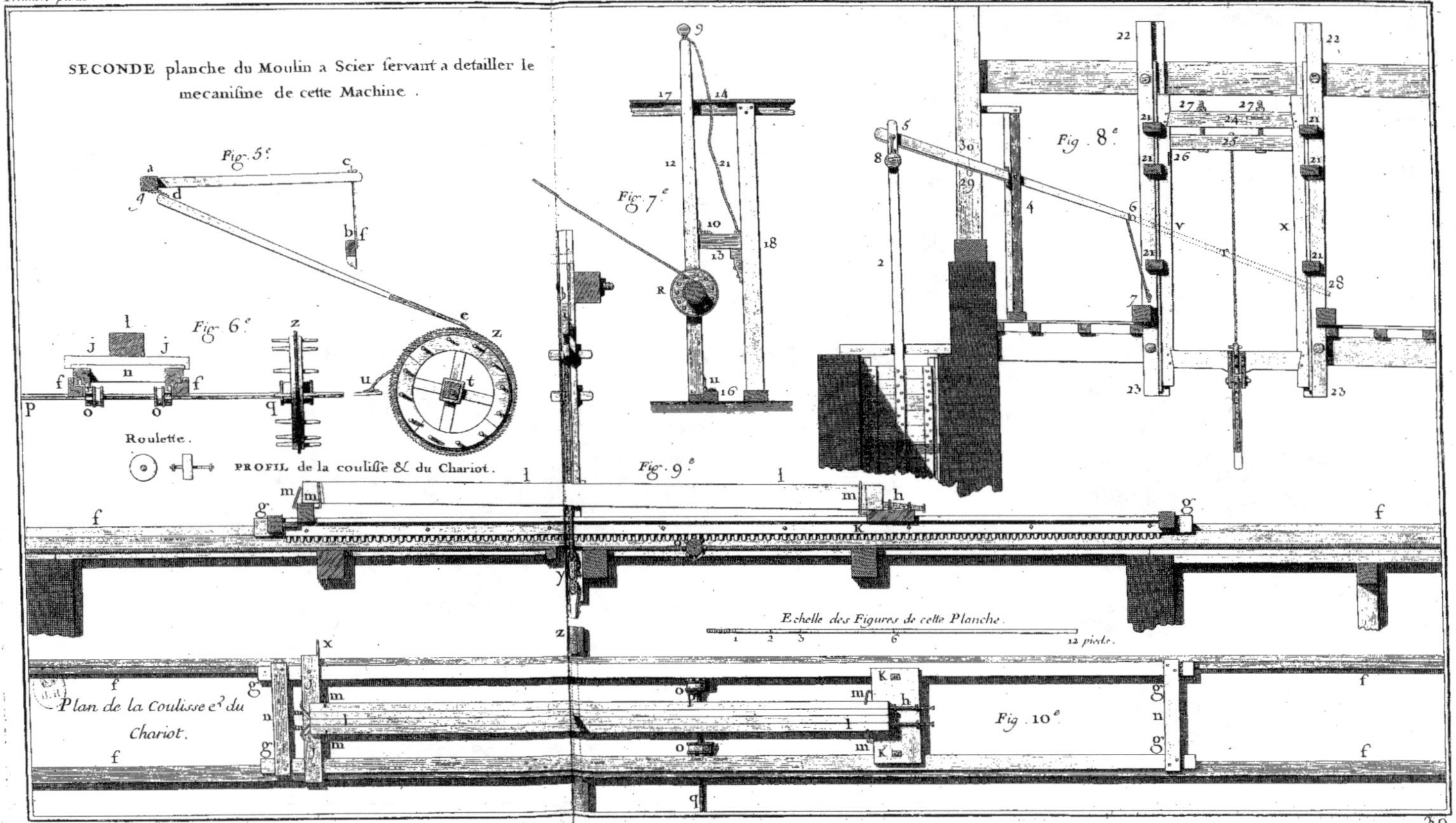

SECONDE planche du Moulin a Scier servant a detailler le
mecanisme de cette Machine.
Fig. 5.e
Fig. 6.e
Roulette.
PROFIL de la coulisse & du Chariot.
Fig. 7.e
Fig. 8.e
Fig. 9.e
Echelle des Figures de cette Planche.
1 2 3 6 12 pieds.
Plan de la Coulisse e.e du Chariot.
Fig. 10.e

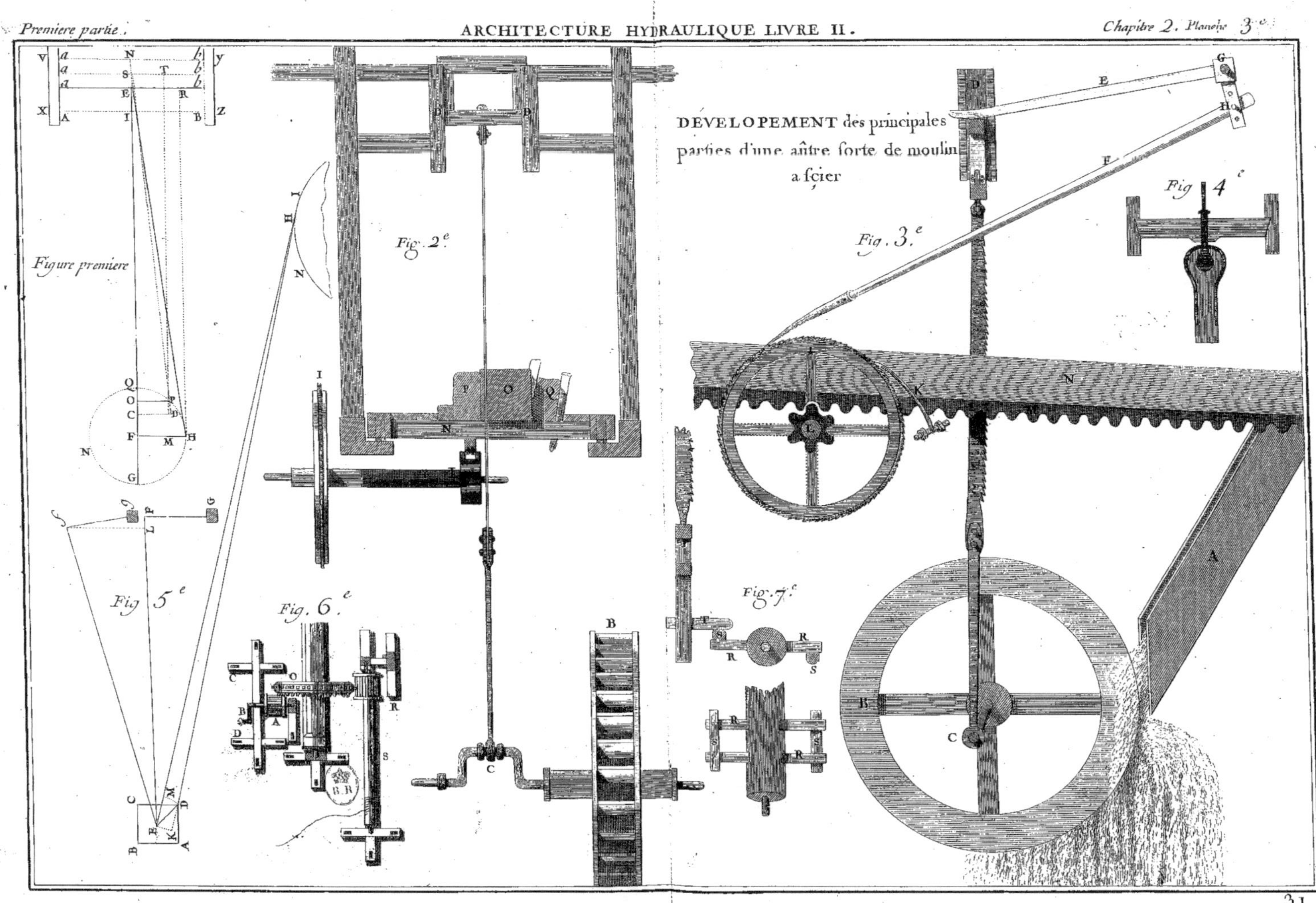
Figure premiere
Fig. 2.ᵉ
Fig. 3.ᵉ
Fig 4.ᵉ
Fig 5.ᵉ
Fig. 6.ᵉ
Fig. 7.ᵉ
DEVELOPEMENT des principales
parties d'une aûtre sorte de moulin
a scier

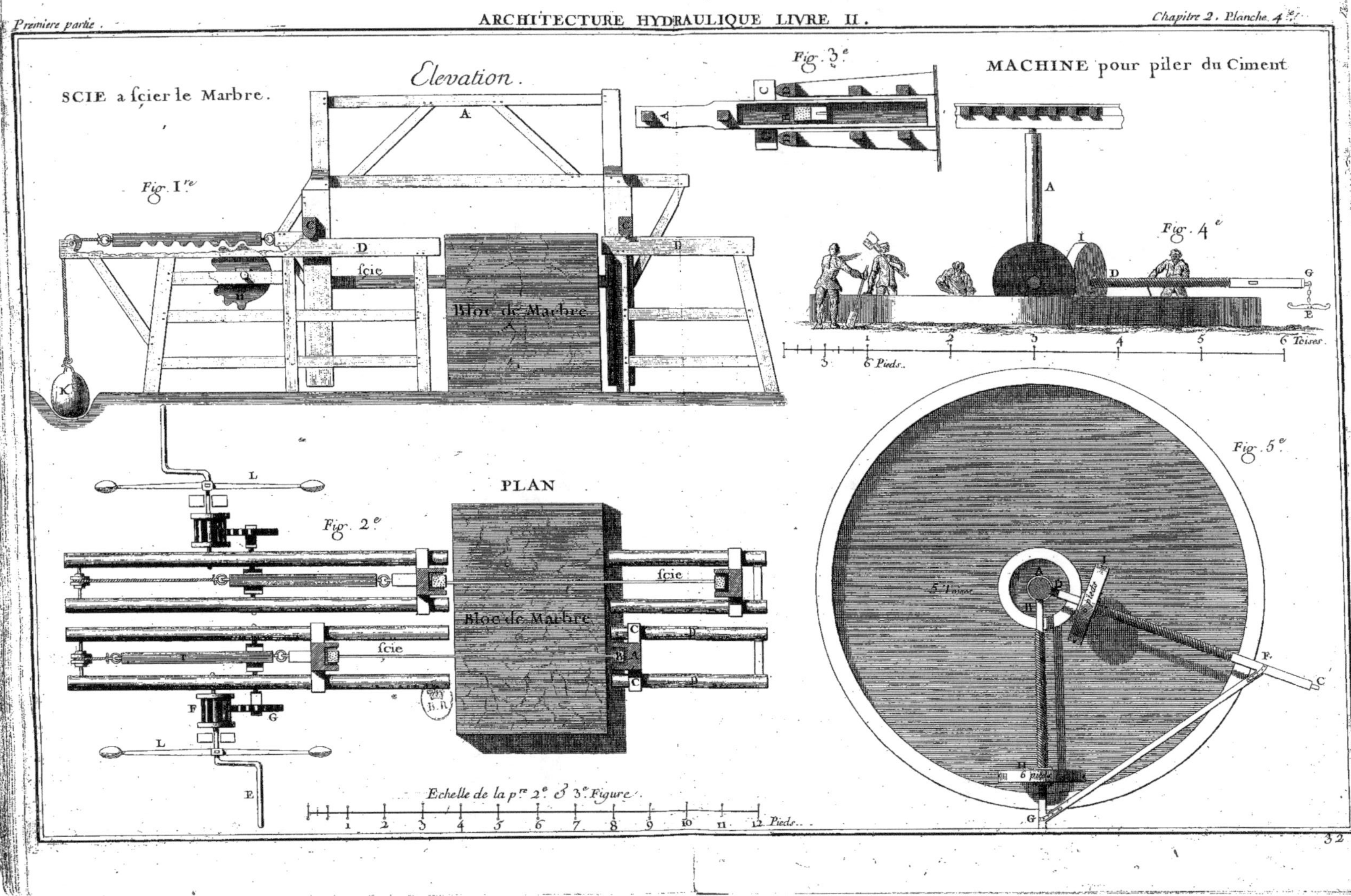

Première partie.
ARCHITECTURE HYDRAULIQUE LIVRE II.
Chapitre 2. Planche 4.
SCIE a scier le Marbre.
Elevation.
Fig. 3.e
MACHINE pour piler du Ciment.
Fig. I.re
A
D
scie
D
Bloc de Marbre.
H
K
A
C
A
A
I
Fig. 4.e
D
G
E
6 Toises.
6 Pieds.
1 2 3 4 5
Fig. 5.e
PLAN
L
Fig. 2.e
scie
Bloc de Marbre.
scie
C
B A
C
T
F
G
L
E
A
P
H
6 pieds.
5.e Toise.
H
6 pieds.
F
C
G
Echelle de la p.re 2.e & 3.e Figure.
1 2 3 4 5 6 7 8 9 10 11 12 Pieds.
32

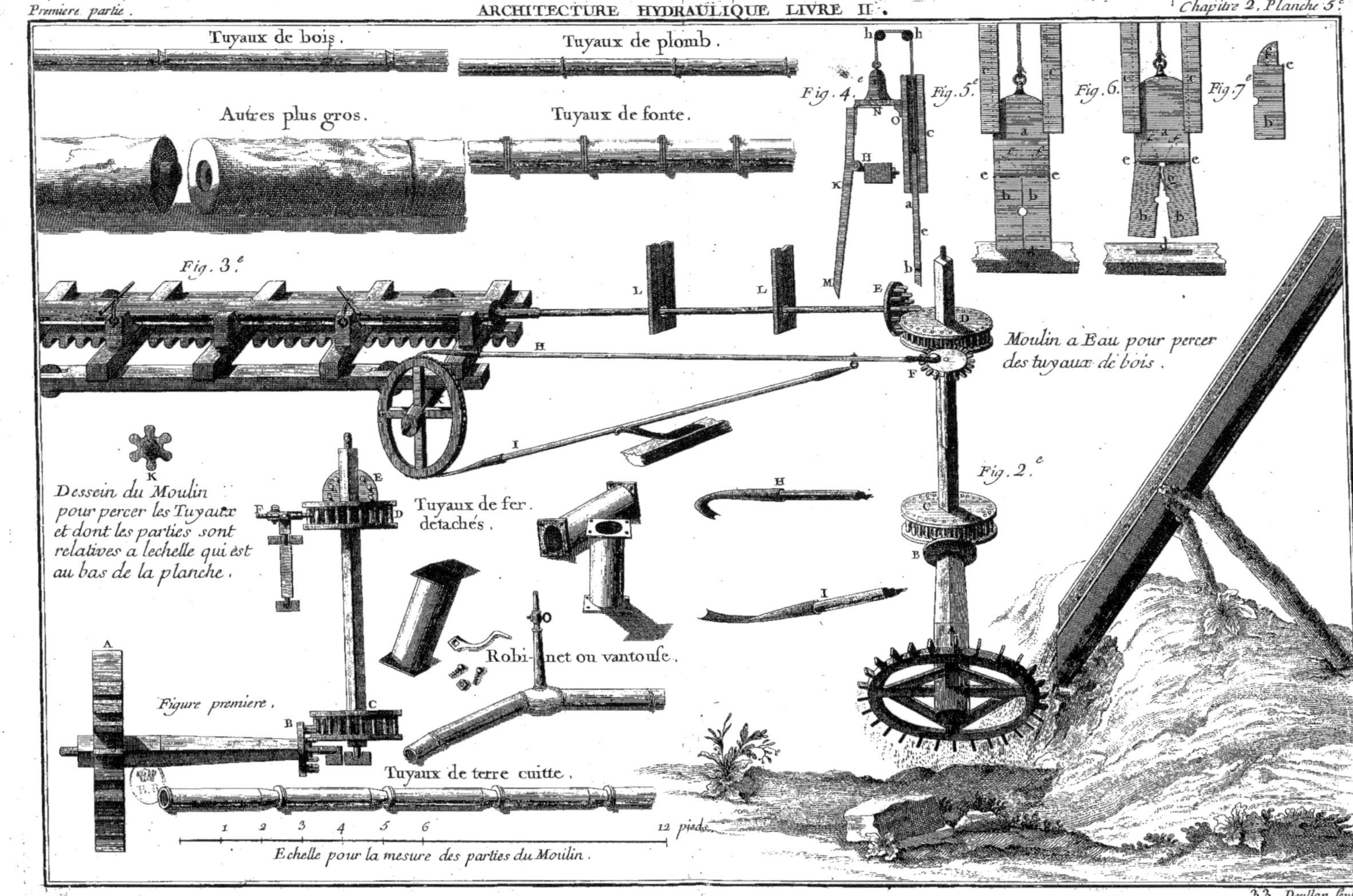
Tuyaux de bois.
Tuyaux de plomb.
Autres plus gros.
Tuyaux de fonte.
Fig. 4.
Fig. 5.^e
Fig. 6.
Fig. 7.^e
Fig. 3.^e
Moulin a Eau pour percer
des tuyaux de bois.
Fig. 2.^e
Dessein du Moulin
pour percer les Tuyaux
et dont les parties sont
relatives a lechelle qui est
au bas de la planche.
Tuyaux de fer
detachés.
Robi-net ou vantouse.
Figure premiere.
Tuyaux de terre cuitte.
1 2 3 4 5 6
12 pieds.
Echelle pour la mesure des parties du Moulin.

Quand on voudra percer une piece, on soutiendra la tarriere
en disposant les lunettes de la façon que je viens de l'exposer, &
le chariot venant à rencontrer l'extrémité M du levier K fera tomber le poids ; les lunettes s'ouvriront à l'instant, seront enlevées &
dégageront le passage.

L'on voit sur cette Planche des tuyaux de differente espece, dont
il ne convient point de parler présentement ; c'est pourquoi nous
nous reservons d'en faire mention lorsqu'il s'agira de la conduite
des Eaux, ne les ayant rapporté ici que pour profiter des endroits
qui n'étoient point occupez.

CHAPITRE III.

Des Moulins pour fabriquer la Poudre à Canon, & d'une Machine pour pulverifer le Ciment.

DEPUIS qu'on a abandonné les Machines dont les Anciens fe fervoient à la Guerre pour ne faire ufage que des armes à feu, la confommation de la poudre à Canon eft devenue fi grande, qu'il a fallu chercher un moyen de la fabriquer plus promptement qu'on ne faifoit au commencement qu'elle fut découverte; on a imaginé des moulins pour pulverifer les matieres dont elle eft compofée que l'on met en mouvement par l'action de l'eau; c'eft ces efpeces de moulins que je me propofe de décrire préfentement à caufe du rapport qu'ils ont avec l'Artillerie, à la perfection de laquelle mon devoir m'engage de travailler, & par la reffemblance qu'ils ont avec tous les autres moulins à Pilons, ce que je vais dire d'interreffant pouvant leur être appliqué.

Produit des Moulins à Poudre qui font en France.
713. Il y a en France 36 Moulins qui peuvent fournir environ 500 milliers de Poudre par mois: ces moulins font répandus en differentes Villes du Royaume, entr'autres à la Fere où il y en a un, qui eft celui que je donne ici, executé à côté de l'éclufe dont j'ai fait mention dans l'article 690; les planches premiere & feconde en expriment fi naturellement toutes les parties, qu'il ne faut qu'une médiocre attention pour en juger.

Plan. 1. & 2.
L'arbre AE fert d'effieu à un rouet FG qui s'engraine dans les deux lanternes H & I pour faire tourner deux arbres QR, nommez *hériffons*, parce qu'ils font traverfez par des bouts de folives K, nommez *levées*, fervant à lever les pilons qui battent les matieres qu'on met dans les mortiers P.

Ces hériffons font portez par deux chevalets qui pofent fur deux femelles ST d'une feule piece, qui n'excede que tant foit peu le rez-de-chauffée du moulin: les bouts de folives qui traverfent diamétralement les hériffons ont 40 pouces de longueur, & font au nombre de 12 à chaque *batterie*, ce qui fait 24 *levées* difpofées comme font les points angulaires d'un poligone régulier de 24 côtez; ainfi à chaque tour que font les lanternes H & I, il n'y a point de pilon qui ne foit enlevé deux fois.

Les *Mortiers* P qui font au nombre de 12 à chaque batterie, font pratiquez dans une piece de bois de 24 pouces d'épaiffeur

fur

fur 20 de largeur ; ces mortiers font percez dans le fond d'un trou de 6 pouces de diamétre, en forme de cone tronqué renversé, qu'on bouche enfuite par un tampon fait de bois de Pommier, pour recevoir l'effort des Pilons, & ménager la piece NO qui fe fendroit fans cette précaution, & fi elle n'étoit embraffée par des bandes de fer pour la fortifier. *Plan. 1. & 2. Fig. 3.*

714. Les Pilons pefent environ 65 ℔, ils ont 10 pieds de hauteur fur 3 pouces & ½ de largeur & 3 d'épaiffeur, armez par le bas d'une *boëte* de fonte ; ils font entretenus perpendiculairement par deux prifons VX & YZ ; l'une YZ eft d'une feule piece, & l'autre VX eft compofée de deux *moifes* accolées & entretenues par deux *clefs* de bois marquées 2 qui les traverfent, & que l'on retient avec des *clavettes* ; ce que l'on fait exprès pour les feparer quand on veut retirer les pilons ; alors la prifon qu'on détache fe place fur les fupports 4. *Dimenfions & pefanteur des pilons.*

Les *Mentonets* M ont 13 pouces de longueur, traverfent chaque pilon, & font retenus du côté de la queuë par deux chevilles & une clef 5, faite en forme de coin pour les ferrer.

Le rayon de la roue eft de 8 pieds & ½ depuis fon centre jufqu'à celui d'impreffion des aubes : le rayon du rouet eft de 4 pieds, & fa circonference eft accompagnée de 48 dents : le rayon de chaque lanterne eft de 20 pouces, & fa circonference accompagnée de 20 fufeaux ; ainfi à chaque révolution de la roue, le rouet fait faire deux tours & ⅖ de tours à chaque lanterne ; par conféquent, lorfque la roue aura fait 5 tours, les lanternes ou les hériffons en auront fait 12, & chaque pilon aura donné 24 coups. *Dimenfions de la roue, du rouet & des lanternes.*

715. Il faut faire attention qu'il n'y a jamais à chaque hériffon que quatre levées qui agiffent à la fois fur les pilons, c'eft-à-dire qu'une lanterne commençant à tourner ; la premiere levée fouleve fon pilon, peu après la feconde levée fouleve le fien, la troifiéme & la quatriéme en font de même ; alors l'hériffon a fait la fixiéme partie d'une révolution, parce que la premiere levée a décrit un arc de 60 dégrez ; la lanterne continuant à tourner, cette levée abandonne fon pilon au moment que la cinquiéme accroche le fien ; enfuite le fecond pilon tombe, de fon côté la fixiéme levée en accroche un, le troifiéme & le quatriéme tombent auffi, & fucceffivement la feptiéme & huitiéme levée accrochent le feptiéme & huitiéme pilon ; ainfi ces levées foutiennent toujours quatre pilons à la fois, ou un poids de 260 ℔ ; d'où il fuit qu'en faifant abftraction des frottemens, l'effet de la force motrice dans cette machine fe réduit à élever un poids de 520 ℔. *Les Pilons font enlevez alternativement.*

Y y

FIG. 5.

Maniere de connoître la hauteur où les pilons font élevez.

Quand la levée *cd* vient rencontrer le mentonet *ab*, ils font appliquez horifontalement l'un fur l'autre, & au moment qu'ils font prêts à s'échapper, ils fe trouvent dans la fituation *fgh*; pour fçavoir la valeur de la ligne *gb*, qui exprime l'élevation du pilon ou fa chûte : confiderez que l'on a le triangle rectangle *gie*, dont on connoît l'hypothenufe *ge* de 20 pouces, & l'angle *gef* de 60 dégrez, à l'aide defquels on trouvera la perpendiculaire *gi* de 17 pouces 3 lignes, d'où retranchant 15 lignes pour la moitié de l'épaiffeur de la levée, refte 16 pouces pour la hauteur *gb*.

La puiffance qui fait tourner chaque hériffon, n'agit pas avec une force uniforme.

716. L'on remarquera que la puiffance qui éleve chaque pilon, n'agit pas avec une force uniforme ; car fuppofons que la ligne *eo* exprime le rayon de la lanterne, elle fera le bras de levier de la puiffance qui fait tourner l'hériffon ; & comme ce rayon eft égal à la ligne *ce* ou *eg*, la compofée des deux *co* fera un levier dont le point d'appui fera dans le milieu quand la levée *cd* fera horifontale : mais aufli-tôt que le mentonet commencera à s'élever, le bras *ec* fe racourcira, & ne fera plus exprimé que par la ligne *em* quand le point *c* fera parvenu en *l*; & enfuite par la ligne *ei*, quand le même point *c* fera parvenu en *g*; ainfi d'abord la puiffance fera égale au poids, & ira toujours en diminuant jufqu'au moment qu'elle échappera le pilon pour le laiffer retomber, & fa force dans ces deux extrémitez fera comme *ec* eft à *ei*, ou comme 2 eft à 1 ; car l'angle *gei* étant de 60 dégrez, la ligne *ei* fera moitié de *eg* ou de *ec* : il eft vrai que quand la même puiffance éleve plufieurs pilons à la fois, il fe fait une efpece de compenfation de leur pefanteur, & la puiffance approche d'autant plus d'être uniforme, qu'elle en éleve un plus grand nombre ; mais voici comme on pourra faire, que la force qu'elle employe pour élever chaque pilon foit toujours la même.

FIG. 5.

PLAN. 2.

FIG. 4.

Chaque pilon peut être élevé avec une force toujours uniforme, en donnant aux levées une certaine courbure.

717. Suppofant que dans la Figure quatriéme le cercle STY repréfente le profil de l'arbre de l'hériffon, & que la ligne BA marque la diftance d'un des mentonets PB au centre A, il faut décrire de ce centre & de l'intervalle AB une circonference BVX, fur laquelle on prendra les parties égales BC, CD, DE, EF, FG les plus petites que l'on pourra ; tirer les rayons AC, AD, &c. fur l'extrémité defquelles on élevera les perpendiculaires CH, DJ, EK, FL, GM, qu'on fera égales aux arcs correfpondants CB, DB, EB, FB, en forte que la derniere GM foit égale à la hauteur où l'on veut que le pilon foit élevé : cela pofé, fi l'on fait paffer une courbe par les points B, H, I, K, L, M, elle formera une développée du cercle, qui eft la figure qu'il faut donner à la furface fu-

perieure des levées pour qu'elles agiffent toujours avec la même force fur les pilons; car comme tous les rayons de cette courbe font tangentes à la circonference du cercle generateur BVX, le mentonet ne touchera jamais la levée qu'en un feul point : quand ce fera au point K, par exemple, le rayon AE qui répond à la tangente EK fera horifontal, par confequent EK fera perpendiculaire à l'horifon, & déterminera la hauteur dont le pilon fera monté ; comme il arrivera la même chofe à tous les points où le mentonet touchera la levée, le bras de levier qui répond au mentonet fera toujours égal, étant exprimé par les rayons du cercle BVX, & le bras de levier de la puiffance agiffante qui répond à la lanterne demeurant auffi le même, il fuit que les pilons feront toujours levez avec une même force, & felon une direction perpendiculaire à l'horifon, & que cette force fera la moindre de toute, puifque le bras de levier qui répond au poids eft le plus petit de tous ceux qui peuvent aboutir au mentonet ; il eft vrai que le frottement du pilon contre les prifons en deviendra un peu plus grand felon l'article 237 ; mais la force qu'il faudra de plus à la puiffance pour le furmonter fera bien au-deffous de celle que l'on gagnera.

Pour déterminer la pofition du point G, par confequent la grandeur de l'arc BG, il faut connoître le rayon AB qui eft ici de 11 pouces, en chercher la circonference qu'on trouvera d'environ 69, enfuite faire la ligne QZ égale à la hauteur dont le pilon doit être élevé, c'eft-à-dire de 16 pouces ; (715) & comme l'arc BG doit être égal à cette ligne, afin que la tangente GM réponde à l'élevation du pilon ; il faut dire comme la circonference VX de 69 pouces eft à 360 dégrez, ainfi l'arc BG de 16 pouces eft à la mefure de l'angle BAG qu'on trouvera d'environ 79 dégrez : préfentement il faut divifer l'arc BG & la ligne QZ en un nombre de parties égales *pairement-paires* pour plus de facilité, faire les tangentes en progreffion arithmétique, & égales aux parties de la ligne QZ, moïennant quoi on tracera la courbe avec beaucoup de facilité.

PLAN. 2.
FIG. 4.

Comme les levées n'auroient peut être pas affez de force, fi étant de bois on leur donnoit la figure MBON, je crois qu'il vaut mieux les faire comme le marque le profil exprimé par la figure fixiéme, j'entends que la furface ABC étant une développée du cercle, le deffous des levées au lieu d'être évidé fut en ligne droite comme CD.

718. La Poudre à Canon eft compofée de *Salpêtre*, de *Souffre* & de *Charbon* le Salpêtre ne s'employe qu'après avoir été raffiné par trois cuites ; la meilleure maniere de faire le mêlange de ces

Compofition
de la Poudre à Canon.

Y y ij

trois matieres est d'employer $\frac{4}{5}$ de Salpêtre avec $\frac{1}{8}$ de Souffre & $\frac{1}{8}$ de Charbon. Selon cette proportion, lorsque l'on fait de la poudre de *guerre*, l'on met dans chaque mortier 15 ℔ de salpêtre, 2 ℔ $\frac{1}{2}$ de souffre, & autant de charbon, ce qui fait ensemble 20 ℔; ainsi les 24 mortiers de ce moulin fabriquent à la fois 480 ℔ de poudre.

En mettant la composition, on verse dans chaque mortier 2 ℔ d'eau ou la valeur d'une pinte de Paris; (341) ces matieres sont battues trois heures de suite, après quoi on les change de mortier, c'est-à-dire, que l'on met dans le second mortier d'une des batteries ce qui étoit dans le premier; dans le troisiéme ce qui étoit dans le second; ainsi de suite jusqu'au dernier mortier, dont la composition est rapportée dans le premier: cette manœuvre dure un quart-d'heure, ensuite les pilons agissent encore trois heures sans interruption, après quoi on recommence tout de nouveau à remanier les matieres, & cela de trois heures en trois heures; ce qui donne environ 22 heures: ensuite les matieres sont portées au *grenoir*, où on les fait passer par un *crible*, & celle qui reste pour n'avoir pû être grenée, est rapportée au moulin pour être batue encore pendant deux heures; ainsi on employe 24 heures pour fabriquer entierement 480 ℔ de composition, sur lesquelles il peut y avoir environ une livre & demie ou deux livres de déchet avant que la poudre soit mise en baril.

Maniere de lisser la Poudre à Giboïer.

Plan. 1.

719. La Poudre à *Giboyer* se fait de la même composition que la Poudre de guerre, mais on n'en met que 16 ℔ dans chaque mortier, afin que les matieres soient mieux incorporées, & après l'avoir grainée on la met dans les tonneaux 10 & 12 que l'on voit marquez sur la premiere Figure pour la *lisser*: ces tonneaux sont traversez d'un essieu, dont l'un des bouts s'ajuste avec un des tourillons des hérissons, & l'autre est portée par un chevalet. A chacun de ces tonneaux il y a quatre barres de bois qui traversent d'un fond à l'autre: la poudre qu'on y met tournant avec les tonneaux, frotte contre leur surface interieure & contre les barres, les grains s'affermissent & deviennent lissez, comme ils paroissent ordinairement; c'est pourquoi ces tonneaux sont nommez *lissoirs*, ils ont chacun quatre bondes pour en faire sortir plus commodement la poudre.

La vitesse de la roue d'un moulin à poudre doit être

720. Quoique ce soit une commodité de se servir du mouvement des hérissons pour lisser la poudre, on aime mieux faire cette manœuvre ailleurs que dans les moulins, à cause des accidens qui en peuvent résulter; car quelque précaution que l'on prenne,

ces moulins fautent de tems en tems par des caufes qu'il n'eft pref-que pas poffible de prévoir , & c'eft ce qui eft arrivé à celui-ci en 1734. Dans le tems que les Poudriers étoient occupez à remanier la compofition , un d'eux eut l'imprudence de vouloir enfoncer un clou qui devoit retenir une planche qui s'étoit détachée d'une des batteries, le poulverin qui fe trouva dans le trou prit feu, & à l'inftant le moulin fauta , & tous ceux qui étoient dedans , fans qu'il en foit échappé un feul J'ai rapporté ce trait pour faire voir la conféquence de n'employer dans ces fortes de moulins que le moins de ferrure qu'il eft poffible , & de ne jamais fe prévaloir de la force du courant pour donner à la roue une trop grande viteffe qui occafionneroit des frottemens précipitez qui peuvent avoir de fâcheufes fuites ; il faut que la roue ne faffe jamais plus de 10 à 11 tours par minute.

modérée & ne faire qu'environ 10 à 11 tours par minute.

Il nous refte à examiner quel eft l'effet de cette machine dans fon état actuel. afin de voir fi elle remplit ce qu'on eft en droit d'en exiger.

721. La hauteur moyenne de l'eau qui fort par le pertuis eft de 6 pieds 8 pouces 9 lignes , qui répond dans la Table premiere à une viteffe de 20 pieds un pouce une ligne par feconde , ou de 1205 pieds par minute.

Examen de l'effet de ce moulin dans fon état actuel.

La roue a 17 pieds de diamétre, & fait 10 tours & ½ par minute ; ainfi fa viteffe dans le même tems fera de 561 pieds ; le rapport de la viteffe du courant à la viteffe de la roue, eft donc comme 1205 eft à 561, ou à peu près comme 15 eft à 7 ; ainfi nous pouvons prendre 15 pour la viteffe du courant, & 7 pour la viteffe de la roue ; alors la difference de ces deux nombres qui eft 8 , exprimera la viteffe refpective du courant qui frappe les aubes dans l'état actuel de la machine, (585) au lieu que pour le plus grand effet , cette viteffe devroit être exprimée par 10 , & celle de la roue par 5.

D'où il fuit que la force de l'eau dans ces deux cas, fera comme 64 eft à 100 , ou à peu près comme 2 eft à 3 ; (568) les bras de le-vier reftant les mêmes dans ces deux cas, & la réfiftance caufée par les frottemens fuivant à peu près la proportion des poids que la machine aura à enlever ; l'on voit que fi dans le premier cas le poids eft exprimé par 2, il le fera par 3 dans le fecond , c'eft-à-dire que chaque hériffon au lieu de n'élever que 4 pilons à la fois , pourroit en élever 6 ; c'eft ce que nous allons démontrer en faifant l'analyfe de tout ce qui mérite d'être confideré dans le jeu de cette machine.

722. J'ai dit, article 715 , qu'à chaque batterie il y avoit toujours *Maniere de*

Confiderer la réfiftance des pilons. 4 pilons en l'air, & qu'au moment que le quatriéme étoit prêt à retomber, la levée qui le foutenoit faifoit avec l'horifon un angle AFE de 60 dégrez : j'ajouterai que fi les lignes NA, GH, IK, *PLAN. I.* LM repréfentent les mentonets de ces pilons, les levées FD, *FIG. 7.* FC, FB, FA qui leur répondent, formeront avec la ligne horifontale EF quatre angles qui fe furpafferont en progreffion arithmétique ; car le premier ED fera de 15 dégrez, le fecond EC de 30, le troifiéme EB de 45, & le quatriéme EA de 60 : fi l'on abbaiffe fur EF les perpendiculaires DO, CP, BQ, AR, elles feront les finus des angles précédents, & par confequent les lignes FO, FP, FQ, FR les finus de leurs complemens, & en même tems les bras de levier qui répondent aux 4 mentonets felon l'article 716 ; d'autre part la ligne FX égale à FA exprimera le finus total, & le bras de levier de la puiffance qui agit à l'extrémité X fur un des fufeaux de la lanterne.

Il faut pour calculer la réfiftance des pilons, chercher un bras de levier moyen. 723. Si l'on conçoit les 4 pilons réunis à un feul, il faudra que les 4 bras de levier qui leur répondent n'en faffent qu'un, pour cela il n'y a qu'à prendre dans la Table les finus des angles de 75, 60, 45, 30 dégrez, les ajouter enfemble pour avoir 303904 dont il faudra prendre le quart qui eft 75976 pour le bras de levier *FIG. 8.* moyen, dont on aura la valeur en difant, comme le finus total eft au nombre précédent ; ainfi 20 pouces, valeur du rayon FX, eft au bras de levier moyen qu'on trouvera d'environ 15 pouces, que nous fuppoferons appartenir à un feul pilon NO.

Maniere de calculer la pefanteur qu'il faut donner aux pilons dans le cas du plus grand effet. 724. Il s'agit de découvrir quelle pefanteur il faudroit donner à ce pilon dans le cas du plus grand effet, eu égard à la force du moteur & à tous les frottemens qui fe rencontrent dans le jeu de ce moulin ; pour cela il faut être prévenu que l'intervalle DF de la verticale NO qui paffe par le milieu du pilon à l'axe du hériffon doit être de 24 pouces, d'où retranchant 15 pouces pour le bras de levier moyen FG, il en refte 9 pour la valeur de la ligne DG ou BC, c'eft-à-dire pour la partie du mentonet qui marque la diftance de l'axe du pilon, au point où l'on fuppofe conftamment appliquée la puiffance qui doit élever le pilon ; nous fuppoferons *FIG. 8.* auffi pour rendre le calcul moins compofé, que lorfque le mentonet eft élevé à la moitié de la hauteur où doit monter le pilon, il fe rencontre au milieu de l'intervalle des prifons R & S, parce qu'alors le frottement qui fe fera en ces deux endroits fera le même. (236)

Nommant l'intervalle de B en R, ou de B en S, f ; la longueur BC du mentonet g ; & x la pefanteur du pilon réunie dans le poids

L , l'on aura $\frac{2gx}{3f}$ selon l'article 238 pour le frottement du pilon contre les prisons R & S, à quoi ajoutant le poids x, il vient $x + \frac{2gx}{3f}$ pour la perpendiculaire CI, qui exprime le poids que la puissance aura à surmonter : or comme cette puissance sera appliquée à l'extrémité X du levier coudé CFX, tandis que l'autre extrémité C glissera de B en A sous le mentonet pour l'élever ; il faut afin d'avoir égard au frottement qui en résultera, faire le rectangle IH, en sorte que le côté IL soit le tiers de IC ; alors la diagonale CL exprimant ensemble le poids & le frottement, l'on aura $CL = x + \frac{2gx}{3f} \times \frac{19}{18}$; (280, 281) mais comme CL agit obliquement sur le bras de levier FC, il faut élever la perpendiculaire CM, former le rectangle QM ; alors la force CL sera divisée en deux autres MC & LM dont il n'y aura que la premiere qui répondra à l'action de la puissance X, puisque la seconde LM ou QC se trouvera directement opposée au point d'appui F.

Pour avoir l'expression de la ligne CM ; considerez que si l'on prolonge LC, on aura les angles égaux MLC & FCE à cause des paralleles ML & CF, & que l'angle ICL étant égal à ECG, ce Fig. 8. dernier sera de 18 degrez 26 minutes : (269) remarquez aussi que la ligne FG est le sinus de l'angle GCF que nous avons trouvé (723) de 75976, qui répond dans la Table à 49 dégrez 22 minutes, qui étant ajoutez avec 18 dégrez 26 minutes, donne 67 degrez 48 minutes pour la valeur des angles ECF & CLM ; l'on aura donc CL est à CM, comme 100000 est à 92587, ou à peu près comme 14 est à 13, d'où l'on tire $CM = x + \frac{2gx}{3f} \times \frac{19}{18} \times \frac{13}{14}$ ou $CM = x + \frac{2}{3} \times \frac{gx}{f} \times \frac{252}{247}$.

Comme l'intervalle RS des deux prisons est de 6 pieds, RB ou BS sera de 36 pouces ; & ayant dit (728) que BC étoit de 9, on Fig. 8. aura $\frac{9}{36}$ ou $\frac{1}{4} = \frac{g}{f}$: substituant donc cette valeur dans l'équation précedente, l'on aura $x + \frac{x}{6} \times \frac{252}{247}$ ou $\frac{7}{6} x \times \frac{252}{247} = CM$; & nommant y la résistance CM, l'on aura $x \times \frac{1729}{1512} = y$.

725. Il nous reste à former une équation qui facilite la connoissance du poids x, en y faisant entrer les frottemens ; il faut se rap-

peller que la hauteur moyenne de l'eau eſt de 6 pieds 8 pouces 9 lignes, (721) laquelle répond dans la Table troiſiéme à un choc de 471 ℔ par pied quarré ; & comme les aubes en ont 2 & $\frac{1}{4}$ de ſuperficie, la force abſolue du courant ſera de 1177 ℔ $\frac{1}{2}$, dont prenant les $\frac{4}{9}$, (589) il vient 523 ℔ $\frac{1}{3}$ pour la force reſpective du courant contre les aubes, dans le cas du plus grand effet ; cela poſé, voici les noms & la valeur des grandeurs qui doivent entrer dans le calcul.

$a =$ 8 pieds $\frac{1}{3}$, rayon de la roue.

$b =$ 4 pieds, rayon du rouet.

$c =$ 20 pouces, rayon de la lanterne.

$d =$ 9 lignes, rayon des tourillons.

$p =$ 523 ℔ $\frac{1}{3}$, force de la puiſſance motrice.

$q =$ 3000 ℔, peſanteur d'un des hériſſons.

$r =$ 3600 ℔, peſanteur de la roue, du rouet & de l'arbre pris enſemble.

$\frac{m}{n} = \frac{19}{18}$, expreſſion du frottement du rouet & de la lanterne. (290)

Comme la ligne FC qui marque la longueur des levées priſes depuis l'axe de l'hériſſon, eſt égale au rayon FX de la lanterne, (716) il ſuit que la puiſſance appliquée en X, c'eſt-à-dire aux fuſeaux de la lanterne, ſera égale au poids exprimé par y. Pour avoir égard au frottement des tourillons qui ſont à l'extrémité d'un des hériſſons, il faut ſelon l'article 251 prendre la moitié de la ſomme des poids ou puiſſances qui agiſſent aux extrémitez C & X, c'eſt-à-dire la moitié de $2y$ (295) & l'ajouter à la moitié du poids de l'hériſſon ; multiplier ces deux termes par le rayon des tourillons, diviſer le produit par le rayon de la lanterne, ajouter le quotient à y, & multiplier le tout par $\frac{m}{n}$, l'on aura $\overline{y + \dfrac{dy}{c} + \dfrac{dq}{2c}} \times \dfrac{m}{n}$ pour l'expreſſion de la réſiſtance que les dents du rouet rencontreront à faire tourner une des lanternes, qu'il faudra doubler à cauſe que l'on a deux batteries, & multiplier le produit par le rayon du rouet, on aura $\dfrac{2bm}{n} \times \overline{y + \dfrac{dy}{c} + \dfrac{dq}{2c}}$.

Pour tenir compte auſſi du frottement des tourillons de la roue, il faut rendre la moitié de la ſomme de la preſſion que cauſe la réſiſtance que les deux lanternes oppoſent au mouvement du rouet, y ajouter le tiers du poids de la roue, (650) multiplier le tout par le rayon des tourillons ; il vient $\dfrac{m}{n} \times \overline{dy + \dfrac{ddy}{c} + \dfrac{ddq}{2c} + \dfrac{dr}{3}}$, qui

étant

FIG. 8.

étant ajouté à la grandeur précédente, on aura une quantité égale au produit de la puissance motrice par le raïon de la roue, c'est-a-dire $\frac{m}{n}$

$$\times 2by + \frac{2bdy}{c} + dy + \frac{ddy}{c} + \frac{ddq}{2c} + \frac{2bdq}{3c} + \frac{dt}{3} = ap,$$ d'où déga-

geant l'inconnue, il vient $y = \dfrac{\dfrac{m}{n} \times ap - \dfrac{dt}{3} - \dfrac{2bdq}{3c} - \dfrac{ddq}{2c} = 3840}{2b + \dfrac{2bd}{c} + d + \dfrac{dd}{6} = 8\frac{1}{3}}$;

divisant 3840 par $8\frac{1}{3}$, l'on aura 461 ℔ pour la valeur de y, qui étant substitué dans l'équation $x \times \dfrac{1729}{1512} = y$, il viendra après avoir dégagé l'autre inconnue, $x = \dfrac{697032}{1729} = 403\frac{1}{7}$; or si l'on divise $403\frac{1}{7}$ par 4, l'on trouvera que chacun des 4 pilons que l'hé-risson éleve en même tems pourroit peser environ 101 ℔, au lieu de 65; (714) cependant comme il suffit qu'ils soient du poids de 65 ℔ pour pulveriser les matieres, il vaut mieux augmenter le nombre de pilons que leur pesanteur; c'est pourquoi divisant 403 par 65, l'on trouvera que chaque hérisson peut élever en même tems 6 pilons, & plus encore un poids de 13 ℔, ce qui se ren-contre assez bien, avec ce que nous avons insinué dans l'art. 721.

726. Comme les 6 levées occuperont encore la sixiéme partie de la circonference d'un cercle, & qu'elles formeront des angles avec l'horison qui se surpasseront de 10 dégrez. Si l'on ajoute en-semble les sinus de leurs complemens, & qu'on prenne la sixiéme partie de la somme, il viendra 78322 pour le bras de levier moïen qui est un nombre plus grand que 75976 que nous avons trouvé dans l'article 725, d'où il suit que lorsqu'il y aura 6 pilons, les points G & C seront plus près de l'axe du pilon NO que lorsqu'il n'y en aura que 4; alors la longueur BC du mentonet étant moin-dre que dans l'état actuel de la Machine, les frottemens des pi-lons contre les prisons seront un peu moindres; (237) ainsi tout bien consideré, la force motrice ne fera pas plus d'effort pour élever 6 pilons, chacun du poids de 65 ℔ que si elle n'en élevoit que 4, dont chacun peseroit 101 ℔; l'on observera seulement que comme il faudra augmenter la longueur de l'hérisson de la moitié de celle qu'il a, il en résulteta une plus grande pression, par conséquent un peu plus de frottement de la part des touril-lons; mais c'est un trop petit objet pour s'y arrêter, puisqu'il reste à la puissance qui seroit appliquée à chaque lanterne 13 ℔ de

force de plus qu'il ne lui en faudroit pour élever 6 pilons à la fois.

727. Chaque batterie pourra donc être compofée de 18 mor-tiers, au lieu de 12 dans le cas du plus grand effet ; il eft vrai que la roue allant moins vîte que dans l'état actuel du moulin, les pilons ne feront élevés que cinq fois au lieu de 7 dans un cer-tain tems ; d'où il paroît d'abord que leur effet dans ces deux cas doit être dans la raifon compofée de leur nombre & de la quan-tité de coups qu'ils donneront dans le même tems ; c'eft-à-dire, comme le produit de 6 par 5 eft à celui de 4 par 7, ou comme 15 eft à 14 ; mais il eft bon que l'on fache que ce n'eft pas tout-à-fait le plus grand nombre de coups de pilons qui contribue feul à pulvérifer les matieres, que cela dépend auffi du nombre de fois dont elles font remaniées dans un certain tems comme l'ex-périence le prouve ; car fi on vouloit n'employer que 16 heures pour battre les matieres au lieu de 24, il fuffiroit de les changer de mortier de deux heures en deux heures ; elles feront auffi-bien pulvérifées & même mieux que fi l'on avoit fuivi la méthode or-dinaire décrite dans l'article 718. car la compofition qui fe trouve au fond des mortiers formant au bout de quelque tems une crou-te, il n'y a que celle qui eft au-deffus qui reçoit totalement l'im-preffion du pilon : je conclus donc que quoique la viteffe de la roue ne foit exprimée que par le nombre 5, dans le cas du plus grand effet, lorfqu'elle l'eft par le nombre 7 dans l'état actuel, on ne laiffera pas que de faire en 24 heures 720 ℔ de poudre, au lieu de 480, pourvû qu'on remanie les matieres toutes les deux heures.

Je fuis entré exprès dans ce petit détail, pour montrer que l'ef-fet d'une Machine ne dépend pas toujours de la plus ou moins grande quantité de mouvement du moteur ; cette regle n'a lieu fans exception que toutes les fois qu'il s'agit d'élever de l'eau, parce que fi la machine eft mife en mouvement par un courant, l'on ne doit pas fuppofer de caufe étrangere qui en augmente l'effet.

On trouvera peut-être que je m'arrête trop long-tems fur un même fujet ; mais comment le traiter exactement fans l'examiner dans toutes fes circonftances ? c'eft fans doute pour n'en avoir pas ufé de la forte qu'on découvre tant d'imperfection dans les Ma-chines. Comme je n'écris que pour les rectifier, on ne peut me fçavoir mauvais gré de m'étendre autant que je le crois néceffaire : au refte voilà ce que je m'étois propofé de dire fur les Moulins, & je m'en tiens aux trois Chapitres précédens : un plus grand nom-bre d'exemples de l'application des Principes de la Mécanique à

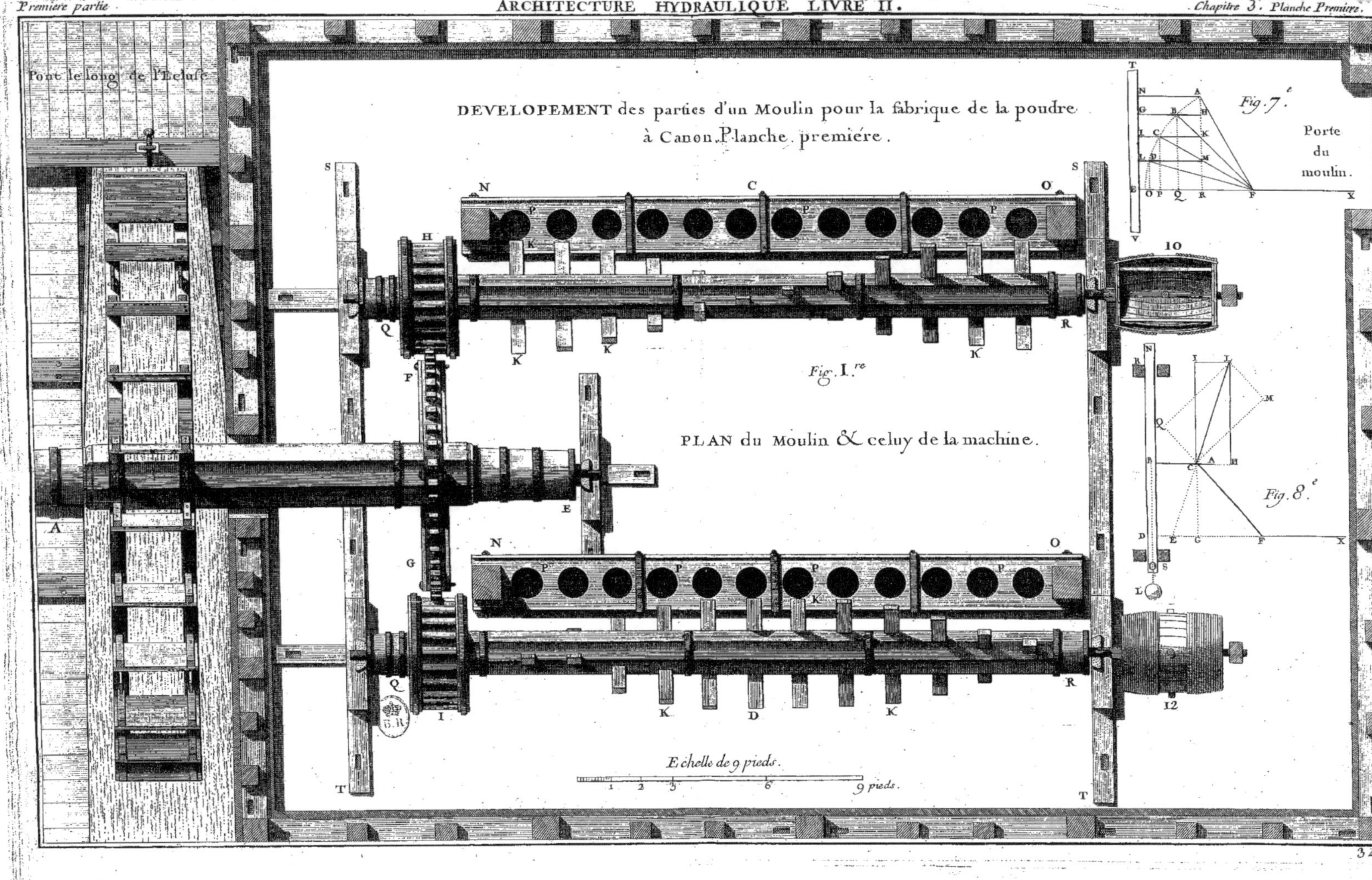

Pont le long de l'Ecluse.
DEVELOPEMENT des parties d'un Moulin pour la fabrique de la poudre à Canon. Planche premiére.
Fig. 7.e
Porte du moulin.
Fig. I.re
PLAN du Moulin & celuy de la machine.
Fig. 8.e
Echelle de 9 pieds.
1 2 3 6 9 pieds.
10
12

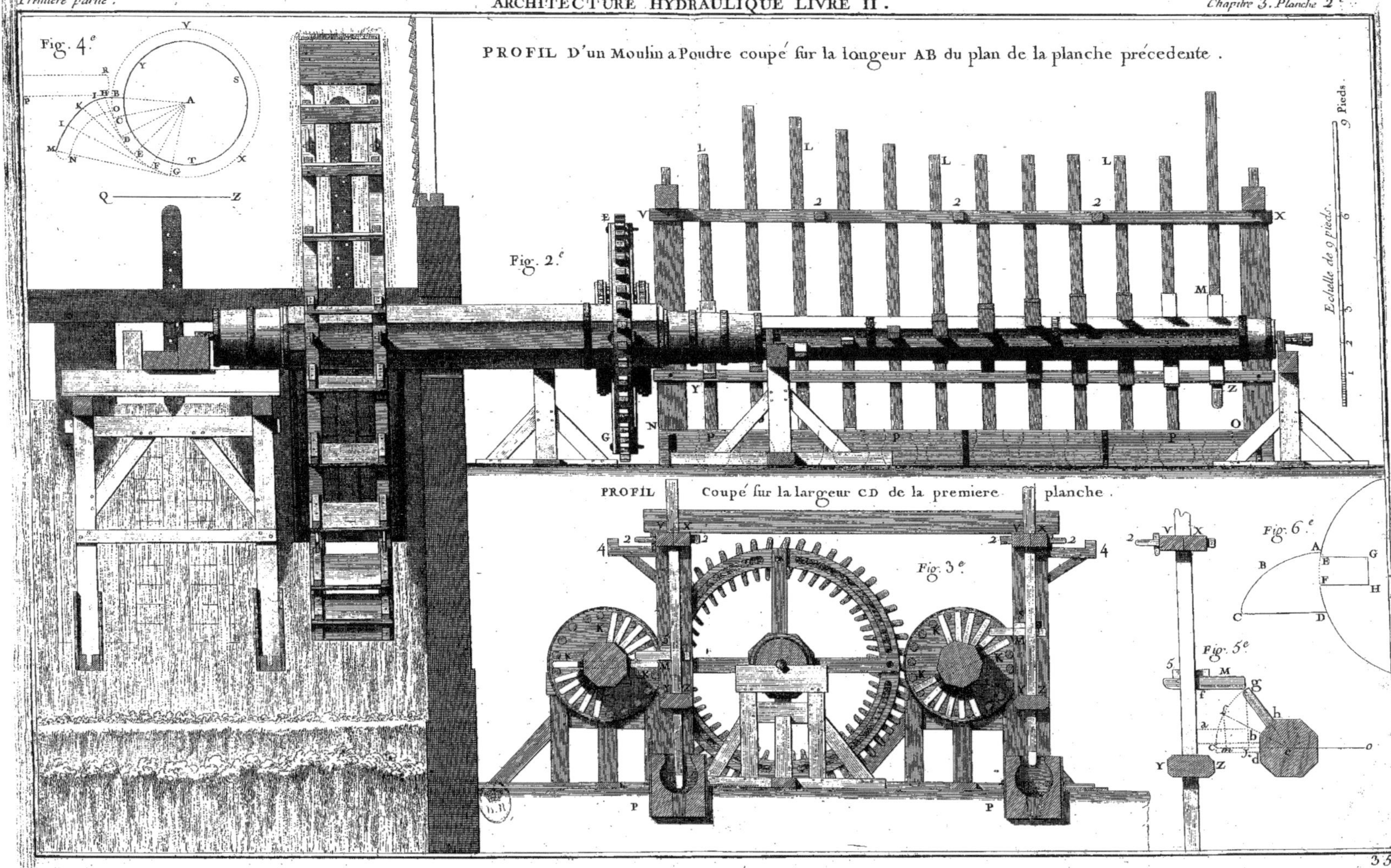
Fig. 4.e
PROFIL D'un Moulin a Poudre coupé sur la longeur AB du plan de la planche precedente .
Fig. 2.e
Echelle de 9 pieds.
9 Pieds.
PROFIL Coupé sur la largeur CD de la premiere planche .
Fig. 3.e
Fig. 6.e
Fig. 5.e
35

d'autres Moulins à Eau ne feroit qu'enfler cet Ouvrage affez mal-à-propos ; mais avant de finir ce Chapitre, il me refte à décrire en peu de mots une Machine pour pulverifer le Ciment ; cette matiere eft d'un trop grand ufage dans l'Architecture Hydraulique, pour ne point faciliter les moyens de la préparer.

728. La quatriéme & cinquiéme Figure de la Planche quatriéme du Chapitre fecond, expriment l'élevation & le plan de cette Machine : on y voit un baffin de 5 toifes de diamétre, au centre eft un arbre A, auquel font attachez deux effieux BG. & DC, entretenus enfemble par un lien GF ; une partie de chacun de ces effieux eft taillée en vis, mais les pas de l'un le font dans un fens oppofé à ceux de l'autre : l'écroue de ces vis paffe au milieu des meules H & I où il eft bien arrêté. Si l'on fuppofe un Cheval attelé au palon E, & qu'on le faffe tourner autour du baffin, la meule H s'approchera du centre, tandis que l'autre I s'en éloignera ; après que le Cheval aura fait un certain nombre de tours, le faifant agir d'un fens oppofé, la meule qui étoit près du centre s'approchera de la circonference, l'autre s'en éloignera, & elles auront toujours un mouvement contraire ; le Ciment ou tout autre matiere s'écrafera fur toute l'etendue du baffin fans avoir les fujettions ordinaires : il paroîtra cependant que c'en eft une grande que d'être obligé de détourner le Cheval toutes les fois que les deux meules auront parcouru la longueur de la vis ; mais l'on peut habituer un Cheval à faire cela de lui-même, dès qu'il entendra le fon d'une fonnette attachée à l'arbre A, & qu'on ajuftera de façon qu'elle fonne toutes les fois qu'une des meules s'approchera du centre du baffin. J'ay vû des Chevaux attelez à une Machine fervant à tirer du Charbon de terre d'un puits fort profond, qui étoient dreffez de la forte.

Defcription d'une Machine pour pulverifer le Ciment.

PLAN. 4. du Chapitre fecond.

FIG. 4. & 5.

CHAPITRE IV.

Des Moulins à Chapelet, Roües à eau, & autres Machines pour les Epuifemens.

PARMI le grand nombre de Machines qu'on a imaginé pour épuiſer les eaux d'un terrain aquatique, afin de faciliter l'exécution de quelques travaux : il n'en eſt point de meilleur uſage que les *Moulins à Chapelet* ; on en diſtingue de deux ſortes. La premiere, ſont ceux que l'on nomme Chapelets *inclinez*, qui font monter l'eau le long d'un plan incliné : la ſeconde, ſont les Chapelets *verticaux*, parce que l'eau monte verticalement.

Pour commencer par la deſcription des premiers, on ſçaura qu'il y en a de grands & de petits ; l'un & l'autre aſſez ſemblables dans leurs conſtructions ; toute la difference, c'eſt que les grands ſont mûs par des chevaux, & les petits à force de bras. Ce que nous dirons des uns pouvant s'appliquer aux autres, on jugera du premier coup d'œil de la manœuvre de ces ſortes de Chapelets, en conſidérant le plan & le profil de celui qui eſt repréſenté ſur la planche premiere, dont voici la deſcription.

Deſcription d'un Chapelet incliné mû par un Cheval.
PLAN. I.
729. Le plan incliné AB ſert de fond à une Bufe dont une des extrémitez A trempe dans l'eau qu'on veut épuiſer, & l'autre B répond à une auge BC, placée au ſommet du batardeau, au-deſſus duquel les eaux ſont élevées. Cette Bufe eſt couverte par un autre plan DE, accompagné de deux rebords formant une eſpece de couliſſe.

Le chapelet eſt compoſé d'un nombre de petites planches que l'on nomme *Palettes*, unies par des chaînons, faiſant enſemble une chaîne ſans fin, ou ſi l'on veut un chapelet dont les palettes tiennent lieu de grains.

Ce chapelet paſſe ſur les lanternes F, G ; une partie eſt enfermée dans la bufe, & fait monter l'eau lorſque les lanternes ſont muës du ſens convenable ; & l'autre qui eſt à découvert deſcend le long de la couliſſe pour aller puiſer l'eau à ſon tour.

Quand cette Machine eſt mûë par des chevaux, on employe un arbre IK, ſervant d'eſſieu à deux lanternes ; la premiere G, ſur laquelle paſſe le chapelet répond à l'auge qui reçoit les eaux ; & l'autre H qu'on ne peut voir dans l'élevation, parce qu'elle eſt cachée par la précedente, s'engraine avec un rouet LM que des chevaux attelez au Palonier N font tourner ; au lieu que quand on fait agir les chapelets à force de bras, on se sert seulement de la premiere lanterne G que l'on accompagne de manivelles.

Je n'entre point dans le détail des parties de ce chapelet, parce que je vais en expliquer deux autres à bras, exécutez à *Strasbourg*, & développez sur la seconde planche ; le premier représenté par la premiere & seconde Figure est employé de la part du Magistrat pour les Ouvrages de la Ville, & l'autre exprimé par la troisiéme & quatriéme, sert pour les travaux des Fortifications.

Plan. 2.

730. Le premier de ces Moulins est à peu près construit comme le précédent, avec cette difference, que la buse est découverte, parce que la coulisse qui est au-dessus, est élevée à une certaine hauteur pour donner plus de facilité au chapelet de se plier sur les lanternes, & afin de remédier aux chaînons qui se cassent ; ces chaînons sont de bois & d'un fort bon usage, beaucoup plus commodes que s'ils étoient de fer ; quand ils viennent à manquer, en ayant de tout prêts, un homme assemble les deux bouts séparez & un autre y met un grain, par le moyen d'une petite cheville de fer qu'il arrête avec un nœud de ficelle, au lieu de clavette, la chaîne étant de bois, par conséquent beaucoup plus legere que si elle étoit de fer, le jeu en est bien plus doux. La lanterne A qui trempe dans l'eau a 16 pouces de diamétre & 8 rayons. L'autre B qui répond au sommet du batardeau a 20 pouces de diamétre, & 10 rayons ; de sorte que les diamétres de ces lanternes sont dans la raison du nombre de leurs rayons, afin que les palettes se rencontrent toujours en haut & en bas entre deux rayons, quoique la petite lanterne aille plus vîte que la grande. Il y a apparence que si l'on a fait une des lanternes plus petite que l'autre, c'est afin que le chapelet en descendant trouve plus d'aisance à s'ajuster avec les rayons.

Description d'un Chapelet incliné, mû à force de bras, exécuté à Srasbourg pour les ouvrages de la Ville.

Plan. 2. Fig. 1. & 2.

731. Les palettes ont un pouce d'épaisseur, 9 & demi de largeur sur 6 de hauteur, & 3 lignes de jeu de chaque côté ; leur distance de l'une à l'autre est de 6 pouces, par conséquent égale à leur hauteur. Quant aux chaînons ils ont deux pouces d'épaisseur sur autant de largeur ; je ne parle point des dimensions des autres parties, parce qu'on pourra en juger par les nombres qui les accompagnent.

732. Ce chapelet étant mis en mouvement à force de bras, les manivelles sont accompagnées de crossettes pour rendre la manœuvre plus facile ; un homme est appliqué à l'endroit C, tire & pousse par un mouvement horisontal, & un autre qui lui est op-

Z z iij

poſé en D agit de même ; il ſuffit qu'ils faſſent chacun un chemin de 18 pouces en arriere, & autant en avant, qui eſt la grandeur du coude de la manivelle pour agir avec aiſance ; au lieu que s'ils étoient appliquez immédiatement aux poignées, la grandeur du bras de levier ne feroit que leur cauſer plus de fatigue, puiſqu'ils feroient aſſujettis à décrire un cercle de plus de 9 pieds de circonference à chaque révolution.

Autre Chapelet dans le goût du précedent, exécuté auſſi à Strasbourg pour les ouvrages de la Fortification.

PLAN. 2.

FIG. 3. & 4.

733. Le ſecond chapelet, quoique ſemblable en apparence au précédent, en eſt fort different dans la compoſition & dans l'effet. Les palettes ont 11 pouces de largeur ſur 4 de hauteur, placées à 8 pouces de diſtance l'une de l'autre, ayant 6 lignes de jeu de chaque côté ; ainſi la buſe & la couliſſe ont par conſéquent 12 pouces de largeur intérieurement ; les palettes ſont entretenues enſemble par deux chaînes de fer, aſſemblées de maniere à pouvoir ſe plier aiſément ſur les lanternes. Ces lanternes ſont exagonales ; celle d'en haut eſt accompagnée de manivelles, auſquelles quatre hommes ſont appliquez. La partie ſuperieure G du chapelet répond au batardeau, comme on en peut juger par le bout de buſe FH, qui aboutit à l'auge qui reçoit les eaux. J'ajoûterai que le corps du chapelet, auſſi-bien que celui des précédens, eſt porté par des chevalets EF, poſez de diſtance en diſtance, & que dans l'uſage ordinaire, on obſerve que la pente du chapelet ſuive la diagonale d'un quarré, ou que l'angle formé par l'horiſon & le plan incliné ſoit de 45 dégrez, parce qu'on ignoroit celui qui convenoit au plus grand effet.

Des deux Chapelets précedens, le premier épuiſe le double du ſecond.

734. Des Ingenieurs qui ont vû manœuvrer ces deux chapelets, m'ont aſſuré que celui qui eſt employé aux ouvrages de la Ville, épuiſoit dans le même tems plus du double de l'eau que ne faiſoit celui dont ils ſe ſervoient pour les Fortifications, quoique mûs avec la même force, & poſez ſous un même angle d'inclinaiſon.

Il ne paroît pas qu'on ait ſuivi juſqu'icy aucune regle exacte pour la conſtruction des moulins à chapelets ; ſi on en juge par la varieté des proportions qu'on a donné à leurs parties, ne s'étant peut-être jamais rencontrées deux Machines de cette eſpece parfaitement ſemblables : on ne peut pourtant douter qu'il n'y ait une conſtruction la plus parfaite ; l'exemple des deux chapelets dont je viens de parler en eſt une preuve bien convaincante, puiſque celui qui épuiſe le double de l'autre dans le même tems, & qui tient peut-être cet avantage du hazard plûtôt que du raiſonnement, doit plus approcher de cette perfection. Cherchons donc à découvrir d'où cela vient, afin d'en tirer une regle generale qui ne laiſſe rien à déſirer ſur ce ſujet.

735. Pour cela je confidere qu'il faut fçavoir à quelle diftance les *palettes* doivent être les unes des autres, eu égard à leur hauteur, & quel eft l'angle que doit former le plan incliné avec l'horifon, afin que la puiffance qui met le Chapelet en mouvement épuife le plus d'eau qu'il eft poffible dans un certain tems, n'y ayant point de Machine qui ne foit fufceptible d'un plus grand effet, comme on a dû en juger par les exemples précédens.

La perfection des chapelets inclinez fe réduit à placer les palettes à une diftance égale à leur hauteur, & à incliner le plan fous un angle de 24 dégrez, 21 minutes.

PLAN. 2. FIG. 1.

Pour fçavoir l'intervalle qui doit être entre deux palettes, nous fuppoferons que fur le plan incliné AC, il y a un bout de chapelet tiré de bas en haut par la puiffance P, agiffant felon une direction SP, parallele au plan. S'il n'y avoit que la feule palette ED pour foutenir l'eau qu'on veut attirer, on en auroit alors une quantité exprimée par un prifme qui auroit pour bafe le triangle DEF, & pour hauteur la longueur de la palette; & comme cette derniere dimenfion demeure conftante, qu'il y ait une ou plufieurs palettes, nous n'aurons égard qu'à la fuperficie du triangle DEF, dont le côté EF, parallele à l'horifon marque le niveau de l'eau: fi l'intervalle des deux palettes immédiatement de fuite comme ED & OQ étoit exprimé par la ligne DQ, on auroit un efpace vuide FQ, qui fe trouvant repeté dans chaque cellule DEOQ, ne feroit qu'en diminuer le nombre fort mal-à-propos; ainfi prenant la palette NF à la place de OQ, la cellule DENF fera préferable à la précedente, parce qu'on pourra en avoir un plus grand nombre, dans la longueur du plan AC, qui feront monter une plus grande quantité d'eau à la fois.

Si l'on divife la bafe DF en plufieurs parties égales, comme en trois, pour avoir autant de cellules DL, GM, HN, il eft conftant qu'elles contiendront plus d'eau toutes enfemble que la feule DENF; car fi l'on prend la fuperficie du Trapeze DEIG pour exprimer la quantité qui fera dans chacune, l'on pourra dire que l'eau que contiendra la cellule DN, fera à celle que contiendront les trois autres prifes enfemble, comme le quarré du côté DF, eft au triple de la difference du même quarré au quarré GE; le trapeze DEIG étant la difference des triangles femblables DEF & GLF: or le côté DF étant de trois parties, & GF de deux, leurs quarrez feront 9 & 4, dont la difference eft 5; par conféquent le contenu de la cellule DENF fera à celui des trois autres DL, GM, HN, comme 9 eft à 15; d'où il fuit que plus les palettes feront près les unes des autres, & plus le chapelet épuifera d'eau dans le même tems; cependant comme elles doivent être à une diftance convenable, pour que la chaîne qui les lie enfemble puisse aisément se plier sur les lanternes, je ne crois pas qu'on puisse mieux en regler l'intervalle qu'en le faisant égal à la hauteur des palettes mêmes.

C'est ainsi qu'on a construit le chapelet dont j'ai dit qu'on se servoit à Strasbourg pour les Ouvrages de la Ville : il n'est donc pas étonnant qu'il éleve sous un même angle d'inclinaison plus du double de l'eau que celui qui est en usage pour les Fortifications, les palettes de ce dernier étant éloignées d'une distance double de leur hauteur, ce qui fait voir qu'avant d'en venir à l'exécution, on ne sçauroit examiner de trop près les parties qui doivent composer une Machine, afin de leur donner les proportions les plus parfaites qu'il est possible.

Maniere de calculer la résistance, qu'oppose l'eau qu'un chapelet incliné éleve.
PLAN. 1.
FIG. 2.

736. Pour faire le calcul de cette Machine, nous supposerons que le vaisseau AF, représente une cellule avec autant d'eau qu'elle peut en contenir, lorsque le plan incliné fait avec l'horison un angle de 24 dégrez 21 minutes, ou que la hauteur de ce plan est les $\frac{2}{5}$ de sa longueur : (391, 392, 393) cela posé, si l'on prolonge AD de la longueur AT égale à la perpendiculaire AM, que l'on tire BT, que l'on prenne BV égal à ND, menant VS parallele à AT, l'on verra en se rappellant ce qui a été enseigné dans l'article 390. que la puissance P, sera en équilibre, avec la poussée de l'eau contenue dans le vaisseau, si cette puissance est exprimée par le poids d'un prisme d'eau, qui auroit pour base le trapeze AVST, & pour hauteur la ligne BE ou AH.

Nommant XY, a; XZ, b; YZ, c; AB ou BC, d; & BE ou CF, f; l'on aura à cause des triangles semblables XYZ, ABM, BCN, XZ (b), ZY (c) :: BC (d), CN $= \frac{cd}{b}$, par conséquent CD — CN $=$ ND $(\frac{bd-cd}{b}) =$ BV, ainsi VA sera $\frac{cd}{b}$; d'autre part XY (a), XZ (b) :: AB (d), AM, ou AT $= \frac{bd}{a}$, mais les triangles SBV & TBA donnent encore BA (d), AT $(\frac{bd}{a})$ :: BV, $(\frac{bd-cd}{b})$ VS $= \frac{bd-cd}{a}$,

Présentement pour avoir la superficie du trapeze, il faut ajouter ensemble les valeurs de SV & de TV qui donnent $\frac{2bd-cd}{a}$, qu'il faut multiplier par la moitié de AV, c'est-à-dire par $\frac{cd}{2b}$, l'on

aura

aura $\frac{2bcdd - ccdd}{2ab}$ qu'il faut encore multiplier par $f = BE$, il viendra

$\frac{2bcddf - ccddf}{2ab}$ pour l'expreſſion du ſolide d'eau équivalant à la puiſſance P, qu'on peut réduire en ſuppoſant $2b - c = n$, il vient $\frac{ncddf}{2ab}$ dont on aura le poids, en diſant comme 1728 pouces cubes

eſt à 70 ℔; ainſi $\frac{ncddf}{2ab}$ eſt à $\frac{35ncddf}{1728ab}$ dont il ſera aiſé d'avoir la valeur, comme on le va voir.

737. Si l'hypotenuſe du triangle XYZ eſt diviſé en 10 parties égales, l'on aura XY $(a) = 5$, YZ $(c) = 2$ (393) XZ $(b) = \frac{23}{5}$; & ſi pour nous conformer aux dimentions du premier chapelet, (730) on ſuppoſe BA ou BC $(d) = 6$ pouces, & BE $(f) = 9$ pouces $\frac{1}{2}$, on trouvera que $\frac{35ncddf}{1728ab}$ donne à peu près 4 ℔ $\frac{1}{2}$ pour la force que doit avoir la puiſſance pour être en équilibre avec la pouſſée de l'eau d'une cellule; ainſi il ne reſte plus que de ſçavoir la quantité de cellules qui agiront ſur le plan incliné, pour juger de combien cette puiſſance doit être augmentée.

Eſtimation de la puiſſance qui fait agir le chapelet du Magiſtrat de Strasbourg.
PLAN. I.
FIG. 2.

Suppoſant le plan incliné de 8 pieds de hauteur, ſa longueur ſera de 20 ou de 240 pouces, qui étant diviſé par 7 pouces, intervalle d'une palette à l'autre, y compris l'épaiſſeur d'une des mêmes palettes, on aura 34 cellules qui oppoſeront enſemble une réſiſtance de 147 ℔ qui agira aux extrémitez des rayons de la lanterne ſuperieure qui ont chacun 10 pouces; ainſi multipliant le nombre précédent par 10, & diviſant le produit par le coude de la manivelle de 18 pouces, il viendra environ 82 ℔ pour la puiſſance appliquée à la manivelle, en faiſant abſtraction du frottement qui ſera peu de choſe; car le chapelet étant de bois, ſa péſanteur ſpécifique ſera à peu près égale à celle de l'eau qu'il contient. Le frottement n'aura gueres lieu non plus ſur la partie ſuperieure, parce que gliſſant ſur un plan incliné, elle eſt naturellement emportée en bas, ainſi l'on voit que quatre hommes pourront aiſément faire manœuvrer ce chapelet avec une viteſſe plus grande que celle de 1000 toiſes par heure. Examinons préſentement la quantité d'eau qu'ils pourront épuiſer dans le même tems.

738. Chaque cellule, ſelon les dimenſions que nous leurs avons donné, doit contenir une quantité d'eau ABEHOGDN de 329 pouces cubes, d'où retranchant 24 pouces pour la place occupée

Calcul de la quantité d'eau que le même cha-

pelet peut épuiser par heure. par la chaîne, reſte 305 pouces. Comme il y a 10 rayons à la lanterne, ils attireront 10 cellules à chaque tour de manivelle; par conſéquent 3050 pouces cubes d'eau ; & comme les manœuvres peuvent lui faire au moins 1500 tours par heure, parce qu'é-tant appliquez aux croſſetes, ils n'auront gueres que 4 pieds de viteſſe par chaque tour; ce chapelet épuiſera donc 2647 pieds cubes dans le même tems à une hauteur de 8 pieds.

739. Je ſuis perſuadé que l'eſtimation que nous venons de faire du produit de cette Machine eſt beaucoup au-deſſous de ce qu'elle peut produire en effet; car nous avons ſuppoſé que la manivelle ne feroit que 1500 tours par heure, au lieu que ſi on en juge par l'expérience, elle en peut faire beaucoup plus, ayant remarqué dans les épuiſemens que l'on a fait pour la conſtruction de quelques écluſes du Canal de Picardie; que les manivelles des chapelets verticaux qu'on y a employé, faiſoient juſqu'à 3000 tours dans le même tems. Il eſt vrai que ceux qui les faiſoient agir étoient relevez d'heure en heure, & que les manivelles n'avoient que 15 pouces.

Ayant calculé auſſi la quantité d'eau que pouvoit fournir l'autre chapelet, dont j'ai dit que les Ingenieurs ſe ſervoient à Strasbourg, j'ai trouvé qu'en faiſant abſtraction, comme au precedent, de ce qu'il s'en pouvoit perdre, il n'en pouvoit épuiſer qu'environ 1238 pieds, toutes choſes d'ailleurs égales, qui eſt au-deſſous de la moitié de 2647 que nous venons de voir que devoit donner le précédent, ce qui s'accorde avec l'expérience qui en a été faite. (734)

Deſcription d'un chapelet vertical pour les é-puiſemens. 740. Il me reſte à parler des chapelets *verticaux*, ſur leſquels il y a peu de choſe d'intéreſſant à dire, leur *maximum* ſe réduiſant à celui de la quantité de mouvement des hommes qui le font agir. Celui que j'ai développé ſur la planche troiſiéme eſt pareil à ceux qui ont été employez au Canal de Picardie, en ayant moi-même pris les dimenſions. Comme la manœuvre en eſt fort aiſée, & toutes les parties bien proportionnées, il m'a paru après l'avoir examiné ſérieuſement que je ne devois point héſiter de le donner pour modele; en voici le détail.

PLAN. 3. FIG. 4. & 5. Le tuyau montant ABCD a exterieurement 13 pouces en quarré ſur 9 pieds 6 pouces de hauteur de C en E, mais qu'on peut faire plus grande, ſi la néceſſité y oblige; ce tuyau a interieurement 5 pouces de diamétre, & doit être percé bien droit; la face de derriere eſt plus haute que les autres de la partie DE de 16 pouces, afin de pouvoir y attacher le ſabot AFGE, qui n'eſt autre choſe qu'une efpece de caiffe, percée de trous placée dans l'eau qu'on veut élever; à travers cette caiffe paffe un boulon fur lequel tourne un rouleau P pour faciliter l'entrée des grains Q dans le tuyau.

Contre les faces extérieures du tuyau font attachez à droite & à gauche les fupports HK de l'effieu RS de l'*hériffon* TV, accompagnez d'ais, pour former le canal BKLM, qui conduit l'eau de l'autre côté du batardeau.

L'hériffon eft compofé d'un moyeu de 16 pouces de diamétre dans le milieu, réduit à 15 par fes extrémitez, fortifié de deux frettes de 12 lignes de largeur fur 5 d'épaiffeur : ce moyeu eft hériffé de fix *griffes* de fer, ayant fept pouces de largeur par le haut, réduites à 3 pouces 4 lignes à la racine, & 7 lignes d'épaiffeur, échancré dans le milieu fur la hauteur de 5 pouces pour faciliter le jeu de la chaîne; l'effieu a 18 lignes en quarré, arrondi aux forties du moyeu ; les manivelles ont 15 pouces de coude, & les poignées 40 pouces, pour que deux hommes puiffent y être appliquez de front.

Les *grains* ont 5 pouces de hauteur y compris la *tige* & la *queue*, leur diamétre eft de 4 pouces 10 lignes; fur leur plan on pofe une ou deux rondelles de cuir, dont le diametre eft de 5 pouces, c'eft-à-dire égal à celui du tuyau montant; fur ces rondelles eft pofée une plaque de fer fervant à ferrer les cuirs par le moyen d'une *clavette* qui traverfe la tige. Plan. 3.
Fig. 4.
& 5.

741. L'intervalle XY qui fe trouve entre l'extrémité de la queue des deux grains eft de 30 pouces; cette partie pefe 10 ℔, l'ayant auffi pefé dans l'eau, j'ay trouvé que fon poids étoit diminué d'une livre quatre onces, (624) qui eft celui du volume d'eau dont elle occupe la place.

742. Pour calculer le produit de ce chapelet, l'on fçaura que quatre hommes agiffans fans interruption pendant une heure, après laquelle ils étoient relevez par quatre autres, faifoient faire au moins 55 révolutions aux manivelles dans une minute : (739) or comme l'intervalle d'une griffe à l'autre pris à l'endroit où pofe la chaîne eft de 13 pouces à chaque tour de l'hériffon, le chapelet fera un chemin de 6 pieds & demi, ce qui répond à une viteffe de 357 pieds ½ par minute, cette viteffe étant la même que celle de l'eau qui monte dans le tuyau; il fuit que le chapelet en épuiferoit par minute une colonne de 5 pouces de diamétre fur 357 pieds ½ de hauteur, qui pefe 3422 ℔ s'il n'occupoit pas une partie de cette colonne. *Calcul de la quantité d'eau qu'un chapelet vertical peut épuifer par heure.*

A aa ij

Prévenu que 2 pieds $\frac{1}{2}$ du chapelet occupent la place d'une livre & 4 onces d'eau, (741) divifant 357 pieds $\frac{1}{2}$ par 2 pieds & $\frac{1}{2}$, on aura 143 pieds, qui étant multipliez par une ℔ 4 onces, donne environ 179 ℔ pour le poids de l'eau, occupé par le chapelet pendant une minute, qui étant fouftraits de 3422, refte 3243 ℔ d'eau qu'il épuifera dans le même tems, ce qui revient à peu près à 2780 pieds cubes par heure, élevée à 8 pieds.

743. Quant à la puiffance qui doit faire jouer ce chapelet, on voit qu'elle dépend de la hauteur du tuyau montant, c'eft-à-dire de la hauteur où on élevera l'eau, puifque fans avoir égard au frottement, elle fera égale au poids de la colonne comprife dans le tuyau; qui eft icy d'environ 72 ℔, déduction faite du volume qu'occupe le chapelet.

744. L'intervalle du centre de l'effieu à la ligne de direction que parcourt la chaîne étant de 10 pouces, & la manivelle en ayant 15 de coude, le poids fera à la puiffance dans le rapport de 3 à 2; ce qui montre que les quatre hommes ne foutenoient qu'environ 48 ℔ d'eau, au lieu que felon la régle ordinaire, ils auroient pû aifément en foutenir cent; mais en récompenfe ils avoient une viteffe bien plus grande que celle de 1000 toifes par heure, ou de 100 pieds par minute; car la manivelle ayant 15 pouces de coude, ils décrivoient à chaque tour une circonference de 7 $\frac{6}{7}$ pieds, ce qui répond à une viteffe de 432 pieds par minute.

745. Si l'on veut que ce chapelet épuife l'eau à une hauteur au-deffus de 8 pieds, & conferver la même quantité de mouvement à la puiffance, il faut diminuer la fuperficie du cercle du tuyau, à proportion qu'on augmentera fa hauteur. Par exemple, pour élever l'eau à 24 pieds, il faut multiplier le quarré du diamétre qui eft 25 par 8 pieds, divifer le produit par 24, on trouvera 8 pouces $\frac{1}{3}$ pour le quarré du diamétre réduit; & comme la quantité d'eau que les quatre manœuvres épuiferont par heure fera auffi réduite dans la même proportion, l'on voit qu'ils n'en éleveront plus que 926. Ce n'eft pas qu'à la rigueur les mêmes ne puiffent en élever 2780 à cette hauteur : ayant fait mention article 680 d'un autre chapelet, où chaque manœuvre employoit une force de 35 ℔, quoiqu'ils euffent la même viteffe des précedens; mais comme le travail en étoit forcé, il ne conviendroit pas de fe regler là-deffus.

Quant au frottement qui peut fe rencontrer dans cette Machine, il n'y en a d'autre que celui de fon effieu qui fera peu de chofe à caufe de la grande difference des bras de leviers; (250) car je

compte pour rien celui que peut caufer contre l'interieur du tuyau le renflement des cuirs qui accompagnent les grains, parce
qu'agiffant fur une furface verticale, il ne mérite pas qu'on en
tienne compte. (227)

J'ai oüi-dire aux Entrepreneurs du Canal de Picardie qu'un chapelet tout équipé, tel que le précedent, leurs coûtoit 150 ₶.

746. Pour faciliter la manœuvre des chapelets *verticaux*, on les
appuye contre un échafaut, fur lequel font placez ceux qui les font
agir, comme on en peut juger par la cinquiéme figure de la planche quatriéme, qui exprime l'élevation d'un moulin à chapelet,
dont on fe fert à Marfeille pour épuifer les eaux de la forme ; deux
Forçats le font aller pendant une heure, après quoi ils font relevez par deux autres.

La troifiéme Figure repréfente le profil du même chapelet, qui
differe un peu du précedent, en ce que les grains qu'on voit fi-
tuez differemment aux endroits C, D, E, font faits en forme de
Godets garnis de cuirs, pour empêcher que l'eau ne tombe à mefure qu'on l'éleve ; cette Machine ne comprenant rien dont on ne
puiffe juger du premier coup d'œil, je ne m'y arrêterai pas davantage.

Comme on a été plus attentif à mettre dans un certain arrangement, les figures relatives à ce chapitre, afin d'occuper la capacité de chaque planche, qu'à réunir celles qui appartenoient à un
même fujet, il eft arrivé que differentes fortes de chapelets fe
trouvent accompagnés d'autres Machines propres aux Epuife-
mens ; mais pour ne point interrompre l'ordre naturel, je conti-
nuerai ce qui me refte à dire fur les chapelets, après quoi je re-
prendrai ce que j'aurai laiffé en arriere.

747. Les moulins à chapelets ne font pas feulement d'ufage
pour épuifer les eaux d'un terrain fur lequel on veut bâtir, on peut
auffi s'en fervir pour élever l'eau d'une fource dans un refervoir
fuperieur à un Jardin, afin d'y faire naître des eaux jailliffantes, ou
la tirer du fond d'un puits pour l'arrofement ; alors ils different des
précedens en ce que, au lieu de grains, on fe fert de pots de grais
ou de petits barillets, qui agiffent librement fans être enfermez
dans un tuyau : en voici un exemple, exprimé par la Figure premiere de la planche quatriéme.

On fuppofe que l'eau d'une fource ou d'un ruiffeau vient choquer une roue à cuillere BD, qui tourne horifontalement, & qui
peut avoir 6 pieds de diamétre ; que cette roue a pour effieu un
arbre vertical AB, tournant dans une crapaudine C, ayant au

A aa iij

Note marginale (à droite du §746) : *Defcription d'un autre chapelet vertical, exécuté à Marfeille.* Plan. 4. Fig. 3. & 5.

Note marginale (à droite du §747) : *Autre chapelet mis en mouvemens par un courant.* Plan. 4. Fig. 1.

fommet une lanterne G de 18 pouces de diamétre, accompagnée de 12 fufeaux ; que cette lanterne s'engraine avec 36 dents d'un rouet H de 4 pieds $\frac{1}{2}$ de diamétre ; ainfi il faudra que la roue faffe trois tours pour en faire faire un au rouet ; l'effieu horifontal EF eft commun à une roue I de même diamétre, accompagnée de chevilles K, tant foit peu inclinées, pour que le chapelet M ne s'écarte pas du chemin qu'il doit fuivre ; ce chapelet eft compofé de deux cordes, aufquelles font attachez des pots de terre, ou fi l'on veut des petits barillets qui verfent l'eau dans un auge L, qui de-là va fe rendre au réfervoir.

PLAN. 4.
FIG. I.

Je ne parle point de la charpente qu'il faudra conftruire pour foutenir cette Machine, laiffant au gré de ceux qui voudront l'éxecuter de difpofer les pieces fuivant le lieu où elles devront être placées : j'en uferai de même pour les autres Machines dont je ne donnerai pas des développemens particuliers pour mieux appercevoir leur compofition. Je ne ferai pas non plus mention préfentement des calculs pour eftimer la force que doit mettre en mouvement ces fortes de chapelets, relativement à la grandeur des barillets, & à leur nombre qui dépend de la hauteur où on veut élever l'eau, parce que j'ai traité tout ce qu'on peut dire de théorie fur ce fujet au commencement du fecond Volume, à l'occafion des Machines mûes par le vent ; ainfi pour éviter les répetitions, je m'en tiendrai à cette fimple defcription.

Defcription de la Machine à chapelet, exécutée à Rochefort pour épuifer les eaux de la forme.

748. L'on a conftruit à Rochefort en 1722 une Machine pour épuifer les eaux des nouvelles formes, compofée de trois chapelets dans le goût du précedent, mûs par des chevaux à l'aide de plufieurs roues & lanternes. Le deffein en ayant été remis au Bureau des Fortifications, M. Marchand qui en eft le premier Commis, me l'a communiqué fans autre explication que celle qu'on pouvoit tirer d'une légende relative aux plans & profils que l'on trouve exprimez fur la Planche cinquiéme, qui comprend feulement les parties effentielles de la Machine, ayant fupprimé toutes celles du bâtiment qui n'avoient rien d'intereffant, afin de pouvoir réunir fur une feule planche tout ce qui devoit être apperçu d'un même coup d'œil.

PLAN. 5.
FIG. I. 2.
3. & 4.

La premiere Figure repréfente un profil de la Machine, coupé fur la longueur AB du plan exprimé par la feconde ; la troifiéme eft un fecond profil fur l'alignement CD, & la quattiéme un troifiéme fur l'alignement EF. Comme les lettres femblables accompagnent les mêmes parties de la Machine repréfentée dans des fens differens, en voici l'explication.

G. Grand arbre vertical.

H. Barres de 15 pieds de long.

I. Hérissons de 3 pieds de rayons, contenant 48 dents.

K. Lanternes de 15 pouces de rayons, contenant chacune 16 fuseaux.

L. Rouet de 2 pieds ½ de rayons, contenant 32 dents.

M. Arbres horisontaux, communs aux rouets L & aux roues N.

N. Roues octogones de 2 pieds ½ de rayon pour porter les chapelets.

O. Sceaux contenans chacun un demi pied cube d'eau.

P. Bassin qui reçoit l'eau des chapelets.

Q. Aqueduc pour conduire l'eau à la riviere.

R. Autre Aqueduc qui conduit l'eau des formes aux Puisards.

S. Puisards.

T. Niches & galeries autour du puisard.

V. Couëttes pour porter les arbres des roues & lanternes.

X. Rez-de-chaussée du Bâtiment.

Y. Profil d'une Arcade servant de Pont aux chevaux qui font agir la Machine.

Z. Escalier pour descendre dans le Puisard.

749. Après cette légende étoit écrit ce qui suit ; cette machine est composée de quatre arbres, trois rouets, un hérisson, trois lanternes, trois roues octogones, *& de trois chapelets garnis chacun de 30 Sceaux, formant une chaîne de 10 toises, tournée par quatre chevaux, qui élevent en une heure à 24 pieds de hauteur dans le bassin P, 1296 pieds cubes d'eau.*

Quant au jeu de la Machine, il est aisé de voir que l'hérisson I étant mis en mouvement, fait tourner les trois lanternes K avec lesquelles il s'engraine, & que ces lanternes donnent le mouvement au rouet L, par conséquent aux roues N qui font monter l'eau.

750. N'ayant point trouvé de développement particulier des sceaux dans le dessein qu'on m'a donné, j'ai été en peine de sçavoir de quelle maniere, après s'être remplis, ils se vuidoient dans le bassin P ; mais y ayant un peu pensé, la premiere & la quatriéme Figure m'ont fournis des idées pour tracer la cinquiéme.

Chaque sceau est une espece de tambour fait de planches, composé de deux fonds opposez comme ABCDEF, unis ensemble par 6 faces, liées par des équerres de fer, le tout formant un prisme, dont l'épaisseur va en retréciffant depuis l'arrête GA jusqu'à l'autre opposée HD. PLAN. 5. FIG. 5.

Contre les deux fonds font attachées des bandes de fer IN, LO chacune de deux pieds de longueur, percées à leurs extrémitez, pour recevoir des boulons KL, lesquelles traversant aussi les bandes qui répondent aux sceaux adjacens, forment les nœuds de la chaîne du chapelet.

Un des fonds de chaque sceau, du côté qui répond au bassin, est percé d'un trou, qui sera si l'on veut de la grandeur du triangle CDE, pour que les sceaux puissent se remplir & se vuider plus promptement; quand ils descendent leur ouverture est en bas, & après qu'ils se sont remplis, elles se trouvent en haut; alors étant parvenus au sommet des roues qui les portent, l'eau jaillit de côté & va tomber dans le bassin.

751. Si l'on considere cette Machine avec un peu d'attention, on sera sans doute surpris de voir que mûe par 4 chevaux, son effet se réduise à ne lever que 1296 pieds cubes d'eau par heure à une hauteur de 24 pieds, tandis que dans l'article 745, nous avons déduits d'une experience, dont j'ai été témoin, que quatre hommes pouvoient en élever 926 dans le même tems, & à la même hauteur : or si l'on cherche le rapport de ces deux nombres, on le trouvera celui de 7 à 5, qui montre que quatre chevaux n'épuisent icy que deux cinquiémes en sus, de ce que peuvent épuiser quatre hommes.

Pour juger de l'effet de cette Machine, par une regle generale, nous commencerons par chercher la quantité de mouvement du poids qu'elle éleve, afin de la comparer à la quantité de mouvement que doivent avoir naturellement les quatre chevaux qui la font agir.

752. Chacun des chapelets n'ayant jamais en montant que 12 ou 13 sceaux remplis d'eau, les trois ensemble n'en soutiendront qu'environ 19 pieds cubes dont le poids est 1330 ℔.

Puisque les trois chapelets élevent 1296 pieds cubes d'eau en une heure, chacun n'en fera monter que 432 dans le même tems; & un sceau ne contenant qu'un demi pied cube, il faudra pour PLAN. 5. cela qu'il en monte 864 : or comme 3 sceaux occupent une toise de longueur, puisqu'il en faut 30 pour une chaîne de 10 toises; (749) divisant 864 par 3, l'on aura 288 toises pour la vitesse du poids de l'eau, dont la quantité de mouvement sera exprimée par 383040.

La quantité de mouvement d'un cheval ordinaire étant exprimée par 306000, (124) celle de 4 chevaux le sera par 1224000, qui étant comparé à 383040, l'on trouvera, en faisant abstraction

des

des frottemens, que l'effet de cetre Machine n'eſt pas feulement les trois dixiémes de l'effet naturel de la puiſſance qui la meut.

La machine étant fort compofée, on feroit porté à croire qu'une auſſi grande difference, vient de ce que la plus grande partie de la force motrice eſt employée à furmonter les frottemens, fi on ne fentoit en même tems qu'il n'eſt pas poffible que la réfiſtance qui peut venir de cette part aille jamais juſques-là. Il y a bien plus d'apparence que faute d'avoir fait un calcul exaĉt de cette Machine pour connoître la puiſſance qui devroit la mettre en mouvement, on employe, fans le fçavoir, plus de chevaux qu'il n'en faut; auffi vais-je prouver que deux fuffiroient au lieu de quatre.

753. Le rayon des roues qui portent le chapelet étant égal à celui des rouets, (748) la réfiſtance que les fufeaux des lanternes K trouveront à faire tourner les roues L, fera égale au poids Calcul de la même machine.

qu'il faut multiplier par $\frac{19}{18}$ à caufe qu'il y a un engrainement; (290)

l'on aura $1330 \times \frac{19}{18}$ pour cette réfiſtance, qui fera égale à celle *PLAN. 5.* que les dents de l'hériſſon I éprouveront à faire tourner les mêmes lanternes, parce que leur diamétre fe réduit à un levier, dont le point d'appui eſt au milieu; & comme ce fecond engrainement occafionne un fecond frottement, il faut encore multiplier le produit précedent par $\frac{19}{18}$ pour avoir $1330 \times \frac{19}{18}$ (292, 293) ou 1428 ℔ pour le poids réduit à l'extrémité du rayon de l'hériſſon, qui étant de 3 pieds, & le bras de levier de la puiſſance de 15, cette puiſſance ne fera que la cinquiéme partie du poids, c'eſt-à-dire de 296 ℔.

754. Comme j'ignore la charge que foutient la crapaudine, & les couffinets des tourillons, je n'en ai point calculé le frottement, Deux chevaux au lieu de 4 devroient fuffire pour faire aller cette Machine. dont la réfiſtance réduite à l'extrémité d'un bras de levier de 15 pieds ne peut être qu'un fort petit objet, eu égard à celui que cauſent les engrainemens; mais je fuis bien affuré que la puiſſance n'employera jamais 24 ℔ de force pour le furmonter; cependant nous ne laiſſerons pas que de compter fur cette eſtimation, qui étant ajoutée à 296 ℔, donne 320 ℔ pour la force de la puiſſance; & comme deux chevaux en ont enfemble une de 340 ℔, l'on voit qu'elle excede de 20 ℔ celle qu'il faut pour mouvoir la machine. J'ajouterai même qu'ils pourront donner plus de 1330 pieds cubes d'eau en une heure, fi on les entretient dans la viteſſe qu'ils doi-

B bb

vent avoir, qui eft une fujettion à laquelle il paroît qu'on n'a pas eu égard, comme on en va juger.

La viteſſe des chevaux qui font aller cette machine, eſt inferieure à leur viteſſe naturelle.

755. Les roues des chapelets étant octogones, chacune fera monter 8 fceaux ou 4 pieds cubes d'eau dans une révolution ; & comme nous avons vû qu'elle en élevoit 432 en une heure, il faut donc qu'elle faffe 108 tours dans le même tems ; d'autre part chaque rouet ayant 32 dents, & l'hériffon 48, l'un & l'autre agiffant fur les fufeaux d'une même lanterne, la viteffe du rouet fera à celle de l'hériffon dans la raifon réciproque de 48 à 32, ou de 3 à 2 ; d'où il fuit que le rouet faifant 108 tours en une heure, l'hériffon, par confequent les chevaux n'en feront que 72 dans le même tems ; & comme dans chacun de ces tours ils décriront une circonference de 15 $\frac{1}{7}$ toifes, ils n'auront donc par heure qu'une viteffe de 1131 toifes, au lieu qu'elle devroit aller au moins à 1800.

J'ai crû devoir entrer dans le détail qu'on vient de voir, pour montrer de quelle maniere il faut s'y prendre lorfqu'on veut examiner fi une Machine mûë par des chevaux fait tout l'effet qu'on en doit attendre ; je pourrois auffi montrer que deux chevaux appliquez à une machine beaucoup plus fimple, épuiferoient une bien plus grande quantité d'eau ; mais je laiffe cette recherche aux Lecteurs éclairez, qui ne manqueront pas d'en découvrir le moyen, fur-tout quand ils auront vû le fecond Volume.

Au refte, je foûmets tout ce que je viens de dire à la cenfure des perfonnes intelligentes qui font à portée d'examiner cette machine fur les lieux, n'en ayant pû juger que fur les trois articles de la légende, qui font 1°. *Que chaque fceau contient un demi pied cube d'eau.* 2°. *Que la Machine éleve par heure 1296 pieds cubes à 24 pieds de hauteur.* 3°. *Qu'elle eft mife en mouvement par 4 chevaux.*

Après avoir expliqué les differentes fortes de chapelets dont on peut faire ufage, il me refte à décrire les autres machines répandues fur les planches qui accompagnent ce chapitre, que j'ai moins rapporté comme des modeles à fuivre, que pour y joindre des réflexions utiles fur leurs avantages & leurs défauts.

Defcription d'une pompe pour les épuifemens.

PLAN. 3.

FIG. 6. & 7.

756. La fixiéme Figure de la Planche troifiéme eft une efpece de pompe pour élever l'eau par afpiration, dont j'ai vû faire l'effai à la conftruction d'une éclufe. Quatre Planches bien jointes, calfatées & liées avec des équerres de fer, formant une bufe qui a intérieurement 9 pouces en quarré, compofent le corps de cette pompe ; au fond eft une petite planche C, garnie de cuir tout autour, fervant de foupape, qui repofe fur un chaffis fixe auquel elle eft attachée avec deux pentures. L'effet de cette foupape dépend

d'un *puifard* ou *piston* B qui n'eft autre chofe qu'un petit coffre fans fond auffi garni de cuir, ayant un couvercle E qui tient lieu d'une feconde foupape. Ce coffre eft attaché à deux bandes de fer, à travers lefquelles paffe une barre de bois D, qui facilite aux manœuvres le moyen de lever & de baiffer le pifton dont le jeu eft de 16 pouces.

Cette pompe étant placée à un endroit où on veut faire un épuifement, de maniere que la foupape C foit fubmergée, on remplit d'eau tout le corps de la bufe afin d'en chaffer l'air ; après quoi le pifton étant mis en mouvement, l'eau de la fource monte, & fort par le canal de décharge F, ce qui arrive par le jeu alternatif des deux foupapes, comme on le va voir.

Lorfqu'on baiffe le pifton, la foupape C fe ferme, & l'autre E s'ouvre ; l'eau de la bufe paffe au-deffus du pifton, lequel étant levé, fa foupape fe referme, & celle d'en bas s'ouvre par l'action du poids de l'air qui contraint l'eau de la fource de monter dans la bufe ; peu après lorfque le pifton vient à defcendre, la foupape d'en bas fe referme, celle d'en haut s'ouvre, & il arrive la même manœuvre que cy-devant.

757. Celui qui a imaginé cette machine qu'il croyoit bien préferable à un chapelet vertical, ayant donné au pifton 9 pouces en quarré & 16 pouces de jeu, afin qu'à chaque relevée il épuifât les trois quarts d'un pied cube d'eau, dont la pefanteur eft à peu près de 52 ℔, s'étoit imaginé que deux hommes le feroient aifément mouvoir, n'ayant chacun à foûtenir qu'environ 26 ℔ d'eau ; mais lorfqu'on en vînt à l'exécution pour élever l'eau à 8 pieds, fon étonnement fut extrême de voir que bien-loin que deux manœuvres fiffent jouer le pifton avec aifance, comme il s'y étoit attendu, huit hommes ne le pouvoient mouvoir qu'avec beaucoup de peine, le nombre des relevées n'allant tout au plus qu'à 20 par minute ; ce qui répond à un épuifement de 15 pieds cubes dans le même tems, & qui auroit été de 900 par heure fi les manœuvres avoient pû pouffer le travail jufques-là fans perdre haleine ; mais il fallut abandonner la machine & multiplier les chapelets pour ne point fe laiffer gagner par l'abondance des eaux d'un grand nombre de fources qui rendoient l'exécution du travail extrémement penible.

Effet furprenant de cette pompe.

Plan. 3. Fig. 6.

Cet effet paroîtra fans doute bien fingulier à ceux qui ignorent la théorie des pompes, car il eft peu de Machines plus fimples que celle-cy, la puiffance étant immédiatement attachée au poids, & qui foit en apparence moins fufceptible des recherches abftrai-

B bb ij

tès que paroît offrir dans les autres les engrainemens & les differens bras de levier.

758. La grande réfiftance qu'oppofoit le pifton de cette pompe
venoit de ce que les manœuvres, au lieu de n'avoir à foutenir
que les trois quarts d'un pied cube d'eau, foutenoient un poids
équivalent à celui de toute la colonne que contenoit la bufe,
dont la pefanteur étoit de 315 ℔, fans appercevoir de quelle part
ce poids pouvoit provenir, auffi n'étoit-il pas fenfible aux yeux,
quoiqu'ils en fentiffent bien la réalité. On en trouvera la caufe
clairement expliquée dans le premier Livre du fecond Volume,
que je n'aurois pû rapporter icy fans une trop longue digreffion,
parce que pour l'entendre, il faut être prévenu de plufieurs connoiffances, dont je n'ay pas encore fait mention.

J'ai crû devoir parler de la pompe précedente, pour donner
un exemple de l'illufion de la plûpart de ceux, qui fans avoir aucun principe des chofes, s'imaginent qu'il leur eft refervé d'operer des merveilles : cependant comme ce n'eft que par la compa-
raifon des effets de deux machines qui ont une même fin, qu'on
peut fe déterminer en faveur de celle qui mérite la préference. Je
vais faire un parallele de la pompe dont nous parlons avec le chapelet qui eft à côté.

Parallèle de l'effet de la même pompe à celui d'un chapelet vertical.
PLAN. 3.

759. L'on a vû dans les articles 742, 743 que ce chapelet mû
par quatre hommes, épuifoit à une hauteur de 8 pieds 2780 pieds
cubes d'eau en une heure, & qu'ils foutenoient enfemble une colonne d'eau réduite à 48 ℔, au lieu qu'icy 8 manœuvres n'ont pû
avec un travail forcé, parvenir à épuifer 900 pieds dans le même
tems, & à la même hauteur ; cela vient.

FIG. 4. 5. & 6.

1.°. De ce que les 4 manœuvres appliquez aux manivelles ne
foutenoient que le poids de 12 ℔, fans être chargez de celui de
la chaîne du chapelet qui fe trouve en équilibre avec elle-même
fur l'hériffon dedans & dehors la bufe, au lieu qu'à la pompe chaque manœuvre foutenoit environ 46 ℔, parce qu'indépendamment de la charge de 39 ℔ d'eau, il portoit auffi fa part du poids
du pifton, qui pefoit à peu près 50 ℔, & n'étoit foulagé par aucun bras de levier.

2°. Les quatre manœuvres du chapelet faifoient faire 55 révolutions à la manivelle dans une minure, & l'eau ne difcontinuoit
pas de monter, au lieu que les huit manœuvres de la pompe
avoient bien de la peine à faire monter & defcendre le pifton vingt
fois dans le même tems, dont près de la moitié employée pour fa
defcente étoit en pure perte.

C'eſt la combinaiſon des déſavantages que nous venons de re-marquer dans cette pompe, qui eſt cauſe que huit hommes n'ont pû faire le tiers de l'effet de quatre, au lieu que les mêmes bras ap-pliquez à deux chapelets euſſent épuiſé par heure, & avec un tra-vail moderé 5560 pieds cubes.

760. Je laiſſe à penſer à ceux qui ont la conduite des grands Travaux, combien il eſt dangereux de ſe laiſſer éblouir par les avantages qu'on voudroit attribuer à des nouvelles machines, à l'excluſion des anciennes, puiſque ſi on les adopte ſans une par-faite connoiſſance de la force qu'il faudra pour les mouvoir & du plus grand effet dont elles peuvent être capables ; l'on riſque de faire un mauvais emploi du tems qui eſt toujours prétieux en pa-reil cas, & de multiplier la dépenſe fort mal-à-propos. C'eſt auſſi dans le deſſein d'inſinuer cet eſprit d'exactitude qui fait juger des choſes telles qu'elles ſont en elles-mêmes pour les aprétier à leur juſte valeur, qu'il m'arrive quelque fois de m'étendre ſur des ſu-jets qui paroiſſent ne rien avoir de recommandable, mais qui ſont propres à faire naître des réflexions judicieuſes.

Reflexions ſur les ma-chines pro-pres aux E-puiſemens.

Je crois qu'il n'eſt pas beſoin d'entrer dans un plus long détail, pour faire ſentir combien le chapelet eſt préferable à la pompe qu'on vient de voir ; cependant comme on peut la rendre utile moyennant quelque correction, & la faire exécuter à peu de frais ; voici une autre maniere d'en mouvoir le piſton.

761. La manivelle A répond à l'eſſieu d'un pignon C qui s'en-graine avec une roue dentée D, dont l'eſſieu eſt commun à deux autres roues E & F, n'ayant des dents qu'au tour de la moitié de leur circonference, & cela dans un ſens oppoſé, afin que dans le tems que l'une commence à s'engrainer avec les *coches* d'une des regles H, l'autre s'échappe & tombe ; ce que la premiere fera de même à ſon tour.

Autre pom-pe à l'imi-tation de la précedente, mais moins parfaite.
PLAN. 3.
FIG. 1.

A ces regles ſont attachez des puiſards I, qui agiſſent chacun dans une buſe ſeparée, repreſentée par la ſeconde Figure, & dont l'interieur eſt développé par la troiſiéme, où l'on voit les ſoupa-pes L & K, dont l'effet eſt le même que celui que nous avons expliqué dans la pompe précedente, quoique placées differem-ment.

Comme ces puiſards agiront alternativement, on voit que l'eau montera ſans interruption, & qu'il n'y aura point de tems perdu. Pour que l'un puiſſe deſcendre avec au moins autant de viteſſe que l'autre montera, on chargera s'il eſt néceſſaire chaque regle d'un poids G, & l'on ne fera pas mal d'accompagner la manivelle

B bb iij

d'une volée B, pour en rendre le mouvement plus uniforme.

Cette Machine me paroiſſant un peu trop compoſée, je voudrois ſupprimer le pignon C & la roue D, afin de n'avoir qu'un eſſieu ; alors donnant 15 pouces de coude à la manivelle, & 3 au rayon des roues E & F, la puiſſance ſera la cinquiéme partie du poids, & la levée des puiſards de 9 pouces.

Maniere de déterminer les dimen-ſions de la pompe pré-cedente, eu égard à la puiſſance qui la meut. 762. Se ſervant de deux manivelles, on pourra employer quatre hommes pour faire agir cette machine, dont la force moyenne étant de 100 ℔, pourront élever un poids de 500, qui eſt la plus grande réſiſtance que chaque puiſard doit oppoſer ; d'où il ſuit que pour bien regler le mouvement de la machine, il faut que le poids de la colonne d'eau qui aura pour baſe celui d'un des puiſards, & pour hauteur l'élevation de l'eau jointe à la peſanteur propre du puiſard & de ſon équipage, n'excede pas 500 ℔ ; car ici, comme dans la pompe précedente, la puiſſance aura encore à ſurmonter l'action d'un poids égal à celui de la colonne dont je viens de faire mention, (758) quoiqu'elle ne ſoutienne réellement que l'eau qu'élevera chaque puiſard ; ce qui vient encore de la même cauſe dont j'ay renvoyé l'explication au ſecond Volume.

763. Pour déterminer la baſe du puiſard, eu égard aux conſidérations précedentes, nous ſuppoſerons que l'épuiſement doit ſe faire encore à 8 pieds de hauteur, & que chaque puiſard peſe 45 ℔ ; ainſi il reſtera 455 ℔ pour le poids de la colonne d'eau, qui ſera de 11232 pouces cubes, qui étant diviſé par 96 pouces, hauteur de la colonne d'eau, donne 117 pouces quarrez pour la ſuperficie de la baſe du puiſard qu'on pourra faire de 10 pouces 9 lignes en quarré.

Maxime ge-neralequ'on doit ſuivre pour la conſ-truction des machines. 764. Il ſuit de tout ce que je viens d'inſinuer, que lorſqu'on veut faire le projet d'une machine, il faut 1°. connoître la force du moteur. 2°. Diſpoſer les parties de la machine, de maniere que l'action du moteur ſoit uniforme & la viteſſe bien ménagée. 3°. Qu'il n'y ait point d'interruption dans l'effet que la machine doit produire, afin de bien employer le tems.

Lorſque ces trois conditions ſeront exactement remplies, peu importe que la machine ſoit ancienne ou nouvelle, qu'elle paroiſſe ingenieuſe ou commune, la plus ſimple ſera toujours la plus eſtimable, parce qu'elle répondra toujours au plus grand effet. (298)

Pluſieurs machines differentes deſtinées à élever l'eau. 765. Il eſt fort inutile de ſe tourmenter à chercher les moyens d'élever une grande quantité d'eau avec une force médiocre ; je le repete encore, les loix de la Mécanique n'étant autres que celles de la nature, ont des bornes qu'on ne peut paſſer ; (122, 124)

quand une force eft limitée, ainfi que fa viteffe, on ne doit pas ef-
perer qu'appliquée à une machine plûtôt qu'à une autre, elle foit
capable d'un plus grand effet ; fi ces deux machines ont le même
objet, & qu'elles foient également parfaites, la difference qui fe
rencontrera dans leur compofition n'en mettra aucune dans leurs
effets, & c'eft une erreur de penfer le contraire ; car enfin, d'où
pourroit venir la difference, fi la force & le tems font également
employez à élever l'eau à une même hauteur, & pourquoi l'une
feroit-elle plus d'effet que l'autre?

*à une mé-
me hauteur
doivent en
donner une
mêmequan-
tité fi elles
font égale-
ment par-
faites, &
mûes avec
la même
puiffance.*

766. Quoique ce principe foit bien naturel, il n'eft pas aifé d'en
convaincre le plus grand nombre des Machiniftes, parce qu'ils
ne font pas reflexion que l'effet d'une machine, ou la quantité de
mouvement du poids qu'elle éleve, que ce poids foit un corps folide ou liquide, eft toujours égal à l'effet ou à la quantité de
mouvement de la puiffance motrice ; & qu'appliquant cette puiffance à differentes machines, leurs effets feront les mêmes, puifque chacun en particulier fera égal à celui de la puiffance.

767. Par exemple, fi la fuperficie du cercle du tuyau du chapelet étoit proportionnée au poids de la colonne d'eau que peuvent élever quatre hommes, & que dans la machine précedente on
fit enforte que la puiffance ne fut point chargée de la pefanteur propre des puifards, ce qui n'eft pas difficile à exécuter ; cette machine éleveroit dans le même tems précifement la même quantité
d'eau qu'élevera le chapelet : que fi de ces deux machines il y en
a une qui mérite la préference, elle doit être néceffairement pour
le chapelet. 1°. A caufe de fa fimplicité. 2°. Parce que la puiffance
n'eft chargée uniquement que du poids de l'eau, la chaîne étant
portée fur l'hériffon.

768. Il ne refte donc à l'induftrie de celui qui veut faire le projet d'une machine, que l'heureux choix de la maniere de communiquer le mouvement au poids que l'on veut élever, enforte que
les pieces qu'il faudra employer pour cela n'ayent que le moins de
frottement qu'il eft poffible, & qu'elles compofent un tout qui
puiffe être placé commodément dans l'endroit où la machine doit
jouer, en n'occupant que la place qu'il lui faut indifpenfablement.

769. Tandis que je me trouve engagé dans des remarques criti-
ques fur les machines propres aux épuifemens, je faifis l'occafion
de parler d'une pompe de nouvelle invention, développée fur la
planche fixiéme. La premiere Figure en repréfente l'élevation vûe
par le derriere, lorfqu'elle eft toute montée, & la troifiéme le
profil vû de côté. C₂ eft une caiffe percée en differens endroits dans

*Defcription
d'une nou-
velle pom-
pe pour les
épuifemens.
Plan. 6.
Fig. 1. 2.
& 3.*

le fond, & par derriere pour l'entrée de l'eau, afin que les ordu-
res qui s'y trouveroient mêlées ne la fuivent pas ; le devant de cette
caiffe eft fait en portion de cercle, ayant pour centre celui des
tourillons, d'un clapet E diftinctement repréfenté par la feconde
Figure ; ce clapet dans le milieu duquel eft une foupape, eft mis
en mouvement par le moyen des leviers F, F.

Sur la caiffe eft attaché un tuyau A ou B, ayant au fond une
foupape G, qui s'ouvre & fe ferme alternativement avec celle du
clapet. Quand ce clapet baiffe, fa foupape s'ouvre & l'eau paffe
à travers ; quand il hauffe, cette foupape fe referme, & l'eau qui
eft au-deffus ne peut plus fortir de la partie de la caiffe où elle eft
renfermée, que l'on remplit entierement par une femblable manœuvre. Alors continuant à faire jouer le clapet, l'eau qui fe trouve foulée contre la furface fuperieure de la caiffe ouvre la foupape G, paffe dans le tuyau où elle monte infenfiblement jufqu'à
la décharge ; car étant une fois entrée dans ce tuyau, elle n'en peut
plus fortir, la foupape G fe refermant toutes les fois que le clapet
baiffe. Je paffe fous filence les pieces qui peuvent rendre cette
pompe folide & commode, les Figures en difant affez pour ne
pas m'y arrêter.

L'effet de la pompe pré- cedente eft moindre que celui de la puiffance qui la meut.

770. L'Auteur de cette pompe, croyant avoir fait une découverte bien importante, la fit jouer avec beaucoup de myftere devant plufieurs perfonnes de marque qui paroiffoient s'y intereffer,
la jugeant fort utile pour les Ouvrages de la fortification de la
Place où on en fit l'effay. J'ignore qu'elle en a été la fuite, mais je
ferai obferver qu'elle a deux défauts effentiels. Le premier, que
l'eau ne monte que par intervalle quand le clapet fe leve, le tems
qu'il met à defcendre étant en pure perte ; le fecond auquel on
n'a peut-être point fait attention, que la puiffance ne peut jamais
produire un effet proportionné à la force qu'elle employe, pour
faire jouer le clapet, parce qu'elle a à furmonter le poids de la
colonne d'eau, qui auroit pour bafe la fuperficie du clapet, &
pour hauteur celle du tuyau, comme on en fera convaincu, en
fe rappellant ce qui a été dit dans les articles 349, 352, au lieu
que felon l'expofé de l'Auteur elle ne devoit foutenir feulement
que le poids de celle que comprend le tuyau, ce qui eft bien different.

Pour peu que l'on faffe réflexion à ces deux inconveniens, l'on
conviendra que la même puiffance appliquée à un chapelet vertical, fera capable d'un bien plus grand effet, parce que la réfiftance qu'elle aura à furmonter fera proportionnée à la bafe & à

la

la hauteur d'une colonne d'eau qui montera sans interruption.

771. Quand les épuisemens ne doivent se faire qu'à une hauteur médiocre, on a recours à des Machines beaucoup plus simples que les précédentes : le fréquent usage que l'on fait en pareil cas de celle que l'on nomme *Hollandoise*, m'engage d'en parler, quoique fort connue.

Elle est composée de cinq morceaux de planches, formant ensemble une espece de *Cuillere* enmanchée d'une gaule suspenduë à 3 perches, liées ensemble de la maniere qu'on le voit exprimé dans le dessein.

Comme la manœuvre de cette Machine se réduit à la balancer & à la diriger, de façon qu'après avoir puisé l'eau, elle la jette de l'autre côté du batardeau, je ne m'y arrêterai pas ; j'ajoûterai seulement qu'un Manœuvre ne peut épuiser en deux *vibrations* qu'un demi pied cube d'eau pendant le tems de 4 secondes ; ce qui revient à 450 pieds par heure.

772. L'on voit que cette Machine, dont beaucoup de gens font cas, ne répond pas au grand avantage qu'on croit en tirer, en ayant plusieurs fois calculé l'effet ; il m'a paru qu'il ne pouvoit gueres aller plus loin que celui que nous venons d'estimer, & même le plus souvent y employe-t'on deux hommes.

Si l'on se rappelle encore (742) que quatre Manœuvres appliquez à un chapelet peuvent épuiser par heure 2780 pieds cubes à 8 pieds de hauteur, ce qui revient à 695 pour l'effet de chacun ; l'on conviendra qu'il s'en faut beaucoup que celui qui fait agir l'Hollandoise puisse aller jusques-là, quoiqu'il n'éleve l'eau qu'à quatre pieds : cela vient de ce que l'on perd ici près des trois quarts du tems, parce que la puissance ramene l'Hollandoise vuide, laquelle fait encore ensuite sans agir une demi vibration pour aller puiser l'eau, qui ne peut d'ailleurs monter que par une ligne courbe, c'est-à-dire par le chemin le plus long ; cependant l'on a coutume de juger de l'effet de cette Machine par la célerité de son mouvement, sans faire attention que la plus grande partie n'y contribue qu'indirectement.

773. Il y a encore une autre maniere d'élever l'eau à 3 ou 4 pieds de hauteur, par le moyen d'une espece d'auge dont le plan & l'élevation sont représentez par les Figures sixiéme & septiéme : au fond est une soupape ou petite trape A, qui s'ouvre quand on plonge dans l'eau la partie de l'auge à laquelle elle répond, & qui se referme quand on releve l'auge pour faire couler de l'autre côté du batardeau l'eau qu'on a puisé.

Examen des machines appellées Hollandoises ou Epuise-Volantes.

PLAN. 6,
FIG. 5.

Usage des auges à soupape pour les Epuise-mens.

PLAN. 6,
FIG. 6,
& 7.

C cc

Pour ne point perdre le tems que l'auge employe à defcendre, on peut la faire double, comme elle eft repréfentée dans la quatriéme Figure, où l'on voit qu'elle doit balancer fur un effieu, par le moyen de deux hommes appliquez à chaque bout ; comme l'eau doit fe vuider par un trou qui répond à cet effieu, il en coulera fans ceffe, parce que tandis qu'un côté en fournira, l'autre en puifera de nouvelle.

La maniere la plus prompte de faire les é- puifemens eft à force de bras, fans le fe- cours d'au- cune Ma- chine, lorf- qu'il nefaut élever l'eau qu'à une hauteurmé- diocre.

774. Quand on eft obligé de faire des épuifemens dans un terrain où les fources font abondantes, & où l'eau peut être élevée à 3 ou 4 pieds, comme dans les deux exemples précedens, il n'y a point de voye plus expeditive que de faire travailler avec beaucoup de vigueur un grand nombre de manœuvres, à qui l'on met en main des *baquets*, *fceaux*, *vans*, & autres inftrumens propre à puifer l'eau, fur-tout quand on veut travailler dans la mer, où il faut agir avec toute la diligence poffible pour profiter de quelque heure, que l'on peut feulement gagner par jour, & où les machines ne peuvent gueres être d'ufage par la difficulté de les foûtenir contre l'impetuofité des flots qui pourroient tout-à-coup les emporter & les mettre en pieces ; comme cette manœuvre eft des plus fimples, & qu'elle fe trouve fenfiblement exprimée fur la

PLAN. 7. planche feptiéme, ce feroit m'arrêter à la minutie que d'en parler davantage.

Defcription d'une nou- velle Ma- chine pour éleverl'eau.

775. Il y a peu de Machines parmi celles que l'on propofe tous les jours comme nouvelles, qui le foient effectivement ; ce n'eft fouvent qu'un arrangement de plufieurs pieces en ufage depuis long-tems, que l'on employe même fans chercher à les rendre plus parfaites, comme nous le ferons voir dans le fecond Volume en parlant des Pompes. Ce n'eft pas que la matiere foit épuifée, ceux qui ont du talent pour ces fortes de recherches ne manqueront pas de fujets pour exercer leur fagacité, nous en voyons un exemple fameux dans la Machine qu'on a inventé depuis peu en Angleterre pour élever l'eau par le moyen du feu : en voici une fur la planche huitiéme que je n'ai pas deffein de mettre en parallele avec la précedente, étant fort éloigné d'en avoir le mérite ; mais on ne peut lui difputer celui de ne rien tenir de toutes celles que nous connoiffons ; elle a été imaginée par M. Morel, pour fervir à épuifer les eaux jufqu'à une hauteur de 12 à 15 pieds ; voicy l'explication qu'il en donne.

Elle eft formée de goutieres en double zigzag, arrêtée aux pieces de bois A, B, C ; chaque goutiere eft compofée de trois *PLAN. 8.* planches, & aux angles que forment les retours font des clapets

D, E, F, G, reprefentez au premier zigzag que l'on voit en profil ; ces clapets s'ouvrent pour laiffer entrer l'eau, & enfuite fe re-
ferment afin d'empêcher qu'elle ne defcende.

Toute la Machine eft fufpenduë par des tourillons marquez au
point H, qui en eft le centre de mouvement pour la faire agir ;
deux hommes la tirent alternativement en lui faifant décrire des
vibrations affez fortes pour que chaque goutiere s'incline dans un
fens oppofé à celui où elle fe trouve quand elle eft en repos ;
alors les extrémitez I & L paffent dans l'eau K, la puifent, &
dans le balancement de la Machine, la partie M fe trouvant plus
haute que D, l'eau qui aura été puifée y coulera, ouvrira le clapet, & dans un mouvement contraire ou D fe trouvera plus élevé que E, le poids de l'eau refermera le premier clapet & ira
couler vers le fecond E, qu'elle ouvrira pour faire la même chofe
qu'auparavant ; ainfi elle montera de goutiere en goutiere jufqu'à
la fortie N. Comme la même chofe arrivera au zigzag adoffé au
précédent, dont les retours font difpofez dans un fens contraire,
il n'y aura point de tems perdu ; car tandis qu'un de ces zigzags
verfera l'eau dans le Bac O, l'autre en épuifera de nouvelle.

776. L'avantage que je trouve à cette Machine (continue M.
Morel) c'eft d'être fimple, & d'avoir toutes fes parties en vûë,
par confequent faciles à réparer. Il faut recouvrir le bout des goutieres vers les clapets, parce que l'eau y coulant avec violence fuivant la force du balancement, elle ne manqueroit pas de rejaillir
& de fe perdre fans cette précaution.

On peut mouvoir cette machine de trois façons, foit par le
moyen de deux hommes que l'on voit appliquez aux cordes qui
tiennent à l'anneau P, du profil vû de côté, foit par les cordes
penduës au bras Q, ou en pouffant le bras R ; que fi un bras ne
fuffifoit pas pour cette derniere maniere, on pourroit en mettre
deux ou trois pour faire agir autant d'hommes.

S, eft l'effieu de la Machine qui porte les tourillons.

T, eft une jonction de deux goutieres vûes en perfpective.

V, eft un morceau de goutiere, avec l'ouverture pour le paffage
de l'eau

X, le même morceau garni de fon clapet.

Y, Le profil des goutieres qui ont 8 pouces de largeur fur 9 de
hauteur, & qu'on peut faire plus grandes ou plus petites fuivant
le befoin.

Si l'on vouloit faire une analyfe exacte de cette Machine, on
pourroit y appliquer une théorie affez fine, & qui auroit beaucoup

C cc ij

de rapport à celle qui appartient à la vis d'Archimede ; mais comme elle dépend d'un calcul algébrique fort compofé, dont le réfultat feroit plus curieux qu'utile, je n'ai pas crû devoir le rapporter ici, vû le peu de fruit qu'on en auroit tiré, puifque tout bien confideré, je donnerois encore la préference au chapelet vertical, parce qu'occupant bien moins de place, il peut être pofé indifferemment dans toutes fortes d'endroits, au lieu qu'icy il faut que le puifard ait beaucoup d'étendue & faire un apareil de charpente pour fufpendre la machine, dont je n'aurois peut être pas fait mention, fi je n'avois voulu donner des exemples des differentes manieres, dont l'eau peut être élevée pour faire naître de nouvelles idées à ceux qui travaillent fur ce fujet.

Defcription du tympan dont les anciens fe fervoient pour les épuifemens.

777. Entre toutes les Machines qui ont été inventées par les anciens pour épuifer l'eau, il paroît que le tympan dont parle Vitruve eft celle qui en éleve une plus grande partie à la fois ; en voici la defcription que je rapporte pour faciliter l'intelligence d'une autre Machine faite à fon imitation, mais plus ingénieufe & plus parfaite.

PLAN. 9.

FIG. 5.

Le tympan eft une grande roue G creufe, formant une efpece de tambour, compofé de plufieurs ais joints enfemble, bien calfatés & gaudronnés, traverfés par un effieu B ; l'interieur de ce tambour eft divifé en 8 efpaces égaux, par autant de cloifons placées fur la direction des rayons ; chaque efpace ou cellule a une ouverture A d'un demi-pied de fuperficie, pratiquée dans la circonference du tambour pour faciliter l'entrée de l'eau ; de plus, l'on creufe le long de l'effieu 8 canaux, dont chacun doit répondre à une cellule, afin que l'eau qu'elle contient puiffe couler à l'extrémité D, pour fe décharger dans le bac E, d'où elle eft conduite par l'auge F, à l'endroit où on veut qu'elle fe rende.

Lorfqu'on fe fert du tympan pour élever une eau dormante, on l'accompagne d'une autre roue C, dans laquelle des hommes marchent comme dans celle d'une grüe ; que fi l'on a un courant, & qu'on veuille arrofer un jardin ou un terrain aride, l'on peut en attachant des aubes fur la circonference du tympan, le faire tourner en fe fervant de la force du courant même.

Le tympan eft une machine des plus défectueufes.

778. Le principal défaut de cette machine eft d'élever l'eau dans la fituation la plus défavantageufe qu'il foit poffible ; car le poids fe trouvant toujours vers l'extrémité du rayon, le bras de levier qui lui répond va en croiffant dans le quart de circonference qu'il décrit, pour paffer du bas de la roue à la hauteur du centre ; ce qui fait que la puiffance fe trouve dans le mê-

me cas que si elle étoit appliquée à une manivelle, (108, 109) ainsi elle n'agit point uniformément.

M. de la Faye de l'Academie Royale des Sciences pour corriger ce défaut, a imaginé la machine que j'ai annoncé & qui s'est présentée à son esprit après avoir fait ce raisonnement.

779. Quand on développe la circonference d'un cercle, l'on décrit une courbe dont tous les rayons sont autant de tangentes au cercle, & autant de perpendiculaires à la courbe décrite, (717) qui a pour plus grand rayon une ligne égale à la dévelopée.

Cela posé, ayant un treuil AB, dont la circonference soit un peu plus grande que la hauteur où on veut élever l'eau, développant cette circonference, faisant un canal courbe, dont la courbure suive exactement le chemin CDEFG, tracé par la dévelopée : Si l'une des extrémitez de ce canal trempe dans l'eau qu'on veut élever, & que l'autre aboutisse au treuil lorsqu'il viendra à tourner, l'eau montera selon une direction verticale, tangente au treuil & perpendiculaire au canal en quelqu'endroit qu'elle puisse être ; ainsi l'action de son poids répondant toujours à l'extrémité d'un rayon horisontal, qui en sera le bras de levier constant, la puissance qui élevera ce poids à l'aide d'une roue sera toujours la même ; & si le rayon de cette roue est égal à la hauteur où on veut élever l'eau, par consequent égal à la circonference du treuil, la puissance sera au poids réciproquement comme le rayon du treuil est à sa circonference, c'est-à-dire à peu près comme 1 est à 6.

780. Selon les vûes de M. de la Faye, la machine doit être composée de 4 canaux, comme LKIHC, comme on en peut juger par la figure, qui montre que si la machine est mûe par un courant, dont la direction suive celle de la fléche, venant frapper les aubes A de la roue sur laquelle doivent être appliquez les canaux, l'eau entrera par leur ouverture C, montera de C en E, & puis de E en F ; ainsi de suite pour s'aller décharger dans les goutieres.

781. Par cette construction, comme l'observe M. de la Faye, le fardeau à élever fait toujours uniformement le même effet qui est le moindre qu'il soit possible ; pendant que la puissance est appliquée le plus avantageusement qu'il se peut ; & ces deux conditions remplies, font la plus grande perfection qu'on puisse desirer dans une machine. Celle-cy élevant l'eau par le chemin le plus court, lui paroît préferable à la vis d'Archimede qui est inclinée & qui ne se vuide que d'une très-petite partie de son eau,

C cc iiij

& demeure chargée du surplus qui est très-confiderable, sur-tout quand elle est d'un grand volume, comme il faut qu'elle le soit pour en tirer de l'utilité, au lieu que celle-ci se décharge de toute son eau à chaque tour de roue; & comme elle en peut aifément fournir un affez grand volume, ces avantages la rendent recommandable dans une infinité de cas.

La proprieté de cette machine montre bien que les spéculations des Géométres ne font point infructueuses, comme se l'imaginent la plûpart de ceux qui n'ont que de la pratique.

Description d'une roue à godets.
PLAN. 4.
FIG. 2.
& 4.

782. La roue précedente feroit la plus parfaite de toutes celles qu'on peut employer pour épuiser l'eau, fi elle n'avoit pas un défavantage commun avec le tympan, qui est de ne la pouvoir élever qu'à la hauteur de fon demi diamétre. Comme dans bien des occasions cette roue ne pourroit point fervir, en voici une autre qui éleve l'eau plus haut que fon centre, dont l'ufage est très-fréquent en Espagne.

Sur un côté des Jantes font attachez des godets A en forme de boëtes, & de l'autre font les aubes I qui reçoivent l'impreffion du courant EGH, dans lequel trempent les godets qui fe rempliffent par un trou qu'ils ont dans l'angle d'une de leur face, & lorfqu'ils font parvenus au fommet de la roue, comme on les voit en B, ils fe vuident dans un bac CD, d'où l'eau est conduite où on la juge néceffaire.

Toutes les roues à godets qui font en ufage ont le défaut de perdre une partie de l'eau qu'elles élevent, parce que les godets s'inclinant à mefure qu'ils montent, la répandent quand ils ont paffé au-deffus du centre, & n'en verfent dans le bac qu'environ les deux tiers de celle qu'ils avoient puifé.

Description d'une autre roue beaucoup plus parfaite que la précedente.
PLAN. 9.
FIG. 1.2.
& 3.

783. Pour remédier à cet inconvenient, voici une autre roue accompagnée de fceaux B fufpendus librement à des boulons de fer; traverfant un double rang de jantes, à l'un defquels font attachez les aubes F qui reçoivent le choc du courant GH: comme les fceaux après s'être rempli s'entretiendront dans leur fituation naturelle en parcourant la demi circonference de la roue, il arrivera qu'étant parvenu au fommet où une barre D les contraint de s'incliner, ils verferont dans le bac C toute l'eau qu'ils ont épuifé; & cette opération ne durant qu'un inftant, l'on voit qu'on peut laiffer prendre à la roue toute la viteffe qu'elle peut recevoir du courant, au lieu que celle de la précedente doit être proportionnée au tems qu'il faut aux godets pour fe vuider.

784. Pour mettre dans un jufte rapport la puiffance & le poids

afin que cette roue foit capable du plus grand effet, il faut après avoir déterminé fon diamétre relativement à la hauteur où on veut élever l'eau, déterminer auffi en nombre pair la quantité de fceaux qu'on pourra employer, eu égard à la grandeur de la cir- conference ; & après qu'on aura marqué la pofition de leur cen- tre de mouvement, de maniere qu'ils fe répondent femblable- ment dans chaque quart de cercle, comme on le voit dans la fi- gure troifiéme, on tirera les rayons KI, & les perpendiculaires IL, IM, IN, &c. pour avoir les lignes KL, KM, KN, &c. qui font les bras de levier des fceaux, dont la direction répond à leur extrémité, & en même tems les finus du complement des angles que les rayons AI forment avec la ligne horifontale ; ainfi l'on pourra fuppofer qu'à chaque point L, M, N, &c. on a fufpendu des poids dont chacun eft égal à la pefanteur de l'eau que peuvent contenir deux fceaux.

Pour connoître la quantité d'eau que chaque fceau pourra con- tenir, il faut prendre les $\frac{4}{7}$ de la force abfolue du courant, c'eft- à-dire les $\frac{4}{7}$ de la pefanteur du prifme d'eau, qui auroit pour bafe la fuperficie d'une des aubes, & pour hauteur celle de la chûte, capable d'une viteffe égale à celle du courant ; alors on aura la puiffance qui doit être en équilibre avec la pefanteur de l'eau des fceaux d'une demie circonference. (589, 595)

Cela pofé on dira, comme la fomme des finus qui fervent de bras de levier aux fceaux, eft au finus total, bras de levier de la puiffance ; ainfi cette puiffance eft à un quatriéme terme (59) dont il faudra prendre la moitié pour la pefanteur de l'eau que chaque fceau pourra contenir.

Comme la viteffe de la roue fera le tiers de celle du courant, (595) on fçaura la quantité de tours qu'elle fera dans un tems dé- terminé ; par conféquent la quantité d'eau qu'elle élevera dans le même tems, puifqu'on connoît la capacité des fceaux & le nom- bre qui s'en vuidera dans chaque révolution.

L'on trouvera dans le fecond Volume une autre efpece de Roue à Eau fort ingenieufe, exécutée à Liancourt.

785. Il femble que ce feroit ici le lieu de parler de la *Vis d'Ar- chimede* qu'on peut regarder comme la machine la plus ingenieufe de toutes celles qui nous font reftées des anciens ; mais les déve- loppemens que j'en ai fait fe trouvans fur des Planches, dont les principales Figures appartiennent au Traité des éclufes, je me trouve contraint malgré moi de ne pouvoir en donner la defcrip- tion & l'analyfe que dans la feconde Partie ; autrement il auroit

Maniere de calculer tout ce qu'il peut y avoir d'intereffant dans une roue à eau.

Difcours préliminaire fur la Vis d'Archimede.

falut refondre ces Planches gravées depuis long-tems, & jetter mon Libraire dans de nouveaux faux-frais, qui n'ont déja été que trop multipliés par la nouvelle difpofition que j'ai donné à mon Ouvrage, dont l'objet n'étoit d'abord que d'enfeigner la conf-truction des Travaux qui fe font dans l'eau. Mais en attendant, ceux qui ne connoiffent point cette Vis pourront en avoir une idée PLAN. 8. en confiderant celle qui eft rapportée fur la huitiéme Planche, ils verront qu'elle eft compofée d'un *Canal* appliqué autour d'un cy-lindre ou *Noyau* incliné à l'horifon : quand elle agit, l'extrémité inferieure du noyau tourne dans une crapaudine, & l'autre dans un colier ; & ce qu'il y a de bien fingulier, c'eft que l'eau s'éleve toujours en defcendant.

Quoique l'invention en foit attribuée à Archimede, des Sça-vans prétendent que les Egyptiens s'en font fervis long-tems avant lui pour deffecher les Prairies que les débordemens du Nil avoient coutume d'inonder. Quoiqu'il en foit, il y a apparence que les Auteurs tant anciens que modernes qui ont parlé de cette Vis, avant M. Parent, à qui rien n'échappoit, n'ont eu qu'un fentiment confus fur l'inclinaifon qu'il falloit lui donner par rapport à la fi-tuation des *helices* à l'égard du noyau ; l'expérience leurs avoit bien fait appercevoir que lorfque le Noyau formoit avec l'horifon un angle trop ouvert, l'eau ceffoit de monter, mais aucun n'avoit encore déterminé fon plus *haut* & fon plus *bas* point, ni le rap-port de la puiffance motrice à la charge ; il eft vrai qu'ils font ex-cufables par les difficultez qu'ils ont rencontré, n'y ayant point de Machine Hydraulique d'une théorie auffi abftraite, & qui ne pouvoit être traitée fans le fecours des nouveaux calculs, comme on en jugera par la fuite.

Fin du Premier Volume.

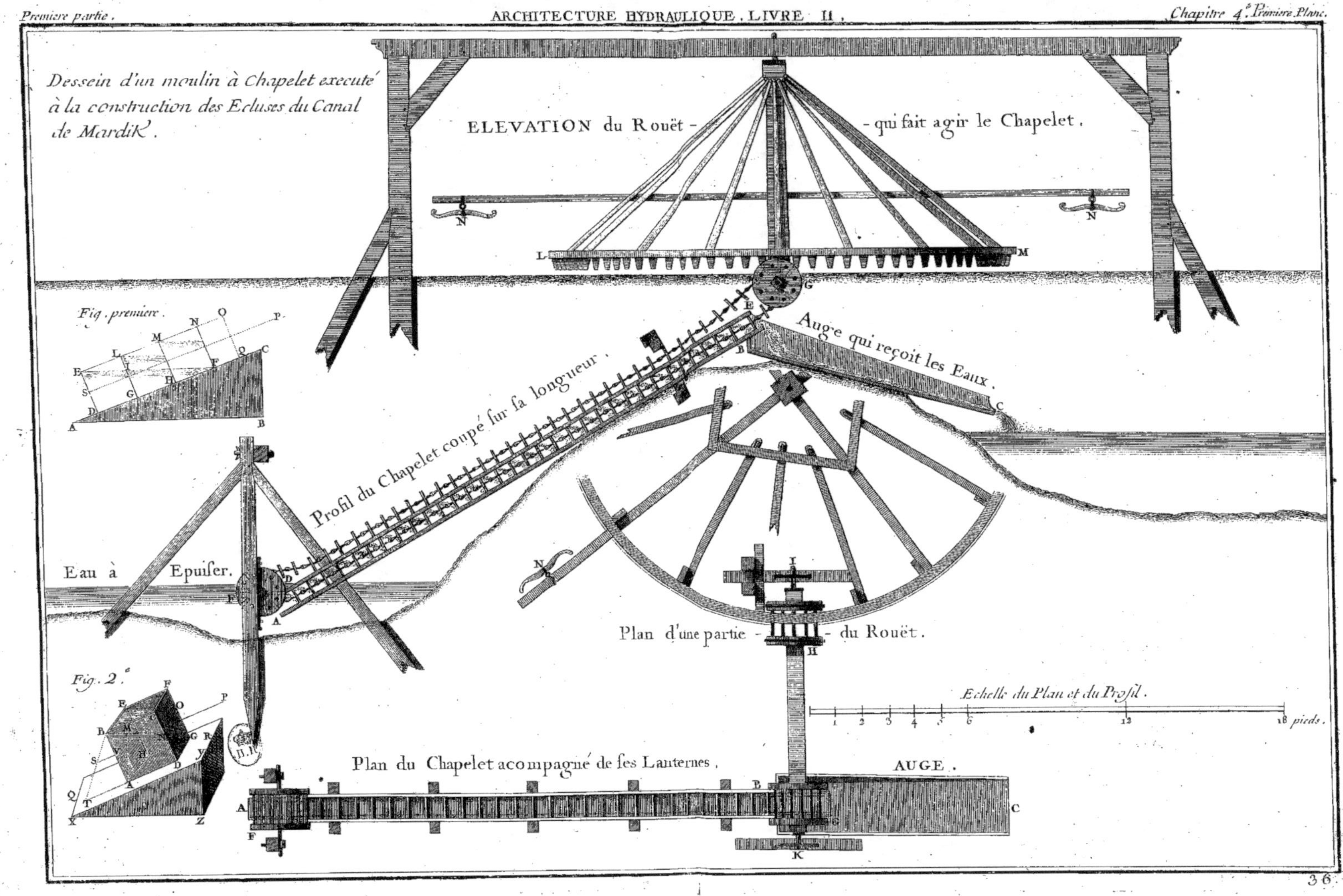
Dessein d'un moulin à Chapelet executé à la construction des Ecluses du Canal de Mardik.
ELEVATION du Rouët - - qui fait agir le Chapelet.
N
N
L
M
G
E
Fig. première.
N O P
L M Q C
E F
S H
D G
A B
Auge qui reçoit les Eaux.
B
C
Profil du Chapelet coupé sur sa longueur.
Eau à Epuiser.
A
D
F
N
Plan d'une partie - - du Rouët.
I
H
Fig. 2.ᵉ
F
E O P
B M G R
S V H Y
Q D
T
X Z A
Echelle du Plan et du Profil.
1 2 3 4 5 6 12 18 pieds.
Plan du Chapelet acompagné de ses Lanternes.
AUGE.
A B C
F G
K

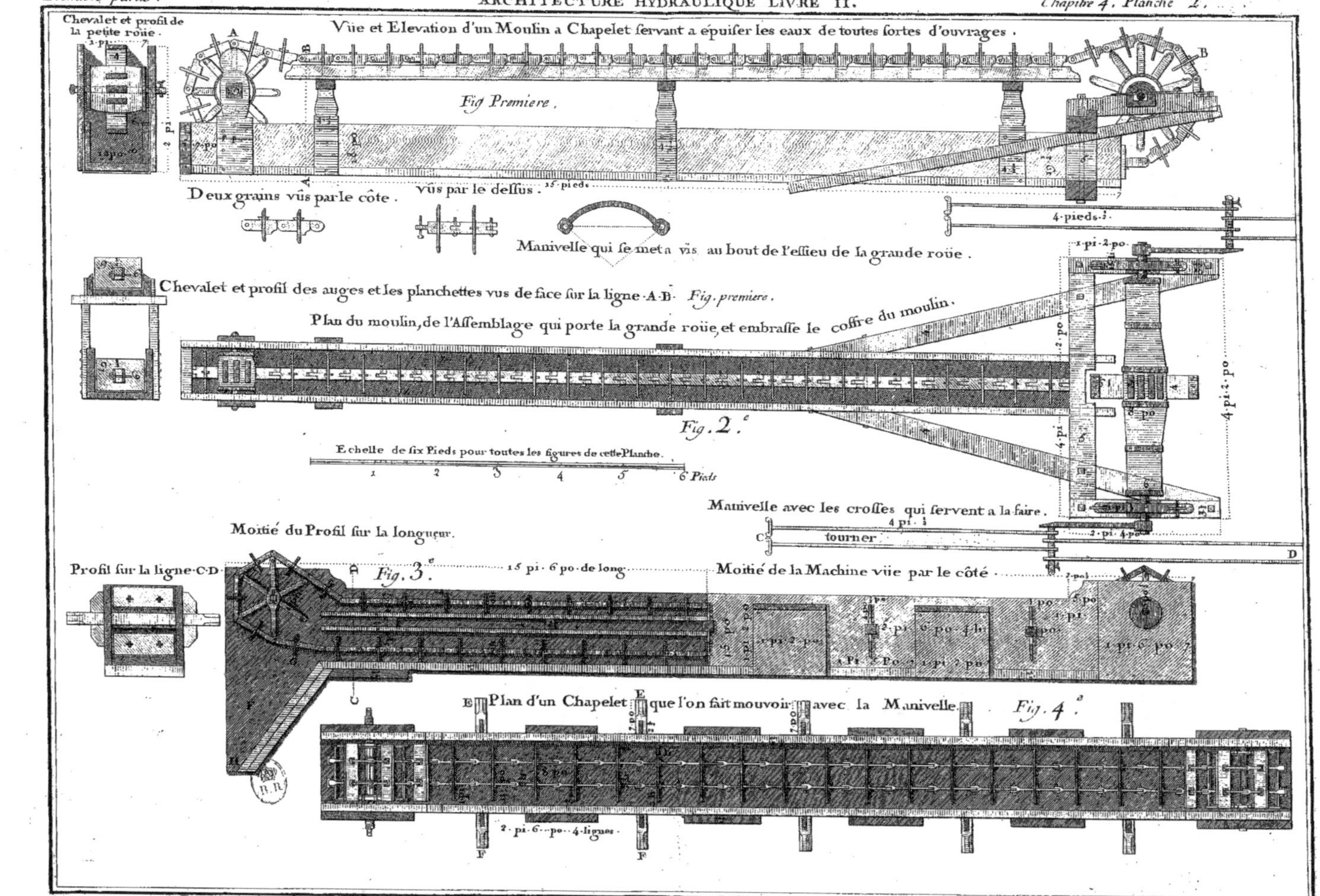
Chevalet et profil de
la petite roüe .
Vüe et Elevation d'un Moulin a Chapelet servant a épuiser les eaux de toutes sortes d'ouvrages .
Fig Premiere .
Deux grains vûs par le côte .
vûs par le dessus .
15 pieds .
Manivelle qui se met a vis au bout de l'essieu de la grande roüe .
Chevalet et profil des auges et les planchettes vus de face sur la ligne A-B . Fig. premiere .
Plan du moulin, de l'Assemblage qui porte la grande roüe, et embrasse le coffre du moulin .
Fig . 2 .
Echelle de six Pieds pour toutes les figures de cette Planche .
1   2   3   4   5   6 Pieds
Manivelle avec les crosses qui servent a la faire .
tourner
Moitié du Profil sur la longueur .
Profil sur la ligne C-D .
Fig . 3 .
15 pi . 6 po . de long .
Moitié de la Machine vüe par le côté .
Plan d'un Chapelet que l'on fait mouvoir avec la Manivelle .   Fig . 4 .
2 . pi . 6 . po . 4 lignes .
4 pieds .
4 pi . ½
4 pi . 2 . po

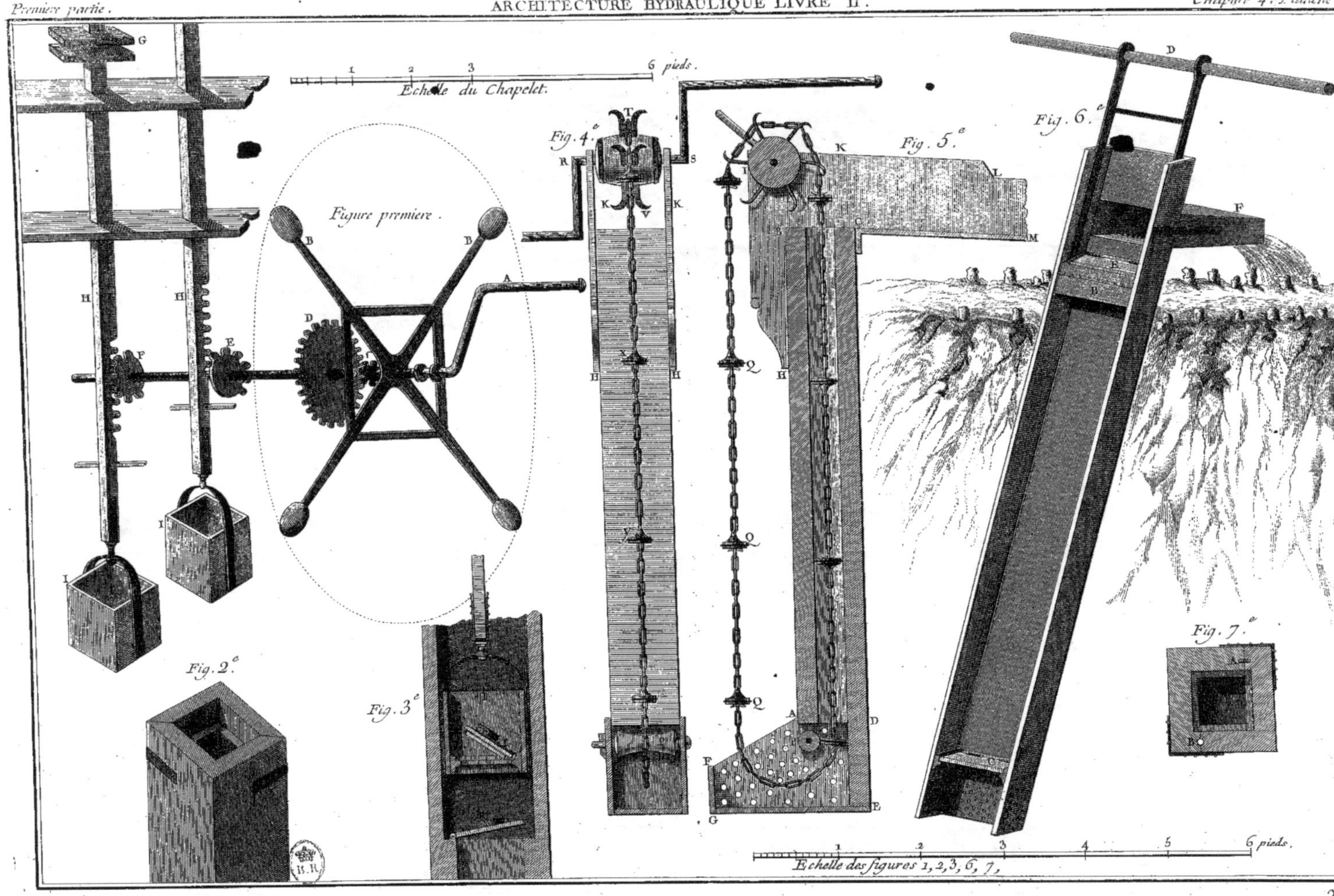

Premiere partie.
ARCHITECTURE HYDRAULIQUE LIVRE II.
Chapitre 4.e Planche 3.e
Echelle du Chapelet.
6 pieds.
Figure premiere.
Fig. 4.e
Fig. 5.e
Fig. 6.e
Fig. 2.e
Fig. 3.e
Fig. 7.e
Echelle des figures 1, 2, 3, 6, 7.
6 pieds.
38

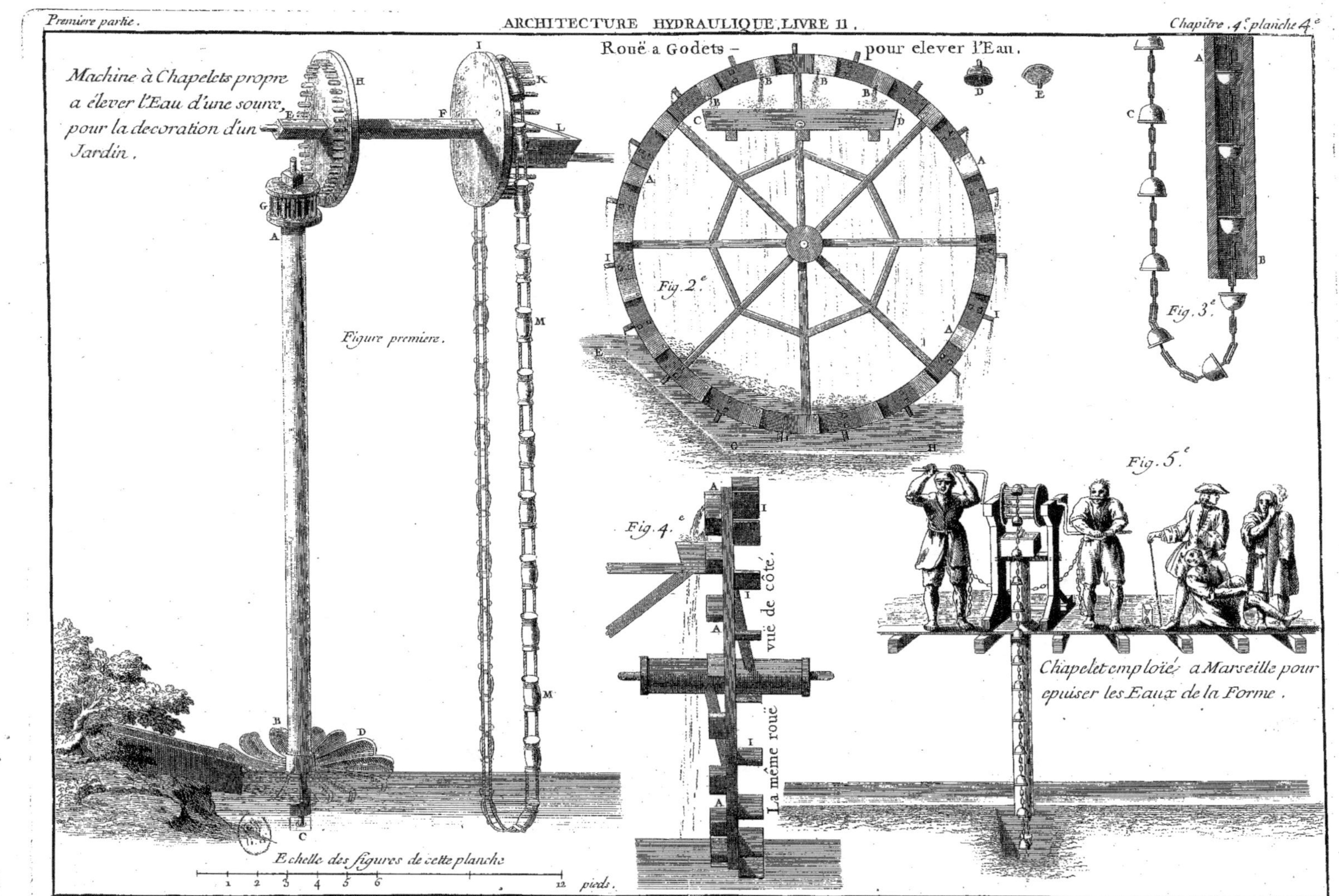
Machine à Chapelets propre
a élever l'Eau d'une source,
pour la decoration d'un
Jardin.

Figure premiere.

Echelle des figures de cette planche

1 2 3 4 5 6 12 pieds.

Roüe a Godets —　　　pour elever l'Eau.

Fig. 2.e

Fig. 3.e

Fig. 4.e

vüe de côté.

La même roüe

Fig. 5.e

Chapelet emploïé a Marseille pour
epuiser les Eaux de la Forme.

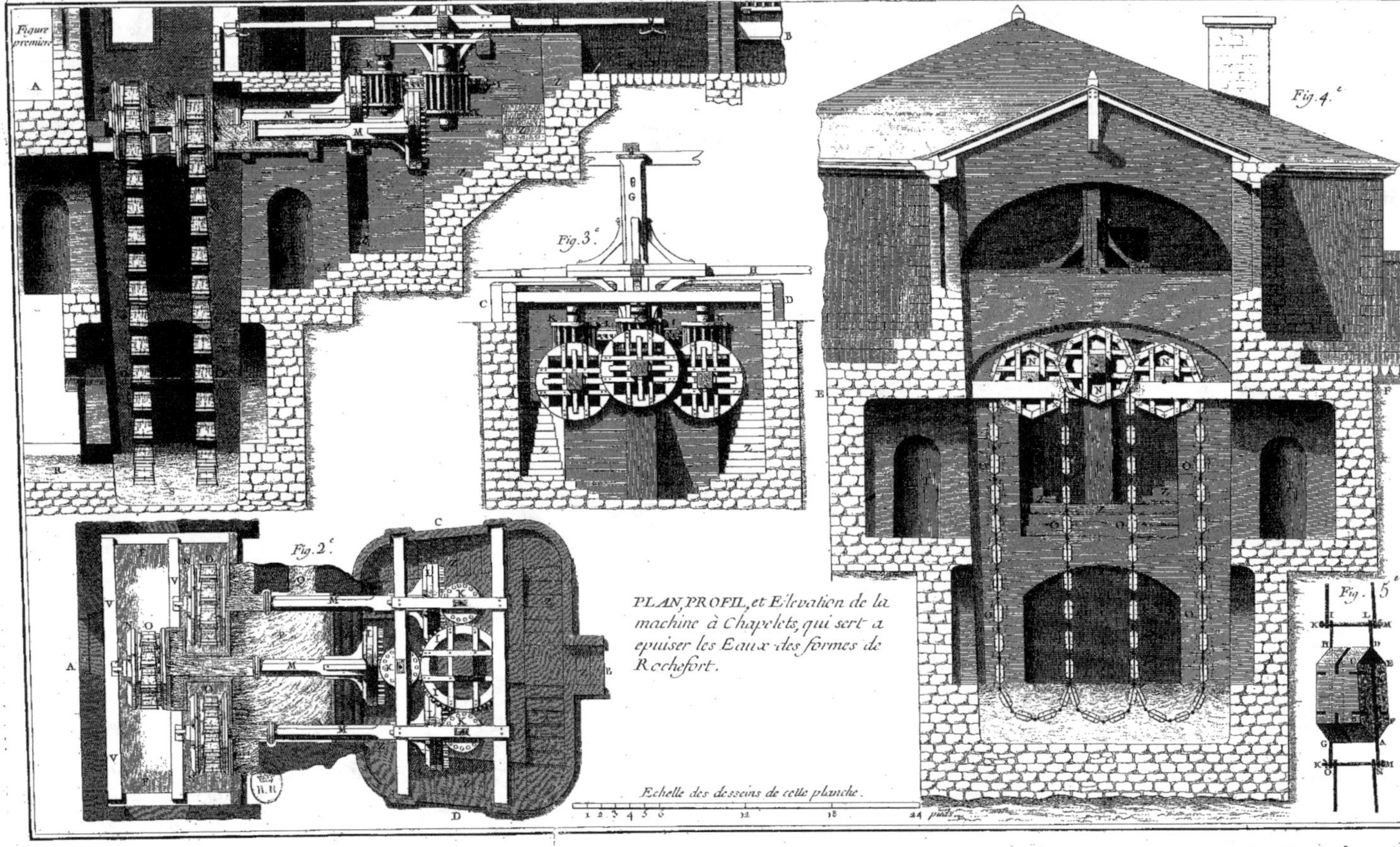

PLAN, PROFIL, et Elevation de la machine à Chapelets, qui sert a epuiser les Eaux des formes de Rochefort.

Echelle des desseins de cette planche.

40

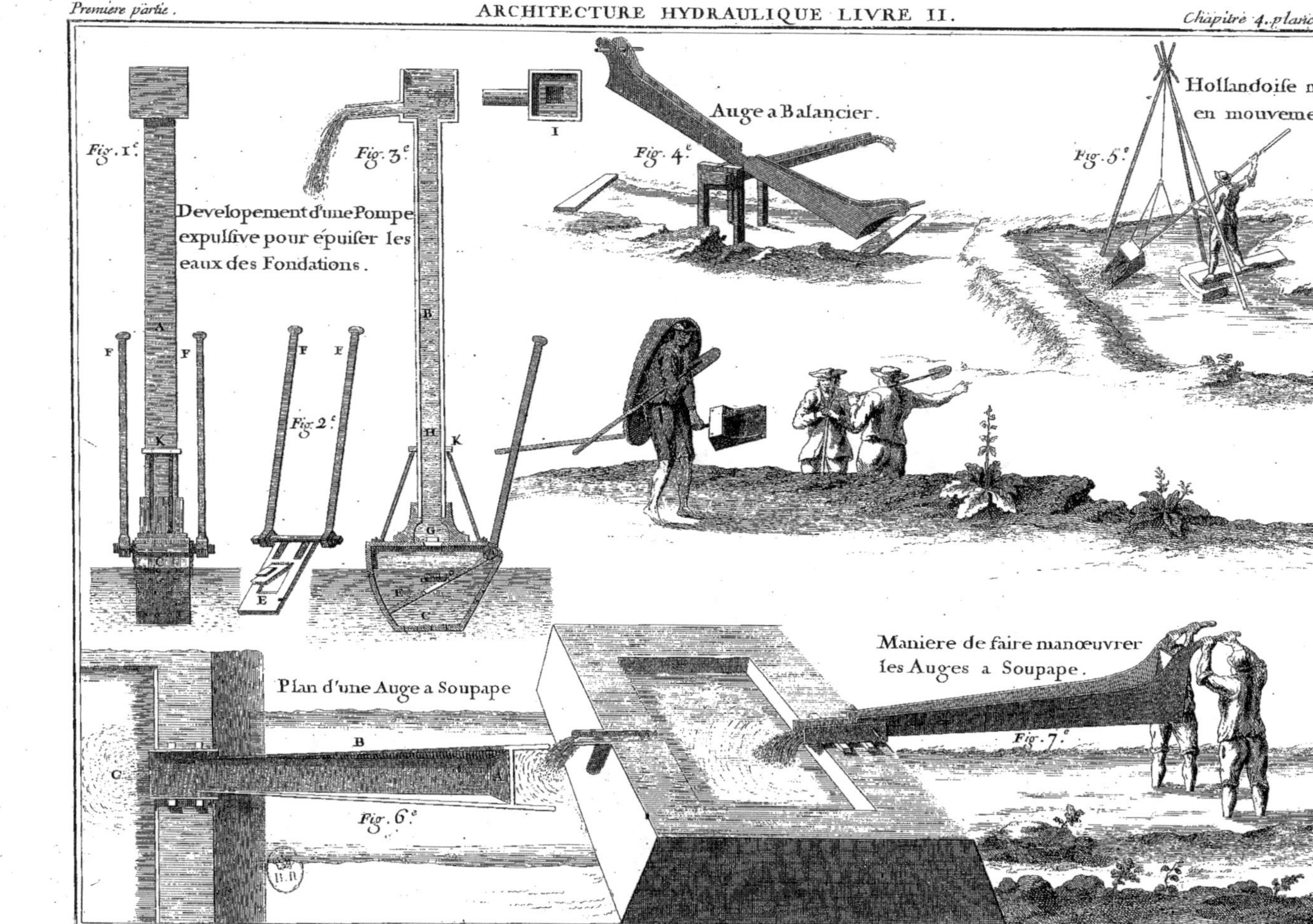

Fig. 1.e
Developement d'une Pompe expulsive pour épuiser les eaux des Fondations.
Fig. 2.e
Fig. 3.e
I
Fig. 4.e
Auge a Balancier.
Fig. 5.e
Hollandoise mise en mouvement.
Plan d'une Auge a Soupape
B
Fig. 6.e
Maniere de faire manœuvrer les Auges a Soupape.
Fig. 7.e

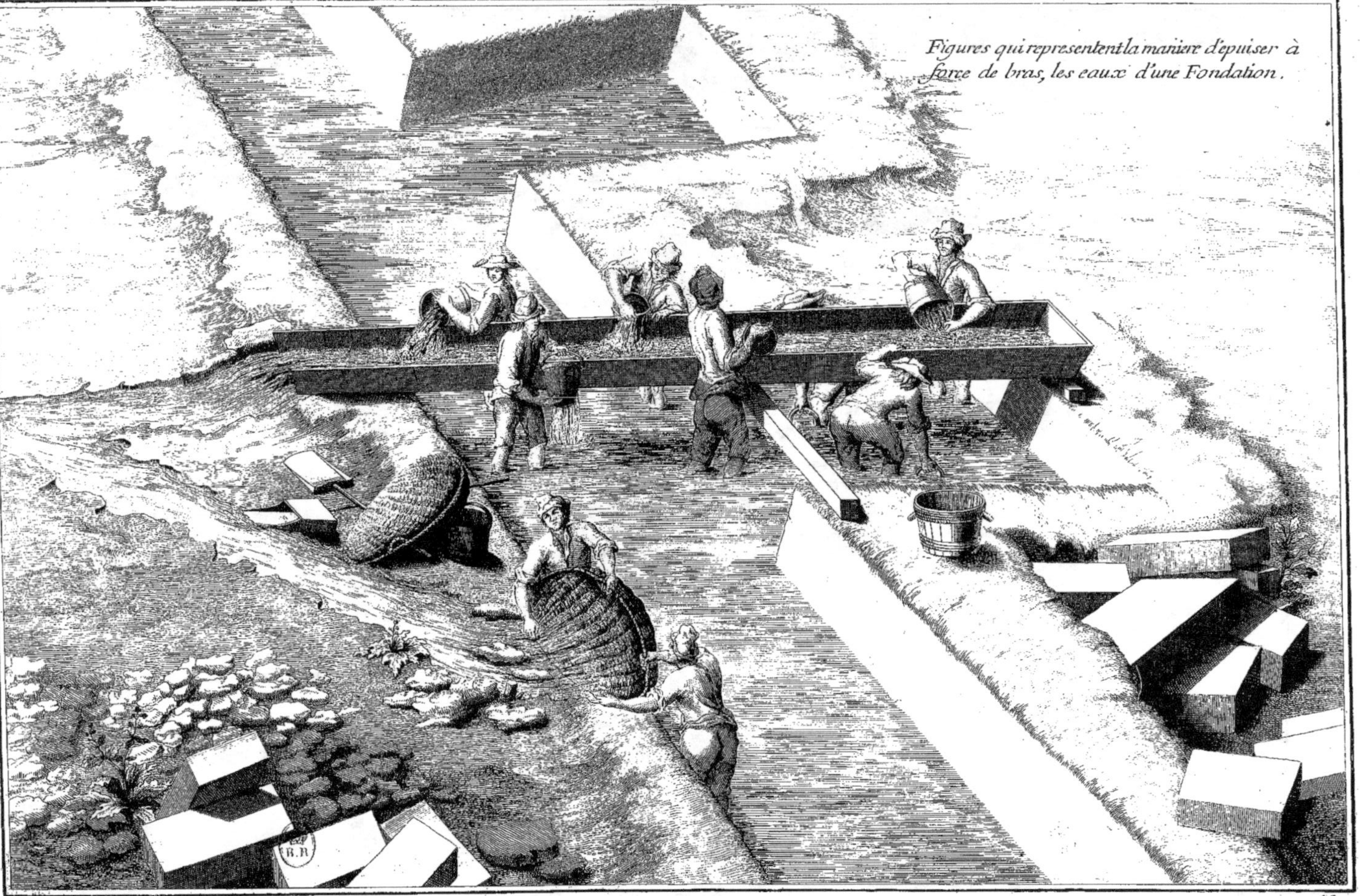

Figures qui representent la maniere d'epuiser à force de bras, les eaux d'une Fondation.

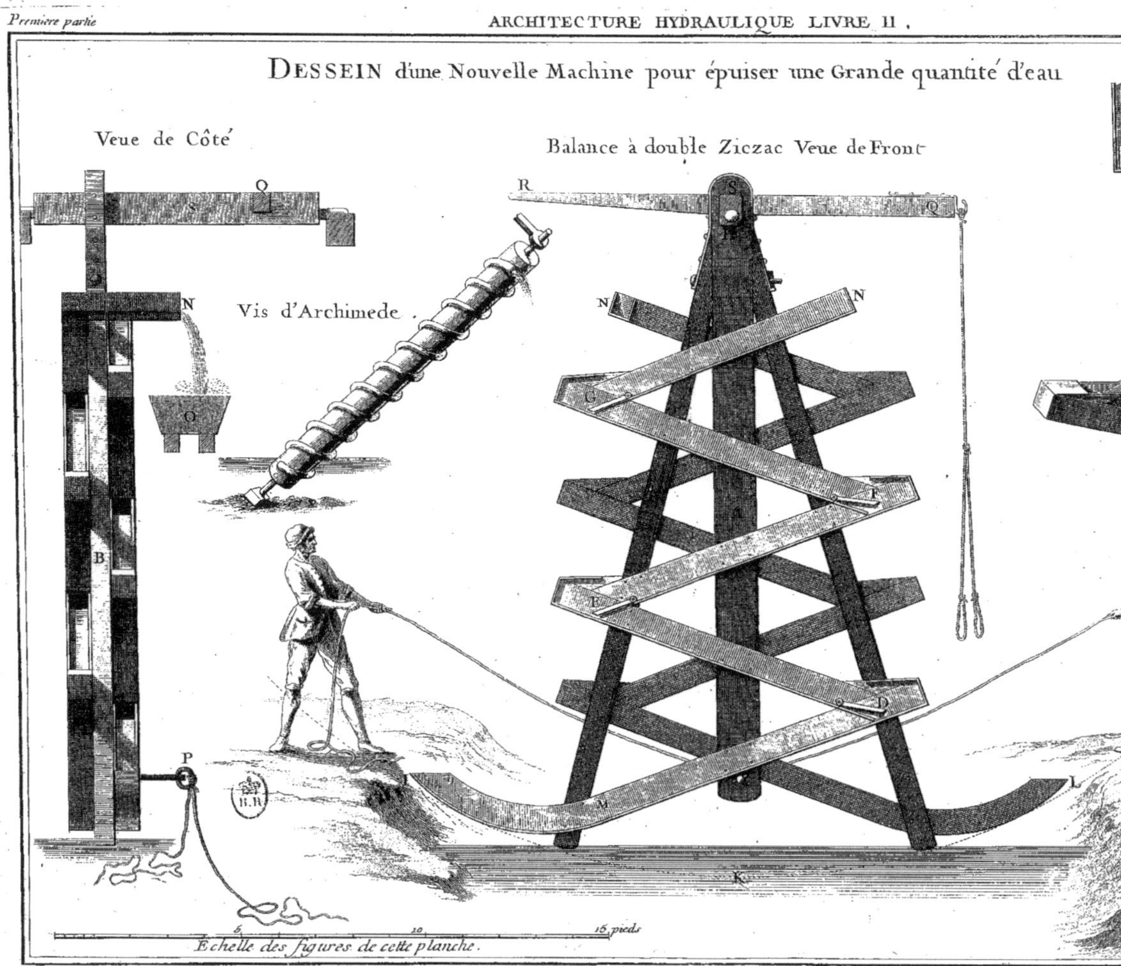
DESSEIN d'une Nouvelle Machine pour épuiser une Grande quantité d'eau
Veue de Côté
Vis d'Archimede .
Balance à double Ziczac Veue de Front
V
X
Y
R
S
Q
N
N
G
F
E
Q
O
N
B
O
P
M
L
K
5
10
15. pieds
Echelle des figures de cette planche .

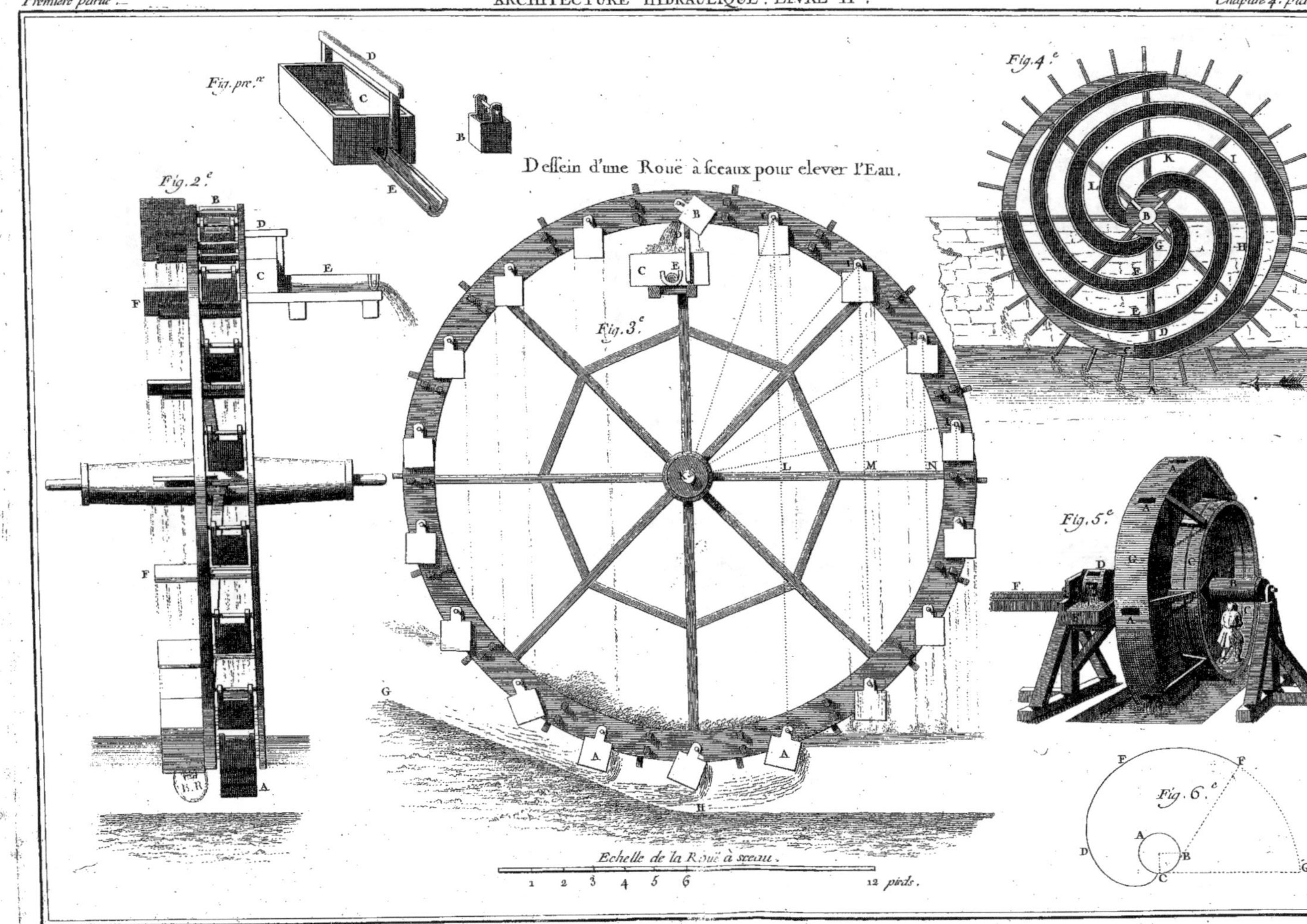
Fig. pre.ʳᵉ
Fig. 2.ᵉ
Deſſein d'une Roüe à ſceaux pour elever l'Eau.
Fig. 3.ᵉ
Fig. 4.ᵉ
Fig. 5.ᵉ
Fig. 6.ᵉ
Echelle de la Roüe à ſceau.
1 2 3 4 5 6   12 pieds.

TABLE DU PREMIER VOLUME.

LIVRE PREMIER, SERVANT D'INTRODUCTION.
CHAPITRE PREMIER,
Contenant les Principes de la Mécanique.

Ddd

Proprietez de la Roüe, des Poulies, du Plan incliné, du Coin & de la Vis, *Page* 25.

CHAPITRE III.

Où l'on enseigne les Principes & les Regles de l'Hydraulique, *Pag.* 126.

SECTION PREMIERE.

Du Niveau des Liqueurs & de leur équilibre. *Idem.*

SECTION II.

De l'action verticale de l'eau contre les Parois des Vaisseaux qui la contiennent, *Idem.*

S E C T I O N III.

De l'action de l'eau contre les ſurfaces verticales & rectangulaires, *Idem.*

SECTION IV.

De l'action de l'eau contre les furfaces inclinées, Idem.

SECTION V.

De l'action de l'eau contre les furfaces circulaires, verticales, & inclinées, Page 159.

SECTION VI.

Des Centres d'impreſſions, Idem.

SECTION VII.

S E C T I O N V I I I.

De la maniere d'eftimer le déchet caufé par le bord des orifices, 205.

Le bord des orifices retarde la viteffe de l'eau, ainfi tous les calculs qu'on a

SECTION IX.

De la Mesure des Eaux qui coulent par des orifices rectilignes & verticaux,

SECTION X.

De la Mefure des eaux qui coulent par des orifices verticaux & circulaires, *Pag.* 229.

SECTION XI.

Du Choe de l'eau contre des furfaces planes. *Idem.*

TABLE

Exemple

S ECTION XII.
Des Corps plongez dans l'eau, *Pag.* 269.

F ff

LIVRE SECOND.

Où l'on donne la Description des differentes sortes de Moulins, la maniere d'en calculer les effets, & d'en découvrir le point de perfection.

CHAPITRE PREMIER.

Des Moulins pour moudre le Bled, où l'on trouve l'application des Principes qui peuvent contribuer à la perfection des Machines mûes par un courant, *Idem.*

C H A P I T R E II.

Des Moulins à scier le Bois, le Marbre, & à percer des Tuyaux, 321.

CHAPITRE III.

Des Moulins à fabriquer la Poudre à Canon, & d'une Machine pour pulvérifer le Ciment, 348.

CHAPITRE IV.

Des Moulins à Chapelets, Roues à eau, & autres Machines pour les Epuisemens, Pag. 360.

Fin de la Table du Premier Volume.

APPROBATION.

J'AI lû par ordre de Monseigneur le Chancelier, un Manuscrit intitulé
Architecture Hydraulique, & j'ay crû que l'Impression de cet Ouvrage seroit très-utile au Public. Fait à Paris ce 18 Juillet 1737. PITOT.

PRIVILEGE DU ROY.

LOUIS par la grace de Dieu, Roy de France & de Navarre : A nos
Amez & Féaux Conseillers, les Gens tenans nos Cours de Parlement,
Maîtres des Requêtes Ordinaires de notre Hôtel, Grand Conseil, Prevôt de
Paris, Baillifs, Sénechaux, leurs Lieutenans Civils, & autres nos Justiciers
qu'il appartiendra. SALUT : Notre très-cher & bien Amé le Sieur BERNARD
BÉLIDOR, notre Conseiller-Commissaire Provincial de notre Artillerie, &
Professeur Royal des Mathématiques aux Ecoles du même Corps, Membre
des Académies Royales des Sciences d'Angleterre & de Prusse, correspondant
de celle de Paris, Nous ayant fait remontrer qu'il auroit composé un Ouvrage
qui a pour Titre, *Architecture Hydraulique,* qu'il souhaiteroit faire imprimer
& graver & donner au Public, s'il Nous plaisoit lui accorder nos Lettres de
Privilege sur ce nécessaire, offrant pour cet effet de le faire imprimer & graver

en bon Papier & beaux Caracteres, suivant la feuille imprimée & gravée & attachée pour modele sous le contre-scel des Présentes. A ces Causes, voulant
traiter favorablement ledit Sieur Exposant, & reconnoître en sa personne les
Services qu'il nous a rendus, & ceux qu'il nous rend encore actuellement, tant
de ces fonctions de notre Commissaire Provincial de notre Artillerie, que de
celle de notre Professeur des Mathématiques aux Ecoles du même Corps & autres, & lui donner les moyens de nous les continuer, Nous lui avons permis &
permettons par ces Présentes de faire imprimer & graver ledit Ouvrage cy-dessus
spécifié, en un ou plusieurs Volumes, conjointement ou séparément, & autant
de fois que bon lui semblera, & de le faire vendre & débiter par tout notre
Royaume pendant le tems de quinze années consécutives, à compter du jour
de la date desdites Présentes ; Faisons défenses à toutes sortes de personnes de
quelque qualité & condition quelles soient d'en introduire d'Impression étrangere dans aucun lieu de notre Obéissance, comme aussi à tous Libraires, Imprimeurs & autres, d'imprimer ou faire imprimer, vendre, faire vendre, débiter ni contrefaire ledit Ouvrage cy-dessus exposé en tout ni en partie, ni d'en
faire aucuns Extraits sous quelque prétexte que ce soit d'augmentation, correction, changement de Titres ou autrement, sans la permission expresse ou
par écrit dudit Sieur Exposant, ou de ceux qui auront droit de lui, à peine de
confiscation des Exemplaires imprimez, contrefaits, de trois mille livres d'a-
mende contre chacun des contrevenans, dont un tiers à Nous, un tiers à l'Hô-
tel-Dieu de Paris, l'autre tiers audit Sieur Exposant, & de tous dépens, dom-
mages & interêts, à la charge que ces Présentes seront enregistrées tout au
long sur le Registre de la Communauté des Libraires & Imprimeurs de Paris
dans trois mois de la date d'icelles ; Que la Gravure & l'Impression dudit Ouvrage sera faite dans notre Royaume & non ailleurs, & que l'Impétrant se con-
formera en tout aux Reglemens de la Librairie, & nottamment à celui du dix
Avril 1725. & qu'avant que de l'exposer en vente, le Manuscrit ou Imprimé
qui aura servi de copie à l'impression dudit Ouvrage sera remis dans le même
état où l'Approbation y aura été donnée, ès mains de Notre très-cher & féal
Chevalier Garde des Sceaux de France le Sieur Chauvelin, & qu'il en sera ensuite remis deux Exemplaires dans notre Bibliotheque publique, un dans celle
de notre Château du Louvre, & un dans celle de notre très-cher & féal Chevalier Garde des Sceaux de France le Sieur Chauvelin ; le tout à peine de nul-
lité des Présentes, du contenu desquelles vous mandons & enjoignons de faire
joüir ledit Sieur Exposant ou ses Ayans causes, pleinement & paisiblement,
sans souffrir qu'il leur soit fait aucun trouble ou empêchement : Voulons que
la copie desdites Présentes qui sera imprimée tout au long au commencement ou à la fin dudit Ouvrage, soit tenue pour dûement signifiée, & qu'aux
copies collationnées par l'un de nos Amez & Féaux Conseillers & Secretaires,
foi soit ajoutée comme à l'Original : Commandons au premier notre Huissier
ou Sergent de faire pour l'exécution d'icelles tous Actes requis & nécessaires,
sans demander autre permission, & nonobstant clameur de Haro, Charte Nor-
mande & Lettres à ce contraire : Car tel est notre plaisir. Donné à Paris le
dix-septiéme jour de Septembre, l'An de grace mil sept cens trente-six, & de
notre Regne le vingt-deuxiéme. Par le Roy en son Conseil. SAINSON.

*Registré sur le Registre IX. de la Communauté des Libraires & Imprimeurs de Paris,
N. 378. Fol. 333. conformément au Reglement de 1723. qui fait défenses, Art. IV. à toutes
personnes de quelques qualité qu'elles soient, autres que les Libraires & Imprimeurs de vendre,*

débiter & faire afficher aucuns Livres pour les vendre en leurs noms, soit qu'ils s'en difent les Auteurs ou autrement, & à la charge de fournir les huit Exemplaires prescrits par l'Article CVIII. du même Reglement. A Paris le 18 Novembre 736. G. MARTIN, syndic.

ERRATA.

Pag. 4. lig. 25. depuis jufqu'en I, *lifez* depuis B jufqu'en I.

Pag. 8. lig. 39. ou de fon fuplément BDH, & la perpendiculaire DC, celui de l'angle BDF, l'on &c. à la place écrivez, *& la perpendiculaire DC, celui de l'angle BDF, ou de fon fuplément BDH = CFD. L'on*, &c.

Pag. 12. lig. 14. en B. & G, *lifez* en B & C.

Pag. 22. lig. 7. TE, *lifez* TF.

Pag. 23. lig. 2. BDE, *lifez* DBE.

Pag. 27. lig. 3. Q, P :: &c. *lifez* P, Q :: &c.

Pag. 32. lig. 7. CF, *lifez* CE.

Pag. 34. lig. 4. 8. 9. & 10. partout où il y a $\times$, *lifez* $+$.

Idem. lig. 16. perpendiculaire DE, *lifez* DL.

Pag. 49. lig. 4. *effacez*, & des efpaces réciproquement.

Pag. 55. lig. 38. 16 pieds 1 pouce 5 lig. *lifez* 18 pieds, 11 pouces 8 lignes.

Pag. 57. lig. 2. $\frac{ef}{H}$, *lifez* $\frac{cf}{h}$.

Idem. lig. 7. $\frac{fVceTT}{H}$, *lifez* $\frac{fVceTT}{h}$.

Pag. 73. lig. 25. par 1000. *lifez* par 10000.

Pag. 77. lig. 7. inflexible, *lifez* flexible.

Pag. 97. lig. 26, 27, 28. *p*, *lifez q*.

Pag. 105. lig. 21. AE, *lifez* AD. [Fig. 35, 36.]

Pag. 122. lig. 36. D & C, *lifez* DE.

Pag. 137. derniere lig. AM, *lifez* AH.

Pag. 142. lig. 23. falces, *lifez* fas.

Idem. lig. 35. point Z, *lifez* point L.

Pag. 144. lig. 23. le Siphon, *lifez* la colonne.

Pag. 154. lig. 15. la quantité, *lifez* la qualité.

Pag. 163. lig. 29. CDE, *lifez* CDB.

Pag. 166. lig. 27. de l'onglet FEXGPXGg, *lifez* FE $\times$ CP $\times$ Gg.

Pag. 167. lig. 9. le poids T, *lifez* le poids P.

Idem. lig. 12. le poids Q, *lifez* le poids T.

Idem. lig. 28. le poids T, *lifez* le poids P.

Idem. lig. 31, 32. ainfi le poids Q, *lifez* le poids T.

Pag. 180. lig. 31. du divifeur 7. *lifez* 9.

Pag. 181. lig. 20. la feptiéme, *lifez* la cent-quatre-vingt-quinziéme page.

Pag. 187. lig. 15. lorfque les viteffes, *lifez* lorfque les hauteurs.

Pag. 217. lig. 10. fera *dh*, *lifez* fera *ch*.

Idem. lig. 21. moyenne $\sqrt{OP}$ (*x*) *lifez* $\sqrt{EU}$ (*x*).

Pag. 226. lig. 23. HF, *q*, *lifez* EF, *q*.

Pag. 255. lig. 4. la théorie peut, *lifez* la théorie ne peut.

Pag. 339. lig. 9. de 4. *lifez* de 14 pieds.

Idem. lig. 20. de 150 pieds, 10 pouces. *lifez* 15 pieds 4 pouces.